안전보건경영시스템 구축 및 인증 실무론

도서 A/S 안내

성안당에서 발행하는 모든 도서는 저자와 출판사, 그리고 독자가 함께 만들어 나갑니다.

좋은 책을 펴내기 위해 많은 노력을 기울이고 있으나 혹시라도 내용상의 오류나 오탈자 등이 발견되면 "좋은 책은 나라의 보배"로서 우리 모두가 함께 만들어 간다는 마음으로 연락주시기 바랍니다. 수정 보완하여 더 나은 책이 되도록 최선을 다하겠습니다.

성안당은 늘 독자 여러분들의 소중한 의견을 기다리고 있습니다. 좋은 의견을 보내주시는 분께는 성안당 쇼핑몰의 포인트(3,000포인트)를 적립해 드립니다.

잘못 만들어진 책이나 부록이 파손된 경우에는 교환해 드립니다.

본서 기획자 e-mail : coh@cyber.co.kr(최옥현)

홈페이지 : http://www.cyber.co.kr

전화 : 031) 950-6300

ISO 45001 및 KOSHA-MS 기반

안전보건경영시스템 구축 및 인증 실무

| 이준원, 이승복, 조규선, 김 철 지음 |

BM (주)도서출판 성안당

머리말

우리나라의 최근 사회적 이슈는 사회 전반에서 발생하는 산업재해와 재난사고로 안타깝게 사망하는 사고를 예방해야 하는 안전보건일 것이다. 국가의 경제규모가 커지고 국민소득이 올라가면서 국민들의 안전과 건강에 대한 관심과 요구들이 더욱 높아지고 있기 때문이다.

2021년 1월에 제정된 중대재해 처벌에 관한 법률로 산업현장은 물론 사회 전반에서 중대산업재해와 중대시민재해를 예방하기 위해 안전보건경영에 더 많은 투자와 노력을 해야 한다는 분위기가 높아지고 있고, 공공기관 평가에 관한 법률에 따라 안전활동수준 평가와 안전등급제 평가를 받는 많은 공공기관에서도 안전보건경영을 실천하겠다는 기관장의 의지와 책임이 높아지고 있다.

안전보건경영을 실천하기 위해서는 무엇보다도 먼저 조직에 안전보건경영을 실행할 수 있는 시스템을 구축하는 것이 중요하다. 안전보건경영시스템(Occupational Safety & Health Management System)은 조직의 최고경영자가 안전보건에 대한 방침을 선언하고 안전보건에 관한 목표와 계획을 수립(Plan)하여 이를 실행(Do)하고 점검(Check)하면서 지속적으로 개선(Action)해 나가는 안전보건관리 방법 중에 국내외 최고의 선진화 기법이다. 사업장과 조직에서 선진화된 안전보건관리를 하기 위해 안전보건경영시스템을 구축하고 인증기관으로부터 인증을 받고 이를 지속적으로 운영해 나간다면 사망사고와 재해는 예방이 가능하다고 확신한다.

저자는 1999년 6월 우리나라에서 최초로 KOSHA 18001 안전보건경영시스템 인증제도를 만들었고, 이후 안전보건경영시스템 국제표준인 ISO 45001을 제정하기 위해 우리나라 대표로 여러 번 국제회의에 참여하였다. KS Q ISO 45001 국가표준을 제정하는데 위원장으로 참여한 사람으로서 오늘날 이처럼 안전보건경영의 중요성이 강조되고 안전보건경영시스템의 구축이 필요한 날이 왔다는 것에 그동안의 노고가 헛되지 않았다는 뿌듯한 자부심을 갖게 된다.

아무쪼록 2018년에 제정·공포된 ISO 45001 안전보건경영시스템 국제표준과 한국산업안전보건공단에서 추진하고 있는 KOSHA-MS 안전보건경영시스템 인증제도 등을 바탕으로 보다 많은 사업장에서 안전보건경영을 실천해 나간다면 우리나라의 안전보건경영 수준의 발전은 물론 일터에서의 사망사고 등 산업재해예방이 가능할 것이다.

본 책자는 사업장이나 공공기관 등 조직에서 ISO 45001과 KOSHA-MS 안전보건경영시스템을 구축하고 인증 및 운영해 나가는 데 도움을 주고자 집필하였다.

본 책자가 많은 사업장과 조직에서 안전보건경영시스템을 구축하고 인증받아 시스템적으로 안전보건경영을 실천해 나가는 데 도움이 되어 더 이상은 사업장과 조직의 근로자들이 안타깝게 사망하거나 재해를 당하지 않는 데 기여하기 바란다.

본 책자를 만드는 데 수고해 주신 공동 저자분들께 감사드리며 책을 만들어 주신 성안당 이종춘 회장님과 최옥현 상무님, 편집부 직원 여러분과, 추천을 해주신 김병직 원장님, 백헌기 회장님과 김태옥 교수님, 이재헌 감사님, 우종현 회장님, 조철호 이사장님께도 진심 어린 감사의 말씀을 드립니다.

2021년 7월

대표저자 이준원 등 저자 일동

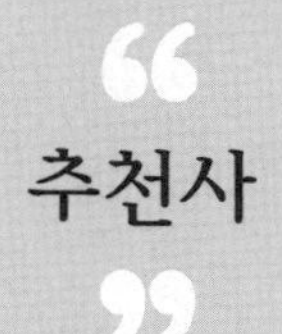

추천사

대한산업보건협회 회장 **백헌기**

안전보건공단에서 시행하고 있는 KOSHA-MS 안전보건경영시스템을 1999년에 만들었고, 국제표준인 ISO 45001 안전보건경영시스템을 제정하기 위한 국제회의에 여러 차례 참가하여 우리나라 국가기술표준으로 제정하는 데 노력하신 분들이 만든 안전보건경영시스템 책자 발간을 환영합니다.
본 책자가 공공기관이나 사업장 등에서 안전보건경영시스템을 도입하고 운영하는 데 많은 도움이 될 것으로 믿으며 적극 추천하는 바입니다.

대한산업안전협회 감사 **이재헌**

사업장에서 산업재해예방을 위한 안전관리를 잘하기 위해서는 안전보건경영시스템을 구축하고 잘 운영해 나가는 것이 필수입니다. 그러나 그동안은 안전보건경영시스템에 관한 이론서가 미비한 상태였습니다. 그렇기 때문에 이번 안전보건경영시스템 구축 및 인증 실무 책자를 발간하게 된 것을 진심으로 축하드리며, 그동안 수고하신 저자분들의 노고에 감사드립니다.
이 책자를 통해 우리나라의 많은 사업장에서 안전보건경영시스템을 도입하여 국가 전반의 안전관리체계 및 수준이 선진화되기를 바랍니다.

한국안전기술협회 회장 **우종현**

사업장에서 안전보건경영시스템을 구축하기 위한 컨설팅을 요청해 올 때마다 안전보건경영시스템에 관한 정리된 지침서가 있었으면 했는데, 이번에 안전보건경영시스템 구축 및 인증 실무 책자를 발간하게 되어 매우 다행이라고 생각합니다.
안전보건경영시스템을 구축하는 사업장이나 공공기관, 컨설턴트, 안전보건전문가들에게 매우 소중한 책자가 될 것이라 확신합니다.

숭실대학교 안전융합대학원 원장 **김병직**

그동안 학교 학생들에게 안전보건경영시스템에 대한 내용을 가르칠 만한 교재가 없어 고민을 많이 했는데, 이번에 ISO 45001 및 KOSHA-MS 기반 안전보건경영시스템 구축 및 인증 실무 책자를 발간하게 되어 매우 기쁘게 생각합니다. 산업안전보건법의 개정과 중대재해처벌법 등의 제정에 맞춰 사업장의 안전보건경영을 실천할 수 있고, 이를 통해 사망재해는 물론 산업재해도 예방할 수 있는 안전보건경영시스템에 관한 바이블이 되기를 바랍니다.

한국연구실 안전전문가협의회 회장 **김태옥**

안전보건경영시스템에 관한 우리나라 최고의 안전전문가, 대학 교수, 인증원 대표, 컨설팅 기관 대표 등 다양한 분야의 전문가들이 모여 만든 안전보건경영시스템 구축 및 인증 실무 책자는 사업장의 안전보건 관계자나 안전보건 관련 전문가, 컨설턴트는 물론이고 학교에서 안전을 공부하는 학생들에게도 매우 유익한 안전보건경영 전문도서가 될 것이라 생각하고 적극 추천합니다.

안전보건진흥원 이사장 **조철호**

사업장 안전보건관리의 핵심은 안전보건을 체계적이고 시스템적으로 관리해 나가야 하는 것인데 안전보건경영시스템의 구축 및 인증이야 말로 조직의 최고경영자가 안전보건경영을 잘 실천해 나가기 위한 필수 요소라 할 수 있습니다.
공공기관을 비롯한 사업장에서 안전보건경영시스템 구축 및 인증에 대한 수요가 늘어나고 있는 시점에 안전보건경영시스템 구축 및 인증 실무 책자가 나오게 된 것을 진심으로 환영하며, 우리나라 안전수준 향상에도 크게 기여하기 바랍니다.

차 례

제4장_ISO 45001 안전보건경영시스템 인증기준

제5장_KOSHA-MS 안전보건경영시스템 인증기준

제6장_안전보건경영시스템 구축 및 운영 실무

제7장_안전보건경영시스템 인증심사 실무

제8장_인증 유지관리 기준 및 문서기록 확인사항

제9장_안전보건경영시스템 매뉴얼, 절차서, 지침서 예시

부 록

KOSHA – MS 안전보건경영시스템 인증업무 처리규칙 별지 서식

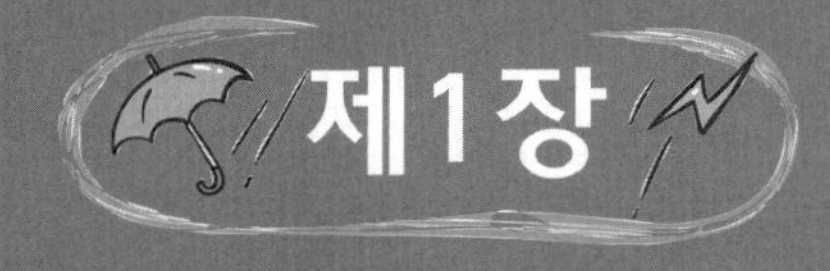

서 론

1. 안전보건경영의 중요성
2. 시스템적 안전보건관리의 필요성
3. 위험요인과 시스템 안전관리
4. 안전보건경영시스템 발전과정
5. ISO 45001 제정에 따른 변화 및 대응방안

1 안전보건경영의 중요성

1) 안전보건 현황

우리나라의 최근 사회적 이슈는 안전사고의 발생과 예방대책에 관한 문제이다. 크고 작은 산업현장의 사고로 인하여 수많은 근로자들이 사망하면서 사업장의 안전보건관리 중요성이 부각되고 있다. 2020년 1월 16일에는 강화된 산업안전보건법이 시행됨은 물론 2021년 1월 8일에는 사망 등 중대재해를 발생한 사업주, 경영책임자, 공무원 및 법인에게 「중대재해 처벌 등에 관한 법률」이라는 특별법을 제정하여 중대산업재해와 중대시민재해 등 중대재해를 발생하게 하면 처벌을 하겠다고 입법하였다. 따라서 안전보건경영의 중요성이 점차 강조되고 안전보건관리에 더 많은 투자와 노력을 기울여야 하는 시대가 다가온 것이다.

우리나라는 다른 나라들이 부러워 할 만큼 50년이라는 짧은 기간에 경제개발 원조를 받는 나라에서 경제개발 지원을 해주는 나라로 눈부신 경제 성장을 이루어 왔다. 1994년에 드디어 국민소득 1만불을 넘어서며 가난한 나라에서 잘사는 나라의 기반을 구축하는 계기를 마련하였으며, 지금은 국민소득 3만불 정도의 세계 10대 경제대국으로 발전했다. 2019년도에 국내 총생산(Gross Domestic Product, GDP)이 1조 6,421억 달러에 도달함에 따라 우리나라는 국제통화기금으로부터 명실상부한 경제 선진국가로 분류되게 되었다. 그러나 이러한 눈부신 경제 발전의 이면에는 산업현장에서 수많은 근로자들의 희생과 고통이 있었다. 즉, 우리나라는 눈부신 경제 성장을 이루었지만 동시에 사망재해 등 산업재해 다발국가라는 어두운 그림자도 함께 공존한 것이다.

2019년을 기준으로 우리나라의 산업재해보상보험 가입 근로자는 1,873만명 정도인데, 이중 산업현장에서 일을 하다가 다친 4일 이상 요양을 요하는 산업재해자 수는 109,242명으로 근로자 100명당 발생하는 재해율은 0.58%이다. 이는 하루에 300명 정도의 근로자가 산업재해를 당하며, 100명 중 0.58명이 산업재해를 당한다는 뜻이다. 그중 산업현장에서 일을 하다가 사망한 사망자 수는 2,020명으로 근로자 수 1만명당 산업재해로 인한 사망자 수인 사망만인율은 1.08‰(Basis points)이다. 이는 하루에 6명 정도의 근로자가 산업현장에서 산업재해로 사망했으며, 근로자 1만명당 1.08명이 사망한다는 수치이다. 이러한 산업재해와 사망재해 통계는 경제협력개발기구(Organization for Economic Cooperation and Development, OECD) 36개 국가 중에서 최하위권에 위치하고 있으며, 사망자 수와 사고사망만인율은 영국, 미국 등 선진국과 비교할 때 2~10배 높은 수준인 것으로 나타난다.

이를 세부적으로 분석해 보면 규모별로는 근로자 수 50인 미만의 소규모 사업장에서 전체 재해의 80% 이상이 발생하였으며, 제조업, 서비스업, 건설업 등의 현장에서 기계·설비에 말려들거나, 끼이거나, 미끄러지거나, 걸려서 넘어지는 재해, 또 높은 곳에서 떨어져 추락하는 재해 등이 있다. 아직도 산업현장에서는 재래형 반복재해가 많이 발생하고 있는 것이다. 이와 같이 산업현장에서 지속적으로 반복해서 발생되는 재해의 원인에는 다양한 이유가 있겠지만 무엇보다 사업장의 안전관리 수준이 미흡하고 근로자들 또한 안전작업수칙이나 절차를 지키지 않고 위험을 잘 인지하지 못하는 안전불감증이 재해 발생의 원인 중 하나라고 할 수 있다.

우리나라의 산업안전보건 역사는 50여 년으로 200여 년의 역사를 가지고 있는 유럽국가에 비해 매우 짧다. 1953년 「근로기준법」이 제정되면서 작업환경부분이나 산업현장의 기계·기구·설비 등에 대해서도 일정한 안전보건기준을 설정하고 이를 사업주가 준수하도록 하였다. 그러나 당시에는 산업 기반도 취약했고, 산업재해 발생도 많지 않아 경제적인 피해 역시 미미하여 산업안전보건에 대한 인식이 부족하였다.

1963년에 들어서면서 우리나라는 「산업재해보상보험법」을 제정하게 되었고, 이를 통해 산업재해로 인한 재해자 보상체계를 구축하였다. 1970년대에는 산업재해가 더욱 빈번하게 발생되고 대형화됨에 따라 더욱 관심을 기울이게 되었다. 당시에도 「근로기준법」상의 근로안전보건관리규칙이 있기는 하였으나 사업장에 큰 역할을 하지는 못하였고 산업재해예방을 위해 새로운 기구인 국립노동과학연구소가 설립되기에 이르렀다.

1980년대 들어서면서 산업안전보건 분야에 큰 변화를 가져왔는데, 1981년에는 산업안전보건법이 제정되었고, 1987년에는 한국산업안전공단이 설립되었다. 또한 1987년에 발생한 원진레이온 이황화탄소 중독사고와 1988년에 수은 중독에 의한 15세 소년의 사망사고는 대중의 관심을 끌기에 충분하였고, 산업재해는 근로자의 단순한 실수가 아니라 구조적인 작업환경의 요인에 기인하여 발생한다는 사실을 알게 되었다. 이로 인해 직업병에 대한 사회적 관심과 더불어 산업재해 발생 시 보상문제보다 산업재해로부터 근로자를 보호하기 위한 예방 측면으로 방향이 전환되는 계기가 되었다.

또한 직업병 발병에 따라 물질안전보건자료(MSDS)를 작업장 내에 비치 또는 게시하여 유해·위험물질에 대한 유해성을 고지하게 되었고, 급박한 위험에 대한 작업 중지권의 인정은 매우 중요한 안전상의 조치로 자리잡게 되었다. 또 일련의 산업재해 발생으로 인하여 법과 제도는 수정 및 보완되었고, 이것은 1990년대 산업재해예방을 위한 중·장기 계획 수립 및 근로자의 안전보건교육의 이행 등이 보다 활발하게 이루어지는 계기가 되었다.

1995년 세계무역기구(World Trade Organization, WTO)의 출범으로 국가 간의 시장 개방 속도를 빠르게 변화시켰으며, 이것은 세계 경제를 국경없는 구조로 만들었다. 또한 WTO체제에서는 규약에 따라 국적과 관계없이 글로벌 시장에서 경쟁하게 되었으며, 이 가운데 기업 간의 경쟁이 격화되며 국가 간 교역조건으로 안전보건기준의 준수요구 및 산업안전보건이 통상의 규제수단으로 부상하게 되었다. 이와 같이 WTO체제 출범은 품질, 환경 및 안전에 관한 국제적 규격화를 필요로 하게 되었으며, 이에 따라 ISO 규격이 제정되었다.

ISO 18001 안전보건경영시스템의 국제표준화 제정을 위한 논의를 1996년 6월 ISO에서 개최하였는 데, 총 52개국이 참가하여 이중 29개국 찬성, 20개국 반대, 3개국 기권으로 안전보건경영시스템에 대한 국제표준화는 부결되었다. 부결이 된 후 안전보건경영시스템의 국제표준 제정은 ISO에서 국제노동기구(ILO)로 이관되었고, ILO에서는 2001년 6월 각 나라별로 법령, 문화 및 실정에 따라 안전보건경영시스템을 도입하도록 하는 권고안(ILO-OSH Guideline-2001)을 제시하였다.

영국의 경우에는 영국표준협회의 BS 8800 및 OHSAS 18001, ILO의 산업안전보건경영시스템 구축에 관한 지침을 참조해 인증규격에 적합한지를 평가하여 심의를 거쳐 인증을 부여하고 있다. 국내 안전보건경영시스템은 안전보건공단의 KOSHA 18001과 한국인정지원센터의 K-OHSMS 18001이 있고, 국제적인 안전보건경영시스템은 OHSAS 18001로 구분되어 있다. 그러나 그 근간이 되는 규격은 BS 8800이라 할 수 있으며, 이것은 체계적으로 근로자의 안전보건에 관한 활동을 분석하는 안전보건경영시스템의 지침이라 할 수 있다.

그동안 우리나라의 산업안전보건정책은 정부가 주도하여 이끌어 왔다. 산업재해예방 5개년 계획 등의 정책이나 각종 안전보건관리 제도를 통해 정부 주도형 재해예방대책으로 어느 정도의 수준까지는 재해를 수치적으로 줄이는 목적을 달성할 수 있었다. 특히, 고용노동부의 산업재해예방정책은 산업안전보건법에 근거하여 사업주의 산업재해예방을 위한 안전조치 및 보건조치 등의 의무를 규정하고, 이에 대한 지도·감독을 통해 법규 준수여부를 확인하는 방식으로 이루어졌다. 그러나 이와 같은 정부 주도형 방식만으로는 산업재해예방에 대한 근본적인 해결책이 되지 못하고 사업주의 안전보건에 대한 인식이나 태도에 변화를 가져왔다고 보기에는 어려운 것이 현실이다. 산업안전보건법이 급변하는 산업환경과 위험요인, 그리고 기술적 환경변화에 대응하는 데 한계가 있어 산업현장의 모든 재해 발생 유해·위험요인과 기술적인 대책들을 법령에 규정하기에는 사실상 어려우며, 법규 준수여부를 고용노동부 등의 정부기관에서 감시·감독하는 규제만으로는 산업재해예방에 효과적으로 대응할 수 없기 때문이다.

이와 같이 안전보건에 있어서 과거 정부 주도형 방식은 안전보건의 문제점에 따른 원인 파악과 개선의 강제적 방법론에 국한하게 되었다. 그러나 이러한 방법은 단편적이며 일시적인 개선에 초점을 맞추는 데 집중하였기 때문에 한계가 나타나기 시작하였다. 이에 따라 산업재해가 일정 수준에서 더 이상 감소추세를 보이지 않고 오히려 증가하거나 유지되는 정체현상을 맞으면서 정부 주도의 일방적인 규제방식에 의한 안전관리에 대한 한계점이 노출되어 왔다.

이에 따라 급변하는 사회구조와 경제환경, 다양한 고용형태와 업종의 다양화, 4차 산업혁명시대에 따른 새로운 공정과 설비 등의 여러 요인들은 기존의 정부 주도형 안전관리만으로는 더 이상 산업재해를 감소시키는 데에 한계를 드러내게 되어 안전보건에 대한 새로운 패러다임의 전환을 요구하게 되었다. 2013년도부터 제조업, 건설업, 서비스업 등 모든 산업의 사업주가 의무적으로 실시하게 된 위험성평가는 사업장에서 자율안전관리를 추진하게 된 대표적인 안전관리 기법이다. 또한 국제표준인 ISO 45001 안전보건경영시스템이나 한국산업안전보건공단에서 주도하여 추진중인 KOSHA-MS 안전보건경영시스템이 사업장의 자율적인 안전보건관리를 추진하는 시스템적 자율안전관리 기법의 대표적인 예라고 할 수 있다. 선진화된 자율안전관리 기법인 ISO 45001 안전보건영영시스템은 국제표준화기구(International Organization for Standardization, ISO)에서 2018년 3월에 제정하여 공포한 안전보건경영에 대한 국제표준인데 품질경영 시스템(ISO 9001)과 환경경영시스템(ISO 14001)에 이어 사업장의 안전보건경영에 대한 국제기준이라고 볼 수 있다.

안전보건경영시스템(Occupational Health & Safety Management System, OHSMS)이란 최고경영자가 산업재해예방이라는 목표를 세우고 이를 달성하기 위하여 안전보건조직의 구축, 관계자의 책임과 권한 및 업무절차를 명기하고 기업의 물적 및 인적자원을 효율적으로 배분하여 이를 체계적으로 관리하는 경영시스템이다. 즉, 최고경영자가 자사의 경영방침에 안전보건방침을 선포하고 이를 달성하기 위한 계획을 수립하여(Plan), 계획을 실행·운영하고(Do), 점검과 시정조치를 통해(Check), 최고경영자가 결과를 검토하여 지속적으로 개선하는(Action) 일련의 시스템적인 안전보건활동을 말한다.

최근 우리나라 산업현장에서 다발하고 있는 사망 등 중대재해와 화학물질에 의한 화재, 폭발, 누출사고 등을 예방해 나가기 위한 안전보건경영의 중요성이 강조되는 만큼 체계적이고 자율적인 안전보건경영시스템의 구축 및 운영이 절실한 이때, 국제적으로 ISO 45001 안전보건경영시스템 국제표준이 제정된 것은 매우 다행스러운 일이라 생각한다.

사업장에서 발생 가능한 각종 위험을 사전에 예측하고 예방함으로써 궁극적으로 무재해 사업장을 구현하고 이를 통한 근로자의 생명보호는 물론 기업의 이윤 창출을 도모하기 위한 방안으로 ISO 45001 안전보건경영시스템 국제표준을 바탕으로 체계적인 안전보건관리를 해 나가야 할 것이다.

2) 안전보건관리 방식의 패러다임 변화

산업재해를 감소시키기 위한 안전보건관리 방식의 발전 단계는 일반적으로 다음 [그림 1-1]에서와 같이 초기에는 법률에 의한 강제적인 안전보건확보 단계인 위험기계 설비에 안전장치 등을 설치하여 설비의 안전을 확보하기 위한 기술적인 접근방법이었다. 두 번째 단계는 스스로 위험을 찾고 관리하기 위한 시스템적 안전관리를 위한 절차적 단계로 위험성평가나 안전보건경영시스템과 같이 시스템적으로 안전보건관리에 접근하는 방법이다. 세 번째 단계는 경영자나 근로자 등 조직구성원 모두가 안전한 생각과 행동을 통해 안전문화를 정착시켜 안전보건확보를 통해 재해를 예방해 나가는 행동 기반 안전문화적 접근 단계이다.

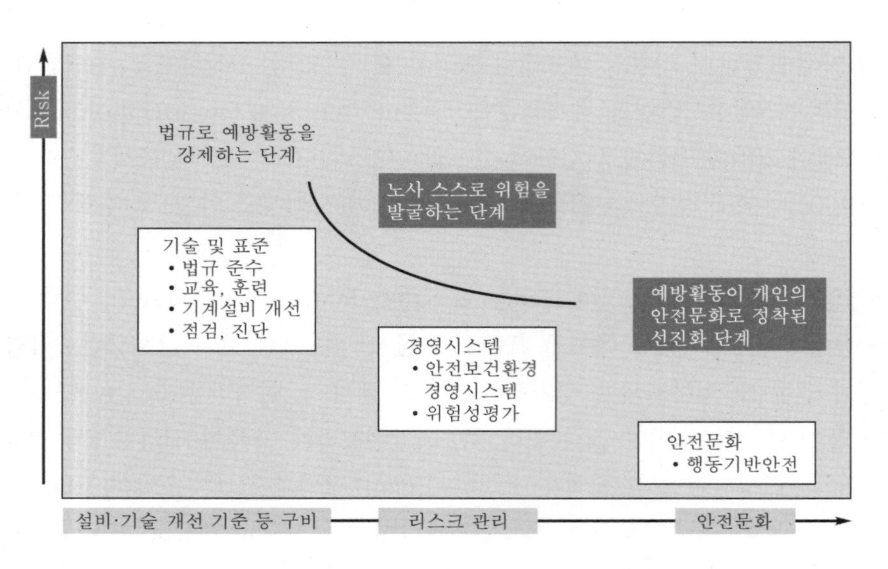

[그림 1-1] 안전보건관리 방식의 패러다임 변화 단계

이에 따라 우리나라에서도 1981년 산업안전보건법을 제정하면서 안전보건관리를 위한 조직의 구성, 안전보건관계자 법정교육, 사업장 설치·이전·변경 시 유해·위험방지계획서의 심사, 위험 기계·기구의 방호장치, 보호구의 안전을 확보하기 위한 안전인증 및 안전검사제도, 화학물질 취급 사업장의 안전을 확보하기 위한 공정안전보고서(PSM) 심사, 사업장의 자율적인 유해·위험요인의 파악과 개선을 위한 위험성평가, 그리고 사업장에서 안전보건경영시스템을 구축하여 운영하도록 함으로써 기계·설비의 안전은 물론 시스템적인 안전보건을 확보하기 위한 노력을 하고 있다. 안전보건관리를 시스템적으로 관리해 나가기 위한 안전보건경영시스템은 새롭게 관리하는 방안이라기 보다는 사업장의 안전보건문제를 경영의 관점에서 바라보고 이를 체계적으로 접근해 나가는 접근방법론이라고 할 수 있다. 이러한 차원에서 우리나라도 사업장의 안전보건에 관한 문제를 경영의 범주 내에서 접근하지 않으면 결코 당면한 안전문제를 해결할 수 없다고 생각하였다. 이에 따라 고용노동부에서는 1999년초 산업안전보건법에 정부의 책무로써 안전보건경영시스템 구축 및 운영을 명시하였고, 이를 한국산업안전보건공단으로 하여금 KOSHA 18001 안전보건경영시스템 인증제도를 만들어 운영하도록 하였다.

2 시스템적 안전보건관리의 필요성

덴마크의 에릭(Erik)은 저서 “Safety-1 and Safety-2”에서 안전관리시대를 안전관리의 중점사항과 세계적인 대형사고를 중심으로 제1세대, 제2세대, 제3세대로 나누어 안전관리의 발전과 초점을 설명하였다. 또 안전관리는 기술중심에서 출발하여 인적요인에 대한 관리로 발전하였으며, 최종 단계로는 기술적, 인적, 조직적요인에 대해 시스템적으로 관리하여야 한다고 다음과 같이 주장하였다.

1) 기술중심 안전관리시대(제1세대)

안전에 대한 관심은 농경사회에서도 존재하였는데 기술이 발달하여 산업화가 되면서부터 위험요인이 증가하여 안전에 대한 필요성이 더욱 증가하였다. 이러한 현상은 산업현장에서 일하고 있는 사람들의 관심뿐만 아니라 산업을 디자인하고 관리하며, 소유한 사람들의 관심거리로 확대되었다.

산업화 초기의 위험은 대부분 사용된 기술로부터 유래되었다. 이때의 기술은 기술 그 자체가 투박하고 신뢰성이 없었으며, 사람들은 위험을 체계적으로 파악하여 이 위험들이 사고로 전이되지 않도록 하는 사고예방 방법을 알지 못하였다. 이들의 주된 관심사는 기계를 보호하고 폭발을 막고 구조물을 붕괴로부터 보호하는 기술적인 방법을 찾는 것이 전부였다. 1931년 미국의 철도안전법이 제정되면서부터 안전과 위험에 대한 사회적 공동 관심사가 이루어져서 오늘날의 조직환경을 특정 짓는 조직적인 행동의 사례가 되었다.

제2차 세계대전 말미에는 신뢰성 분석의 필요성이 인식되었는데, 이것은 2차 대전 중에 사용하던 군사장비의 유지·보수, 야전에서의 심각한 고장문제 해소를 위한 필요성과 과학적,기술적 발전이 대규모 자동화를 포함하여 크고 복잡한 기술시스템을 가능하게 했기 때문이다. 더욱이 디지털 컴퓨터, 제어이론, 트랜지스터와 IC 기술의 발전과 결함수 분석(Fault Tree Analysis, FTA), 사건수 분석(Event Tree Analysis, ETA), FMEA(Failure Mode and Effect Analysis), 위험과 운전 분석(Hazard and Operability Study, HAZOP Study), 확률론적 위험성평가(Probabilistic Risk Assessment, PRA) 등의 위험 분석 기법의 개발로 신뢰성 분석과 핵발전소와 같은 고도로 복잡한 설비의 위험성평가가 가능해졌다. 그러나 이들 기술을 이용한 안전관리의 초점은 인간 또는 조직이 아니라 생산설비 보전 기술에 그 목적이 있었다.

2) 기술 및 인적요인 안전관리시대(제2세대)

미국 원자력발전소의 안전은 HAZOP, FTA, ETA, FMEA, PRA 등의 위험성평가 분석 기법 등을 활용하여 위험을 분석하고 이를 근간으로 한 안전관리를 실시하기 때문에 안전을 보장하는데 충분하다는 공감대가 형성되었다. 미국 Tree Mile Island(TMI)원전은 자체로 확률론적 위험성평가(PRA)를 실시하여 위험성을 평가하고 안전관리를 실시하고 있으므로 원자력안전위원회는 이를 안전하다고 인정하여 가동을 승인하였다.

그러나 1979년 3월 28일 TMI원전에서 대형사고가 발생하였다. 이 재난 이후 원전의 안전관리에 문제가 있음을 깨닫고 그 원인을 찾은 결과 인적요인, 즉 인간공학적인 요인이 있었음을 밝혀냈다. 인간-기계 시스템을 디자인과 운영 분야에서 고려는 하였지만, 인간 신뢰성에 대한 요소가 안전관리에 적극적으로 활용되지 못하였던 것이다.

TMI원전사고 이후 신뢰성 엔지니어링에 대한 기술 기반의 사고가 기술적 요소와 인적요인을 다루게 하기 위하여 안전관리 범위가 확대되었다. 따라서 인간 신뢰성평가(Human Reliability Assessment, HRA) 기법이 원자력 안전은 물론 대다수의 산업에도 활발하게 활용되었다. 결국 기술중심의 안전관리는 그 한계가 있으므로 이를 극복하기 위한 방안으로 기술적 안전관리에 인간공학적인 요인을 병합한 안전관리로 발전하게 되었다.

3) 종합적(기술, 인적 및 조직적 요소) 안전관리시대(제3세대)

1986년 우주왕복선 챌린저(Challenger)호가 발사 73초 후 폭발하여 7명의 대원이 희생되는 사고가 발생하였고, 시기는 다소 차이가 나지만 체르노빌(Chernobyl) 원전 폭발, 테네라이프 노스(Tenerife North) 공항의 활주로에서 보잉747 여객기가 충돌하는 사고가 발생하였다. 챌린저호의 사고원인은 고체연료 추진기에 쓰인 SBR(Styrene butadiene rubber) 고무재질로 된 O링이 극저온에 탄력이상으로 연료 유출에 의한 화재 및 폭발로 밝혀졌다. 이 사고들의 기술적 및 인적요인의 관리는 만족할 만한 수준이었으나 조직적인 점검 등의 엄격함과 치밀함이 부족했던 것이다. 다시 말하면 기술적이고 인적요인을 기반으로 하는 안전관리뿐만 아니라 여기에 더하여 조직적 요소관리가 요구되었으나 그리하지 못하여 발생한 것으로 밝혀졌다. 이러한 사고 이후 기술적 및 인적요인만으로는 안전을 확보할 수 없고 기술적이고 인적인 요소를 덧붙여 조직을 고려해야 한다는 것이 명백해졌다. 즉, 안전관리는 관리요소 하나하나에 역점을 두는 관리가 아닌 관련 요소를 모두 연계하여 시스템적(Plan-Do-Check-Action)으로 관리하여야 하는 종합적인 안전관리를 해야 할 필요가 있다는 것이다.

3 위험요인과 시스템 안전관리

1) 위험요인과 안전관리

사업장에는 다양한 위험요인이 존재한다. 이를 크게 기술적요인, 기계·설비적요인, 인적요인 및 환경적요인으로 나눌 수 있고 이를 더욱 세분할 수 있다. 이를테면 기계·설비적 위험요인은 기계의 재질, 구조, 외형, 운동형태, 작업형태 위험 등으로 세분할 수 있다. 이러한 기계·설비적 위험요인이 생산현장에서 인간과 접촉할 때에는 협착, 끼임, 절단, 물림과 같은 형태의 사고를 유발할 수 있다.

이러한 사고를 예방하기 위해서는 생산현장에 존재하고 있는 위험요인을 모두 찾아내어 이 위험들이 어떻게 사고로 전이되는가에 관한 사고 메커니즘(Mechanism)을 알아내어 이를 제거하거나 통제하여야 한다. 이러한 활동을 수행하기 위해서는 위에 열거한 기계·설비의 위험 특성뿐만 아니라 이들 기계·설비를 운용하는 기술위험 특성, 인간요소 특성 및 환경적 특성에 이르는 모든 위험 특성과 이들 상호 간의 작용과 연관 관계를 자세히 알아야 한다. 여기에 더하여 위험을 찾아 대처하고자 하는 의지가 있고 찾을 수 있는 도구도 있어야 한다. 즉, 위험은 찾고자 하는 노력이 부족하고 도구가 빈약하면 조직적이고 구조적으로 위험을 찾아 대처할 수 없기 때문이다.

또한 사업장에서 활용되는 생산기계·설비, 원재료 등의 물질, 인적요인 및 환경은 모두 시간과 함께 변화한다. 즉, 모든 생산활동에 관련되는 위험요인은 수시로 변화하는 것이다. 따라서 생산현장에는 생산 관련 기술이나 물리, 기계적인 관리요소가 가지는 변수가 많아서 이를 수리적 또는 실용적으로 처리하기가 쉽지 않고 생산시스템에 인간공학적인 요인이 결합되어 사회-기술적 시스템(Social-technical system)으로 작용하는 동적인 요소가 존재하기 때문에 위험요인 파악 및 사고 메커니즘 규명 등 안전관리에 어려움이 많다.

2) 시스템 안전관리

생산현장에서 이루어지는 생산활동은 기술적, 기계·설비적, 인적 및 환경적요인으로 그 자체만의 특성에 의하여 이루어지는 것은 아니다. 각 요소는 공동의 목적을 가지고 유기적인 관계로 결합되어 시스템으로 활동하고 있다. 시스템은 자연적으로 구성되었거나 인위적으로 구성되었던지 간에 모두가 많은 요소의 집합체로서 각 요소는 각기 상이한 기능을 수행하면서 상호 유기적인 관계를 유지하고, 공동의 목표를 지향하며 활동하고 있다.

안전관리는 그 구성요소의 관리만으로는 큰 의미를 가지지 못한다. 이 요소들은 유기적인 관계로 서로 간섭을 받고 독립적으로 활동할 수 없기 때문이다. 따라서 안전관리는 시스템적으로 이루어져야 소기의 목적을 달성할 수 있다.

시스템 안전은 어떤 특정한 기술적, 기계적 및 관리적인 모든 사항에 대한 위험요인을 체계적이고 적극적으로 파악하고 통제하는 데 적용하는 것이다. 어느 기계나 설비를 운영할 때 설비의 수명주기 내에 어떤 위험이 존재하여 어떤 사고를 유발할 수 있는지를 시스템의 구상 단계부터 시작하여 설계, 생산, 시험, 사용, 처분에 이르는 전 과정에 걸쳐 파악하고 통제하여야 한다. 따라서 관리요소를 시스템화하면 사고나 그 손실이 발생하기 전에 시스템 전반의 위험을 찾아내어 관리할 수 있는 장점이 있다.

그러나 시스템 안전관리를 위해서는 시스템을 잘 이해하고, 해석하여 위험성을 평가한 뒤, 시스템 내부에 무엇이 일어나고 있는지를 상세히 알아야 한다. 이러한 활동을 위해서는 시스템에 대한 다음의 가정이 필요하다.

1) 시스템은 의미 있는 요소(부분 또는 부품)로 분해할 수 있다.
2) 부분이나 부품은 작동하거나 고장이 나는데 고장 확률은 부분이나 부품이 개별적으로 분석되고 설명될 수 있다.
3) 사건의 결과나 순서는 선택한 표현에 의한 설명에 따라 사전에 정의하거나 확정할 수 있다.
4) 사건의 조합은 순서가 있고 선형이다.

이러한 가정은 기술적 시스템에는 유효할지 모르나 사회 시스템이나 조직 및 인간행동에 적용하는 데에는 한계가 있다. 다시 말하면 자동차 조립공정과 같은 다루기 쉬운 시스템은 이를 쉽게 적용할 수 있으나 병원의 비상응급실과 같은 다루기 어려운 시스템에서는 모든 것을 상세하게 설명하는 것이 불가능하므로 시스템을 요소로 분해하여 이해하기는 쉽지 않다. 따라서 시스템 안전관리 외의 발전된 안전관리 방식인 종합적인 경영차원의 안전관리를 위한 안전보건경영시스템이 필요하다.

3) 선형적 사고 및 복잡계의 패러다임

사업장에 존재하는 위험성을 평가하거나 사고 결과를 예측할 때 우리는 선형적인 사고로 접근하기 쉽다. 사고의 원인과 결과와 같은 어떤 두 가지의 인과관계가 단순히 선형(Linear)적일 것이라 생각하지만 실제로는 비선형인 경우가 많다. 특히 안전관리요소와 위험성평가 시 사용하는 변수 간의 관계는 더욱 그러하다.

우리는 대체적으로 거대한 시스템 구축을 선호하며 그 능력을 과신한다. 일반적으로 기계와 시스템을 크게 만들면 비용효율이 좋아진다고 생각하는 것이다. 그리하여 우리는 더 빠르고, 더 좋고, 더 저렴한 시스템을 요구해 왔다. 이와 같은 이유 때문에 오늘날 우리의 산업현장은 더욱 복잡해졌고 여기에 기술발전으로 인공지능(Artificial intelligence, AI), 사물인터넷(Internet of things, IoT), 디지털화, 드론, 협동로봇, 스마트팩토리 등의 첨단기술이 적용되어 더욱 큰 복잡계가 되었다.

이와 같이 단일 고장이 아닌 동시 고장 또는 동적인 요소가 더해질 경우 복잡계 시스템 거동을 정확하게 파악하기는 매우 어렵다. 그럼에도 우리는 이러한 시스템에 의존하고 있는 실정이다. 이러한 문제점들을 해소하려는 움직임으로 등장한 안전관리 체계가 종합적인 안전관리 또는 경영차원에서 안전을 체계적으로 관리하는 안전보건경영시스템이다.

4 안전보건경영시스템 발전과정

안전보건경영시스템을 효과적으로 운영하게 되면 그 기대효과로 안전보건의 체계적 관리를 통해 재해손실비용이 감소하여 경제적 효과를 극대화 할 수 있으며, 노사 스스로 위험을 발굴하여 재해예방활동으로 연계함으로써 안전문화를 정착해 나갈 수 있다.

이러한 안전보건경영시스템을 그동안 우리나라에서는 기존 KOSHA(Korea Occupational Safety and Health Agency) 18001외에도 OHSAS(Occupational Health and Safety Assessment Series) 18001, K-OHSMS 18001이란 명칭으로 안전보건경영시스템 인증제도를 유지하여 왔다.

1999년부터 시작된 안전보건경영시스템 인증제도는 국제표준으로 인정되지 못했다. 국제표준 제정은 2017년 국제표준화기구(ISO)가 ISO 45001 안전보건경영시스템에 대하여 최종 국제표준안을 공표하여 2018년 1월 25일까지 투표가 진행되어 국제표준화기구 회원국의 93%가 찬성하여 최종 안전보건경영시스템에 대한 국제표준이 되었다. 참고로 국제표준의 제정 단계는 첫 번째 단계로 예비작업항목(Preliminary work item, PWI), 두 번째 단계로 신규작업항목 제안(New work item proposal, NP), 세 번째 단계로 작업초안(Working draft, WD), 네 번째 단계로 분과위원회안(Committee draft, CD), 다섯 번째 단계로 국제표준안(Draft international standard, DIS), 여섯 번째 단계로 최종 국제표준안(Final draft international standard, FDIS)을 거쳐 최종 단계인 국제표준(International Standard, IS)이 된다.

ISO 45001 안전보건경영시스템 국제표준은 1998년에 국제표준화기구(ISO)에서 ISO 18001 이란 이름으로 국제표준화 제정작업을 추진하였으나 국제노동기구(International Labour Organization, ILO)의 반대로 그동안 OHSAS 18001은 BSI, DNV, BV 등 13개 국제인증기관들의 단체규격에 머물러 있었다. 그러나 2015년에 국제표준화기구(ISO)와 국제노동기구(ILO)가 업무협력협정(MOU)를 체결하여 ISO를 국제표준으로 만들기로 합의하면서 2018년에 국제표준으로 결실을 맺게 되었다.

2018년 3월에 발행된 ISO 45001 안전보건경영시스템 국제표준은 2013년부터 제정이 논의되었으며 최종적으로 2018년 3월 12일에 국제표준으로 발행되었다. 또한 ISO 45001은 다른 ISO 표준과 마찬가지로 상위문서구조(High level structure, HLS)를 적용함으로써 ISO 경영시스템 국제표준 프레임워크(Framework) 내에서 안전보건에 대한 새로운 국제표준을 적용하였다. 이는 ISO 9001 및 ISO 14001 등 다른 경영시스템과 쉽게 호환됨으로써 통합경영시스템(Integrated Management System, IMS) 구축이 가능하고 다른 ISO 인증을 받은 기업에 시스템 구축의 편리성은 물론 통합된 경영시스템 구축 및 운영이 가능하다는 장점이 있다.

ISO 45001 안전보건경영시스템 국제표준이 제정됨에 따라 그동안 OHSAS 18001과 K-OHSMS 18001의 인증을 유지하고 있는 기업에서는 국제표준 발간 후 3년 내에 인증 전환심사를 진행해야 하며, 각 인증기관에서는 인증심사원 자격자에 대한 전환교육도 이루어지고 있다. 또한 한국산업안전보건공단에서 시행하는 KOSHA 18001 안전보건경영시스템도 ISO 45001 인증기준을 토대로 KOSHA-MS 라는 명칭으로 새로운 국제인증기준에 따라 규격전환을 하였으며, 2019년 7월 1일에 KOSHA-MS 안전보건경영시스템으로 새롭게 인증기준을 제정하게 되었다.

이와 같이 새로운 ISO 45001 안전보건경영시스템 국제표준의 제정에 따른 변화는 기존 KOSHA 18001 인증 및 OHSAS 18001 인증사업장에 새로운 변화를 불러오게 되었으며 이에 대한 대응도 절실히 요구되고 있는 상황이다. ISO 45001의 국제표준 제정에 따라 기존의 안전보건경영시스템(KOSHA 18001, OHSAS 18001) 인증사업장의 성공적인 인증 전환은 물론, 보다 많은 사업장에서 선진화된 자율안전관리를 위해 안전보건경영시스템의 구축 활성화 및 인증사업장의 증가가 기대된다.

5 ISO 45001 제정에 따른 변화 및 대응방안

안전보건경영시스템은 사업장의 사고예방관리시스템을 자율적이고 체계적으로 구축하고 관리해 나가기 위한 최고의 선진화된 안전보건관리 기법이다. 최근 사망 등 중대재해가 다발하고 있는 협력업체의 사고가 사회적 이슈가 되어 모기업인 대기업이 협력사와 함께 더불어 살아가는 공생협력의 요구가 더욱 커지고 있는 시점이다. 대기업과 협력사가 동등한 수준의 안전보건관리를 확보하기 위해서는 협력사의 안전보건경영시스템 구축을 모기업에서 적극 지원함으로써 안전하고 쾌적한 작업환경을 만들어 주는 것이다. 이렇게 하면 노사의 신뢰를 얻음은 물론 기업의 사회적 책임을 다하는 존경 받을 수 있는 기업이 될 것이다. 많은 기업에서 위험성평가를 기반으로 선진화된 안전보건경영체계를 구축하고, 현장에 대해서는 안전보건기준을 준수하며, 안전보건관계자는 안전보건의식수준을 향상시켜 나가기 위한 안전보건경영시스템 구축 및 인증이 국제적인 안전보건경영시스템 표준(ISO 45001) 제정과 더불어 우리나라 사업장에 더욱 확산 보급되어 국가안전보건관리시스템이 한 단계 더 발전하고 활성화해 나가는 계기가 되어야 할 것이다.

안전보건경영시스템에 관한 국제표준인 ISO 45001이 2018년 3월 12일 제정·공표되어 그동안 민간인증규격 및 인증기준에 따라 수행되어 오던 안전보건경영시스템 인증제도도 국제표준에 따라 인증규격화하여 인증업무가 시행되고 있다.

경영시스템에 관한 국제표준인 ISO 9001과 ISO 14001의 선례에서 알수 있듯이 신규로 제정하여 발표된 ISO 45001 안전보건경영시스템 국제표준은 세계 각국에 통용되는 안전보건경영시스템 국제표준으로서 특히나 수출하는 기업들에게는 무역표준이나 무역장벽으로서의 역할을 하게 될 것이다. 따라서 기업에서는 안전보건경영시스템 국제표준인 ISO 45001 제정에 발맞추어 현재도 많은 대기업에서 구축하여 운영하고 있는 KOSHA 18001과 OHSAS 18001 인증기준에 따른 매뉴얼과 절차서 등 경영시스템과 안전보건 관련 법령의 준수여부를 확인하여 현장의 안전보건활동수준, 최고경영자를 비롯한 안전보건관계자의 의식수준을 높이기 위한 지속적인 노력을 계속해 나가야 할 것이다.

또한 공공기관에서 발생한 지역난방공사 열수송관 누수사고(18.12.4), KTX 강릉선 탈선사고(18.12.8), 서부발전 청년근로자 사망사고(18.12.11) 등의 대형사고가 발생함에 따라 국민의 생명과 안전을 보호하기 위한 공공기관의 역할을 강화하기 위해 공공기관 안전강화 종합대책을 마련하여 국민의 생명과 안전을 최우선 가치로 삼고 이를 현장에 뿌리내리도록 공공기관 안전관리체계를 근본적으로 강화하였다. 이에 따른 추진경과를 보면 공공기관 안전관리 강화 회의(18.12.21, 기재부 주재)를 통해 "안전관리 실태 전수조사"를 실시(18.12~19.4)하였으며, 정부 합동 태스크포스(Task Force, TF), 기관별 안전점검, 전문가 의견수렴 등을 거쳐 작업장·시설 안전을 포함한 종합안전대책을 마련하기에 이르렀다. 이러한 가운데 공공기관의 안전관리 중점 기관 추진과제를 보면 중대한 산업재해가 발생하거나 중요 시설물을 운영하는 기관을 안전관리 중점기관으로 지정하였고 안전보건경영을 유도하기 위해 안전관리계획·활동 등의 적절성 여부를 평가하고 안전보건경영시스템 인증을 추진하도록 하고 있다.

OHSAS 18001 인증사업장은 계속해서 안전보건경영시스템 인증을 유지하기 위해서는 ISO 45001 인증기준에 따라 2021년 3월 12일까지 전환심사를 받아야 하나 코로나 19의 영향으로 9월까지 연장되었다. 안전보건공단을 비롯한 인증기관에서도 ISO 45001 제정에 따라 우리나라 공공기관을 비롯한 사업장에 선진화된 안전보건경영시스템을 보다 많이 확산시키고 발전시켜 나가기 위해 ISO 45001과 KOSHA-MS 인증을 확대하고 효과적으로 발전시켜 나가는 방안을 강구해야 할 것이다.

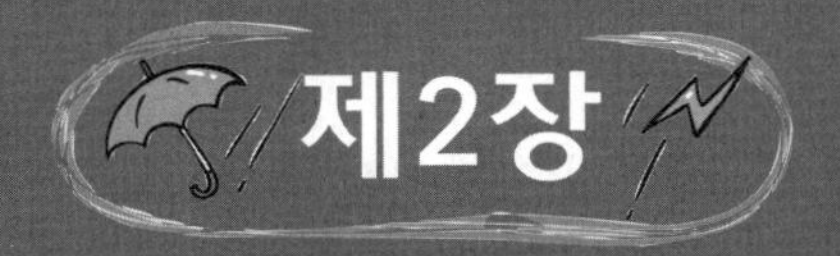

안전보건경영시스템 개요

1. 안전보건경영시스템 정의
2. 안전보건경영시스템 도입배경
3. 안전보건경영시스템 인증규격
4. 안전보건경영시스템 제정경과
5. 국내외 안전보건경영시스템의 종류
6. 안전보건경영시스템 인증현황
7. 안전보건경영시스템 인증 시 기대효과

1 안전보건경영시스템 정의

안전보건경영시스템이란 최고경영자가 경영방침에 안전보건정책을 선언하고 이에 대한 실행계획을 수립(Plan)하여 이를 실행 및 운영(Do)하고 점검 및 시정조치(Check)하여 그 결과를 최고경영자가 검토하고 개선(Action)하는 등 P-D-C-A 순환과정을 통하여 사업장의 안전보건관리에 관한 모든 활동을 시스템적이고도 자율적으로 관리해 나가기 위해 조직이 만든 문서화된 안전보건경영체계를 말한다.

사업장의 안전보건경영활동은 기업경영의 측면에서 볼 때 일종의 투자일 수 있다. 즉, 경영활동을 위한 제반체계 속에는 반드시 인력과 조직 및 예산이 포함될 수밖에 없으며, 이러한 영역에서 활동은 생산활동과 비교한 기회비용을 고려하지 않을 수 없기 때문이다. 다만, 정부의 규제에 의해 이루어지는 제반활동이 법적 준수만을 위한 활동에 그치지 않고 산업재해 발생 손실을 예방하기 위한 이익이 존재하여야 하며, 산업안전보건경영활동 자체의 경제성이 유지될 필요가 있다. 일반적으로 산업안전보건경영활동은 기업에 이윤을 가져다주는 것으로 알려져 있다.

이러한 측면에서 안전보건경영시스템은 재해를 예방하기 위한 선진화된 안전보건관리 기법 중의 하나이다. 우리나라 안전보건경영시스템의 인증기관 및 인증기준을 관리하는 한국인정지원센터(Korea Accreditation Board, KAB)의 안전보건경영시스템 요구사항에서는 안전보건경영시스템을 조직이 안전보건방침을 개발하여 실행하고 안전보건리스크를 관리하는데 활용하는 경영시스템의 일부라고 정의하고 있다.

안전보건경영시스템에서 경영이란 조직을 대상으로 하며 조직이 추구하는 바를 관리하고 운영하는 것을 말하는데 경영시스템에서의 조직은 기업, 국가, 행정기관 등을 의미한다. 그리고 기업은 재화나 서비스를 생산하거나 유통하여 경제적인 이익을 얻는 조직이라 할 수 있다.

조직의 관리와 운영은 "계획-실행-통제"라는 과정을 통해 이루어진다. 이것을 경영관리의 3대 핵심과정이라고 하며 조직이 복잡해지면서 당연히 조직관리와 운영과정도 복잡해진다고 할 수 있다. 그러나 기본적인 프로세스와 원리는 동일하다고 볼 수 있는데, 계획을 수립한 후 이를 실행하고 그 결과에 따라 계획을 수정·보완하여 실행에서의 문제점을 수정해 나가는 통제과정을 거친다.

이와 같이 안전보건경영시스템은 최고경영자와 근로자가 서로의 권한과 책임을 정하고 위험성 평가를 통해 사업장 내에 산재하고 있는 각종의 유해·위험요소를 제거하거나 감소시키기 위한 활동으로 다음 [그림2-1]에서와 같이 P-D-C-A 순환구조를 가진다. 안전보건경영시스템은 사업주가 안전보건에 관한 사항을 경영방침에 반영하고 이에 따른 기준과 세부 실행지침을 규정하여 안전보건계획에 따른 실행 결과를 자체 평가한 후 개선하는 등 재해예방, 손실감소 등의 활동을 보다 체계적으로 추진하도록 하기 위한 자율안전보건관리체계라고 말할 수 있다.

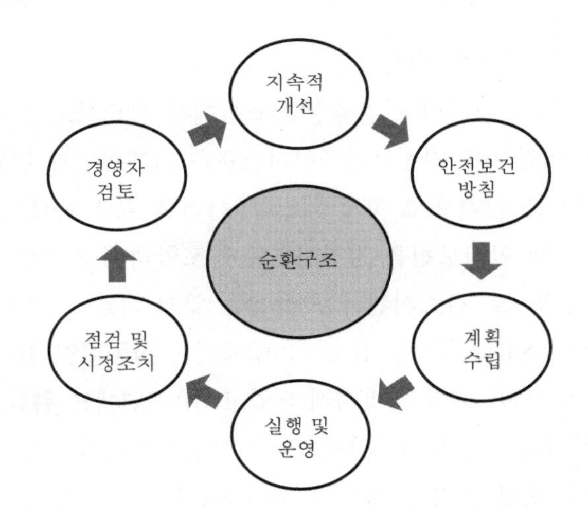

[그림 2-1] 안전보건경영시스템의 순환구조(PDCA사이클)

2 안전보건경영시스템 도입배경

세계 역사 발전에 따른 법제화된 안전보건활동을 살펴보면 18세기 영국에서는 공장법(Factory Act)이 제정되어 안전한 작업조건 및 작업시간에 대한 표준이 제정되었다. 또한 독일에서는 18세기 근로자 보상법이 제정·시행되었으며, 20세기에 접어들면서 북미에서는 산업화가 시작되어 각종 재해가 증가하게 되었고 근로자를 상해로부터 보호 및 보상하기 위한 여러 법률이 제정되었다. 마찬가지로 유럽지역에서도 100여 년 전 산업혁명을 시작으로 산업활동이 증가함에 따라 산업재해 및 직업병이 발생하기 시작하여 사회적 문제로 발전하면서 안전보건활동에 대해 심각한 논의가 이루어 졌다. 또한 1919년에는 국제노동기구(ILO)가 설립되어 장해보상기준 및 직업병 인정기준 등이 마련되었다. 2차 세계대전 이후 전자, 석유화학 및 중공업 산업의 급속한 발전으로 안전사고가 급속히 증가하고 새로운 직업병이 발생하였으며, 근로자들의 생활수준 향상과 노동조합의 영향력이 강화됨으로써 안전보건에 관한 사전예방대책에 대해 국가적 관심이 고조되었다.

따라서 정부는 나름대로의 강력한 안전보건정책으로 기업을 규제하려 했으나 오히려 강제적 관리방식은 한계를 드러내게 되었고, 이러한 차원에서 이제는 사업장 내 안전보건문제를 경영의 한 범주로 간주하였다. 사실 산업안전보건 분야의 연구는 산업혁명을 제쳐 두고는 말할 수가 없다. 많은 근로자가 공장에 모여 일하는 과정에서 안전이 담보되지 않은 열악한 작업환경 때문에 산업재해로 희생되는 일이 많아지면서 이를 예방하기 위한 노력이 생겨나게 된 것이다.

선진국에서도 처음에는 재해를 줄이기 위해 제도적인 규제와 기술적인 대책으로 산업재해를 예방하고자 하는 노력을 계속해 왔지만, 어느 시점에서는 재해가 감소하기 보다는 오히려 증가하거나 거의 변화가 없는 추세로 나타났다. 즉, 안전보건관리에 대한 꾸준한 노력으로 산업재해의 증가를 억제하는 성과는 일부 있었으나 산업현장에는 유해·위험요인(Hazard)과 위험성(Risk)

이 여전히 존재하기 때문이라 할 수 있다.

이에 따라 영국에서는 안전보건관리를 기업경영의 틀에서 관리하고자 하는 노력으로 안전보건경영시스템을 시작하게 되었으며, 안전보건경영시스템은 잠재위험과 위험성을 찾아서 사전에 예방할 수 있는 위험성평가를 근간으로 하게 되었다. 이러한 흐름 속에서 재해를 예방하기 위해서는 기술적인 대책과 함께 안전보건을 경영시스템에 포함하여 시스템적으로 접근하는 것이 산업재해를 예방하고 지속적으로 감소시킨다는 사실을 알게 되었다. 이에 따라 1991년 영국의 산업안전보건청(Health and Safety Executive, HSE)에서는 성공적인 안전보건경영지침 HS(G)(Health and Safety(Guidance)) 65를 개발하게 되었고, 1992년에는 위험성평가에 관한 사업장의 안전보건규정을 제정하였다. 안전보건경영시스템은 산업현장에서 모두가 참여한 가운데 쾌적한 작업환경 및 재해예방을 위한 관리시스템인 P-D-C-A사이클을 체계화한 것이라 할 수 있다.

우리나라 고용노동부에서는 1999년 초 산업안전보건법에 정부의 책무로서 자율안전보건경영시스템을 명시하고, 안전보건공단으로 하여금 KOSHA 18001 인증제도를 시행하기에 이르렀다.

3 안전보건경영시스템 인증규격

안전보건경영시스템 인증규격은 ISO 45001 국제표준이 제정되기 전 KOSHA 18001, OHSAS 18001 및 K-OHSMS 18001 인증규격의 3가지 종류로 운영되어 왔다. KOSHA 18001은 한국산업안전보건공단(Korea Occupational Safety & Health Agency, KOSHA)이 영국의 국내표준(British Standards, BS)인 BS 8800을 기반으로 하여 국내외 다양한 안전보건제도를 참조하고 우리나라 실정에 맞도록 재구성한 인증규격으로 안전보건전문기관인 안전보건공단이 인증심사를 하고 인증서를 수여하는 규격이라 할 수 있다.

OHSAS 18001은 외국의 글로벌 인증기관들이 컨소시엄을 구성하여 ISO 9001(품질경영시스템)과 ISO 14001(환경경영시스템) 인증규격을 기초로 개발한 안전보건경영시스템 인증규격으로, BSI(British Standards Institution), BVQI (Bureau Veritas Quality International), DNV (Det Norske Veritas), LRQA(Lloyd's Register Quality Assurance), SGS(Société Generale de Surveillance) 등 13개의 다양한 국제인증기관에서 개발한 인증규격이다. ISO 국제규격으로 채택되지 못한 민간인증기관의 단체규격이지만 국제적으로 널리 통용되고 활용되어 왔다.

K-OHSMS 18001은 한국인정지원센터(KAB)에서 OHSAS 18001 인증규격을 한글판으로 번역하여 국가기술표준원에 국내표준으로 등록한 안전보건경영시스템 인증규격이다. 이것은 OHSAS 18001의 한국판 인증규격이기 때문에 K-OHSMS를 인증받을 경우 OHSAS도 동시에 인증되므로 OHSAS 규격이 필요한 국내 업체들은 대부분 K-OHSMS 인증을 받았다.

이와 같은 3종류의 안전보건경영시스템 인증규격은 ISO 9001(품질경영시스템)과 ISO 14001(환경경영시스템)의 문서적 통합운영이 가능한 경영체계로 만들었으며, 안전보건경영시스템과 다른 경영시스템과의 상호 관계를 보면 [그림 2-2]와 같다.

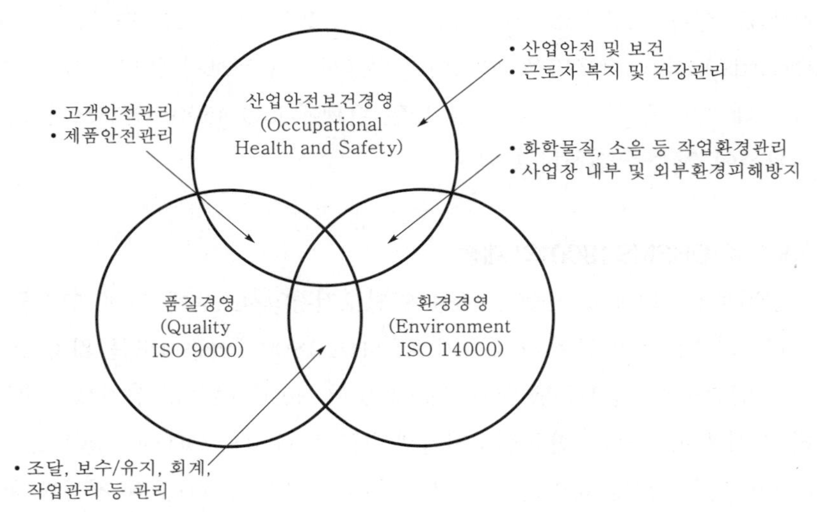

[그림 2-2] 품질경영시스템, 환경경영시스템, 안전보건경영시스템의 관계도

안전보건경영시스템은 전형적인 Top down방식으로 최고경영자의 주도하에 안전보건방침을 설정하고 각종 매뉴얼, 절차서, 지침서 등 시스템을 구축하여 조직과 예산을 가지고 조직구성원 모두가 참여하여 지속적으로 산업재해를 예방하는 체계적인 안전보건관리 활동 기법이며, 이를 통해 최종적으로는 조직의 안전문화를 구축하고 발전시켜 나가는 것이라고 할 수 있다.

4 안전보건경영시스템 제정경과

1) OHSAS 18001의 제정

국제적으로 안전보건경영시스템에 관한 기준이 처음 만들어진 것은 1996년에 영국표준협회(BSI)에서 안전보건경영시스템(BS 8800)에 관한 표준을 처음 제정하여 공표한 후부터이다. 이후로 국제표준화기구(ISO)에서는 안전보건경영시스템에 관한 국제표준 ISO 18001을 제정하기 위해 몇 차례 시도하였으나 근로자의 안전보건에 관한 권익보호 기준제정은 국제노동기구(ILO)가 주도한다는 ILO의 반대로 국제표준화 제정작업이 무산되었다.

이에 영국표준협회(BSI), 디엔브이(DNV), 뷰로베리타스(BVQI) 등과 같은 국제적인 13개 인증기관이 모여 BS 8800 안전보건경영시스템 표준을 토대로 안전보건경영시스템에 관한 인증규격인 OHSAS 18001을 제정하여 1999년 초에 발표하였다. 이를 계기로 많은 국가의 인증기관에서 OHSAS 18001 인증을 실시하여 왔으며, 현재까지 전 세계적으로 170여개국에서 30만 여건의 인증서가 발행되었다고 보고되고 있다.

세계 각국에서는 OHSAS 18001 인증규격을 바탕으로 각 국가별 특성에 적합한 인증제도를 마련하여 시행하였으며, 호주는 AS/NZS(Australian/New Zealand Standard) 4801을 2000년에 규격화하였고, 싱가포르는 SS506을 2004년에 발표하였다. 또한 미국은 ANSI(American National Standards Institute) Z10을 2005년에 발표하여 안전보건경영시스템에 대한 인증제도를 시행 중이었는데 각국에서는 2018년 3월 12일 발행된 ISO 45001 안전보건경영시스템을 국제표준으로 전환하여 인증을 실시하고 있다.

2) KOSHA 18001, K-OHSMS 18001의 제정

국내에서는 안전보건공단에서 1999년 6월 안전보건경영시스템에 관한 인증규격인 KISCO 2000 프로그램을 최초로 발표하여 현재까지 KOSHA 18001 인증제도를 거쳐 2018년 3월 공표된 ISO 45001 안전보건경영시스템 국제표준에 맞춰 KOSHA-MS 안전보건경영시스템 인증제도로 전환하여 시행하고 있다. 한국인정지원센터(KAB)에서도 OHSAS 18001을 기반으로 한 K-OHSMS 18001 인증제도를 운영하여 오다가 ISO 45001 국제표준의 제정과 함께 국가기술표준원에서 공표한 안전보건경영시스템 - 요구사항 및 사용지침(KS Q ISO 45001:2018)에 따라 ISO 45001 안전보건경영시스템 국제표준을 바탕으로 안전보건경영시스템 인증제도를 시행하고 있다.

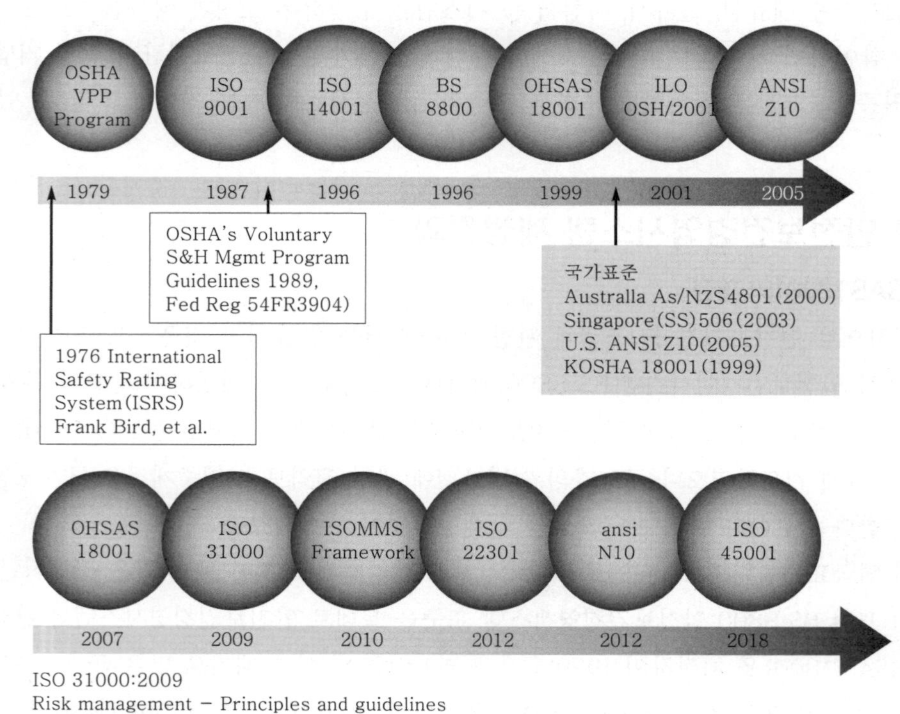

[그림 2-3] 안전보건경영시스템 제정경과

3) ISO 45001의 제정

안전보건경영시스템을 국제표준화함으로써 국제적으로 통일된 사업장의 자율안전보건관리체계를 구축하고 근로자의 산업재해를 예방하기 위한 노력은 영국표준협회(BSI)의 안전보건경영시스템 기준(BS 8800)이 만들어진 지난 1996년부터 몇 차례 시도하였다. 그러나 근로자 권익보호 등을 주장해온 ILO의 반대로 무산되어 오다가 지난 2013년 ILO와 ISO가 국제표준 제정에 상호 합의하면서 안전보건경영시스템에 대한 국제표준(ISO 45001)제정이 추진되었다.

국제표준화기구(ISO)에서는 2013년 6월에 안전보건경영시스템 국제표준제정위원회(ISO 45001 PC 283)를 구성하고, 같은 해 8월에 ISO-ILO 간 국제표준 제정을 위한 업무협약(MOU)을 체결하였다. 그해 10월 영국 런던에서 제1차 회의를 거쳐 총 6차례의 표준제정을 위한 국제회의를 개최하여 2018년 ISO 45001 안전보건경영시스템 국제표준을 공표하였다. 2015년 9월 21일부터 9월 25일까지 스위스 제네바 국제노동기구(ILO)에서 개최한 제4차 회의에서 안전보건경영시스템에 관한 국제표준초안(DIS)을 제정하여 투표한 결과 승인·의결되어 통과되었다. 2016년 5월에 ISO DIS 45001 최종안에 대한 회원국 투표를 진행하였으나 의결 정족수인 3분의 2찬성에 미달되어 부결된 바 있다. 당초 계획일정이었던 2016년 9월경 안전보건경영시스템 국제표준(ISO 45001)을 공표(Publishing) 할 계획으로 추진되었으나 부결되어 2017년 말레이시아 말라카에서 제6차 회의를 하고 10월에 재투표를 실시하여 결국 ISO 45001 제정에 합의하면서 2018년 3월 안전보건경영시스템에 관한 국제표준(ISO 45001)이 공표되었다.

☐ ISO 45001 제정경과

- 2013. 6월 : ISO 45001 PC 283 구성
- 2013. 8월 : ISO-ILO 업무협약체결(MOU)
- 2013. 10월 : ISO/PC 283 제1차 회의 개최(런던)
- 2014. 3월 : ISO/PC 283 제2차 회의 개최(카사블랑카)
- 2014. 3월 : ISO 45001 PC 283 위원회초안(CD1) 발표
- 2014. 6월 : 위원회초안(CD1)에 대한 검토의견 수정안 발표
- 2015. 1월 : ISO 45001 PC 283 위원회수정안(CD2) 발표
- 2015. 1월 : ISO/PC 283 제3차 회의 개최(트리니다드)
- 2015. 6월 : ISO 45001 PC 283 위원회수정안(CD2)
- 2015. 9월 : ISO/PC 283 제4차 회의 개최(제네바) 및 DIS초안 발표
- 2015. 11월 : DIS초안에 대한 검토의견 반영 발표
- 2016. 1월 : ISO DIS 45001 최종안 발표
- 2016. 5월 : ISO DIS 45001 최종안 투표(부결)
- 2016. 6월 : ISO/PC 283 제5차 회의 개최(토론토)

ㅇ 2017. 6월 : ISO/PC 283 제6차 회의 개최(말라카)
ㅇ 2017. 10월 : ISO FDIS 45001 최종안 투표(가결)
ㅇ 2018. 3월 : ISO 45001 공표
ㅇ 2019. 1월 : KS Q ISO 45001 : 2018 공표
※ CD : Committee Draft, DIS : Draft International Standard
FDIS : Final Draft International Standard

5 국내외 안전보건경영시스템의 종류

1) 국제 안전보건경영시스템

선진국에서는 안전에 대한 기준을 강화하고 있으며, 안전사고 발생 시 보상비용, 설비 가동정지에 따른 손실 증가, 취급하는 유해물질 증가, 근로자의 안전요구사항 증가, 사업장 지역주민의 안전사고 불안감 및 요구사항 증대 등의 여러 가지 이유로 사고예방에 더욱 심혈을 기울이고 있다.

미국의 경우에는 1984년 인도 보팔(Bhopal)시에서 발생한 메틸이소시아네이트(Methylisocyanate, MIC)가 대량으로 누출되어 약 3,000명이 사망하고 10,000여명의 부상자 및 경제 손실액이 60억불로 추정되는 대형사고가 발생함에 따라 위험플랜트에 대하여 미국 산업안전보건청(OSHA)에서 1992년부터 유해·위험설비로부터 중대산업사고를 예방하기 위해 적용하는 안전관리시스템인 공정안전관리(Process Safety Management, PSM)제도를 의무화하여 실시하고 있다. 또한 안전관리시스템을 도입·운영하여 나타난 효과를 분석한 결과, 종합 안전관리시스템인 PSM을 도입한 5년 후 사망자 132명, 부상 등은 연간 767명이 감소하여 42%의 재해감소효과를 보았으며, 경제비용으로는 시행 5년간 연 7.2억불, 시행 6년부터 10년간은 연간 14.4억불의 비용을 절감하였다고 보고되고 있다. 그리고 다국적 기업인 미국 듀폰사는 초일류 안전경영회사로 안전을 경영의 핵심가치로 정하고 무사고에 의해 회사 내 직원에게 신뢰감을 제공하고 있으며 자사의 안전경영을 상품화하여 전 세계 기업에 제공함으로써 회사의 부가가치를 높이고 있다.

국제기구인 ILO에서도 국제적인 화학사고예방 안전대책으로 1991년에 중대산업사고예방(Prevention of major industrial accident)규격을 발간하여 1994년에 협약(Convention) 제174호로 채택하여 회원국에 도입을 권고하고 있다.

이와 같이 선진국에서는 안전보건문제를 제도와 규제의 방식이 아닌 경영시스템과 통합하여 관리하는 방식, 즉 사전적 예방 접근방식인 시스템적인 경영으로 전환하여 관리하고 있다. 각 국가나 안전전문기관에서는 안전보건경영시스템의 중요성을 인지하여 자국에 적합한 안전보건경영시스템을 도입하여 실행하고 있는데, 외국의 주요 안전보건경영시스템은 다음과 같다.

(1) OHSAS 18001

OHSAS 18001은 대표적인 국제 안전보건경영시스템으로 ISO가 인정한 규격은 아니지만 주요 글로벌 인증기관이 합의하여 만든 규격으로 BS 8800에 따른 산업안전보건경영의 가이드 규격을 기준으로 하여, 1999년 4월 여러 인증기관들의 인증기준을 통일화시킨 것이다. 국제인증기관들은 OHSAS 18001 인증규격과 이 규격을 수행하기 위한 OHSAS 18002 지침서를 마련하여 조직이 위험성을 관리하고, 성과를 개선하도록 안전보건경영시스템에 대한 요구사항을 규정하고 있다.

가) OHSAS 18001 인증제도

OHSAS 18001은 13개의 국가표준기관과 글로벌 인증기관 등이 참여하여 제정한 안전보건경영시스템 단체규격으로 조직이 자율적으로 산업재해예방을 위해 유해·위험요인을 파악하고 이를 개선하며 지속적으로 재해예방을 관리하기 위한 기준을 준수하고 있는지를 평가하는 인증시스템이라 할 수 있다. OHSAS 18001 규격은 OHSAS Project 그룹에서 제정하였으며, OHSAS Project 그룹은 여러 나라의 인증기관들이 주체가 된 모임으로 안전보건경영시스템 규격개발 등을 수행하며 BSI가 간사기관을 담당하였다.

OHSAS 18001 인증규격은 BSI를 중심으로 로이드, DNV, BVQI 등의 국제적 인증기관들이 OHSAS 18001 규격 수행을 위한 OHSAS 18002 지침서를 마련하였는데, ISO에서 2018년 국제표준으로 안전보건경영시스템(ISO 45001)이 채택되기 이전에 사업장의 안전보건경영시스템 구축을 통한 재해예방과 인증시장 활성화를 위해 만든 규격이라 할 수 있다. 또한 OHSAS 18001 규격은 품질경영시스템과 환경경영시스템의 통합운영이 가능하도록 ISO 9001(품질)과 ISO 14001(환경) 규격을 바탕으로 개발되었다.

나) OHSAS 18001의 적용범위 및 참조규격

OHSAS 18001의 적용범위는 제품 안전이나 서비스 안전이 아닌 사업장 내에서의 안전보건에 대하여 규정하고 있다. 또한 참조규격으로는 OHSAS 18001의 실행 가이드라인인 OHSAS 18002와 영국의 산업안전보건경영시스템 가이드인 BS 8800을 들 수 있다.

다) OHSAS 18001의 목적

OHSAS 18001은 조직이 자율적으로 안전과 보건에 관련된 재해를 사전에 예방하기 위하여 정기적으로 위험도를 자체평가하고 위험도의 경중에 따라 지속적인 개선 및 관리를 실시함으로써 근로자에게 안전한 작업환경을 제공하는 데 그 목적이 있다.

라) OHSAS 18001의 구성요소

OHSAS 18001의 구성요소는 크게 일반요건, 목표, 점검·시정조치 및 경영 검토로 이루어져 있으며, 구성요소는 〈표 2-1〉과 같다.

〈표 2-1〉 OHSAS 18001의 구성요소

구 분	구 성 요 소
일반요건	– 안전보건경영방침 – 위험요인 파악 – 위험성평가 및 관리의 계획 – 법규 및 그 밖의 요건
목 표	– 안전보건경영 추진계획 – 실행 및 운영 – 구조 및 책임 – 훈련, 인식 및 자격 – 협의 및 의사소통 – 문서화, 문서, 데이터관리 – 운영관리 – 비상사태 대비 및 대응
점검·시정조치	– 성과측정 및 모니터링 – 사고, 사건, 부적합사항, 시정·예방조치, 기록, 기록관리 – 감사
경영 검토	

마) OHSAS 18001의 필요성과 기대효과

작업 관련 사고와 질병을 방지하기 위해 기업은 작업과 관련된 많은 유해·위험인자를 줄이는데 노력하여야 한다. OHSAS 18001은 이러한 유해·위험인자를 줄임으로 인해 불필요한 손실비용을 절감하는 효과적인 안전관리 기법으로 인정되고 있다.

OHSAS 18001 인증기업의 기대효과로는 조직의 인적자원 보호, 산업안전보건의 신뢰도 향상, 사고, 재해 및 질병 등으로부터 야기되는 비용의 절감, 국제적으로 높은 인지도와 수용성을 가진 인증서 획득, 지속적인 개선활동을 위한 객관적인 조언 획득, 시스템의 효율성과 해당 지역에서의 실효성 확인, 조직 내 위험성 감소 및 위험관리를 통한 개선, 재해율의 감소 및 직장 분위기의 향상, 품질경영시스템 및 환경경영시스템과의 통합된 경영시스템 구축, 이해관계자 및 기업의 사회적 요구에 부응 등을 들 수 있다.

(2) 영국의 안전보건경영시스템

영국은 산업화에 따른 산업재해가 발생함에 따라 재해를 예방하고자 규제방안으로 세계에서 최초로 건강 및 안전에 관한 내용을 포함한 공장법(Factory Act)을 1819년에 제정하였으며, 1844년에는 부녀자의 근로시간을 12시간 이내로 제한하였고, 근로감독관 제도를 시행하는 등 근로자의 안전과 보건에 관심을 기울였다. 그리고 1991년에는 정부기관인 안전보건청(HSE)에서 개발한 안전보건경영지침과 1992년에 제정한 위험성평가에 관한 안전보건관리규정을 토대로 안전보건경영시스템을 운영하였다.

영국은 특히 안전보건경영시스템의 구축 및 운영방법을 사업장에 제공하고 있으며 사업장은 반드시 위험성평가를 실시하고 그 기록을 유지하도록 하고 있다. 사업주는 위험성평가를 통하여 도출된 위험요소 제거를 위한 조치를 하도록 하고 있으며 위험성평가 및 개선대책에 대한 수행 가능한 담당자를 선임하도록 하고 있다.

영국표준협회(BSI)는 1996년 산업안전보건관리 표준화 정책위원회에서 이러한 규정과 지침을 기반으로 BS 8800이라는 산업안전보건경영시스템 지침을 개발하였고, 1999년 국제적인 인증기관과 함께 OHSAS 18001을 발표하면서 BSI를 주축으로 다수의 인증기관들이 전 세계에 안전보건경영시스템을 보급하고 있다. 우리나라에서도 KOSHA 18001 안전보건경영시스템 도입 시 영국의 안전보건경영시스템 표준을 참조하여 국내 안전보건경영시스템을 도입하였다. 이에 따라 영국의 안전보건경영시스템은 안전보건청(HSE)의 HS(G)65를 바탕으로 한 영국표준협회(BSI)의 BS 8800을 들 수 있다.

가) 안전보건청(HSE)의 HS(G)65

영국은 산업활동에 따른 안전보건문제를 단일법으로 규정하여 안전보건위원회(Health and Safety Commission, HSC)와 안전보건청(HSE)에서 광산 및 핵시설, 공장, 병원, 농장, 해상의 채유설비와 근로자 및 국민 보호에 관한 안전업무를 총괄하여 담당하고 있다. 지방 정부는 도·소매업, 서비스 부문에 대한 안전문제를 규제하고 관리하는 책임을 지고 있다. 1974년에 산업안전보건법이 제정되어 안전보건위원회에서 현대적 의미의 세분화된 기준을 마련하게 되었는데, 1974년에 현대적 체제의 안전보건법령이 제정됨에 따라 안전보건위원회에서는 안전보건기준을 어느 곳이나 적용 가능하게 제정하였으며, 그것이 바로 HS(G)65이다.

이러한 HS(G)65는 산업안전보건법에서 사업주가 근로자에 대하여 책임지는 의무와 근로자가 이행하여야 할 의무에 의해 안전보건에 관련된 책임을 모두 적시하고 있으며, 안전관리자나 안전보건에 책임이 있는 관리자 및 경영자를 위하여 제정되었다. 또한 근로자 대표에게도 안전보건의 원칙이나 프로그램의 개선, 자체감사 또는 자체평가를 개발하는 데 도움을 줄 수 있도록 하고 있다. HS(G)65의 주요 구성요소는 방침, 조직, 계획, 성과측정과 자체감사 및 성과검토로 주요 내용은 다음과 같다.

(가) 방침

안전보건방침은 안전보건에 관한 명확한 방향을 제시하여 조직이 이를 따를 수 있도록 해야 한다. 또한 안전보건방침은 지속적인 개선을 위한 약속으로서 사업을 하는 모든 곳에 필요하다.

(나) 조직

조직은 방침을 전달하기 위해 효율적인 안전보건경영시스템을 구축하고 협의해야 한다. 단순히 사고를 피하기 위해서가 아니라 근로자들의 건강을 보호하고 안전하게 작업하기 위해서는 모든 근로자들에게 동기와 권한이 부여되어야 하며 조직의 비전이나 가치관 및 신뢰에 대한 공동 이해를 함께하고 역동적인 리더십으로 적극적인 안전보건문화를 정착해야 한다.

(다) 계획 및 실행

계획의 목적은 위험성을 최소화하는 데 있으며, 위험요인의 사전제거와 위험성 감소를 위한 우선순위 목표를 정하는 데 있다. 계획은 효과적인 안전보건경영시스템을 통해 안전보건방침을 계획적으로 실행하는 체계적인 접근방법이다. 만일 위험성을 제거할 수 없는 경우에는 위험성을 최소화하여야 하는데 이러한 방법은 위험성평가의 개선원칙에 입각해야 한다.

(라) 성과측정

어떠한 개선이 필요한지를 파악하기 위하여 정해진 규격에 따라 성과를 측정한다. 적극적인 자체점검(Self-monitoring)으로 효과적인 안전보건경영시스템이 얼마나 기능을 발휘하고 있는지 알 수 있다. 점검은 개개인의 행동과 성과를 포함한다.

(마) 자체감사·성과검토

조직에 있어서 이행정도를 체계적으로 검토하는 방법은 전체적인 안전보건경영시스템에 대한 감사자료와 점검으로부터 얻어진 자료를 기초로 한다. 이것은 산업안전보건법(Health and Safety at Work etc. Act, HSW Act)의 제2조에서 제6조까지의 법적 준수가 기본이 되며 여기에는 일관된 방침, 시스템 및 위험성 관리기술의 개발과 지속적인 개선이 필요하다. 성과는 주요 성과지표에 대한 내부자료와 외부의 경쟁상대와 비교하여 측정할 수 있다.

(바) 운영절차 및 인증

자율적인 지침이기 때문에 기업에서 자발적으로 이행토록 하고 있어서 별도의 운영절차 및 인증제도는 마련하지 않고 있다.

나) 영국표준협회(BSI)의 BS 8800

BS 8800은 경영시스템 전문위원회의 감독 아래 기술위원회 HS/1에서 작성하였으며, 안전보건경영시스템에 대한 지침을 제공하여 설정된 안전보건방침과 목표를 준수하고 안전보건이 조직 내의 총체적 경영시스템으로 통합될 수 있도록 지원하기 위한 것이다. 이 지침에서는 권고사항을 담고 있으므로 반드시 준수해야 하는 규정으로 "인용되거나 인증을 목적으로 사용되어서는 안 된다"라고 규정하고 있다. 또한 직업병이나 사고를 예방하기 위해 조직활동을 관리하고 산업안전보건을 위한 포괄적인 법적 기틀은 이미 마련되었다는 전제 아래 만들어진 지침이라 볼 수 있다. 이것은 법을 기초로 하고 있기는 하나 반드시 준수해야 하는 법적 근거나 규정은 아니다. 이러한 BS 8800 지침(Guide)은 근로자 및 다른 사람의 위험성을 최소화하며 업무성과를 개선하여 책임감을 가진 기업 이미지를 만들 수 있도록 지원한다는 취지 아래 제정되었다.

BS 8800 지침의 구성내용을 살펴보면 본문과 부속서로 구성되어 있는데, 본문은 제1장에서 제4장으로 구성되어 있으며 각각 적용범위, 참조규격, 용어의 정의, 안전보건경영시스템 구성요소로 구성되어 있다. 또한 부속서는 A. ISO 9001 품질경영시스템과의 연계, B. 조직화, C. 계획 및 이행, D. 위험성평가, E. 성과측정, F. 감사로 구성되었다. BS 8800의 구성요소는 [그림 2-4]와 같다.

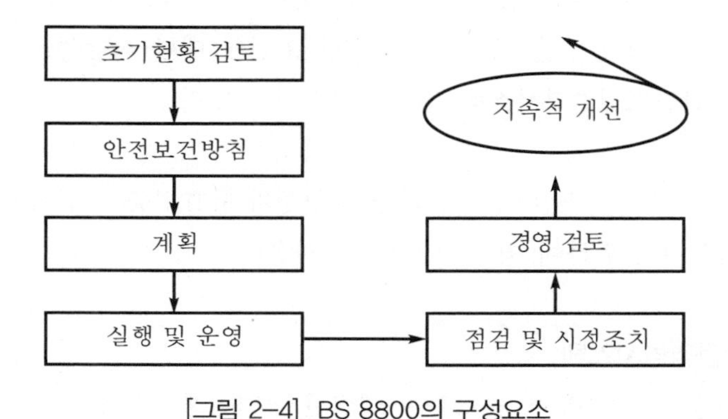

[그림 2-4] BS 8800의 구성요소

(가) 초기현황 검토

조직이 가지고 있는 안전보건상의 제반 현상을 파악하고 향후 위험성평가를 수행하기 위한 자료와 최고경영자의 안전보건방침을 설정하기 위한 정보를 제공한다. 이러한 사항은 초기에 현황 검토가 필요하다.

(나) 안전보건방침

안전보건에 관한 목표를 달성하기 위하여 조직은 올바른 방향을 제시해 줄 수 있는 안전보건방침을 설정하여야 한다. 조직의 최고경영자는 안전보건방침을 설정하고 문서화하여 승인하여야 한다.

(다) 계획

안전보건방침을 효과적으로 이행하기 위해서는 체계적이며 활동적인 조직과 계획적인 접근이 요구된다. 이러한 계획은 위험 제거 및 위험성 감소를 위한 우선순위 결정을 위해 위험성평가 방법을 사용한다. 우선 위험성평가에 대한 기준이 설정되고 이에 따라 위험의 제거 및 감소를 위한 위험성평가가 이루어진다.

이러한 과정은 ISO 9000 품질경영시스템 시리즈나 ISO 14001 환경경영시스템과 같은 경영시스템에서 채택되고 있는 PDCA 사이클 개념과 같다. 안전보건방침에서 설정된 것을 일정 및 방법, 이에 따른 책임과 위험성평가, 법규 및 그 밖의 요구사항, 안전보건관리의 세부적인 계획을 포함한 계획을 작성하는 것이 필요하다.

(라) 실행 및 운영

실행 및 운영이라 함은 목표를 달성하기 위하여 인적자원 및 물적자원을 통하여 실시하는 단계이며, 이를 실행하기 위해서는 구조 및 책임, 교육·훈련 및 자격, 의사소통, 문서화, 문서관리, 운영관리, 비상시 대비 및 대응사항에 초점을 두고 있다.

(마) 점검 및 시정조치

점검 및 시정조치는 시스템상의 문제점을 찾고 이러한 문제를 해결하는 과정이라 할 수 있다. 점검 및 시정조치 과정에서는 시스템 수행에 따른 감시 및 측정, 평가, 문제 발생 시 정확하고 근원적인 시정조치 마련, 안전보건경영시스템의 요구조건에 대한 적합성을 제시하기 위한 안전보건기록의 유지 및 안전보건경영시스템 감사로 구성하고 있다.

(바) 경영 검토

경영 검토는 안전보건경영시스템 목표에 대한 적합성과 유효성을 확인하고 처음 의도한 목표에 만족하는지를 확인하기 위하여 최고경영자가 실시한다.

(3) 미국의 안전보건경영시스템

미국은 1970년 산업안전보건법에 근거하여 설립된 산업안전보건청(OSHA)이 인증하는 자율안전보건프로그램(Voluntary Protection Program, VPP)과 미국산업위생협회(American Industrial Hygiene Association, AIHA)에서 1996년에 개발한 지침인 OHSMS가 있다.

가) 산업안전보건청(OSHA)의 자율안전보건프로그램(VPP)

자율안전보건프로그램인 VPP는 1972년도에 제정된 미국 산업안전보건법(OSHA Act)의 목적을 달성하고 산업안전보건의 중요성을 자각하여 근로자들이 쾌적한 작업환경에서 일하도록 국가적 차원에서 도입하였다. 또한 VPP는 안전보건관리상태가 우수한 사업장에게는 공식적인 인증서를 부여하고 수준 향상을 위해 지원하며 스스로 위험을 찾아내어 해결하도록 각종 혜택(Merit)을 부여하고 있다. VPP의 평가항목은 〈표 2-2〉와 같다.

〈표 2-2〉 VPP 프로그램의 평가항목

VPP 평가항목	VPP 세부 평가항목
(1) 재해예방을 위한 경영층의 관심, 노력 및 지원 (2) 안전보건프로그램의 문서화 존재여부 (3) 재해율 (4) 유해·위험한 요인에 대한 분석평가시스템 (5) 위험예방/통제시스템 (6) 안전보건교육·훈련 (7) 근로자의 참여도 (안전보건활동) (8) 자체평가 (사업장 안전보건프로그램) (9) 기록의 유지, 관리상태 (안전보건 관련) (10) VPP 참여에 대한 노사합의 사항	(1) 경영자의 안전정책과 실천계획 (2) 책임과 권한 부여 (3) 교육·훈련 프로그램 (4) 재해율 (5) 근로자의 참여 (6) 자체점검 (7) 근로자의 위험예지 시스템 (8) 사고조사 (9) 안전작업분석 검토 (10) 안전보건훈련 (11) 작업설비안전 (12) 비상조치계획 (13) 보건프로그램 (14) 개인보호구 사용 (15) 공정변화에 따른 안전보건관리자 배치 (16) 하청업체관리 (17) 건강관리프로그램 (18) 자원보유 – 안전보건위원회 – 안전·보건전문가 보유현황 (19) 연간 평가표 – 규정된 평가표 이용 – 조치사항 기록 – 19개 항목의 모든 요소를 포함 – 평가 전년도를 포함한 통계유지

자율안전보건프로그램(VPP)은 말 그대로 사업장의 자율적인 참여프로그램으로 미국 산업안전보건법 제5조에는 사업주에 대한 의무와 더불어 근로자에 대한 의무도 규정하고 있다. 또한 VPP의 제정목적은 미국 산업안전보건청(OSHA)의 산업재해예방을 강력하게 추진하고자 하는 의지의 일환이라고 할 수 있으며 VPP 프로그램 운영절차를 살펴보면 다음과 같다.

(가) VPP 참여 충족 기본조건

신청사업장은 정부(OSHA)가 설정한 VPP기준을 충족하여야 하며, 사업주 및 근로자 대표의 안전보건활동에 대한 적극적인 참여와 지원을 포함한 서약서를 제출하여야 한다.

(나) VPP 업무흐름

VPP 참여를 원하는 각 사업장은 산업안전보건청(OSHA)에 자율적으로 신청하면 되고 산업안전보건청(OSHA)은 안전보건전문가 4명, 경우에 따라 규모를 고려하여 4~6명이 심사를 하게 된다. 심사는 서류심사 및 현장심사를 통해 서류검토 및 작업장 점검과 근로자 면접으로 이루어진다. 이에 따라 사업장에 혜택 부여 및 기술지원이 이루어진다.

(다) VPP 참여등급

VPP 참여등급은 크게 3가지로 나누어지는데, 첫 번째 스타(Star)는 동종업종 평균 재해율 이하인 우수한 업체이고, 두 번째 메리트(Merit)는 잠재력과 의욕이 있는 사업장으로 스타 프로그램에 참여하고자 하는 사업장이며, 세 번째 데모(Demo)는 특수한 업종의 작업에 적용하는 VPP사업장이다.

(라) VPP 참여혜택

VPP 참여로 인한 혜택으로는 산업안전보건청의 정기감독 면제, 산업안전보건 담당청장의 친서발송, 우선적인 기술정보자료 지원 등을 들 수 있다.

나) 미국산업위생협회(AIHA)의 OHSMS

미국의 경우에는 영국 등 유럽의 여러 국가들이 국가지침으로 만들어 보급할 때 국가규격으로 해야 할 당위성이 없어서 OSHA에서는 VPP 프로그램을 시행하다가 제네바회의(1996년 9월) 이후 미국산업위생협회에서 안전보건경영시스템(OHSMS) 지침을 협회 차원에서 제정하여 기업들에게 보급하고 있다. 이 지침은 미국산업위생협회에서 승인한 것이기는 하지만 BS 8800과 마찬가지로 반드시 준수해야 한다는 규정(Specification)과 법적 근거는 없다. 이 지침의 제정목적은 미국산업위생협회의 근로자와 관련하여 재난이나 부상 또는 질병을 예방·감소하고 사고로 인한 직간접적인 비용을 절감함으로써 제품과 서비스의 질을 높이며 생산성을 향상시키는 것을 목적으로 한다. 또한 ISO 9001과 IS0 14001 규격을 바탕으로 제정된 지침으로 미국산업위생협회의 OHSMS는 조직 특성에 맞도록 제정된 지침이다. 이 지침은 총 5장으로 구성되었으며 제1장의 적용범위, 제2장의 참조규격, 제3장의 용어의 정의, 제4장의 안전보건경영시스템, 그리고 제5장의 안전보건경영시스템의 해석 및 지침으로 구성되었다.

(4) 일본의 안전보건경영시스템

일본의 경우에는 2003년 3월부터 중앙노동재해방지협회(Japan Industrial Safety and Health Association, JISHA) 방식의 안전보건경영시스템(OSHMS) 인정사업을 시작하여 현재까지 운영하고 있으며 구성요소 및 내용을 살펴보면 〈표 2-3〉과 같다.

〈표 2-3〉 일본 중앙노동재해방지협회 OSHMS 구성요소

구성요	내 용
안전위생방침의 표명	- 노동자의 협력하에 안전위생활동 실시 - 노동안전위생 관계 법령, 사업장에서 정한 안전위생에 관한 규정준수 - 노동안전위생 관리시스템 실시 및 운용
유해·위험 요인의 측정 및 실시사항의 측정	- 노동안전위생 관계 법령, 사업장 안전위생규정 등에 의거하여 실시사항 측정 - 위험이나 유해·위험요인을 제거, 감소하기 위한 실시사항 측정
안전과 위생 목표의 설정	- 안전과 위생방침에 의거 안전과 위생목표의 설정
안전과 위생계획 작성	- 안전과 위생목표의 달성을 위한 실시사항, 일상적인 안전위생활동에 관계되는 사항에 대한 계획 작성
노동자의 의견 반영	- 안전과 위생 목표의 설정, 안전과 위생계획 작성에 안전위생위원회의 활용을 통한 노동자 의견 반영
안전과 위생계획 실시 및 운용	- 안전과 위생계획을 지속적으로 실시 및 운용 순서를 정함 - 순서에 의거하여 안전과 위생계획 실시 및 운용 - 안전과 위생계획 실시 및 운용을 위한 필요사항의 노동자, 관계 도급업자, 기타관계자에게 주지
체제의 정비	- 시스템 각급 관리자의 역할, 책임 및 권한 지정 및 노동자 관계 도급업자, 기타 관계자에게 주지 - 시스템 각급 관리자 지명 - 노동안전위생 관리시스템에 관련된 예산 확보 - 노동자에 대한 노동안전위생 관리시스템 교육 실시 및 운용에 따른 안전위생위원회 활용
문 서	- 안전위생방침 - 안전위생목표 - 안전위생계획 - 시스템 각급 관리자의 역할, 책임 및 권한
긴급사태 대응	- 긴급사태가 발생할 가능성 평가 및 긴급사태 발생 후 재해를 방지하기 위한 조치
일상적인 점검 및 개선	- 일상적인 점검 및 개선의 실시 순서 - 순서에 의거 안전위생계획 실시 상황 등 일상적인 점검 및 개선을 실시 - 사고 발생 시 원인조사, 문제점의 파악 및 개선 실시
시스템 감사	- 정기적 시스템 감사계획 작성, 시스템 감사 순서 및 순서에 의한 시스템 감사를 실시 - 시스템 감사 결과 필요하다고 인정할 때에는 노동안전, 생산관리 시스템의 실시 및 운용에 대한 개선
기 록	- 안전위생계획의 실시 및 운용상황, 시스템 감사 결과 등 노동안전위생 관리시스템의 실시 및 운용에 관한 사항의 기록 및 보관
재검토	- 시스템 감사 결과를 바탕으로 시스템의 타당성 및 유효성 확보를 위한 재검토

일본은 2003년 중앙노동재해방지협회에서 산업재해예방을 위한 새로운 기법을 조사·연구하여 JISHA 노동안전위생경영시스템의 평가기준을 수립하고, 사업장으로부터 신청을 받아 평가기준에 따라 평가사업을 실시하게 되었다. 이 사업에서는 안전보건관리의 수준을 도수율이나 강도율 등 수치적으로 평가하는 것이 사실상 어려운 부분이 있어서 산업재해예방을 위해서는 각 사업장별 현황을 평가하고 산업재해예방을 위한 구조적 측면인 안전보건경영시스템의 수준을 평가하여 이에 따른 개선이 이루어지도록 평가기준을 수립하였다.

이 지침은 노동안전위생법의 노동안전위생규칙의 자주적 활동의 촉진을 위한 지침과 규칙 제24조의2 "후생노동성장관은 사업장의 안전위생수준의 향상을 도모하는 것을 목적으로 사업주가 행하는 일련의 과정을 자주적으로 촉진시키기 위한 필요 지침을 공포할 수 있다"는 규칙에 근거하며 사업주와 노동자가 상호 협력하에 자주적인 안전위생활동을 통해 재해의 위험성을 감소시키고 나아가 근로자가 쾌적한 환경에서 건강증진 및 안전위생을 향상시키는 것을 목적으로 하고 있다.

운영절차에 있어서 JISHA방식의 OSHMS 인정은 사업장 단위로 하는 것을 원칙으로 하며 이 기준은 후생노동성 지침에 적합하도록 운용되는 것을 평가하는 것이다. 주요 내용은 후생노동성 지침(고시 : 노동안전위생 매니지먼트 시스템에 관한 지침)과 후생노동성 노동기준국 통달이 있으며 평가 방법은 다음과 같다.

가) 평가 방법

① 서면조사 : 신청사업장 제출 자체평가 결과와 관계서류

② 실지조사 : 신청사업장 관계자에게 질문과 현장 확인

나) 인정방법 및 적격사업장의 등록

① 중재방에 설치한 인정심사위원회에서 평가 결과에 근거하여 최종 인정 및 결정

② 적격 인정사업장에는 인정증 교부, 명부등록, 중재방 홈페이지 공표

다) 인정유효기간 및 인정의 갱신

인정받은 날부터 3년, 갱신은 유효기간 만료일 3개월 전까지 신청

(5) 호주의 자율안전보건활동

호주에서는 민간 컨설팅 기관이 주관하여 OSH(Occupational Safety and Health) Act에 의거하여 기업의 자율적 참여활동에 따라 작업안전계획(Work Safe Plan) 제도를 1994년 초부터 시행하고 있으며, 50인 이상 기업과 50인 미만 기업으로 분류하여 Gold와 Silver로 등급을 구분하고 있다.

(6) 노르웨이의 자율안전보건활동

정부가 주관하고 있으며 1980년대부터 유전설비에 대해서는 강제적인 의무사항으로 적용하였고, 1997년부터는 공공안전, 환경, 화재폭발, 대기오염 등의 법령을 통합하여 모든 산업에 적용하고 있다.

(7) ILO의 안전보건경영시스템 가이드라인

2000년 상반기부터 ILO에서는 안전보건경영시스템 가이드라인에 대하여 각국의 정부 관계자 및 노사대표 등으로부터 의견을 수렴하여 2000년 10월 지침 및 초안을 작성하게 되었고, 2001년 6월에는 이사회 승인을 통해 "ILO-OSH 가이드라인 2001"을 제정·공포하게 되었다. ILO의 가이드라인은 법적 근거가 없는 자발적인 규격이며 제정목적은 안전보건경영시스템에 대하여 국가기본체계를 설정·적용토록 하여 법규나 규정을 통해 지원하여 지속적으로 사업장의 안전보건활동을 향상시키는데 그 목적이 있으며, 구성내용은 다음과 같다.

가) 국가정책

안전보건경영시스템(SH-MS)에 대한 국가정책은 다음과 같다.

- SH-MS가 사업경영 요소로서 실행되고 통합되어야 함
- 국가 및 사업장별 수준을 고려하여 체계적으로 계획을 수립하고 실행 및 확인 절차를 통해 안전보건개선활동에 자발적으로 참여할 수 있도록 독려하여야 함
- 사업장 수준별로 근로자나 근로자 대표가 참여할 수 있도록 추진함
- 조직이나 행정 등에 있어서 불필요한 비용을 지속적으로 제거하기 위한 개선활동을 함
- 안전보건경영기본체제에서 근로 감독, 서비스 및 기타 관련 기관 등과 연계활동을 통해 사업장 수준에 맞는 OSH-MS 추진과 참여를 지원함
- 적절한 주기에 국가정책이나 기본체계에 대한 효율성을 평가함

나) 국가지침

OSH-MS에 대한 국가지침은 국가여건과 관례 등을 감안하며 사업장의 수준에 따라 본사 또는 사업장 단위로 도입하되 ILO, 국가지침, 세부시행지침들 간에 모순이 없도록 하여야 한다.

다) 세부시행지침

ILO 세부시행지침은 국가지침의 요소를 포함하며 사업장 또는 집단의 요구사항이나 조건을 반영하되 사업장의 규모와 기본구조, 위험의 형태와 위험성의 정도를 고려하여야 한다. 또한 OSH-MS의 구성은 국가법령, 규칙에 따른 사업주의 준수사항이 있으며 사업주는 OSH-MS 추진을 위한 리더십이 필요하고 안전보건활동에 대한 방침과 더불어 근로자를 참여시킬 수 있도

록 하여야 한다.

라) ILO-OSH 가이드라인과 OHSAS 18001의 비교

ILO-OSH 가이드라인과 OHSAS 18001을 비교하면 〈표 2-4〉와 같다.

〈표 2-4〉 ILO-OSH 가이드라인과 OHSAS 18001의 비교

구 분	ILO-OSH 가이드라인(2001)	OHSAS 18001(1999)
제정기관	- 국제노동기구인 ILO에서 제정	- 국제적인 13개 인증기관이 상호 합의하여 공동 제정
참고규격	- 각국 정부의 노사정 대표가 국제적인 합의에 의해 작성	- BS 8800을 참조로 작성
제정일자	- 2001년 6월	- 1999년 4월
성 격	- 인증을 목적으로 하지 않음	- 인증을 목적으로 함
	- 법적 구속력 없음	- 법적 구속력 없음 (국제표준 제정 시 소멸)
	- 자율적 실행을 위한 지침 제공 - 국가적 차원의 안전보건경영시스템 구축에 활용	- 자율적 실행을 위한 지침 제공
국제규격	- 국제규격	- 국제표준 아님 - 이 규격은 ISO의 안전보건경영시스템이 국제표준으로 채택되기 이전에 시스템 구축 활성화를 위해 만든 규격임

(8) 그 외 다른 나라들의 안전보건경영시스템

안전보건경영시스템이 전 세계적으로 통일된 국제인증규격으로 제정되기 전에는 각국에서 인증기관 또는 단체별로 인증기준이나 지침을 제정하여 자체적으로 도입하거나 이를 자율적 또는 의무화하여 도입하였다. 국내외 주요 안전보건경영시스템 제도를 비교하면 〈표 2-5〉와 같으며, ISO 45001의 등장과 함께 앞으로는 통일된 표준화 인증기준에 따라 도입·적용될 것으로 판단된다.

〈표 2-5〉 국가별 안전보건경영시스템 인증규격

<table>
<tr><th>국 가</th><th>규 격
(제정년도)</th><th>제정기관</th><th>내 용</th><th>비 고</th></tr>
<tr><td>한 국</td><td>KOSHA 18001
(1999년)</td><td>안전보건공단</td><td>인 증
기 준</td><td>- BS 8800을 근거로 개발
- 인증업무 시 활용</td></tr>
<tr><td>일 본</td><td>OHSMS
(안전위생 매니지먼트시스템)
(2003년)</td><td>중앙노동재해
방지협회</td><td>평 가</td><td>- 일본 자체 개발
- 평가업무 시 활용</td></tr>
<tr><td rowspan="2">영 국</td><td>HS(G)65
(1991년)</td><td>안전
보건청(HSE)</td><td rowspan="2">지 침</td><td rowspan="2">- ISO14001 근거로 개발
- 지침의 성격이나 기업의 요구 시 평가업무에 활용</td></tr>
<tr><td>BS 8800
(1996년)</td><td>영국표준협회
(BSI)</td></tr>
<tr><td rowspan="2">미 국</td><td>VPP
(1982년)</td><td>산업안전
보건청
(OSHA)</td><td>인 증</td><td>- 안전보건경영시스템과는 차이가 있으며 지침 성격
- 인증에 따른 법적 인센티브 부여</td></tr>
<tr><td>OHSMS
(1996년)</td><td>미국산업위생
협회
(AIHA)</td><td>지 침</td><td>- 사회여건에 따라 안전보건 관련 협회에서 개발한 지침</td></tr>
<tr><td>다국적</td><td>OHSAS 18001
(1999년)</td><td>BSI 등 다국적
인증기관</td><td>인 증
규 격</td><td>- ISO 9001과 14001, BS 8800을 근거로 개발
- 인증을 위한 규격
- 별도로 인정기관은 없고 인증기관 별로 인증업무 수행</td></tr>
</table>

2) 국내 안전보건경영시스템

우리나라의 안전보건경영시스템 인증제도에는 KOSHA 18001, KOSHA-MS와 K-OHSMS 18001이 있는데 이를 살펴보면 다음과 같다.

(1) KOSHA 18001, KOSHA-MS 안전보건경영시스템 인증

안전보건공단에서 사업장의 자율안전보건경영체제 구축을 지원하기 위해 1999년 6월 안전보건경영시스템 인증규칙을 제정하여 인증을 받고자 하는 사업장에 대해 안전보건경영 수준을 평가하고 인증기준에 적합할 경우 인증서를 수여하는 공단의 인증제도이다. KOSHA 18001은 산업안전보건법 제4조의 정부의 책무 중 사업장의 자율적인 안전, 보건경영체제 확립을 위한 정부의 지원 정책에 따라 위험성평가를 기반으로 산업안전보건법에서 요구하는 각종 안전보건기준을 반영하여 독자적으로 개발한 안전보건경영시스템 인증제도로 국내 대기업은 물론 협력업체까지도 참여하는 제도로 발전하고 있다. 현재 공단에 등록된 KOSHA 18001 심사원 수는 약 620여명(전업종 450명, 건설업종 160명) 정도이다. KOSHA 18001 인증기준은 안전보건경영체제 분야, 안전보건경영활동 수준 분야, 안전보건관계자 면담 분야 등 3가지 분야를 평가하고 있다.

KOSHA-MS는 안전보건공단에서 ISO 45001 안전보건경영시스템 국제표준이 2018년 3월 공표되자 이 국제표준에 맞도록 안전보건경영체제 분야의 인증기준과 명칭을 개정하고 2019년 5월에 제정하여 2019년 7월 1일부터 시행 중인 안전보건경영시스템 인증제도이다. 기존에 KOSHA 18001 인증사업장이 인증을 계속하여 유지하고자 할 경우에는 시행일로부터 3년이 경과되는 2022년 6월 30일까지 KOSHA-MS 인증기준에 따른 전환심사를 받아야 한다.

(2) K-OHSMS, ISO 45001 안전보건경영시스템 인증

BSI, DNV, BVQI 등 전세계 13개 인증기관이 모여 1999년에 개발한 OHSAS 18001 인증규격을 바탕으로 우리나라 국가기술표준원에서 K-OHSMS 18001 인증규격을 만들었고, 한국인정지원센터(KAB)에서 이 인증규격에 따라 인증기관의 신청을 받아 인증기관을 지정하여 시행하고 있는 우리나라의 안전보건경영시스템 인증제도이다. K-OHSMS 18001 인증기준은 BS 8800 기준을 토대로 만들었으며, KOSHA 18001 인증제도와 매우 유사하다. 그러나 K-OHSMS 18001은 시스템 분야인 문서관리와 시스템 등 안전보건경영체제를 위주로 한 심사에 중점을 두고 있다. KOSHA 18001은 산업안전보건법규와 안전보건기준 등 안전보건경영활동 수준 분야와 안전보건관계자의 의식수준 평가를 위한 면담 분야에 중점을 두고 시행하고 있다는 특징이 있다. 현재 K-OHSMS 안전보건경영시스템 인증심사를 수행하는 인증심사원의 양성과 교육을 담당하고 있는 기관인 한국심사자격인증원(Korea Auditor Registration, KAR)에 등록된 심사원은 약 400명(심사원보 235명 포함) 정도이다.

K-OHSMS 안전보건경영시스템 인증은 한국인정지원센터(KAB)에 등록된 30여개 인증기관에서 인증심사 및 인증서를 발행하고 있다. 기존에 K-OHSMS 18001이나 OHSAS 18001 인증사업장이 인증을 계속하여 유지하고자 할 경우에는 ISO 45001 발행일로부터 3년이 경과되는 2021년 3월 12일까지 ISO 45001 인증기준에 따른 전환심사를 받아야 한다. 안전보건경영시스템에 관한 국제표준인 ISO 45001이 제정되어 ISO 9001, ISO 14001과 같이 ISO 45001에 따른 국제 안전보건경영시스템 표준을 바탕으로 앞으로 안전보건경영시스템 인증제도가 확대 발전해 나갈 것으로 기대된다.

(3) KOSHA 18001-OHSAS 18001 공동인증

안전보건공단에서는 사업장의 자율안전보건관리 정착을 지원하기 위하여 BSI, DNV, KSR인증원, 시스템코리아인증원, 기술사인증원 등 국내외 20개 인증기관과 업무협력협정(Memorandum of understanding, MOU)을 체결하여 KOSHA 18001 인증서와 OHSAS 18001 인증서를 동시

에 발급받기를 원하는 사업장을 대상으로 공동인증신청 및 공동인증심사를 수행함으로써 공동인증신청 사업장에 경제적, 시간적 혜택을 부여하기 위한 제도를 운영해 왔다. 공동인증사업장은 선진화된 안전보건경영시스템을 구축하고 국내 법규를 준수하게 됨은 물론 인증심사에 따른 비용과 시간 절감의 효과를 거둘 수 있는 장점이 있다. 그러나 2019년 7월 1일부터는 KOSHA 18001이 KOSHA-MS로 명칭이 바뀌면서 인증기준도 개정됨에 따라 기존 2018년 3월 12일에 통과된 ISO 45001과 공동인증제도는 실시하지 못하고 있다.

이로 인해 현재는 ISO45001과 KOSHA-MS 두 가지 인증제도가 공동인증심사를 통해 인증서 두 가지를 모두 취득하는 일은 없게 되었으며, 각각의 인증을 취득하여야만 한다. 특히 수출을 하는 사업장의 경우에는 성격은 유사하지만 두 가지의 인증을 각각 취득해야 하며, 사업장에서는 재해예방활동이 법적인 테두리 안에서만 이뤄져야 하는 것이 아니라 자율적인 재해예방활동을 위해 안전보건경영시스템을 적극 도입하고 있는 상황이다.

3) 국내외 안전보건경영시스템별 유형 및 특징

앞서 설명한 국내외 안전보건경영시스템 인증제도인 KOSHA 18001, OHSAS 18001 및 K-OHSMS 18001의 유형 및 특징을 비교하면 〈표 2-6〉와 같다.

〈표 2-6〉 KOSHA 18001, OHSAS 18001, K-OHSMS 18001의 유형 및 특징 비교

시스템	특 징	인증기관
KOSHA 18001	– 고용노동부, 안전보건공단 인증시스템 – 공공기관 인증	– 안전보건공단과 인증기관과의 공동인증협정 체결 (BSI, BVQI, DNV 등)
OSHAS 18001	– 다국적 인증기관에 의한 인증시스템 – 민간기관에 의한 인증	– BSI, BVQI, DNV, LRQA 등 인증기관
K-OHSMS 18001	– 산자부, 한국인정지원센터 인증시스템 – 민간기관 인증	– 한국인정지원센터(KAB)에서 인정한 인증기관

6 안전보건경영시스템 인증현황

1) K-OHSMS 18001 및 ISO 45001 인증현황

한국인정지원센터의 통계에 의한 K-OHSMS 18001 및 ISO 45001 인증사업장 현황은 2019년 12월 31일 기준 누적 인증사업장 수는 총 3,777개소, 각 연도별 인증 건수 중 2019년에는 총 934개소로 나타났다. 이것은 새롭게 추가된 신규사업장과 취소사업장을 뺀 당해 연도의 실질적인 인증유지 사업장이다. 2020년도에 ISO 45001 신규 인증사업장 수는 677개소이다. 연도별 K-OHSMS 18001 및 ISO 45001 인증사업장 수는 아래 〈표 2-7〉과 같다.

〈표 2-7〉 연도별 K-OHSMS 18001 및 ISO 45001 인증사업장 수

(단위 : 개소)

연 도	'02	'03	'04	'05	'06	'07	'08	'09	'10
인증유지 건수	4	3	8	8	7	9	13	24	37
연 도	'11	'12	'13	'14	'15	'16	'17	'18	'19
인증유지 건수	123	169	713	216	345	293	411	460	934

연도별 누적된 K-OHSMS 18001 및 ISO 45001 인증현황은 〈표 2-8〉에서와 같이 2002년 시범사업으로 출발하여 2010년까지는 113개의 사업장만이 인증을 취득할 정도로 시작은 미미하였으나 2013년 713건과 2019년 934건으로 인증을 취득한 사업장이 점차 늘어난 것을 볼 수 있다.

〈표 2-8〉 연도별 K-OHSMS 18001 및 ISO 45001 누적 인증사업장 수

(단위: 개소)

연 도	'02	'03	'04	'05	'06	'07	'08	'09	'10
인증유지 건수	4	7	15	23	30	39	52	76	113
연 도	'11	'12	'13	'14	'15	'16	'17	'18	'19
인증유지 건수	236	405	1,118	1,334	1,679	1,972	2,383	2,843	3,777

또한 한국인정센터에서 집계한 K-OHSMS 18001 및 ISO 45001 의 업종별 인증현황은 〈표 2-9〉에서와 같이 2019년 12월 31일 기준 총 3,770개 사업장에 4,460개 업종이 인증을 유지하는 것으로 나타났다. 업종별 인증유지 건수를 살펴보면 건설업종 1,873건, 기계업종 510건, 금속업종 429건, 전기·전자업종 399건 순으로 나타났다.

〈표 2-9〉 업종(인증코드)별 K-OHSMS 18001 및 ISO 45001 인증유지 건수

(단위: 건)

인증코드	1	2	4	5	6	7	9	10	11
코드업종	농업	식품담배	섬유	가죽	나무	종이	인쇄	코크스, 석유 정제품	핵연료
인증유지 건수	1	48	9	1	3	22	9	5	1

인증코드	12	13	14	15	16	17	18	19	20
코드업종	화학	의약품	고무, 플라스틱	비금속광물	콘크리트	금속	기계	전기·전자	조선
인증유지 건수	101	10	140	26	10	429	510	399	23

인증코드	21	22	23	24	25	26	27	28	29
코드업종	항공기	운송 장비	기타 제조	재생	전기 공급	가스 공급	수도 공급	건설	도소매, 수리
인증유지 건수	1	187	14	2	44	3	12	1,873	30

인증코드	30	31	32	33	34	35	36	37	39
코드업종	숙박업	통신 운수	금융 보험	정보 기술	과학 기술 서비스	기타 서비스	공공 행정	교육 서비스	기타 사회 서비스인
인증유지 건수	4	100	3	10	88	296	19	2	25

전체 누적 인증사업장 수와 업종별 인증사업장 수가 다른 이유는 KOSHA 18001은 개별 업종을 세분화해서 인증을 부여하고 있지 않고 사업장 단위로 인증을 실시하고 있으나, K-OHSMS 18001와 ISO 45001의 경우에는 한국인정지원센터에서 기존에 정해진 업종별 인증코드에 따라 인증을 부여하고 있으므로 업종별 인증사업장 수가 더 많은 것으로 나타나는 것이다. 예를 들어 1개 사업장의 코드업종이 18-기계와 19-전기·전자에 모두 포함될 경우 사업장은 1개 사업장이지만, 업종별로 각각 계산하면 2개의 업종으로 계산되기 때문이다. 또한 〈표 2-9〉에서와 같이 전체 4,460개의 코드업종이 부여되었고 이중 가장 큰 점유율은 건설업종으로 전체의 42%(1,873건)를 나타내고 있으며, 기계는 510건(11.4%), 금속은 429건(9.6%), 전기·전자는 399건(8.9%), 기타 서비스는 296건(6.6%)의 순으로 나타났다.

그동안 안전보건경영시스템은 ISO 국제표준규격이 제정되지 않음으로 인해 OHSAS 18001이라는 단체규격만 있었고 한국의 표준규격은 없는 상태였다. 그러한 상황에서 OHSAS 18001이라는 단체규격을 한국판으로 번역한 K-OHSMS 18001이라는 우리나라 인증규격이 있었다. 안타깝게도 OHSAS 18001은 외국계 인증기관에 의해 인증을 부여하고 있고 별도로 한국인정지원센터에 등록되지 않은 만큼 OHSAS 18001에 대한 인증현황은 파악할 수 없는 것이 현실이다.

이와 같이 OHSAS 18001을 기반으로 한 K-OHSMS 18001 및 ISO 45001 인증이 대폭 증가하였으나 이것은 상대적으로 품질경영시스템인 ISO 9001과 환경경영시스템인 ISO 14001에 비해 아직도 적은 수라고 할 수 있다. 이것은 ISO 국제규격이 없는 상태에서 언젠가는 소멸하게 될 단체규격이라는 이유도 그 원인 중의 하나였다고 볼 수 있다.

품질경영시스템(ISO 9001)과 환경경영시스템(ISO 14001)의 인증유지 현황은 [그림 2-5]와 같다. 2019년 12월 31일 ISO 9001은 29,946개소 사업장이고, ISO 14001은 14,096개소 사업장이 인증을 유지하고 있는 것으로 나타났다. 안전보건경영시스템인 K-OHSMS 18001 및 ISO 45001 보다 품질경영시스템인 ISO 9001 인증사업장이 약 8배이고 환경경영시스템인 ISO 14001 인증사업장은 3.7배가 많은 것으로 나타나고 있다.

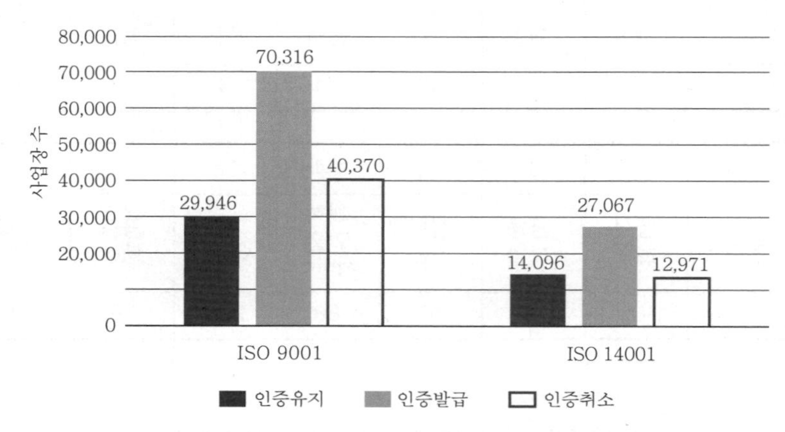

[그림 2-5] ISO 9001 및 ISO 14001 인증사업장 수

2) KOSHA 18001 및 ISO 45001 인증현황

KOSHA 18001 및 ISO 45001의 추진경과를 보면 〈표 2-10〉에서와 같이 1999년 6월 KISCO 2000 프로그램이 운영규칙으로 제정(공단 규칙 제27호)되어 1999년 7월에 제1호 인증사업장으로 (주)LG전자정보통신 청주공장이 인증을 취득하였으며, 2014년 5월에는 한국발전기술(주)이 제1,500호 인증을 받았다.

〈표 2-10〉 KOSHA 18001 인증제도 추진경과

연 도	내 용
1999. 06	KISCO 2000 프로그램 운영규칙 제정(공단 규칙 제27호)
1999. 07	제1호 인증(LG전자 정보통신 청주공장)
2000. 01	KOSHA 2000 프로그램으로 명칭 변경
2000. 12	적용범위를 건설업을 포함하여 전업종으로 확대
2003. 02	KOSHA 18001 인증으로 명칭 변경
2012. 11	제1,000호 인증(CJ 제일제당 안산공장)
2014. 05	제1,500호 인증(한국발전기술)
2019. 07	KOSHA-MS 인증으로 명칭 변경

제조업 및 서비스업, 건설업의 KOSHA 18001 및 KOSHA-MS 연도별 인증현황을 살펴보면 〈표 2-11〉에서와 같이 2019년 12월 31일을 기준으로 총 1,576개 사업장이 인증을 취득하였으며 건설업은 108개소, 건설업 외는 총 1,468개소로 나타났다. 특히 2019년 3월 말 1,831개 인증사업장에서 255개 사업장이 감소되었는데, 이것은 ISO 45001 국제인증기준이 새롭게 제정됨에 따라 기존 KOSHA 18001 인증사업장이 ISO 45001 인증으로 교체하였기 때문으로 보이며, 앞으로도 ISO 45001 인증사업장은 지속적으로 증가할 것으로 예상된다.

〈표 2-11〉 연도별 KOSHA 18001 인증사업장 수

(단위 : 개소)

연 도	'02	'03	'04	'05	'06	'07	'08	'09	'10
인증유지 사업장 수	188	224	254	264	291	337	351	409	576
연 도	'11	'12	'13	'14	'15	'16	'17	'18	'19
인증유지 사업장 수	876	1,046	1,200	1,293	1,357	1,597	1,683	1,701	1,576

또한 업종 및 규모별 인증비율을 살펴보면 [그림 2-6]에서와 같이 2019년 3월 31일을 기준으로 KOSHA 18001 인증사업장은 총 1,831개이었으며 이 중에서 제조업과 서비스업 등은 1,723개소(94.1%) 사업장이고 건설업은 108개(5.9%) 사업장이었다. 또한 건설업을 제외한 제조 및 서비스업의 경우 50인 이상이 전체 1,081개소(62.8%), 20인~50인 미만이 376개소(21.8%)를 나타내었고, 20인 미만의 사업장에서도 전체의 266개소(15.4%)가 인증을 취득한 것으로 나타났다.

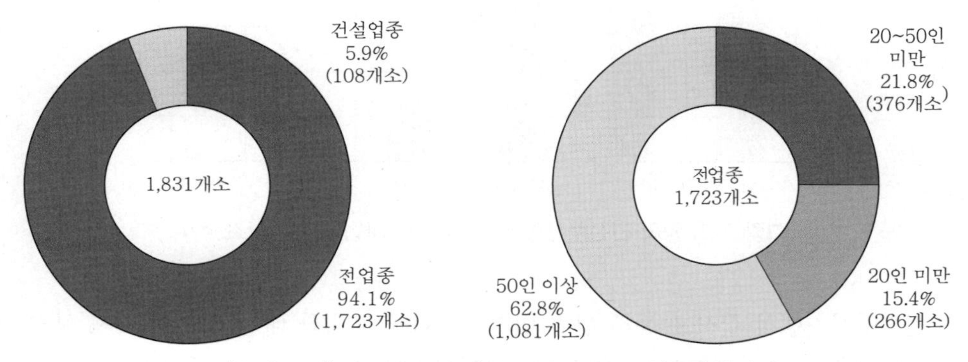

[그림 2-6] 업종별, 규모별 KOSHA 18001 인증사업장 수

〈표 2-12〉는 2019년 12월 31일을 기준으로 건설업종을 제외한 KOSHA 18001의 각 광역본부별 인증현황을 나타낸 것이다. 안전보건공단의 경우 KOSHA 18001 업무는 6개 광역본부에서 실시하는데 서울 광역본부를 제외한 나머지 5개 광역본부에서 전반적으로 고르게 나타내고 있다.

〈표 2-12〉 광역본부별 KOSHA 18001 인증사업장 수

(단위 : 개소)

광역본부	서 울	부 산	광 주	인 천	대 구	대 전	계
인증개소	67	270	291	410	254	306	1,576

7 안전보건경영시스템 인증 시 기대효과

사업장에서 안전보건경영시스템을 구축하고 운영하는 가장 큰 이유는 재해감소성과를 창출하기 위한 것이다. 일반적으로 안전보건경영시스템을 구축하고 3년이 지난 시점부터 재해감소성과가 나타난다고 보고되고 있다.

영국에서는 안전보건경영시스템을 사업장에 적용한 결과 처음에는 재해감소효과에 큰 변화를 나타내지 않았으나 지속적으로 안전보건경영시스템을 실행하며 위험성을 관리하고 난 3년 후부터 재해가 감소되는 효과가 나타났다. 이것은 안전보건경영시스템을 처음 도입하여 구축했다고 하더라도 바로 효과가 나타나는 것이 아니라 어느 정도 조직에 접목되어 시스템이 정상적으로 작동되어야 그 효과가 나타나는 것을 볼 수 있는 사례이다. 영국에서 발표된 안전보건경영시스템 구축 및 실행 사업장의 재해율 변화추이는 [그림 2-7]과 같다.

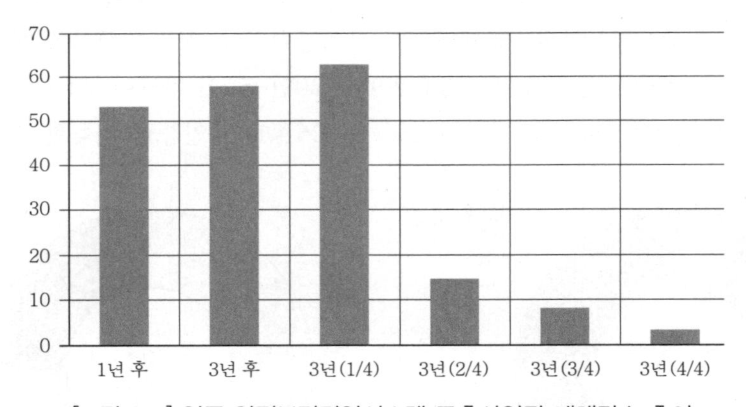

[그림 2-7] 영국 안전보건경영시스템 구축사업장 재해감소 추이

안전보건경영시스템의 실시를 통해 관련 안전보건법규에 대한 대응, 기업의 가치 상승, 이해집단의 요구에 대한 부응 등 안전보건경영시스템의 필요성은 더욱 증대되고 있다.

안전보건경영시스템의 인증취득 및 구축 시 기대효과는 다음과 같다.

첫째, 사업장 내 재해예방 및 사고율 감소를 통해 사고손실비용과 산재보험요율의 절감을 가져 올 수 있다.

둘째, 각종 법규 및 규제에 사전적으로 대응하여 벌금 및 과태료를 절감할 수 있다.

셋째, 사고손실위험의 감소로 인한 기업 가치를 제고할 수 있으며, 기업 인수 시 지적재산권으로 인정될 수 있다.

넷째, 안전보건방침에 적합한지를 고객 등의 이해관계자에게 입증하여 기업의 이미지를 높일 수 있다.

다섯째, 시민단체 등의 외부 압력 해소 및 공공 이미지 개선을 통하여 산업재해에 대한 사회적 불신을 해소할 수 있다.

여섯째, 예방점검을 통한 장비·설비의 가동률 향상으로 생산성의 증대를 가져올 수 있다.

일곱째, 협력사와 안전보건공생협력, 근로환경 및 근로복지 개선 등을 통하여 상생 발전할 수 있다.

여덟째, 안전보건경영시스템을 구축하고 사업장 유해·위험요인을 지속적으로 개선하여 업무활동 및 서비스와 관련하여 유해·위험에 노출될 수 있는 작업자 및 기타 이해관계자들에 대한 리스크(Risk)를 제거 또는 최소화할 수 있다.

아홉째, 안전보건성과를 개선하고 사고 및 재발방지를 위한 체계적인 업무수행이 가능하다.

이러한 시대에 발맞추어 ISO 45001은 산업안전보건에 관한 새로운 국제표준으로서 사업장의 안전보건수준을 대폭 향상시킬 수 있을 것으로 기대한다.

안전보건경영시스템의 인증효과는 먼저 국제적 통용 수준의 안전보건경영시스템 구축을 통해 생산제품 및 작업환경에 대해 국제인증을 받음으로써 안전보건에 대한 근로자의 안전보건에 대한 불만을 해소하고 노사관계 안정에도 기여할 수 있다. 또한 안전보건에 대한 경영자 의지를 확고히 천명하여 사업장 자율안전보건을 추진함으로써 근로자 참여를 통한 원활한 의사소통으로 안정적이고 지속적인 안전보건관리 추진이 가능하다. 이것은 위험성평가에 기초한 체계적인 위험관리체계 구축으로 작업장 내의 위험성 관리를 통한 재해예방, 근로자의 안전보건위험성의 개선을 통한 생산성 향상, 산업재해율 감소로 인한 보험료의 절감 등 많은 유무형의 효과를 나타낸다고 볼 수 있다.

안전보건경영시스템 구축으로 인한 재해율을 비교하면 시스템을 도입하여 운영한 사업장과 도입하지 않은 사업장과는 재해율에 있어서 상당한 차이를 나타내고 있다. [그림 2-8]에서와 같이 2019년 12월 31일을 기준으로 2007년부터 인증사업장과 제조업 전체 사업장의 재해율을 비교해 보면 약 2배 이상의 차이를 나타내고 있다.

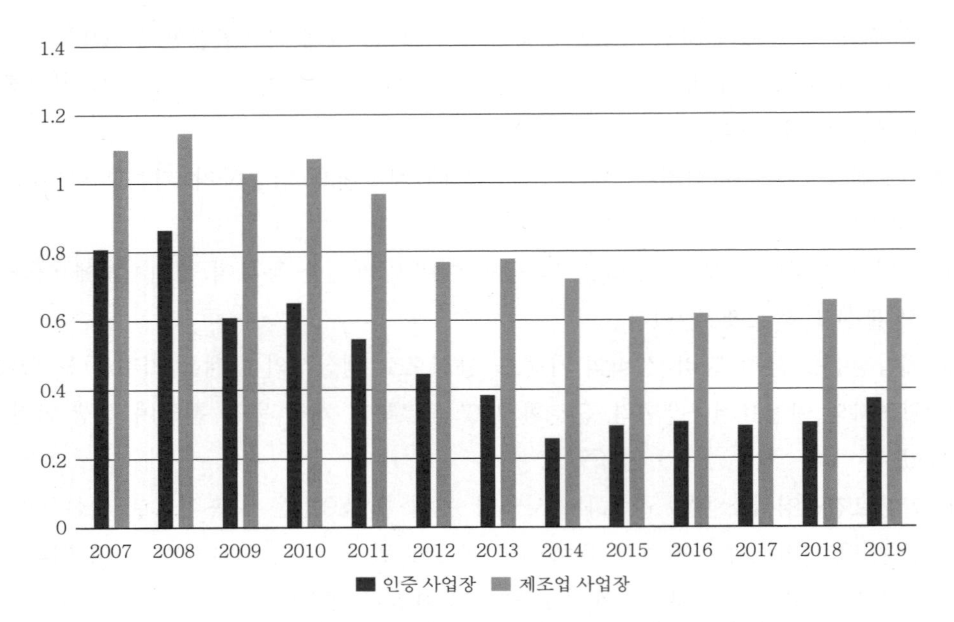

[그림 2-8] KOSHA 18001 인증사업장과 제조업 전체의 재해율 비교

안전보건공단에서는 안전보건조치를 소홀히 하여 사회적 물의를 일으킨 경우이거나 인증 이후 사후관리기간 동안 사고사망만인율이 3년 연속 동종업종 평균 이상이고 지속적으로 증가하는 경우 직권으로 인증을 취소시킨다. 2013년 3월 21일 ○○타이어(재해율 6.62)의 경우 산재다발로 인한 직권취소, 2013년 10월 29일 ○○제철(질식사망 5명) 대형사고 발생으로 인한 직권취소가 대표적인 인증취소의 사례라고 볼 수 있다.

이와 같이 인증사업장에서 재해율이 낮아진 결과는 인증취득 후에도 안전보건공단 심사원이 매년 사후심사에서 안전보건체제 분야 및 활동수준 분야의 심사를 통해 위험요인을 사전에 파악하고 개선하도록 유도한 결과로 보인다. 따라서 안전보건경영시스템이 산업재해율을 낮추는 중요한 수단이고 재해감소효과가 검증된 선진화된 안전관리 기법이라고 볼 때 품질경영시스템인 ISO 9001과 환경경영시스템인 ISO 14001 인증사업장처럼 보다 더 많은 사업장이 안전보건경영시스템을 구축하여야 할 당위성을 나타내고 있다고 할 수 있다.

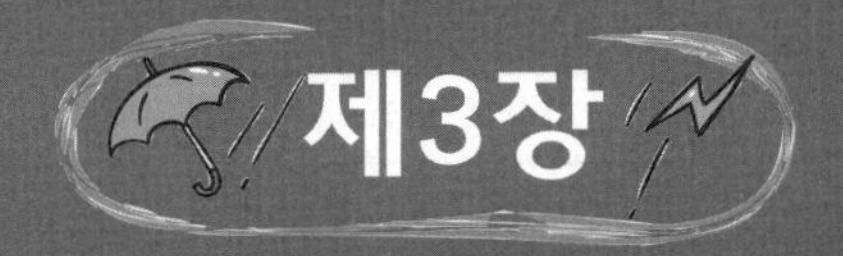

안전보건경영시스템 국제표준 및 인증제도

1. HLS(High Level Structure)의 개요
2. ISO 45001 안전보건경영시스템 국제표준
3. KOSHA-MS 안전보건경영시스템 인증제도
4. ISO 45001과 KOSHA-MS 안전보건경영시스템 비교
5. 안전보건경영시스템 인증 전환절차

1 HLS(High Level Structure)의 개요

1) 경영시스템의 기본구조

ISO 45001 안전보건경영시스템 국제표준의 기본구조는 기존 OHSAS 18001 안전보건경영시스템과 큰 차이가 없으나 지속적인 개선이 경영 검토 후에 이루어진다는 변화를 보이고 있는데 이것은 [그림 3-1]의 ISO 45001의 기본구조를 통해 보면 알 수 있다.

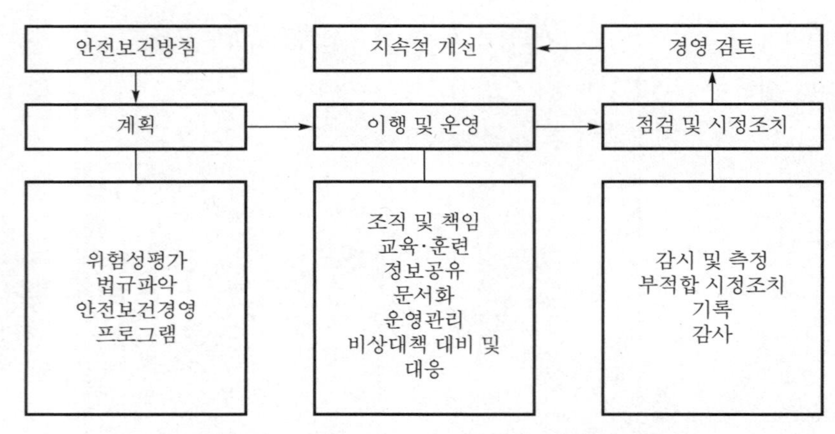

[그림 3-1] ISO 45001 안전보건경영시스템의 기본구조

OHSAS 18001을 ISO 45001로 전환함에 있어서 ISO 45001은 국제표준화기구(ISO)에서 제정한 안전보건경영시스템에 관련된 국제표준으로 사업장 내 모든 구성원 및 이해관계자가 자발적으로 참여하여 안전과 보건에 관한 목표를 설정하고 안전보건상의 위험요인을 파악하여 이를 제거 및 허용 가능한 위험의 범위로 관리하기 위한 절차를 수립하여 관리하는 안전보건경영시스템이라 할 수 있다. 그리고 품질경영시스템(ISO 9001)과 환경경영시스템(ISO 14001) 등 타 경영시스템과의 비교를 통해 보면 〈표 3-1〉에서와 같이 ISO 45001은 안전보건에 중점을 두는 만큼 주로 내부 이해관계자에게 초점을 맞춘 것을 알 수 있다.

〈표 3-1〉 ISO 9001, ISO 14001, ISO 45001의 특징 비교

구분	ISO 9001	ISO 14001	1SO 45001
규격	품질경영시스템	환경경영시스템	안전보건경영시스템
목적	고객만족	이해관계자 만족 (주로 외부)	이해관계자 만족 (주로 내부)
규격구조	PDCA Cycle	PDCA Cycle	PDCA Cycle
관리대상	제품 및 서비스	제품, 서비스, 부산물	작업현장 상태 및 근로자의 행동상태

ISO 경영시스템의 PDCA(Plan, Do, Check, Action)와 상위문서구조(High Level Structure, HLS)의 관계를 보면 [그림 3-2]와 같이 기존 ISO 9001 및 ISO 14001과 마찬가지로 ISO 45001도 PDCA 구성 상위문서구조를 가지고 있는 것을 알 수 있다. 먼저 계획 단계에서는 시스템과 프로세스의 목표 수립, 그리고 근로자와 기타 이해관계자의 요구사항과 조직의 방침에 따른 결과를 도출하기 위하여 리스크와 기회를 식별하고 안전보건경영을 이루기 위하여 필요한 자원계획을 수립하는 것을 말한다. 실행 단계에서는 계획된 것을 실행하고 검토 단계에서는 방침, 목표, 관계자 요구사항 및 계획된 활동에 대비하여 프로세스와 그 결과로 나타나는 결과 및 성과에 대한 모니터링과 측정, 그리고 그 결과를 보고하는 단계이며, 조치 단계에서는 필요에 따라 성과를 개선하기 위하여 실시하는 활동을 말한다.

그림에서 괄호안의 숫자는 ISO 45001 표준의 각 절을 나타낸 것이다.

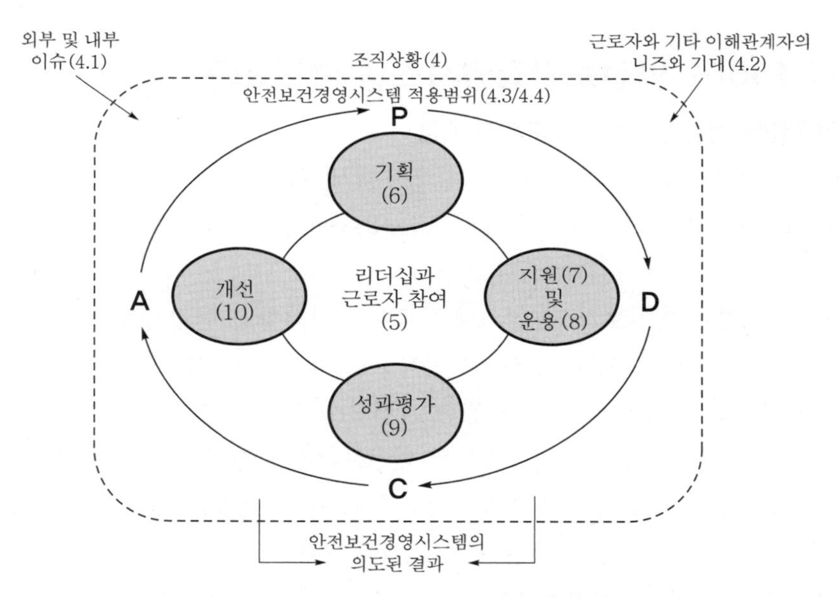

[그림 3-2] ISO 45001의 PDCA 사이클 개요도

2) 상위문서구조(High Level Structure, HLS)의 기본구조

ISO 45001과 기존 ISO 9001, ISO 14001의 큰 차이는 기업의 자율적인 안전보건관리와 근로자의 산업재해예방을 주목적으로 하는 만큼 5. 리더십과 근로자 참여와 5.4 근로자의 참여, 컨설팅 및 대표에 관한 사항, 경영자의 안전보건방침(OH&S Policy) 및 안전보건문화(Occupational Safety and Health Culture) 등이 추가 반영된 특징을 가지고 있다.

ISO 9001과 ISO 14001 등의 표준이 2015년에 개정되면서 모든 ISO 표준의 항목이 순서와 용어가 동일하도록 구성된 상위문서구조(High Level Structure, HLS)로 통일되었는데, 그 통일된 구조는 [그림 3-3]과 같다.

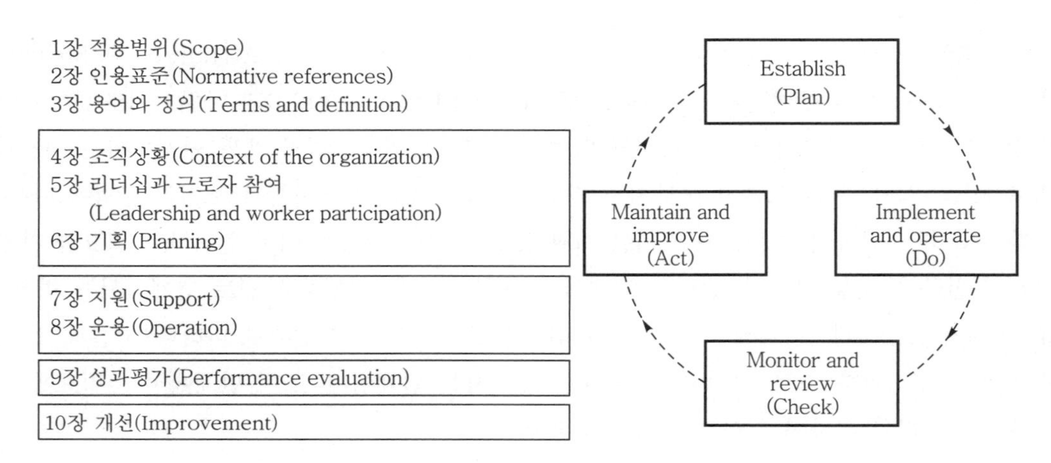

[그림 3-3] High Level Structure의 통일된 구조

2 ISO 45001 안전보건경영시스템 국제표준

1) ISO 45001 안전보건경영시스템 표준제정 배경

ISO 45001 : 2018 안전보건경영시스템 — 요구사항 및 사용지침

(Occupational health and safety management systems - Requirements with guidance for use)

ISO 4500 국제표준은 안전보건경영시스템에 대한 요구사항을 규정하고 있으며, 조직(사업장)이 업무 관련 부상 및 건강장해를 예방하고 안전보건성과를 사전에 개선함으로써 안전하고 건강한 작업장을 제공할 수 있도록 활용 가능한 가이던스를 제공한다.

ISO 4500은 안전보건개선, 위험요인 제거 및 안전보건리스크(시스템 결함 포함) 최소화, 안전보건기회활용, 조직의 활동과 연관된 안전보건경영시스템 부적합을 다루기 위하여 안전보건경영시스템을 수립, 이행, 유지하고자 하는 모든 조직에 적용 가능하다.

ISO 45001은 조직이 안전보건경영시스템의 의도된 결과를 달성하도록 지원하는데 조직의 안전보건방침과 일관성이 있는 안전보건경영시스템의 의도된 결과는 다음 사항을 포함한다.

(1) 안전보건성과의 지속적 개선
(2) 법적 요구사항 및 기타 요구사항의 충족
(3) 안전보건목표의 달성

ISO 45001은 조직의 규모, 형태, 성질에 관계없이 모든 조직에 적용되며 조직이 운용하는 상황, 그리고 근로자 및 기타 이해관계자의 니즈(Needs)와 기대같은 요소를 반영하여 조직의 관리하에 있는 안전보건리스크에 적용될 수 있다.

ISO 45001은 안전보건성과에 대한 특정 기준을 명시하지 않으며, 안전보건경영시스템의 설계에 관한 규범도 아니지만 안전보건경영시스템을 통하여 이 표준을 적용하면 조직은 근로자의 건강/웰빙과 같은 안전보건의 기타 측면을 통합할 수 있다.

ISO 45001에서는 근로자 및 기타 이해관계자의 리스크를 넘어서는 이슈, 예를 들어 제품 안전, 재산상의 손해 또는 환경 영향과 같은 이슈는 다루지 않는다.

ISO 45001은 안전보건경영을 체계적으로 개선하기 위하여 전체 또는 일부로 사용될 수 있다. 그러나 이 표준의 모든 요구사항이 조직의 안전보건경영시스템에 통합되어 예외 없이 충족되지 않을 경우 이 표준과의 적합성을 주장할 수 없다.

조직은 근로자와 그 활동에 영향을 받을 수 있는 기타 인원의 안전보건에 대한 책임이 있는데, 이 책임에는 신체적, 정신적 건강을 보호하고 증진하는 것이 포함된다.

안전보건경영시스템의 구축 및 운영은 조직에게 안전하고 건강한 작업환경을 제공하고 업무와 관련된 부상 및 건강상 장해를 방지하며 지속적으로 안전보건성과를 향상시킬 수 있도록 하기 위한 것이다.

2) 안전보건경영시스템의 목표

안전보건경영시스템의 목적은 안전보건리스크 및 기회관리를 위한 구조 및 틀(Framework)을 제공하기 위한 것이다. 안전보건경영시스템의 목적 및 의도된 결과는 근로자의 업무와 관련된 부상 및 건강상 장해를 방지하여 안전하고 건강한 작업장을 제공하는 것이다. 결과적으로 조직이 위험요인을 제거하고 효과적인 예방 및 보호조치를 취함으로써 안전보건리스크를 최소화하는 것이 매우 중요하다.

이러한 조치가 안전보건경영시스템을 통해 조직에 적용되면 안전보건성과가 향상되는데, 안전보건성과향상을 위한 기회를 다루기 위한 조치를 취할 때 안전보건경영시스템은 더욱 효과적이고 효율적일 수 있다.

ISO 45001에 따라 안전보건경영시스템을 이행함으로써 조직이 안전보건리스크를 관리하고 안전보건성과를 향상할 수 있게 한다. 안전보건경영시스템은 법적 요구사항 및 기타 요구사항을 충족하기 위해 조직에 도움이 될 수 있다.

3) 안전보건경영시스템의 성공요인

안전보건경영시스템의 실행은 조직을 위한 전략적 및 운용적인 의사결정이다. 안전보건경영시스템의 성공여부는 조직의 리더십, 의지표명 및 모든 계층과 기능의 참여에 달려있다. 안전보건경영시스템의 실행과 유지, 그 효과성 그리고 의도된 결과를 달성하는 능력은 다음과 같은 사항을 포함하는 많은 핵심요소에 의존한다.

(1) 최고경영자의 리더십, 의지표명, 책임 및 책무
(2) 최고경영자의 안전보건경영시스템에 의도된 결과를 지원하는 조직 문화를 개발, 선도 및 증진
(3) 의사소통
(4) 근로자와 근로자 대표의 협의 및 참여
(5) 안전보건경영시스템을 유지하기 위해 필요한 자원의 할당
(6) 조직의 전반적인 전략적 목표 및 방향에 적절한 안전보건방침
(7) 위험요인 파악, 안전보건리스크 관리 및 안전보건기회의 활용을 위한 효과적인 프로세스
(8) 안전보건성과의 개선을 위한 안전보건경영시스템에 지속적인 성과평가와 모니터링
(9) 안전보건경영시스템을 조직의 비즈니스 프로세스에 통합
(10) 안전보건방침과 정렬되고, 조직의 위험요인, 안전보건리스크와 기회를 반영한 안전보건 목표
(11) 법적 요구사항 및 기타 요구사항 준수

ISO 45001의 성공적인 실행에 대한 실증은 근로자 및 다른 이해관계자에게 보증을 제공하기 위해 효과적인 안전보건경영시스템이 있는 조직에 의해 사용될 수 있다. 그러나 이 표준의 채택만으로는 근로자에 대한 업무 관련 부상 및 건강상 장해의 예방을 보장하지 않고, 안전하고 건강한 작업장 및 개선된 안전보건성과의 제공을 보장하지는 않는다.

상세수준, 복잡성, 문서화된 정보의 범위, 그리고 조직의 안전보건경영시스템의 성공을 보장하기 위해 필요한 자원은 다음과 같은 많은 요소에 의존한다.

(1) 조직상황 (예, 근로자 수, 규모, 지리적 위치, 문화, 법적 및 기타 요구사항)
(2) 조직의 안전보건경영시스템의 적용범위
(3) 조직의 활동 및 관련된 안전보건리스크의 성질(Nature)

4) 계획(P)-실행(D)-점검(C)-조치(A) 사이클

이 표준에 적용된 안전보건경영시스템 접근법은 PDCA 사이클인 시스템적 개념에 기반을 두고 있다. PDCA 개념은 지속적 개선을 달성하기 위해 조직에 의해 사용되는 반복적인 프로세스인데, 그것은 다음과 같이 경영시스템과 개별 요소 각각에 적용할 수 있다.

(1) 계획(Plan)

안전보건리스크, 안전보건기회, 기타 리스크와 기타 기회를 결정 및 평가하고 조직의 안전보건방침에 따라서 결과를 만들어 내는데 필요한 안전보건목표 및 프로세스를 수립하는 것

(2) 실행(Do)

계획대로 프로세스를 실행하는 것

(3) 점검(Check)

안전보건방침과 목표에 관한 활동 및 프로세스를 모니터링 및 측정하고, 그 결과를 보고하는 것

(4) 조치(Act)

의도된 출력사항을 달성하기 위하여 안전보건성과를 지속적으로 개선하기 위한 조치를 시행하는 것

5) 표준의 내용

ISO 45001 표준은 ISO 경영시스템 표준(MSS)의 요구사항에 적합한데 이 요구사항은 여러 ISO 경영시스템 표준(MSS)을 사용하는 사용자들에게 도움이 되도록 설계된 상위문서구조(HLS), 동일한 핵심문구, 공통용어 및 핵심용어의 정의를 포함한다.

ISO 45001의 요소들이 품질, 사회적 책임, 환경, 보안 또는 재무 경영과 같은 다른 경영시스템과 정렬되거나 통합될 수 있지만 이 표준은 다른 경영시스템에 특정한 요구사항을 포함하지 않는다

ISO 45001은 조직이 안전보건경영시스템을 실행하고 적합성을 평가하기 위해 사용할 수 있는 요구사항을 포함한다. 조직은 다음과 같은 방법을 통하여 이 문서의 적합성을 실증할 수 있다.

(1) 자기주장 및 자기선언

(2) 고객 등 조직의 이해관계자에 의해 조직의 적합성에 대한 확인을 추구

(3) 조직의 외부 당사자에 의해 자기선언의 확인을 추구

(4) 외부 조직에 의한 안전보건경영시스템 인증/등록 추진

ISO 45001 표준의 1절에서 3절까지는 이 표준의 사용에 적용되는 적용범위, 인용표준 및 용어와 정의를 설정한 반면, 4절에서 10절까지는 이 표준과의 적합성 평가를 위해 사용되는 요구사항을 포함한다. 부속서 A는 그러한 요구사항에 대한 설명을 참조로 제공한다. 3절의 용어와 정의는 개념상의 순서에 따라 배열되었다.

ISO 45001 표준에서 사용된 조동사의 의미는 다음과 같다.

(1) "하여야 한다(shall)"는 요구사항을 의미한다.

(2) "하여야 할 것이다/하는 것이 좋다(should)"는 권고사항을 의미한다.

(3) "해도 된다(may)"는 허용을 의미한다.

(4) "할 수 있다(can)"는 가능성 또는 능력을 의미한다.

6) 용어의 정의

ISO 45001에서 사용하는 용어의 정의는 다음과 같다.

(1) 조직(Organisation)

조직의 목표달성에 대한 책임, 권한 및 관계가 있는 자체의 기능을 가진 사람 또는 사람의 집단을 말하는데, 이 표준에서는 사업장이라 한다. 조직의 개념은 일반적으로 개인 사업자, 회사, 법인, 상사, 기업, 국가행정기관, 파트너십, 자선단체 또는 기구, 혹은 이들이 통합이든 아니든 공적이든 사적이든 이들의 일부 또는 조합을 말한다.

(2) 이해관계자(Interested party), 이해당사자(Stakeholder)

의사결정 또는 활동에 영향을 줄 수 있거나, 영향을 받을 수 있거나 또는 자신이 영향을 받는다는 인식을 할 수 있는 사람 및 조직을 말한다.

(3) 근로자(Woker)

조직의 관리하에서 업무나 작업 또는 업무 관련 활동을 수행하는 인원이나 사람을 말한다. 인원은 정규적 또는 비정규적으로, 간헐적으로 또는 계절적으로, 임시 또는 파트타임 등 다양한 계약하에 유급 또는 무급으로, 업무 또는 업무 관련 활동을 수행한다. 근로자는 조직을 지휘하고 관리하는 최고경영 및 관리자가 아닌 인원을 말한다.

조직의 통제하에서 수행되는 업무 또는 업무 관련 활동은 조직에 고용된 근로자들, 또는 외부 공급업체 소속 근로자, 계약자, 개인, 파견(용역) 근로자에 의해 수행될 수 있으며 조직상황에 따라 조직이 자신의 업무 또는 업무 관련 활동을 관리하는 정도까지 다른 인원에 의해 수행될 수 있다.

(4) 참여(Participation)

의사결정 과정에 참가(Involvement)하는 것을 말한다. 참여에는 안전보건위원회 및 근로자 대표의 적극적 참여가 포함된다.

(5) 협의(Consultation)

의사결정 전에 의견을 구하는 과정을 말한다. 협의에는 안전보건위원회 및 근로자 대표와의 협의가 포함된다.

(6) 작업장(Workplace)

인원이 업무를 목적으로 근무하거나, 업무를 위하여 이동할 필요가 있는 조직의 관리하에 있는 장소를 말한다. 안전보건경영시스템에서 조직의 작업에 대한 책임은 작업장을 관리하는 정도에 따라 다르다.

(7) 계약자(Contractor)

합의된 계약서 및 조건에 따라 조직에 서비스를 제공하는 외부 조직을 말한다. 서비스에는 건설 업무도 포함될 수 있다.

(8) 요구사항(Requirement)

명시적인 요구 또는 기대, 일반적으로 묵시적이거나 의무적인 요구 또는 기대를 말한다. "일반적으로 묵시적"이란 조직 및 이해관계자의 요구 또는 기대가 묵시적으로 고려되는 관습 또는 일상적인 관행을 의미한다. 규정된 요구사항을 예로 들면 문서화된 정보다.

(9) 법적 요구사항 및 기타 요구사항(Legal requrement and other requirement)

조직이 준수하여야 하는 법적 요구사항과 조직이 준수해야 하거나 준수하기로 선택한 기타 요구사항을 말한다.

이 표준의 목적에 따라 법적 요구사항 및 기타 요구사항은 안전보건경영시스템에 관련된 것을 말하며, 법적 요구사항 및 기타 요구사항에는 단체협약 조항이 포함된다. 법적 요구사항 및 기타 요구사항에는 법률, 규정, 단체협약 및 관행에 따라 근로자 대표를 결정하는 요구사항이 포함된다.

(10) 경영시스템(Management system)

방침과 목표를 수립하고 그 목표를 달성하기 위한 프로세스를 수립하기 위해 상호 관련되거나 상호작용하는 조직 요소의 집합을 말한다. 경영시스템은 하나 또는 다수의 전문 분야를 다룰 수 있는데 시스템 요소에는 조직의 구조, 역할과 책임, 기획, 운영, 성과평가와 개선을 포함한다. 경영시스템의 적용범위에는 조직 전체, 조직의 구체적으로 파악된 기능과 부문, 또는 조직 그룹 전체에 있는 하나 또는 그 이상의 기능을 포함해도 된다.

(11) 안전보건경영시스템(OS&H Management system)

안전보건방침을 달성하기 위해 사용되는 경영시스템 또는 경영시스템의 일부를 말한다. 안전보건경영시스템의 의도된 결과는 근로자의 부상 및 건강상 장해를 예방하여 안전하고 건강한 작업장을 제공하는 것이다.

(12) 최고경영자(Top management)

최고 계층에서 조직을 지휘하고 관리하는 사람 또는 그룹을 말한다. 최고경영자가 안전보건경영시스템에 대한 최종 책임을 보유한다면 조직 내에서 권한을 위임하고 자원을 제공하는 힘을 갖는다. 경영시스템의 적용범위가 단지 조직의 일부만을 포함하는 경우, 조직의 그 일부분을 지휘하고 관리하는 사람들을 최고경영자로 지칭한다.

(13) 효과성(Effectiveness)

계획된 활동이 실현되어 계획된 결과가 달성되는 정도를 말한다.

(14) 방침(Policy)

최고경영자에 의해 공식적으로 표명된 조직의 의도 및 방향을 말한다.

(15) 안전보건방침(Occupational health and safety policy)

근로자의 작업과 관련된 부상 및 건강장해를 예방하고 안전하고 건강한 작업장을 제공하기 위한 방침을 말한다.

(16) 목표(Objective)

달성되어야 할 결과를 말한다. 목표는 전략적, 전술적, 또는 운영적일 수 있으며, 다양한 분야에 관련 될 수 있다. 그리고 전략적, 조직 전반, 프로젝트, 제품 및 프로세스와 같은 다양한 수준에서 적용될 수 있다. 목표는 다른 방식으로 표현될 수 있지만, 예를 들면 안전보건목표와 같이 의도된 결과, 목적, 운용을 기준으로 또는 비슷한 의미가 있는 목적(aim), 목표(goal), 세부목표(target) 등의 다른 용어로 사용될 수 있다.

(17) 안전보건목표(Occupational health and safety objective)

안전보건방침과 일관되게 특정한 결과를 달성하기 위해 조직이 설정한 목표를 말한다.

(18) 상해 및 건강상 장해(Injury and ill health)

사람의 신체적, 정신적 또는 인지적 상태에 대한 악영향을 말한다. 이러한 악영향에는 직업병, 질병 및 사망이 포함된다. "상해 및 건강상 장해"란 용어는 부상 또는 건강장해가 단독 또는 조합하여 존재함을 의미한다.

(19) 위험요인(Hazard)

상해 및 건강상 장애를 가져올 잠재성이 있는 요인을 말한다. 위험에는 해를 끼치거나 위험한 상황을 유발할 수 있는 잠재성의 원천 또는 부상과 건강에 이르게 하는 노출 가능성의 상황이 포함될 수 있다. 위험요인에는 손해 또는 유해한 상황을 야기할 잠재성이 있는 요인 또는 부상 및 건강상 장해에 노출될 잠재성이 있는 환경이 포함될 수 있다.

(20) 리스크(Risk)

불확실성의 영향을 말한다. 영향은 긍정적 또는 부정적 예측으로부터 벗어나는 것이다. 불확실성은 사건, 사건의 결과 또는 발생 가능성에 대한 이해 또는 지식에 관련된 정보의 부족, 부분적으로 부족한 상태이다. 리스크는 종종 잠재적인 "사건"과 "결과", 또는 이들의 조합으로 표현된다.

리스크는 환경변화를 포함한 사건의 결과와 연관된 "발생 가능성"의 조합으로 표현된다. 이 표준에서 사용하는 "리스크와 기회"란 용어는 안전보건리스크, 안전보건기회 그리고 경영시스템의 기타 리스크 및 기타 기회를 의미한다.

(21) 안전보건리스크(Occupational health and safety risk)

업무나 작업과 관련하여 위험한 사건 또는 노출의 발생 가능성과 사건 또는 노출로 야기될 수 있는 부상 및 건강장해 심각성의 조합을 말한다.

(22) 안전보건기회(Occupational health and safety opportunity)

안전보건성과의 개선을 가져올 수 있는 상황 또는 상황의 집합을 말한다.

(23) 역량/적격성(Competence)

의도된 결과를 달성하기 위해 지식 및 스킬을 적용하는 능력을 말한다.

(24) 문서화된 정보(Documented information)

조직에 의해 관리되고 유지되도록 요구되는 정보 및 정보가 포함되어 있는 매체를 말한다. 문서화된 정보는 어떠한 형태 및 매체일 수 있으며, 어떠한 출처로부터 올 수 있다.

문서화된 정보는 다음 사항으로 설명될 수 있다.

가) 관련 프로세스를 포함하는 경영시스템

나) 조직에서 운영하기 위해서 작성된 정보(문서화)

다) 달성된 결과에 대한 증거(기록)

(25) 프로세스(Process)

입력을 사용하여 의도된 결과를 만들어 내는 상호 관련되거나 상호작용하는 활동의 집합을 말한다.

(26) 절차(Procedure)

활동 또는 프로세스를 수행하기 위하여 규정된 방식을 말한다. 절차는 문서화될 수도 있고 문서화되지 않을 수도 있다.

(27) 성과(Performance)

측정 가능한 결과를 말한다. 성과는 정량적 또는 정성적 결과와 관련될 수 있으며, 결과는 정량적 또는 정성적 방법으로 결정하고 평가될 수 있다.

성과는 활동, 프로세스, 제품(서비스 포함), 시스템 또는 조직의 경영에 관련될 수 있다.

(28) 안전보건성과(Occupational health and safety performance)

근로자에 대한 상해 및 건강상 장해예방의 효과성과 관련된, 그리고 안전하고 건강한 작업장의 제공과 관련된 성과를 말한다.

(29) 외주처리(Outsource)

외부 조직이 조직의 기능 또는 프로세스의 일부를 수행하도록 하는 것을 말한다. 외주처리된 기능 또는 프로세스가 적용범위 내에 있다 하더라도 외부 조직은 경영 시스템의 적용범위 밖에 있다.

(30) 모니터링(Monitoring)

시스템, 프로세스 또는 활동의 상태를 확인하고 결정하는 것을 말한다. 상태를 결정하기 위해서는 확인, 감독 또는 심도 있는 관찰이 필요할 수 있다.

(31) 측정(Measurement)

값을 확인 결정하는 프로세스를 말한다.

(32) 심사(Audit)

심사기준에 충족되는 정도를 결정하기 위하여 객관적인 심사증거를 수집하고 객관적으로 평가하기 위한 체계적이고 독립적이며 문서화된 프로세스를 말한다.

심사는 내부심사(1자 심사), 또는 외부심사(2자 또는 3자)가 있을 수 있고 결합심사(둘 이상의 분야가 결합)가 있을 수 있다. 내부심사는 조직 자체에 의해서 수행되거나 조직을 대신하여 외부 당사자가 수행한다.

(33) 적합(Conformity)

요구사항의 충족을 말한다.

(34) 부적합(Nonconformity)

요구사항의 불충족을 말한다. 부적합은 표준 요구사항과 조직이 스스로 설정한 추가적인 안전보건경영시스템의 요구사항과 관련된다.

(35) 사건(Incident)

상해 및 건강상 장해를 초래하거나, 초래할 수 있는 작업으로부터 일어나는 것(occurrence) 또는 작업 중에 발생하는 것(occurrence)을 말한다.

상해 및 건강상 장해가 발생하는 사건을 "사고"(accident)라고 한다. 상해 및 건강상 장해는 없지만 잠재성을 가진 사건은 "아차사고"(near-miss), "돌발상황"(near-hit), "위기일발"(close call)이라고 할 수 있다. 사건과 관련된 하나 이상의 부적합이 있을 수 있지만 부적합이 없는 경우에도 사건은 발생할 수 있다.

(36) 시정조치(Corrective action)

부적합이나 사건의 원인을 제거하고 재발을 방지하기 위한 조치를 말한다.

(37) 지속적 개선(Continual improvement)

성과를 향상시키기 위하여 반복하는 활동을 말한다. 성과를 향상시키는 것은 안전보건방침과 안전보건목표와 일관성 있는 전반적인 안전보건성과개선을 달성하기 위한 안전보건경영시스템의 활용과 관련된다. 지속적(continual)이라는 의미는 계속적(continuous)을 의미하지 않으므로, 모든 영역에서 동시에 활동을 수행할 필요는 없다.

7) OHSAS 18001 안전보건경영시스템 인증

OHSAS 18001은 사업장 내 근무하는 근로자의 안전보건을 위한 안전보건목표설정 및 목표를 달성하기 위한 경영시스템이 이행되고 있는지를 제3자가 심사를 통해 인증을 부여해주는 제도이다. OHSAS 18001 규격 제정 이후 한국인정지원센터 및 산업자원부에서도 국내 인증기관을 대상으로 2001년부터 K-OHSMS 18001을 도입하여 시행하고 있다. 또한 OHSAS 18001 Project 그룹과 한국인정지원센터는 OHSAS 18001 한글판 발간에 대한 저작권 계약을 통해 K-OHSMS 18001을 발간하게 됨에 따라 K-OHSMS 18001 인증을 취득하는 경우에도 인증서에 OHSAS 18001과 동등하게 표기할 수 있도록 하고 있다.

(1) 적용범위

OHSAS 18001은 안전보건경영시스템 요구사항을 제시하는 것이며, 조직이 안전보건에 관한 위험성을 관리함으로 성과를 개선시킬 수 있도록 해준다. 이 규격은 구체적인 안전보건성과기준을 규정하는 것은 아니다. 이는 안전보건경영시스템을 수립하여 조직활동과 관련이 있는 안전보건위험성에 근로자나 이해관계자의 노출을 최소화하거나 제거하고자 할 때, 안전보건경영시스템을 실행 및 유지하거나 지속적 개선을 하고자 할 때, 안전보건방침이 규정에 적합한지 여부를 보증할 때, 적합성 여부를 타인에게 입증하고자 할 때, 또는 규격의 적합성을 확인 및 선언하고자 할 때 적용이 가능하다. 이 규격에서의 모든 요구사항은 다른 안전보건경영시스템과 통합할 수 있도록 구성되었다. 또한 적용범위는 조직에서의 안전보건방침, 조직의 운영에 있어서의 위험성이나 복잡성, 활동의 특성 등의 여러 가지 요인에 따라 다르다.

(2) 참고 문헌

OHSAS 18001이 특별히 참고한 문헌은 BS 8800(1996)의 산업안전보건경영시스템 지침이라 할 수 있다.

(3) OHSAS 18001의 구성요소

OHSAS 18001의 구성요소는 [그림3-4]와 같다.

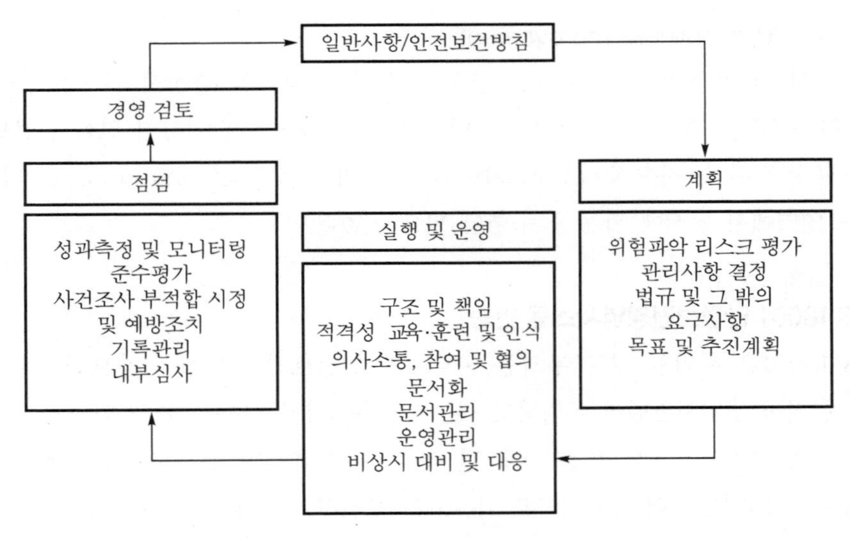

[그림 3-4] OSHAS 18001의 구성요소

(4) 인증 요구사항의 주요 내용

일반 요구사항에서 조직은 규정되어 있는 요구사항에 근거하여 안전보건경영시스템을 수립 및 유지하여야 한다. 안전보건방침은 조직 내 최고 경영자가 승인하여야 하고, 안전보건방침은 안전보건목표와 안전보건성과에 따른 개선의지를 분명히 나타내야 한다.

계획 단계에서는 첫째로 위험의 파악, 위험성평가 및 위험성 관리계획을 들 수 있는데, 조직은 위험을 지속적으로 파악하여야 하고 위험성평가에 필요한 절차를 수립하여 실행 및 유지하여야 한다. 이 경우 일상 및 비일상적인 활동, 외주업자 및 방문객을 포함한 사업장에 출입하는 모든 사람의 활동, 조직에 의하여 제공된 작업장 시설을 포함하여야 한다.

법규 및 그 밖의 요구사항에서 조직은 사업장에 적용 가능한 법규 및 그 밖의 요구사항을 파악하고 입수하기 위한 전반적인 절차를 수립 및 유지하여야 한다. 또한 이러한 정보는 최신의 것으로 유지되어야 하며, 법규 및 그 밖의 요구사항은 근로자 및 이해관계자에게 의사소통되어야 한다.

그리고 목표 및 안전보건경영 추진계획 단계에서 조직은 계층별로 안전보건에 관한 목표를 수립하고 문서화하여야 하며, 목표를 달성하기 위하여 안전보건경영 추진계획을 수립하고 유지하여야 한다. 이 추진계획에는 계층별 목표를 달성하기 위한 책임 및 권한이 지정되어야 하며, 목표달성 수단이나 일정도 포함되어야 한다.

실행 및 운영 단계와 구조 및 책임 단계에서는 안전보건경영시스템을 활성화하기 위하여 조직의 활동이나 시설 및 프로세스를 수행하는 인원에 대한 역할과 책임 및 권한을 규정하고 문서화하여야 한다.

또한 적격성, 교육·훈련 및 인식에서는 사업장에서 안전보건에 영향을 받는 모든 근로자는 능력을 갖추어야 한다. 이러한 능력은 교육이나 훈련 경험과 관련되어 규정되어야 한다. 그리고 의사소통 참여 및 협의 단계에서 조직은 안전보건에 관련된 정보가 근로자나 이해관계자들에게 의사소통이 되도록 절차를 구비하여야 하며, 이는 문서화되고 이해관계자와 소통되어야 한다.

문서화 단계에서는 안전보건경영시스템의 구성요소들과 상호작용에 대한 기술이나 관련 있는 문서화에 대한 방향 등에 대하여 서류 또는 전자형태 등의 매체로 정보를 수립 및 유지하여야 한다. 문서관리에서는 규격이 요구하는 모든 문서를 관리하기 위한 절차를 수립 및 유지하여야 하고 문서는 적절한 장소에 보관 및 비치가 되어야 하며, 주기적 검토와 필요시 개정 및 권한이 있는 자의 승인이 되어야 한다. 또한 효과적인 기능발휘에 따른 문서의 최신본을 업무수행의 모든 장소에서 이용이 가능하여야 하며, 구(舊)문서는 즉시 발행장소나 사용장소에서 신속히 제거되고 달리 사용되지 않아야 한다. 또한 법규에 의하거나 지식보전 목적의 보유문서는 적절히 식별되어야 한다.

운영관리에서는 조직에서 파악되어진 위험성과 관련된 운영관리활동을 파악해야 한다. 또한 이러한 운영관리활동은 수행되고 있음을 증명하기 위한 운영활동계획이 수립되어야 한다. 비상시 대비 및 대응 단계에서 조직은 비상사태가 발생할 잠재적 위험성을 파악하고 비상사태에 대한 대응과 피해를 최소화 할 수 있는 비상사태 계획과 절차를 수립·유지하여야 한다.

점검 및 시정조치 단계에서 성과측정 및 모니터링은 정기적으로 목표에 대한 안전보건성과를 측정하고 모니터링 할 수 있는 절차를 수립·유지하여야 한다. 또한 측정 및 모니터링을 위한 장비가 필요하면 그 장비는 검·교정이 유지될 수 있도록 절차를 수립하여야 한다.

사고, 사건, 부적합과 시정조치 및 예방조치에서 조직은 사고, 사건, 부적합에 대한 취급과 조사에 관하여 책임과 권한을 정하고 이에 따른 절차를 수립·유지하여야 한다. 기록관리에서 조직은 안전보건에 관한 기록을 식별하고 보존 및 처분에 관한 절차를 수립·유지하여야 하며, 이러한 기록은 읽기 쉽고 식별 가능하며 추적이 가능한 상태를 유지하여야 한다.

내부심사 단계에서 조직은 안전보건경영시스템의 요구사항에 대하여 안전보건경영시스템 활동에 따른 안전보건방침과 목표의 충족 정도, 계획의 적합성, 실행유지의 적합성을 주기적으로 심사하기 위한 내부심사 프로그램 및 이에 따른 절차를 수립·유지하여야 한다.

마지막으로 경영 검토 단계에서는 최고경영자가 지속적으로 안전보건경영시스템이 유지되고 적합성 및 타당성, 효과성을 보장하기 위한 안전보건경영시스템을 정해진 기간에 경영 검토를 실시하여야 한다. 이러한 경영 검토는 문서화 되어야 하며, 필요한 정보를 통해 최고경영자가 평가하여야 한다.

(5) OHSAS 18001과 ISO 45001 안전보건경영시스템의 비교·분석

국제규격인 ISO 45001이 제정됨에 따라 기존의 OHSAS 18001이나 K-OHSMS 18001은 인증전환기간 3년(18.3.12.~21.3.11)이 경과하면 효력을 상실하게 된다. 따라서 OHSAS 18001이나 K-OHSMS 18001 인증을 취득한 사업장들은 ISO 45001 인증시스템으로 인증을 전환하여 전환심사를 통과해야 새로운 ISO 45001 인증이 유지된다.

OHSAS 18001은 ISO 45001과 비교하면 많은 차이점이 있지만, 주요 변경사항은 OHSAS 18001이 안전보건 관련 위험 및 기타 내부문제 관리에 중점을 두는 반면 ISO 45001은 조직과 비즈니스 환경 간의 상호작용에 중점을 둔다는 것이다.

가) 규격의 변경

OHSAS 18001과 ISO 45001의 규격을 비교하면 〈표 3-2〉와 같으며, OHSAS 18001은 절차 기반인 반면 ISO 45001은 프로세스 기반이라는 점에서 차이가 있다.

〈표 3-2〉 OHSAS 18001과 ISO 45001의 비교

변 경 전		변 경 후		비 고
OHSAS 18001(2007)		ISO 45001(2018)		
1	적용범위	1	적용범위	동 일
2	참고문헌	2	인용표준	
3	용어 및 정의	3	용어와 정의	
		4	조직상황	신 규 제 정
		4.1	조직과 조직상황의 이해	
		4.2	근로자 및 기타 이해 관계자의 니즈와 기대 이해	
4 4.1	안전보건경영시스템 요구사항 일반 요구사항	4.3 4.4	안전보건경영시스템의 적용범위 결정 안전보건경영시스템	강 화
		5	리더십과 근로자 참여	
4.4.1	자원, 역할, 책임, 책무 및 권한	5.1	리더십과 의지표명	강 화
4.2	안전보건방침	5.2	안전보건방침	동 일
4.4.1	자원, 역할, 책임, 책무 및 권한	5.3	조직의 역할, 책임 및 권한	동 일
4.4.3.2	참여 및 협의	5.4	근로자 협의 및 참여	강 화
4.3	기획	6	기획	
4.3.1	위험요인 파악, 위험성평가 및 관리수단 결정	6.1	리스크와 기회를 다루는 조치	신규제정
		6.1.1	일반사항	–
		6.1.2 6.1.2.1 6.1.2.2	위험요인 파악 및 리스크와 기회의 평가 위험 식별 위험요인 파악 안전보건경영시스템에 대한 안전보건리스크와 기타 리스크평가	기타 리스크 신규 제정
		6.1.2.3	안전보건기회 및 기타 기회의 평가	신 규 제 정
4.3.2	법규 및 그 밖의 요구사항	6.1.3	법적 요구사항 및 기타 요구사항의 결정	–
		6.1.4	조치의 기획	
4.3.3	목표 및 추진계획	6.2 6.2.1 6.2.2	목표와 목표달성을 위한 기획 안전보건목표 안전보건목표 달성 기획	강 화
		7	지원	
4.4.1	자원, 역할, 책임, 책무 및 권한	7.1	자원	–
4.4.2	적격성, 교육·훈련 및 인식	7.2 7.3	역량/적격성 인식	강 화

변 경 전		변 경 후		비 고
OHSAS 18001(2007)		ISO 45001(2018)		
4.4.3 4.4.3.1	의사소통, 참여 및 협의 의사소통	7.4 7.4.1 7.4.2 7.4.3	의사소통 일반사항 내부 의사소통 외부 의사소통	강 화
4.4.4 4.4.5 4.5.4	문서화 문서관리 기록관리	7.5 7.5.1 7.5.2 7.5.3	문서화된 정보 일반사항 작성 및 갱신 문서화된 정보의 관리	강 화
4.4 4.4.6	이행 및 운영 운영관리	8 8.1 8.1.1	운용 운용 기획과 관리 일반사항	강 화
4.3.1 4.4.6	위험 파악, 위험성평가 및 관리수단 결정 운영관리	8.1.2 8.1.3 8.1.4	위험요인 제거 및 안전보건 리스크 감소 변경관리 조달	변경 및 조달 신규
4.4.7	비상시 대비 및 대응	8.2	비상시 대비 및 대응	–
4.5 4.5.1	점검 성과측정 및 감시	9 9.1 9.1.1	성과평가 모니터링, 측정, 분석 및 성과평가 일반사항	–
4.5.2	준수평가	9.1.2	준수평가	강 화
4.5.5	내부심사	9.2 9.2.1 9.2.2	내부심사 일반사항 내부심사 프로그램	강 화
4.6	경영 검토	9.3	경영 검토	
4.5.3 4.5.3.1 4.5.3.2	사건조사, 부적합사항 시정조치 및 예방조치 사건조사 부적합 시정조치 및 예방조치	10 10.1 10.2	개선 일반사항 사건, 부적합 및 시정조치	–
4.2 4.6	안전보건방침 경영 검토	10.3	지속적 개선	신 규

나) 주요 변경내용

주요 변경내용을 살펴보면, 4장 '조직상황'이 새로 추가되었다. 즉, PDCA 단계 중 'P(계획)' 단계에서 조직상황 및 근로자와 기타 이해관계자의 니즈와 기대를 파악해야 하는 부분이 추가된 것이다. 또한 5장 '리더십과 작업자 참여' 조항이 추가되어 경영층의 역할 지원, 조직 내 문화 개발, 근로자 보호 등 최고경영자의 역할이 더욱 확대되었다. 그리고 6장 '기획'에서는 조직의 '리스크와 기회를 다루기 위한 조치'를 통합하여 목표를 설정하고 실행해야 한다.

7장 '지원'에서는 역량 및 적격성 인식, 의사소통 및 문서화된 정보(기존 문서 및 기록)가 강조되고 있다. 그리고 8장 '운용'에서는 외주 및 조달의 관리 등에 대한 내용이 추가되었고, 9장 '성과평가'는 내부심사 및 경영 검토에 대해 일부 변경되었으며, 10장 '개선'에서는 '예방조치'라는 단어가 더 이상 사용되지는 않지만 유사한 사고 발생 및 잠재적인 부적합 발생에 대한 적절한 시정조치가 요구되며 가능한 한 신속히 리스크를 최소화하기 위해 보고 및 조사를 요구하고 있다. 또한 지속적 개선에 대한 요구사항도 확대되었다.

다) OHSAS 18001와 ISO 45001의 주요 차이점

ISO 45001은 OHSAS 18001과 비교해 볼 때 첫 번째로는 최고경영자의 리더십과 관여가 강조되었으며, 두 번째로 위험요인과 위험성의 파악 등 안전보건경영시스템 운영과정에서 근로자의 효과적인 참가·협의가 강조되었다. 세 번째로는 내적·외적 문제에 대한 조직상황(Organization context)의 이해항목이 신설되었으며, 네 번째는 근로자(대표)와 이해관계자의 니즈와 기대반영 항목이 신설되었다. 그 밖에도 법규 및 자체기준의 준수요건이 강화되었으며, 아웃소싱, 구매 및 도급작업에 대한 관리가 많이 강조된 것을 볼 수 있다. 또한 최고경영자의 안전보건경영 실행의지 표명에 있어서 경영대리인이 삭제되었고, 근로자의 참여와 협의가 강화되었으며, 변경관리가 강조되었고 의사소통 방법의 구체화, 안전문화 증진을 명시한 것이 주요 차이점이라고 볼 수 있다. ISO 45001 주요 제정내용을 살펴보면 〈표 3-3〉과 같다.

〈표 3-3〉 ISO 45001의 주요 내용

NO	주요 요구사항	주 요 내 용	구 분
1	조직의 상황	조직의 안전보건 여건을 반영한 내부·외부 이슈의 파악	신 규
2	근로자 및 이해관계자	근로자 및 이해관계자의 요구와 기대를 파악 및 반영	신 규
3	리더십과 문화	최고경영자의 안전보건경영 실행의지 표명 (경영대리인 삭제)	강 화
4	참여와 협의	근로자의 참여와 협의 강화	강 화
5	위험과 기회	안전보건관련 리스크와 기회의 파악 및 관리	신 규
6	문서화된 정보	문서 및 기록을 대체	강 화
7	운영계획 및 관리	아웃소싱, 공급자에 대한 안전보건 관리방법 강화	강 화
8	성과평가 및 지속적 개선	안전보건운영상태 측정 및 리스크 접근법 추가	신 규

3 KOSHA-MS 안전보건경영시스템 인증제도

1) KOSHA-MS 제정목적

산업안전보건법 제4조제1항제5호에 따라 사업장의 자율적인 안전보건경영체제 구축을 지원하기 위한 안전보건경영시스템(KOSHA-MS) 인증업무 처리에 필요한 사항을 규정하는 것을 목적으로 안전보건경영시스템(KOSHA-MS) 인증업무 처리규칙 (제정 2019.05.02, 공단 규칙 제871호)을 제정하였다.

2) 제조업 등 KOSHA-MS 안전보건경영시스템(건설업 제외)

(1) 적용범위

KOSHA-MS 안전보건경영시스템은 모든 사업 또는 사업장, 국가·지방자치단체 및 「공공기관의 운영에 관한 법률」제5조에 따른 공공기관, 「지방공기업법」제5조에 따른 지방직영기업, 같은 법 제49조에 따른 지방공사 및 같은 법 제76조에 따른 지방공단에 적용한다.

KOSHA-MS 안전보건경영시스템은 안전보건경영시스템을 구축하여 유해, 위험요인에 노출된 근로자와 그 밖의 이해관계자에 대한 위험을 제거하거나 최소화하여 사업장의 안전보건수준을 지속적으로 개선하고자 하는 사업장에 적용된다. 이 기준은 사업장이 자율적으로 안전보건경영시스템을 구축하고 실행·유지함으로써 지속적인 개선성과를 이루기 위한 안전보건경영시스템의 인증기준을 3개의 종류〔기준A형 : 상시근로자 50인이상 사업장용, 기준B형 : 상시근로자 20인이상 50인미만 사업장용, 기준C형 : 상시근로자 20인미만 사업장용〕로 구분하여 기준을 규정하고 있다.

KOSHA-MS 안전보건경영시스템은 다음과 같은 사항을 원하는 모든 사업장에 적용 가능하다.

가) 공단으로부터 안전보건경영시스템에 대한 인증을 획득하고자 할 때

나) 사업장 자율적으로 안전보건경영시스템을 구축하여 이 기준과의 적합 여부를 자체적으로 확인하고자 할 때

(2) 기준 적용

KOSHA-MS 안전보건경영시스템 인증심사원이 인증신청사업장의 경영여건 및 사업장의 규모에 따라 인증심사 기준 중에서 한 가지를 선정하여 적용한다. 다만 첫 번째 연장심사 이후 심사원 및 사업장 협의에 따라 상위기준 적용이 가능하다.

안전보건경영시스템의 인증기준을 3개의 종류〔기준A형 : 상시근로자 50인이상 사업장용, 기준B형 : 상시근로자 20인이상 50인미만 사업장용, 기준C형 : 상시근로자 20인미만 사업장용〕로 구분하여 기준을 규정한다.

(3) 참조규격

KOSHA-MS 인증기준 수립 시 아래에 열거된 규격 및 자료를 참조·인용하여 우리나라 실정에 맞도록 재구성하고 있다.

가) BS 8800(영국표준협회) : 1996, 산업안전보건경영체제 지침

나) OHSAS 18001(국제인증기관) : 2007, 산업안전보건경영체제

다) ILO-OSH 2001(ILO) : 2001, 산업안전보건경영시스템 구축에 관한 지침

라) ISO 45001(ISO) : 2018, 안전보건경영시스템-요구사항 및 사용지침

(4) 용어의 정의

ㅇ 안전보건경영시스템(Safety and Health Management System)

최고경영자가 경영방침에 안전보건정책을 선언하고 이에 대한 실행계획을 수립(Plan)하여 이를 실행 및 운영(Do), 점검 및 시정조치(Check)하여 그 결과를 최고경영자가 검토하고 개선(Action)하는 등 P-D-C-A 순환과정을 통하여 지속적인 개선이 이루어지도록 하는 체계적인 안전보건활동을 말한다.

ㅇ 조직(Organization)

사업을 운영하는 체계, 자원, 기능 등을 갖추고 있는 회사, 기업, 연구소 또는 이들의 복합집단을 말하며 사업장으로 표현할 수도 있다.

ㅇ 사건 (Incident)

유해·위험요인의 자극에 의하여 사고로 발전되었거나 사고로 이어질 뻔했던 원하지 않는 사상(Event)으로서 인적·물적 손실인 상해·질병 및 재산적 손실뿐만 아니라 인적·물적 손실이 발생되지 않은 아차사고를 포함한 것을 말한다.

ㅇ 사고 (Accident)

유해·위험요인(Hazard)을 근원적으로 제거하지 못하고 위험(Danger)에 노출되어 발생되는 바람직스럽지 못한 결과를 초래하는 것으로서 사망을 포함한 상해, 질병 및 기타 경제적 손실을 야기하는 예상치 못한 사상(Event)을 말한다.

ㅇ 유해·위험요인 (Hazard)

유해·위험을 일으킬 잠재적 가능성이 있는 것의 고유한 특징이나 속성을 말한다.

ㅇ 유해·위험요인 파악 (Hazards Identification)

유해요인과 위험요인을 찾아내는 과정을 말한다.

○ 위험 (Danger)

유해·위험요인(Hazards)에 상대적으로 노출된 상태를 말한다.

○ 위험성 (Risk)

목표에 대한 불확실성의 영향이다. 유해·위험요인이 부상 또는 질병으로 이어질 수 있는 가능성(빈도)과 중대성(강도)을 조합으로도 표현된다.

○ 위험성평가 (Risk Assessment)

유해·위험요인을 파악하고 해당 유해·위험요인에 의한 부상 또는 질병의 발생 가능성(빈도)과 중대성(강도)의 추정·결정하고 감소대책을 수립하여 실행하는 일련의 과정을 말한다.

○ 허용 가능한 위험(Acceptable Risk)

위험성평가에서 유해·위험요인의 위험성이 법적 및 시스템의 안전요구사항에 의하여 사전에 결정된 허용 위험수준 이하의 위험 또는 개선에 의하여 허용 위험수준 이하로 감소된 것을 말한다.

○ 안전(Safety)

유해·위험요인이 없는 상태로서 정의할 수 있지만 현실적 산업현장 또는 시스템에서는 달성 불가능하므로 현실적인 안전의 정의는 유해·위험요인의 위험성을 허용 가능한 위험수준으로 관리하는 것으로 정의할 수 있다.

○ 목표 (Objectives)

안전보건성과 측면에서 조직이 달성하기 위해 설정하는 세부목표로서 가능한 한 정량화된 것을 말한다.

○ 성과 (Performance)

사업장 또는 조직의 안전보건방침·목표와 비교하여 조직의 안전보건경영활동으로 달성된 정성적·정량적 결과를 말한다.

○ 지속적 개선 (Continual Improvement)

사업장 또는 조직의 당해 연도 안전보건활동의 성과를 분석·평가하고 그 평가 결과를 다음 연도의 안전보건활동에 반영하여 안전보건성과를 지속적으로 향상시키는 반복과정을 말한다.

ㅇ 내부심사 (Audit)

사업장 또는 조직의 안전보건활동이 안전보건경영시스템에 따라 효과적으로 실행되고 있는지, 그리고 그 활동 결과가 조직의 안전보건방침과 목표를 달성하였는지에 대한 독립적인 평가와 검증과정을 말한다.

ㅇ 적합(Conformity)

조직의 안전보건활동이 안전보건경영시스템상의 기준이나 작업표준, 지침, 절차, 규정 등을 충족한 상태를 말한다.

ㅇ 부적합(Nonconformity)

사업장 또는 조직의 안전보건활동이 안전보건경영시스템상의 기준이나 작업표준, 지침, 절차, 규정 등으로부터 벗어난 상태를 말한다.

ㅇ 관찰사항(Observation)

사업장 또는 조직의 안전보건활동이 현재 안전보건경영시스템의 기준이나 작업표준, 지침, 절차, 규정 등으로부터 벗어난 상태는 아니지만 향후에 벗어날 가능성이 있는 경우를 말한다.

ㅇ 권고사항(Recommendation)

안전보건경영시스템 운영의 효율성을 높이기 위해 개선의 여지가 있는 경우 또는 사내 규정(표준)대로 시행되고 있으나 업무의 목적상 비효율적이거나 불합리하다고 판단되는 경우를 말한다.

ㅇ 이해관계자(Stakeholder)

사업장 또는 조직의 안전보건활동과 성과에 의해 영향을 받거나 그 활동과 성과에 관련된 개인 또는 집단을 말한다.

ㅇ 시정조치

발견된 부적합사항 또는 관찰사항의 원인을 제거하여 재발을 방지하기 위한 조치를 말한다.

ㅇ 문서

안전보건활동의 절차, 방법 등을 정한 매뉴얼, 절차서, 지침서, 표준, 기준 등의 매체를 말한다.

○ 기록

달성된 결과를 명시하거나 활동의 증거를 제공하는 문서를 말한다.

○ 근로자

조직의 관리하에 작업하거나 작업과 관련된 활동을 수행하는 사람을 말한다.

○ 참여

의사결정에 개입함을 의미한다. 참여는 산업안전보건위원회와 근로자 대표가 존재한다면 근로자 대표도 포함된다.

○ 협의

의사결정을 하기 전에 의견을 구하는 것을 의미한다. 협의는 산업안전보건위원회와 근로자 대표가 존재한다면 근로자 대표도 포함된다.

○ 작업장(Workplace)

근로자 및 이해관계자가 일을 해야 하거나 일을 목적으로 갈 필요가 있는 조직의 관리하에 있는 장소를 말한다. 현장으로 표현할 수도 있다.

○ 계약자

합의된 명세서와 용어 및 조건에 따라서 조직에 서비스를 제공하는 외부 조직을 의미한다. 서비스에는 건설활동이 포함될 수 있다.

○ 요구사항

명시적인 요구 또는 기대, 일반적으로 묵시적이거나 의무적인 요구 또는 기대를 의미한다. "일반적으로 묵시적"이란 조직 및 이해관계자의 요구 또는 기대가 묵시적으로 고려되는 관습 또는 일상적인 관행을 의미한다.

○ 최고경영자/최고경영진

안전보건경영시스템이 적용되는 조직의 최고 계층에서 조직을 지휘하고 관리하는 사람 또는 사람의 집단을 의미한다.

○ 효과성

계획된 목표에 대한 결과의 달성 정도를 의미한다.

○ 효율성

최소한의 자원투입으로 기대하는 목표를 얻는 정도를 의미한다.

○ 안전보건방침

최고경영자에 의해 공식적으로 표명된 안전보건상의 조직의 의지 및 방향을 의미한다.

○ 절차

안전보건활동을 수행하기 위하여 규정된 방식을 의미한다.

○ 모니터링

안전보건활동의 상태를 확인하는 것을 의미한다. 상태를 판단하기 위해서는 확인, 감독 또는 심도 있는 관찰이 필요할 수 있다.

○ 측정

값을 결정하는 활동을 의미한다.

○ 안전보건경영

사업주가 자율적으로 해당 사업장의 산업재해예방을 위하여 안전보건관리체제를 구축하고 정기적으로 위험성평가를 실시하여 잠재 유해·위험요인을 지속적으로 개선하는 등 산업재해예방을 위한 조치사항을 체계적으로 관리하는 제반활동을 말한다.

○ 인증

인증기준에 따른 인증심사와 인증위원회의 심의·의결을 통하여 인증기준에 적합하다는 것을 객관적으로 평가하여 한국산업안전보건공단 이사장이 이를 증명하는 것을 말한다.

○ 실태심사

인증신청사업장에 대하여 인증심사를 실시하기 전에 안전보건경영 관련 서류와 사업장의 준비상태 및 안전보건경영활동 운영현황 등을 확인하는 심사를 말한다.

○ 컨설팅

사업장의 안전보건경영시스템 구축·운영과 관련하여 안전보건 측면의 실태파악, 문제점 발견, 개선대책 제시 등의 제반 지원활동을 말한다.

○ 컨설턴트

심사원 시험기관에서 실시하는 안전보건경영시스템 심사원 시험에 합격하고 심사원으로 등록한 사람으로 사업장의 요청에 따라 안전보건경영시스템 구축 및 운영을 컨설팅하는 사람을 말한다.

○ 인증심사

인증신청사업장에 대한 인증의 적합여부를 판단하기 위하여 인증기준과 관련된 안전보건경영절차의 이행상태 등을 현장 확인을 통해 실시하는 심사를 말한다.

○ 사후심사

인증서를 받은 사업장에서 인증기준을 지속적으로 유지·개선 또는 보완하여 운영하고 있는지를 판단하기 위하여 인증 후 매년 1회 정기적으로 실시하는 심사를 말한다.

○ 연장심사

인증유효기간을 연장하고자 하는 사업장에 대하여 인증유효기간이 만료되기 전까지 인증의 연장여부를 결정하기 위하여 실시하는 심사를 말한다.

○ 인증위원회

인증과 관련된 업무를 심의·의결하기 위하여 운영하는 위원회를 말한다.

○ 심사원

일정한 자격요건을 갖추고 안전보건공단에서 시행하는 심사원 시험에 합격한 후 소정의 절차에 따라 심사원으로 등록된 사람을 말하며, 공단 직원 이외의 심사원을 외부 심사원이라 한다.

○ 선임심사원

외부 심사원으로서 심사팀장의 역할을 수행하는 사람으로 안전보건공단에서 선임한 심사원을 말한다.

○ 심사원 양성교육

심사원을 양성하기 위하여 인증운영·인증기준·심사절차 및 심사요령 등에 관한 교육을 실시하며, 총 교육시간이 34시간 이상인 안전보건경영시스템 교육을 말한다.

ㅇ 심사원 교육기관

심사원 양성교육을 운영하는 기관으로 산업안전보건교육원과 안전보건공단이 지정한 외부 교육기관을 말한다.

ㅇ 심사원보

일정한 자격요건을 갖추고 안전보건공단에서 시행하는 심사원 시험에 합격한 후 안전보건경영시스템 심사의 실무를 수행할 능력이 있다고 입증된 자로 심사원으로 등록하기 위한 요건은 갖추지 못한 자를 말한다.

기타 KOSHA-MS 안전보건경영시스템에서 사용하는 용어의 뜻은 「산업안전보건법」같은 법 시행령과 시행규칙 및 「산업안전보건기준에 관한 규칙」에서 정하는 바에 따른다.

3) 건설업 KOSHA-MS 안전보건경영시스템

(1) 적용범위

건설업 KOSHA-MS 안전보건경영시스템 인증기준은 안전보건경영시스템을 구축하여 실행·유지함으로써 유해·위험요인에 노출된 근로자와 그 밖의 이해관계자에 대한 위험을 제거하거나 최소화하여 조직의 안전보건수준을 지속적으로 개선하고자 하는 사업장에 적용된다.

이 기준은 다음과 같은 사항을 원하는 모든 사업장에 적용 가능하다.

가) 공단으로부터 안전보건경영시스템에 대한 인증을 획득하고자 할 경우

나) 사업장 자율적으로 안전보건경영시스템을 구축하여 이 기준과의 적합여부를 자체적으로 확인하고자 할 경우

사업주는 이 기준의 규정에 따라 인증을 획득하여 유지하더라도 산업안전보건법에서 요구하는 법적 의무사항이 면제되는 것이 아니므로, 산업안전보건법상의 법적 요구사항은 반드시 반영하고 실천하여야 한다.

(2) 참조규격

건설업 안전보건경영시스템(KOSHA-MS) 인증기준 수립 시 다음의 규격 및 자료를 참조·인용하여 우리나라 실정에 맞도록 재구성하였다.

가. BS 8800(영국표준협회) : 1996, 산업안전보건경영체제 지침

나. ILO-OSH 2001(ILO) : 2001, 산업안전보건경영시스템 구축에 관한 지침

다. ISO 45001(ISO) : 2018, 안전보건경영시스템-요구사항 및 사용지침

(3) 정의

이 기준에서 사용하는 주요 용어의 정의는 다음과 같다.

○ 안전보건경영시스템

최고경영자가 경영방침에 안전보건정책을 선언하고 이에 대한 실행계획을 수립(Plan)하여 이를 실행 및 운영(Do), 점검 및 시정조치(Check)하고 그 결과를 최고경영자가 검토하여 개선(Action)하는 등 P-D-C-A 순환과정을 통하여 지속적인 개선이 이루어지도록 하는 체계적인 안전보건활동을 말한다.

○ 조직

사업을 운영하는 체계, 자원, 기능 등을 갖추고 있는 발주기관, 종합건설업체 및 전문건설업체를 말한다.

○ 발주자

건설공사를 건설업자에게 도급하는 기관 또는 건설사업을 관리하는 기관으로 중앙행정기관과 중앙행정기관의 소속기관, 지방자치단체, 공공기관, 지방직영기업과 지방공사 및 지방공단, 민간기관 등을 말하며 발주기관으로 표현할 수 있다.

○ 건설사업관리(CM)·설계업체

건설사업관리(CM)·설계업체란 「건설산업기본법」, 「건축사법」, 「건설기술관리법」등에 의해 건설공사에 관한 기획, 타당성 조사, 분석, 설계, 조달, 계약, 시공관리, 감리, 평가 또는 사후관리 등에 관한 관리를 수행하는 업체를 말한다.

○ 종합건설업체

「건설산업기본법」 등에 따라 종합건설업 등록을 하고 종합적인 계획·관리 및 조정하에 시설물을 직접 시공 또는 시공책임을 지는 건설업체를 말한다.

○ 전문건설업체

「건설산업기본법」 등에 따라 전문건설업 등록을 하고 종합건설업체로부터 건설공사를 도급받아 건설공사에 대한 시설물의 일부 또는 전문 분야에 관한 공사를 시공하는 건설업체를 말한다.

○ 사건(Indicent)

유해·위험요인의 자극에 의하여 사고로 발전되었거나 사고로 이어질 뻔했던 원하지 않는 사상(Event)으로서 인적·물적 손실인 상해·질병 및 재산적 손실뿐만 아니라 인적·물적 손실이 발생되지 않은 아차사고를 포함한 것을 말한다.

ㅇ 사고(Accident)

유해·위험요인(Hazard)을 근원적으로 제거하지 못하고 위험(Danger)에 노출되어 바람직스럽지 못한 결과를 초래하는 것으로서 사망을 포함한 상해, 질병 및 그 밖에 경제적 손실을 야기하는 예상치 못한 사상(Event)과 현상을 말한다.

ㅇ 유해·위험요인(Hazard)

유해·위험을 일으킬 잠재적 가능성이 있는 것의 고유한 특징이나 속성을 말한다.

ㅇ 유해·위험요인 확인(Hazards Identification)

유해요인과 위험요인을 찾아내는 과정을 말한다.

ㅇ 위험(Danger)

유해·위험요인(Hazards)에 상대적으로 노출된 상태를 말한다.

ㅇ 위험성(Risk)

목표에 대한 불확실성의 영향이다. 유해·위험요인이 부상 또는 질병으로 이어질 수 있는 가능성(빈도)과 중대성(강도)의 조합으로도 표현된다.

ㅇ 위험성평가(Risk Assessment)

유해·위험요인을 파악하고 해당 유해·위험요인에 의한 부상 또는 질병의 발생 가능성(빈도)과 중대성(강도)을 추정·결정하고, 허용 가능하지 않은 위험의 감소대책을 수립하여 실행하는 일련의 과정을 말한다.

ㅇ 허용 가능한 위험(Acceptable Risk)

위험성평가에서 위험요인의 위험성이 법적 및 시스템의 안전요구사항에 따라 사전에 결정된 허용 위험수준 이하이거나 개선에 의하여 허용 위험수준 이하로 감소된 것을 말한다.

ㅇ 안전(Safety)

위험요인이 없는 상태로 정의할 수 있지만 현실적으로 산업현장 또는 시스템에서는 달성 불가능하므로 현실적인 안전의 정의는 위험요인의 위험성을 허용 가능한 위험수준으로 관리하는 것으로 정의 할 수 있다.

ㅇ 목표(Objectives)

안전보건성과 측면에서 조직이 달성하기 위해 설정하는 목표로서 가능한 한 정량화된 것을 말한다.

ㅇ 성과(Performance)

사업장 또는 조직의 안전보건경영활동으로 달성된 측정 가능한 결과를 말한다.

ㅇ 지속적 개선(Continual Improvement)

사업장 또는 조직의 해당연도 안전보건활동의 성과를 분석·평가하고 그 평가 결과를 다음 연도의 안전보건활동에 반영하여 안전보건성과를 지속적으로 향상시키는 반복과정을 말한다.

ㅇ 내부심사(Audit)

사업장 또는 조직의 안전보건활동이 안전보건경영체제에 따라 효과적으로 실행되고 있는지, 그리고 그 활동 결과가 조직의 안전보건방침과 목표를 달성하였는지에 대한 독립적인 평가와 검증과정을 말한다.

ㅇ 부적합사항(Non Conformity)

사업장 또는 조직의 안전보건활동이 안전보건경영시스템상의 기준이나 작업표준, 지침, 절차, 규정 등으로부터 벗어난 상태를 말한다.

ㅇ 적합 (conformity)

사업장 또는 조직의 안전보건활동이 안전보건경영시스템상의 기준이나 작업표준, 지침, 절차, 규정 등을 충족한 상태를 말한다.

ㅇ 권고사항 (Recommendation)

안전보건경영시스템 운영의 효율성을 높이기 위해 개선의 여지가 있는 경우 또는 사내 규정(표준)대로 시행되고 있으나 업무의 목적상 비효율적 이거나 불합리하다고 판단되는 경우를 말한다.

ㅇ 이해관계자

사업장 또는 조직의 안전보건활동과 성과에 따라 영향을 받거나 그 활동과 성과에 관련된 개인 또는 집단을 말한다.

○ 시정조치

발견된 부적합사항의 원인을 제거하여 재발을 방지하기 위한 조치를 말한다.

○ 문서

안전보건활동의 절차, 방법 등을 정한 매뉴얼, 절차서, 지침서, 표준, 기준 등의 매체를 말한다.

○ 기록

달성된 결과를 명시하거나 활동의 증거를 제공하는 문건(전자매체 저장 포함)을 말한다.

○ 근로자

조직의 관리하에 작업하거나 작업과 관련된 활동을 수행하는 사람을 말한다.

○ 참여

의사결정에 개입함을 의미한다. 참여는 산업안전보건위원회와 근로자 대표가 존재한다면 근로자 대표의 참여도 포함된다.

○ 작업장(workplace)

근로자 및 이해관계자가 일을 해야 하거나 일을 목적으로 갈 필요가 있는 조직의 관리하에 있는 장소를 말한다. 현장으로 표현할 수도 있다.

○ 계약자

합의된 명세서, 용어와 조건에 따라서 조직에 서비스를 제공하는 외부 조직을 의미한다. 서비스에는 건설활동이 포함될 수 있다.

○ 요구사항

명시적인 요구 또는 기대, 일반적으로 묵시적이거나 의무적인 요구 또는 기대를 의미한다. "일반적으로 묵시적"이란 조직 및 이해관계자의 요구 또는 기대가 묵시적으로 고려되는 관습 또는 일상적인 관행을 의미한다.

○ 최고경영자/최고경영진

안전보건경영시스템이 적용되는 조직의 최고 계층에서 조직을 지휘하고 관리하는 사람 또는 사람의 집단을 의미한다.

○ 효과성

계획된 목표에 대한 결과의 달성 정도를 의미한다.

○ 효율성

최소한의 자원투입으로 기대하는 목표를 얻는 정도를 의미한다.

○ 안전보건방침

최고경영자에 의해 공식적으로 표명된 안전보건상의 조직의 의지 및 방향을 의미한다.

○ 절차

안전보건활동을 수행하기 위하여 규정된 방식을 의미한다.

○ 모니터링

안전보건활동의 상태를 확인하는 것을 의미한다. 상태를 판단하기 위해서는 확인, 감독 또는 심도 있는 관찰이 필요할 수 있다.

○ 측정

값을 결정하는 활동을 의미한다.

○ 수급인

발주자(발주기관)로부터 건설공사를 도급받은 건설업자를 말하고, 하수급인이란 수급인으로부터 건설공사를 하도급받은 자를 말한다. 다만, 수급인은 "원청", 하수급인은 "협력업체"라고 표현할 수 있다.

○ 안전보건조정자

발주자로서 같은 장소에 다수의 공사를 별도로 발주하는 경우 그에 따른 작업의 혼재로 인하여 발생할 수 있는 산업재해를 예방하기 위해 안전보건사항의 조정 역할을 하는 자를 말한다.

4) KOSHA 18001 안전보건경영시스템

안전보건공단에서 시행하고 있는 KOSHA 18001 인증은 1999년 7월 1일부터 KISCO(Korea Industrial Safety Corporation) 2000 프로그램으로 명명하여 시행하던 것을 안전보건공단의 영문 명칭이 KISCO에서 KOSHA로 변경됨에 따라 명칭을 달리하여 시행해 오는 것으로 이것은 OHSAS 18001 규격 등을 참조하여 안전보건경영시스템 인증기준을 우리나라의 실정에 적합하도록 국내의 산업안전보건법 등을 반영하여 개발한 사업장 자율안전보건경영시스템 인증제도이다.

KOSHA 18001은 영국표준협회(BSI)에서 제정한 사업장 자율안전관리지침인 BS 8800을 중심으로 우리나라 실정에 맞게 구성하였다. OHSAS 18001 인증규격은 안전보건경영체제 분야에 국한하여 인증기준을 구성하고 있으나, KOSHA 18001 인증기준은 안전보건경영체제 분야, 안전보건활동 수준 분야, 안전보건경영관계자 면담 분야의 3개 분야로 세분화하여 구성되어 있다. 이와 같이 KOSHA 18001을 3개 분야로 세분화한 것은 국내사업장의 재해를 분석한 결과 안전보건체제 분야가 잘 갖춰져 있다 하더라도 작업현장에서 재해가 발생하는 원인을 살펴보면 안전기준 및 수칙의 이행이 부족하고 근로자의 안전에 관한 인식 수준이 낮은 경우가 많다. 그렇기 때문에 이를 인증심사 분야에 포함시켜 안전보건에 대한 인증효과를 높이고자 한 것이다.

(1) 관련 규격, 자료 및 관련 법규

KOSHA 18001의 관련 규격 및 자료는 BS 8800, OHSAS 18001 및 ILO-OSH의 가이드라인 2001을 들 수 있으며, 관련 법규로는 산업안전보건법 제4조(정부의 책무)의 내용에서 "정부는 사업주의 자율적인 산업 안전 및 보건 경영체제 확립을 위해 지원한다"라고 규정하고 있다. 이에 근거하여 안전보건경영시스템 구축에 관한 지침을 정하고 사업장 내 자율안전보건활동의 원활한 운영을 위한 기준을 정하고 있는 것이다.

(2) KOSHA 18001의 주요 내용

KOSHA 18001의 목적, 적용대상, 인증기준, 안전보건경영 구성요소 등의 주요 내용은 〈표 3-4〉와 같이 3개의 인증기준에 대해 인증신청에서부터 인증심사까지 안전보건공단의 관할 광역본부에서 이루어지고 있다.

1 2 3 4 5 6 7 8 9 부록

〈표 3-4〉 KOSHA 18001의 주요 내용

항 목	주 요 내 용
목 적	– 안전보건경영시스템 구축지원 및 인증업무에 필요한 사항을 정함
적용대상	– KOSHA 18001 인증을 신청하는 모든 사업장
인증기준	– 안전보건경영체제, 안전보건활동수준, 안전보건경영관계자 면담
안전보건경영 구성요소	– 초기현황 자체평가, 안전보건방침, 계획 수립, 실행·운영, 점검·시정조치, 경영자 검토
인증신청	– 신청서 1부 (※ 자체평가표 및 안전보건경영 조직표, 사업장 현황 조사 첨부)
계약체결	– 공단(수행자)과 신청사업장(신청자)간에 인증평가 업무수행을 위한 계약체결
인증절차	– 신청→계약체결(본부)→평가팀 구성→실태분석 평가→인증평가→인증여부 결정(본부)→인증서 및 인증패 발급(공단)→사후평가 및 인증유효기간 연장평가(광역본부)
인증유효기간	– 인증유효기간 3년(1년 단위로 계속하여 사후평가 후 연장) – 유효기간 주기 도래 시 유효기간 연장신청을 한 사업장을 평가하여 유효기간 연장여부를 결정
평가요원	– 공단 직원으로서 양성교육을 이수하고 자격시험에 합격한 후 자격을 부여받은 자
인증결정 위원회	– 공단 본부에 설치하여 인증 추천한 사업장에 대해 인증여부 심사 결정
평가팀 구성	– 사업장 규모와 위험 특성을 고려하여 심사팀 구성
수수료	– 공단의 인증평가 수수료 징수규정에 의해 산정

(3) KOSHA 18001 인증업무 흐름도

KOSHA 18001 인증을 신규취득 및 유지하기 위해서는 신규취득 시 실태심사 및 인증심사를 각 1회 통과하여야 하고 인증의 유효기간은 3년이며, 최초인증 후 1년마다 사후심사를 실시하고 3년이 경과되는 해에는 연장심사를 받아야 한다. 이때, KOSHA 18001 심사에 따른 업무흐름은 최초 신규인증심사의 경우 인증 신청부터 인증패 수여까지의 과정은 〈표 3-5〉에 나타내었고, 사후심사 및 연장심사의 경우는 〈표 3-6〉에 나타내었다

〈표 3-5〉 신규인증심사 업무흐름도

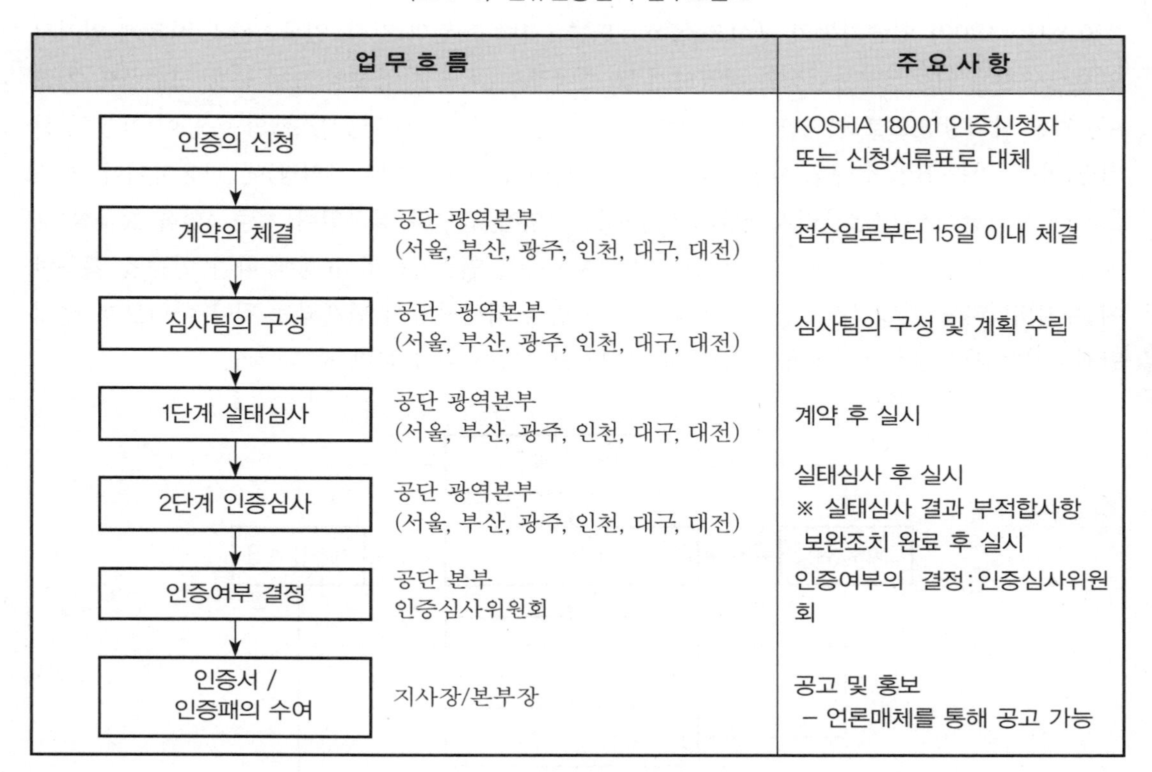

업무흐름		주요사항
인증의 신청		KOSHA 18001 인증신청자 또는 신청서류표로 대체
↓ 계약의 체결	공단 광역본부 (서울, 부산, 광주, 인천, 대구, 대전)	접수일로부터 15일 이내 체결
↓ 심사팀의 구성	공단 광역본부 (서울, 부산, 광주, 인천, 대구, 대전)	심사팀의 구성 및 계획 수립
↓ 1단계 실태심사	공단 광역본부 (서울, 부산, 광주, 인천, 대구, 대전)	계약 후 실시
↓ 2단계 인증심사	공단 광역본부 (서울, 부산, 광주, 인천, 대구, 대전)	실태심사 후 실시 ※ 실태심사 결과 부적합사항 보완조치 완료 후 실시
↓ 인증여부 결정	공단 본부 인증심사위원회	인증여부의 결정 : 인증심사위원회
↓ 인증서 / 인증패의 수여	지사장/본부장	공고 및 홍보 – 언론매체를 통해 공고 가능

〈표 3-6〉 사후 및 연장심사 업무흐름도

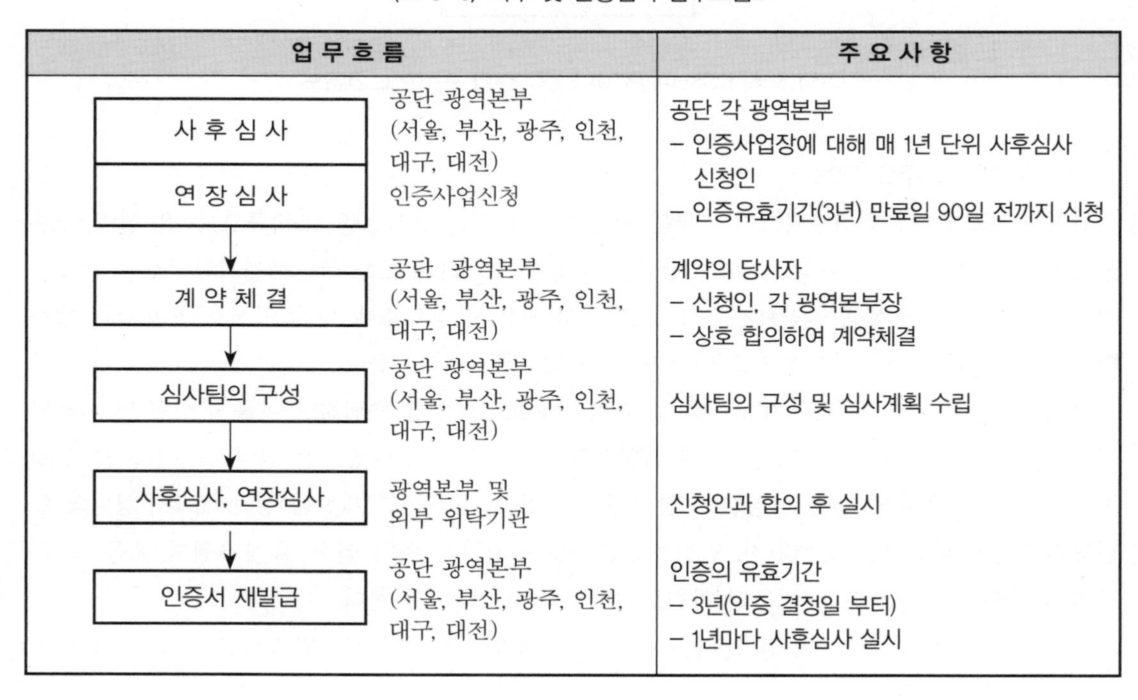

업무흐름		주요사항
사 후 심 사 연 장 심 사	공단 광역본부 (서울, 부산, 광주, 인천, 대구, 대전) 인증사업신청	공단 각 광역본부 – 인증사업장에 대해 매 1년 단위 사후심사 신청인 – 인증유효기간(3년) 만료일 90일 전까지 신청
↓ 계 약 체 결	공단 광역본부 (서울, 부산, 광주, 인천, 대구, 대전)	계약의 당사자 – 신청인, 각 광역본부장 – 상호 합의하여 계약체결
↓ 심사팀의 구성	공단 광역본부 (서울, 부산, 광주, 인천, 대구, 대전)	심사팀의 구성 및 심사계획 수립
↓ 사후심사, 연장심사	광역본부 및 외부 위탁기관	신청인과 합의 후 실시
↓ 인증서 재발급	공단 광역본부 (서울, 부산, 광주, 인천, 대구, 대전)	인증의 유효기간 – 3년(인증 결정일 부터) – 1년마다 사후심사 실시

(4) KOSHA 18001 인증기준의 적용 및 구성요소 흐름도

KOSHA 18001 인증기준의 구성요소 흐름도는 [그림 3-5]와 같다. 인증기준의 적용에 있어서 인증심사원은 인증신청사업장의 경영여건 및 사업장의 규모, 사업장의 요구 등을 고려하여 기준 A형(일반 사업장용으로 안전관리자가 선임되어 자발적 안전보건경영시스템의 운용이 가능한 사업장)이나, 기준 B형(소규모 사업장용으로 안전관리자가 미선임된 사업장)에 적용하여야 한다. 그러나 사업장에서 안전관리자 선임 여부 또는 사업장 규모와 상관없이 기준 A형을 요구할 때에는 기준 A형을 적용할 수 있다. 또한 KOSHA 18001 인증기준의 규정에 따라 인증을 획득하여 유지되더라도 산업안전보건법에서 요구하는 법적 의무사항이 면제되는 것이 아니므로 산업안전보건법상의 법적 요구사항은 반드시 반영하고 실천하여야 한다.

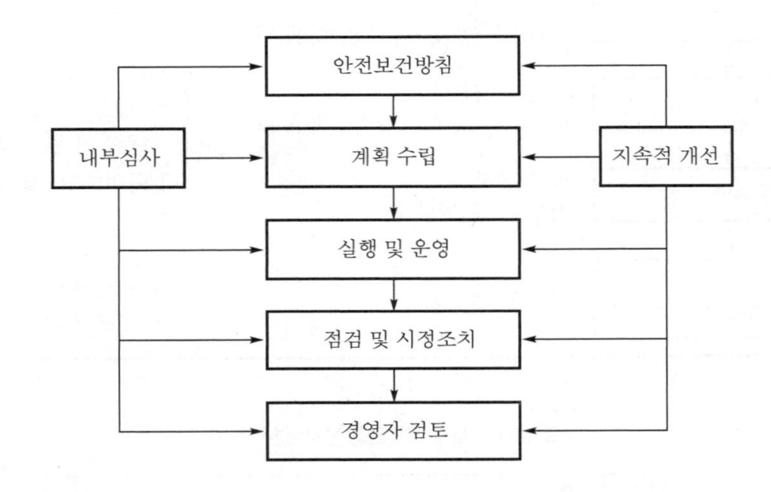

[그림 3-5] KOSHA 18001 인증기준의 구성요소 흐름도

(5) 인증기준별 주요 내용

원칙적으로 안전보건경영시스템의 모든 구성요소가 적용되나 업종, 조직규모, 보유 설비, 보유 물질의 종류 및 특성에 따라 범위와 방법을 조정할 수 있다. 또한 안전보건경영시스템 인증을 취득하고자 하는 조직은 안전보건경영시스템상의 모든 구성요소에 맞게 안전보건경영시스템을 P-D-C-A 순환과정이 지속적으로 이루어질 수 있도록 하여야 한다.

안전보건방침은 최고경영자가 문서화를 통해 안전보건방침을 수립하고 이를 구성원 및 이해관계자에게 공표하여야 하며, 기업경영에 있어서도 안전보건경영은 중요한 경영요소이다. 또 안전보건활동은 법의 요구 수준 이상을 보장한다는 내용과 지속적인 개선을 통해 조직구성원의 안전보건을 확보하겠다는 실행의지, 안전보건방침을 수행하기 위한 인적·물적자원의 제공 및 근로자의 참여를 보장한다는 내용이 안전보건방침에 포함되어야 한다.

계획의 수립에 있어서 위험성평가는 사업주가 산업안전보건법상의 위험성평가를 실시하도록 규정하고 있다. 위험성평가의 목적은 현존하고 있는 위험요인을 발견하고 위험요인을 제거하거나 허용 가능한 범위 내로 감소시키는 데 있다.

위험성평가에 있어서 작업장에서 사용하는 기계·설비나 화학물질의 유해·위험요인을 찾아서 관리하는 방안은 첫째, 근원적으로 위험을 제거하는 것을 원칙으로 하며, 둘째로는 재해 발생 가능성이나 중대성을 줄임으로써 위험요인을 감소시키는 방법을 채택하고, 마지막 방법으로 개인보호구 착용을 통한 방법을 적용하도록 한다. 위험성평가는 단계별로 시행하며, 위험성평가에 대한 5단계 절차는 [그림 3-6]과 같다.

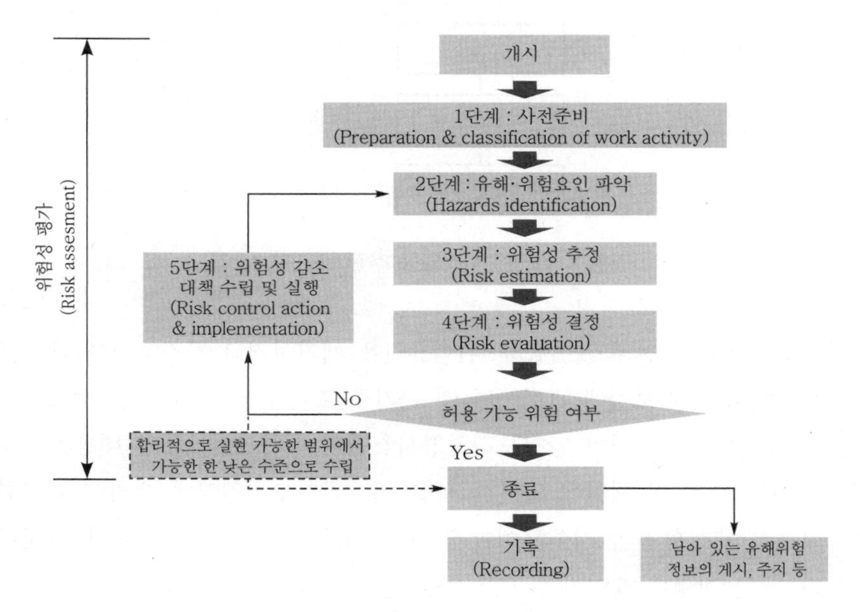

[그림 3-6] 위험성평가 5단계 절차

위험성평가의 주요 절차는 공정의 분류, 유해·위험요인의 파악, 위험도의 계산, 위험성 결정, 개선대책의 수립으로 정하며, 위험성평가에 따른 문서 및 기록은 최신의 것으로 유지하도록 하여야 한다. 법규와 그 밖의 요건에 있어서는 사업주는 조직에 해당되고 적용되는 법규 및 그 밖의 요구사항에 대하여 파악되고 검토되어야 하며 의사소통을 통하여 인식되어야 한다.

그리고 목표에 있어서 사업주는 작업단위나 계층별로 안전보건목표를 수립하여야 하고 이를 달성할 수 있도록 하여야 한다. 목표설정에 필요 요건은 안전보건방침과의 관련성이 있어야 하고 위험성평가에 따른 유해·위험요인 제거나 감소가 필요하며 근로자 및 이해관계자의 의견을 반영하여야 한다.

안전보건활동 추진계획은 안전보건목표 달성을 위한 세부적인 방안을 말하며 안전보건활동 추진계획의 작성흐름은 [그림 3-7]과 같다.

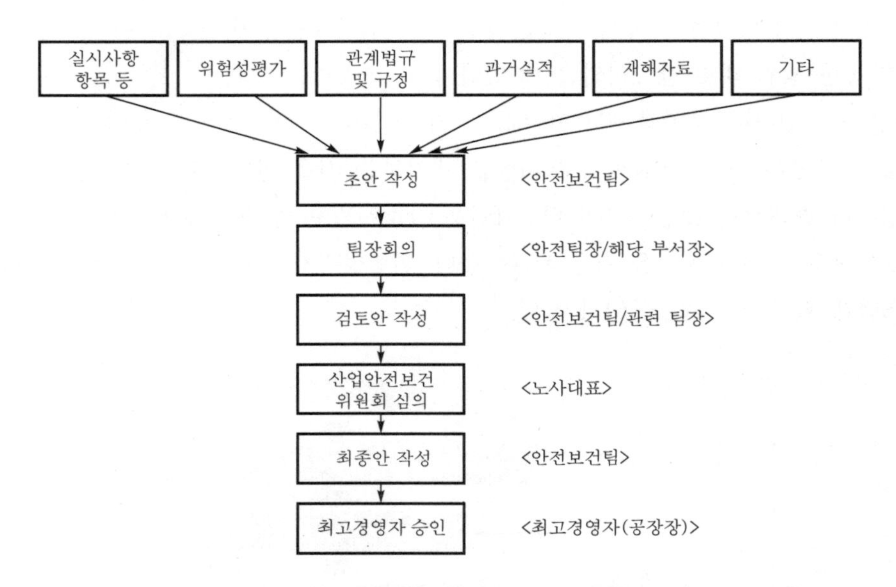

[그림 3-7] 안전보건활동 추진계획 작성흐름도

이러한 안전보건활동 추진계획은 유해·위험요인을 제거하거나 감소하기 위한 내용, 안전보건에 관한 해당 법령 및 안전보건에 관한 규칙에 근거한 조치내용, 안전보건활동과 관계되는 일상적인 사항, 그리고 전년도 시행한 안전보건경영시스템의 추가 계획 등의 내용을 고려하여야 한다. 실행 및 운영의 구조 및 책임에 있어서 사업주는 안전보건경영에 대하여 확고한 의지를 표명하고 적극적으로 개선활동을 시행하여야 하며, 안전보건경영시스템 운영에 따른 책임자를 지정하여야 한다. 또한 지정된 책임자는 모든 근로자의 안전과 건강에 대한 책임인식, 이해관계자 및 업무에 영향을 주는 모든 사람들의 안전보건에 대한 책임인식, 그리고 구성원 개개인의 행동이 안전보건경영시스템에 영향을 준다는 것을 인식할 수 있도록 하여야 한다.

교육·훈련 및 자격에 있어서 안전보건경영시스템 운영책임자는 근로자의 능력을 파악한 후 각 근로자의 수준에 맞는 교육·훈련을 실시하여야 한다. 또한 의사소통 및 정보제공에 있어서 사업주는 안전보건정보의 제공, 관련 전문가의 자문 서비스, 근로자의 안전보건활동 참여 등에 대한 의사소통 및 정보를 제공하여야 한다. 운영책임자는 안전보건경영시스템에 관한 안전보건경영시스템이 효과적이고 효율적으로 실행되도록 하기 위하여 관련 사항을 문서화하고 이를 최신의 것으로 유지하여야 한다. 그리고 의도한 목적대로 적합하게 유지되고 최신의 자료로 유지되도록 관리하여야 한다.

안전보건활동에서는 사업장의 업종이나 규모에 구애되지 않고 사업장의 모든 활동과 연계해서 운영하여야 하며, 안전보건활동이 효과적으로 이행되도록 업무수행에 따른 책임과 권한을 명확히 규정, 조직구성원의 책임과 권한 부여, 조직구성원에게 인적·물적자원의 배분, 이해관계자에게 안전보건에 필요한 사항이나 절차의 전달 등과 같은 조치를 취하여야 한다. 또한 비상시 대비 및 대응에 있어서 사업주는 비상시의 대비 및 대응조치를 통해 피해를 최소화하기 위한 계획 수립 및 비상시 대비 및 대응에 대한 프로세스 및 절차를 수립하고 훈련을 통하여 비상시 대응능력을 향상시키기 위한 노력을 하여야 한다.

점검 및 시정조치 단계에서 성과측정 및 모니터링은 안전보건경영시스템이 전반적으로 잘 진행되고 있는가에 대하여 수립된 목표의 충족도를 나타내는 수단으로 가급적 정량적 수치로 나타내어야 하며 측정 및 모니터링을 통한 안전보건목표 및 추진계획의 적합성 파악과 산업재해 및 아차사고 등에 관한 모니터링과 같은 조치를 취하여야 한다. 그리고 성과측정 및 모니터링 결과 시정 및 예방조치 사항이 발견되면 이에 따른 원인을 파악한 후 시정조치 및 예방조치를 취하여야 한다.

기록은 안전보건활동에 따른 위험성평가, 안전보건활동 추진계획, 법규파악 사항, 교육·훈련 실시기록, 의사소통 실시, 비상시의 조치사항, 내부심사, 경영자 검토의 실시 등에 대하여 기록하고 이러한 기록 등을 유지하여야 한다.

내부심사는 능력 있는 독립된 자에 의하여 실시되어야 하고 주기적으로 안전보건경영시스템의 각 구성요소 전반에 대하여 실시하여야 한다. 또한 내부심사 결과는 조직구성원 모두에게 전달되고 요구사항대로 시정조치가 이행되어야 한다. 이때, 안전보건목표에 따른 달성정도, 안전보건경영시스템 실행 및 유지의 적합성, 위험성평가 결과 유해·위험요인의 개선조치 내용 등을 고려하여야 한다.

마지막으로, 경영자 검토에서는 최고경영자가 경영자 검토를 실시하여야 하며, 안전보건경영방침과 목표의 이행정도, 정기적으로 실시하는 성과측정의 결과 및 조치 결과, 내부심사 결과 및 이에 따른 및 후속조치 내용, 사업장 영역의 구조변화, 법 개정 및 신기술의 도입 등 내·외적인 요소 또는 미래 불확실성에 대처하기 위한 계획이 포함되도록 하여야 한다.

5) KOSHA-MS 안전보건경영시스템 인증업무 처리규칙

(1) 신청서 접수

KOSHA-MS 안전보건경영시스템은 한국산업안전보건공단에서 인증신청서의 접수부터 인증심사, 인증심의위원회 개최, 인증서 발급 등의 업무를 담당한다. 공단 본부에 있는 중대산업사고예방실에서 안전보건경영시스템 관련 업무를 총괄하고 있고 일선기관에서는 서울, 부산, 광주, 인천, 대구, 대전 광역본부에서 안전보건경영시스템 인증업무를 담당하고 있다.

KOSHA-MS 안전보건경영시스템 인증신청을 하고자 하는 사업장은 공단 광역본부장에게 인증신청서를 접수하면 된다.

공단 광역본부장은 접수한 인증신청서의 서류가 보완이 필요하다고 인정되는 경우에는 15일 이내에 해당 서류의 보완을 요구할 수 있으며, 인증이 취소된 사업장에서 다시 인증신청을 하는 경우 인증신청서의 접수를 제한할 수 있다.

공단 이사장은 안전보건경영시스템의 인증과 관련한 절차, 방법, 범위 등에 관한 사항을 지침으로 따로 정한다.

(2) 계 약

공단 광역본부장은 접수된 인증신청서를 검토한 후 접수한 날부터 15일 이내에 "안전보건경영시스템 인증 계약서"에 따라 인증신청서를 제출한 사업장과 합의하여 계약을 맺고 추가적으로 필요한 사항은 신청사업장에 서면으로 요청한다. 인증신청사업장에 서식으로 작성을 요청하는 경우에는 사업장 현황 조사표 내용이 모두 포함되어 있는 경우에 한하여 대체할 수 있다.

인증계약을 체결하는 경우에는 인증에 소요되는 심사일수와 심사비용을 아래 〈표 3-6〉과 같은 기준으로 하되 공정 및 설비의 규모, 사업장의 요청 등 필요한 경우에는 상호 협의에 따라 심사일수를 조정할 수 있으며 심사비용은 협의하여 결정된 심사일수를 기준으로 한다.

인증이 취소된 사업장이 다시 인증 신청을 하는 경우에는 심사일수를 최대 1/2 까지 단축하여 계약할 수 있는데 건설업을 제외한 전업종의 경우 20인 미만 사업장은 제외한다.

□ 전업종(건설업 제외)

1. 심사비용 산정
   가. 심사비용=심사비×심사일수×소요인원
   나. 심사비=600,000원/일·인

2. 최소 심사일수(실태심사·인증심사·사후심사·연장심사)
   가. 심사비용은 대상사업장의 전체 근로자 수 또는 근로자를 파견한 현장수별로 다음 기준에 의하여 산정하되 상호 협의에 따라 조정할 수 있다.

〈표 3-7〉 안전보건경영시스템(KOSHA-MS) 심사비 산정기준

○ 심사일수 기준(본사에 사무실을 두고 근로자를 파견하는 용역사업 제외)

[단위 : 인·일]

구 분	실태심사	인증심사	사후심사	연장심사
20인 미만	1	2	1	1
20인~49인	2	2	1	2
50인~99인	2	3	2	3
100인~299인	3	4	3	4
300인~999인	3	5	4	5
1,000인~1,999인	4	6	5	6
2,000인~4,999인	5	8	6	7
5,000인~9,999인	6	10	7	8
10,000인~19,999인	7	12	8	9
20,000인~31,999인	8	14	9	10
32,000인~49,999인	10	17	10	15
50,000인~69,999인	12	19	11	18
70,000인~99,999인	15	22	12	21

○ 본사에 사무실을 두고 근로자를 파견하는 용역사업 심사일수 기준

[단위 : 인·일]

구 분		실태심사		인증심사		사후심사		연장심사	
전체근로자	현장파견개소	본사	파견현장	본사	파견현장	본사	파견현장	본사	파견현장
50인 미만	25개소 미만	1	1	1	1	1	선택	1	1
50인~99인	25~50개소 이하	1	1	1	2	1	1	1	2
100인~299인	51~75개소 이하	1	2	1	3	1	1	1	2
300인~999인	76~100개소이하	1	2	1	4	1	2	1	3
1,000인~1,999인	101~200개소이하	1	3	1	5	1	3	1	4
2,000인~4,999인	201~300개소이하	1	4	1	7	1	3	1	4
5,000인 이상	301개소 이상	1	5	1	9	1	4	1	5

※ 전체 근로자 수 또는 근로자 파견 현장수를 기준으로 심사일수를 산정하되 각각의 기준별로 산정된 심사일수가 다를 경우 현장의 규모, 공정 특성 등을 고려하여 사업장과 협의하여 결정한다.

나. 심사비는 계약서에서 지정한 일자에 공단에서 따로 정한 은행계좌에 입금하고, 정산 사유가 발생(신청의 철회 또는 반려, 계약 소요일수 초과, 과·오납)한 경우에는 이를 추후 확

인하여 정산한다.

□ 건설업

1. 심사비용 산정

가. 종합 및 전문건설업체 심사비용 : 심사비(600,000원)×심사일수×소요인원

나. 발주기관 : 직접경비(10,000원)×심사일수 ×소요인원

다만, 중앙행정기관, 중앙행정기관의 소속기관 및 지방자치단체의 경우에는 면제한다.

2. 심사일수

가. 컨설팅비 외 심사비는 대상사업장의 보유 현장수별·심사종류별로 실제 소요되는 심사 인·일수 산정기준 등을 고려하여 계산한다.

○ 발주기관, 종합건설업체

보유현장수	실태심사 (인·일)		인증심사 (인·일)		사후심사 또는 연장심사(인·일)	
	본 사	현 장	본 사	현 장	본 사	현 장
25개 미만	3	2(2개현장)	3	3(3개현장)	3	2(2개현장)
25 ~ 50개 이하	3	3(3개현장)	4	5(5개현장)	3	3(3개현장)
51 ~ 75개 이하	4	4(4개현장)	6	7(7개현장)	4	4(4개현장)
76 ~ 100개 이하	5	6(6개현장)	9	9(9개현장)	4	5(5개현장)
101 ~ 200개 이하	7	7(7개현장)	12	13(13개현장)	6	6(6개현장)
201 ~ 300개 이하	8	9(9개현장)	15	15(15개현장)	7	8(8개현장)
301개 이상	10	10(10개현장)	17	18(18개현장)	9	9(9개현장)

○ 전문건설업체

구 분	실태심사 (인·일)	인증심사 (인·일)	사후심사 또는 연장심사(인·일)
본사 및 현장	5	5	5

※ 심사에 대한 대상 현장수, 소요 심사원수 및 일수는 사업장과 협의하여 조정할 수 있다.

※ 심사 인·일수 산정기준의 인·일수에는 심사(실태, 인증, 사후, 연장)결과서 작성일수가 포함된다.

※ 심사비 산정 시 소요 인·일수에는 출장이동 등 직접적으로 사업장에 용역을 제공하지 아니하는 기간은 산입하지 아니한다.

나. 사업장 실태심사 후 사업장에서 컨설팅을 요청하는 경우에 대한 컨설팅비는 컨설팅 인·일수를 상호 협의하여 별도 산정한다.

다. 공동인증을 신청한 경우 공동인증기관과 공단은 "가"항에서 정한 심사 인·일수 산정기준의 1/2만 산정하되, 상호 협의하여 조정할 수 있다. 다만, 공동인증으로 인한 심사 인·일수가 너무 적어 원활한 심사진행이 어려운 경우 사업장 보유현장 수가 50개 미만 시 5(인·일), 50개 이상 시 7(인·일)을 최소기준으로 산정하여 실시할 수 있다.

라. 심사비는 계약서에 지정한 일자에 공단에서 따로 정한 은행계좌에 입금하고, 정산 사유가 발생(신청의 철회 또는 반려, 계약 소요일수와 실제 투입일수가 상이한 경우, 과오납 등)한 경우에는 이를 추후 확인하여 정산한다.

마. 심사비 산출 또는 정산금액 중 100원 미만은 절사한다.

〈표 3-8〉 심사비 산출 내역

구 분	금 액	산출근거	비 고
계			
전업종 (건설업 제외)		소요 인·일×600,000원	
발주기관		소요 인·일×10,000원	○직접경비(10,000원)에 한하여 산정 ○발주기관 중 중앙행정기관, 중앙행정기관의 소속기관 및 지방자치단체 : 직접경비도 면제
종합 및 전문건설업체		소요 인·일×600,000원	

(3) 심사팀의 구성

공단 광역본부장은 심사대상 사업장의 특성을 고려하여 적합한 심사원으로 심사팀을 구성하고 운영하여야 하며, 필요시 해당 분야 전문가를 추가하여 심사에 참여하도록 할 수 있다.

(4) 실태심사

공단 광역본부장은 인증계약을 맺은 후 인증기준에 따라 실태심사를 실시하고 안전보건경영시스템 심사결과서를 작성하여 사업장에 송부하여야 한다. 다만, 공정안전보고서 P등급 사업장이 KOSHA-MS 인증을 신청하는 경우에는 실태심사를 면제할 수 있다. 공단 광역본부장은 실태심사를 필요에 따라 공단에서 위촉한 외부심사원에게 시행하도록 할 수 있다.

(5) 컨설팅지원

공단 광역본부장은 사업장에서 안전보건상의 문제점을 해결하기 위하여 실태심사 전·후에 컨설팅을 요청하는 경우 컨설턴트로 하여금 컨설팅을 하도록 할 수 있다.

(6) 인증심사

공단 광역본부장은 실태심사 결과 적합 판정을 내리거나 부적합사항의 보완이 완료된 후 인증기준에 따라 인증심사를 실시하고 안전보건경영시스템 심사결과서를 작성하여 사업장에 문서로 송부하여야 한다. 인증심사 결과 인증기준에 부적합사항이 발견되어 보완을 요하는 경우에는 심사항목별 부적합사항에 그 사실을 명기하여 신청인에게 서면으로 보완을 요구할 수 있으며 이에 대한 보완 완료 여부를 문서 또는 사업장 방문을 통하여 확인할 수 있다.

공단 광역본부장은 심사팀의 인증심사 결과 인증기준에 적합한 경우 또는 부적합사항의 보완이 완료된 경우에는 인증여부의 결정을 위하여 다음과 같은 서류를 작성하여 공단 이사장에게 보고하여야 한다.

가) 해당 사업장의 신청서
나) 실태심사결과서
다) 인증심사결과서

(7) 인증여부의 결정

공단 이사장은 인증심사 결과 보고를 받은 날부터 20일 이내에 인증위원회의 심의·의결을 거쳐 인증여부를 결정한다.

인증여부의 결정 요건은 다음과 같다.

가) 인증기준에 적합한 경우
나) 절차에 따라 인증심사 업무를 수행한 경우
다) 인증을 신청한 날 기준으로 최근 1년간 안전보건에 관하여 사회적인 물의를 일으키지 아니한 경우, 인증의 유효기간은 인증일로부터 3년으로 한다.

(8) 인증서와 인증패의 교부

공단 이사장은 인증이 결정된 경우에는 결정한 날부터 15일 이내에 인증서와 인증패를 해당 인증사업장에 교부하여야 하며, 필요한 경우 인증사업장을 관할하는 공단 광역본부장으로 하여금 인증서와 인증패를 수여하도록 할 수 있다.

교부받은 인증서와 인증패에 다음과 같은 사유가 발생하는 경우에는 해당 사업장에서 인증서 또는 인증패 재교부, 추가교부, 기재내용변경 신청서를 관할 공단 광역본부장에게 제출할 수 있다.

가) 인증서 : 훼손, 분실 또는 기재내용이 변경된 경우
나) 인증패 : 훼손, 분실되거나 홍보를 위한 경우

공단 광역본부장은 신청서를 접수한 경우에는 지체 없이 검토한 후 재교부, 추가교부, 기재내용변경 여부를 결정하고 그에 따른 조치를 취하여야 한다.

공단은 인증서 또는 인증패의 교부, 재교부, 추가교부, 기재내용변경 현황을 인증서 등록대장에 기록하고 관리하여야 하는데, 인증서 등록대장을 전산으로 기록하고 관리하는 경우에는 이를 갈음할 수 있다.

공단 이사장은 인증사업장에 대하여 인증서 및 인증패의 사용에 대한 적절한 관리와 지원을 하여야 하며, 인증사업장이 광고나 상품안내서 등을 통해 인증 내용을 부정확하게 표현하거나 인증 사실에 대한 오해를 불러일으키는 경우에는 시정요구, 인증제도 위반의 공표 등 적절한 조치를 할 수 있다.

인증이 취소된 사업장은 교부받은 인증서 및 인증패를 즉시 반납하거나 폐기하도록 하고 인증과 관련된 사업장 홍보 등에 무단으로 활용하지 않아야 한다.

[그림 3-8] 안전보건경영시스템(KOSHA-MS) 인증패 형태

*주) 공단 표시물 표준화 규정에 의함

- 테두리 크기는 가로 50(30)cm, 세로 38(23)cm, 두께 2cm
- 테두리 재질은 목재, 판 재질은 스테인리스 스틸, 알루미늄, 메탈, 동판 또는 이와 유사한 재질

(9) 사후심사

공단 광역본부장은 인증사업장을 매 1년 단위로 사후심사를 하여야 하며, 사후심사 대상 사업장과 안전보건경영시스템 인증계약서에 따라 상호 합의하여 사후심사 계약을 맺어야 한다.

공단 광역본부장은 인증기준에 따라 사후심사를 실시한 후 안전보건경영시스템 심사결과서를 작성하여 해당 인증사업장에 송부하여야 하며, 부적합사항이 발견되어 보완을 요하는 경우 심사항목별 부적합사항을 명기하여 해당 사업장에 문서로 보완을 요구하여야 하고 이에 대한 보완 완료 여부를 문서 또는 사업장 방문을 통하여 확인할 수 있다.

공단 광역본부장은 사후심사 결과 재해감소대책 등 안전보건상의 문제점을 해결하기 위한 지속적인 대책이 필요한 경우 해당 사업장과 컨설턴트와의 상호 협의하에 컨설팅을 시행하게 할 수 있다. 사후심사 결과에 따라 종합 또는 전문건설업체를 수준 관리할 수 있다.

(10) 연장심사

인증의 유효기간은 인증일로부터 3년으로 하며 매 3년 단위로 그 기간을 연장할 수 있다. 인증사업장은 인증유효기간을 연장하고자 하는 경우 인증유효기간 연장신청서를 유효기간 만료일까지 공단에 제출하여야 한다. 이때 연장심사 소요기간을 고려하여 유효기간 만료일 이후 3개월까지 인증이 유효한 것으로 본다. 다만 차기 연장심사 유효기간 산정시 기점은 종전 만료일 다음날부터 기산한다.

공단 광역본부장은 연장신청서를 접수한 후 "안전보건경영시스템 인증계약서"에 따라 해당 인증사업장과 상호 합의하여 계약을 맺고 인증기준에 따라 연장심사를 실시하되 이와 관련한 세부일정은 해당 인증사업장과 협의하여 결정한다. 연장심사를 실시하는 경우 해당 연도의 사후심사는 받은 것으로 본다.

공단 광역본부장은 연장심사를 실시한 후 안전보건경영시스템 심사결과서를 작성하여 사업장에 송부하여야 하고 인증기준 적합 또는 부적합여부에 따라 다음 중 하나에 해당하는 조치를 취하여야 한다.

가) 적합 : 연장 승인에 따른 인증서 재발급 등 조치

나) 부적합 : 연장 불가 사유를 해당 인증사업장에 문서로 통보

공단 광역본부장은 연장심사 결과 인증기준에 부적합사항이 발생된 경우 심사 항목별 부적합사항에 대하여 신청인에게 문서로 보완을 요구하여야 하며, 이에 대한 개선조치 여부를 문서 또는 사업장 방문을 통하여 확인해야 한다. 또 연장심사 결과가 인증기준을 만족하는 경우에 한하여 연장을 승인할 수 있으며, 승인하는 경우 해당 인증사업장에 인증서를 재발급하여야 한다.

인증유효기간이 3년을 초과하지 않는 범위 내에서 사업장과 협의하여 인증유효기간의 종료일을 조정할 수 있으며 차기 사후 및 연장심사부터 조정된 종료일을 기준일로 심사를 실시하고 인증유효기간을 산정하여 적용할 수 있다. 건설업의 경우 건설현장이 모두 준공이 되어 현장이 없는 경우에는 현장분야 심사를 생략할 수 있다.

공단 광역본부장은 연장심사 결과 재해감소대책 등 안전보건상의 문제점을 해결하기 위한 지속적인 지원이 필요한 경우 해당 사업장과 컨설팅 기관과의 상호 협의하에 추가 컨설팅을 실시하게 할 수 있다.

공단 광역본부장은 연장심사 결과에 따라 종합건설업체 또는 전문건설업체를 수준 관리할 수 있다.

(11) 인증의 취소

공단 이사장은 인증사업장에서 다음 중 어느 하나에 해당하는 사항이 발견되는 경우에는 인증위원회의 결정에 따라 인증을 취소할 수 있다. 다만, 인증사업장에서 자진 취소를 요청하는 경우에는 인증위원회의 결정을 생략할 수 있다.

가) 거짓 또는 부정한 방법으로 인증을 받은 경우
나) 정당한 사유 없이 사후심사 또는 연장심사를 거부, 기피, 방해하는 경우
다) 공단으로부터 부적합사항에 대하여 2회 이상 시정요구 등을 받고 정당한 사유 없이 시정을 하지 아니하는 경우
라) 안전보건조치를 소홀히 하여 사회적 물의를 일으킨 경우
마) 인증 이후 사후관리기간 동안 사고사망만인율이 3년 연속 동종업종 평균 이상이고 지속적으로 증가하는 경우. 다만, 건설업 종합건설업체에 대해서는 인증을 받은 사업장의 사고사망만인율이 최근 3년간 연속해서 종합심사낙찰제 심사기준을 적용하여 평균 사고사망만인율 이상이고 지속적으로 증가하는 경우
바) 다음과 같은 경우로서 인증위원회 위원장이 인증취소가 필요하다고 판단하는 경우
　(가) 인증사업장에서 안전보건조직을 현저히 약화시키는 경우
　(나) 인증사업장이 재해예방을 위한 제도개선이 지속적으로 이루어지지 않는 경우
　(다) 경영층의 안전보건경영의지가 현저히 낮은 경우
　(라) 그 밖에 안전보건경영시스템의 인증을 형식적으로 유지하고자 하는 경우
사) 사내 협력업체로서 모기업과 재계약을 하지 못하여 현장이 소멸되거나 인증범위를 벗어난 경우
아) 사업장에서 자진 취소를 요청하는 경우
자) 인증유효기간 내에 연장신청서를 제출하지 않은 경우
차) 인증사업장이 폐업 또는 파산한 경우

공단에서 인증을 취소하고자 하는 경우에는 해당 사업장에 20일 이상의 소명기간을 주어 소명자료를 제출하도록 하여야 하며, 지정된 기일까지 소명하지 아니하면 의견이 없는 것으로 본다. 다만, 인증사업장에서 자진 취소를 요청하는 경우에는 소명자료 제출을 생략할 수 있다.

공단 이사장은 사업장에서 제출한 소명자료에 대한 확인 결과와 해당 사업장의 소명 결과를 보고 받은 후 20일 이내에 인증위원회를 개최하여야 하며, 인증을 취소한 경우에는 이를 언론매체 등을 통하여 공고할 수 있다.

(12) 업무현황 보고

공단 광역본부장은 절차에 따라 수행한 신규 인증, 컨설팅비용 지원, 사후심사, 연장심사 및 인증취소 현황 등을 이사장에게 보고하여야 하는데, 공단 업무처리시스템에 전산을 입력하는

경우 그 보고를 갈음할 수 있다.

(13) 인증위원회

가) 인증위원회의 설치

공단 이사장은 인증과 관련한 다음 각 호의 사항을 심의·의결하기 위하여 공단 본부에 인증위원회를 둔다.

- ㅇ인증업무 처리규칙의 개정에 관한 사항
- ㅇ인증여부의 결정
- ㅇ인증취소 여부의 결정
- ㅇ그 밖에 인증업무와 관련하여 위원장이 회의에 부치는 사항

나) 구 성

위원회는 위원장을 포함한 위원 중에서 인증업무 처리규칙의 개정에 관한 사항의 경우에는 14명 이내, 인증여부의 결정 등에 관한 사항의 경우에는 9명 이내의 위원을 선정하며, 외부 위원이 전체 위원의 2분의 1 이상으로 구성하여 소집한다.

위원회의 위원장은 공단 기술이사가 되고 위원은 당연직 위원과 위촉직 위원으로 구성하는데 공단 본부 해당의 실장이 업무를 대신할 수 있으며 부득이한 경우 위원 중에서 위원장을 호선할 수 있다.

(가) 당연직 위원 : 해당 분야 업무를 담당하는 부서의 장, 고용노동부 안전보건경영시스템 관련 업무 담당자

(나) 위촉직 위원 : 다음 중 해당 업종의 내·외부 전문가(Pool)를 구성하여 본부 해당 실장이 위촉하는 사람

- ㅇ노동계·경영계를 대표하는 단체의 산업안전보건업무 관련자
- ㅇ인증심사원 자격자
- ㅇ국가기술자격법에 따른 건축·토목·기계·전기·화공·안전·보건 분야의 기술사
- ㅇ국가기술자격법에 따른 건축·토목·기계·전기·화공·안전·보건 분야의 기사 자격을 취득한 사람으로서 해당 분야 경력이 5년 이상인 사람
- ㅇ산업안전보건법에 따른 산업안전지도사 또는 산업보건지도사
- ㅇ전문대학 이상의 학교에서 조교수 이상인 사람
- ㅇ안전보건 관련 분야 경력이 7년 이상인 사람
- ㅇ안전보건 관련 분야 석사학위를 소지한 자로 해당 분야에 5년 이상, 박사학위를 소지한 자
- ㅇ그 밖에 위원장이 자격이 있다고 인정하는 사람

당연직 위원의 임기는 해당 업무를 담당하는 기간으로 하고 위촉직 위원의 임기는 3년으로 하되 연임할 수 있다. 위원회의 회의록 작성 등의 업무를 처리하기 위하여 간사를 두되 간사는 공단 직원 중에서 위원장이 지명한다.

이사장은 인증위원회 위촉직 위원에게 위촉장을 수여하며, 인증심의와 관련하여 금품 또는 향응을 제공받거나 부정한 청탁에 따라 권한을 행사하는 등의 비위사실이 있는 사람은 위촉할 수 없으며, 위촉기간 중에 그 사실을 안 경우에는 해촉하여야 한다.

다) 회 의

인증위원회의 회의는 위원장이 소집하고 위원 과반수의 출석과 출석위원 3분의 2 이상의 찬성으로 의결하며, 대면심의를 원칙으로 하되 위원회의 의결사항 중 위원장이 경미하다고 인정하는 사항 또는 부득이 한 경우에 대하여는 서면 의결할 수 있다. 다만, 2회 연속으로 서면심의를 할 수 없다.

회의를 소집한 경우에는 회의 개최 전에 위원에게 문서 또는 전자적 방법으로 알려야 하며, 위원의 회의 참석에 대하여는 대리 참석을 허용하지 아니한다. 다만, 위원으로 선정된 자가 부득이한 사유로 회의에 참석하지 못하는 경우 해당하는 전문가로서 그 사유를 명시한 위임장을 지참한 대리인이 참석할 수 있다.

간사는 다음 각 호의 사항을 기재한 회의록을 작성하여 위원장과 출석위원의 서명을 받아 보존한다.

- ㅇ회의일시
- ㅇ출석위원의 성명
- ㅇ심의안건 및 내용요지
- ㅇ의결내용
- ㅇ그 밖에 심의안건과 관련된 중요사항

위원장은 필요시 대상사업장의 인증심사를 실시한 심사원, 대상사업장의 노사 대표 또는 관계자로 하여금 위원회에 출석하여 의견을 진술할 것을 요청할 수 있다. 위원장은 회의록이 확정되는 날로부터 14일 이내에 공단 홈페이지 등에 이를 공개하여야 하는데, 위원회가 공개의 필요성이 없다고 판단하는 경우에는 회의록을 공개하지 아니할 수 있다. 위원회에 출석한 외부 위촉위원에게는 예산의 범위에서 수당과 여비를 지급할 수 있다.

라) 제척, 기피, 회피

위원은 다음 중 어느 하나에 해당하는 경우에는 심의에 관여할 수 없다.

- ㅇ위원과 직접적인 이해관계가 있는 사항
- ㅇ위원과 친족관계에 있거나 있었던 자와 관련된 사항

1 2 3 4 5 6 7 8 9 부록

○ 위원 또는 위원이 속한 기관이 자문, 컨설팅 등을 행하고 있는 사업장과 이해관계가 있는 사항

심의대상 사업장과 직접적인 이해관계가 있는 자는 제척사유가 있거나 위원에게 심의의 공정을 기대하기 어려운 사정이 있는 경우에는 그 사유를 적어 기피 신청을 할 수 있는데 이 경우 위원장이 기피 신청에 대하여 기피여부를 결정한다.

위원은 스스로 회피사유에 해당하는 경우 해당 사항의 심의에 회피 할 수 있다.

위원은 심의의 공정성, 객관성을 유지하기 위하여 위촉기간 동안 안전보건경영시스템 인증분야에 대하여 해당 기관에서 발주하는 수의계약 방식의 용역에 참여할 수 없다.

(14) 심사원

가) 심사원 요건

심사원은 다음과 같은 요건을 갖추어야 한다.

(가) 심사원 교육기관에서 실시하는 심사원 양성교육을 수료하고 심사원 시험에 합격한 후에 심사팀의 보조자로 다음과 같은 기준 이상의 참여 실적이 있는 사람

○ 건설업 : 심사팀의 보조자로 최소 2회 이상(일 6시간 이상, 심사 참가일 누계 10일 이상)의 참여 실적이 있는 사람

○ 건설업외 : 심사팀의 보조자로 최소 4회 이상(일 6시간 이상, 심사 참가일 누계 10일 이상으로서 인증심사 최소 1회 이상 포함)의 참여 실적이 있는 사람

(나) 심사원 자격을 갖추고 공단에 심사원으로 등록된 사람

심사원으로 등록한 후 3년 이상 심사 또는 컨설팅 실적이 없는 사람이 심사를 하고자 하는 경우에는 심사원 교육기관에서 실시하는 총 18시간 이상의 안전보건경영시스템 관련 교육을 이수하거나 3일 이상의 심사팀 보조자로 참여하여야 한다.

일선기관장은 선임심사원을 위촉하여 심사팀장의 역할을 수행하게 할 수 있다.

(앞쪽)

안전보건경영시스템 심사원증 〈KOSHA-MS〉 사 진 발급번호 : 성　　명 : ○ ○ ○ **KOSHA**

(뒤쪽)

발급번호: 성　　명: 생년월일: 위의 사람은 「안전보건경영시스템 인증업무 처리규칙」에 의한 KOSHA-MS 심사원임을 증명함 ○○. ○○. ○○. **한국산업안전보건공단** KOREA OCCUPATIONAL SAFETY & HEALTH AGENCY 이 사 장　　　(직인)

[그림 3-9] 안전보건경영시스템(KOSHA-MS) 심사원증

나) 심사원의 업무

심사원은 다음과 같은 업무를 수행할 수 있다.

- ○ 안전보건경영시스템 구축 및 심사계획 수립
- ○ 심사계획에 따른 심사 실시
- ○ 심사 결과의 정리 및 심사결과서 등 보고서 작성
- ○ 그 밖에 안전보건경영시스템 구축을 위한 컨설팅지원 및 심사 실시에 관한 업무

공단 광역본부장은 외부심사원을 위촉하여 심사와 컨설팅에 활용할 수 있으며, 이 경우 모니터링 및 평가관리 기준을 마련하여 심사와 컨설팅의 이행에 대한 수준을 관리할 수 있다.

다) 심사원 시험 실시

공단 이사장은 심사원 시험을 시행하도록 하여야 하는 데 시험 실시 및 채점방법 등에 관한 지침은 따로 정한다. 다만 이사장이 필요하다고 인정하는 경우 외부 전문기관에 심사원 시험을 위탁 실시할 수 있다.

라) 심사원 시험 응시

심사원 시험 응시 자격은 다음과 같다.

- ㅇ「국가기술자격법」에 따른 건축·토목·건설안전·안전·보건 관련 분야 기술사 자격을 취득한 사람
- ㅇ「국가기술자격법」에 따른 건축·토목·건설안전·안전·보건 관련 분야 기사 이상의 자격을 취득한 사람으로서 안전·보건 관련 분야에 5년 이상 실무경험이 있는 사람
- ㅇ「국가기술자격법」에 따른 건축·토목·건설안전·안전·보건 관련 분야 산업기사 이상의 자격을 취득한 사람으로서 안전·보건 관련 분야에 7년 이상 실무경험이 있는 사람
- ㅇ「산업안전보건법」에 따른 산업안전지도사 또는 산업보건지도사 자격을 취득한 사람
- ㅇ 석사학위 이상을 취득한 사람으로서 건축·토목·안전·보건 관련 분야에 3년 이상 실무경험이 있는 사람, 박사학위를 취득한 사람
- ㅇ 안전·보건·건설안전 관련 전문기관·단체 또는 기업에서 안전·보건·건설안전 관련 분야에 7년 이상 실무경력이 있는 사람

공단 이사장은 안전보건경영시스템 심사원 시험 응시원서를 접수하여야 하고 응시원서 또는 자격요건 입증서류에 보완이 필요한 경우에는 이의 보완을 요구할 수 있다.

마) 출제 및 합격기준

KOSHA-MS 안전보건경영시스템 인증심사원 시험의 과목은 〈표 3-9〉와 같다.

심사원 시험의 문제는 서술형 50%, 객관식 50% 정도의 비율로 출제토록하며 그 비율은 경우에 따라서 조정할 수 있다. 심사원 시험의 합격기준은 100점 만점에 70점 이상의 득점으로 한다.

공단 이사장은 시험 합격자에게 합격자 공고일로부터 15일 이내에 자격요건을 입증할 수 있는 서류를 제출하도록 하여야 한다.

〈표 3-9〉 심사원 시험의 과목

구 분	시 험 과 목		비 고
계	제조업 등 전업종	건설업	※ 시험문항수, 시험 시간 및 배점은 필요에 따라 조정할 수 있다
	5	4	
1	안전보건경영시스템(KOSHA-MS) 인증업무 처리규칙		
2	관련 법규 및 기준해설		
3	안전보건경영시스템 (KOSHA-MS) 인증기준	위험성평가	
4	인증심사 내용 및 운영	시스템구축	
5	안전보건과 경영	–	

바) 심사원증 발급절차

공단 이사장은 심사원 시험 합격자 관리대장을 작성하여 기록·보존하여야 하며, 공단 본부 해당 실장은 자격을 갖춘 사람이 심사원 등록을 요청할 경우 심사팀의 보조자로 참가한 실적을 첨부하여 이사장에게 보고하여야 한다. 공단 이사장은 심사원 자격을 구비한 자에게 심사원증을 발급하고 심사원증 발급대장을 작성하여 기록·보존하여야 한다.

사) 심사원 교육

심사원 시험에 응시하기 위해서는 교육원 또는 심사원 교육기관에서 실시하는 심사원 양성교육을 이수하여야 한다. 교육의 내용 및 시간은 다음 〈표 3-10〉과 같다.

〈표 3-10〉 심사원 교육의 내용 및 시간

<table>
<tr><th>구 분</th><th colspan="2">시 험 과 목</th><th>교육시간</th><th>비 고</th></tr>
<tr><td rowspan="2">계</td><td>제조업 등 전업종</td><td>건설업</td><td rowspan="2">34시간</td><td rowspan="2">–</td></tr>
<tr><td>5</td><td>4</td></tr>
<tr><td>1</td><td colspan="2">안전보건경영시스템 인증업무 처리규칙</td><td></td><td>이론 및 실습</td></tr>
<tr><td>2</td><td colspan="2">관련 법규 및 기준해설</td><td></td><td>〃</td></tr>
<tr><td>3</td><td>안전보건경영시스템 인증기준</td><td>위험성평가</td><td></td><td>〃</td></tr>
<tr><td>4</td><td>인증심사 내용 및 운영</td><td>시스템구축</td><td></td><td>〃</td></tr>
<tr><td>5</td><td>안전보건과 경영</td><td>–</td><td></td><td>〃</td></tr>
</table>

※ 총 교육시간은 34시간 이상으로 하되 교육내용 및 시간은 심사원 교육기관의 장과 협의하여 조정할 수 있다.

아) 심사원의 취소 또는 정지

공단 이사장은 심사원 자격을 취득한 사람이 다음 중 어느 하나에 해당하는 경우에는 자격을 취소할 수 있다.

- ㅇ 거짓 또는 부정한 방법으로 자격을 취득한 사람
- ㅇ 심사업무를 수행함에 있어 중대한 과실로 이해관계인에게 손해를 입힌 사람
- ㅇ 심사업무와 관련하여 부정한 행위를 한 사람
- ㅇ 그 밖에 심사업무를 적정하게 수행하기 어렵다고 판단되는 사람

공단 이사장은 심사원 자격을 취득한 사람이 심사원으로 등록한 후 3년 이내 심사 또는 컨설팅 실적이 없는 경우에는 그 자격을 정지할 수 있다. 자격이 정지된 사람이 자격을 복구하고자 할 때는 심사원 교육기관에서 실시하는 총 18시간 이상의 안전보건경영시스템 관련 교육을 이수하거나 3일 이상 심사팀 보조자로 참여하는 요건을 만족해야 한다.

자) 심사원보 자격의 소멸

심사원 자격시험 합격일로부터 3년 이내 심사원으로 등록하지 않는 심사원보는 그 자격이 소

멸된다.

(15) 심사비

가) 심사비

심사비 수수료는 다음과 같이 적용한다.

(가) 상시근로자 수 50인 이상 사업장

실태심사, 컨설팅지원, 인증심사, 사후심사, 연장심사에 필요한 비용

(나) 상시근로자 수 50인 미만 사업장, 위험성평가 인정 사업장, 안전보건공생협력 프로그램 참여 사업장의 사내·외 협력업체, 또는 공정안전보고서 P등급 사업장 인증심사, 사후심사, 연장심사에 필요한 비용

(다) 발주기관

실태심사, 컨설팅지원, 인증심사, 사후심사, 연장심사에 따른 필요한 비용 중 직접경비

(라) 종합건설업체

실태심사, 컨설팅지원, 인증심사, 사후심사, 연장심사에 따른 필요한 비용

(마) 전문건설업체

인증심사, 사후심사, 연장심사에 따른 필요한 비용

국외에 있는 사업장에 대한 심사를 희망하는 사업장은 심사비를 지불하고 공단 여비규정에 따른 국외여비를 심사원에게 실물로 제공하여야 한다.

나) 심사비의 면제 또는 감면

다음 중 어느 하나에 해당하는 경우에는 심사비를 전부 면제할 수 있다.

(가) 건설업

발주기관 중에서 중앙행정기관 또는 중앙행정기관의 소속기관 및 지방자치단체

(나) 건설업 외

군부대, 사회복지시설, 사회적기업, 이 경우에는 신규 인증신청에 따른 실태심사·인증심사·사후심사(첫 번째 연장심사 전까지에 한함)비용을 면제할 수 있다.

다음 중 어느 하나에 해당하는 경우 해당 심사비를 1/2 감면할 수 있다.

- 안전보건공생협력프로그램 기술지도 A등급 사업장과 A등급 사업장의 사내·외 협력업체의 경우 다음 연도 심사비용
- 20인 미만 사업장의 경우 실태심사·인증심사·사후심사(첫 번째 연장심사 전까지에 한함)비용

(16) 인증업무 수행자에 대한 지원

공단 광역본부장은 각종 심사 또는 컨설팅지원 시 공단이 정하는 바에 따라 공단 직원에게는 현지 활동비를, 외부심사원에게는 공단「수수료기타실비징수규정」에서 정한 외부 전문가의 대가에 준하는 수당과 공단「여비규칙」에서 정하는 여비를 예산 범위 내에서 지급할 수 있다.

(17) 공단의 지원

공단 이사장은 안전보건경영시스템 요건을 구축하는 데 필요한 컨설팅비용을 지급할 수 있다. 인증신청사업장 및 인증사업장에 대해 공단은 각종 발행자료와 발간물을 우선 보급할 수 있으며 인증서를 교부하는 경우에는 이를 언론매체 등을 통하여 홍보할 수 있다.

공단 광역본부장은 사후심사 또는 연장심사 결과 재해감소대책 등 안전보건상의 문제점을 해결하기 위한 지속적인 대책이 필요한 경우 추가적 컨설팅지원을 무료로 실시할 수 있다.

(18) 이의신청 및 불만처리

공단 이사장은 절차에 따라 수행한 인증여부 결정 및 심사 결과에 대하여 이해관계인의 이의신청이나 불만처리 요청이 있는 경우에는 이를 검토하여 그 결과를 신청인에게 회신하여야 한다. 또한 이의신청과 불만처리에 대한 기록은 유지·관리하여야 한다.

(19) 비밀 준수 및 청렴의 의무

인증위원회 위원은 절차에 따라 수행한 인증업무 수행과 관련하여 알게 된 사업장의 비밀을 누설하여서는 아니 되며, 위원으로 위촉 시 청렴서약서를 공단에 제출하여야 한다. 심사원은 절차에 따라 수행한 인증업무 수행과 관련하여 알게 된 사업장의 비밀을 누설하여서는 아니 되며, 심사 전 청렴의무이행서약서를 작성하여 심사결과서와 함께 보관토록 한다.

(20) 시행일

KOSHA-MS 안전보건경영시스템 인증업무 처리규칙은 2019년 7월 1일부터 시행한다.

6) KOSHA 18001과 KOSHA-MS의 비교

2019년 7월 1일부터 새롭게 시행·적용되는 KOSHA-MS와 기존의 안전보건경영시스템인 KOSHA 18001을 비교하면 다음과 같다.

KOSHA 18001은 인증기준을 2개의 종류로 기준 A형 일반 사업장용과 기준, B형 소규모 사업장용으로 구분하였다. KOSHA-MS는 인증기준을 3개의 종류로 나누어 기준 A형은 상시근로자 50인 이상 사업장용, 기준 B형은 상시근로자 20인 이상에서 50인 미만 사업장용, 기준 C형은 상시근로자 20인 미만 사업장용으로 구분하여 사업장 규모별 적용범위 기준을 보다 세분화하였다. 이와 같이 기존 A형과 B형으로 나누던 것을 A, B, C형으로 나눈 것은 20인 이상 49인 이하 사업장의 경우 안전보건관리담당자 제도가 새롭게 산업안전보건법규에 포함됨으로 인해 보다 세분화된 것이다.

(1) 안전보건경영체제 분야

안전보건경영체제 분야의 경우 OHSAS 18001과 마찬가지로 KOSHA 18001도 KOSHA-MS로 변경됨에 따라 조직상황부분과 리더십부분, 그 밖의 위험성평가와 개선부분이 새롭게 추가되었다. 안전보건경영체제 분야의 KOSHA 18001과 KOSHA-MS를 비교하면 [그림 3-10]과 같다.

일반사항	계획 수립(P)	실행 및 운영(D)	점검 및 시정조치(C)	경영자 검토(A)	안전보건활동
4.1 일반원칙 4.2 안전보건방침	4.3 계획 수립 4.3.1 위험성평가 4.3.2 법규 및 그 밖의 요구사항 검토 4.3.3 목표 4.3.4 안전보건활동 추진계획	4.4 실행 및 운영 4.4.1 구조 및 책임 4.4.2 교육·훈련 및 자격 4.4.3 의사소통 및 정보제공 4.4.4 문서화 4.4.5 문서관리 4.4.6 운영관리 4.4.7 비상시 대비 및 대응	4.5 점검 및 시정조치 4.5.1 성과측정 및 모니터링 4.5.2 시정조치 및 예방조사 4.5.3 기록 4.5.4 내부심사	4.6 경영자 검토	나.1 작업장의 안전조치 ⋮ 나.13 산업안전보건 위원회 운영 ⋮ 나.15 무재해운동의 자율적인 추진 및 운영

조직의 상황	리더십과 근로자의 참여	계획 수립(P)	지원(S)	실행(D)	성과평가(C)	개선(A)	안전보건 활동
4.1 조직 상황이해 4.2 요구사항 4.3 적용범위 4.4 시스템	5.1 리더십과 의지 표명 5.2 안전보건방침 5.3 조직의 역할 책임 및 권한 5.4 근로자의 참여 및 협의	6.1.1 위험성평가 6.1.2 법규 및 그 밖의 요구사항 검토 6.2 안전보건목표 6.4 안전보건목표 추진계획	7.1 지원 7.2 역량/적격성 7.3 인식 7.4 의사소통 및 정보제공 7.5 문서화 7.6 문서관리 7.7 기록	8.1 운영계획 및 관리 8.2 비상시 대비 및 대응	9.1 모니터링 측정 분석 및 성과평가 9.2 내부심사 9.3 경영자 검토	10.1 시정조치 10.2 지속적 개선	1나.1 작업장의 안전조치 ⋮ 나.14 무재해운동의 자율적인 추진 및 운영

[그림 3-10] KOSHA 18001과 KOSHA-MS 구성요소 비교

또한 인증기준 항목별로 KOSHA 18001과 KOSHA-MS를 비교하면 〈표 3-11〉과 같다.

〈표 3-11〉 KOSHA 18001과 KOSHA-MS 인증기준 비교

KOSHA 18001		KOSHA-MS		비 고
항 목	요구사항	항 목	요구사항	
4.1	일반사항	4 4.1 4.2 4.3 4.4	조직상황 조직과 조직상황의 이해 근로자 및 이해관계자 요구사항 안전보건경영시스템 적용 범위 결정 안전보건경영시스템	조직 상황 (신규)
4.2	안전보건방침	5 5.1 5.2 5.3 5.4	리더십과 근로자의 참여 리더십과 의지표명 안전보건방침 조직의 역할, 책임 및 권한 근로자의 참여 및 협의	리더십 (신규)
4.3 4.3.1 4.3.2 4.3.3 4.3.4	계획 수립 위험성평가 법규, 그 밖의 요구사항 검토 목표 안전보건활동 추진계획	6 6.1.1 6.1.2 6.2 6.3	계획 수립 위험성평가 법규 및 그 밖의 요구사항 검토 안전보건목표 안전보건목표 추진계획	그 밖의 위험성 평가 (추가)
4.4 4.4.1 4.4.2 4.4.3 4.4.4 4.4.5	실행/운영 구조 및 책임 교육·훈련 및 자격 의사소통 및 정보제공 문서화 문서관리	7 7.1 7.2 7.3 7.4 7.5 7.6 7.7	지원 자원 역량 및 적격성 인식 의사소통 및 정보제공 문서화 문서관리 기록	구성 항목 (강화)
4.4 4.4.6 4.4.7	실행/운영 운영관리 비상시 대비 및 대응	8 8.1 8.2	실행 운영계획 및 관리 비상시 대비 및 대응	(동일)
4.5 4.5.1 4.5.2 4.5.3 4.5.4	점검/시정조치 성과측정 및 모니터링 시정조치 및 예방조치 기록 내부심사	9 9.1 9.2 9.3	성과평가 모니터링, 측정, 분석 및 성과평가 내부심사 경영자 검토	경영자 검토 (변경)
4.6	경영자 검토	10 10.1 10.2 10.3	개선 일반사항 사건, 부적합 및 시정조치 지속적 개선	(신규)

(2) 안전보건활동 분야

안전보건활동 분야는 기존과 큰 차이가 없으며 〈표 3-12〉에서와 같이 산업안전보건위원회 운영부분이 KOSHA-MS에서는 제외된 부분만 차이가 있다. 이것은 산업안전보건위원회에 대한 내용은 체제 분야의 근로자 참여 및 협의부분에 포함되기 때문에 제외된 것이다.

〈표 3-12〉 KOSHA 18001과 KOSHA-MS 안전보건활동 요구사항 비교

KOSHA 18001		KOSHA-MS		비 고
항 목	요구사항	항 목	요구사항	
1	작업장 안전조치	1	작업장의 안전조치	산업 안전 보건 위원회 항목 삭제
2	중량물·운반기계에 대한 안전조치	2	중량물·운반기계에 대한 안전조치	
3	개인보호구 지급 및 관리	3	개인보호구 지급 및 관리	
4	기계·기구에 대한 방호조치	4	기계·기구에 대한 방호조치	
5	떨어짐·무너짐에 의한 위험방지	5	떨어짐·무너짐에 의한 위험방지	
6	안전검사 실시	6	안전검사 실시	
7	폭발·화재 및 위험물 누출 예방활동	7	폭발·화재 및 위험물 누출 예방활동	
8	전기재해 예방활동	8	전기재해 예방활동	
9	쾌적한 작업환경 유지활동	9	쾌적한 작업환경 유지활동	
10	근로자 건강장해 예방활동	10	근로자 건강장해 예방활동	
11	협력업체의 안전보건활동 지원	11	협력업체의 안전보건활동 지원	
12	안전·보건 관계자 역할과 활동	12	안전·보건 관계자 역할과 활동	
13	산업안전보건위원회 운영	13	산업재해 조사활동	
14	산업재해 조사활동	14	무재해운동의 자율적 추진 및 운영	
15	무재해운동의 자율적 추진 및 운영			

(3) 안전보건경영관계자 면담 분야

안전보건경영관계자 면담 분야는 〈표 3-13〉에 나타낸 것과 같이 KOSHA 18001과 KOSHA-MS는 큰 차이가 없으나 산업안전보건법이 개정됨에 따라 KOSHA-MS에서는 보다 세분화하여 안전보건관리담당자 및 조정자들의 면담내용을 포함하고 있다. 이것은 산업안전보건법 제19조 안전보건관리담당자 및 산업안전보건법 제68조 안전보건조정자에 근거하여 포함된 것이다.

〈표 3-13〉 KOSHA 18001과 KOSHA-MS 안전보건관계자 면담 분야 비교

KOSHA 18001		KOSHA-MS		비 고
항 목	요구사항	항목	요구사항	
1	경영층이 알아야 할 사항	1	경영자가 알아야 할 사항	
2	중급관리자가 알아야 할 사항	2	중간관리자가 알아야 할 사항	
3	현장관리자가 알아야 할 사항	3	현장관리자가 알아야 할 사항	
4	현장작업자가 알아야 할 사항	4	현장근로자가 알아야 할 사항	
5	안전·보건관리자가 알아야 할 사항	5	안전·보건관리자, 담당자, 조정자가 알아야 할 사항	
6	협력업체 관계자가 알아야 할 사항	6	협력업체 관계자가 알아야 할 사항	

4 ISO 45001과 KOSHA-MS 안전보건경영시스템 비교

1) ISO 45001과 KOSHA-MS 인증제도

ISO 45001은 2018년 3월 12일 최종적으로 국제표준으로 확정·발표된 안전보건경영시스템의 국제인증규격이다. ISO 45001은 ISO의 표준구조인 ISO의 상위문서구조(HLS)를 바탕으로 다른 경영시스템과 호환이 가능하도록 공통된 인증기준으로 제정되었다. 이것은 기존 OHSAS 18001 인증을 대체하는 신규 기준으로 이해관계자 및 조직구성원의 안전보건을 유지·증진하기 위한 경영시스템이다.

그리고 KOSHA-MS는 ISO 45001이 제정된 후 기존의 KOSHA 18001 인증기준에 ISO 45001 인증기준을 토대로 안전보건경영체제 분야를 국제인증규격에 맞게 구성 및 제정하여 적용한 안전보건경영시스템으로 ISO 45001과 같이 HLS 구조로 시스템을 적용하여 2019년 7월 1일부터 시행하고 있다. ISO 45001과 KOSHA-MS의 차이점을 알아보면 다음과 같다.

(1) 인증심사의 주체

ISO 45001의 경우에는 한국인정지원센터(KAB)에 등록된 인증기관이나 외국계 인증기관에서 인증심사를 통해 인증서를 수여하고, KOSHA-MS는 안전보건공단이 인증심사를 통해 인증서를 수여한다.

(2) 업종의 구분

ISO 45001은 건설업과 건설업 이외의 업종을 나누지 않고 인증심사 업무를 하는 데 비해 KOSHA-MS는 건설업과 건설업 이외의 업종으로 나누어 인증심사 업무가 이루어진다.

(3) 심사원 자격

ISO 45001은 ISO 45001 인증자격을 가진 심사원에 의해 심사가 이루어지지만 KOSHA-MS

는 안전보건공단에서 발급한 KOSHA-MS 심사원 자격을 가진 심사원에 의해 심사가 이루어진다. 물론 이 경우 건설업과 건설업 이외의 업종의 심사원 자격은 독립된 자격시험에 의해 발행된다. 또한 ISO 45001과 KOSHA-MS의 심사원은 자격시험에 합격한 후 ISO 45001은 심사원 보조자로서 훈련을 실시하여야 하며, 심사 참관을 20 M/D 하여야 한다. KOSHA-MS 심사원의 경우는 건설업 외의 업종의 경우 심사팀의 보조자로 최소 4회 이상(일 6시간 이상, 심사 참가일 누계 10일 이상으로서 인증심사 최소 1회 이상 포함)의 참여실적이 있는 사람이어야 한다.

(4) 지역적 제한

ISO 45001의 경우에는 인증사업장에 대하여 지역적인 제한을 두고 있지 않으나 KOSHA-MS의 경우에는 안전보건공단의 6개 광역본부에서 광역본부별 관할지역에 위치한 사업장에 대하여 심사를 하는 차이가 있다.

(5) 인증범위

ISO 45001의 경우 인증의 범위를 단위코드 업종을 기준으로 하는 데 비하여 KOSHA-MS는 단위사업장을 기준으로 인증의 범위를 정하고 있다.

(6) 심사수수료

심사수수료의 적용을 보면 ISO 45001의 경우에는 인증기관별로 적용하는 1 M/D당 심사비용이 상이한데 비하여 KOSHA-MS의 경우에는 안전보건공단에서 심사하는 만큼 동일한 M/D당 동일한 심사비용을 적용하고 있다. 특히, ISO 45001의 경우에는 1호부터 39호까지의 업종 코드별로 위험성과 복잡성을 고려하여 국제인정포럼(International Accreditation Forum, IAF)에서 가이드를 부여하여 낮음, 중간 및 높음의 3단계 인증심사 기준 테이블을 마련하여 기존 근로자 수에 국한한 심사일수에 추가하여 심사 M/D를 부과하고 있다.

(7) 인증기준

인증기준을 적용하는데 있어서 ISO 45001의 경우에는 ISO 45001 인증기준의 요구사항 및 사용지침으로 단일화하고 있으나, KOSHA-MS의 경우에는 건설업의 인증기준과 건설업 외 전업종의 인증기준을 별도로 적용하고 있다. 또한 건설업의 경우에는 발주기관, 종합건설업체 및 전문건설업체로 세분하여 적용하고 있으며 건설업 이외 전업종의 경우에도 사업장의 근로자 수를 기준으로 하여 A형, B형, C형으로 나누어 인증기준을 각각 달리 적용하고 있다.

2) 안전보건경영시스템 인증제도 종합비교

KOSHA 18001, OHSAS 18001, KOSHA-MS 및 ISO 45001 안전보건경영시스템을 종합적으

로 비교하여 정리하면 〈표 3-14〉와 같다.

〈표 3-14〉 안전보건경영시스템 인증제도 비교

구분	KOSHA 18001	OHSAS 18001	KOSHA-MS	ISO 45001
운영 주체	안전보건공단	국제인증기관 및 일부국가 (BSI 등 단체표준)	안전보건공단	ISO표준화기구 (KAB)
인증 성격	공단규격	국제인증 Program	공단규격	ISO 국제표준
운영 형태	컨설팅·인증 동시 수행 (실태파악 후 심사 이전 컨설팅 수행)	컨설팅/인증분리 (국제기준에 부합)	컨설팅/인증분리 (ISO기준에 부합)	컨설팅/인증분리 (ISO 기준에 부합)
심사 방법	분야별 평가방식	System Approach (ISO시리즈 평가방법)	System Approach	System Approach (ISO시리즈 평가방법 HLS 구조)
심사 원	공단기준에 의거	ISO에 부합	공단기준에 의거	ISO에 부합
규격 내용	OHSAS 18001과 유사 (안전보건활동 및 면담 분야 추가)	OHSAS 18001 Requirement	ISO 45001과 유사 (안전보건활동 및 면담 분야 추가)	ISO 45001 Requirement

5 안전보건경영시스템 인증 전환절차

안전보건경영시스템의 인증현황 및 효과를 분석한 결과 안전보건경영시스템 인증은 지속적으로 증가하였으나 ISO 국제규격이 없는 상태에서 언젠가는 소멸하게 될 임의규격이라는 이유로 품질경영시스템이나 환경경영시스템 인증보다 상대적으로 적게 도입되고 있다. 또한 K-OHSMS 18001의 경우 인증을 취득한 사업장의 업종을 비교한 결과 2019년 12월말까지 총 3,770개 사업장의 4,460개 업종 중에서 건설업종이 1,873개 사업장(42.1%)으로 가장 많았으며, 이와 같은 결과는 타 업종에 비해 위험요소가 많고 재해율이 높은 사업장에서 안전보건경영시스템을 많이 도입하고 있는 것으로 나타났다.

규모별로는 KOSHA 18001 인증사업장의 경우 50인 이상이 전체의 62.8%가 인증을 취득한 것으로 보아 안전보건경영시스템을 운영해 나가는 데 있어서 안전·보건관리자를 선임해야 하는 일정 규모의 사업장에서 많이 도입하고 있으며, 20인 미만의 경우는 안전보건경영시스템을 운영해 나가는 인력의 부족 등이 쉽사리 안전보건경영시스템을 도입하지 못하는 하나의 원인으로 나타났다. 안전보건경영시스템의 인증효과를 알기 위해 인증사업장과 제조사업장의 재해율을 비교한 결과 안전보건경영시스템 구축이 사업장의 재해율을 낮추는데 큰 역할을 하는 것으로 나타났다.

ISO 45001 안전보건경영시스템 인증기준이 제정됨에 따라 기존의 인증시스템인 KOSHA 18001과 OHSAS 18001은 새로운 기준인 KOSHA-MS와 ISO45001로 전환하여야 하므로 새롭게 제정된 인증기준에 적합하게 전환 표준 및 차이(Gap)에 대한 분석을 통해 프로세스에 맞게 안전보건경영시스템을 재구축할 필요가 있다. 새롭게 바뀐 인증기준의 내용을 먼저 파악하고 기존의 인증기준과의 조항의 차이점을 발견하여 개정절차에 맞게 문서를 개정하는 것이 필요한데 개정절차는 [그림 3-11]과 같다.

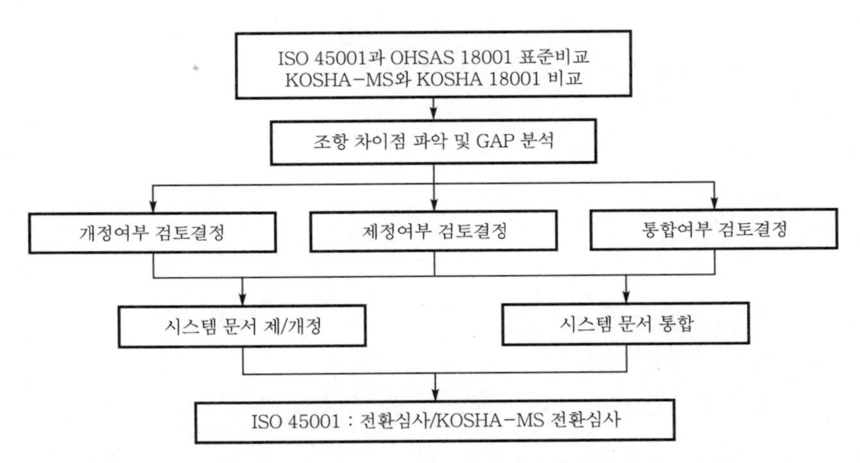

[그림 3-11] ISO 45001 및 KOSHA-MS 안전보건경영시스템 인증 전환절차

ISO 45001 안전보건경영시스템 인증기준

1. ISO 45001 인증기준 개요
2. ISO 45001 인증기준 (KS Q ISO 45001:2018)
3. 인증기준 항목별 부속서 주요 내용

1 ISO 45001 인증기준 개요

ISO 45001 안전보건경영시스템은 기존의 ISO 9001(품질경영시스템)과 ISO 14001(환경경영시스템)에서 채택한 경영시스템의 상위문서구조인 HLS(High Level Structure)를 준용하여 제정하였다. 상위문서구조(HLS)의 기본구조는 ISO/TC 176에서 합의한 통합된 경영시스템 구축과 요구사항 강화를 추진하기 위해 통일화된 경영시스템의 기본구조 원칙을 말한다.

ISO45001 안전보건경영시스템 국제표준의 기본구조는 적용범위, 인용표준, 용어와 정의, 조직상황, 리더십과 근로자 참여, 기획, 지원, 운용, 성과평가 및 개선과 ISO45001의 활용을 위한 가이던스인 부속서로 구성되어 있다. ISO 45001의 기본구조와 부속서의 내용은 다음과 같다.

머리말 (Foreword)

개 요 (Introduction)

1. 적용범위 (Scope)

2. 인용표준 (Normative reference)

3. 용어와 정의 (Terms and definitions)

4. 조직상황 (Context of the organization)

4.1 조직과 조직상황 이해

4.2 근로자 및 기타 이해관계자의 니즈와 기대 이해

4.3 안전보건경영시스템 적용범위 결정

4.4 안전보건경영시스템

5. 리더십과 근로자 참여 (Leadership and worker participation)

5.1 리더십과 의지표명

5.2 안전보건방침

5.3 조직의 역할, 책임 및 권한

5.4 근로자 협의 및 참여

6. 기획 (Planning)

6.1 리스크와 기회를 다루는 조치

6.2 안전보건목표와 달성 기획

7. 지원 (Support)

7.1 자원

7.2 역량/적격성

7.3 인식

7.4 의사소통

7.5 문서화된 정보

8. 운용 (Operation)

8.1 운용 기획 및 관리

8.2 비상시 대비 및 대응

9. 성과평가 (Performance evaluation)

9.1 모니터링, 측정, 분석 및 성과평가

9.2 내부심사

9.3 경영 검토

10. 개선(Improvement)

10.1 일반사항

10.2 사건, 부적합 및 시정조치

10.3 지속적 개선

부속서 A(참고) 이 표준의 활용을 위한 가이던스

ㅇISO 45001 부속서

A.1 일반사항 (General)

A.2 인용표준 (Normative reference)

A.3 용어와 정의 (Terms and definitions)

A.4 조직상황 (Context of the organization)

A.5 리더십과 근로자 참여 (Leadership and worker participation)

A.6 기획 (Planning)

A.7 지원 (Support)

A.8 운용 (Operation)

A.9 성과평가 (Performance evaluation)

A.10 개선 (Improvement)

2 ISO 45001 인증기준(KS Q ISO 45001 : 2018)

항 목	인 증 기 준
4. 조직상황	
4.1 조직과 조직 상황의 이해	조직은 조직의 목적에 부합하고 안전보건경영시스템의 의도된 결과를 달성할 수 있도록 조직의 능력에 영향을 주는 외부와 내부 이슈를 정하여야 한다.
4.2 근로자 및 기타 이해관계자의 니즈와 기대 이해	조직은 다음 사항을 정하여야 한다. a) 안전보건경영시스템과 관련이 있는 근로자와 기타 이해관계자 b) 근로자 및 기타 이해관계자의 니즈와 기대(즉, 요구사항) c) 이러한 니즈와 기대 중 어느 것이 법적 요구사항 및 기타 요구사항 인지 또는 될 수 있는지 여부
4.3 안전보건경영시스템 적용범위 결정	조직은 안전보건경영시스템의 적용범위를 설정하기 위하여 안전보건경영시스템의 경계 및 적용 가능성을 정하여야 한다. 적용범위를 정할 때 조직은 다음 사항을 고려하여야 한다. a) 4.1에 언급된 외부와 내부 이슈 고려 b) 4.2에 언급된 요구사항의 반영 c) 계획되거나 수행된 작업 관련 활동의 반영 안전보건경영시스템은 조직의 안전보건성과에 영향을 줄 수 있는 조직 관리 또는 영향 내에 있는 활동, 제품 및 서비스를 포함하여야 한다. 적용범위는 문서화된 정보로 이용할 수 있어야 한다.
4.4 안전보건경영시스템	조직은 이 표준의 요구사항에 따라 필요한 프로세스와 그 프로세스의 상호작용을 포함하는 안전보건경영시스템을 수립, 실행, 유지 및 지속적으로 개선하여야 한다.
5. 리더십과 근로자 참여	
5.1 리더십과 의지표명	최고경영자는 안전보건경영시스템에 대한 리더십과 의지표명(commitment)을 다음 사항에 따라 실증하여야 한다. a) 안전하고 건강한 작업장 및 활동의 제공뿐만 아니라 작업과 관련된 상해 및 건강상 장해예방을 위한 전반적인 책임과 책무 b) 안전보건방침 및 관련된 안전보건목표가 수립되고 조직의 전략적 방향과 조화됨을 보장 c) 안전보건경영시스템 요구사항이 조직의 비즈니스 프로세스와 통합됨을 보장 d) 안전보건경영시스템의 수립, 실행, 유지 및 개선을 위하여 필요한 자원의 가용성 보장 e) 효과적인 안전보건경영의 중요성과 안전보건경영시스템 요구사항과의 적합성에 대한 중요성을 의사소통 f) 안전보건경영시스템이 의도한 결과를 달성함을 보장 g) 안전보건경영시스템의 효과성에 기여하도록 인원을 지휘하고 지원 h) 지속적 개선을 보장하고 촉진 i) 기타 관련 경영자의 책임 분야에 리더십이 적용될 때 그들의 리더십을 실증하도록 경영자 역할에 대한 지원 j) 안전보건경영시스템의 의도된 결과를 지원하는 조직의 문화를 개발, 선도 및 촉진 k) 사건, 위험요인, 리스크와 기회 보고 시 보복으로부터 근로자를 보호

항 목	인 증 기 준
	l) 조직이 근로자의 협의 및 참여를 위한 프로세스를 수립하고 실행을 보장(5.4 참조) m) 안전보건위원회 수립 및 기능을 지원[5.4 e) 1) 참조] 비고) 표준에서 "비즈니스"에 대한 언급은 조직의 존재 목적의 핵심이 되는 활동을 의미하는 것으로 광범위하게 해석될 수 있다.
5.2 안전보건방침	최고경영자는 다음 사항과 같은 안전보건방침을 수립, 실행 및 유지하여야 한다. a) 업무 관련 상해 및 건강상 장해예방을 위한 안전하고 건강한 근로 조건을 제공하기 위한 의지표명을 포함하고 조직의 목적, 규모 및 상황 그리고 안전보건리스크와 기회의 특정한 성질에 적절 b) 안전보건목표의 설정을 위한 틀을 제공 c) 법적 요구사항 및 기타 요구사항의 충족에 대한 의지표명을 포함 d) 위험요인을 제거하고 안전보건리스크를 감소하기 위한 의지표명을 포함(8.1.2 참조) e) 안전보건경영시스템의 지속적 개선에 대한 의지표명을 포함 f) 근로자 및 근로자 대표(있는 경우)의 협의와 참여에 대한 의지표명을 포함 안전보건방침은 다음 사항과 같아야 한다. – 문서화된 정보로 이용 가능 – 조직 내에서 의사소통 – 해당되는 경우, 이해관계자가 이용 가능 – 관련되고 적절
5.3 조직의 역할, 책임 및 권한	최고경영자는 안전보건경영시스템과 관련한 역할에 대한 책임과 권한을 조직 내 모든 계층에 부여하고 의사소통을 하며 문서화된 정보로 유지함을 보장하여야 한다. 조직 각 계층의 근로자는 자신이 관리하는 안전보건경영시스템의 측면에 대한 책임을 져야 한다. 비고) 책임과 권한은 부여될 수 있지만 궁극적으로 최고경영자는 안전보건경영시스템의 기능에 대해서 책무가 있다. 최고경영자는 다음 사항에 대하여 책임과 권한을 부여하여야 한다. a) 안전보건경영시스템이 이 표준의 요구사항에 적합함을 보장 b) 안전보건경영시스템의 성과를 최고경영자에게 보고
5.4 근로자의 협의 및 참여	조직은 안전보건경영시스템의 개발, 기획, 실행, 성과평가 및 개선을 위한 조치에 대하여 모든 적용 가능한 계층과 기능의 근로자와 근로자 대표(있는 경우)와의 협의와 참여를 위한 프로세스를 수립, 실행 및 유지하여야 한다. 조직은 다음 사항에 대해 실행하여야 한다. a) 협의 및 참여를 위하여 필요한 방법(mechanisms), 시간, 교육·훈련 및 자원을 제공 비고 1) 근로자 대표제는 협의와 참여를 위한 방법이 될 수 있다. b) 안전보건경영시스템에 대하여 명확하고, 이해 가능하며 관련된 정보에 시의 적절한 접근 제공 c) 참여에 대한 장애 또는 장벽을 결정하여 제거하며, 제거할 수 없는 것은 최소화 비고 2) 장애 및 장벽에는 근로자의 의견이나 제안, 언어 또는 독해(literacy) 장벽, 보복 또는 보복 위협, 근로자 참여를 방해하거나 처벌하는 방침 또는 관행에 대한 대응 실패가 포함될 수 있다.

항 목	인 증 기 준
	d) 관리자가 아닌 근로자와 다음 사항에 대하여 협의하도록 강조 1) 이해관계자의 니즈와 기대를 결정(4.2 참조) 2) 안전보건방침 수립(5.2 참조) 3) 적용 가능한 경우 조직의 역할, 책임 및 권한 부여(5.3 참조) 4) 법적 요구사항 및 기타 요구사항을 충족시키는 방법을 결정(6.1.3 참조) 5) 안전보건목표 수립과 목표달성 기획(6.2 참조) 6) 외주처리, 조달 및 계약자에게 적용 가능한 관리 방법 결정(8.1.4 참조) 7) 모니터링, 측정 및 평가가 필요한 사항 결정(9.1 참조) 8) 심사 프로그램의 기획, 수립, 실행 및 유지(9.2.2 참조) 9) 지속적 개선 보장(10.3 참조) e) 관리자가 아닌 근로자가 다음 사항에 참여하도록 강조 1) 근로자의 협의와 참여를 위한 방법 결정 2) 위험요인을 파악하고 리스크와 기회를 평가(6.1.1 및 6.1.2 참조) 3) 위험요인을 제거하고 안전보건리스크를 감소하기 위한 조치 결정 (6.1.4 참조) 4) 역량 요구사항, 교육·훈련 필요성, 교육·훈련 및 교육·훈련 평가의 결정(7.2 참조) 5) 의사소통이 필요한 사항과 의사소통의 방법을 결정(7.4 참조) 6) 관리수단과 관리수단의 효과적인 실행 및 사용 결정(8.1, 8.1.3과 8.2 참조) 7) 사건 및 부적합의 조사 그리고 시정조치 결정(10.2 참조) 비고 3) 관리자가 아닌 근로자의 협의와 참여를 강조하는 것은 업무 활동을 수행하는 인원에 적용하는 것을 의도하지만, 예를 들어 조직에서 업무 활동 또는 기타 요인에 의해 영향을 받는 관리자를 배제하는 것을 의도하지는 않는다. 비고 4) 근로자에게 무료로 교육·훈련을 제공하는 것, 그리고 가능한 경우 근무시간에 교육·훈련을 제공하는 것은 근로자의 참여에 중대한 장벽을 제거할 수 있는 것으로 인정된다.
6. 기 획	
6.1 리스크와 기회를 다루는 조치 6.1.1 일반사항	안전보건경영시스템을 기획할 때 조직은 4.1(조직과 조직상황의 이해)에서 언급한 이슈, 4.2(근로자 및 기타 이해관계자의 니즈와 기대 이해) 및 4.3(안전보건경영시스템 적용범위 결정)에서 언급한 요구사항을 고려하여야 하고 다음 사항을 다룰 필요가 있는 리스크와 기회를 결정하여야 한다. a) 안전보건경영시스템이 의도된 결과를 달성할 수 있음을 보증 b) 바람직하지 않은 영향의 예방 또는 감소 c) 지속적 개선의 달성 안전보건경영시스템에 대한 리스크와 기회, 그리고 다루어야 할 필요가 있는 의도된 결과를 결정할 때 조직은 다음 사항을 반영하여야 한다. – 위험요인(6.1.2.1 참조) – 안전보건리스크 및 기타 리스크(6.1.2.2 참조) – 안전보건기회 및 기타 기회(6.1.2.3 참조) – 법적 요구사항 및 기타 요구사항(6.1.3 참조)

<table>
<tr><th>항 목</th><th>인 증 기 준</th></tr>
<tr><td></td><td>조직은 기획 프로세스에서 조직, 프로세스 또는 안전보건경영시스템에서의 변경과 연관된 안전보건경영시스템의 의도된 결과와 관련된 리스크와 기회를 결정하고 평가하여야 한다. 계획된 변경의 경우 영구적이든 또는 임시적이든 이러한 평가는 변경이 실행되기 전에 수행되어야 한다
(8.1.3 참조).

조직은 다음 사항에 대하여 문서화된 정보를 유지하여야 한다.
– 리스크와 기회
– 프로세스와 조치가 계획된 대로 수행된다는 확신을 하는데 필요한 정도까지 리스크와 기회(6.1.2에서 6.1.4 참조)를 결정하고 다루는 데 필요한 프로세스와 조치</td></tr>
<tr><td>6.1.2 위험요인 파악 및 리스크와 기회의 평가
6.1.2.1 위험요인 파악</td><td>조직은 지속적이고 적극적인 위험요인 파악을 위한 프로세스를 수립, 실행 및 유지하여야 한다. 프로세스에는 다음을 반영해야 하지만 이에 국한하지 않는다.
a) 작업 구성방법, 사회적 요소(작업량, 작업시간, 희생강요, 괴롭힘 및 따돌림 포함), 리더십 및 조직 문화
b) 다음 사항으로부터 발생하는 위험요인을 포함하여 일상적 및 비일상적 활동 및 상황
1) 기반구조, 장비, 재료, 물질 및 작업장의 물리적 조건
2) 제품 및 서비스 설계, 연구, 개발, 시험, 생산, 조립, 건설, 서비스 인도, 유지보수 및 폐기
3) 인적요인
4) 작업수행 방법
c) 비상사태를 포함하여 조직의 내부 또는 외부와 관련된 과거의 사건과 원인
d) 잠재적 비상 상황
e) 다음 사항의 포함을 고려한 인원
1) 근로자, 계약자, 방문자 및 기타 인원을 포함하여 작업장 및 그들의 활동에 접근할 수 있는 인원
2) 조직의 활동으로 영향을 받을 수 있는 작업장 주변 인원
3) 조직이 직접 관리하지 않는 장소에 있는 근로자
f) 다음 사항의 포함을 고려한 기타 이슈
1) 관련 근로자의 니즈와 능력에 대한 그들의 적응을 포함하여 작업 구역, 프로세스, 설치, 기계/장비, 운용 절차 및 작업구성의 설계
2) 조직의 관리하에 있는 작업 관련 활동으로 인해 작업장 인근에서 발생하는 상황
3) 조직에 의해 관리되지 않고 작업장 인근에서 발생하는 상황으로 작업장에 있는 사람에게 상해 및 건강상 장해를 일으킬 수 있는 상황
g) 조직, 운용, 프로세스, 활동 및 안전보건경영시스템에서의 실제(actual) 또는 제안된 변경(8.1.3 참조)
h) 위험요인에 대한 지식 및 정보의 변화</td></tr>
<tr><td>6.1.2.2 안전보건경영시스템에 대한 안전보건 리스크와 기타 리스크의 평가</td><td>조직은 다음 사항을 위한 프로세스를 수립, 실행 및 유지하여야 한다.
a) 기존 관리 대책의 효과를 반영하면서 파악된 위험요인으로부터 안전보건리스크를 평가
b) 안전보건경영시스템의 수립, 실행, 운용 및 유지와 관련된 기타 리스크를 결정 및 평가</td></tr>
</table>

항 목	인 증 기 준
	안전보건리스크를 평가하기 위한 조직의 방법론 및 기준은 그 적용범위, 특성(nature) 및 시기에 관하여 사후 대응적이기보다는 사전 예방적이며, 체계적인 방식으로 사용됨을 보장하도록 정의되어야 한다. 방법론 및 기준에 관한 문서화된 정보는 유지 및 보유되어야 한다.
6.1.2.3 안전보건경영시스템에 대한 안전보건 기회와 기타 기회의 평가	조직은 다음 사항을 평가하기 위한 프로세스를 수립, 실행 및 유지하여야 한다. a) 조직, 방침, 프로세스 또는 활동에 대한 계획된 변경을 반영하면서 안전보건성과를 향상시킬 수 있는 안전보건기회, 그리고 다음 사항의 기회 1) 근로자에게 작업, 작업구성 및 작업환경을 적용하기 위한 기회 2) 위험요인을 제거하고 안전보건리스크를 감소하기 위한 기회 b) 안전보건경영시스템 개선을 위한 기타 기회 비고) 안전보건리스크 및 안전보건기회는 조직에 기타 리스크 및 기타 기회를 초래할 수 있다.
6.1.3 법적 요구사항 및 기타 요구사항의 결정	조직은 다음 사항을 위한 프로세스를 수립, 실행 및 유지하여야 한다. a) 위험요인, 안전보건리스크 및 안전보건경영시스템에 적용할 수 있는 최신 법적 요구사항 및 기타 요구사항의 결정과 이용 b) 이러한 법적 요구사항 및 기타 요구사항이 어떻게 조직에 적용되고 무엇이 의사소통될 필요가 있는지 결정 c) 안전보건경영시스템을 수립, 실행, 유지 및 지속적으로 개선할 때 이러한 법적 요구사항 및 기타 요구사항을 반영 조직은 법적 요구사항 및 기타 요구사항에 대한 문서화된 정보를 유지 및 보유하여야 하고 모든 변경을 반영하기 위해 갱신됨을 보장하여야 한다. 비고) 법적 요구사항 및 기타 요구사항은 조직에 리스크와 기회를 초래할 수 있다.
6.1.4 조치의 기획	조직은 다음 사항을 기획하여야 한다. a) 다음 사항에 대한 조치 1) 리스크와 기회를 다룸(6.1.2.2 및 6.1.2.3 참조). 2) 법적 요구사항 및 기타 요구사항을 다룸(6.1.3 참조). 3) 비상 상황에 대한 대비 및 대응(8.2 참조) b) 다음 사항에 대한 방법 1) 조치를 안전보건경영시스템 프로세스 또는 기타 비즈니스 프로세스에 통합하고 실행 2) 이러한 조치의 효과성을 평가 조직은 조치를 취하기 위한 기획 시 관리 단계(8.1.2 참조) 그리고 안전보건경영시스템의 결과를 반영하여야 한다. 조직은 조치를 기획할 때 모범 사례, 기술적 선택, 그리고 재무, 운용 및 비즈니스 요구사항을 고려하여야 한다.
6.2 안전보건 목표와 목표 달성 기획	조직은 안전보건경영시스템 및 안전보건성과를 유지하고 지속적으로 개선하기 위해 관련 기능과 계층에서 안전보건목표를 수립하여야 한다 (10.3 참조).

항 목	인 증 기 준
6.2.1 안전보건 목표	안전보건목표는 다음 사항과 같아야 한다. a) 안전보건방침과 일관성이 있어야 함. b) 측정 가능하거나(실행 가능한 경우) 성과평가가 가능하여야 함. c) 다음 사항을 반영해야 함. 1) 적용 가능한 요구사항 2) 리스크와 기회의 평가 결과(6.1.2.2 및 6.1.2.3 참조) 3) 근로자 및 근로자 대표(있는 경우)와 협의 결과(5.4 참조) d) 모니터링을 하여야 함. e) 의사소통을 하여야 함. f) 해당되는 경우, 갱신하여야 함.
6.2.2 안전보건 목표 달성 기획	조직은 안전보건목표를 어떻게 달성할 것인지 기획할 때, 다음 사항을 결정하여야 한다. a) 무엇을 할 것인가 b) 어떤 자원이 필요한가 c) 누가 책임을 질 것인가 d) 언제 완료할 것인가 e) 모니터링을 위한 지표를 포함하여 결과를 어떻게 평가할 것인가 f) 안전보건목표 달성을 위한 조치를 조직의 비즈니스 프로세스에 어떻게 통합시킬 것인가 조직은 안전보건목표와 목표달성 계획에 관한 문서화된 정보를 유지 및 보유하여야 한다.
7. 지 원	
7.1 자원	조직은 안전보건경영시스템의 수립, 실행, 유지 및 지속적 개선에 필요한 자원을 결정하고 제공하여야 한다.
7.2 역량/적격성	조직은 다음 사항을 실행하여야 한다. a) 안전보건경영시스템 성과에 영향을 미치거나 미칠 수 있는 근로자에게 필요한 역량을 결정 b) 근로자가 적절한 학력, 교육·훈련 또는 경험에 근거한 역량(위험요인을 파악할 수 있는 능력 포함)을 가지고 있음을 보장 c) 적용 가능한 경우, 필요한 역량을 확보하고 유지하기 위한 조치를 취하고, 취해진 조치의 효과성을 평가 d) 역량의 증거로서 적절하게 문서화된 정보를 보유 비고) 적용할 수 있는 조치에는 예를 들어, 현재 고용된 인원에 대한 교육·훈련 제공, 멘토링이나 재배치 시행, 또는 역량이 있는 인원의 고용이나 그러한 인원과의 계약 체결을 포함할 수 있다.
7.3 인식	근로자는 다음 사항을 인식하도록 하여야 한다. a) 안전보건방침과 안전보건목표 b) 개선된 안전보건성과의 이점을 포함한 안전보건경영시스템의 효과성에 대한 자신의 기여 c) 안전보건경영시스템 요구사항에 부합하지 않을 경우의 영향(implication) 및 잠재적 결과

항 목	인 증 기 준
	d) 근로자와 관련이 있는 사건 및 관련된 조사 결과 e) 근로자와 관련이 있는 위험요인, 안전보건리스크 및 결정된 조치 f) 근로자가 자신의 생명이나 건강에 긴급하고 심각한 위험을 초래할 수 있다고 생각하는 작업 상황에서 스스로 벗어날 수 있는 권한, 그리고 그렇게 하는 것에 대한 부당한 결과로부터 근로자를 보호하기 위한 준비(arrangements)
7.4 의사소통 7.4.1 일반사항	조직은 다음 사항의 결정을 포함하여 안전보건경영시스템에 관련되는 내부 및 외부 의사소통에 필요한 프로세스를 수립, 실행 및 유지하여야 한다. a) 무엇에 대해 의사소통을 할 것인가 b) 언제 의사소통을 할 것인가 c) 누구와 의사소통을 할 것인가 1) 조직 내부의 다양한 계층과 기능 2) 계약자와 작업장 방문자 3) 기타 이해관계자 d) 어떻게 의사소통을 할 것인가 조직은 의사소통의 니즈를 고려할 때 다양한 측면(예: 성별, 언어, 문화, 독해 능력, 장애)을 반영하여야 한다. 조직은 의사소통 프로세스를 수립하는 과정에서 외부 이해관계자의 의견에 대한 고려를 보장하여야 한다. 의사소통 프로세스를 수립할 때, 조직은 다음 사항을 실행하여야 한다. – 법적 요구사항 및 기타 요구사항의 반영 – 의사소통이 되는 안전보건정보가 안전보건경영시스템 내에서 생성된 정보와 일관성이 있고, 신뢰할 수 있음을 보장 조직은 안전보건경영시스템에서 관련된 의사소통에 대응하여야 한다. 조직은 의사소통의 증거로서 적절하게 문서화된 정보를 보유하여야 한다.
7.4.2 내부 의사소통	조직은 다음 사항을 실행하여야 한다. a) 안전보건경영시스템의 변경을 포함하여 조직의 다양한 계층과 기능 간에 안전보건경영시스템과 관련된 정보를 내부적으로 적절하게 의사소통 b) 조직의 의사소통 프로세스를 통하여 근로자가 지속적 개선에 기여할 수 있다는 것을 보장
7.4.3 외부 의사소통	조직은 의사소통 프로세스에 의해 수립되고 법적 요구사항 및 기타 요구사항을 반영한 안전보건경영시스템과 관련된 정보를 외부와 의사소통하여야 한다.
7.5 문서화된 정보 7.5.1 일반사항	조직의 안전보건경영시스템에는 다음 사항이 포함되어야 한다. a) 이 표준에서 요구하는 문서화된 정보 b) 조직에서 안전보건경영시스템의 효과성을 위하여 필요한 것으로 결정한 문서화된 정보 비고) 안전보건경영시스템을 위한 문서화된 정보의 정도는 다음과 같은 이유로 조직에 따라 다를 수 있다. – 조직의 규모와 활동, 프로세스, 제품 및 서비스의 유형 – 법적 요구사항 및 기타 요구사항의 충족을 실증할 필요성 – 프로세스의 복잡성과 프로세스의 상호작용 – 근로자의 역량

항 목	인 증 기 준
7.5.2 작성 및 갱신	문서화된 정보를 작성하고 갱신할 경우 조직은 다음 사항의 적절함을 보장하여야 한다. a) 식별 및 내용(예: 제목, 날짜, 작성자 또는 문서번호) b) 형식(예: 언어, 소프트웨어 버전, 그래픽) 및 매체(예 : 종이, 전자매체) c) 적절성 및 충족성에 대한 검토 및 승인
7.5.3 문서화된 정보의 관리	안전보건경영시스템 및 이 표준에서 요구하는 문서화된 정보는 다음 사항을 보장하기 위하여 관리되어야 한다. a) 필요한 장소 및 필요한 시기에 사용할 수 있고 사용하기에 적절해야 함. b) 충분하게 보호되고 있어야 함.(예: 기밀성 상실, 잘못된 사용, 완전성 상실로부터) 문서화된 정보의 관리를 위하여 적용 가능한 경우, 다음 활동을 다루어야 한다. – 배포, 접근, 검색 및 사용 – 읽을 수 있는 상태로의 보관 및 보존 – 변경관리(예 : 버전관리) – 보유 및 폐기 안전보건경영시스템의 기획과 운용을 위하여 필요하다고 조직이 정한 외부 출처의 문서화된 정보는 적절하게 식별되고 관리되어야 한다. 비고 1) 접근(access)은 문서화된 정보를 보는 것만 허락하거나, 문서화된 정보를 보고 변경하는 승인 및 권한에 관한 의사결정을 의미할 수 있다. 비고 2) 관련 문서화된 정보에 대한 접근은 근로자 및 근로자 대표(있는 경우)의 접근도 포함한다.
8 운 용	
8.1 운용 기획 및 관리 8.1.1 일반사항	조직은 다음 사항을 통하여 안전보건경영시스템의 요구사항을 충족하기 위해 필요한, 그리고 6절에서 정한 조치를 실행하기 위해 필요한 프로세스를 계획, 실행, 관리 및 유지하여야 한다. a) 프로세스에 대한 기준 수립 b) 기준에 따른 프로세스의 관리 실행 c) 프로세스가 계획대로 수행되었음을 확신하는 데 필요한 정도로 문서화된 정보를 유지하고 보유 d) 근로자에게 적용하는 업무 복수 사업주의 작업장에서 조직은 안전보건경영시스템의 관련된 부분을 다른 조직과 조정하여야 한다.
8.1.2 위험요인 제거 및 안전보건리스크 감소	조직은 다음 사항의 "관리 단계(hierarchy)"를 활용하여 위험요인을 제거하고 안전보건리스크를 감소하기 위한 프로세스를 수립, 실행 및 유지하여야 한다. a) 위험요인 제거 b) 위험요인이 더 적은 프로세스, 운용, 재료 또는 장비로 대체 c) 기술적(engineering) 관리 및 작업 재구성 활용 d) 교육·훈련을 포함한 행정적인 관리 활용 e) 적절한 개인보호구 착용 비고) 많은 국가에서 법적 요구사항 및 기타 요구사항에 개인보호구(PPE)를 근로자에게 무상으로 제공하는 요구사항을 포함해 놓았다.

항 목	인 증 기 준
8.1.3 변경관리	조직은 다음 사항을 포함하는, 안전보건성과에 영향을 주는 계획된 임시 및 영구적인 변경의 실행과 관리를 위한 프로세스를 수립하여야 한다. a) 새로운 제품, 서비스 및 프로세스, 또는 기존 제품, 서비스 및 프로세스의 변경 사항 – 작업장 위치와 주변 환경 – 작업 조직 – 작업 조건 – 장비 – 노동력 b) 법적 요구사항 및 기타 요구사항의 변경 c) 위험요인 및 관련된 안전보건리스크에 대한 지식 또는 정보의 변경 d) 지식과 기술의 발전 조직은 의도하지 않은 변경의 영향을 검토해야 하며, 필요에 따라 부정적 영향을 완화하기 위한 조치를 하여야 한다. 비고) 변경은 리스크와 기회를 초래할 수 있다.
8.1.4 조달 8.1.4.1 일반사항	조직은 안전보건경영시스템에 대한 제품 및 서비스의 적합성을 보장하기 위해 제품 및 서비스 조달을 관리하는 프로세스를 수립, 실행 및 유지하여야 한다.
8.1.4.2 계약자	조직은 다음 사항으로부터 발생하는 위험요인 파악 및 안전보건리스크를 평가하고 관리하기 위하여 계약자와 조직의 조달 프로세스를 조정하여야 한다. a) 조직에 영향을 주는 계약자의 활동과 운용 b) 계약자의 근로자에게 영향을 주는 조직의 활동과 운용 c) 작업장에서 기타 이해관계자에게 영향을 주는 계약자의 활동과 운용 조직은 조직의 안전보건경영시스템 요구사항이 계약자와 계약자의 근로자에 의해 충족되는 것을 보장하여야 한다. 조직의 조달 프로세스에는 계약자 선정에 대한 안전보건기준이 정의되고 적용되어야 한다. 비고) 계약서에 계약자 선정에 대한 안전보건기준을 포함시키는 것이 도움이 될 수 있다.
8.1.4.3 외주처리	조직은 외주처리 기능 및 프로세스가 관리되는 것을 보장하여야 한다. 조직은 외주처리 준비(arrangements)가 법적 요구사항 및 기타 요구사항과 일관되고 안전보건경영시스템의 의도된 결과의 달성과 일관됨을 보장하여야 한다. 이러한 기능 및 프로세스에 적용될 관리의 유형과 정도는 안전보건경영시스템 내에 정의되어야 한다. 비고) 외부 공급자와의 조정은 외주처리가 조직의 안전보건성과에 미치는 영향을 다루는 데 도움이 될 수 있다.
8.2 비상시 대비 및 대응	조직은 다음 사항을 포함하여 6.1.2.1에서 파악한 잠재적인 비상 상황에 대비하고 대응하는데 필요한 프로세스를 수립, 실행 및 유지하여야 한다. a) 응급조치 제공을 포함하여 비상 상황에 대응하는 계획 수립 b) 대응계획에 대한 교육·훈련 제공 c) 대응계획 능력에 대한 주기적인 시험 및 연습 d) 시험 후, 특히 비상 상황 발생 후를 포함하여 성과를 평가하고 필요한 경우 대응계획을 개정

항 목	인 증 기 준
	e) 모든 근로자에게 자신의 의무와 책임에 관한 정보를 의사소통 및 제공 f) 계약자, 방문자, 비상 대응 서비스, 정부기관 및 적절하게 지역사회와 관련 정보를 의사소통 g) 모든 관련 이해관계자의 니즈와 능력을 반영하고, 해당되는 경우 대응 계획 개발에 이해관계자의 참여를 보장 조직은 잠재적인 비상 상황에 대응하기 위한 프로세스 및 계획에 대하여 문서화된 정보를 유지하고 보유하여야 한다.
9. 성과평가	
9.1 모니터링, 측정, 분석 및 성과평가	조직은 모니터링, 측정, 분석 및 성과평가를 위한 프로세스를 수립, 실행 및 유지하여야 한다.
9.1.1 일반사항	조직은 다음 사항을 결정하여야 한다. a) 다음 사항을 포함한 모니터링 및 측정이 필요한 것. 1) 법적 요구사항 및 기타 요구사항을 충족한 정도 2) 위험요인, 리스크와 기회에 관련된 활동 및 운용 3) 조직의 안전보건목표 달성에 대한 진행 상황 4) 운용 관리 및 기타 관리의 효과성 b) 유효한 결과를 보장하기 위하여, 적용 가능한 경우 모니터링, 측정, 분석 및 성과평가에 대한 방법 c) 조직이 안전보건성과를 평가할 기준 d) 모니터링 및 측정 수행 시기 e) 모니터링 및 측정 결과를 분석, 평가 및 의사소통해야 하는 경우 조직은 안전보건성과를 평가하고 안전보건경영시스템의 효과성을 결정하여야 한다. 조직은 모니터링 및 측정장비가 적용 가능한 경우 교정 또는 검증되었고 적절하게 사용되고 유지되고 있음을 보장하여야 한다. 비고) 모니터링 및 측정장비에 대한 교정 또는 검증과 관련된 법적 요구사항 또는 기타 요구사항(예 : 국가표준 또는 국제표준)이 있을 수 있다. 조직은 다음 사항과 같은 적절한 문서화된 정보를 보유하여야 한다. – 모니터링, 측정, 분석 및 성과평가의 증거 – 측정장비의 유지보수, 교정 또는 검정
9.1.2 준수평가	조직은 법적 요구사항 및 기타 요구사항의 준수를 평가하기 위한 프로세스를 수립, 실행 및 유지하여야 한다(6.1.3 참조). 조직은 다음 사항을 실행하여야 한다. a) 준수평가에 대한 빈도(frequency)와 방법 결정 b) 준수평가를 하고 필요한 경우 조치를 취함(10.2 참조) c) 법적 요구사항 및 기타 요구사항의 준수상태에 대한 지식과 이해 유지 d) 준수평가 결과에 대한 문서화된 정보 보유

항 목	인 증 기 준
9.2 내부심사 9.2.1 일반사항	조직은 안전보건경영시스템이 다음 사항에 대한 정보를 제공하기 위하여 계획된 주기로 내부심사를 수행하여야 한다. a) 다음 사항에 대한 적합성 여부 1) 안전보건방침 및 안전보건목표를 포함한 안전보건경영시스템에 대한 조직의 자체 요구사항 2) 이 표준의 요구사항 b) 효과적으로 실행되고 유지되는지 여부
9.2.2 내부심사 프로그램	조직은 다음 사항을 실행하여야 한다. a) 주기, 방법, 책임, 요구사항의 기획 및 보고를 포함하는 심사 프로그램의 계획, 수립, 실행 및 유지, 그리고 심사 프로그램에는 관련 프로세스의 중요성, 조직에 영향을 미치는 변경, 그리고 이전 심사 결과를 고려 b) 심사기준 및 개별 심사의 적용범위에 대한 규정 c) 심사 프로세스의 객관성 및 공평성을 보장하기 위한 심사원 선정 및 심사수행 d) 심사 결과가 관련 경영자에게 보고됨을 보장하고 관련 심사 결과가 근로자 및 근로자 대표(있는 경우) 그리고 기타 이해관계자에게 보고됨을 보장 e) 부적합사항을 다루고 안전보건성과를 지속적으로 개선하는 조치를 취함(10절 참조) f) 심사 프로그램의 실행 및 심사 결과의 증거로 문서화된 정보의 보유 비고) 심사 및 심사원 역량에 관한 더 많은 정보는 KS Q ISO 19011 참조
9.3 경영 검토	최고경영자는 안전보건경영시스템의 지속적인 적절성, 충족성 및 효과성을 보장하기 위하여 계획된 주기로 조직의 안전보건경영시스템을 검토하여야 한다. 경영 검토는 다음 사항을 고려하여야 한다. a) 이전 경영 검토에 따른 조치의 상태 b) 다음 사항을 포함한 안전보건경영시스템과 관련된 외부 및 내부 이슈의 변경 1) 이해관계자의 니즈와 기대 2) 법적 요구사항 및 기타 요구사항 3) 조직의 리스크와 기회 c) 안전보건방침 및 안전보건목표의 달성 정도 d) 다음 사항의 경향을 포함한 안전보건성과에 대한 정보 1) 사건, 부적합, 시정조치 및 지속적 개선 2) 모니터링 및 측정 결과 3) 법적 요구사항 및 기타 요구사항에 대한 준수평가 결과 4) 심사 결과 5) 근로자의 협의 및 참여 6) 리스크와 기회 e) 효과적인 안전보건경영시스템의 유지를 위한 자원의 충족성 f) 이해관계자와 관련된 의사소통 g) 지속적 개선을 위한 기회 경영 검토 아웃풋은 다음 사항과 관련된 결정사항을 포함하여야 한다. – 안전보건경영시스템의 의도된 결과의 달성에 대한 지속적 적절성, 충족성 및 효과성 – 지속적 개선 기회

<table>
<tr><th>항 목</th><th>인 증 기 준</th></tr>
<tr><td></td><td>– 안전보건경영시스템의 변경에 대한 필요성
– 필요한 자원
– 필요한 경우 조치
– 안전보건경영시스템과 기타 비즈니스 프로세스와의 통합을 개선하는 기회
– 조직의 전략적 방향에 대한 영향(implication)

최고경영자는 경영 검토와 관련한 아웃풋을 근로자 및 근로자 대표(있는 경우)와 의사소통하여야 한다(7.4 참조).
조직은 경영 검토 결과(results)의 증거로 문서화된 정보를 보유하여야 한다.</td></tr>
<tr><td colspan="2">10. 개 선</td></tr>
<tr><td>10.1 일반사항</td><td>조직은 개선의 기회(9절 참조)를 정하고 조직의 안전보건경영시스템의 의도된 결과를 달성하기 위해 필요한 조치를 실행하여야 한다.</td></tr>
<tr><td>10.2 사건, 부적합 및 시정조치</td><td>조직은 사건 및 부적합을 정하고 관리하기 위해 보고, 조사 및 조치 실행을 포함하는 프로세스를 수립, 실행 및 유지하여야 한다.
사건 또는 부적합이 발생할 때 조직은 다음 사항을 실행하여야 한다.
a) 사건 또는 부적합에 대해 시의적절하게 대응하고, 적용 가능한 경우
1) 사건 또는 부적합을 관리하고 시정하기 위한 조치를 취함.
2) 결과를 다룸.
b) 사건 또는 부적합이 재발하거나 다른 곳에서 발생하지 않도록 사건 또는 부적합의 근본 원인을 제거하기 위한 시정조치의 필요성을 근로자 참여(5.4 참조) 및 기타 관련 이해관계자의 참여로 다음 사항을 평가
1) 사건 조사 또는 부적합 검토
2) 사건 또는 부적합 원인의 결정
3) 유사한 사건이 발생했는지, 부적합이 존재하는지 또는 잠재적으로 발생할 수 있는지 여부를 결정
c) 안전보건리스크 및 기타 리스크에 대한 기존 평가사항의 적절한 검토(6.1 참조)
d) 관리 단계(8.1.2 참조) 및 변경관리(8.1.3)에 따라 시정조치를 포함한 필요한 모든 조치의 결정 및 실행
e) 새로운 또는 변경된 위험요인과 관련된 안전보건리스크를 조치하기 전에 평가
f) 시정조치를 포함한 모든 조치의 효과성 검토
g) 필요한 경우, 안전보건경영시스템의 변경 실행
시정조치는 발생한 사건 또는 부적합의 영향이나 잠재적 영향에 적절하여야 한다.

조직은 다음 사항의 증거로 문서화된 정보를 보유하여야 한다.
– 사건 또는 부적합의 성질 및 취해진 모든 후속조치
– 효과성을 포함하여, 모든 조치와 시정조치의 결과

조직은 이 문서화된 정보를 관련된 근로자, 근로자 대표(있는 경우) 및 기타 관련 이해관계자와 의사소통하여야 한다.
비고) 과도한 지연 없이 사건을 보고하고 조사하면, 위험요인이 제거될 수 있고 연관된 안전보건리스크가 가능한 한 빨리 최소화될 수 있다.</td></tr>
</table>

항 목	인 증 기 준
10.3 지속적 개선	조직은 다음 사항에 따라 안전보건경영시스템의 적절성, 충족성 및 효과성을 지속적으로 개선하여야 한다. a) 안전보건성과향상 b) 안전보건경영시스템을 지원하는 문화 촉진 c) 안전보건경영시스템의 지속적 개선을 위한 조치의 실행에 근로자 참여를 촉진 d) 지속적 개선의 관련 결과를 근로자 및 근로자 대표(있는 경우)와 의사소통 e) 지속적 개선의 증거로 문서화된 정보를 유지 및 보유

3 인증기준 항목별 부속서 주요 내용

1) 일반사항

ISO 45001 부속서에서 제공하는 해설 정보는 ISO 45001에 포함된 요구사항에 대하여 잘못 해석하는 것을 방지하기 위한 것인데, 이 정보는 ISO 45001의 요구사항을 다루며 이러한 요구사항과 일관성이 있지만 요구사항을 추가, 제외, 또는 어떤 수정을 하기 위한 것은 아니다.

ISO 45001의 요구사항은 시스템 관점에서 볼 필요가 있으므로 분리되어서는 안 된다. 즉, 한 조항의 요구사항과 다른 조항의 요구사항 간에 상호관계가 있을 수 있다.

2) 인용표준

ISO 45001에는 인용표준이 없는데 안전보건지침 및 기타 ISO 경영시스템 표준에 대한 자세한 정보를 참고문헌을 통해 참조할 수 있다.

3) 용어의 정의

(1) 지속적(Continual)

일정 기간 동안 발생하는 지속 시간을 나타낸다[중단 없는 지속 시간을 나타내는 "연속적(continuous)"과는 다름]. 따라서 "지속적"은 개선 상황에서 활용하기에 적합한 단어이다.

(2) 고려하다(Consider)

해당 주제에 대해 생각할 필요가 있지만 배제될 수 있다는 것을 의미한다.

(3) 반영하다(Take into account)

해당 주제에 대하여 생각할 필요가 있으나 배제될 수는 없다는 것을 의미한다.

(4) 적절한(Appropriate)

적절한은 적절함의 의미와 약간의 자유도가 있음을 암시하며 관련 내용을 가능하면 적절한 수준으로 실행해야 한다는 의미이다.

(5) 적용 가능한

관계가 있거나 적용이 가능함을 의미하며, 적용이 가능한 경우에는 적용해야 할 의무가 있다는 의미이다.

(6) 이해관계자(Interested party)

이해당사자(stakeholder)와 같은 개념을 나타내는 동의어이다.

(7) 보장하다(Ensure)

책임(responsibility)은 위임될 수 있음을 의미하지만 조치가 수행되는지 확인하는 책무(accountability)를 의미하지는 않는다.

(8) 문서화된 정보(Documented information)

문서와 기록을 모두 포함하는데 이 표준에서는 "문서화된 정보를 ...의 증거로 보유 ..."이라는 문구를 사용하여 기록을 의미하고 "문서화된 정보로 유지하여야 한다"는 절차를 포함하여 문서를 의미한다. "...의 증거로 문서화된 정보를 보유하는 것"이라는 문구는 보유한 정보가 법적인 증거 요구사항을 충족할 것을 요구하기 위한 것이 아닌 보유해야 하는 기록의 유형을 규정하기 위한 것이다.

(9) 조직의 공동 관리하에 있는(Under the shared control of the organization)

활동은 조직이 법적인 요구사항 및 기타 요구사항에 따라 수단 또는 방법에 대한 관리를 공유하거나 안전보건성과와 관련하여 수행한 작업의 방향을 공유하는 활동이다.

4) 조직상황

(1) 조직과 조직상황의 이해

조직상황의 이해는 안전보건경영시스템의 수립, 실행, 유지 및 지속적 개선을 위해 사용한다. 내부와 외부 이슈는 긍정적 또는 부정적일 수 있고 안전보건경영시스템에 영향을 줄 수 있는 조건, 특성 또는 변화하는 환경을 포함한다.

가) 외부 이슈의 예

○ 국제적, 국가적, 지역적 또는 지방적인 문화적, 사회적, 정치적, 법적, 재무적, 기술적, 경

제적 및 자연적 환경 및 시장 경쟁

- 새로운 경쟁자, 계약자, 하도급 업자, 공급자, 파트너와 제공자, 신기술, 새로운 법률의 도입과 새로운 직업의 출현
- 제품에 대한 새로운 지식과 안전보건에 미치는 영향
- 조직에 영향을 주는 산업 또는 분야와 관련된 핵심요인(key drivers)과 추세
- 조직의 외부 이해관계자와 관계, 인식 및 가치
- 위의 사항과 관련된 변경

나) 내부 이슈의 예

- 거버넌스, 조직 구조, 역할, 책무
- 방침, 목표 및 이를 달성하기 위한 전략
- 자원, 지식 및 역량(예 : 자본, 시간, 인적자원, 프로세스, 시스템 및 기술)으로 이해되는 능력
- 정보시스템, 정보 흐름 및 의사결정 프로세스(공식 및 비공식)
- 새로운 제품, 재료, 서비스, 도구, 소프트웨어, 부지 및 장치 도입
- 근로자와 관계 및 근로자의 인식 및 가치
- 조직 문화
- 조직에 의해 채택된 표준, 지침 및 모델
- 계약 관계의 형태와 범위, 예를 들면 외주화된 활동을 포함
- 근무시간 조정
- 작업 조건
- 위의 사항과 관련된 변경

(2) 근로자 및 기타 이해관계자의 니즈와 기대 이해

근로자 이외의 이해관계자에 다음 사항을 포함할 수 있다.

가) 법적기관 및 규제기관(지방, 지역, 도, 국내 또는 국제)
나) 모기업 조직
다) 공급자, 계약자, 하도급 업자
라) 근로자 대표
마) 근로자 조직(노조) 및 사용자 조직
바) 소유자, 주주, 의뢰자, 방문자, 지역사회와 이웃 조직 및 일반 대중
사) 고객, 의료 및 기타 지역사회 서비스, 미디어, 학계, 사업 협회 및 비정부조직(NGOs)
아) 안전보건조직과 안전보건전문가

어떤 니즈와 기대는 그들이 법과 규제에 통합되어 있기 때문에 의무적이다. 조직은 또한 자

발적으로 다른 니즈나 기대(예 : 단체협약을 따르거나 자발적 이니셔티브에 가입)에 동의하고 채택하도록 결정해도 된다. 조직이 이를 한번 채택하면 안전보건경영시스템을 기획하고 수립할 때 이를 다뤄야 한다.

(3) 안전보건경영시스템 적용범위 결정

조직은 안전보건경영시스템의 경계와 적용 가능성을 정의함에 있어 자유와 유연성을 가진다. 경계 및 적용 가능성은 전체 조직 또는 조직의 특정 부분을 포함할 수 있다. 다만, 조직의 최고경영자는 안전보건경영시스템 구축을 위한 자체 기능, 책임 및 권한을 가지고 있어야 한다.

조직의 안전보건경영시스템의 신뢰성은 경계의 선택에 달려 있다. 적용범위의 설정을 조직의 안전보건성과에 영향이 있거나 또는 영향을 줄 수 있는 활동, 제품 및 서비스를 제외하기 위해 또는 조직의 법적 요구사항과 기타 다른 요구사항을 회피하기 위해 사용하지는 말아야 한다. 적용범위는 이해관계자를 현혹하지 않도록 하는 조직의 안전보건경영시스템 내에 포함된 조직 운용의 사실적이고 대표적인 진술이다.

(4) 안전보건경영시스템

조직은 다음과 같은 세부 수준 및 범위를 포함하여 ISO 45001의 요구사항을 충족시키는 방법을 결정하기 위해 권한, 책임 및 자율성을 보유한다.

가) 조직이 계획대로 관리되고 수행되어 안전보건경영시스템의 의도된 결과를 달성한다는 확신을 갖기 위해 하나 이상의 프로세스를 수립한다.

나) 안전보건경영시스템의 요구사항을 다양한 비지니스 프로세스(예 : 설계 및 개발, 조달, 인적자원, 영업 및 마케팅)에 통합한다.

이 표준을 조직의 특정 부분을 위해 실행하는 경우, 조직의 다른 부분에서 개발한 방침과 프로세스는 적용대상이 되는 특정 부분에 적용할 수 있고 이 표준의 요구사항을 준수한다면 이 방침과 프로세스는 이 표준의 요구사항을 만족하기 위해 사용될 수 있다. 이런 예로는 기업의 안전보건방침, 학력, 교육·훈련, 역량 프로그램, 조달관리 등이 있을 수 있다.

5) 리더십과 근로자 참여

(1) 리더십과 의지표명

안전보건경영시스템의 성공과 의도된 성과 달성을 위해서는 인식, 책임성, 적극적인 지원 및 피드백을 포함하여 조직의 최고경영자가 제시한 리더십 및 의지표명이 중요하다. 따라서 최고경영자는 개인적으로 관여해야 하거나 지시해야 하는 특정 책임을 진다.

조직의 안전보건경영시스템을 지원하는 문화는 주로 최고경영자에 의해서 결정되고 이는 안전보건경영시스템에 대한 의지표명과 스타일(style) 및 숙련도를 결정하는 개인과 집단의 가치,

태도, 경영 관행, 인식, 역량 및 활동 방식의 산물이다. 문화는 다음 사항에 한정하지는 않지만, 근로자의 적극적 참여, 상호 간의 신뢰를 바탕으로 한 협력과 의사소통, 안전보건기회를 발견하기 위한 적극적 참여, 예방 및 보호조치의 효과성에 대한 확신으로 안전보건경영시스템의 중요성에 대한 공유된 인식을 특징으로 한다. 최고경영자가 리더십을 발휘하는 중요한 방법은 근로자가 사고, 위험요인, 리스크 및 기회를 보고하도록 격려하고, 보고하였을 때 근로자를 해고 위협이나 징계 조치와 같은 보복으로부터 보호하는 것이다.

(2) 안전보건방침

안전보건방침은 최고경영자가 조직의 안전보건성과를 지원하고 지속적으로 개선하기 위해 조직의 장기적 방향을 제시하는 의지표명으로 명시된 일련의 원칙이다. 안전보건방침은 전반적인 방향 감각을 제공하고 조직이 목표를 설정하고 안전보건경영시스템의 의도된 결과를 달성하기 위한 조치를 취할 수 있는 틀을 제공한다.

이 의지표명은 조직이 강건하고, 믿을 수 있고, 신뢰할 수 있는 안전보건경영시스템(ISO 45001에서는 특정 요구사항을 다루는 것도 포함된다.)을 보장하기 위해 수립하는 프로세스에 반영된다.

"최소화"라는 용어는 안전보건경영시스템에 대한 조직의 목표(aspirations)를 설정하기 위해 안전보건리스크와 관련하여 사용된다. "감소"라는 용어는 이를 달성하기 위한 프로세스를 설명하는 데 사용된다.

안전보건방침을 개발할 때, 조직은 다른 방침과의 일관성과 조정을 고려하여야 할 것이다.

(3) 조직의 역할, 책임 및 권한

조직의 안전보건경영시스템에 참여하는 인원은 안전보건경영시스템의 의도된 결과를 달성하기 위해 그들의 역할, 책임 및 권한을 명확하게 이해하여야 할 것이다.

최고경영자가 안전보건경영시스템에 대하여 전반적인 책임과 권한을 가지나 작업장 내의 모든 인원은 자신의 건강과 안전뿐만 아니라 다른 사람의 건강과 안전도 고려할 필요가 있다.

책임 있는 최고경영자란 조직을 지배하는 기관, 법적인 관계 당국 및 더 나아가 조직의 이해관계자에 관하여 결정과 행동에 대하여 책임을 지는 것을 의미한다. 이것은 궁극적인 책임을 진다는 것을 의미하며 수행하지 않거나, 적절하게 수행하지 못하였을 때, 또는 목표달성에 기여하지 못했거나 목표를 달성하지 못하였을 때 책임을 지는 인원과 관련된다.

근로자에게는 위험한 상황을 보고하고 조치를 취할 수 있는 권한을 주어야 할 것이다. 근로자는 해고, 징계 또는 기타 보복의 위협 없이 필요시 책임 있는 관계 당국에 우려사항을 보고할 수 있도록 하여야 할 것이다.

특별한 역할과 책임은 한 개인에게 부여하거나 여러 개인이 공유하거나 최고경영진의 구성원에게 부여하여도 된다.

(4) 근로자 협의 및 참여

근로자 및 근로자 대표와의 협의와 참여는 안전보건경영시스템의 성공에 핵심요소라 할 수 있어서 조직에 의해 수립된 프로세스를 통하여 촉진하여야 할 것이다.

협의는 대화와 교류를 수반한 양방향 의사소통을 의미하는데 협의는 근로자 및 근로자 대표에게 필요한 정보를 시의적절하게 제공하여 의사결정을 하기 전에 조직이 고려할 정보에 근거한 피드백을 제공한다. 참여는 안전보건성과측정 및 제안된 변경에 대한 의사결정 프로세스에 기여하기 위한 협력 프로세스이다.

안전보건경영시스템에서 피드백은 근로자의 참여에 달려 있는데 조직은 예방조치를 하고 시정조치가 취해질 수 있도록 모든 계층의 근로자가 위험한 상황을 보고하도록 권장하여야 할 것이다.

제안 수용 프로세스는 근로자가 부당하게 해고, 징계 또는 기타 보복의 위협을 당하지 않는다면 더 효과적일 수 있다.

6) 기획

(1) 리스크와 기회를 다루는 조치

가) 일반사항

기획은 일회성 업무가 아니라, 변화하는 상황을 예측하고 리스크와 기회를 지속적으로 결정하는 연속적인 프로세스인데 이는 근로자와 안전보건경영시스템 모두에 해당한다. 바람직하지 않은 영향으로는 업무 관련 상해 및 건강상 장해, 법적 요구사항 및 기타 요구사항 미준수, 또는 이미지 손상 등이 있다.

기획은 전체적으로 경영시스템에 대한 활동과 요구사항 간의 관계 및 상호작용을 고려한다. 안전보건기회는 위험요인의 파악, 그에 대한 의사소통의 방법, 그리고 알려진 위험요인의 분석 및 완화를 다룬다. 다른 기회는 시스템 개선 전략에서 다룬다.

안전보건성과를 향상시킬 수 있는 기회의 예

- ㅇ 검사 및 심사 기능
- ㅇ 작업 위험요인 분석(작업 안전 분석) 및 직무 관련 평가
- ㅇ 단조로운 작업 또는 잠재적으로 위험하게 설정된 작업 속도를 완화함으로써 안전보건성과개선
- ㅇ 작업 허가 그리고 다른 형태의 승인 및 관리방법
- ㅇ 사건 또는 부적합 조사 및 시정조치
- ㅇ 인간공학 및 기타 부상 예방 관련 평가

안전보건성과를 향상시킬 수 있는 기타 기회의 예

- ㅇ 시설 재배치, 프로세스 재설계 또는 기계 및 설비 교체를 위한 시설, 장비 또는 프로세스 계획의 수명 주기의 가장 초기 단계에서 안전보건에 관련된 요구사항을 통합
- ㅇ 시설 재배치, 프로세스 재설계 또는 기계 및 설비 교체를 계획하는 가장 초기 단계에서 안전보건에 관련된 요구사항을 통합
- ㅇ 안전보건성과를 향상시키기 위한 새로운 기술 활용
- ㅇ 안전보건과 관련된 직무 역량을 요구사항 이상으로 확대하거나 근로자가 적기에 사건을 보고하도록 장려하는 등 안전보건문화를 개선
- ㅇ 안전보건경영시스템에 대한 최고경영자의 지원 실효성(visibility)을 개선
- ㅇ 사건 조사 프로세스 강화
- ㅇ 근로자 상담 및 참여를 위한 프로세스 개선
- ㅇ 조직의 과거 성과와 다른 조직의 성과를 모두 고려하는 것을 포함한 벤치마킹
- ㅇ 안전보건을 다루는 주제에 초점을 맞춘 협의체(forums)에서 협력

나) 위험요인 파악 및 리스크와 기회의 평가

(가) 위험요인 파악

적극적으로 진행하는 위험요인 파악은 새로운 작업장, 시설, 제품 또는 조직의 개념 설계 단계에서 시작된다. 이것은 설계가 구체화되고 운영될 때까지 계속되어야 하며, 현재 변화하고 있는, 그리고 미래의 활동을 반영하기 위해 전체 수명 주기 동안 진행되어야 한다.

ISO 45001에서는 제품 안전(즉, 제품의 최종 사용자에 대한 안전)을 다루지는 않지만 제품의 제조, 건설, 조립 또는 시험 중에 발생하는 근로자에 대한 위험요인을 고려해야 한다.

위험요인 파악은 조직이 위험요인을 평가, 우선순위 지정 및 제거하거나 안전보건리스크를 줄이기 위하여 작업장 및 근로자에게 있는 위험요인을 인식하고 이해하는 것을 돕는다.

위험요인은 물리적, 화학적, 생물학적, 정신적, 사회적, 기계적, 전기적이거나 또는 운동 및 에너지에 근거할 수 있다.

조직의 위험요인 파악 프로세스는 다음 사항을 고려해야 한다.

- ㅇ 일상적 및 비일상적인 활동 및 상황
  - 일상적인 활동 및 상황은 일상적인 작업과 정상적인 업무 활동을 통해 위험요인을 초래한다.
  - 비일상적인 활동 및 상황은 가끔 또는 비계획적으로 발생한다.
  - 단기간 또는 장기간의 활동은 다른 위험요인을 초래할 수 있다.
- ㅇ 인적요인
  - 인간의 능력, 한계 및 기타 특성과 관련된다.
  - 인간이 안전하고, 편하게 사용하기 위하여 도구, 기계, 시스템, 활동 및 환경에 정보가

적용되어야 한다.

- 업무, 근로자 및 조직의 세 가지 측면을 다루어야 하며, 이것이 안전보건에 어떻게 상호작용하고 영향을 미치는지를 다루어야 한다.

○ 새로운 또는 변경된 위험요인

- 친숙하거나 환경변화의 결과로써 작업 프로세스가 악화, 수정, 적응되거나 진화될 때 발생할 수 있다.
- 작업이 실제로 어떻게 수행되는지를 이해(예: 근로자 관련 위험요인을 관찰하고 논의)해야 안전보건리스크가 증가되었는지 또는 감소되었는지 파악할 수 있다.

○ 잠재적 비상 상황

- 즉각적인 대응을 필요로 하는 비계획적이거나 예정에 없는 상황을 포함한다(예 : 작업장에서 화재가 발생한 기계, 작업장 주변 또는 근로자가 업무 관련 활동을 수행하는 다른 장소에서 발생하는 자연재해)
- 업무 관련 활동을 수행하는 장소에서의 근로자의 긴급한 대피를 요구하는 민간소요 사태 같은 상황을 포함한다.

○ 인원

- 조직의 활동으로 영향을 받을 수 있는 작업장 주변의 인원(예 : 지나가는 사람, 계약자 또는 인접한 이웃)
- 이동(mobile)하면서 일하는 근로자 또는 다른 장소에서 업무 관련 활동을 수행하기 위해 이동하는 근로자와 같이 조직의 직접적인 통제를 받지 않는 장소에 있는 근로자(예 : 집배원, 버스 운전기사, 고객 사업장에서 근무하거나 그곳으로 가기 위해 이동하는 서비스 직원)
- 재택 근로자 또는 혼자 일하는 사람

○ 위험요인에 대한 지식 및 정보의 변화

- 위험요인에 대한 지식, 정보 및 새로운 이해의 출처는 출판된 문헌, 연구 및 개발 사항, 근로자로부터의 피드백 및 조직이 자체 운영한 경험에 대해 검토한 사항을 포함할 수 있다.
- 이러한 출처는 위험요인 및 안전보건리스크에 대한 새로운 정보를 제공할 수 있다.

(나) 안전보건경영시스템에 대한 안전보건리스크와 기타 리스크평가

조직은 서로 다른 위험요인이나 활동을 다루기 위한 전반적인 전략의 하나로 안전보건리스크를 평가하기 위해 여러 가지 방법을 사용할 수 있다. 평가의 방법과 복잡성은 조직의 규모가 아니라 조직의 활동과 관련된 위험요인에 달려 있다.

안전보건경영시스템에 대한 다른 리스크도 적절한 방법을 사용하여 평가해야 한다.

안전보건경영시스템에 대한 리스크평가 프로세스는 일상적인 업무 및 의사결정(예 : 최대 작업

량, 구조 조정)뿐만 아니라 외부 쟁점이나 이슈(예: 경제적 변화)도 고려해야 한다. 방법론은 매일의 활동(예 : 작업량의 변화)에 영향을 받는 근로자에 대한 지속적인 상담, 새로운 법적 요구사항 및 기타 요구사항에 대한 모니터링 및 의사소통(예 : 규제 개혁, 안전보건에 관한 단체협약 개정), 기존의 그리고 변화하는 요구사항을 충족시키는 자원 확보(예 : 새롭게 개선된 장비 또는 소모품에 대한 교육이나 조달) 등을 포함할 수 있다.

(다) 안전보건경영시스템에 대한 안전보건기회와 기타 기회의 평가

평가 프로세스는 안전보건기회 및 결정된 다른 기회, 그 혜택 및 안전보건성과를 향상시킬 잠재성을 고려해야 한다.

(라) 법적 요구사항 및 기타 요구사항의 결정

ㅇ법적 요구사항에는 다음 사항이 포함될 수 있다.

- 법령 및 규정을 포함한 법규(국가, 지역 또는 국제)
- 법령 및 지침(decrees and directives)
- 규제 당국이 발급한 명령
- 허가, 면허 또는 다른 형태의 승인
- 법원 또는 행정법원의 판결
- 조약, 협약, 의정서
- 단체협약

ㅇ기타 요구사항에는 다음 사항이 포함될 수 있다.

- 조직의 요구사항
- 계약 조건
- 고용 계약
- 이해관계자와의 합의
- 보건 당국과의 합의
- 비강제적 표준, 합의 표준 및 지침
- 자발적 원칙, 실무 규범, 기술 규격, 선언문(charters)
- 조직 또는 모기업의 공약

(마) 조치의 기획

계획된 활동은 주로 안전보건경영시스템을 통해 관리되어야 하며 환경, 품질, 비즈니스 연속성, 리스크, 재정 또는 인적자원 관리를 위해 수립된 다른 비즈니스 프로세스와 통합하여야 한다. 결정된 조치를 이행하는 것은 안전보건경영시스템의 의도된 결과를 달성할 것으로 기대된다.

안전보건리스크 및 기타 리스크의 평가가 통제의 필요성을 확인한 경우, 계획 활동은 이러한 활동이 운영되는 방식을 결정한다. 예를 들어, 이러한 통제를 작업 지시 또는 역량 향상을 위한 조치로 통합할지 결정할 수 있다. 다른 통제는 측정 또는 모니터링의 형태를 취할 수 있다.

리스크와 기회를 다루는 조치는 의도하지 않은 결과가 발생하지 않도록 하기 위하여 변경관리 속에서 고려하여야 한다.

(2) 안전보건목표와 목표달성 기획

가) 안전보건목표

목표는 안전보건성과를 유지하고 향상시키기 위해 설정하는데 목표는 조직이 안전보건경영시스템의 의도된 결과를 달성하기 위하여 필요한 것으로 식별한 리스크와 기회 및 성과기준과 연계되어야 한다.

안전보건목표는 다른 사업 목표와 통합될 수 있고, 관련 기능과 수준에 맞게 설정되어야 하며 전략적, 전술적 또는 운영적일 수 있다.

- ㅇ 전략적 목표는 안전보건경영시스템의 전반적인 성과를 개선하기 위하여 설정될 수 있다(예 : 소음 노출을 제거하기).
- ㅇ 전술적 목표는 시설, 프로젝트 또는 프로세스 수준에서 설정될 수 있다(예 : 발생원에서 소음을 줄이기).
- ㅇ 운영적 목표는 활동 수준에서 설정될 수 있다(예 : 소음을 줄이기 위한 개별 기계의 방음설비).

안전보건목표의 측정은 정성적 또는 정량적일 수 있는데 정성적 측정은 설문조사, 인터뷰 및 관찰에서 얻은 것과 같은 근사치일 수 있다. 조직은 결정한 모든 리스크와 기회에 대해 안전보건목표를 수립할 필요는 없다.

나) 안전보건목표와 목표달성 기획

조직은 목표를 개별적으로 또는 전체적으로 달성할 계획을 세울 수 있는데 필요한 경우, 여러 목표를 위해 계획을 발전시킬 수 있다.

조직은 목표달성을 위해 필요한 자원(예: 재정, 인력, 장비, 기반구조)을 조사해야 한다. 실행가능한 경우 각 목표는 전략적, 전술적 또는 운영적 지표와 결합되어야 한다.

7) 지원

(1) 자원

자원에는 인적자원, 천연자원, 기반구조, 기술 및 재정자원이 포함된다.

기반구조에는 조직의 건물, 플랜트, 장치, 유틸리티, 정보기술 및 의사소통시스템, 긴급 봉쇄(emergency containment)시스템 등이 포함된다.

(2) 역량/적격성

근로자의 역량에는 근로자의 업무 및 작업장과 관련된 위험요인을 적절하게 식별하고 안전보건리스크를 다루는 데 필요한 지식과 기술을 반영하여야 할 것이다. 개개인의 역할에 대한 역량을 정할 때, 조직은 다음과 같은 사항을 고려하여야 할 것이다.

가) 역할 수행에 필요한 학력, 교육·훈련, 자격 및 경험과 역량 유지에 필요한 재교육 훈련
나) 업무환경
다) 리스크평가 프로세스에 의한 예방 및 관리조치
라) 안전보건경영시스템에 적용할 수 있는 요구사항
마) 법적 요구사항 및 기타 요구사항
바) 안전보건방침
사) 근로자의 건강 및 안전에 대한 영향을 포함한, 준수 및 미준수의 잠재적 결과
아) 근로자가 그들의 지식과 기술을 가지고 안전보건경영시스템에 참여하는 것에 대한 가치
자) 역할과 관련된 의무와 책임
차) 경험, 어학 능력, 글을 읽고 쓸 줄 아는 능력 및 다양성을 포함하는 개별 능력
카) 상황 변화나 업무 변경에 따라 필요한 역량을 습득하는 것.

근로자는 역할에 필요한 역량을 결정할 때 조직을 지원할 수 있으며, 긴급하고 심각한 위험 상황에서 스스로 벗어날 수 있는 필요한 역량을 가져야 할 것이다. 이러한 목적을 위해 근로자가 그들의 업무와 관련된 위험요인과 리스크에 대하여 충분한 교육·훈련을 받는 것이 중요하다. 근로자는 안전보건에 대한 그들의 전형적 기능을 효과적으로 수행할 수 있도록 필요한 교육·훈련을 받아야 할 것이다.

많은 국가에서 근로자에게 무료로 교육을 제공하는 것은 법적 요구사항이다.

(3) 인식

근로자(특히, 임시직 근로자)뿐만 아니라 계약자, 방문자 및 기타 인원은 그들에게 노출된 안전보건리스크를 인식하여야 할 것이다.

(4) 의사소통

조직에 의해서 수립된 의사소통 프로세스에는 정보의 수집, 갱신 및 배포가 규정되어 있어야 할 것이다. 의사소통 프로세스는 관련된 정보를 제공하고, 이를 모든 관련된 근로자와 이해관계자에게 배포하고 그들이 이해할 수 있도록 보장하여야 할 것이다. 효과성, 효율성 및 단순성을 동시에 보장하기 위해 문서화된 정보의 복잡성 수준을 가능한 한 최소화하도록 유지하는 것이 중요하다.

여기에는 법적 요구사항 및 기타 요구사항을 다루는 기획에 관한, 그리고 이러한 조치의 효과성 평가에 대한 문서화된 정보가 포함되어야 할 것이다.

기밀 정보에는 개인 및 의료 정보가 포함된다.

8) 운용

(1) 운용 기획 및 관리

가) 일반사항

작업장 및 활동에 대해 합리적으로 실행 가능한 수준까지 안전보건리스크를 감소시킴으로써 위험요인을 제거하거나 실행 불가능한 경우에는 작업장의 안전보건을 향상시키기 위해 필요에 따라 운영 기획 및 관리를 수립하고 실행해야 한다.

프로세스의 운영관리 예는 다음 사항과 같다.

- ㅇ 절차 및 작업시스템의 활용
- ㅇ 근로자의 역량 확보
- ㅇ 예방 또는 예측 유지·보전 및 검사 프로그램을 수립
- ㅇ 재화와 용역의 조달 규격
- ㅇ 법적 요구사항 및 기타 요구사항의 적용 또는 장비에 대한 제조업체의 지침
- ㅇ 기술 및 행정적 관리
- ㅇ 근로자들에게 작업을 적용
  - 업무를 구성하는 방법의 정의 또는 재정의
  - 새로운 근로자 채용
  - 프로세스 및 작업환경의 정의 또는 재정의
  - 새로운 또는 개조된 작업장, 장비 등을 설계할 때 인간공학적 접근법 활용

나) 위험요인 제거 및 안전보건리스크 감소

관리 단계는 안전보건을 강화하고, 위험요인을 제거하며, 안전보건리스크를 감소 또는 관리하기 위한 체계적 접근방법을 제공하기 위한 것이다. 개별적 관리는 이전 관리보다 덜 효과적인데 합리적으로 실행 가능한 수준으로 안전보건리스크 감소를 성공시키기 위해 여러 가지 관리를 조합하는 것이 일반적이다.

다음 사항의 예는 각 수준에서 실행하는 방법을 설명하기 위해 제공한 것이다.

- ㅇ 제거 : 위험요인 제거, 유해한 화학물질 사용을 중단, 새로운 작업장을 계획할 때 인간공학적 접근법을 적용, 부정적인 스트레스를 주는 단조로운 일을 제거, 하나의 지역에서 지게차 트럭을 제거하는 것
- ㅇ 대체 : 덜 위험한 것으로 위험물을 대체, 온라인 지침으로 고객 불만에 응답하는 것으로 변경, 안전보건리스크 요인에 대처, 기술적 발전을 적용(예 : 유성 페인트를 수성 페인트로 대체, 미끄러운 바닥 재료 변경, 장비의 전압 요구사항을 낮춤)
- ㅇ 기술적 관리, 작업 재구성, 또는 양쪽 모두 : 사람들을 위험요인으로부터 격리, 집단 방호조치(예 : 격리, 기계 보호, 환기시스템) 시행, 기계적 취급 다룸, 소음 감소, 가드레일을 사용하여 높은 곳에서의 추락을 방지(혼자 일하는 사람, 건강에 좋지 않은 근무시간 및 작

업량을 피하고 희생을 방지하기 위한 작업 재구성)

- 교육·훈련을 포함한 행정적인 관리 : 정기적인 안전설비 검사 수행, 왕따 및 괴롭힘을 방지하기 위한 훈련 수행, 하도급자의 활동에 따른 안전 및 보건 협력 관리, 유도 훈련 수행, 지게차 운전면허 관리, 보복에 대해 두려움 없이 사고와 부적합 및 희생을 신고하는 방법에 관한 지침을 제공, 작업자의 작업 패턴(예 : 교대제) 변경, 위험에 처한 것으로 확인된 근로자(예 : 청력, 손목 진동, 호흡기 질환, 피부 질환 또는 노출 관련)에 대한 건강 또는 의료 감시 프로그램 관리, 근로자에게 적절한 지침을 제공(예 : 출입 통제 프로세스)
- 개인보호구(PPE) : 개인보호구 사용 및 유지보수를 위한 의류 및 지침(예 : 안전화, 보안경, 청력 보호, 장갑)을 포함하여 적절한 개인보호구를 제공

다) 변경관리

변경관리 프로세스의 목표는 변경이 발생할 때(예 : 기술, 장비, 시설, 작업 관행 및 절차, 설계 규격, 원자재, 직원 배치, 표준 또는 규정) 새로운 위험요인과 안전보건리스크가 작업환경에 도입되는 것을 최소화함으로써 작업장에서의 안전보건을 향상시키는 것이다. 예상되는 변화의 특성에 따라 조직은 안전보건리스크 및 변경의 안전보건기회를 평가하기 위해 적절한 설계 방법(예 : 설계 검토)을 사용할 수 있다. 변경관리의 필요성은 기획의 결과가 될 수 있다.

라) 조달

- 일반사항

  조달 프로세스는 작업장에 들어오기 전에, 예를 들어 제품, 위험한 재료 또는 물질, 원자재, 장비, 또는 서비스와 관련된 위험요인을 결정, 평가, 제거하고 안전보건리스크를 감소시키는 데 활용하는 것이 좋다.

  조직의 조달 프로세스는 조직의 안전보건경영시스템을 준수하기 위해 구매한 소모품, 장비, 원자재 및 기타 물품 및 관련 서비스를 포함하여 요구사항을 처리하는 것이 좋은데 프로세스는 협의 및 의사소통을 위해 필요한 모든 것을 다루는 것이 좋다.

  조직은 장비, 설치, 자재가 다음 사항을 보장하여 근로자가 사용하는 데 안전한지를 검증하는 것이 좋다.

- 장비는 규격에 따라서 인도되고 의도된 대로 작동하는지 보증하기 위해 시험해야 한다.
- 설치는 설계대로 작동하는지를 보증하기 위해 시험 가동해야 한다.
- 자재는 규격에 따라서 인도되어야 한다.
- 모든 사용 요구사항, 주의사항 또는 기타 보호 수단은 의사소통이 이루어져 이용할 수 있어야 한다.

협력의 필요성은 일부 계약자(즉, 외부 공급자)가 전문 지식, 숙련도, 방법 및 수단을 보유하고 있음을 인식해야 한다. 계약자 활동 및 운용의 예로는 유지보수, 건설, 운영, 보안, 청소 및 기타 여러 기능이 있다. 계약자는 컨설턴트 또는 행정, 회계 및 기타 기능의 전문가를 포함할 수

있는데 계약자에게 활동을 부여하였다고 근로자의 안전보건에 대한 조직의 책임이 면제되는 것은 아니다.

조직은 관련된 당사자의 책임을 명확하게 규정하는 계약을 활용하여 계약자의 활동을 조정할 수 있으며, 작업장에서 계약자의 안전보건성과를 보장하기 위해 다양한 수단을 사용할 수 있다(예 : 과거의 안전보건성과, 안전교육·훈련 또는 안전보건 능력뿐만 아니라 직접적인 계약 요구사항을 고려한 계약 보너스 방법 또는 사전 자격 기준).

계약자와 협력할 때 조직은 조직과 계약자 간에 위험요인 보고, 근로자의 위험지역 접근 관리, 비상사태에서 따라야 할 절차에 대하여 고려하는 것이 좋다. 조직은 계약자가 조직의 자체 안전보건경영시스템 프로세스(예 : 출입 통제, 밀폐 공간 진입, 노출 평가 및 공정 안전관리) 및 사건 보고와 관련된 활동을 협력하는 방법을 명시하는 것이 좋다.

조직은 계약자가 작업을 진행하기 전에 업무를 수행할 수 있는지 검증하는 것이 좋다.

- ○ 안전보건성과의 기록 만족도
- ○ 근로자에 대한 자격, 경험, 역량 기준이 명시되고 이를 충족(예 : 교육·훈련을 통하여)
- ○ 자원, 장비 및 작업 준비가 충분하고 작업이 진행될 준비가 됨

마) 외주처리

조직을 외주처리할 때 안전보건경영시스템의 의도된 결과를 달성하기 위해 외주처리 기능 및 프로세스를 관리할 필요가 있는데, 외주처리 기능 및 프로세스에서 이 문서의 요구사항을 준수하는 책임은 조직이 보유해야 한다.

조직은 다음 사항과 같은 요소를 기반으로 외주처리 기능 또는 프로세스에 대한 관리 정도를 설정하는 것이 좋다.

- ○ 조직의 안전보건경영시스템 요구사항을 충족시키는 외부 조직의 능력
- ○ 적절한 관리를 정하고 관리의 적절성을 평가하는 조직의 기술적 역량
- ○ 외주처리 프로세스 또는 기능이 안전보건경영시스템의 의도된 결과를 달성할 수 있는 조직의 능력에 미칠 잠재적 영향
- ○ 외주처리된 프로세스 또는 기능이 공유되는 정도
- ○ 조달 프로세스 적용을 통해 필요한 관리를 달성할 수 있는 조직의 능력
- ○ 개선의 기회

일부 국가에서는 법적 요구사항으로 외주처리 기능 또는 프로세스를 포함한다.

(2) 비상시 대비 및 대응

비상시 대비계획은 내·외부에서 정상 작업시간 이외에 발생하는 자연적, 기술적 및 인위적 사건을 모두 포함할 수 있다

9) 성과평가

(1) 모니터링, 측정, 분석 및 성과평가

가) 일반사항

안전보건경영시스템의 의도된 결과를 달성하기 위해서는 프로세스를 모니터링, 측정 및 분석하여야 할 것이다.

ㅇ 모니터링 및 측정할 수 있는 예로는 다음 사항을 포함하지만 이에 국한하지 않는다.
- 직업적인 건강 불만사항, 근로자의 건강(감시를 통해) 및 업무환경
- 업무 관련 사건, 상해 및 건강상 장해 추세를 포함한 불만사항
- 운용관리 및 비상훈련의 효과성 또는 새로운 관리를 수정하거나 도입할 필요성
- 역량

ㅇ 법적 요구사항의 이행을 평가하기 위해 모니터링 및 측정할 수 있는 예로는 다음 사항을 포함하지만 이에 국한하지 않는다.
- 확인된 법적 요구사항(예: 모든 법적 요구사항이 결정되었는지, 이에 대해 조직의 문서화된 정보가 최신 상태인지 여부)
- 단체협약(법적 구속력이 있는 경우)
- 준수에서 확인된 갭 상태

ㅇ 기타 요구사항의 이행을 평가하기 위해 모니터링 및 측정할 수 있는 예로는 다음 사항을 포함하지만 이에 국한하지 않는다.
- 단체협약(법적 구속력이 없는 경우)
- 표준 및 규범
- 기업 및 기타 방침, 규칙 및 규정
- 보험 요구사항

ㅇ 다음 사항의 기준은 조직이 성과를 비교하는데 사용할 수 있다.
- 다른 조직
- 표준 및 규범
- 조직 자체의 규범 및 목표
- 안전보건통계

ㅇ 기준을 측정하기 위해 지표가 일반적으로 사용된다.
- 기준이 사건과 비교하는 것이라면 조직은 빈도, 유형, 심각성 또는 사건 횟수를 조사하도록 선택할 수 있다. 이때 지표는 이들 기준 각각에서 결정된 비율일 수 있다.
- 기준이 시정조치 완료와 비교하는 것이라면, 지표는 정해진 시간 내에 완결된 비율일 수 있다.

모니터링은 요구되거나 기대되는 성능 수준에서의 변화를 확인하기 위해 지속적 검토, 감

독, 비판적 관찰 또는 상태 결정을 포함할 수 있는데, 모니터링은 안전보건경영시스템, 프로세스 또는 관리에 적용될 수 있다. 예를 들면 인터뷰의 활용, 문서화된 정보의 검토 및 수행된 업무의 관찰이 포함된다.

측정은 일반적으로 대상이나 사건에 숫자를 부여하는 작업이 포함되는데 측정은 정량적 데이터의 기초이며 일반적으로 안전 프로그램 및 건강 감시에 대한 성과평가와 관련된다. 예를 들어, 유해물질에 대한 노출 또는 위험요인으로부터 안전거리 계산을 측정하기 위해 교정되었거나 검증된 장비의 사용이 포함된다.

분석은 관계, 경향(patterns) 및 추세를 밝히기 위해 데이터를 조사하는 프로세스인데 다른 유사 조직의 정보를 포함하여 통계 작업을 활용하여 데이터에서 결론을 이끌어내는 것을 의미할 수 있다. 이 프로세스는 대개 측정 활동과 가장 관련이 있다.

성과평가는 안전보건경영시스템이 설정한 목표를 달성하기 위한 주제의 적절성, 충족성 및 효과성을 결정하기 위해 수행되는 활동이다.

나) 준수평가

준수평가의 빈도와 시기는 요구사항의 중요성, 운용 조건의 변화, 법적 요구사항 및 기타 요구사항의 변경, 조직의 과거 성과에 따라 달라질 수 있다. 조직은 지식과 준수상태에 대한 이해를 유지하기 위해 다양한 방법을 사용할 수 있다.

(2) 내부심사

심사 프로그램의 정도는 안전보건경영시스템의 복잡성 및 성숙도에 근거해야 한다.

조직은 심사원의 역할에 있어 내부심사원을 정상적으로 부여된 임무로부터 분리하는 프로세스를 만들어 내부심사의 객관성과 공정성을 확립하거나 심사에 외부 인원을 활용할 수 있다.

(3) 경영 검토

경영 검토와 관련하여 사용된 용어는 다음과 같이 이해하여야 할 것이다.

○ 적절성
- 안전보건경영시스템이 조직, 조직의 운용, 조직의 문화 및 비즈니스시스템과 어떻게 부합하는지를 나타낸다.

○ 충족성
- 안전보건경영시스템이 적절하게 실행되고 있는지를 나타낸다.

○ 효과성
- 안전보건경영시스템이 의도된 결과를 달성하고 있는지를 나타낸다.

  경영 검토 주제는 한꺼번에 모두를 다룰 필요는 없으며, 조직은 경영 검토 주제를 언제 어떻게 다룰 것인지를 결정해야 한다.

10) 개선

(1) 일반사항

조직은 개선을 위한 조치를 취할 때 안전보건성과의 분석 및 평가, 준수평가, 내부심사 및 경영 검토 결과를 고려하여야 할 것이다.

개선의 예로는 시정조치, 지속적 개선, 획기적 변경, 혁신 및 재조직화가 포함된다.

(2) 사건, 부적합 및 시정조치

사건 조사 및 부적합 검토를 위해 별도의 프로세스가 존재해도 되고 조직의 요구사항에 따라서 단일 프로세스로 결합해도 된다.

사건, 부적합 및 시정조치의 예로 다음 사항이 포함될 수 있지만 이에 국한하지는 않는다.

가) 사건 : 부상을 수반하거나 수반하지 않는 같은 수준의 추락, 부러진 다리, 석면 폐증, 청력 상실, 안전보건리스크를 초래할 수 있는 건물 또는 차량 피해

나) 부적합 : 보호장비가 적절하게 기능하지 않음, 법적 요구사항 및 기타 요구사항 충족 실패, 또는 지시한 절차를 따르지 않음

다) 시정조치(위험 감소대책의 우선순위는 8.1.2 참조) : 위험요인 제거, 불안전한 재료를 안전한 것으로 대체, 장치 또는 도구의 설계 또는 수정, 절차 개발, 영향을 받는 근로자의 역량 개선, 사용 빈도 변경 또는 개인보호구 사용

근본 원인분석은 무엇이 일어났고, 어떻게, 그리고 왜 일어났는지를 물어서 그것이 반복해서 발생하는 것을 방지하기 위해 무엇을 할 수 있는지에 대해 조언하기 위해 사건 또는 부적합과 관련된 가능한 모든 요인을 탐색하는 관행을 나타낸다. 사건 또는 부적합의 근본 원인을 결정할 때 조직은 분석하는 사건 또는 부적합의 본질에 적절한 방법을 사용하여야 하는데 근본 원인분석의 초점은 예방이다. 이 분석으로 의사소통, 역량, 피로, 장치 또는 절차와 관련된 요인을 포함하여 다양한 시스템의 실패를 확인할 수 있다. 시정조치의 효과성 검토는 실행된 시정조치가 근본 원인을 적정하게 통제하는 정도를 나타낸다.

(3) 지속적 개선

지속적 개선 주제의 예시는 다음 사항을 포함하지만 이에 국한되지 않는다.

가) 신기술

나) 조직 내부 및 외부 모두에 관한 우수 사례

다) 이해관계자의 제안 및 권고

라) 안전보건과 관련된 이슈에 대한 새로운 지식과 이해

마) 새로운 재료 또는 개선된 재료

바) 근로자 능력 또는 역량 변경

사) 더 적은 자원으로 개선된 성과 달성(즉, 단순화, 능률화 등)

KOSHA-MS 안전보건경영시스템 인증기준

1 KOSHA-MS 인증기준 개요

KOSHA-MS 인증기준은 사업장이 자율적으로 안전보건경영시스템을 구축하고 실행 및 유지함으로써 지속적인 개선성과를 이루기 위한 안전보건경영시스템의 인증기준을 3개의 종류로 구분하였다. 기준A형은 상시근로자 50인 이상 사업장용, 기준B형은 상시근로자 20인 이상 50인 미만 사업장용, 기준C형은 상시근로자 20인 미만 사업장용으로 인증기준을 규정하고 있다.

건설업의 경우에는 건설공사를 발주 또는 시공하는 사업 또는 사업장으로서 사업주가 인증신청을 하는 경우에 적용하되 발주기관, 종합건설업체, 전문건설업체에 따라 구분하여 적용하고 있다.

KOSHA-MS 안전보건경영시스템 인증심사원이 인증신청사업장의 경영여건 및 사업장의 규모에 따라 인증심사 기준 중에서 한 가지를 선정하여 적용한다. 다만 첫 번째 연장심사 이후에는 심사원과 사업장의 협의에 따라 상위기준으로 적용이 가능하다.

2 KOSHA-MS 전업종(건설업 제외) 인증기준

1) 기준 A형 : 상시근로자 50인 이상 사업자용

(1) 안전보건경영체제 분야

항 목	인 증 기 준
4. 조직의 상황	
4.1 조직과 조직상황의 이해	조직은 안전보건경영시스템의 의도한 결과에 영향을 주는 사업장 내·외부의 현안사항을 파악하여야 한다.
4.2 근로자 및 이해관계자 요구사항	조직은 내·외부의 현안사항 파악 시 근로자와 이해관계자의 요구사항을 파악하고 이들 요구사항에서 비롯된 조직의 준수의무사항이 무엇인지 규정하여야 한다.
4.3 안전보건경영시스템 적용범위 결정	(1) 조직은 안전보건경영시스템의 적용범위를 경영환경, 지역, 업무 특성을 고려하여 정할 수 있다. (2) 이 기준의 모든 요소는 안전보건경영시스템에 적용되는 것이 원칙이나 업종의 종류, 조직의 규모 또는 업무 특성에 따라 각 요소의 범위와 방법을 조정하여 적용할 수 있다.
4.4 안전보건경영시스템	조직은 안전보건경영시스템을 구축, 실행하고 의도한 결과를 달성할 수 있도록 P-D-C-A 순환과정을 통해 지속적으로 개선하여야 한다.

<table>
<tr><th>항 목</th><th>인 증 기 준</th></tr>
<tr><td colspan="2">5. 리더십과 근로자의 참여</td></tr>
<tr><td>5.1 리더십과 의지표명</td><td>최고경영자는 안전보건경영시스템에 대한 리더십과 의지표현을 다음으로 보여주어야 한다.
(1) 재해예방과 쾌적한 작업환경을 조성함으로써 근로자 및 이해관계자의 안전과 보건을 유지·증진하기 위한 책임과 책무를 다하여야 한다.
(2) 안전보건방침과 이에 따른 목표가 수립되고 이들이 조직의 전략적 방향과 조화되도록 하여야 한다.
(3) 안전보건경영시스템 요구사항을 조직의 비즈니스 프로세스에 통합되도록 하여야 한다.
(4) 안전보건경영시스템의 구축, 실행, 유지, 개선에 필요한 자원(물적, 인적)을 제공하고 안전보건경영시스템의 효과성에 기여하도록 인원을 지휘하여야 한다.
(5) 효과적인 안전보건경영의 중요성과 안전보건경영시스템 요구사항 이행의 중요성에 대한 의사소통이 원활하게 되도록 하여야 한다.
(6) 안전보건경영시스템이 의도된 결과를 달성할 수 있도록 하여야 한다.
(7) 지속적인 개선을 보장하고 촉진하여야 한다.
(8) 안전보건경영시스템의 의도된 결과를 지원하는 조직 문화의 개발, 실행 및 촉진하여야 한다.
(9) 사건, 유해·위험요인 및 위험성 보고 시 부당한 조치로부터 근로자를 보호하여야 한다.
(10) 안전보건경영시스템의 운영상에 근로자의 참여 및 협의를 보장하여야 한다.</td></tr>
<tr><td>5.2 안전보건방침</td><td>(1) 최고경영자는 조직에 적합한 안전보건방침을 정하여야 하며, 이 방침에는 최고경영자의 정책과 목표, 성과개선에 대한 의지를 제시하여야 한다.
(2) 안전보건방침은 다음 사항을 만족하여야 한다.
① 작업장을 안전하고 쾌적한 작업환경으로 조성하려는 의지가 표현될 것
② 작업장의 유해·위험요인을 제거하고 위험성을 감소시키기 위한 실행 및 안전보건경영시스템의 지속적인 개선의지를 포함할 것
③ 조직의 규모와 여건에 적합할 것
④ 법적 요구사항 및 그 밖의 요구사항의 준수의지를 포함할 것
⑤ 최고경영자의 안전보건경영철학과 근로자의 참여 및 협의에 대한 의지를 포함할 것
(3) 최고경영자는 안전보건방침을 간결하게 문서화하고 서명과 시행일을 명기하여 조직의 모든 구성원 및 이해관계자가 쉽게 접할 수 있도록 공개하여야 한다.
(4) 최고경영자는 안전보건방침이 조직에 적합한지를 정기적으로 검토하여야 한다.</td></tr>
<tr><td>5.3 조직의 역할, 책임 및 권한</td><td>(1) 최고경영자는 공표한 안전보건방침, 목표를 달성할 수 있도록 모든 부서에서 안전보건경영시스템이 기준 요구사항에 적합하게 실행 및 운영되고 있는가에 대하여 주기적으로 확인하여야 한다.
(2) 최고경영자는 안전보건경영시스템의 의도한 결과를 달성할 수 있도록 모든 계</td></tr>
</table>

항 목	인 증 기 준
	층별, 부서별로 안전보건활동에 대한 책임과 권한을 부여하고 문서화하여 공유되도록 하여야 한다.
5.4 근로자의 참여 및 협의	조직은 다음 사항에 대해서 산업안전보건위원회를 활용하는 등 근로자의 참여 및 협의를 보장하여야 한다. (1) 전년도 안전보건경영성과 (2) 해당 연도 안전보건목표 및 추진계획 이행현황 (3) 위험성평가 결과 개선조치 사항 (4) 정기적 성과측정 결과 및 시정조치 결과 (5) 내부심사 결과
6. 계획 수립	조직은 안전보건경영시스템 인증을 받기 위한 사전적 과정으로서 위험성평가를 실시하고 적용법규 등을 검토하여 법적 요구 수준 이상의 안전보건활동을 할 수 있도록 목표 및 추진계획을 수립하여야 한다.
6.1 위험성과 기회를 다루는 조치 6.1.1 위험성평가	(1) 조직은 과거에 산업재해가 발생한 작업, 위험한 일이 발생한 작업, 작업방법, 보유·사용하고 있는 위험기계·기구 등 산업기계, 유해·위험물질 및 유해·위험공정 등 근로자의 노동에 관계되는 유해·위험요인에 의한 재해 발생이 합리적으로 예견 가능한 것에 대한 안전보건 위험성평가와 그 밖의 근로자 및 이해관계자의 요구사항 파악을 통한 조직의 내·외부 현안사항에 대해서 위험성평가를 실시하여 위험성과 기회를 결정하고 평가한 후 조치하여야 한다. (2) 조직은 사업장의 특성·규모·공정을 고려하여 적절한 위험성평가 기법을 활용하여 절차에 따라 실시하여야 한다. (3) 위험성평가 대상에는 근로자 및 이해관계자에게 안전보건상 영향을 주는 다음 사항을 포함하여야 한다. ① 조직 내부 또는 외부에서 작업장에 제공되는 유해·위험시설 ② 조직에서 보유 또는 취급하고 있는 모든 유해·위험물질 ③ 일상적인 작업(협력업체 포함) 및 비일상적인 작업(수리 또는 정비 등) ④ 발생할 수 있는 비상조치 작업 (4) 위험성평가 시 조직은 안전보건상의 영향을 최소화하기 위해 가능한 다음 사항을 고려할 수 있다. ① 교대작업, 야간 노동, 장시간 노동 등 열악한 노동조건에 대한 근로자의 안전보건 ② 일시고용, 고령자, 외국인 등 취약계층 근로자의 안전보건 ③ 교통사고, 체육활동 등 행사 중 재해 (5) 조직은 위험성평가를 사후적이 아닌 사전적으로 실시해야 하며, 주기적으로 재평가하고 그 결과를 문서화하여 유지하여야 한다. (6) 조직은 위험성평가 조치계획 수립 시 다음과 같은 단계를 따라야 한다. ① 유해·위험요인의 제거 ② 유해·위험요인의 대체

항 목	인 증 기 준
	③ 연동장치, 환기장치 설치 등 공학적 대책 ④ 안전보건표지, 유해·위험에 대한 경고, 작업절차서 정비 등 관리적 대책 ⑤ 개인보호구의 사용 (7) 위험성평가는 사업장 위험성평가에 관한 지침(고용노동부 고시)에 따라 수행할 수 있다.
6.1.2 법규 및 그 밖의 요구사항 검토	(1) 조직은 다음과 같은 법규 및 조직이 동의한 그 밖의 요구사항을 파악하고 활용하기 위한 절차를 수립, 실행 및 유지하여야 한다. ① 조직에 적용되는 안전보건법규 및 조직이 동의한 그 밖의 요구사항 ② 조직구성원 및 이해관계자들과 관련된 안전보건기준과 지침 ③ 조직 특성에 따라 구성원이 지켜야 할 안전보건상의 기술적인 지침 (2) 조직은 법규 및 그 밖의 요구사항은 최신 것으로 유지하여야 한다. (3) 조직은 법규 및 그 밖의 요구사항에 대하여 조직구성원 및 이해관계자 등과 의사소통하여야 한다.
6.2 안전보건목표	(1) 조직은 작업부서별(또는 작업단위, 계층별)로 안전보건활동에 대한 안전보건목표를 수립하여야 한다. (2) 조직은 안전보건목표 수립 시 위험성평가 결과, 법규 등 검토사항과 안전보건활동상의 필수적 사항(교육·훈련, 성과측정, 내부심사) 등이 반영되도록 하여야 한다. (3) 조직은 안전보건목표 수립 시 안전보건방침과 일관성이 있어야 하고 다음 사항을 고려하여야 한다. ① 구체적일 것 ② 성과측정이 가능할 것 ③ 안전보건개선활동을 통해 달성이 가능할 것 ④ 안전보건과 관련이 있을 것 ⑤ 모니터링 되어야 할 것 (4) 조직은 안전보건목표 수립 시 목표달성을 위한 조직 및 인적·물적 지원 범위를 반영하여야 한다.
6.3 안전보건목표 추진계획	(1) 조직은 안전보건목표를 달성하기 위한 추진계획 수립 시 다음 사항을 포함하여 문서화하고 실행하여야 한다. ① 조직의 전체 목표 및 부서별 세부목표와 이를 추진하고자 하는 책임자 지정 ② 목표달성을 위한 안전보건활동 추진계획(수단·방법·일정·예산·인원) ③ 안전보건활동별 성과지표 (2) 조직은 안전보건목표 및 추진계획을 정기적으로 검토하고 의사소통하여야 하며 계획의 변경 또는 추가 사유가 발생할 때에는 수정하여야 한다.

항 목	인 증 기 준
7. 지 원	
7.1 자원	최고경영자는 안전보건경영시스템의 수립, 실행, 유지 및 지속적 개선에 필요한 자원(물적, 인적)을 결정하고 제공하여야 한다.
7.2 역량 및 적격성	조직은 안전보건에 영향을 미치는 근로자가 업무수행에 필요한 교육·훈련 또는 경험 등을 통해 적합한 능력을 보유하도록 해야 하며, 업무수행상의 자격이 필요한 경우 해당 자격을 유지하도록 하여야 한다.
7.3 인식	(1) 근로자는 자신과 관련된 안전보건사항을 인식하여야 한다. (2) 조직은 안전보건교육 및 훈련계획 수립 시에는 조직의 계층, 조직의 유해·위험요인, 근로자의 업무 또는 작업·특성을 고려하되 다음 사항을 포함하여야 한다. ① 안전보건방침, 안전보건목표 및 추진계획 내용에 대한 담당자의 역할과 책임 ② 근로자의 업무 또는 작업이 안전보건에 미치는 영향과 결과 ③ 위험성평가 결과, 개선내용 및 잔여 위험요인과 그 대책 ④ 비상시 대응절차 및 규정된 대응절차를 준수하지 못할 경우 발생할 수 있는 피해 (3) 조직은 안전보건교육 및 훈련계획 수립 시 그 필요성을 파악하고 교육·훈련 후에는 교육성과를 평가하여야 한다.
7.4 의사소통 및 정보제공	(1) 조직은 안전보건경영시스템과 관련된 내·외부 의사소통을 위해 의사소통의 내용, 대상, 시기, 방법을 포함하는 절차를 수립, 및 실행하여야 하며 필요시 근로자 및 이해관계자에게 안전보건 관련 정보를 제공하여야 한다. (2) 조직은 의사소통 시 성별, 언어, 문화, 장애와 같은 다양한 측면을 고려하여야 한다. (3) 조직은 안전보건문제와 활동에 대한 근로자 및 이해관계자의 참여(견해, 개선 아이디어, 관심사항) 내용을 검토하고 회신하여야 한다.
7.5 문서화	(1) 조직은 안전보건경영 구성요소와 요소 간의 상관관계를 문서화하여야 한다. (2) 조직은 안전보건경영시스템 관련 문서를 구성원 모두가 이해하기 쉽도록 간략하게 작성하고 효과성과 효율성을 위해 최소한도로 유지하여야 한다.
7.6 문서관리	(1) 조직은 이 기준에서 요구하는 모든 문서가 다음의 사항과 같이 관리되도록 하여야 한다. ① 승인된 문서는 적절한 장소에 비치 ② 문서는 정기적으로 검토하고 필요에 따라 개정하며 권한을 가진 자가 승인 ③ 구(舊)문서는 문서 및 비치장소에서 신속히 제거조치 ④ 문서규정에 의하여 또는 보전을 목적으로 보유하고 있는 모든 구(舊)문서는 최신 문서와 식별되도록 적절하게 조치 ⑤ 문서는 읽기 쉽도록 유지하고 식별 및 추적이 쉽게 가능하도록 관리

항 목	인 증 기 준
	(2) 조직은 문서를 작성하고 수정하는데 필요한 절차와 책임에 대한 내용을 명시하고 있어야 한다.
7.7 기록	(1) 조직은 기록의 식별, 유지, 보관, 보호, 검색 및 폐기에 관한 절차를 수립하고 문서화하여야 한다. (2) 기록대상에는 다음 사항을 포함하여 목록화 하고 보존기간을 정하여 유지하여야 한다. ① 안전보건경영시스템의 계획 수립과 관련한 결과물 ② 안전보건경영시스템의 지원과 관련한 결과물 ③ 안전보건경영시스템의 실행과 관련한 결과물 ④ 안전보건경영시스템의 점검 결과물 ⑤ 기타 안전보건경영시스템과 관련된 활동 결과물 (3) 기록은 읽기 쉽고, 식별 및 추적이 가능하여야 한다.
8. 실 행	
8.1 운영계획 및 관리	(1) 조직은 안전보건 측면에서 영향을 미칠 수 있는 기계·기구·설비, 사용물질, 작업 등에 대해서 안전보건상의 기준을 준수하여야 한다. (2) 조직은 다음과 같은 안전보건활동과 관련하여 해당 사항에 대한 운영절차를 수립하고 이행하여야 한다. ① 운영절차가 필요한 안전보건활동 가. 작업장의 안전조치 나. 중량물·운반기계에 대한 안전조치 다. 개인보호구 지급 및 관리 라. 위험기계·기구에 대한 방호조치 마. 떨어짐·무너짐에 대한 방지조치 바. 안전검사 실시 사. 폭발·화재 및 위험물 누출 예방활동 아. 전기재해 예방활동 자. 쾌적한 작업환경 유지활동 차. 근로자 건강장해 예방활동 카. 협력업체의 안전보건활동 지원 타 안전·보건관계자 역할과 활동 파. 산업재해 조사활동 하. 무재해운동 추진 및 운영 ② 작업내용 변경에 따른 유해·위험 예방조치 등을 포함하는 위험성평가 ③ 안전작업허가제도 운영 (3) 조직은 안전보건성과에 영향을 미치는 계획된 임시 및 영구적인 변경 실행 및 관리를 위한 절차를 수립하여야 한다. ① 다음을 포함하는 신규제품, 기존제품 및 이와 관련된 서비스 및 절차

항 목	인 증 기 준
	– 작업장 위치와 주변 환경 – 작업 조직 – 작업 조건 – 장비 – 인력 수급 ② 법적 요구사항 및 그 밖의 요구사항의 변경 ③ 유해·위험요인 및 안전보건위험성에 대한 지식 또는 정보의 변경 ④ 지식과 기술의 발전 (4) 조직은 의도하지 않은 변경의 영향을 검토해야 하며 필요에 부정적 영향을 완화하기 위한 조치를 하여야 한다. (5) 조직은 다음 사항이 포함된 조달 또는 임대절차를 수립하고 이행하여야 한다. ① 안전보건과 관련된 조달 또는 임대물품의 안전보건상의 요구사항 ② 조달 및 임대물품에 대한 입고 전 안전성 확인 ③ 공급자와 계약자 간의 사용설명서 등 안전보건정보 공유사항
8.2 비상시대비 및 대응	(1) 조직은 위험성평가 결과 중대산업사고 또는 사망 등 중대재해가 발생할 가능성이 있는 경우, 비상사태별 시나리오와 대책을 포함한 비상조치계획을 작성하고 사고 발생 시 피해를 최소화하여야 한다. (2) 조직은 비상사태 시나리오별로 정기적인 교육·훈련을 실시하고 비상사태 대응 훈련 후에는 성과를 평가하여야 하며 필요시 개정·보완하여야 한다. (3) 조직은 비상시 대비 및 대응 내용에 다음 사항을 포함하여야 한다. ① 비상조치를 위한 인력, 장비 보유현황 ② 사고 발생 시 각 부서·관련 기관과의 비상연락체계 ③ 사고 발생 시 비상조치를 위한 조직의 임무 및 수행절차 ④ 비상조치계획에 따른 교육·훈련계획 ⑤ 비상시 대피절차와 재해자에 대한 구조, 응급조치 절차 (4) 조직은 비상시 대비 및 대응 내용에 인근 주민 및 환경에 대한 영향과 대응 및 홍보 방안을 포함할 수 있다. (5) 조직은 비상시 대비 및 대응과 관련된 교육·훈련에 안전보건상의 영향을 받는 모든 근로자를 참여시켜야 하며, 필요시 이해관계자도 참여시킬 수 있다.
9. 성과평가	
9.1 모니터링, 측정, 분석 및 성과평가	(1) 성과측정은 안전보건경영시스템의 효과를 정성적 또는 정량적으로 측정하는 것으로 다음의 사항이 정기적으로 실시될 수 있도록 계획을 수립하고 실행하여야 한다. ① 안전보건방침에 따른 목표가 계획대로 달성되고 있는가를 측정 ② 안전보건방침과 목표를 이루기 위한 안전보건활동계획의 적정성과 이행여부 확인 ③ 안전보건경영에 필요한 절차서와 안전보건활동의 일치성여부 확인

항 목	인 증 기 준
	④ 적용법규 및 그 밖의 요구사항의 준수여부 평가 ⑤ 사고, 아차사고, 업무상 재해 발생 시 발생원인과 안전보건활동 성과와의 관계 ⑥ 위험성평가에 따른 활동 (2) 성과측정 또는 모니터링 시, 조직은 현장에 작업환경 등 측정장비가 필요한 경우 측정장비는 항상 측정이 가능하도록 검·교정이 유지되어야 한다.
9.2 내부심사	(1) 조직은 안전보건경영시스템의 모든 요소가 인증기준에 따라 실행·유지·관리되고 있는지 여부에 대한 내부심사를 최소한 1년에 1회 이상하여야 한다. (2) 조직은 내부심사를 위한 심사조직, 심사일정, 심사일자, 심사결과 조치에 대한 사항을 절차서로 작성하고 이 절차서에 따라 내부심사를 실행하여야 한다. (3) 내부심사는 독립적이고 능력 있는 사람에 의해 수행되어야 하며 필요에 따라 외부 전문가를 통해 수행할 수 있다. (4) 내부심사원이 내부심사를 실시할 때에는 다음 사항을 고려하여야 한다. ① 안전보건경영시스템상의 요구사항에 대한 적합성 여부 ② 안전보건경영시스템이 효율적이고 효과적으로 실행되고 있는지 여부 (5) 조직은 내부심사 결과보고서에 대해서 최고경영자를 포함한 모든 조직구성원에게 의사소통하여야 하며 시정조치는 요구사항대로 이행하여야 한다.
9.3 경영자 검토	(1) 최고경영자는 안전보건경영시스템 운영전반에 대해서 계획된 주기로 검토를 실시하여야 한다. (2) 경영자 검토는 다음 사항이 포함되어야 한다. ① 이전 경영자 검토 결과의 후속조치 내용 ② 다음의 사항에 따른 반영내용 가. 안전보건과 관련된 내·외부 현안사항 나. 근로자 및 이해관계자의 요구사항 다. 법적 요구사항 및 기타 요구사항 ③ 안전보건경영방침 및 목표의 이행도 ④ 다음 사항에 따른 안전보건활동 내용 가. 정기적 성과측정 결과 및 조치 결과 나. 내부심사 및 후속조치 결과 다. 안전보건교육·훈련 결과 라. 근로자의 참여 및 협의 결과 ⑤ 효과적인 안전보건경영시스템의 유지를 위한 자원의 충족성 ⑥ 이해관계자와 관련된 의사소통 사항 (3) 경영자 검토를 통해 다음의 사항이 결정되어야 한다. ① 안전보건상의 성과 ② 안전보건경영시스템이 의도한 결과를 달성하기 위해 필요한 자원 및 개선사항 ③ 사업장의 환경변화, 법 개정, 및 신기술의 도입 등 내·외부적인 요소 또는 미래 불확실성에 대응하기 위한 계획

항 목	인 증 기 준
	(4) 최고경영자는 경영 검토 결과를 근로자 및 이해관계자에게 의사소통하여야 한다.
10. 개 선	
10.1 일반사항	조직은 안전보건경영시스템의 의도한 결과를 달성하기 위해 필요한 조치를 실행하여야 한다.
10.2 사건, 부적합 및 시정조치	(1) 조직은 모니터링, 측정, 분석, 성과평가 결과 및 내부심사 결과 등에 의해서 사건 또는 부적합사항이 발견될 경우 원인을 파악하고 시정조치를 할 수 있도록 관련자에게 책임과 권한을 부여하고 실행하여야 한다. (2) 조직은 시정조치 시 사전에 위험성평가를 실시하고 취해진 조치에 대한 효과성을 검토하여야 한다. (3) 조직은 시정조치에 따른 변경사항을 기록하고 유지하여야 한다.
10.3 지속적 개선	조직은 다음 사항을 실행함으로써 안전보건경영시스템의 적절성, 충족성 및 효과성을 지속적으로 개선하여야 한다. ① 안전보건성과를 향상 ② 안전보건경영시스템의 지원 문화를 촉진 ③ 안전보건경영시스템의 지속적 개선을 위한 조치의 실행에 근로자의 참여를 촉진 ④ 지속적 개선의 결과를 근로자와 의사소통 ⑤ 지속적 개선의 증거를 유지 및 보유 분야

(2) 안전보건활동 분야

항 목	인 증 기 준
1. 작업장의 안전조치	ㅇ작업장 바닥의 미끄럼 방지와 안전통로 구분, 정리정돈, 안전표시 등에 관한 기준을 설정하고, 유지·보수 및 점검 등 적절하게 현장관리를 하고 있어야 한다.
2. 중량물·운반기계에 대한 안전조치	ㅇ운반기계별 운반기준이 적합하게 정해져 이행되고 있어야 한다. ㅇ지게차 등 차량계 하역운반기계 및 양중기 사용 작업 시 운행경로, 작업방법, 안전조치 등이 제대로 유지·관리되고 있어야 한다.
3. 개인보호구 지급 및 관리	ㅇ적절한 보호구를 지급·사용하고, 예비품을 비치하는 등 보호구 착용 및 지급이 제도화되어 있어야 한다.
4. 위험기계·기구에 대한 방호조치	ㅇ기계·기구 기타 설비의 기능과 특성을 고려하여 방호조치하고, 잠재위험이 없도록 보수·점검 등을 실시하고 있어야 한다.

항 목	인 증 기 준
5. 떨어짐·무너짐에 의한 위험방지	ㅇ개구부 방호, 안전대 설치, 승강설비 설치, 구명구 비치, 울타리 설치, 조명유지 등 떨어짐에 의한 위험방지조치와 무너짐·맞음에 의한 위험방지조치를 실시하고 있어야 한다.
6. 안전검사 실시	ㅇ안전검사 대상이 파악되고 기준에 따라 정기적으로 검사를 실시하고 있어야 한다.
7. 폭발·화재 및 위험물 누출 예방활동	ㅇ폭발·화재 및 위험물 누출에 의한 위험방지조치가 이루어지고 있으며, 보수·점검계획에 따라 주기적으로 점검하고, 비상시 대피요령을 알고 있어야 한다. ㅇ화학설비·압력용기 등은 건축물의 구조 검토, 부식 방지, 밸브 개폐방향 표시, 안전밸브·파열판·화염방지기 설치, 계측장치·자동경보장치·긴급차단장치 설치 등 위험방지조치를 실시하고 있어야 한다.
8. 전기재해 예방활동	ㅇ전기로 인한 위험방지를 위하여 전기기계·기구 및 가설 전기설비에 방호조치를 하고, 유지·보수하는 예방활동을 시행하고 있어야 한다. ㅇ전기설비 또는 정전기로 인한 화재폭발을 방지하기 위하여 기준에 적합하도록 등급을 설정하여 관리하고 있어야 한다.
9. 쾌적한 작업환경 유지활동	ㅇ 유해화학물질 취급 근로자의 건강장해 및 직업병을 예방하기 위하여 적절한 조치와 관련 규정을 준수하고 있어야 한다. ㅇ방사선 물질의 밀폐, 관리구역의 지정, 차폐물·국소배기장치·방지설비의 설치, 취급용구·보호구 지급, 폐기물 처리, 흡연금지, 유해성 주지 등 방사선에 의한 건강장해 예방조치를 하고 있어야 한다. ㅇ유해성 주지, 오염방지조치, 감염예방조치 등 병원체의 건강장해 예방조치를 하고 있어야 한다. ㅇ사무실에서의 건강장해 예방조치를 하고 있어야 한다. ㅇ밀폐공간 작업으로 인한 건강장해예방을 하고 있어야 한다.
10. 근로자 건강장해 예방활동	ㅇ근로자의 건강보호·유지를 위하여 근로자에 대한 건강진단을 정기적으로 실시하고, 적절한 사후조치를 하고 있어야 한다. ㅇ근로자의 업무상 질병을 예방하기 위하여 적절한 조치를 하고 있어야 한다. – 분진 작업으로 인한 근로자 건강장해를 예방하기 위한 "호흡기보호 프로그램"의 시행 – 산소결핍, 유해가스로 인한 위험이 있는 장소에서의 작업 근로자를 보호하기 위한 "밀폐공간 보건작업 프로그램"의 시행 – 소음 작업 근로자의 소음성 난청을 예방하기 위한 "청력보존 프로그램"의 시행 – 작업 관련 근골격계질환예방을 위한 "근골격계질환예방 프로그램"의 시행 – 근로자의 금연 등 건강관리능력을 함양하기 위하여 "건강증진 프로그램"등 건강증진 사업의 시행 – 신체적 피로 및 정신적 스트레스 등에 의한 건강장해예방을 위하여 "직무스

항 목	인 증 기 준
	트레스 프로그램"의 시행 ㅇ고령, 여성, 외국인 등 취약계층 근로자의 건강증진 및 작업환경개선을 위한 건강장해 예방조치를 하고 있어야 한다. ㅇ온·습도 조절장치, 환기장치, 휴게시설, 세척시설 등의 설치, 음료수 등의 비치, 보호구 지급 등 온도·습도에 의한 건강장해 예방조치를 하고 있어야 한다. ㅇ방사선 물질의 밀폐, 관리구역의 지정, 차폐물·국소배기장치·방지설비의 설치, 취급용구·보호구 지급, 폐기물 처리, 흡연금지, 유해성 주지 등 방사선에 의한 건강장해 예방조치를 하고 있어야 한다. ㅇ유해성 주지, 오염방지조치, 감염예방조치 등 병원체의 건강장해 예방조치를 하고 있어야 한다. ㅇ사무실에서의 건강장해 예방조치를 하고 있어야 한다. ㅇ밀폐공간 작업으로 인한 건강장해예방를 하고 있어야 한다.
11. 협력업체의 안전보건활동 지원	ㅇ협력업체에 대하여 적절한 안전보건관리를 하고 있어야한다. ㅇ안전보건총괄책임자를 지정하고 안전보건협의체의 운영, 작업장 순회점검, 근로자 안전보건교육 지원 등 도급 시 안전보건조치를 수행하여야 한다. ㅇ중금속 취급 유해작업, 제조·사용허가 대상물질 취급 작업 등을 도급 시 안전·보건기준을 준수하고 있어야 한다.
12. 안전·보건관계자 역할과 활동	ㅇ안전관리자 및 보건관리자를 지정(대행기관)하고, 안전보건경영시스템의 실행 및 운영활동과 안전보건목표를 달성하기 위한 역할을 수행하여야 한다. ㅇ안전보건관리책임자를 선임하고, 관리감독자를 지정하여 안전보건 관련 역할을 수행토록 하여야 한다.
13. 산업재해 조사활동	ㅇ사업장(협력업체 포함)에서 재해 발생 시 원인조사를 실시하고, 재발방지대책을 적극적으로 실행하여야 한다. ㅇ재해통계분석은 정기적으로 실시하고 익년도 안전보건활동목표에 반영하여야 한다.
14. 무재해운동의 자율적 추진 및 운영	ㅇ무재해운동의 개시 선포 및 목표달성 현황 게시 등을 실행하여야 한다.

(3) 안전보건경영관계자 면담 분야

항 목	인 증 기 준
1. 경영자가 알아야 할 사항	○ 재해예방과 쾌적한 작업환경을 조성함으로써 근로자 및 이해관계자의 안전과 보건을 유지·증진하기 위한 책임과 책무를 다하여야 함을 알고 있어야 한다. ○ 안전보건방침과 이에 따른 목표가 수립되고 이들이 조직의 전략적 방향과 조화되도록 하여야 함을 알고 있어야 한다. ○ 안전보건경영시스템 요구사항을 조직의 비즈니스 프로세스에 통합되도록 하여야 함을 알고 있어야 한다. ○ 안전보건경영시스템의 구축, 실행, 유지, 개선에 필요한 자원(물적, 인적)을 제공하고 안전보건경영시스템의 효과성에 기여하도록 인원을 지휘하여야 함을 알고 있어야 한다. ○ 효과적인 안전보건경영의 중요성과 안전보건경영시스템 요구사항 이행의 중요성에 대한 의사소통이 되도록 하여야 함을 알고 있어야 한다. ○ 안전보건경영시스템이 의도된 결과를 달성할 수 있도록 하여야 함을 알고 있어야 한다. ○ 지속적인 개선을 보장하고 촉진하여야 함을 알고 있어야 한다. ○ 안전보건경영시스템의 의도된 결과를 지원하는 조직 문화의 개발, 실행 및 촉진하여야 함을 알고 있어야 한다. ○ 사건, 유해·위험요인 및 위험성 보고 시 부당한 조치로부터 근로자를 보호하여야 함을 알고 있어야 한다. ○ 안전보건경영시스템의 운영상에 근로자의 참여 및 협의를 보장하여야 함을 알고 있어야 한다.
2. 중간관리자가 알아야 할 사항	○ 회사의 안전보건경영방침을 수행하기 위한 구체적 추진계획을 알고 있어야 한다. ○ 안전보건경영시스템의 운영절차와 기대효과에 대해서 알고 있어야 한다. ○ 안전보건경영시스템 운영상의 담당자의 역할을 알고 있어야 한다. ○ 해당 공정의 위험성평가 방법과 내용을 알고 있어야 한다. ○ 해당 공정의 중요한 안전보건작업지침을 알고 있어야 한다. ○ 유해·위험 작업공정과 작업환경이 열악한 장소를 파악하고 있어야 한다. ○ 비상조치사항을 알고 있어야 한다. ○ 최신 기술자료의 보관장소와 관리방법을 알고 있어야 한다.
3. 현장관리자가 알아야 할 사항	○ 사업장의 재해내용과 안전보건목표를 알고 있어야 한다. ○ 안전보건경영시스템 운영상의 담당자 역할을 알고 있어야 한다. ○ 물질안전보건자료(MSDS) 등 공정안전자료의 활용과 비치장소를 알고 있어야 한다. ○ 해당 공정의 잠재위험성과 대응방법을 알고 있어야 한다. ○ 예정되지 아니한 정전 시의 조치사항을 알고 있어야 한다. ○ 안전보건기술자료가 어디에 보관되는지 알고 있어야 한다. ○ 비상조치계획에서 담당역할을 알고 있어야 한다. ○ 기계·기구 및 설비의 검사주기를 알고 있어야 한다.

항 목	인 증 기 준
	○ 현장에서의 유해·위험물질 취급방법을 알고 있어야 한다. ○ 가동 전 안전점검 사항을 알고 있어야 한다.
4. 현장근로자가 알아야 할 사항	○ 담당 업무에 관한 안전보건수칙을 알고 있어야 한다. ○ 안전보건경영시스템 운영절차를 알고 있어야 한다. ○ 최근 실시한 안전보건교육의 내용을 알고 있어야 한다. ○ 취급하고 있는 유해·위험물질에 대하여 물질안전보건자료(MSDS)를 알고 있어야 한다. ○ 비상사태 발생 시 조치사항을 알고 있어야 한다. ○ 개인보호구 착용기준과 착용방법 등을 알고 있어야 한다.
5. 안전·보건관리자, 담당자, 조정자가 알아야 할 사항	○ 법정 안전·보건관리자, 담당자, 조정자로서의 역할을 알고 있어야 한다. ○ 안전보건경영시스템의 내용과 성과 및 기대효과를 알고 있어야 한다. ○ 안전보건경영시스템을 실행하기 위한 추진목표를 알고 있어야 한다. ○ 내부심사 결과 및 조치사항을 알고 있어야 한다. ○ 위험성평가 방법 및 조치내용을 알고 있어야 한다.
6. 협력업체 관계자가 알아야 할 사항	○ 협력업체의 사업주가 해야 할 사항을 알고 있어야 한다. ○ 현장에서 위험상황을 발견했을 때 조치방법을 알고 있어야 한다. ○ 비상시 행동요령에 대하여 알고 있어야 한다. ○ 개인보호구 지급기준과 착용방법을 알고 있어야 한다. ○ 안전작업허가서를 교부받아야 할 작업의 종류 및 절차를 알고 있어야 한다. ○ 원청사(발주자 포함)의 안전보건에 관련된 요구사항을 알고 있어야 한다.

2) 기준 B형 : 상시근로자 50인 미만 사업장용

(1) 안전보건경영체제 분야

항 목	인 증 기 준
4. 조직의 상황	
4.1 조직과 조직상황의 이해	조직은 안전보건경영시스템의 의도한 결과에 영향을 주는 안전보건 관련 사업장 내·외부의 현안사항을 파악하여야 한다.
4.2 안전보건경영시스템 적용범위 결정	(1) 조직은 안전보건경영시스템의 적용범위를 경영환경, 지역, 업무 특성을 고려하여 정할 수 있다. (2) 이 기준의 모든 요소는 안전보건경영시스템에 적용되는 것이 원칙이나 업종의 종류, 조직의 규모 또는 업무 특성에 따라 각 요소의 범위와 방법을 조정하여 적용할 수 있다.

항 목	인 증 기 준
4.3 안전보건경영시스템	조직은 안전보건경영시스템을 구축, 실행하고 의도한 결과를 달성할 수 있도록 P-D-C-A 순환과정을 통해 지속적으로 개선하여야 한다.
5. 리더십과 근로자의 참여	
5.1 리더십과 의지표명	(1) 최고경영자는 안전보건경영시스템에 대한 리더십과 의지표현을 다음으로 보여주어야 한다. ① 재해예방과 쾌적한 작업환경을 조성함으로써 근로자 및 이해관계자의 안전과 보건을 유지·증진하기 위한 책임과 책무를 다하여야 한다. ② 안전보건방침과 이에 따른 목표가 수립되고 이들이 조직의 전략적 방향과 조화되도록 하여야 한다. ③ 안전보건경영시스템 요구사항을 조직의 비즈니스 프로세스에 통합되도록 하여야 한다. ④ 안전보건경영시스템의 구축, 실행, 유지, 개선에 필요한 자원(물적, 인적)을 제공하고 안전보건경영시스템의 효과성에 기여하도록 인원을 지휘하여야 한다. ⑤ 효과적인 안전보건경영의 중요성과 안전보건경영시스템 요구사항 이행의 중요성에 대한 의사소통이 되도록 하여야 한다. ⑥ 안전보건경영시스템이 의도된 결과를 달성할 수 있도록 하여야 한다. ⑦ 지속적인 개선을 보장하고 촉진하여야 한다. ⑧ 안전보건경영시스템의 의도된 결과를 지원하는 조직 문화의 개발, 실행 및 촉진하여야 한다. ⑨ 사건, 유해·위험요인 및 위험성 보고 시 부당한 조치로부터 근로자를 보호하여야 한다. ⑩ 안전보건경영시스템의 운영상에 근로자의 참여 및 협의를 보장하여야 한다.
5.2 안전보건방침	(1) 조직의 최고경영자는 조직에 적합한 안전보건방침을 정하여야 하며, 이 방침에는 최고경영자의 정책과 목표, 성과개선에 대한 의지를 제시하여야 한다. (2) 안전보건방침은 다음 사항을 만족하여야 한다. ① 작업장을 안전하고 쾌적한 작업환경으로 조성하려는 의지가 표현될 것 ② 작업장의 유해·위험요인을 제거하고 위험성을 감소시키기 위한 실행 및 안전보건경영시스템의 지속적인 개선의지를 포함할 것 ③ 조직의 규모와 여건에 적합할 것 ④ 법적 요구사항 및 그 밖의 요구사항의 준수의지를 포함할 것 ⑤ 최고경영자의 안전보건경영철학과 근로자의 참여 및 협의를 포함할 것 (3) 조직의 최고경영자는 안전보건방침을 간결하게 문서화하고 서명과 시행일을 명기하여 조직의 모든 구성원 및 이해관계자가 쉽게 접할 수 있도록 공개하여야 한다.
5.3 조직의 역할, 책임 및 권한	(1) 최고경영자는 공표한 안전보건방침, 목표를 달성할 수 있도록 모든 부서에서 안전보건경영시스템이 기준 요구사항에 적합하게 실행 및 운영되고 있는가에 대하여 주기적으로 확인하여야 한다.

항 목	인 증 기 준
	(2) 최고경영자는 안전보건경영시스템의 의도한 결과를 달성할 수 있도록 안전보건활동에 대한 책임과 권한을 부여하고 문서화하여 공유되도록 하여야 한다.
5.4 근로자의 참여 및 협의	조직은 다음 사항에 대해서 근로자의 참여 및 협의를 보장하여야 한다. ① 전년도 안전보건경영성과 ② 해당 연도 안전보건목표 및 추진계획 이행현황 ③ 위험성평가 결과 개선조치 사항 ④ 정기적 성과측정 결과 및 시정조치 결과 ⑤ 내부심사 결과
6. 계획 수립	조직은 안전보건경영시스템 인증을 받기 위한 사전적 과정으로서 위험성평가를 실시하고 적용법규 등을 검토하여 법적 요구 수준 이상의 안전보건활동을 할 수 있도록 목표 및 추진계획을 수립하여야 한다.
6.1 위험성과 기회를 다루는 조치	
6.1.1 위험성평가	(1) 조직은 과거에 산업재해가 발생한 작업, 위험한 일이 발생한 작업, 작업방법, 보유·사용하고 있는 위험기계·기구 등 산업기계, 유해·위험물질 및 유해·위험공정 등 근로자의 노동에 관계되는 유해·위험요인에 의한 재해 발생이 합리적으로 예견 가능한 것에 대한 안전보건 위험성평가를 실시하여야 한다. (2) 조직은 사업장의 특성·규모·공정을 고려하여 적절한 위험성평가 기법을 활용하여 절차에 따라 실시하여야 한다. (3) 위험성평가는 사업장 위험성평가에 관한 지침(고용노동부 고시)에 따라 수행할 수 있다.
6.1.2 법규 및 그 밖의 요구사항 검토	조직은 적용되는 안전보건법규 및 조직이 동의한 요구사항을 파악하여 실행 및 유지하며 조직구성원에게 의사소통 및 정보를 제공하여야 한다.
6.2 안전보건목표	조직은 위험성평가 결과와 법적 요구 수준을 파악하여 목표를 수립하여야 한다.
6.3 안전보건목표 추진계획	(1) 조직은 안전보건목표를 달성하기 위한 추진계획 수립 시 다음 사항을 포함하여 문서화하고 실행하여야 한다. ① 조직의 전체 목표 및 부서별 세부목표와 이를 추진하고자 하는 책임자 지정 ② 목표달성을 위한 안전보건활동 추진계획(수단·방법·일정·예산·인원) ③ 안전보건활동별 성과지표 (2) 조직은 안전보건목표 및 추진계획을 정기적으로 검토하고 의사소통하여야 하며 계획의 변경 또는 추가 사유가 발생할 때에는 수정하여야 한다.

항 목	인 증 기 준
7. 지 원	
7.1 자원	최고경영자는 안전보건경영시스템의 수립, 실행, 유지 및 지속적 개선에 필요한 자원(물적, 인적)을 결정하고 제공하여야 한다.
7.2 역량 및 적격성	조직은 안전보건에 영향을 미치는 근로자가 업무수행에 필요한 교육·훈련 또는 경험 등을 통해 적합한 능력을 보유하도록 해야 하며, 업무수행상의 자격이 필요한 경우 해당 자격을 유지하도록 하여야 한다.
7.3 인식	(1) 근로자는 자신과 관련된 안전보건사항을 인식하여야 한다. (2) 조직은 안전보건교육 및 훈련계획 수립 시 조직의 계층, 조직의 유해·위험요인, 근로자의 업무 또는 작업 특성을 고려하되 다음 사항을 포함하여야 한다. ① 안전보건방침, 안전보건목표 및 추진계획 내용에 대한 담당자의 역할과 책임 ② 근로자의 업무 또는 작업이 안전보건에 미치는 영향과 결과 ③ 위험성평가 결과, 개선내용 및 잔여 위험요인과 그 대책 ④ 비상시 대응절차 및 규정된 대응절차를 준수하지 못할 경우 발생할 수 있는 피해
7.4 의사소통 및 정보 제공	조직은 안전보건경영시스템과 관련된 내·외부 의사소통을 위해 의사소통의 내용, 대상, 시기, 방법을 포함하는 절차를 수립 및 실행하여야 하며, 필요시 근로자 및 이해관계자에게 안전보건 관련 정보를 제공하여야 한다.
7.5 문서화	안전보건경영시스템에 대한 문서는 구성원 모두가 이해하기 쉽도록 간략하게 작성되고 효과성과 효율성을 위해 최소한도로 유지되어야 한다.
7.6 문서관리	문서는 정기적으로 검토하고 필요에 따라 개정하며 권한을 가진 자가 승인하여야 한다. 또한 문서는 읽기 쉽도록 유지하고 식별 및 추적이 쉽게 가능하도록 관리하여야 한다.
7.7 기록	(1) 기록대상에는 다음 사항을 포함하여 목록화를 하고 보존기간을 정하여 유지하여야 한다. ① 안전보건경영시스템의 계획 수립과 관련한 결과물 ② 안전보건경영시스템의 지원과 관련한 결과물 ③ 안전보건경영시스템의 실행과 관련한 결과물 ④ 안전보건경영시스템의 점검 결과물 ⑤ 기타 안전보건경영시스템과 관련된 활동 결과물 (2) 기록은 읽기 쉽고, 식별 및 추적이 가능하여야 한다.

항 목	인 증 기 준
8. 실 행	
8.1 운영계획 및 관리	(1) 조직은 안전보건 측면에서 영향을 미칠 수 있는 기계·기구·설비, 사용물질, 작업 등에 대해서 안전보건상의 기준을 준수하여야 한다. (2) 조직은 다음과 같은 안전보건활동과 관련하여 해당 사항에 대한 운영절차를 수립하고 이행하여야 한다. ① 운영절차가 필요한 안전보건활동 가. 작업장의 안전조치 나. 중량물·운반기계에 대한 안전조치 다. 개인보호구 지급 및 관리 라. 위험기계·기구에 대한 방호조치 마. 떨어짐·무너짐에 대한 방지조치 바. 안전검사 실시 사. 폭발·화재 및 위험물 누출 예방활동 아. 전기재해 예방활동 자. 쾌적한 작업환경 유지활동 차. 근로자 건강장해 예방활동 카. 협력업체의 안전보건활동 지원 타. 안전·보건관계자 역할과 활동 파. 산업재해 조사활동 하. 무재해운동 추진 및 운영 ② 작업내용 변경에 따른 유해·위험 예방조치 등을 포함하는 위험성평가 ③ 안전작업허가제도 운영
8.2 비상시 대비 및 대응	(1) 조직은 위험성평가 결과 중대산업사고 또는 사망 등 중대재해가 발생할 가능성이 있는 경우, 비상사태별 시나리오와 대책을 포함한 비상조치계획을 작성하고 사고 발생 시 피해를 최소화하여야 한다. (2) 조직은 비상사태 시나리오별로 정기적인 교육·훈련을 실시하고 비상사태 대응훈련 후에는 성과를 평가하여야 하며 필요시 개정·보완하여야 한다. (3) 조직은 비상시 대비 및 대응 내용에 다음 사항을 포함하여야 한다. ① 비상조치를 위한 인력, 장비 보유현황 ② 사고 발생 시 각 부서·관련 기관과의 비상연락체계 ③ 사고 발생 시 비상조치를 위한 조직의 임무 및 수행절차 ④ 비상조치계획에 따른 교육·훈련계획 ⑤ 비상시 대피절차와 재해자에 대한 구조, 응급조치 절차
9. 성과평가	
9.1 모니터링, 측정, 분석 및 성과평가	조직은 안전보건법규의 준수여부와 수립된 목표가 계획대로 달성되고 있는지 정기적으로 성과측정 및 모니터링하여야 한다.

항 목	인 증 기 준
9.2 내부심사	(1) 조직은 안전보건경영시스템의 모든 요소가 인증기준에 따라 실행·유지·관리되고 있는지 여부에 대한 내부심사를 최소한 1년에 1회 이상하여야 한다. (2) 내부심사는 독립적이고 능력 있는 사람에 의해 수행되어야 하며 필요에 따라 외부 전문가를 통해 수행할 수 있다. (3) 조직은 내부심사 결과보고서에 대해서 최고경영자를 포함한 모든 조직구성원에게 의사소통하여야 하며 시정조치는 요구사항대로 이행하여야 한다.
9.3 경영자 검토	(1) 최고경영자는 안전보건경영시스템 운영전반에 대하여 최소한 1년에 1회 이상 검토를 실시하여야 한다. (2) 경영자 검토에는 다음 사항의 실행현황이 포함되어야 한다. ① 이전 경영자 검토 결과의 후속조치 내용 ② 법적 요구사항 ③ 안전보건교육·훈련 결과 ④ 안전보건경영방침 및 목표의 이행도 ⑤ 효과적인 안전보건경영시스템의 유지를 위한 자원의 충족성 ⑥ 이해관계자와 관련된 의사소통 사항
10. 개 선	
10.1 일반사항	조직은 안전보건경영시스템의 의도한 결과를 달성하기 위해 필요한 조치를 실행하여야 한다.
10.2 사건, 부적합 및 시정조치	조직은 모니터링, 측정, 분석, 성과평가 결과 및 내부심사 결과 등에 의해서 사건 또는 부적합사항이 발견될 경우 원인을 파악하고 시정조치를 할 수 있도록 관련자에게 책임과 권한을 부여하고 실행하여야 한다.

(2) 안전보건활동 분야

항 목	인 증 기 준
1. 작업장의 안전조치	ㅇ작업장 바닥의 미끄럼 방지와 안전통로 구분, 정리정돈, 안전표시 등에 관한 기준을 설정하고, 유지·보수 및 점검 등 적절하게 현장관리를 하고 있어야 한다.
2. 중량물·운반기계에 대한 안전조치	ㅇ운반기계별 운반기준이 적합하게 정해져 이행되고 있어야 한다. ㅇ지게차 등 차량계 하역운반기계 및 양중기 사용 작업 시 운행경로, 작업방법, 안전조치 등이 제대로 유지·관리되고 있어야 한다.
3. 개인보호구 지급 및 관리	ㅇ적절한 보호구를 지급·사용하고, 예비품을 비치하는 등 보호구 착용 및 지급이 제도화되어 있어야 한다.

항 목	인 증 기 준
4. 위험기계·기구에 대한 방호조치	ㅇ기계·기구 기타 설비의 기능과 특성을 고려하여 방호조치하고, 잠재위험이 없도록 보수·점검 등을 실시하고 있어야 한다.
5. 떨어짐·무너짐에 의한 위험방지	ㅇ개구부 방호, 안전대 설치, 승강설비 설치, 구명구 비치, 울타리 설치, 조명유지 등 떨어짐에 의한 위험방지조치와 무너짐·맞음에 의한 위험방지조치를 실시하고 있어야 한다.
6. 안전검사 실시	ㅇ안전검사 대상이 파악되고 기준에 따라 정기적으로 검사를 실시하고 있어야 한다.
7. 폭발·화재 및 위험물 누출 예방활동	ㅇ 폭발·화재 및 위험물 누출에 의한 위험방지조치가 이루어지고 있으며, 보수·점검계획에 따라 주기적으로 점검하고, 비상시 대피요령을 알고 있어야 한다. ㅇ화학설비·압력용기 등은 건축물의 구조 검토, 부식 방지, 밸브 개폐방향 표시, 안전밸브·파열판·화염방지기 설치, 계측장치·자동경보장치·긴급차단장치 설치 등 위험방지조치를 실시하고 있어야 한다.
8. 전기재해 예방활동	ㅇ전기로 인한 위험방지를 위하여 전기기계·기구 및 가설 전기설비에 방호조치를 하고, 유지·보수하는 예방활동을 시행하고 있어야 한다. ㅇ전기설비 또는 정전기로 인한 화재폭발을 방지하기 위하여 기준에 적합하도록 등급을 설정하여 관리하고 있어야 한다.
9. 쾌적한 작업환경 유지활동	ㅇ유해화학물질 취급 근로자의 건강장해 및 직업병을 예방하기 위하여 적절한 조치와 관련 규정을 준수하고 있어야 한다. ㅇ취급 유해물질을 목록화 하고, 물질안전보건자료(MSDS)를 비치 또는 게시하고, 관련 규정을 이행하고 있어야 한다. ㅇ작업환경측정 대상 유해인자에 노출되는 근로자의 건강장해를 예방하기 위하여 물리적인자(소음, 진동, 유해광선 등) 및 화학적인자(분진, 유기화합물, 중금속, 산·알카리 등) 등의 유해인자를 정기적으로 측정하고, 적절한 개선조치를 하고 있어야 한다 ㅇ관리대상·허가대상·금지유해물질에 대한 건강장해예방을 위해 국소배기장치·경보설비·잠금장치·긴급차단장치·세척시설·목욕설비·세안설비 설치, 작업장 바닥의 관리, 부식·누출방지조치, 청소, 출입금지, 보호구 지급, 명칭 등 게시, 유해성 주지, 흡연금지, 작업수칙 준수, 사고 시 대피, 취급일지 작성 등의 조치를 하고 있어야 한다.
10. 근로자 건강장해 예방활동	ㅇ근로자의 건강보호·유지를 위하여 근로자에 대한 건강진단을 정기적으로 실시하고, 적절한 사후조치를 하고 있어야 한다. ㅇ근로자의 업무상 질병을 예방하기 위하여 적절한 조치를 하고 있어야 한다. – 분진 작업으로 인한 근로자 건강장해를 예방하기 위한 "호흡기보호 프로그램"의 시행

항 목	인 증 기 준
	– 산소결핍, 유해가스로 인한 위험이 있는 장소에서의 작업 근로자를 보호하기 위한 "밀폐공간 보건작업 프로그램"의 시행 – 소음 작업 근로자의 소음성 난청을 예방하기 위한 "청력보존 프로그램"의 시행 – 작업 관련 근골격계질환예방을 위한 "근골격계질환예방 프로그램"의 시행 – 근로자의 금연 등 건강관리능력을 함양하기 위하여 "건강증진 프로그램"등 건강증진 사업의 시행 – 신체적 피로 및 정신적 스트레스 등에 의한 건강장해예방을 위하여 "직무스트레스 프로그램"의 시행 ㅇ고령, 여성, 외국인 등 취약계층 근로자의 건강증진 및 작업환경개선을 위한 건강장해 예방조치를 하고 있어야 한다. ㅇ온·습도 조절장치, 환기장치, 휴게시설, 세척시설 등의 설치, 음료수 등의 비치, 보호구 지급 등 온도·습도에 의한 건강장해 예방조치를 하고 있어야 한다. ㅇ방사선 물질의 밀폐, 관리구역의 지정, 차폐물·국소배기장치·방지설비의 설치, 취급용구·보호구 지급, 폐기물 처리, 흡연금지, 유해성 주지 등 방사선에 의한 건강장해 예방조치를 하고 있어야 한다. ㅇ유해성 주지, 오염방지조치, 감염예방조치 등 병원체의 건강장해 예방조치를 하고 있어야 한다. ㅇ사무실에서의 건강장해 예방조치를 하고 있어야 한다. ㅇ밀폐공간 작업으로 인한 건강장해예방을 하고 있어야 한다.
11. 협력업체의 안전보건활동 지원	ㅇ협력업체에 대하여 적절한 안전보건관리를 하고 있어야한다. ㅇ안전보건총괄책임자를 지정하고 안전보건협의체의 운영, 작업장 순회점검, 근로자 안전보건교육 지원 등 도급 시 안전보건조치를 수행하여야 한다. ㅇ중금속 취급 유해작업, 제조·사용허가 대상물질 취급 작업 등을 도급 시 안전·보건기준을 준수하고 있어야 한다.
12. 안전·보건관계자 역할 및 활동	ㅇ안전관리자 및 보건관리자를 지정(대행기관)하고, 안전보건경영시스템의 실행 및 운영활동과 안전보건목표를 달성하기 위한 역할을 수행하여야 한다. ㅇ안전보건관리책임자를 선임하고, 관리감독자를 지정하여 안전보건 관련 역할을 수행토록 하여야 한다.
13. 산업재해 조사활동	ㅇ사업장(협력업체 포함)에서 재해 발생 시 원인조사를 실시하고, 재발방지대책을 적극적으로 실행하여야 한다. ㅇ재해통계분석은 정기적으로 실시하고 익년도 안전보건활동목표에 반영하여야 한다.
14. 무재해운동의 자율적 추진 및 운영	ㅇ무재해운동의 개시 선포 및 목표달성 현황 게시 등을 실행하여야 한다.

(3) 안전보건경영관계자 면담 분야

항 목	인 증 기 준
1. 경영자가 알아야 할 사항	ㅇ재해예방과 쾌적한 작업환경을 조성함으로써 근로자 및 이해관계자의 안전과 보건을 유지·증진하기 위한 책임과 책무를 다하여야 함을 알고 있어야 한다. ㅇ안전보건방침과 이에 따른 목표가 수립되고 이들이 조직의 전략적 방향과 조화되도록 하여야 함을 알고 있어야 한다. ㅇ안전보건경영시스템 요구사항을 조직의 비즈니스 프로세스에 통합되도록 하여야 함을 알고 있어야 한다. ㅇ안전보건경영시스템의 구축, 실행, 유지, 개선에 필요한 자원(물적, 인적)을 제공하고 안전보건경영시스템의 효과성에 기여하도록 인원을 지휘하여야 함을 알고 있어야 한다. ㅇ효과적인 안전보건경영의 중요성과 안전보건경영시스템 요구사항 이행의 중요성에 대한 의사소통이 되도록 하여야 함을 알고 있어야 한다. ㅇ안전보건경영시스템이 의도된 결과를 달성할 수 있도록 하여야 함을 알고 있어야 한다. ㅇ지속적인 개선을 보장하고 촉진하여야 함을 알고 있어야 한다. ㅇ안전보건경영시스템의 의도된 결과를 지원하는 조직 문화의 개발, 실행 및 촉진하여야 함을 알고 있어야 한다. ㅇ사건, 유해·위험요인 및 위험성 보고 시 부당한 조치로부터 근로자를 보호하여야 함을 알고 있어야 한다. ㅇ안전보건경영시스템의 운영상에 근로자의 참여 및 협의를 보장하여야 함을 알고 있어야 한다.
2. 중간관리자가 알아야 할 사항	ㅇ회사의 안전보건경영방침을 수행하기 위한 구체적 추진계획을 알고 있어야 한다. ㅇ안전보건경영시스템의 운영절차와 기대효과에 대해서 알고 있어야 한다. ㅇ안전보건경영시스템 운영상의 담당자의 역할을 알고 있어야 한다. ㅇ해당 공정의 위험성평가 방법과 내용을 알고 있어야 한다. ㅇ해당 공정의 중요한 안전보건작업지침을 알고 있어야 한다. ㅇ유해·위험 작업공정과 작업환경이 열악한 장소를 파악하고 있어야 한다. ㅇ비상조치사항을 알고 있어야 한다. ㅇ최신 기술자료의 보관장소와 관리방법을 알고 있어야 한다.
3. 현장관리자가 알아야 할 사항	ㅇ사업장의 재해내용과 안전보건목표를 알고 있어야 한다. ㅇ안전보건경영시스템 운영상의 담당자 역할을 알고 있어야 한다. ㅇ물질안전보건자료(MSDS) 등 공정안전자료의 활용과 비치장소를 알고 있어야 한다. ㅇ해당 공정의 잠재위험성과 대응방법을 알고 있어야 한다. ㅇ예정되지 아니한 정전 시의 조치사항을 알고 있어야 한다. ㅇ안전보건기술자료가 어디에 보관되는지 알고 있어야 한다. ㅇ비상조치계획에서 담당역할을 알고 있어야 한다. ㅇ기계·기구 및 설비의 검사주기를 알고 있어야 한다.

항 목	인 증 기 준
	ㅇ현장에서의 유해·위험물질 취급방법을 알고 있어야 한다. ㅇ가동 전 안전점검 사항을 알고 있어야 한다.
4. 현장근로자가 알아야 할 사항	ㅇ담당 업무에 관한 안전보건수칙을 알고 있어야 한다. ㅇ안전보건경영시스템 운영절차를 알고 있어야 한다. ㅇ최근 실시한 안전보건교육의 내용을 알고 있어야 한다. ㅇ취급하고 있는 유해·위험물질에 대하여 물질안전보건자료(MSDS)를 알고 있어야 한다. ㅇ비상사태 발생 시 조치사항을 알고 있어야 한다. ㅇ개인보호구 착용기준과 착용방법 등을 알고 있어야 한다.
5. 안전·보건관리자, 담당자, 조정자가 알아야 할 사항	ㅇ법정 안전·보건관리자, 담당자, 조정자로서의 역할을 알고 있어야 한다. ㅇ안전보건경영시스템의 내용과 성과 및 기대효과를 알고 있어야 한다. ㅇ안전보건경영시스템을 실행하기 위한 추진목표를 알고 있어야 한다. ㅇ내부심사 결과 및 조치사항을 알고 있어야 한다. ㅇ위험성평가 방법 및 조치내용을 알고 있어야 한다.
6. 협력업체 관계자가 알아야 할 사항	ㅇ협력업체의 사업주가 해야 할 사항을 알고 있어야 한다. ㅇ현장에서 위험상황을 발견했을 때 조치방법을 알고 있어야 한다. ㅇ비상시 행동요령에 대하여 알고 있어야 한다. ㅇ개인보호구 지급기준과 착용방법을 알고 있어야 한다. ㅇ안전작업허가서를 교부받아야 할 작업의 종류 및 절차를 알고 있어야 한다. ㅇ원청사(발주자 포함)의 안전보건에 관련된 요구사항을 알고 있어야 한다.

3) 기준 C형 : 상시근로자 20인 미만 사업장용

(1) 안전보건경영체제 분야

항 목	인 증 기 준
4. 조직의 상황	
4.1 안전보건경영 시스템	조직은 안전보건 관련 내·외부 현안사항과 근로자의 요구사항을 반영하여 안전보건경영시스템을 구축, 실행하고 의도한 결과를 달성할 수 있도록 P-D-C-A 순환과정을 통해 지속적으로 개선하여야 한다.
5. 리더십과 근로자의 참여	
5.1 리더십과 의지표명	최고경영자는 안전보건경영시스템에 대한 리더십과 의지표현을 다음으로 보여주어야 한다.

항 목	인 증 기 준
	① 재해예방과 쾌적한 작업환경을 조성함으로써 근로자 및 이해관계자의 안전과 보건을 유지·증진하기 위한 책임과 책무를 다하여야 한다. ② 안전보건방침과 이에 따른 목표가 수립되고 이들이 조직의 전략적 방향과 조화되도록 하여야 한다. ③ 안전보건경영시스템 요구사항을 조직의 비즈니스 프로세스에 통합되도록 하여야 한다. ④ 안전보건경영시스템의 구축, 실행, 유지, 개선에 필요한 자원(물적, 인적)을 제공하고 안전보건경영시스템의 효과성에 기여하도록 인원을 지휘하여야 한다. ⑤ 효과적인 안전보건경영의 중요성과 안전보건경영시스템 요구사항 이행의 중요성에 대한 의사소통이 되도록 하여야 한다. ⑥ 안전보건경영시스템이 의도된 결과를 달성할 수 있도록 하여야 한다. ⑦ 지속적인 개선을 보장하고 촉진하여야 한다. ⑧ 안전보건경영시스템의 의도된 결과를 지원하는 조직 문화의 개발, 실행 및 촉진하여야 한다. ⑨ 사건, 유해·위험요인 및 위험성 보고 시 부당한 조치로부터 근로자를 보호하여야 한다. ⑩ 안전보건경영시스템의 운영상에 근로자의 참여 및 협의를 보장하여야 한다.
5.2 안전보건방침	최고경영자는 조직에 적합한 안전보건방침을 정하여야 하며, 이 방침에는 최고경영자의 정책과 목표, 성과개선, 법규 준수에 대한 의지가 제시 및 공개되어야 한다.
5.3 조직의 역할, 책임 및 권한	최고경영자는 공표한 안전보건방침, 목표를 달성할 수 있도록 안전보건경영시스템이 이 기준의 요구사항에 적합하게 실행 및 운영되고 있는가에 대하여 주기적으로 확인하여야 한다.
6. 계획 수립	조직은 안전보건경영시스템 인증을 받기 위한 사전적 과정으로서 위험성평가를 실시하고 적용법규 등을 검토하여 법적 요구 수준 이상의 안전보건활동을 할 수 있도록 목표 및 추진계획을 수립하여야 한다.
6.1 위험성과 기회를 다루는 조치	
6.1.1 위험성평가	(1) 조직은 사업장의 특성·규모·공정을 고려하여 적절한 위험성평가 기법을 활용하여 절차에 따라 실시하여야 한다. (2) 조직은 위험성평가를 사업장 "위험성평가에 관한 지침(고용노동부 고시)"에 따라 수행할 수 있다.
6.1.2 법규 및 그 밖의 요구사항 검토	조직은 적용되는 안전보건법규 및 조직이 동의한 요구사항을 파악하여 실행 및 유지하며 조직구성원에게 의사소통 및 정보를 제공하여야 한다.

항 목	인 증 기 준
6.2 안전보건목표	조직은 위험성평가 결과와 법적 요구 수준을 파악하여 목표를 수립하여야 한다.
6.3 안전보건목표 추진 계획	(1) 조직은 수립된 목표를 달성하기 위한 안전보건활동 추진계획을 수립·실행하여야 한다. (2) 조직은 안전보건목표 및 추진계획을 정기적으로 검토하고 의사소통하여야 한다.
7. 지 원	
7.1 자원	최고경영자는 안전보건경영시스템의 수립, 실행, 유지 및 지속적 개선에 필요한 자원(물적, 인적)을 결정하고 제공하여야 한다.
7.2 역량 및 적격성	조직은 안전보건에 영향을 미치는 근로자가 업무수행에 필요한 교육·훈련 또는 경험 등을 통해 적합한 능력을 보유하도록 해야 하며 업무수행상의 자격이 필요한 경우 해당 자격을 유지하도록 하여야 한다.
7.3 인식	(1) 근로자는 자신과 관련된 안전보건사항을 인식하여야 한다. (2) 조직은 조직의 유해·위험요인, 근로자의 업무 또는 작업 특성을 고려하여 안전보건교육을 실시하고 그 결과를 관리하여야 한다.
7.4 의사소통 및 정보 제공	조직은 근로자에게 안전보건 관련 정보가 제공되고 의사소통되어야 한다.
7.5 문서화	안전보건경영시스템에 대한 문서는 구성원 모두가 이해하기 쉽도록 간략하게 작성되고 효과성과 효율성을 위해 최소한도로 유지되어야 한다.
7.6 문서관리	문서는 정기적으로 검토하고 필요에 따라 개정하며 권한을 가진 자가 승인하여야 한다. 또한 문서는 읽기 쉽도록 유지하고 식별 및 추적이 쉽게 가능하도록 관리하여야 한다.
7.7 기록	조직은 안전보건경영시스템 및 법에서 요구하는 기록물을 목록화하고 보존기간을 정하여 유지하여야 한다.
8. 실 행	
8.1 운영계획 및 관리	조직은 안전보건 측면에서 영향을 미칠 수 있는 기계·기구·설비, 사용물질, 작업 등에 대해서 안전보건상의 기준을 준수하여야 한다.
8.2 비상시 대비 및 대응	조직은 위험성평가 결과 중대산업사고 또는 사망 등 중대재해가 발생할 가능성이 있는 경우, 비상사태별 시나리오를 작성하고 정기적인 교육·훈련을 실시하여야 한다.

항 목	인 증 기 준
9. 성과평가	
9.1 모니터링, 측정, 분석 및 성과평가	조직은 안전보건법규의 준수여부와 수립된 목표가 계획대로 달성되고 있는지 정기적으로 성과측정 및 모니터링하여야 한다.
9.2 내부심사	조직은 안전보건경영시스템의 모든 요소가 인증기준에 따라 실행·유지·관리되고 있는지 여부에 대한 내부심사를 최소한 1년에 1회 이상하여야 한다.
9.3 경영자 검토	(1) 최고경영자는 안전보건경영시스템 운영전반에 대하여 최소한 1년에 1회 이상 검토를 실시하여야 한다. (2) 경영자 검토에는 다음 사항의 실행현황이 포함되어야 한다. ① 이전의 경영자 검토 결과의 후속조치 내용 ② 법적 요구사항 ③ 안전보건교육·훈련 결과 ④ 안전보건경영방침 및 목표의 이행도 ⑤ 효과적인 안전보건경영시스템의 유지를 위한 자원의 충족성 ⑥ 이해관계자와 관련된 의사소통 사항
10. 개 선	
10.1 일반사항	조직은 안전보건경영시스템의 의도한 결과를 달성하기 위해 필요한 조치를 실행하여야 한다.
10.2 사건, 부적합 및 시정조치	조직은 성과측정 및 모니터링 결과, 내부심사 결과 등에 의해서 사건 또는 부적합사항이 발견될 경우 원인을 파악하고 시정조치를 할 수 있도록 책임과 권한을 부여하고 실행하여야 한다.

(2) 안전보건활동 분야(상시근로자 20인 미만 미적용)

(3) 안전보건경영관계자 면담 분야(상시근로자 20인 미만 사업장용)

항 목	인 증 기 준
1. 경영자가 알아야 할 사항	ㅇ재해예방과 쾌적한 작업환경을 조성함으로써 근로자 및 이해관계자의 안전과 보건을 유지·증진하기 위한 책임과 책무를 다하여야 함을 알고 있어야 한다. ㅇ안전보건방침과 이에 따른 목표가 수립되고 이들이 조직의 전략적 방향과 조화되도록 하여야 함을 알고 있어야 한다. ㅇ안전보건경영시스템 요구사항을 조직의 비즈니스 프로세스에 통합되도록 하여야 함을 알고 있어야 한다.

항 목	인 증 기 준
	ㅇ안전보건경영시스템의 구축, 실행, 유지, 개선에 필요한 자원(물적, 인적)을 제공하고 안전보건경영시스템의 효과성에 기여하도록 인원을 지휘하여야 함을 알고 있어야 한다. ㅇ효과적인 안전보건경영의 중요성과 안전보건경영시스템 요구사항 이행의 중요성에 대한 의사소통이 되도록 하여야 함을 알고 있어야 한다. ㅇ안전보건경영시스템이 의도된 결과를 달성할 수 있도록 하여야 함을 알고 있어야 한다. ㅇ지속적인 개선을 보장하고 촉진하여야 함을 알고 있어야 한다. ㅇ안전보건경영시스템의 의도된 결과를 지원하는 조직 문화의 개발, 실행 및 촉진하여야 함을 알고 있어야 한다. ㅇ사건, 유해·위험요인 및 위험성 보고 시 부당한 조치로부터 근로자를 보호하여야 함을 알고 있어야 한다. ㅇ안전보건경영시스템의 운영상에 근로자의 참여 및 협의를 보장하여야 함을 알고 있어야 한다.
2. 현장관리자가 알아야 할 사항	ㅇ사업장의 재해내용과 안전보건목표를 알고 있어야 한다. ㅇ안전보건경영시스템 운영상의 담당자 역할을 알고 있어야 한다. ㅇ현장에서의 유해·위험물질 취급방법을 알고 있어야 한다.
3. 현장근로자가 알아야 할 사항	ㅇ담당 업무에 관한 안전보건수칙을 알고 있어야 한다. ㅇ취급하고 있는 유해·위험물질에 대하여 물질안전보건자료(MSDS)를 알고 있어야 한다.

3 KOSHA-MS 건설업 인증기준

1) 발주기관

(1) 본사 분야

항 목	인 증 기 준
4. 조직의 상황	
4.1 조직과 조직상황의 이해	조직은 안전보건경영시스템의 의도한 결과에 영향을 주는 사업장 내·외부의 현안사항을 파악하여야 한다.
4.2 근로자 및 이해관계자 요구사항	조직은 내·외부의 현안사항 파악 시 소속 현장의 근로자와 이해관계자의 요구사항을 파악하고 이들의 요구사항에서 비롯된 조직의 준수의무사항이 무엇인지 규정하여야 한다.

항 목	인 증 기 준
4.3 안전보건경영시스템 적용범위 결정	(1) 조직은 안전보건경영시스템의 적용범위를 경영환경, 소재지, 업무 특성을 고려하여 정할 수 있다. (2) 이 기준의 모든 요소는 안전보건경영시스템에 적용되는 것이 원칙이나 조직의 규모 또는 업무 특성에 따라 각 요소의 범위와 방법을 조정하여 적용할 수 있고 본사, 사업부서(일선기관), 소속 현장과 상호 연계성을 갖도록 하여야 한다.
4.4 안전보건경영시스템	조직은 내·외부 현안사항과 근로자 및 이해관계자의 요구사항을 반영하여 안전보건경영시스템을 구축, 실행하고 P-D-C-A 순환과정을 통해 지속적으로 개선하여야 한다.
5. 리더십과 근로자의 참여	
5.1 리더십과 의지표명	최고경영자는 안전보건경영시스템에 대한 리더십과 실천의지를 다음과 같은 사항으로 표명을 하여야 한다. (1) 재해예방과 쾌적한 작업환경을 조성함으로써 근로자 및 이해관계자의 안전과 보건을 유지·증진하기 위한 책임과 책무를 다하여야 한다. (2) 안전보건방침과 이에 따른 목표가 수립되고 이들이 조직의 전략적 방향과 조화되도록 하여야 한다. (3) 안전보건경영시스템 요구사항을 조직의 비즈니스 프로세스에 통합되도록 하여야 한다. (4) 안전보건경영시스템의 구축, 실행, 유지, 개선에 필요한 자원(물적, 인적)을 제공하고 안전보건경영시스템의 효과성에 기여하도록 인원을 지휘하여야 한다. (5) 효과적인 안전보건경영의 중요성과 안전보건경영시스템 요구사항 이행의 중요성에 대한 의사소통이 되도록 하여야 한다. (6) 안전보건경영시스템이 의도된 결과를 달성할 수 있도록 하여야 한다. (7) 지속적인 개선을 보장하고 촉진하여야 한다. (8) 안전보건경영시스템의 의도된 결과를 지원하는 조직 문화를 개발, 실행 및 촉진하여야 한다. (9) 사건, 유해·위험요인 및 위험성 보고 시 부당한 조치로부터 근로자를 보호하여야 한다. (10) 안전보건경영시스템의 운영상에 근로자의 참여 및 협의를 보장하여야 한다.
5.2 안전보건방침	(1) 최고경영자는 조직에 적합한 안전보건방침을 정하여야 하며, 이 방침에는 최고경영자의 정책과 목표, 성과개선에 대한 의지를 제시하여야 한다. (2) 안전보건방침은 다음 사항을 만족하여야 한다. ① 작업장을 안전하고 쾌적한 작업환경으로 조성하려는 의지가 표현될 것 ② 작업장의 유해·위험요인을 제거하고 위험성을 감소시키기 위한 실행 및 안전보건경영시스템의 지속적인 개선의지를 포함할 것 ③ 조직의 규모와 여건에 적합할 것 ④ 법적 요구사항 및 그 밖의 요구사항의 준수의지를 포함할 것

항 목	인 증 기 준
	⑤ 최고경영자의 안전보건경영철학과 근로자의 참여 및 협의에 대한 의지를 포함할 것 (3) 최고경영자는 안전보건방침을 간결하게 문서화하고 서명과 시행일을 명기하여 조직의 모든 구성원 및 이해관계자가 쉽게 접할 수 있도록 공개하여야 한다. (4) 최고경영자는 안전보건방침이 조직에 적합한지를 정기적으로 검토하여야 한다.
5.3 조직의 역할, 책임 및 권한	최고경영자는 안전보건경영시스템의 의도한 결과를 달성할 수 있도록 모든 계층별, 부서별로 안전보건활동에 대한 책임과 권한을 부여하고 문서화하여 공유되도록 하여야 한다.
5.4 근로자의 참여 및 협의	조직은 수급인의 안전보건경영시스템 실행 및 운영과 개선을 위하여 근로자 참여활동에 대해 관심을 갖고 확인하여야 한다.
6. 계획 수립	
6.1.1 일반사항	조직은 관리의 필요성이 있는 위험성과 조치사항을 결정하는 경우, 다음 사항을 고려하여야 한다. ① 안전보건경영시스템 성과의 달성 가능성 ② 예측하지 못한 위험의 예방 또는 최소화 ③ 지속적 개선
6.1.2 위험성평가	(1) 조직은 재해분석 및 현장의 공사 특성, 위험정보, 위험성평가 데이터베이스 등을 참조하여 위험요인을 파악하고, 이를 평가하여 평가 결과를 본사 및 소속 현장 등과 공유하여야 한다. (2) 조직은 소속 현장에서 현장의 특성, 규모, 공정을 고려하여 적절한 위험성평가 기법을 활용하여 절차에 따라 실시하도록 지도하여야 한다. (3) 조직은 소속 현장의 위험성평가 대상에 근로자 및 이해관계자에게 안전보건상의 영향을 주는 다음 사항을 포함하고 있는지를 확인하여야 한다. ① 조직 내부 또는 외부에서 작업장에 제공되는 유해·위험시설 ② 조직에서 보유 또는 취급하고 있는 모든 유해·위험물질 ③ 일상적인 작업(협력업체 포함) 및 비일상적인 작업(작업내용 변경, 수리 또는 정비 등) ④ 발생할 수 있는 비상조치 작업 ⑤ 작업의 조건과 상황 및 특성 (4) 위험성평가 시 조직은 안전보건상의 영향을 최소화하기 위해 가능한 다음 사항을 고려할 수 있다. ① 교대작업, 야간 노동, 장시간 노동 등 열악한 노동조건에 대한 근로자의 안전보건 ② 일시고용, 고령자, 외국인 등 취약계층 근로자의 안전보건 ③ 교통사고, 체육활동 등 행사 중 재해

항 목	인 증 기 준
	(5) 조직은 소속 현장의 위험성평가가 사후적이 아닌 사전적으로 실시되며, 주기적으로 재평가되고 그 결과를 문서화하여 유지하는지를 정기적으로 모니터링 하여야 한다. (6) 조직은 소속 현장에서 위험성평가 조치계획 수립 시 다음과 같은 단계를 따르도록 지도하여야 한다. ① 유해·위험요인의 제거 ② 위험성 감소 ③ 안전보건장치 설치 등 기술적 대책 ④ 안전보건표지, 유해·위험에 대한 경고, 작업절차서 정비 등 관리적 대책 ⑤ 개인보호구의 사용 (7) 조직(안전보건조정자)은 소속 현장에서 다수의 원수급인 간 위험성평가 내용, 결과의 연계성을 확인하고, 상이함으로 인한 간섭 등이 발생한 경우 이를 조정하여야 한다.
6.1.3 법규 및 그 밖의 요구사항 검토	(1) 조직은 다음과 같은 법규 및 조직이 동의한 그 밖의 요구사항을 파악하고 활용하기 위한 절차를 수립, 실행 및 유지하여야 한다. ① 조직에 적용되는 안전보건법규 및 조직이 동의한 그 밖의 요구사항 ② 조직구성원 및 이해관계자들과 관련된 안전보건기준과 지침 ③ 조직 특성에 따라 구성원이 지켜야 할 안전보건상의 기술적인 지침 (2) 조직은 법규 및 그 밖의 요구사항은 최신의 것으로 유지하여야 한다. (3) 조직은 법규 및 그 밖의 요구사항에 대하여 조직구성원 및 이해관계자 등과 의사소통하여야 한다.
6.2 안전보건목표	(1) 조직은 본사 및 사업부서별 안전보건목표를 수립하여야 하며 안전보건목표는 본사 조직별, 현장별 목표 수립 시 전체 목표와 연계되도록 한다. (2) 조직은 안전보건목표 수립 시 재해 발생 현황, 위험성평가 결과, 성과측정, 내부심사, 경영자 검토 등이 반영되도록 하여야 한다. (3) 조직은 안전보건목표 수립 시 안전보건방침과 연계성이 있어야 하고 다음 사항을 고려하여야 한다. ① 구체적일 것 ② 측정이 가능할 것 ③ 안전보건개선활동을 통해 달성이 가능할 것 (4) 조직은 안전보건목표를 주기적으로 모니터링하여야 하고 변경사유가 발생할 때에는 수정하여야 한다. (5) 조직은 안전보건목표 수립 시 목표달성을 위한 조직 및 인적·물적 지원 범위를 반영하여야 한다.
6.3 안전보건목표 추진계획	(1) 조직은 안전보건목표를 달성하기 위한 본사 및 사업부서별 안전보건활동 추진계획 수립 시 다음 사항을 포함하여 문서화하고 실행하여야 한다. ① 추진계획이 구체적일 것(방법·일정·소요자원 등)

항 목	인 증 기 준
	② 목표달성을 위한 안전보건활동 추진계획 책임자를 지정할 것 ③ 추진경과를 측정할 지표를 포함할 것 ④ 목표와 안전보건활동 추진계획과의 연계성이 있을 것 (2) 조직은 안전보건활동 추진계획을 정기적으로 검토하고 의사소통하여야 하며 계획의 변경 또는 새로운 계획이 필요할 때에는 수정하여야 한다.
7. 지 원	
7.1 자원	최고경영자는 안전보건경영시스템의 수립, 실행, 유지 및 지속적 개선에 필요한 자원(물적, 인적)을 결정하고 제공하여야 한다.
7.2 역량 및 적격성	조직은 소속 현장의 구성원이 안전보건업무수행에 필요한 교육·훈련 또는 경험 등을 통해 적합한 능력을 보유하도록 교육·훈련계획을 수립 및 실시해야 하며 업무수행상의 자격이 필요한 경우 해당 자격을 취득·유지하도록 하여야 한다.
7.3 인식	(1) 조직은 수급인이 안전보건교육 및 훈련계획 수립 시 수급인 조직의 계층, 유해·위험요인, 근로자의 업무 또는 작업 특성을 고려하되 다음 사항을 포함하도록 지도하여야 한다. ① 안전보건방침, 안전보건목표 및 추진계획 내용에 대한 담당자의 역할과 책임 ② 근로자의 업무 또는 작업이 안전보건에 미치는 영향과 결과 ③ 위험성평가 결과, 개선내용 및 잔여 위험요인과 그 대책 ④ 비상시 대응절차 및 규정된 대응절차를 준수하지 못할 경우 발생할 수 있는 피해 (2) 조직은 안전보건교육 및 훈련계획 수립 시 그 필요성을 파악하고 교육·훈련 후에는 교육성과를 평가하여야 한다. (3) 조직은 안전보건교육 및 훈련계획 수립 시 공사에 참여하는 시공업체에 대한 교육·훈련이 이루어질 수 있도록 고려하여야 한다.
7.4 의사소통 및 정보 제공	(1) 조직은 본사 사업부서, 소속 현장, 이해관계자(CM, 원도급업체, 기타)간에 안전보건경영시스템과 관련된 정보를 제공하고 의사소통을 하여야 한다. (2) 조직은 의사소통 시 성별, 언어, 문화, 장애와 같은 다양한 측면을 고려하여야 한다. (3) 조직은 안전보건문제와 활동에 대한 근로자 및 이해관계자의 참여(견해, 개선 아이디어, 관심사항) 내용을 검토하고 회신하여야 한다.
7.5 문서화	(1) 조직은 안전보건경영시스템 인증기준의 모든 항목을 포함하여 안전보건경영체제를 문서화(매뉴얼, 절차서 등)하여야 하며, 구성요소와 요소 간의 상관관계를 고려하여야 한다. (2) 조직은 안전보건경영시스템 관련 문서를 구성원 모두가 이해하기 쉽도록 간략하게 작성하고 효과성과 효율성을 위해 최소화하여야 한다.

항 목	인 증 기 준
7.6 문서관리	(3) 문서는 정기적으로 검토하고 필요에 따라 개정한다.
	(1) 조직은 이 기준에서 요구하는 모든 문서가 다음의 사항과 같이 관리되도록 하여야 한다. ① 승인된 문서는 적절한 장소에 비치 ② 문서는 정기적으로 검토하고 필요에 따라 개정하며, 권한을 가진 자가 승인 ③ 구(舊)문서는 문서 및 비치장소에서 신속히 제거조치 ④ 문서규정에 의하여 또는 보전을 목적으로 보유하고 있는 모든 구(舊) 문서는 최신문서와 식별되도록 적절하게 조치 ⑤ 문서는 읽기 쉽도록 유지하고 식별 및 추적이 쉽게 가능하도록 관리 (2) 조직은 문서를 작성하고 수정하는데 필요한 절차와 책임에 대한 내용을 명시하고 있어야 한다.
7.7 기록	(1) 조직은 기록의 식별, 유지, 보관, 보호, 검색 및 폐기에 관한 절차를 수립하고 문서화하여야 한다. (2) 기록대상에는 다음 사항을 포함하여 목록화를 하고 보존기간을 정하여 유지하여야 한다. ① 안전보건경영시스템의 계획 수립과 관련한 결과물 – 위험성평가, 법규 등 검토, 안전보건목표, 안전보건활동 추진계획 ② 안전보건경영시스템의 지원과 관련한 결과물 – 조직도 및 업무분장표, 교육·훈련, 자격보유자 목록, 의사소통 ③ 안전보건경영시스템의 실행과 관련한 결과물 – 안전보건활동, 비상조치계획서에 따른 실행 ④ 안전보건경영시스템의 점검 결과물 – 성과측정 및 모니터링, 시정조치, 내부심사, 경영자 검토 ⑤ 기타 안전보건경영시스템과 관련된 활동 결과물 (3) 기록은 읽기 쉽고, 식별 및 추적이 가능하여야 한다.
8. 실 행	
8.1 운영계획 및 관리	(1) 조직은 안전보건 측면에서 영향을 미칠 수 있는 기계·기구·설비, 사용물질, 작업 등에 대해서 소속 현장의 조직구성원, 이해관계자가 안전보건상의 기준을 준수하도록 확인하여야 한다. (2) 조직은 소속 현장의 구성원, 이해관계자가 다음과 같은 안전보건활동과 관련하여 해당 사항에 대한 운영절차를 수립하고 이행하도록 확인하여야 한다. ① 작업장의 안전조치 ② 중량물·운반기계에 대한 안전조치 ③ 개인보호구 지급 및 관리 ④ 위험기계·기구에 대한 안전조치 ⑤ 떨어짐·무너짐에 대한 안전조치

항 목	인 증 기 준
	⑥ 안전인증, 안전검사 실시 ⑦ 폭발·화재 및 위험물 누출 예방활동 ⑧ 전기재해 예방활동 ⑨ 쾌적한 작업환경 유지활동 ⑩ 근로자 건강장해 예방활동 ⑪ 협력업체의 안전보건활동 지원 및 평가 ⑫ 안전·보건관계자 역할과 활동 ⑬ 근로자의 참여 및 협의 ⑭ 산업재해 조사활동 ⑮ 무재해운동 추진 및 운영 ⑯ 문서화된 절차가 없어 위험이 발생하거나 예상되는 활동 (3) 조직은 다음 사항이 포함된 구매 또는 임대절차를 수립하고 이행하여야 한다. ① 안전보건과 관련된 구매 또는 임대물품의 안전보건상의 요구사항 ② 구매 및 임대물품에 대한 입고 전 안전성 확인 ③ 공급자와 계약자 간의 사용설명서 등의 안전보건정보 공유사항
8.2 비상시 대비 및 대응	(1) 조직은 소속 현장의 위험성평가 결과 중대산업사고 또는 사망 등 중대재해가 발생할 가능성이 있는 경우, 비상사태별 시나리오와 대책을 포함한 비상조치계획을 작성하고 사고 발생 시 피해를 최소화하여야 한다. (2) 조직은 비상조치계획에 따라 정기적인 교육·훈련을 실시하고 비상사태 대응훈련 후에는 성과를 평가하여야 하며 필요시 개정·보완하여야 한다. (3) 조직은 비상조치계획에 다음 사항을 포함하여야 한다. ① 비상조치를 위한 인력, 장비 보유현황 ② 사고 발생 시 각 부서·관련 기관과의 비상연락체계 ③ 사고 발생 시 비상조치를 위한 조직의 임무 및 수행절차 ④ 교육·훈련계획 ⑤ 비상시 대피절차와 재해자에 대한 구조, 응급조치 절차 (4) 조직은 비상시 대비 및 대응 내용에 인근 주민 및 환경에 대한 영향과 대응 및 홍보 방안을 포함할 수 있다. (5) 조직은 비상조치계획과 관련된 교육·훈련에 안전보건상의 영향을 받는 모든 근로자를 참여시켜야 하며 필요시 이해관계자도 참여시킬 수 있다.
9. 성과평가	
9.1 모니터링, 측정, 분석 및 성과평가	성과측정은 안전보건경영시스템의 효과를 정성적 또는 정량적으로 측정하는 것으로 다음의 사항이 정기적으로 실시될 수 있도록 계획을 수립하고 실행하여야 한다. ① 안전보건방침에 따른 목표가 계획대로 달성되고 있는가를 측정 ② 안전보건경영에 필요한 기준, 절차와 안전보건활동의 일치성여부 확인 ③ 적용법규 및 그 밖의 요구사항의 준수여부 평가 ④ 사고, 아차사고, 업무상 재해 발생 시 발생원인과 안전보건활동 성과와의 관계

항 목	인 증 기 준
	⑤ 협력업체, 구성원, 소속 현장 등에 대한 평가
9.2 내부심사	(1) 조직은 안전보건경영시스템의 모든 요소가 인증기준에 따라 실행·유지·관리되고 있는지 여부에 대해 절차를 수립하고 정기적으로 내부심사를 하여야 한다. (2) 내부심사는 독립적이고 능력 있는 사람에 의해 수행되어야 하며, 필요에 따라 외부 전문가를 통해 수행할 수 있다. (3) 내부심사원이 내부심사를 실시할 때에는 다음 사항을 고려하여야 한다. ① 안전보건경영시스템상의 요구사항에 대한 적합성 여부 ② 안전보건경영시스템이 효율적이고 효과적으로 운영되고 있는지 여부 (4) 조직은 내부심사 결과보고서에 대해서 최고경영자를 포함한 모든 조직구성원에게 의사소통하여야 하며 시정조치를 하여야 한다.
9.3 경영자 검토	(1) 최고경영자는 안전보건경영시스템 운영전반에 대한 계획된 주기로 검토를 실시하여야 한다. (2) 경영자 검토는 다음 사항이 포함되어야 한다. ① 이전의 경영자 검토 결과의 후속조치 내용 ② 다음의 사항에 따른 반영내용 가. 안전보건과 관련된 내·외부 현안사항 나. 근로자 및 이해관계자(수급인 포함)의 요구사항 다. 법적 요구사항 및 기타 요구사항 ③ 안전보건경영방침 및 목표의 이행도 ④ 다음 사항에 따른 안전보건활동 내용 가. 정기적 성과측정 결과 및 조치 결과 나. 내부심사 및 후속조치 결과 다. 안전보건교육·훈련 결과 라. 근로자의 참여 및 협의 결과 ⑤ 효과적인 안전보건경영시스템의 유지를 위한 자원의 충족성 ⑥ 이해관계자와 관련된 의사소통 사항 (3) 경영자 검토를 통해 다음의 사항이 결정되어야 한다. ① 안전보건상의 성과 ② 안전보건경영시스템이 의도한 결과를 달성하기 위해 필요한 자원 및 개선사항 ③ 사업장의 환경변화, 법 개정, 및 신기술의 도입 등 내·외부적인 요소 또는 미래 불확실성에 대응하기 위한 계획 (4) 최고경영자는 경영 검토 결과를 소속 현장의 수급인, 근로자, 이해관계자에게 의사소통하여야 한다.

항 목	인 증 기 준
10. 개 선	
10.1 일반사항	조직은 안전보건경영시스템의 의도한 결과를 달성하기 위해 필요한 조치를 실행하여야 한다.
10.2 사건, 부적합 및 시정조치	(1) 조직은 모니터링, 측정, 분석, 성과평가 결과 및 내부심사 결과 등에 의해서 부적합사항이 발견될 경우 동종 및 유사 사건이 발생하지 않도록 원인을 파악하고 시정조치를 하여야 한다. (2) 조직은 시정조치의 결과를 안전보건경영시스템 개선에 반영하여야 한다.
10.3 지속적 개선	조직은 다음 사항을 실행함으로써 안전보건경영시스템의 적절성, 충족성 및 효과성을 지속적으로 개선하여야 한다. ① 안전보건성과를 향상 ② 안전보건경영시스템 지원 문화를 촉진 ③ 지속적 개선의 증거를 유지 및 보유

(2) 현장 분야

항 목	인 증 기 준
11 현장 안전보건방침	조직의 현장관리자는 수급인(현장소장)이 공사의 특성, 발주기관 및 수급인 본사에서 정한 안전보건방침, 안전보건목표 및 추진계획 등을 반영하여 현장 안전보건방침을 수립·게시하고 모든 구성원이 이를 인식할 수 있도록 지도하여야 한다.
12 안전보건목표	조직의 현장관리자는 수급인(현장소장)이 발주기관 및 수급인 본사의 목표를 반영하여 현장 특성에 적합한 안전보건목표를 수립하도록 지도하여야 한다.
13 계획 수립	
13.1 위험성평가	조직의 현장관리자는 수급인(현장소장)이 발주기관 및 수급인 본사에서 정한 위험성평가 절차에 따라 공사의 위험성을 정기적으로 평가하고 모든 구성원, 이해관계자가 위험성평가에 참여하도록 지도하여야 한다.
13.2 안전보건계획 수립	조직의 현장관리자는 수급인(현장소장)이 주기적, 사전적으로 예정된 작업의 위험성평가 실시, 협의체 또는 안전보건행사 등 일상 안전보건활동에 관한 사항 등을 반영한 안전보건계획을 수립하고 실행하도록 지도하여야 한다.

항 목	인 증 기 준
14. 안전보건계획의 실행	
14.1 현장 조직 및 책임	조직의 현장관리자는 수급인(현장소장)이 협력업체 직원을 포함한 조직의 모든 구성원을 대상으로 안전보건에 관한 직무 및 업무분장(역할·책임·권한)을 명확히 하고 문서화하는 등 현장 특성에 적합한 안전보건경영체제를 구축하도록 지도하여야 한다.
14.2 안전보건교육	조직의 현장관리자는 수급인(현장소장)이 근로자들에게 위험성평가 결과 등을 포함한 안전보건정보를 제공할 수 있는 교육계획을 수립하고 실행하도록 지도하여야 한다.
14.3 의사소통 회의 (협의체 회의 등)	(1) 협의 조직(협의체) 구성 – 조직의 현장관리자는 수급인(현장소장)이 모든 협력업체가 포함된 협의조직(협의체)을 구성하여 정기적으로 안전보건회의를 실시하도록 지도하여야 한다. (2) 운영 – 조직은 협의조직이 위험성평가의 목표관리 사항(중점관리 위험요인)에 대한 책임과 권한, 조치계획을 논의하고 현장의 안전보건에 관한 제반 준수사항 및 안전작업을 위한 필요한 절차를 협의토록 지도하여야 한다.
14.4 문서 및 기록관리	조직의 현장관리자는 수급인(현장소장)이 현장 안전보건경영시스템 절차 등에 따라 현장 특성에 적합한 문서 및 기록관리를 하도록 하고 문서 또는 기록은 가능한 최소화 되도록 지도하여야 한다.
14.5 안전보건관리 활동	조직의 현장관리자는 수급인(현장소장)이 위험성평가, 협의체 회의(위험성평가 회의 등)에서 논의된 중점 위험요인과 대책에 따라 위험예지훈련, 안전시설 설치, 기계·설비의 반입·사용관리, 근로자 보건관리, 시공과 일체화된 안전관리 및 협력업체의 능동적 안전관리활동이 이루어지도록 지도하여야 한다.
14.6 비상시 조치계획 및 대응	조직의 현장관리자는 수급인(현장소장)이 비상사태 발생 시 대처하기 위한 비상조치계획을 수립하여, 비상사태 발생에 의한 피해가 최소화되도록 시나리오 및 대책을 수립하고 현장 조직구성원에게 교육·훈련 등을 실시하도록 지도하여야 한다.
15. 평가 및 개선	조직의 현장관리자는 현장 안전관리시스템 이행 및 적절성 여부를 확인하고 평가하여야 한다.

(3) 안전보건경영관계자 면담 분야

항 목	인 증 기 준
16. 일반원칙	조직의 이해관계자 인식수준 평가는 인증기준에 근거하여 안전보건경영시스템, 이해관계자별 책임과 역할 등에 대한 이해도와 실행수준을 평가한다.
17. 본사	
17.1 최고경영자(경영자대리인)와 경영층(임원) 관계자	(1) 안전보건경영시스템의 구축, 실행, 지속적인 개선에 대한 적극적인 추진의지가 있어야 한다. (2) 안전보건관리가 경영에 기여하는 주요 요소임을 인식하여야 한다. (3) 안전보건경영시스템 운영절차와 기대효과에 대해 이해하고 있어야 한다.
17.2 본사 부서장	(1) 안전보건경영시스템의 구축, 실행, 지속적인 개선에 대한 적극적인 추진의지가 있어야 하며, 비치장소를 알고 있어야 한다. (2) 안전보건경영시스템의 운영절차, 안전보건방침, 위험성평가 등 인증기준, 기대효과에 대하여 이해하고 있어야 한다. (3) 안전보건경영시스템의 운영을 위하여 본인을 포함한 본사 및 현장 이해관계자들에게 역할과 책임을 부여하여야 한다. (4) 본사 및 현장 이해관계자들이 안전보건경영시스템 및 안전보건에 관한 전문지식을 습득할 수 있도록 지도·교육을 하여야 한다. (5) 본사 조직에서는 부서별 고유 업무와 안전을 연계하여 효율적인 안전보건활동이 수행되어야 한다.
18. 현 장	
18.1 현장관리자(업무연락관, 감독), CM	(1) 현장의 안전보건경영시스템 구축과 실행 및 지속적 개선에 대한 강한 의지가 있어야 한다. (2) 안전보건경영시스템의 운영절차, 안전보건방침, 위험성평가 등 인증기준, 기대효과에 대하여 이해하고 있어야 한다. (3) 안전보건경영시스템의 운영을 위하여 본인을 포함한 현장 이해관계자별 역할과 책임을 부여하여야 한다. (4) 현장 이해관계자들이 안전보건경영시스템 및 안전보건에 관한 전문지식을 습득할 수 있도록 지도·교육에 대한 의지가 있어야 한다.
18.2 수급인 현장관계자	(1) 현장 안전보건경영시스템의 구축, 실행, 지속적인 개선에 대한 적극적인 추진의지가 있어야 한다. (2) 안전보건경영시스템의 운영절차, 안전보건방침, 위험성평가 등 인증기준, 기대효과에 대하여 이해하고 있어야 한다. (3) 안전보건경영시스템의 운영을 위하여 본인을 포함한 현장 이해관계자별 역할과 책임을 이해하고 있어야 한다. (4) 현장 조직구성원 및 근로자, 이해관계자들이 안전보건경영시스템 및 안전보건에 관한 전문지식을 습득할 수 있도록 지도·교육에 대한 의지가 있어야 한다.

2) 종합건설업체

(1) 본사 분야

항 목	인 증 기 준
4. 조직의 상황 4.1 조직과 조직상황의 이해	조직은 안전보건경영시스템의 의도한 결과에 영향을 주는 사업장 내·외부의 현안사항을 파악하여야 한다.
4.2 근로자 및 이해관계자 요구사항	조직은 내·외부의 현안사항 파악 시 근로자와 이해관계자의 요구사항을 파악하고 이들의 요구사항에서 비롯된 조직의 준수의무사항이 무엇인지 규정하여야 한다.
4.3 안전보건경영시스템 적용범위 결정	(1) 조직은 안전보건경영시스템의 적용범위를 경영환경, 소재지, 업무 특성을 고려하여 정할 수 있다. (2) 이 기준의 모든 요소는 안전보건경영시스템에 적용되는 것이 원칙이나 조직의 규모 또는 업무 특성에 따라 각 요소의 범위와 방법을 조정하여 적용할 수 있고 본사, 사업부서, 소속 현장, 협력업체와 상호 연계성을 갖도록 하여야 한다.
4.4 안전보건경영시스템	최고경영자는 내·외부 현안사항과 근로자 및 이해관계자의 요구사항을 반영하여 안전보건경영시스템을 구축, 실행하고 P-D-C-A 순환과정을 통해 지속적으로 개선하여야 한다.
5. 리더십과 근로자의 참여	
5.1 리더십과 의지표명	최고경영자는 안전보건경영시스템에 대한 리더십과 실천의지를 다음과 같은 사항으로 표명을 하여야 한다. (1) 재해예방과 쾌적한 작업환경을 조성함으로써 근로자 및 이해관계자의 안전과 보건을 유지·증진하기 위한 책임과 책무를 다하여야 한다. (2) 안전보건방침과 이에 따른 목표가 수립되고 이들이 조직의 전략적 방향과 조화되도록 하여야 한다. (3) 안전보건경영시스템 요구사항을 조직의 비즈니스 프로세스에 통합되도록 하여야 한다. (4) 안전보건경영시스템의 구축, 실행, 유지, 개선에 필요한 자원(물적, 인적)을 제공하고 안전보건경영시스템의 효과성에 기여하도록 인원을 지휘하여야 한다. (5) 효과적인 안전보건경영의 중요성과 안전보건경영시스템 요구사항 이행의 중요성에 대한 의사소통이 되도록 하여야 한다. (6) 안전보건경영시스템이 의도된 결과를 달성할 수 있도록 하여야 한다. (7) 지속적인 개선을 보장하고 촉진하여야 한다. (8) 안전보건경영시스템의 의도된 결과를 지원하는 조직 문화를 개발, 실행 및 촉진하여야 한다. (9) 사건, 유해·위험요인 및 위험성 보고 시 부당한 조치로부터 근로자를 보호하여야 한다. (10) 안전보건경영시스템의 운영상에 근로자의 참여 및 협의를 보장하여야 한다.

항 목	인 증 기 준
5.2 안전보건방침	(1) 최고경영자는 조직에 적합한 안전보건방침을 정하여야 하며, 이 방침에는 최고경영자의 정책과 목표, 성과개선에 대한 의지를 제시하여야 한다. (2) 안전보건방침은 다음 사항을 만족하여야 한다. ① 작업장을 안전하고 쾌적한 작업환경으로 조성하려는 의지가 표현될 것 ② 작업장의 유해·위험요인을 제거하고 위험성을 감소시키기 위한 실행 및 안전보건경영시스템의 지속적인 개선의지를 포함할 것 ③ 조직의 규모와 여건에 적합할 것 ④ 법적 요구사항 및 그 밖의 요구사항의 준수의지를 포함할 것 ⑤ 최고경영자의 안전보건경영철학과 근로자의 참여 및 협의에 대한 의지를 포함할 것 (3) 최고경영자는 안전보건방침을 간결하게 문서화하고 서명과 시행일을 명기하여 조직의 모든 구성원 및 이해관계자가 쉽게 접할 수 있도록 공개하여야 한다. (4) 최고경영자는 안전보건방침이 조직에 적합한지를 정기적으로 검토하여야 한다.
5.3 조직의 역할, 책임 및 권한	(1) 최고경영자는 안전보건경영시스템의 의도한 결과를 달성할 수 있도록 모든 계층별, 부서별로 안전보건활동에 대한 책임과 권한을 부여하고 문서화하여 공유되도록 하여야 한다. (2) 조직의 각 계층에 있는 모든 근로자는 자신의 안전보건역할에 대하여 책임을 져야한다.
5.4 근로자의 참여 및 협의	조직은 산업안전보건위원회를 활용하는 등 근로자의 참여를 통해 다음 사항에 대해서 협의를 보장하여야 한다. ① 전년도 안전보건경영성과 ② 해당 년도 안전보건목표 및 추진계획 이행현황 ③ 위험성평가 결과 개선조치 사항 ④ 정기적 성과측정 결과 및 시정조치 결과 ⑤ 내부심사 결과
6. 계획 수립	
6.1.1 일반사항	조직은 관리의 필요성이 있는 위험성과 조치사항을 결정하는 경우, 다음 사항을 고려하여야 한다. ① 안전보건경영시스템 성과의 달성 가능성 ② 예측하지 못한 위험의 예방 또는 최소화 ③ 지속적 개선
6.1.2 위험성평가	(1) 조직은 재해분석 및 현장의 공사 특성, 위험정보, 위험성평가 데이터베이스 등을 참조하여 위험요인을 파악하고, 이를 평가하여 평가 결과를 본사 및 소속 현장 등과 공유하여야 한다. (2) 조직은 사업장의 특성·규모·공정을 고려하여 적절한 위험성평가 기법을 활용하여 절차에 따라 실시하여야 한다.

항 목	인 증 기 준
	(3) 위험성평가 대상에는 근로자 및 이해관계자에게 안전보건상의 영향을 주는 다음 사항을 포함하여야 한다. ① 조직 내부 또는 외부에서 작업장에 제공되는 유해·위험시설 ② 조직에서 보유 또는 취급하고 있는 모든 유해·위험물질 ③ 일상적인 작업(협력업체 포함) 및 비일상적인 작업(작업내용 변경, 수리 또는 정비 등) ④ 발생할 수 있는 비상조치 작업 (4) 위험성평가 시 조직은 안전보건상의 영향을 최소화하기 위해 가능한 다음 사항을 고려할 수 있다. ① 교대작업, 야간 노동, 장시간 노동 등 열악한 노동조건에 대한 근로자의 안전보건 ② 일시고용, 고령자, 외국인 등 취약계층 근로자의 안전보건 ③ 교통사고, 체육활동 등 행사 중 재해 (5) 조직은 위험성평가를 사후적이 아닌 사전적으로 실시해야 하며, 주기적으로 재평가하고 그 결과를 문서화하여 유지하여야 한다. (6) 조직은 위험성평가 조치계획 수립 시 다음과 같은 단계를 따라야 한다. ① 유해·위험요인의 제거 ② 위험성 감소 ③ 안전보건장치 설치 등 기술적 대책 ④ 안전보건표지, 유해·위험에 대한 경고, 작업절차서 정비 등 관리적 대책 ⑤ 개인보호구의 사용 (7) 본사 조직은 소속 현장의 위험성평가가 기준에 적합한지를 주기적으로 모니터링하여야 한다.
6.1.3 법규 및 그 밖의 요구사항 검토	(1) 조직은 다음과 같은 법규 및 조직이 동의한 그 밖의 요구사항을 파악하고 활용하기 위한 절차를 수립, 실행 및 유지하여야 한다. ① 조직에 적용되는 안전보건법규 및 조직이 동의한 그 밖의 요구사항 ② 조직구성원 및 이해관계자들과 관련된 안전보건기준과 지침 ③ 조직 특성에 따라 구성원이 지켜야 할 안전보건상의 기술적인 지침 (2) 조직은 법규 및 그 밖의 요구사항은 최신의 것으로 유지하여야 한다. (3) 조직은 법규 및 그 밖의 요구사항에 대하여 조직구성원 및 이해관계자 등과 의사소통하여야 한다.
6.2 안전보건목표	(1) 조직은 본사 및 사업부서별 안전보건목표를 수립하여야 하며, 안전보건목표는 본사 조직별, 현장별 목표 수립 시 전체 목표와 연계되도록 한다. (2) 조직은 안전보건목표를 수립 시 재해 발생 현황, 위험성평가 결과, 성과측정, 내부심사, 경영자 검토 등이 반영되도록 하여야 한다. (3) 조직은 안전보건목표 수립 시 안전보건방침과 연계성이 있어야 하고 다음 사항을 고려하여야 한다. ① 구체적일 것

항 목	인 증 기 준
	② 측정이 가능할 것 ③ 안전보건개선활동을 통해 달성이 가능할 것 (4) 조직은 안전보건목표를 주기적으로 모니터링하여야 하고 변경사유가 발생할 때에는 수정하여야 한다. (5) 조직은 안전보건목표 수립 시 목표달성을 위한 조직 및 인적·물적 지원 범위를 반영하여야 한다.
6.3 안전보건목표 추진계획	(1) 조직은 안전보건목표를 달성하기 위한 본사 및 사업부서별 안전보건활동 추진계획 수립 시 다음 사항을 포함하여 문서화하고 실행하여야 한다. ① 추진계획이 구체적일 것(방법·일정·소요자원 등) ② 목표달성을 위한 안전보건활동 추진계획 책임자를 지정할 것 ③ 추진경과를 측정할 지표를 포함할 것 ④ 목표와 안전보건활동 추진계획과의 연계성이 있을 것 (2) 조직은 안전보건활동 추진계획을 정기적으로 검토하고 의사소통하여야 하며 계획의 변경 또는 새로운 계획이 필요할 때에는 수정하여야 한다.
7. 지 원	
7.1 자원	최고경영자는 안전보건경영시스템의 수립, 실행, 유지 및 지속적 개선에 필요한 자원(물적, 인적)을 결정하고 제공하여야 한다.
7.2 역량 및 적격성	조직은 안전보건에 영향을 미치는 근로자가 업무수행에 필요한 교육·훈련 또는 경험 등을 통해 적합한 능력을 보유하도록 교육·훈련계획을 수립 및 실시해야 하며 업무수행상의 자격이 필요한 경우 해당 자격을 취득·유지하도록 하여야 한다.
7.3 인식	(1) 조직은 안전보건교육 및 훈련계획 수립 시 조직의 계층, 조직의 유해·위험요인, 근로자의 업무 또는 작업 특성을 고려하되 다음 사항을 포함하여야 한다. ① 안전보건방침, 안전보건목표 및 추진계획 내용에 대한 담당자의 역할과 책임 ② 근로자의 업무 또는 작업이 안전보건에 미치는 영향과 결과 ③ 위험성평가 결과, 개선내용 및 잔여 위험요인과 그 대책 ④ 비상시 대응절차 및 규정된 대응절차를 준수하지 못할 경우 발생할 수 있는 피해 (2) 조직은 안전보건교육 및 훈련계획 수립 시 그 필요성을 파악하고 교육·훈련 후에는 교육성과를 평가하여야 한다. (3) 조직은 안전보건교육 및 훈련계획 수립 시 공사에 참여하는 전문건설업체에 대한 교육·훈련이 이루어질 수 있도록 고려하여야 한다.
7.4 의사소통 및 정보제공	(1) 조직은 본사 사업부서, 소속 현장, 이해관계자(발주기관, 전문건설업체, 기타) 간에 안전보건경영시스템과 관련된 정보를 제공하고 의사소통을 하여야 한다. (2) 조직은 의사소통 시 성별, 언어, 문화, 장애와 같은 다양한 측면을 고려하여야 한다.

항 목	인 증 기 준
	(3) 조직은 안전보건문제와 활동에 대한 근로자 및 이해관계자의 참여(견해, 개선 아이디어, 관심사항) 내용을 검토하고 회신하여야 한다.
7.5 문서화	(1) 조직은 안전보건경영시스템 인증기준의 모든 항목을 포함하여 안전보건경영체제를 문서화(매뉴얼, 절차서 등)하여야 하며, 구성요소와 요소 간의 상관관계를 고려하여야 한다. (2) 조직은 안전보건경영시스템 관련 문서를 구성원 모두가 이해하기 쉽도록 간략하게 작성하고 효과성과 효율성을 위해 최소화하여야 한다. (3) 문서는 정기적으로 검토하고 필요에 따라 개정한다.
7.6 문서관리	(1) 조직은 이 기준에서 요구하는 모든 문서가 다음의 사항과 같이 관리되도록 하여야 한다. ① 승인된 문서는 적절한 장소에 비치 ② 문서는 정기적으로 검토하고 필요에 따라 개정하며, 권한을 가진 자가 승인 ③ 구(舊)문서는 문서 및 비치장소에서 신속히 제거조치 ④ 문서규정에 의하여 또는 보전을 목적으로 보유하고 있는 모든 구(舊)문서는 최신문서와 식별되도록 적절하게 조치 ⑤ 문서는 읽기 쉽도록 유지되고 쉽게 식별 및 추적이 가능하도록 관리 (2) 조직은 문서를 작성하고 수정하는데 필요한 절차와 책임에 대한 내용을 명시하고 있어야 한다.
7.7 기록	(1) 조직은 기록의 식별, 유지, 보관, 보호, 검색 및 폐기에 관한 절차를 수립하고 문서화하여야 한다. (2) 기록대상에는 다음 사항을 포함하여 목록화를 하고 보존기간을 정하여 유지하여야 한다. ① 안전보건경영시스템의 계획 수립과 관련한 결과물 – 위험성평가, 법규 등 검토, 안전보건목표, 안전보건활동 추진계획 ② 안전보건경영시스템의 지원과 관련한 결과물 – 조직도 및 업무분장표, 교육·훈련, 자격보유자 목록, 의사소통 ③ 안전보건경영시스템의 실행과 관련한 결과물 – 안전보건활동, 비상조치계획서에 따른 실행 ④ 안전보건경영시스템의 점검 결과물 – 성과측정 및 모니터링, 시정조치, 내부심사, 경영자 검토 ⑤ 기타 안전보건경영시스템과 관련된 활동 결과물 (3) 기록은 읽기 쉽고, 식별 및 추적이 가능하여야 한다.
8. 실 행	
8.1 운영계획 및 관리	(1) 조직은 작업 및 업무수행에 따른 위험요인을 제거하거나 합리적으로 가능한 한 낮은 수준으로 위험도를 줄이기 위해 필요에 따라 운영절차를 수립하고 이행하

항 목	인 증 기 준
	여야 한다. (2) 조직은 다음과 같은 안전보건활동과 관련하여 해당 사항에 대한 운영절차를 수립하고 이행하여야 한다. ① 작업장의 안전조치 ② 중량물·운반기계에 대한 안전조치 ③ 개인보호구 지급 및 관리 ④ 위험기계·기구에 대한 안전조치 ⑤ 떨어짐·무너짐에 대한 안전조치 ⑥ 안전인증, 안전검사 실시 ⑦ 폭발·화재 및 위험물 누출 예방활동 ⑧ 전기재해 예방활동 ⑨ 쾌적한 작업환경 유지활동 ⑩ 근로자 건강장해 예방활동 ⑪ 협력업체의 안전보건활동 지원 및 평가 ⑫ 안전·보건관계자 역할과 활동 ⑬ 근로자의 참여 및 협의 ⑭ 산업재해 조사활동 ⑮ 무재해운동 추진 및 운영 ⑯ 문서화된 절차가 없어 위험이 발생하거나 예상되는 활동 (3) 조직은 다음 사항이 포함된 구매 또는 임대절차를 수립하고 이행하여야 한다. ① 안전보건과 관련된 구매 또는 임대물품의 안전보건상의 요구사항 ② 구매 및 임대물품에 대한 입고 전 안전성 확인 ③ 공급자와 계약자간의 사용설명서 등의 안전보건정보 공유사항
8.2 비상시 대비 및 대응	(1) 조직은 위험성평가 결과 중대산업사고 또는 사망 등 중대재해가 발생할 가능성이 있는 경우, 비상사태별 시나리오와 대책을 포함한 비상조치계획을 작성하고 사고 발생 시 피해를 최소화하여야 한다. (2) 조직은 비상사태 시나리오별로 정기적인 교육·훈련을 실시하고 비상사태 대응 훈련 후에는 성과를 평가하여야 하며 필요시 개정·보완하여야 한다. (3) 조직은 비상시 대비 및 대응 내용에 다음 사항을 포함하여야 한다. ① 비상조치를 위한 인력, 장비 보유현황 ② 사고 발생 시 각 부서·관련 기관과의 비상연락체계 ③ 사고 발생 시 비상조치를 위한 조직의 임무 및 수행절차 ④ 비상조치계획에 따른 교육·훈련계획 ⑤ 비상시 대피절차와 재해자에 대한 구조, 응급조치 절차 (4) 조직은 비상시 대비 및 대응 내용에 인근 주민 및 환경에 대한 영향과 대응 및 홍보 방안을 포함할 수 있다. (5) 조직은 비상시 대비 및 대응과 관련된 교육·훈련에 안전보건상의 영향을 받는 모든 근로자를 참여시켜야 하며 필요시 이해관계자도 참여시킬 수 있다.

항 목	인 증 기 준
9. 성과평가	
9.1 모니터링, 측정, 분석 및 성과평가	성과측정은 안전보건경영시스템의 효과를 정성적 또는 정량적으로 측정하는 것으로 다음의 사항이 정기적으로 실시될 수 있도록 계획을 수립하고 실행하여야 한다. ① 안전보건방침에 따른 목표가 계획대로 달성되고 있는가를 측정 ② 안전보건경영에 필요한 기준, 절차와 안전보건활동의 일치성여부 확인 ③ 적용법규 및 그 밖의 요구사항의 준수여부 평가 ④ 사고, 아차사고, 업무상 재해 발생 시 발생원인과 안전보건활동 성과의 관계 ⑤ 협력업체, 구성원, 소속 현장 등에 대한 평가
9.2 내부심사	(1) 조직은 안전보건경영시스템의 모든 요소가 인증기준에 따라 실행·유지·관리되고 있는지 여부에 대해 절차를 수립하고 정기적으로 내부심사를 하여야 한다. (2) 내부심사는 독립적이고 능력 있는 사람에 의해 수행되어야 하며, 필요에 따라 외부 전문가를 통해 수행할 수 있다. (3) 내부심사원이 내부심사를 실시할 때에는 다음 사항을 고려하여야 한다. ① 안전보건경영시스템상의 요구사항에 대한 적합성 여부 ② 안전보건경영시스템이 효율적이고 효과적으로 운영되고 있는지 여부 (4) 조직은 내부심사 결과보고서에 대해서 최고경영자를 포함한 모든 조직구성원에게 의사소통하여야 하며 시정조치를 하여야 한다.
9.3 경영자 검토	(1) 최고경영자는 안전보건경영시스템 운영전반에 대한 계획된 주기로 검토를 실시하여야 한다. (2) 경영자 검토는 다음 사항이 포함되어야 한다. ① 이전의 경영자 검토 결과의 후속조치 내용 ② 다음의 사항에 따른 반영내용 가. 안전보건과 관련된 내·외부 현안사항 나. 근로자 및 이해관계자의 요구사항 다. 법적 요구사항 및 기타 요구사항 ③ 안전보건경영방침 및 목표의 이행도 ④ 다음 사항에 따른 안전보건활동 내용 가. 정기적 성과측정 결과 및 조치 결과 나. 내부심사 및 후속조치 결과 다. 안전보건교육·훈련 결과 라. 근로자의 참여 및 협의 결과 ⑤ 효과적인 안전보건경영시스템의 유지를 위한 자원의 충족성 ⑥ 이해관계자와 관련된 의사소통 사항 (3) 경영자 검토를 통해 다음의 사항이 결정되어야 한다. ① 안전보건상의 성과 ② 안전보건경영시스템이 의도한 결과를 달성하기 위해 필요한 자원 및 개선사항

항 목	인 증 기 준
	③ 사업장의 환경변화, 법 개정, 및 신기술의 도입 등 내·외부적인 요소 또는 미래 불확실성에 대응하기 위한 계획 (4) 최고경영자는 경영 검토 결과를 근로자 및 이해관계자에게 의사소통하여야 한다.
10. 개 선	
10.1 일반사항	조직은 안전보건경영시스템의 의도한 결과를 달성하기 위해 필요한 조치를 실행하여야 한다.
10.2 사건, 부적합 및 시정조치	(1) 조직은 모니터링, 측정, 분석, 성과평가 결과 및 내부심사 결과 등에 의해서 부적합사항이 발견될 경우 동종 및 유사 사건이 발생하지 않도록 원인을 파악하고 시정조치를 하여야 한다. (2) 조직은 시정조치의 결과를 안전보건경영시스템 개선에 반영하여야 한다.
10.3 지속적 개선	조직은 다음 사항을 실행함으로써 안전보건경영시스템의 적절성, 충족성 및 효과성을 지속적으로 개선하여야 한다. ① 안전보건성과를 향상 ② 안전보건경영시스템 지원 문화를 촉진 ③ 안전보건경영시스템의 지속적 개선을 위한 조치의 실행에 근로자의 참여를 촉진 ④ 지속적 개선의 결과를 근로자와 의사소통 ⑤ 지속적 개선의 증거를 유지 및 보유

(2) 현장 분야

항 목	인 증 기 준
1.1 현장소장 방침	현장소장은 시공할 공사의 특성, 본사(경영자)가 정한 안전보건방침 등에 기초하여 현장 안전보건방침을 수립하고 게시하여 조직구성원이 이를 인식할 수 있도록 하여야 한다.
1.2 안전보건목표	현장소장은 본사의 목표를 참조하여 현장의 특성에 적합한 안전보건목표를 수립하고 게시하여 조직구성원이 이를 인식할 수 있도록 하여야 한다.
1.3 계획 수립	
13.1 위험성평가	(1) 현장 조직(협력업체 포함)의 참여 – 현장 조직은 본사에서 정한 위험성평가 절차에 따라 현장의 위험성을 평가하고 조직의 이해관계자가 참여하도록 하여야 한다.

항 목	인 증 기 준
	(2) 자료의 활용 – 현장소장은 위험성평가 시 본사 제공 위험성평가자료, 예정공정표, 유해·위험방지계획서 등을 참조하여 현장의 안전보건에 관한 위험요인과 위험의 정도를 지속적으로 확인 및 평가하여야 한다. (3) 위험성평가 회의 – 현장 조직은 중점관리 위험요인을 관리할 수 있도록 담당자, 조치기간 등을 위험성평가 회의를 통해 결정하여야 한다.
13.2 안전보건계획 수립	(1) 현장 조직은 주기적, 사전적으로 예정된 작업의 위험성평가 실시, 협의체 또는 안전보건행사 등 일상 안전보건활동에 관한 사항 등을 반영한 안전보건계획을 수립하고 실행하여야 한다. (2) 현장 조직은 주기적인 위험성평가를 통해 도출된 중점관리 위험요소 관리담당, 조치내용 등 세부 추진계획을 수립하여 의사소통(회의 등) 등을 통해 공유하여야 한다.
14. 안전보건계획의 실행	
14.1 현장 조직 및 책임	현장소장은 조직의 이해관계자를 대상으로 안전보건에 관한 조직과 업무분장(직무, 권한, 책임 등)을 명확하게 문서화하여 안전보건경영체제를 구축하여야 한다.
14.2 안전보건교육	(1) 교육계획 수립 – 현장 조직은 근로자들이 위험성평가 사항을 포함한 안전보건상의 제반 정보를 습득할 수 있도록 교육대상자, 내용, 실시시기, 강사, 실행사항 등이 포함된 교육계획을 수립하여야 한다. (2) 법정교육 – 현장 조직은 근로자 정기교육 등 법정교육을 실시할 경우 협력업체 또는 근로자 관리감독자가 주관하여 위험성평가 내용과 그 밖에 안전보건교육이 실시될 수 있도록 하여야 한다.
14.3 의사소통 회의 (협의체 회의 등)	(1) 협의 조직(협의체) 구성 – 현장 조직은 현장 내 전 협력업체 소장들이 포함된 협의조직(협의체)을 구성하여 매월 1회 이상 공정과 연계된 안전보건회의를 실시하여야 한다. (2) 운영 – 위험성평가의 목표관리 사항(중점관리 위험요인)에 대한 책임과 권한, 조치계획을 논의하고 현장의 안전보건에 관한 제반 준수사항 및 안전작업을 위한 필요한 절차를 협의하여야 한다.
14.4 문서 및 기록관리	(1) 현장 조직은 본사의 안전보건경영체제를 참조하여 현장 특성에 적합한 문서화 및 기록·관리를 하여야 한다. (2) 현장 조직은 현장 내 문서가 최신문서로 사용되도록 체계적으로 식별·검색이 용이하도록 관리하여야 하며, 기록물은 가능한 최소화하여야 한다.

항 목	인 증 기 준
14.5 안전보건관리 활동	(1) 안전시설의 설치 및 TBM활동 – 현장 조직은 위험성평가, 의사소통(협의체 회의 등)에서 논의된 중점 위험요인과 대책에 따라 위험예지훈련, 안전시설 설치 등을 하여야 한다. 또한, 현장 조직에서 원도급업체는 협력업체가 효과적(또는 효율적)으로 안전보건관리 활동을 할 수 있도록 지원하여야 한다. (2) 기계·장비·설비·자재 등 반입 사용관리 – 현장 조직은 사용하는 기계·장비·설비·자재 등이 공사현장에 반입할 경우에는 보험, 자격증 등 서류를 사전 검토하여 안전성을 확인하고 사용하여야 한다. (3) 근로자 보건관리 – 현장 조직은 근로자의 보건, 위생관리를 위해 정기적인 건강진단 실시, 적절한 위생시설 설치 등을 하여야 한다. (4) 시공관리 등과 연계 운영 – 현장 조직은 안전보건수준 향상을 위하여 「계획(P)–실시(D)–평가(C)–개선(A)」의 일련의 과정을 정하여 지속적으로 시스템을 관리하여야 하며, 시공관리·품질관리·공정관리·노무관리 등 관련 체계와 연계하여 효과적 또는 효율적으로 실행(Execution)되도록 하여야 한다. (5) 협력업체의 작업 관련 보고사항 – 현장 조직은 협력업체의 안전보건관리책임자(수행자)를 자체 선임토록 유도하고, 협력업체가 매 작업일 작업 개시 전에 신규 근로자와 당일 작업 근로자 명단, 반입기계·장비·설비 등을 보고하도록 하여 협력업체가 작업사항을 능동적으로 파악, 대처하도록 하여야 한다.
14.6 비상시 조치계획 및 대응	현장 조직은 비상사태 발생 시 대처하기 위한 비상조치계획을 수립하여야 하며, 비상사태 발생에 의한 피해가 최소화되도록 시나리오 및 대책을 수립·공유하고 현장 이해관계자에게 교육·훈련 등을 실시하여야 한다.
15. 평가 및 개선	
15.1 성과측정	현장소장은 현장의 안전보건목표 및 세부계획이 효과적(또는 효율적)으로 달성되고 실행되는지를 성과측정 및 모니터링하여야 한다.
15.2 안전보건점검 및 시정조치	현장 조직은 위험성평가와 협의체 회의를 통하여 공유된 위험요인에 대하여 안전보건점검을 정기적으로 실시하고 시정조치 사항을 확인하여 현장 안전보건경영시스템 운영에 반영하여야 한다.
15.3 평가와 상벌 관리	(1) 현장 조직은 안전보건을 확보하기 위한 핵심조직인 우수 협력업체를 선정 및 육성하기 위하여 절차에 근거하여 협력업체의 안전보건역량을 공정하게 평가하고 결과를 최고경영자에게 보고하여야 한다. (2) 현장 조직은 안전보건경영시스템의 실행에 이해관계자의 적극적인 참여를 유도하기 위하여 이해관계자의 평가에 안전보건경영시스템의 실행 정도를 포함하여야 한다.

(3) 안전보건경영관계자 면담 분야

항 목	인 증 기 준
16. 일반원칙	조직의 이해관계자 인식수준 평가는 인증기준에 근거하여 안전보건경영시스템, 이해관계자별 책임과 역할 등에 대한 이해도와 실행수준을 평가한다.
17. 본 사	
17.1 최고경영자(경영자대리인)와 경영층(임원) 관계자	(1) 안전보건경영시스템의 구축, 실행, 지속적인 개선에 대한 적극적인 추진의지가 있어야 한다. (2) 안전보건관리가 경영에 기여하는 주요 요소임을 인식하여야 한다. (3) 안전보건경영시스템 운영절차와 기대효과에 대해 이해하고 있어야 한다.
17.2 본사 부서장	(1) 안전보건경영시스템의 구축, 실행, 지속적인 개선에 대한 적극적인 추진의지가 있어야 한다. (2) 안전보건경영시스템의 운영절차, 안전보건방침, 위험성평가 등 인증기준, 기대효과에 대하여 이해하고 있어야 한다. (3) 안전보건경영시스템의 운영을 위하여 본인을 포함한 본사 및 현장 이해관계자들에게 역할과 책임을 부여 하여야 한다. (4) 본사 및 현장 이해관계자들이 안전보건경영시스템 및 안전보건에 관한 전문지식을 습득할 수 있도록 지도·교육을 하여야 한다. (5) 본사 조직에서는 부서별 고유 업무와 안전을 연계하여 효율적인 안전보건활동이 수행되어야 한다.
18. 현 장	
18.1 현장소장	현장 안전보건경영시스템의 구축, 실행, 지속적인 개선에 대한 적극적인 추진의지가 있어야 한다. (1) 안전보건을 기업경영의 한 부분으로 인식하고 있어야 한다. (2) 안전보건경영시스템의 운영절차, 안전보건방침, 위험성평가 등 인증기준, 기대효과에 대하여 이해하고 있어야 한다. (3) 안전보건경영시스템의 운영을 위하여 본인을 포함한 현장 이해관계자들에게 역할과 책임을 부여하여야 한다. (4) 현장 이해관계자들이 안전보건경영시스템 및 안전보건에 관한 전문지식을 습득할 수 있도록 지도·교육을 하여야 한다.
18.2 관리감독자	(1) 현장 안전보건경영시스템의 구축, 실행, 지속적인 개선에 대한 적극적인 추진의지가 있어야 한다. (2) 안전보건경영시스템의 운영절차, 안전보건방침, 위험성평가 등 인증기준, 기대효과에 대하여 이해하고 있어야 한다. (3) 안전보건경영시스템의 운영을 위하여 본인을 포함한 현장 이해관계자별 역할과 책임을 이해하고 있어야 한다.

항 목	인 증 기 준
	(4) 현장 이해관계자들이 안전보건경영시스템 및 안전보건에 관한 전문지식을 습득할 수 있도록 지도·교육을 하여야 한다. (5) 현장 안전보건경영시스템 운영절차를 이해하고 적극적으로 실행에 참여하여야 한다.
18.3 안전보건관리자	(1) 현장 안전보건경영시스템의 구축, 실행, 지속적인 개선에 대한 적극적인 추진의지가 있어야 한다. (2) 법정 안전관리자로서의 역할을 이해하고 있어야 한다. (3) 안전보건경영시스템의 운영절차, 안전보건방침, 위험성평가 등 인증기준, 기대효과에 대하여 이해하고 있어야 한다. (4) 안전보건경영시스템의 운영을 위하여 본인을 포함한 현장 이해관계자별 역할과 책임을 이해하고 있어야 한다. (5) 현장 이해관계자들이 안전보건경영시스템 및 안전보건에 관한 전문지식을 습득할 수 있도록 지도·교육을 하여야 한다.
18.4 협력업체 소장, 안전관계자, 근로자	(1) 현장 안전보건경영시스템의 구축, 실행, 지속적인 개선에 대한 적극적인 추진의지가 있어야 한다. (2) 안전보건경영시스템의 운영절차, 안전보건방침, 위험성평가 등 인증기준, 기대효과에 대하여 이해하고 있어야 한다. (3) 안전보건경영시스템의 운영을 위하여 본인을 포함한 현장 이해관계자별 역할과 책임을 이해하고 있어야한다. (4) 현장 근로자에게 안전보건경영시스템, 유해·위험요소에 대해 이해하도록 지도·교육을 하여야 한다. (5) 원도급사로부터 안전보건경영시스템과 관련된 역할과 책임을 전달받고 소속 근로자와 공유하여 효과적(또는 효율적)으로 실행하여야 한다.

3) 전문건설업체

(1) 본사 분야

항 목	인 증 기 준
4. 조직의 상황	
4.1 조직과 조직상황의 이해	조직은 안전보건경영시스템의 의도한 결과에 영향을 주는 사업장 내·외부의 현안사항을 파악하여야 한다.
4.2 근로자 및 이해관계자 요구사항	조직은 내·외부의 현안사항 파악 시 근로자와 이해관계자의 요구사항을 파악하고 이들의 요구사항에서 비롯된 조직의 준수의무사항이 무엇인지 규정하여야 한다.

항 목	인 증 기 준
4.3 안전보건경영시스템 적용범위 결정	(1) 조직은 안전보건경영시스템의 적용범위를 경영환경, 소재지, 업무 특성을 고려하여 정할 수 있다. (2) 이 기준의 모든 요소는 안전보건경영시스템에 적용되는 것이 원칙이나 조직의 규모 또는 업무 특성에 따라 각 요소의 범위와 방법을 조정하여 적용할 수 있고 본사(사업부서), 소속 현장과 상호 연계성을 갖도록 하여야 한다.
4.4 안전보건경영시스템	최고경영자는 내·외부 현안사항과 근로자 및 이해관계자의 요구사항을 반영하여 안전보건경영시스템을 구축, 실행하고 P-D-C-A 순환과정을 통해 지속적으로 개선하여야 한다.
5. 리더십과 근로자의 참여	
5.1 리더십과 의지표명	최고경영자는 안전보건경영시스템에 대한 리더십과 실천의지를 다음과 같은 사항으로 표명을 하여야 한다. (1) 재해예방과 쾌적한 작업환경을 조성함으로써 근로자 및 이해관계자의 안전과 보건을 유지·증진하기 위한 책임과 책무를 다하여야 한다. (2) 안전보건방침과 이에 따른 목표가 수립되고 이들이 조직의 전략적 방향과 조화되도록 하여야 한다. (3) 안전보건경영시스템 요구사항을 조직의 비즈니스 프로세스에 통합되도록 하여야 한다. (4) 안전보건경영시스템의 구축, 실행, 유지, 개선에 필요한 자원(물적, 인적)을 제공하고 안전보건경영시스템의 효과성에 기여하도록 인원을 지휘하여야 한다. (5) 효과적인 안전보건경영의 중요성과 안전보건경영시스템 요구사항 이행의 중요성에 대한 의사소통이 되도록 하여야 한다. (6) 안전보건경영시스템이 의도된 결과를 달성할 수 있도록 하여야 한다. (7) 지속적인 개선을 보장하고 촉진하여야 한다. (8) 안전보건경영시스템의 의도된 결과를 지원하는 조직 문화를 개발, 실행 및 촉진하여야 한다. (9) 사건, 유해·위험요인 및 위험성 보고 시 부당한 조치로부터 근로자를 보호하여야 한다. (10) 안전보건경영시스템의 운영상에 근로자의 참여 및 협의를 보장하여야 한다.
5.2 안전보건방침	(1) 최고경영자는 조직에 적합한 안전보건방침을 정하여야 하며, 이 방침에는 최고경영자의 정책과 목표, 성과개선에 대한 의지를 제시하여야 한다. (2) 안전보건방침은 다음 사항을 만족하여야 한다. ① 작업장을 안전하고 쾌적한 작업환경으로 조성하려는 의지가 표현될 것 ② 작업장의 유해·위험요인을 제거하고 위험성을 감소시키기 위한 실행 및 안전보건경영시스템의 지속적인 개선의지를 포함할 것 ③ 조직의 규모와 여건에 적합할 것 ④ 법적 요구사항 및 그 밖의 요구사항의 준수의지를 포함할 것

항 목	인 증 기 준
	⑤ 최고경영자의 안전보건경영철학과 근로자의 참여 및 협의에 대한 의지를 포함할 것 (3) 최고경영자는 안전보건방침을 간결하게 문서화하고 서명과 시행일을 명기하여 조직의 모든 구성원 및 이해관계자가 쉽게 접할 수 있도록 공개하여야 한다. (4) 최고경영자는 안전보건방침이 조직에 적합한지를 정기적으로 검토하여야 한다.
5.3 조직의 역할, 책임 및 권한	(1) 최고경영자는 안전보건경영시스템의 의도한 결과를 달성할 수 있도록 모든 계층별, 부서별로 안전보건활동에 대한 책임과 권한을 부여하고 문서화하여 공유되도록 하여야 한다. (2) 조직의 각 계층에 있는 모든 근로자는 자신의 안전보건역할에 대하여 책임을 져야한다.
5.4 근로자의 참여 및 협의	조직은 산업안전보건위원회를 활용하는 등 근로자의 참여를 통해 다음 사항에 대해서 협의를 보장하여야 한다. ① 전년도 안전보건경영성과 ② 해당 연도 안전보건목표 및 추진계획 이행현황 ③ 위험성평가 결과 개선조치 사항 ④ 정기적 성과측정 결과 및 시정조치 결과 ⑤ 내부심사 결과
6. 계획 수립	
6.1.1 일반사항	조직은 관리의 필요성이 있는 위험성과 조치사항을 결정하는 경우, 다음 사항을 고려하여야 한다. ① 안전보건경영시스템 성과의 달성 가능성 ② 예측하지 못한 위험의 예방 또는 최소화 ③ 지속적 개선
6.1.2 위험성평가	(1) 조직은 재해분석 및 현장의 공사 특성, 위험정보, 위험성평가 데이터베이스 등을 참조하여 위험요인을 파악하고, 이를 평가하여 평가 결과를 본사 및 소속 현장 등과 공유하여야 한다. (2) 조직은 사업장의 특성·규모·공정을 고려하여 적절한 위험성평가 기법을 활용하여 절차에 따라 실시하여야 한다. (3) 위험성평가 대상에는 근로자 및 이해관계자에게 안전보건상의 영향을 주는 다음 사항을 포함하여야 한다. ① 원도급사의 위험성평가 절차서 및 조직의 위험성평가 절차서 ② 조직 내부 또는 외부에서 작업장에 제공되는 유해·위험시설 ③ 조직에서 보유 또는 취급하고 있는 모든 유해·위험물질 ④ 일상적인 작업(협력업체 포함) 및 비일상적인 작업(작업내용 변경, 수리 또는 정비 등)

항 목	인 증 기 준
	⑤ 발생할 수 있는 비상조치 작업 (4) 위험성평가 시 조직은 안전보건상의 영향을 최소화하기 위해 가능한 다음 사항을 고려할 수 있다. ① 교대작업, 야간 노동, 장시간 노동 등 열악한 노동조건에 대한 근로자의 안전보건 ② 일시고용, 고령자, 외국인 등 취약계층 근로자의 안전보건 ③ 교통사고, 체육활동 등 행사 중 재해 (5) 조직은 위험성평가를 사후적이 아닌 사전적으로 실시해야 하며, 주기적으로 재평가하고 그 결과를 문서화하여 유지하여야 한다. (6) 조직은 위험성평가 조치계획 수립 시 다음과 같은 단계를 따라야 한다. ① 유해·위험요인의 제거 ② 위험성 감소 ③ 안전보건장치 설치 등 기술적 대책 ④ 안전보건표지, 유해위험에 대한 경고, 작업절차서 정비 등 관리적 대책 ⑤ 개인보호구의 사용 (7) 본사 조직은 소속 현장의 위험성평가가 기준에 적합한지를 주기적으로 모니터링하여야 한다.
6.1.3 법규 및 그 밖의 요구사항 검토	(1) 조직은 다음과 같은 법규 및 조직이 동의한 그 밖의 요구사항을 파악하고 활용하기 위한 절차를 수립, 실행 및 유지하여야 한다. ① 조직에 적용되는 안전보건법규 및 조직이 동의한 그 밖의 요구사항 ② 조직구성원 및 이해관계자들과 관련된 안전보건기준과 지침 ③ 조직 특성에 따라 구성원이 지켜야 할 안전보건상의 기술적인 지침 (2) 조직은 법규 및 그 밖의 요구사항은 최신 것으로 유지하여야 한다. (3) 조직은 법규 및 그 밖의 요구사항에 대하여 조직구성원 및 이해관계자 등과 의사소통하여야 한다.
6.2 안전보건목표	(1) 조직은 본사의 안전보건목표를 수립하여야 한다. (2) 조직은 안전보건목표 수립 시 재해 발생 현황, 위험성평가 결과, 성과측정, 내부심사, 경영자 검토 등이 반영되도록 하여야 한다. (3) 조직은 안전보건목표 수립 시 안전보건방침과 연계성이 있어야 하고 다음 사항을 고려하여야 한다. ① 구체적일 것 ② 측정이 가능할 것 ③ 안전보건개선활동을 통해 달성이 가능할 것 (4) 조직은 안전보건목표를 주기적으로 모니터링하여야 하고 변경사유가 발생할 때에는 수정하여야 한다. (5) 조직은 안전보건목표 수립 시 목표달성을 위한 조직 및 인적·물적 지원 범위를 반영하여야 한다.

항 목	인 증 기 준
6.3 안전보건목표 추진계획	(1) 조직은 안전보건목표를 달성하기 위한 본사 및 사업부서별 안전보건활동 추진계획 수립 시 다음 사항을 포함하여 문서화하고 실행하여야 한다. ① 추진계획이 구체적일 것(방법·일정·소요자원 등) ② 목표달성을 위한 안전보건활동 추진계획 책임자를 지정할 것 ③ 추진경과를 측정할 지표를 포함할 것 ④ 목표와 안전보건활동 추진계획과의 연계성이 있을 것 (2) 조직은 안전보건활동 추진계획을 정기적으로 검토하고 의사소통하여야 하며 계획의 변경 또는 새로운 계획이 필요할 때에는 수정하여야 한다.
7. 지 원	
7.1 자 원	최고경영자는 안전보건경영시스템의 수립, 실행, 유지 및 지속적 개선에 필요한 자원(물적, 인적)을 결정하고 제공하여야 한다.
7.2 역량 및 적격성	조직은 안전보건에 영향을 미치는 근로자가 업무수행에 필요한 교육·훈련 또는 경험 등을 통해 적합한 능력을 보유하도록 교육·훈련계획을 수립 및 실시해야 하며 업무수행상의 자격이 필요한 경우 해당 자격을 취득·유지하도록 하여야 한다.
7.3 인식	(1) 조직은 안전보건교육 및 훈련계획 수립 시에는 조직의 계층, 조직의 유해·위험요인, 근로자의 업무 또는 작업 특성을 고려하되 다음 사항을 포함하여야 한다. ① 안전보건방침, 안전보건목표 및 추진계획 내용에 대한 담당자의 역할과 책임 ② 근로자의 업무 또는 작업이 안전보건에 미치는 영향과 결과 ③ 위험성평가 결과, 개선내용 및 잔여 위험요인과 그 대책 ④ 비상시 대응절차 및 규정된 대응절차를 준수하지 못할 경우 발생할 수 있는 피해 (2) 조직은 안전보건교육 및 훈련계획 수립 시 그 필요성을 파악하고 교육·훈련 후에는 교육성과를 평가하여야 한다. (3) 조직은 안전보건교육 및 훈련계획 수립 시 공사에 참여하는 전문건설업체에 대한 교육·훈련이 이루어질 수 있도록 고려하여야 한다.
7.4 의사소통 및 정보 제공	(1) 조직은 본사(사업부서), 소속 현장, 이해관계자(원도급업체, 기타)간에 안전보건경영시스템과 관련된 정보를 제공하고 의사소통을 하여야 한다. (2) 조직은 안전보건문제와 활동에 대한 근로자 및 이해관계자의 참여를 보장하여야 한다.
7.5 문서화	(1) 조직은 안전보건경영시스템 인증기준의 모든 항목을 포함하여 안전보건경영체제를 문서화(매뉴얼, 절차서 등)하여야 하며, 구성요소와 요소 간의 상관관계를 고려 하여야 한다. (2) 조직은 안전보건경영시스템 관련 문서를 구성원 모두가 이해하기 쉽도록 간략하게 작성하고 효과성과 효율성을 위해 최소화하여야 한다.

항 목	인 증 기 준
	(3) 문서는 정기적으로 검토하고 필요에 따라 개정한다.
7.6 문서관리	조직은 이 기준에서 요구하는 모든 문서가 적절하게 관리되도록 하여야 한다
7.7 기록	(1) 조직은 기록의 식별, 유지, 보관, 보호, 검색 및 폐기에 관한 절차를 수립하고 문서화하여야 한다. (2) 기록대상에는 다음 사항을 포함하여 목록화를 하고 보존기간을 정하여 유지하여야 한다. ① 안전보건경영시스템의 계획 수립과 관련한 결과물 – 위험성평가, 법규 등 검토, 안전보건목표, 안전보건활동 추진계획 ② 안전보건경영시스템의 지원과 관련한 결과물 – 조직도 및 업무분장표, 교육·훈련, 자격보유자 목록, 의사소통 ③ 안전보건경영시스템의 실행과 관련한 결과물 – 안전보건활동, 비상조치계획서에 따른 실행 ④ 안전보건경영시스템의 점검 결과물 – 성과측정 및 모니터링, 시정조치, 내부심사, 경영자 검토 ⑤ 기타 안전보건경영시스템과 관련된 활동 결과물 (3) 기록은 읽기 쉽고, 식별 및 추적이 가능하여야 한다.
8. 실 행	
8.1 운영계획 및 관리	조직은 문서화된 절차가 없음으로 인하여 위험이 발생할수 있는 활동의 위험 요인을 제거하거나 위험도를 줄이기 위해 필요에 따라 운영절차를 수립하여야 한다.
8.2 비상시 대비 및 대응	조직은 위험성평가 결과 중대산업사고 또는 사망 등 중대재해가 발생할 가능성이 있는 경우, 원도급사와 협력하여 비상사태별 시나리오와 대책을 포함한 비상조치계획을 작성하고 교육·훈련을 실시하는 등 사고 발생 시 피해를 최소화하여야 한다.
9. 성과평가	
9.1 모니터링, 측정, 분석 및 성과평가	성과측정 및 모니터링은 안전보건경영시스템의 효과를 정성적 또는 정량적으로 측정하는 것으로 다음의 사항이 정기적으로 실시될 수 있도록 계획을 수립하고 실행하여야 한다. ① 안전보건목표 달성에 대한 진행 상황 ② 안전보건경영에 필요한 기준, 절차와 안전보건활동의 일치성여부 ③ 적용법규 및 그 밖의 요구사항의 준수여부 평가 ④ 사고, 아차사고, 업무상 재해 발생 시 발생원인과 안전보건활동 성과와의 관계
9.2 내부심사	(1) 조직은 안전보건경영시스템의 모든 요소가 인증기준에 따라 실행·유지·관리되고 있는지 여부에 대해 절차를 수립하고 정기적으로 내부심사를 하여야 한다.

항 목	인 증 기 준
	(2) 내부심사는 독립적이고 능력 있는 사람에 의해 수행되어야 하며 필요에 따라 외부 전문가를 통해 수행할 수 있다. (3) 내부심사원이 내부심사를 실시할 때에는 다음 사항을 고려하여야 한다. ① 안전보건경영시스템상의 요구사항에 대한 적합성 여부 ② 안전보건경영시스템이 효율적이고 효과적으로 운영되고 있는지 여부
9.3 경영자 검토	(1) 최고경영자는 안전보건경영시스템 운영전반에 대한 계획된 주기로 검토를 실시하여야 한다. (2) 경영자 검토는 다음 사항이 포함되어야 한다. ① 이전의 경영자 검토 결과의 후속조치 내용 ② 다음의 사항에 따른 반영내용 가. 안전보건과 관련된 내·외부 현안사항 나. 근로자 및 이해관계자의 요구사항 다. 법적 요구사항 및 기타 요구사항 ③ 안전보건경영방침 및 목표의 이행도 ④ 다음 사항에 따른 안전보건활동 내용 가. 정기적 성과측정 결과 및 조치 결과 나. 내부심사 및 후속조치 결과 다. 안전보건교육·훈련 결과 라. 근로자의 참여 및 협의 결과 (3) 경영자 검토를 통해 다음의 사항이 결정되어야 한다. ① 안전보건상의 성과 ② 안전보건경영시스템이 의도한 결과를 달성하기 위해 필요한 자원 및 개선사항 ③ 사업장의 환경변화, 법 개정, 및 신기술의 도입 등 내·외부적인 요소 또는 미래 불확실성에 대응하기 위한 계획 (4) 최고경영자는 경영 검토 결과를 근로자 및 이해관계자에게 의사소통하여야 한다.
10. 개 선	
10.1 일반사항	조직은 안전보건경영시스템의 의도한 결과를 달성하기 위해 필요한 조치를 실행하여야 한다.
10.2 사건, 부적합 및 시정조치	(1) 조직은 모니터링, 측정, 분석, 성과평가 결과 및 내부심사 결과 등에 의해서 부적합사항이 발견될 경우 동종 및 유사 사건이 발생하지 않도록 원인을 파악하고 시정조치를 하여야 한다. (2) 조직은 시정조치의 결과를 안전보건경영시스템 개선에 반영하여야 한다.
10.3 지속적 개선	조직은 다음 사항을 실행함으로써 안전보건경영시스템의 적절성, 충족성 및 효과성을 지속적으로 개선하여야 한다.

항 목	인 증 기 준
	① 안전보건성과를 향상 ② 안전보건경영시스템 지원 문화를 촉진 ③ 안전보건경영시스템의 지속적 개선을 위한 조치의 실행에 근로자의 참여를 촉진 ④ 지속적 개선의 결과를 근로자와 의사소통 ⑤ 지속적 개선의 증거를 유지 및 보유

(2) 현장 분야

항 목	인 증 기 준
11 현장소장방침	현장소장은 시공할 공사의 특성, 본사(경영자)가 정한 안전보건방침 등에 기초하여 현장 안전보건방침을 수립하고 게시하여 조직구성원이 이를 인식할 수 있도록 하여야 한다.
12 안전보건목표	현장소장은 본사의 목표를 참조하여 현장의 특성에 적합한 안전보건목표를 수립하고 게시하여 조직구성원이 이를 인식할 수 있도록 하여야 한다.
13 계획 수립	
13.1 위험성평가	현장소장은 본사의 안전보건경영체제에 따른 위험성평가 절차를 현장에서 이행하고 원도급사의 위험성평가에 적극 협력하여 참여하여야 한다.
13.2 안전보건계획 수립	현장소장은 공사의 특성, 위험성평가 결과 등을 참고하여 안전보건계획을 수립하고 이행하거나 원도급사의 안전보건계획 수립에 적극 협력하고 참여하여야 한다.
14. 안전보건계획의 실행	
14.1 현장 조직 및 책임	현장소장은 현장의 모든 구성원을 대상으로 안전보건에 관한 직무 및 업무분장(역할·책임 및 권한)을 명확히 하고 문서화하여야 한다.
14.2 안전보건교육	현장소장은 근로자들에게 위험성평가 결과 등을 포함한 안전보건정보를 제공할 수 있는 교육계획을 수립·실시하여야 한다.
14.3 의사소통 회의 (협의체 회의 등)	현장소장은 현장 내 모든 작업반장이 포함된 위험성평가 회의 및 안전 회의를 실시하여야 한다.
14.4 문서 및 기록관리	(1) 현장소장은 문서의 유효성을 정기적으로 검토하여야 한다. (2) 현장소장은 문서와 기록을 정해진 기준과 절차에 따라 관리하여야 한다.

항 목	인 증 기 준
14.5 안전보건관리 활동	현장소장은 위험성평가, 의사소통 회의(위험성평가 회의 등)에서 논의된 중점 위험요인과 대책에 따라 위험예지훈련, 안전시설 설치, 근로자 건강관리 등 재해예방을 위한 안전보건활동을 시공과 연계하여 실행하여야 하며 원도급사의 안전보건활동에 적극 협력하고 참여하여야 한다.
14.6 비상시 조치계획 및 대응	현장소장은 본사의 비상조치계획 및 절차에 따라 비상시 대응훈련을 하거나 원도급사의 비상조치훈련에 적극 협력하고 참여하여야 한다.
15. 평가 및 개선	
15.1 성과측정	현장소장은 다음의 사항을 포함하여 성과측정 계획을 수립하고 정기적으로 실행하여야 한다. ① 안전보건목표 달성에 대한 진행 상황 ② 안전보건경영에 필요한 기준, 절차와 안전보건활동의 일치성여부 ③ 적용법규 및 그 밖의 요구사항의 준수여부 평가 ④ 사고, 아차사고, 업무상 재해 발생 시 발생원인과 안전보건활동 성과와의 관계
15.2 안전보건점검 및 시정조치	현장 조직은 위험성평가와 협의체 회의를 통하여 공유된 위험요인에 대하여 안전보건점검을 정기적으로 실시하고 시정조치 사항을 확인하여 현장 안전보건경영시스템 운영에 반영하여야 한다.

(3) 안전보건경영관계자 면담 분야

항 목	인 증 기 준
16. 일반원칙	조직의 이해관계자 인식수준 평가는 인증기준에 근거하여 안전보건경영시스템, 이해관계자별 책임과 역할 등에 대한 이해도와 실행수준을 평가한다.
17. 본 사	
17.1 최고경영자(경영자대리인)와 경영층(임원) 관계자	(1) 안전보건경영시스템의 구축, 실행, 지속적인 개선에 대한 적극적인 추진의지가 있어야 한다. (2) 안전보건관리가 경영에 기여하는 주요 요소임을 인식하여야 한다.
17.2 본사 부서장	(1) 안전보건경영시스템의 구축과 실행에 대한 적극적 의지가 있어야 한다. (2) 안전보건경영시스템의 운영절차, 안전보건방침, 위험성평가 등 인증기준, 기대효과에 대하여 이해하고 있어야 한다.

항 목	인 증 기 준
18. 현 장 18.1 현장소장	(1) 현장의 안전보건경영시스템의 구축과 실행 및 지속적 개선에 대한 강한 의지, 안전보건경영시스템 절차 등에 대한 이해, 본인 및 조직구성원의 책임과 역할에 대해 이해하고 있어야 한다. (2) 현장의 근로자에게 안전보건경영시스템 및 위험요소에 대해 이해하도록 지도, 교육에 대한 의지가 있어야 한다. (3) 원도급사로부터 안전보건경영시스템과 관련된 사항을 전달받고 이를 소속 근로자에게 지시, 실행 및 개선의지가 있어야 한다.
18.2 관리감독자	현장의 안전보건경영시스템의 구축과 실행 및 지속적 개선에 대한 강한 의지, 안전보건경영시스템 절차 등에 대한 이해, 본인과 조직구성원이 책임과 역할에 대한 이해, 작업에 대한 위험성을 알고 개선의지가 있어야 한다.
18.3 안전관리자	현장의 안전보건경영시스템의 구축과 실행 및 지속적 개선에 대한 강한 의지, 법정 안전관리자로서의 역할과 책임, 조직구성원 간 역할과 책임에 대한 이해와 조정에 대한 의지가 있어야 한다.
18.4 작업반장	현장의 안전보건경영시스템 운영에 대한 참여와 실행의지가 있어야 하고 현장에서 위험요소를 파악하여 제거하고 근로자의 재해예방을 위한 의지가 있어야 한다.

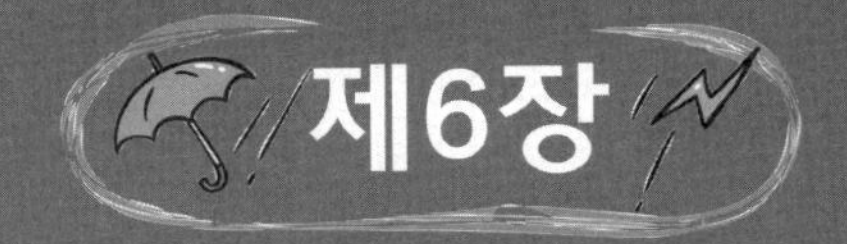

안전보건경영시스템 구축 및 운영 실무

1. 안전보건경영시스템 구축 실무
2. 안전보건경영시스템 운영활동 실무
3. 안전보건경영관계자 면담 실무
4. 안전보건경영시스템 개선조치

1 안전보건경영시스템 구축 실무

ISO 45001 또는 KOSHA-MS 안전보건경영시스템을 처음 구축하고 인증을 받고자 할 때에는 크게 3가지 분야에 대해 준비를 해야 하는데, 첫 번째는 안전보건경영체제 분야의 준비로 매뉴얼, 절차서, 지침서 등 안전보건경영시스템의 문서를 구축하는 단계이며, 두 번째는 안전보건활동 수준 분야로 작업현장의 안전보건상태의 개선이며, 세 번째로는 최고경영자부터 협력업체 근로자까지 안전보건경영관계자가 안전보건경영시스템의 주요사항 등에 대하여 숙지해야 하는 면담의 준비라고 할 수 있다.

1) 문서의 구축

(1) 문서의 구성

안전보건경영시스템 인증기준에서는 안전보건경영시스템의 구성요소와 각 구성요소 간의 상관관계를 문서화해야 하고 조직은 안전보건경영시스템 관련 문서를 구성원 모두가 이해하기 쉽도록 간략하게 작성하고 효과성과 효율성을 위해 최소한도로 유지하여야 한다고 규정하고 있다. 안전보건경영시스템의 문서는 안전보건에 관한 매뉴얼, 절차서 지침서나 작업표준 등으로 구성되는데 시스템 구축에 있어서 문서의 구성은 [그림 6-1]과 같다.

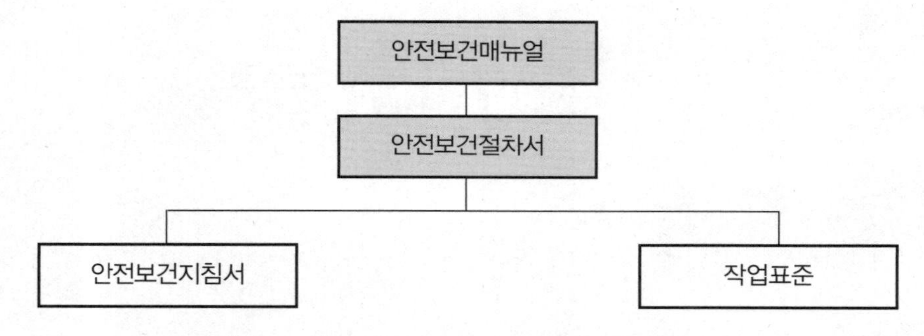

[그림 6-1] 안전보건경영시스템 구축 문서의 구성

(2) 매뉴얼 작성방법

매뉴얼은 조직의 동일한 목표를 달성하기 위해 공통의 방법이나 순서에 의하여 업무를 수행할 수 있도록 표준화한 것으로 안전보건경영시스템 요구사항과 안전보건경영시스템에 대한 기본방침 및 요구사항을 포함한다.

① 업무 매뉴얼의 4가지 조건

- 업무의 목적을 표기할 것
- 업무의 흐름을 표기할 것
- 쉽게 알 수 있는 설명을 할 것

ㅇ 업무수행자에 대한 인증기준을 포함할 것

② 문서 작성의 포인트

ㅇ 양식에 쓰기 전 초안을 작성할 것

ㅇ 신입 직원 입장에서 작성할 것

업무에 능통한 전문가일수록 무의식 중에 자세한 것을 누락시키는 경향이 있는데 처음 부서에 배치 받은 신입 직원의 입장이 되어 써 나간다면 누구라도 쉽게 이해할 수 있는 매뉴얼이 될 수 있다.

ㅇ 전문용어 및 약어는 반드시 해설을 달 것

업무의 전문용어나 약어는 반드시 처음 나온 시점에서 해설을 달아주고 "이하 ○○라 한다" 라는 문구를 기입 한 후 약칭을 사용한다.

ㅇ 5W 2H 1B를 사용하여 구체적으로 작성할 것

Why : 업무의 목적

What : 수행해야 할 세부 업무항목

When : 언제(시기, 타이밍)

Who : 업무 관련자

Where : 발생장소, 전담부서

How : 수행방법

How much : 소요시간, 소요예산

But : 예외 처리사항 등

ㅇ 수정을 용이하게 할 것

관계 법령 및 인증기준의 개정에 따라 매뉴얼은 수시로 수정 및 개정이 필요하다.

ㅇ 업무의 발생시기, 소요시간, 사용자료, 업무번호 등의 필요 항목을 빠짐없이 기재할 것

ㅇ 작성자 및 검토, 승인자의 표시를 할 것

③ 매뉴얼의 개정

매뉴얼의 개정작업은 산업안전보건법, 국제표준규격 및 안전보건경영시스템 인증기준이 변경되었거나 관련 부서의 개정요구 및 조직의 변경이 있는 경우 시정조치 결과, 경영자 검토 결과 및 기타 안전보건공단이나 인증원의 심사 결과에 따라 개선조치를 할 때 매뉴얼을 개정한다.

(3) 절차서(Procedure) 작성방법

절차서의 "절차(Procedure)"는 안전보건경영활동을 수행하기 위해 규정된 방법을 말하며, 이를 문서화한 것을 절차서(Documented procedure)라 한다. 업무수행의 방법 및 순서를 기술한 문서, 안전보건경영시스템 요건의 실행을 위한 실행문서, 안전보건 관련 활동의 전반적인 계획 및 통제를 위한 문서 등이 절차서에 포함된다.

① 절차서의 용도

절차서는 안전보건매뉴얼의 세부 이행절차, 업무 주관 부서와 관련 부서 간의 책임, 권한의 명확화, 안전보건활동의 효율적인 통제, 내부심사의 기준, 업무관리의 기준, 교육·훈련자료 등으로 활용된다.

② 절차서의 작성

절차서를 작성할 때에는 일반적으로 다음과 같은 사항을 고려하여야 한다.

- ㅇ 활동의 목적과 품목, 조직, 업무 등의 범위
- ㅇ 책임과 권한의 명확화(무엇이, 누구에 의해 행해져야 하는가?)
- ㅇ 언제, 어디서, 어떻게 이것이 행해져야 하는가?
- ㅇ 어떤 자재와 장비, 문서가 활용되어야 하는가?
- ㅇ 이것은 어떻게 관리되고 기록되어야 하는가?

(4) 지침서((Introduction) 작성방법

지침서란 단위작업, 단위업무별로 구체적인 업무나 작업의 수행방법을 규정(표준화)한 문서로 문서구조상 하부의 문서라고 할 수 있다. 지침서는 요령, 지침, 작업표준, 도면, 기술표준류 등의 용어로 표현할 수 있다.

① 지침서의 종류

지침서의 종류는 〈표 6-1〉과 같다.

〈표 6-1〉 지침서 종류

관리표준 (Management Standard)	지침, 세칙, 업무 매뉴얼, 요령, 체크시트, 양식 등
기술표준 (Engineering Standard)	재료/부품/제품규격, 공정도, 작업표준서, 검사기준서, 시방서, 시험표준, 설비점검기준, 도면 등

② 지침서 작성 순서

- ㅇ 적용대상 설정
- ㅇ 지침서의 구조 결정
- ㅇ 업무/작업분석
- ㅇ 주요 관리 항목 선정
- ㅇ 절차, 방법, 기준 등 본문 기술

③ 지침서 작성 시 유의사항

- ㅇ 지침서는 최하부 단위업무의 행위에 대한 내용으로 규정할 것
- ㅇ 판단, 기준, 정도의 내용은 명확히 설정할 것
- ㅇ 관련된 또는 정해진 표준(규격)은 필히 언급할 것
- ㅇ 행위 결과에 대한 기록(Back data)을 포함할 것
- ㅇ 업무/작업이 시행되는 현장표준이라는 것을 염두에 둘 것
- ㅇ 지침서도 다른 문서와 동일하게 문서의 작성 및 관리를 요구함
- ㅇ 문서 사용자의 편리에 맞게 구성, 작성할 것
- ㅇ 사용되지 않는 문서, 사용되지 못할 문서는 불필요함을 염두에 둘 것
- ㅇ 지침서는 사용 목적에 적합한 것이 가장 중요함을 명심할 것
- ㅇ 지침서 작성 시 필히 상위문서와 적합성을 중점적으로 검토할 것

(5) 문서의 표준 목차

안전보건경영시스템을 구축하기 위해 작성해야 하는 매뉴얼, 절차서, 지침서 등 작성문서의 표준 목차는 〈표 6-2〉와 같다.

〈표 6-2〉 문서의 표준 목차

매 뉴 얼			절 차 서		지 침 서	
구분 항	구분 목	목 록	문서번호	제 목	문서번호	제 목
1		적용범위	–	–	–	–
2		참조규격/일반요구사항	–	–	–	–
3		용어의 정의	–	–	–	–
4. 조직의 상황	4.1	조직과 조직상황의 이해	SSK-SHP-04-01	조직상황분석	–	–
	4.2	근로자 및 이해관계자의 요구사항	–	–		
	4.3	안전보건경영시스템 적용범위 결정	–	–	–	–
	4.4	안전보건경영시스템	–	–	–	–
5. 리더십과 근로자의 참여	5.1	리더십과 의지표명	SSK-SHP-05-01	리더십 및 방침관리	–	–
	5.2	안전보건방침			–	–
	5.3	조직의 역할, 책임 및 권한	SSK-SHP-05-02	안전보건조직 및 역할	–	–
	5.4	근로자의 참여 및 협의	SSK-SHP-05-03	산업안전보건위원회	–	–

6. 계획수립(기획)	6.1	위험성과 기회를 다루는 조치	SSK-SHP-06-01	위험성평가	–	–
			SSK-SHP-06-02	법규관리 및 준수평가		
	6.2	안전보건목표	SSK-SHP-06-03	목표 및 추진계획	–	–
	6.3	안전보건목표 추진계획				
7. 지원	7.1	자 원	–	–	–	–
	7.2	역량 및 적격성	SSK-SHP-07-01	교육·훈련 및 자격	–	–
	7.3	인 식			–	–
	7.4	의사소통 및 정보제공	SSK-SHP-07-02	의사소통 및 정보제공	–	–
	7.5	문서화	SSK-SHP-07-03	문서 및 기록관리	–	–
	7.6	문서관리			–	–
	7.7	기 록			–	–

매 뉴 얼			절 차 서		지 침 서	
구 분		목 록	문서번호	제 목	문서번호	제 목
항	목					
8. 실행 (운용)	8.1	운영계획 및 관리	SSK-SHP-08-01	안전보건 활동	SSK-SHG-01	안전보건관리규정
					SSK-SHG-02	도급사업 안전보건협의체
					SSK-SHG-03	작업장 안전조치
					SSK-SHG-04	중량물 및 인력운반 안전작업
					SSK-SHG-05	개인보호구 지급 및 관리
					SSK-SHG-06	적격수급업체 선정
					SSK-SHG-07	물질안전보건자료(MSDS) 관리
					SSK-SHG-08	떨어짐, 무너짐에 의한 위험 방지
					SSK-SHG-09	전기재해 예방활동
					SSK-SHG-10	폭발화재 및 위험물 누출 예방활동
					SSK-SHG-11	용접·용단작업안전
					SSK-SHG-12	작업환경측정
					SSK-SHG-13	건강관리
					SSK-SHG-14	직무스트레스예방 프로그램
					SSK-SHG-15	근골격계질환예방 프로그램
					SSK-SHG-16	호흡기보호 프로그램
					SSK-SHG-17	감염병 발생 시 대응
					SSK-SHG-18	진동공구 취급 근로자의 보건관리
					SSK-SHG-19	응급처치
					SSK-SHG-20	안전작업허가
					SSK-SHG-21	변경관리
					SSK-SHG-22	조달(구매)관리
					SSK-SHG-23	아차사고 및 잠재위험 관리
					SSK-SHG-24	산업재해 조사활동
					SSK-SHG-25	무재해운동

매 뉴 얼			절 차 서		지 침 서	
구 분		목 록	문서번호	제 목	문서번호	제 목
항	목					
	8.2	비상시 대비 및 대응	SSK-SHP-08-02	비상시 대비 및 대응	–	–
9. 성과평가	9.1	모니터링, 측정, 분석 및 성과평가	SSK-SHP-09-01	성과측정 및 모니터링	–	–
	9.2	내부심사	SSK-SHP-09-02	내부심사	–	–
	9.3	경영자 검토	SSK-SHP-09-03	경영자 검토	–	
10. 개선	10.1	일반사항	–	–	–	–
	10.2	사건, 부적합 및 시정조치	SSK-SHP-10-01	부적합 시정조치 및 개선실행	–	–
	10.3	지속적 개선			–	–

2) 기록의 작성

문서가 안전보건활동의 절차, 방법 등을 정한 매뉴얼, 절차서, 지침서, 표준, 기준 등의 매체를 말한다면, 기록은 달성된 결과를 명시하거나 활동의 증거를 제공하는 문서를 말한다.

(1) 문서와 기록의 차이

안전보건경영시스템과 관련한 문서와 기록의 차이는 〈표 6-3〉과 같다.

〈표 6-3〉 문서와 기록의 차이

구 분	문 서	기 록
기 능	업무수행의 계획/기준	업무수행의 결과/증거
작성시기	업무 시작 전 또는 개정 시	업무 진행 중 또는 완료 후
개정관리	철저한 개정 요구	절대 개정 불가
일반적 명칭	~지침, ~규정, ~계획 (품질매뉴얼, 절차서)	~일보, ~일지, ~대장, ~기록, ~현황, ~보고서
사 례	개인보호구 지급 및 관리지침	개인보호구 지급대장

(2) 기록의 대상

기록대상에는 다음 사항을 포함하여 목록화를 하고 보존기간을 정해 유지하여야 하며, 읽기 쉽고, 식별 및 추적이 가능하도록 하여야 한다.

① 안전보건경영시스템의 계획 수립과 관련한 결과물

ㅇ안전보건목표 및 세부 추진계획
ㅇ안전보건 위험성평가 및 기타 리스크평가 관련 서류
ㅇ법규등록부, 법규요약 및 검토서 등

② 안전보건경영시스템의 지원과 관련한 결과물
ㅇ조직도 및 업무분장표, 안전보건관리책임자 선임서, 관리감독자 임명장
ㅇ연간 안전교육계획, 안전보건교육일지
ㅇ참여 및 의사소통 결과(산업안전보건위원회 회의록 등)
ㅇ비상시 대비 및 대응 결과 등

③ 안전보건경영시스템의 실행 및 점검과 관련한 결과물
ㅇ성과측정 및 모니터링 결과
ㅇ법규 준수평가 결과
ㅇ내부심사 관련 서류
ㅇ경영자 검토 결과 등

④ 안전보건경영시스템의 조치에 관한 결과물
ㅇ시정조치 요구서 및 시정완료 보고서 등

⑤ 기타 안전보건경영시스템과 관련된 활동 결과물

2 안전보건경영시스템 운영활동 실무

안전보건경영시스템의 운영 관리사항에는 ISO 45001의 경우에는 8.1 운용 기획 및 관리에 위험요인 제거 및 안전보건리스크 감소의 항목을 두고 변경관리와 조달에 관한 인증 요구사항을 규정하고 있다. KOSHA-MS의 경우에는 8.1 운영계획 및 관리사항에 운영절차가 필요한 안전보건활동을 14개 항목으로 규정하여 안전보건경영시스템 인증을 취득하고자 하는 사업장이나 유지하고자 하는 사업장에 이를 준수하도록 하고 있다. 안전보건경영시스템 운영 관련 각 항목별 준비사항은 다음과 같다.

1) 작업장의 안전조치

항 목	인증기준
1. 작업장의 안전조치	ㅇ 작업장 바닥의 미끄럼 방지와 안전통로 구분, 정리정돈, 안전표시 등에 관한 기준을 설정하고, 유지·보수 및 점검 등 적절하게 현장관리를 하고 있어야 한다.

☞ 중점관리 Point

(1) 작업장 내 통로 설치 기준

- ㅇ 작업장으로 통하는 장소 또는 작업장 내에는 안전한 통로를 설치하고 항상 사용 가능한 상태로 유지한다.
- ㅇ 통로의 주요부분에는 통로를 표시한다. (비상구, 비상통로 또는 비상구 기구에 비상용 표시)
- ㅇ 근로자가 안전하게 통행할 수 있도록 75럭스(Lux) 이상의 채광 또는 조명시설을 설치한다.
- ㅇ 통로에는 높이 2m 이내에 장애물이 없어야 한다.
- ㅇ 근로자가 수직방향으로 이동하는 철골부재에는 답단 간격이 30cm 이내인 고정된 승강로를 설치한다.
- ㅇ 통로 바닥에 전선 또는 이동전선의 설치 및 사용을 금지한다.
  전선의 절연피복이 손상되지 않도록 적절한 조치를 한 경우에는 예외로 할수 있다.
- ㅇ 주행크레인 또는 선회크레인과 건설물 또는 설비 사이에 통로의 폭은 0.6m 이상으로 하고 건설물 기둥에 접촉하는 부분은 0.4m 이상으로 한다. 건설물 등의 벽체와 통로와의 간격은 0.3m 이하로 한다.

(2) 출입구 및 비상구

- ㅇ 차량계 하역운반기계 등의 출입이 빈번한 출입구에는 그 출입구에 인접하여 근로자들만 사용할 수 있는 안전한 보행자용 출입구를 설치하고 근로자와 차량계 하역운반기계 등과의 부딪힘을 예방하는 조치를 하여야 한다.

[그림 6–2] 보행자의 출입구 설치

ㅇ 통로의 주요부분에는 통로표시를 하고 안전하게 통행하도록 하며, 특히 출입구에서 접촉 등에 의한 위험을 미칠 우려가 있는 경우에는 비상등, 비상벨 등의 경보장치 또는 반사경을 설치하여야 한다.

(3) 공장 내 안전통로 확보

ㅇ 폭 80cm 이상의 안전통로를 확보하고 흰색 또는 황색으로 도색한다.
ㅇ 작업장소와 통행장소는 확실히 구분한다.
ㅇ 기계장비의 구동부는 접근금지 표시와 함께 황색으로 도색한다.
ㅇ 자재, 장비 적치 시 안전통로를 침범하지 않는다.
ㅇ 출입이 금지된 구역은 임의로 출입하지 않는다.
ㅇ 자재는 넘어지지 않도록 적재한다.

2) 중량물•운반기계에 대한 안전조치

항 목	인증기준
2. 중량물 · 운반기계에 대한 안전조치	ㅇ운반기계별 운반기준이 적합하게 정해져 이행되고 있어야 한다. ㅇ지게차 등 차량계 하역운반기계 및 양중기 사용작업 시 운행경로, 작업방법, 안전조치 등이 제대로 유지·관리되고 있어야 한다.

☞ 중점관리 Point

(1) 차량계 하역운반기계 작업의 작업 전 안전점검 사항

ㅇ 작업장소 및 시간, 이동경로, 작업방법 등을 해당 근로자는 알고 있는가?
ㅇ 작업장소 주변에 다른 근로자가 없으며 접근을 통제하고 있는가? (필요시 작업지휘자 또는 유도자 배치)
ㅇ 작업경로에는 지반 침하, 갓길 붕괴 등의 위험성이 없는가?
ㅇ 작업장 내 운행속도에 대한 제한은 있는가?
ㅇ 화물 적재 시 한쪽으로 치우치지 않도록 하고, 화물이 떨어지지 않도록 조치하였는가?
ㅇ 화물의 적재·하역 등 주된 용도에만 사용하는가?
ㅇ 수리 또는 부속장치의 장착 및 해체작업을 하는 경우 작업순서를 결정하고 작업을 지휘하고 안전블록 등을 사용하는가?
ㅇ 안전운행을 위한 제조자가 제공한 설명서 등의 기준을 준수하는가?
ㅇ 손상, 부식 등 섬유로프 등의 짐걸이로 사용하지 않는가?
ㅇ 화물을 과적재하지 않는가?

ㅇ 적재된 화물이 운전자의 시야를 가리지 않는가?

ㅇ 무게 100KG 이상인 화물 상·하차 작업 시 작업지휘자가 배치되어 있는가?

(2) 양중기 [크레인(호이스트), 리프트, 승강기]

호이스트 이동식크레인

리프트 화물용승강기

[그림 6-3] 크레인(호이스트), 리프트, 승강기

① 표지판 부착

양중기에는 산업안전보건기준에 관한 규칙 제133조(정격하중 등의 표시)에 의거 정격하중, 운전속도, 경고표시 등을 부착하여야 한다.

② 방호장치의 조정

양중기에는 산업안전보건기준에 관한 규칙 제134조(방호장치의 조정)에 의거 과부하방지장치, 권과방지장치, 비상정지장치 및 제동장치, 그 밖의 방호장치 (승강기의 파이널 리미트 스위치, 속도조절기, 출입문 인터록) 등이 정상적으로 작동될 수 있도록 미리 조정해 두어야 한다.

※ 과부하방지장치 : 정격하중 이상의 부하가 가해졌을 때 그 동작을 정지하기 위해 작동을 정지시키는 안전장치

※ 권과방지장치 : 하중을 달아 올릴 때 와이어로프를 드럼에 감아서 일정 이상의 높이로 권상하면 그 이상 권상되지 않도록 리미트스위치 등을 활용하여 자동적으로 정지하는 안전장치

③ 작업안전수칙의 준수여부 확인사항
- ㅇ 정격하중 이상의 중량물을 취급하지는 않는가?
- ㅇ 설비를 정지하기 전에 동작을 멈추고 운전을 정지하고 위치를 확인한 뒤에 완전히 정지시키고 있는가?
- ㅇ 하물을 풀어 내릴 때 지면 가까이에서 일단 정지시키고 바닥면의 안전상황을 확인하고 있는가?
- ㅇ 물건을 매달아 둔 채로 방치하고 있지는 않은가?
- ㅇ 담당자 외 운전금지 및 운전자는 안전보호구(안전모, 안전화 등)를 착용하고 있는가?
- ㅇ 부착된 후크해지장치를 운전자 임의로 제거하고 있지는 않은가?
- ㅇ 와이어로프 또는 체인이 부식, 변형, 손상이 된 것을 사용하고 있지는 않은가?
- ㅇ 안전장치(권과방지장치, 과부하방지장치 등)를 운전자가 임의로 제거하고 있지는 않은가?

3) 개인보호구 지급 및 관리

항 목	인증기준
3. 개인보호구 지급 및 관리	ㅇ 적절한 보호구를 지급·사용하고 예비품을 비치하는 등 보호구 착용 및 지급이 제도화되어 있어야 한다.

☞ 중점관리 Point

(1) 보호구의 지급

① 산업안전보건기준에 관한 규칙 제32조(보호구의 지급 등) 규정에 입각하여 근로자에 대해서 작업조건에 맞는 보호구를 작업하는 근로자 수 이상으로 지급하고 착용하는지의 여부를 점검한다.
- ㅇ 물체가 떨어지거나 날아올 위험 또는 근로자가 추락할 위험이 있는 작업 : 안전모
- ㅇ 높이 또는 깊이 2미터 이상의 추락할 위험이 있는 장소에서 하는 작업 : 안전대
- ㅇ 물체의 낙하·충격, 물체에의 끼임, 감전 또는 정전기의 대전에 의한 위험이 있는 작업 : 안전화
- ㅇ 물체가 흩날릴 위험이 있는 작업 : 보안경
- ㅇ 용접 시 불꽃이나 물체가 흩날릴 위험이 있는 작업 : 보안면
- ㅇ 감전의 위험이 있는 작업 : 절연용 보호구
- ㅇ 고열에 의한 화상 등의 위험이 있는 작업 : 방열복
- ㅇ 분진이 심하게 발생하는 하역작업 : 방진마스크

ㅇ 섭씨 영하 18도 이하인 급냉동어창에서 하는 하역작업: 방한모·방한복·방한화·방한장갑

ㅇ 물건을 운반하거나 수거·배달하기 위하여 「자동차관리법」에 따른 이륜자동차를 운행하는 작업 : 「도로교통법 시행규칙」에 적합한 승차용 안전모

② 보호구를 지급기준에 따라 근로자에게 지급하고 착용지시를 받은 근로자의 착용여부를 확인한다.

③ 보호구의 적정관리 여부

산업안전보건기준에 관한 규칙 제33조(보호구의 관리)에 따라 보호구를 지급하는 경우 상시 점검하여 이상이 있는 것은 수리하거나 다른 것으로 교환해 주는 등 항상 사용할 수 있도록 관리하여야 하며, 청결을 유지하도록 하여야 한다. 단, 근로자가 청결을 유지하는 안전화, 안전모, 보안경의 경우는 제외할 수 있다.

방진마스크의 필터 등은 언제나 교환할 수 있도록 충분한 양을 갖추어 두어야 한다.

④ 산업안전보건기준에 관한 규칙 제34조(전용 보호구 등)에 따라 보호구를 공동 사용하여 근로자에게 질병이 감염될 우려가 있는 경우에는 개인 전용보호구를 지급하고 질병 감염을 예방하기 위한 조치를 하여야 한다.

안전보호구 지급기준

rev.01

종류 / 항목	안전모	안전화	마스크		귀보호구		보안경			장갑				각반
			방진	방독	귀마개	귀덮개	플라스틱	코발트	고글	면장갑	반코팅	단피	장피	
지급기준 (수량 / 주기)	1 / 년	수시	10 / 월	필요시	수시	필사용자	수시	수시	수시	5 / 월	10 / 월	2 / 월	필요시	1 / 분기
인증번호	10-AV2 CQ-0235	09-AV2 CR-0022	12-AV2 CT-0074	방독 제 352-1外	12-AV4 CB-0012	EN352	10-AV1 GM-0481	ⓚ-제 12008호	11-AV1 GM-0004	–	–	–	–	–
규격	ABE형	일반7"	방진1급	직결식 1급	EP-1	NRR20dB	투명	차광 50Ø	밀착형	Free	Free	Free	Free	300X300 발등덮개
사양 (Model)	HS-P901c	SMT-801	C650V	3M-6001	1100	CRARITY C1H	B-803AS	A642	S501	백색	반적색	돈피	인공피혁	청지
제조사	한성	세몽	3M	3M	3M	SPERIAN	OTOS	OTOS	OTOS	한국복지	한국복지	대림상사	대림상사	성도안전
비고	←------					곽성인 조성남	(부족시 추가지급) ------→							

종류 / 항목	안전모	안전화	마스크		귀보호구		보안경			장갑				각반
			방진	방독	귀마개	귀덮개	플라스틱	코발트	고글	면장갑	반코팅	단피	장피	
지급기준 (수량 / 주기)	1 / 년	수시	10 / 월	필요시	수시	필사용자	수시	N/A	수시	N/A	5 / 월	2 / 월	N/A	1 / 분기
인증번호	10-AV2 CQ-0235	09-AV2 CR-0022	12-AV2 CT-0074	방독 제 352-1外	12-AV4 CB-0012	EN352	10-AV1 GM-0481		11-AV1 GM-0004		–	–		–
규격	ABE형	일반7"	방진1급	직결식 1급	EP-1	NRR20dB	투명		밀착형		Free	Free		300X300 발등덮개
사양 (Model)	HS-P901c	SMT-801	C650V	3M-6001	1100	CRARITY C1H	B-803AS		S501		반적색	돈피		청지
제조사	한성	세몽	3M	3M	3M	SPERIAN	OTOS		OTOS		한국복지	대림상사		성도안전
비고	←------					김현식 전인기	(부족시 추가지급) ------→							

[그림 6-4] 보호구 지급기준의 사례

4) 위험기계·기구에 및 대한 방호조치

항 목	인증기준
4. 위험기계·기구에 대한 방호조치	○ 기계·기구 기타 설비의 기능과 특성을 고려하여 방호조치를 하고, 잠재 위험이 없도록 보수·점검 등을 실시하여야 한다.

☞ 중점관리 Point

(1) 위험기계·기구 및 설비의 작업방법 상태 점검

ㅇ 기계 가동 전 기계 및 주변상태를 확인한다.

ㅇ 기계 가동 시 규정된 신호로 상호 간 연락을 한다.

ㅇ 기계 가동 중 진동, 이상소음, 누유 등의 이상 발견 시 기계를 정지하고 관계자에게 알린다.

ㅇ 기계의 청소, 검사, 수리, 조정 작업 시에는 기계를 반드시 정지 시키고, 스위치에는 "작업중" 표지를 부착한다.(Lock Out/Tag Out)

(2) 위험기계·기구 및 설비의 안전대책 시행여부 점검

ㅇ 복장·보호구의 착용은 적정한가?

ㅇ 기계·설비의 위나 아래로 통행하지는 않는가? (건널다리 이용)

[그림 6-5] 복장·보호구의 안전착용 및 건널다리 설치

ㅇ 기계의 운전을 시작할 때는 정해진 신호를 하고 있는가?

ㅇ 기계의 수리나 점검 시 에는 반드시 기계를 정지시키고 스위치함에 시건장치나 표지를 설치하고 있는가?

ㅇ 드릴기 등 회전하는 날 부분에 손이 말려들어갈 우려가 있는 기계작업 시에 장갑을 착용하고 있지는 않은가?

[그림 6-6] 기계·설비 위험성 및 안전조치

ㅇ 방호장치는 해체되어 있지는 않은가?
벨트교체나 수리 등 부득이 한 경우에는 감독자에게 보고하고 해체 사유가 완료되었을 경우에는 즉시 복원해야 한다.

5) 떨어짐·무너짐에 대한 방지조치

항 목	인증기준
5. 떨어짐.무너짐에 의한 위험 방지	ㅇ 개구부 방호, 안전대 설치, 승강설비 설치, 구명구 비치, 울타리 설치, 조명유지 등 떨어짐 위험방지조치와 무너짐·맞음에 의한 위험 방지조치를 실시하고 있어야 한다.

☞ 중점관리 Point

(1) 떨어짐·무너짐에 대한 방지조치의 경우

가) 고소작업의 안전수칙 준수여부 확인

ㅇ 고소작업장 주위에는 위험표지를 설치하였는가?.
ㅇ 고소작업 시 물건을 올리고 내릴 때 로프를 사용하고 있는가?
ㅇ 작업자는 안전모 턱끈을 매고 안전대를 착용하고 있는가?
ㅇ 악천후(강풍, 비, 눈) 시에 작업을 하지는 않는가?
ㅇ 사다리는 안전검사에 합격된 제품을 사용하는가?
ㅇ 사다리는 사다리식 통로로만 규정하고 있고 추락위험이 있는 장소에서는 비계를 조립하는 등의 방법으로 작업발판을 설치하여 작업하고 있는가?
ㅇ 발판을 설치 시에는 떨어지지 않도록 2군데 이상을 지지물에 묶고 있는가?
ㅇ 추락의 위험이 있는 곳에는 방호망을 설치하고 있는가?

나) 이동식 사다리 안전작업 이행여부

사다리 사용이 불가피한 경작업에 한하여

경작업 시 고소작업대, 비계 등의 설치가 어려운 협소한 장소에서 사용

*경작업 : 손 또는 팔을 가볍게 사용하는 작업으로 전구 교체 작업, 전기통신 작업, 평탄한 곳의 조경 작업 등

평탄·견고한 바닥에서

평탄·견고하고 미끄럼이 없는 바닥에 설치

3.5m 이하의 A형 사다리를 사용하여

최대길이 3.5m 이하 A형 사다리(조경용 포함)에서만 작업

*보통 사다리(일자형), 신축형(연장형) 사다리, 일자형으로 펼쳐지는 발붙임 겸용 사다리(A형)에서는 작업 금지

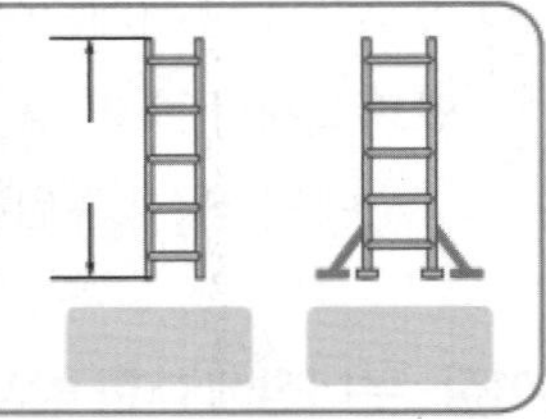

보호구를 반드시 착용하고

모든 사다리 작업 시 안전모 착용,
작업 높이가 2m 이상인 경우 안전대 착용

*작업높이 : 발을 딛는 디딤대의 높이

2인 1조로 작업하세요

작업높이가 바닥 면으로부터
- **1.2m 이상~2m 미만 : 2인 1조 작업, 최상부 발판에서 작업 금지**
- **2m 이상~3.5m 이하 : 2인 1조 작업, 최상부 및 그 하단의 디딤대에서 작업 금지**

[그림 6-7] 이동식 사다리 안전작업 방법

보통(일자형) 사다리
신축형(연장형) 사다리
(일자형으로 펼쳐지는)
발붙임 겸용 사다리(A형)
안전작업
지침
오르내리는 이동통로로만 사용(발판 및 디딤대에서 작업금지)
반드시 안전모 착용
*사다리 구조 등 그 외 안전보건조치는 「산업안전보건 기준에 관한 규칙」 준수

발붙임 사다리(A형, 조경용)

작업 높이 (발을 딛는 디딤대의 높이)	안전작업 지침
1.2m 미만	반드시 안전모 착용
1.2m 이상 ~ 2m 미만	반드시 안전모 착용 2인 1조 작업 최상부 발판에서 작업금지
1.2m 이상 ~ 3.5m 이하	반드시 안전모 착용 2인 1조 작업 및 안전대 착용 최상부 발판+그 하단 디딤대 작업금지
3.5m 초과	작업발판으로 사용금지

공통사항

평탄견고하고 미끄럼이 없는 바닥에 설치

경작업*, 고소작업대·비계 등의 설치가 어려운 협소한 장소에서 사용

*손 또는 팔을 가볍게 사용하는 작업으로서 전구 교체 작업, 전기·통신 작업, 평탄한 곳의 조경작업 등

※사다리 구조 등 그 외 안전보건조치는 「산업안전보건 기준에 관한 규칙」 준수

[그림 6-8] 이동식사다리 안전작업지침

6) 안전검사 실시

항 목	인증기준
6. 안전검사 실시	○ 안전검사 대상이 파악되고 기준에 따라 정기적으로 검사를 실시하고 있어야 한다.

☞ 중점관리 Point

(1) 안전검사의 주기 및 실시여부 확인

〈표 6-4〉 안전검사 대상품 및 안전검사 주기

<table>
<tr><th>안전검사 대상품</th><th>안전검사 주기</th></tr>
<tr><td>크레인
(정격하중 2톤 미만 제외)</td><td rowspan="3">사업장에 설치가 끝난 날부터 3년 이내에
최초 안전검사를 실시하되,
그 이후부터 2년마다 안전검사 실시
※ 건설현장에서 사용하는 것은 최초로 설치한 날부터
6개월마다 실시</td></tr>
<tr><td>리프트</td></tr>
<tr><td>곤돌라</td></tr>
<tr><td>이동식크레인</td><td rowspan="3">자동차관리법에 따른 신규 등록 이후 3년 이내에
최초 안전검사를 실시하되,
그 이후부터 2년마다 실시</td></tr>
<tr><td>이삿짐운반용 리프트</td></tr>
<tr><td>고소작업대
(화물자동차 또는 특수자동차에
탑재한 고소작업대로 한정)</td></tr>
<tr><td>압력용기</td><td rowspan="10">사업장에 설치가 끝난 날부터 3년 이내에
최초 안전검사를 실시하되,
그 이후부터 2년마다 실시
※ 공정안전보고서를 제출하여 확인을 받은 압력용기는
4년마다 실시</td></tr>
<tr><td>프레</td></tr>
<tr><td>전단</td></tr>
<tr><td>롤러기(밀폐형구조 제외)</td></tr>
<tr><td>사출성형기
(형 체결력 294kN 미만 제외)</td></tr>
<tr><td>원심기(산업용만 해당)</td></tr>
<tr><td>국소배기장치
(이동식 제외)</td></tr>
<tr><td>컨베이어</td></tr>
<tr><td>산업용로봇</td></tr>
</table>

(2) 안전검사 합격증명서의 부착여부 확인

ㅇ 산업안전보건법 제94조 제2항에 따라 안전검사합격증명서를 안전검사대상기계 등에 부착하여야 한다.

7) 폭발·화재 및 위험물 누출 예방활동

항 목	인증기준
7. 폭발·화재 및 위험물 누출 예방활동	ㅇ 폭발·화재 및 위험물 누출에 의한 위험방지조치가 이루어지고 있으며, 보수·점검계획에 따라 주기적으로 점검하고 비상시 대피요령을 알고 있어야 한다. ㅇ 화학설비·압력용기 등은 건축물의 구조 검토, 부식 방지, 밸브 개폐방향 표시, 안전밸브·파열판·화염방지기 설치, 계측장치·자동경보장치·긴급차단장치 설치 등 위험방지조치를 실시하고 있어야 한다.

☞ 중점관리 Point

(1) 위험물질 등의 제조 등 작업 시의 조치여부 확인

ㅇ 폭발성 물질, 유기과산화물을 화기나 그 밖에 점화원이 될 우려가 있는 것에 접근시키거나 가열하거나 마찰시키거나 충격을 가하는 행위는 없는가?

ㅇ 물반응성 물질, 인화성 고체를 각각 그 특성에 따라 화기나 그 밖에 점화원이 될 우려가 있는 것에 접근시키거나 발화를 촉진하는 물질 또는 물에 접촉시키거나 가열하거나 마찰시키거나 충격을 가하는 행위는 없는가?

ㅇ 산화성 액체·산화성 고체를 분해가 촉진될 우려가 있는 물질에 접촉시키거나 가열하거나 마찰시키거나 충격을 가하는 행위는 없는가?

ㅇ 인화성 액체를 화기나 그 밖에 점화원이 될 우려가 있는 것에 접근시키거나 주입 또는 가열하거나 증발시키는 행위는 없는가?

ㅇ 인화성 가스를 화기나 그 밖에 점화원이 될 우려가 있는 것에 접근시키거나 압축하거나 가열 또는 주입하는 행위는 행위는 없는가?

ㅇ 부식성 물질 또는 급성 독성 물질을 누출시키는 등으로 인체에 접촉시키는 행위는 없는가?

ㅇ 위험물을 제조하거나 취급하는 설비가 있는 장소에 인화성 가스 또는 산화성 액체 및 산화성 고체를 방치하는 행위는 없는가?

(2) 화학사고 발생 시 초동 대응요원 안전조치 요령

단 계	안전조치 요령
1. 사고현장 접근 시에는 풍상방향에서 진입	– 절대 서두르지 말고 상황을 완전히 파악하며 관계자 등을 통해 사고와 관련된 정보를 수집한다. – 사고현장을 기준으로 바람이 불어오는 방향을 풍상이라 한다. 화재나 유해물질 사고에 있어서는 풍하방향에서 활동하는 경우가 가장 위험하다.
2. 안전거리 확보	– 위험지역에 접근하지 말고 사람들을 현장에서 이격(離隔)시켜 충분한 안전지역을 확보한다. 이때, 장비를 활용할 공간을 확보한다.
3. 사고와 관련된 위험성 확인	– 현장의 표지판, 라벨, 서류(운송서류 등), 관계자 등이 아주 귀중한 정보를 제공하므로 이 정보에 기초하여 위험성을 평가하고 판단하여 초기 안전조치를 취한다. – 초기 대응은 최악의 시나리오를 가정하여 조치한다. – 유해물질의 특성이 파악되었다면 현장 상황에 맞게 적용한다.
4. 현장상황의 판단	– 화재가 발생하고 유해물질이 유출/누출되어 확산되고 있는가? – 풍향, 풍속, 기온 등 기상조건은 어떠한가? – 지형조건은 어떠한가? – 누가/무엇이 위험에 노출되어 있는가? (사람, 재산, 환경 등) – 어떤 조치를 취해야 하는가? / 대피가 필요한가? / 제방을 쌓아야 하는가? / 어떤 지원(인력·장비)이 필요하며 현장 투입이 가능한가?
5. 현장 진입 여부의 결정	– 인명과 재산, 환경을 보호하기 위한 구조대원 또한 희생자와 같은 위험에 처할 수 있다. – 적절한 보호장비를 갖추었을 경우에만 진입한다.
6. 적절한 대응활동	– 희생자는 가능한 신속하게 구조하고 필요한 경우 대피시킨다. – 현장 상황을 계속 파악하고 상황에 따라 융통성 있게 대처한다. – 대응활동의 핵심은 구조대원 등을 포함한 현장의 인원을 보호하는 것이다.
7. 기타 준수사항	– 유출된 물질을 밟거나 만지지 않는다. – 비록 유해물질로 확인되지 않은 경우라도 그 흄, 연기, 증기 등을 흡입하지 않는다. – 냄새 없는 가스도 위험할 수 있다. 냄새가 없다고 해서 가스나 증기가 무해하다고 생각하면 안 된다. – 빈용기를 다룰 때에는 잔여 유해물질이 남아있을 수 있으므로 용기가 정화될 때 까지 충분히 주의해야 한다.

8) 전기재해 예방활동

항 목	인증기준
8. 전기재해 예방활동	○ 전기로 인한 위험방지를 위하여 전기기계·기구 및 가설 전기설비에 방호조치를 하고 유지.보수하는 예방활동을 시행하고 있어야 한다. ○ 전기설비 또는 정전기로 인한 화재폭발을 방지하기 위하여 기준에 적합하도록 등급을 설정하여 관리하고 있어야 한다.

☞ 중점관리 Point

(1) 감전재해 예방대책의 수립여부 확인

- ○ 수변 전 설비에서 충전부에 접촉될 위험은 없는가?
- ○ 스위치 및 옥내 배선류 등의 손상부분은 없는가?
- ○ 전기기기의 외함접지가 탈락된 곳은 없는가?
- ○ 누전차단기(ELB)가 설치되어 있는가?
- ○ 전기의 통전여부를 손가락으로 만지는 행위 등 불안전한 행동을 하지는 않는가?
- ○ 전기회로를 정전시키고 전기기계·기구의 청소, 주유, 수리 등의 작업 시, 제3자가 무단으로 스위치를 투입하지 못하도록 시건장치 또는 위험표지를 부착하고 작업하는가?
- ○ 노출된 충전부에 접근하여 작업을 할 때 절연보호구를 착용하는가?

(2) 방폭지역의 구분

① 0종 장소 : 위험분위기가 지속적으로 또는 장기간 존재하는 장소
- ○ 설비의 내부(용기내부, 장치 및 배관의 내부 등)
- ○ 인화성 또는 가연성 액체가 존재하는 피트(Pit)등의 내부
- ○ 인화성 또는 가연성의 가스나 증기가 지속적 또는 장기간 체류하는 곳

② 1종 장소 : 상용의 상태에서 위험분위기가 존재하기 쉬운 장소
- ○ 통상의 상태에서 위험분위기가 쉽게 생성되는 곳
- ○ 운전·유지보수 또는 누설에 의하여 위험분위기가 자주 생성되는 곳
- ○ 설비 일부의 고장 시 가연성 물질의 방출과 전기계통의 고장이 동시에 발생되기 쉬운 곳
- ○ 환기가 불충분한 장소에 설치된 배관계통으로 쉽게 누설될 우려가 있는 곳
- ○ 주변 지역보다 낮아 가스나 증기가 체류할 수 있는 곳
- ○ 상용의 상태에서 위험분위기가 주기적 또는 간헐적으로 존재하는 곳

③ 2종 장소 : 이상 상태하에서 위험분위기가 단시간 동안 존재할 수 있는 장소
- ○ 환기가 불충분한 장소에 설치된 배관계통으로 쉽게 누설되지 않는 구조의 곳
- ○ 개스킷(Gasket), 패킹(Packing)등의 고장과 같이 이상 상태에서만 누출 될 수 있는 공

정설비 또는 배관이 환기가 충분한 곳에 설치될 경우

ㅇ 1종 장소와 직접 접하며 개방되어 있는 곳 또는 1종 장소와 닥트, 트랜치, 파이프 등으로 연결되어 이들을 통해 가스나 증기의 유입이 가능한 곳

ㅇ 강제 환기방식이 채용되는 것으로 환기설비의 고장이나 이상 시에 위험분위기가 생성될 수 있는 곳

〈표 6-5〉 주요 국가들의 방폭지역 분류

위험분위기 / 국가별	지속적인 위험분위기	통상 상태하에서의 간헐적 위험분위기	이상 상태하에서의 위험분위기
IEC/CENELEC/유럽	Zone 0	Zone 1	Zone 2
북 미	Division 1	Division 2	
한국/일본	0종 장소	1종 장소	2종 장소

(3) 방폭형 전기기계·기구 사용 예

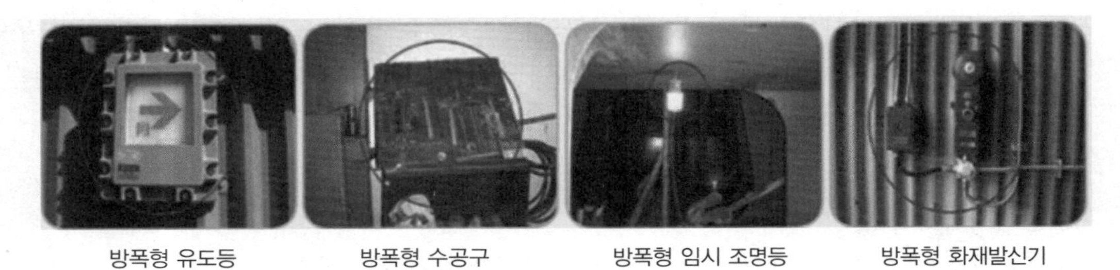

방폭형 유도등 방폭형 수공구 방폭형 임시 조명등 방폭형 화재발신기

[그림 6-9] 방폭형 전기기계·기구

9) 쾌적한 작업환경 유지활동

항 목	인증기준
9. 쾌적한 작업환경 유지활동	ㅇ 유해화학물질 취급 근로자의 건강장해 및 직업병을 예방하기 위하여 적절한 조치와 관련 규정을 준수하고 있어야 한다. ㅇ 방사선 물질의 밀폐, 관리구역의 지정, 차폐물·국소배기장치·방지설비의 설치, 취급용구·보호구 지급, 폐기물 처리, 흡연금지, 유해성 주지 등 방사선에 의한 건강장해 예방조치를 하고 있어야 한다. ㅇ 유해성 주지, 오염방지조치, 감염예방조치 등 병원체의 건강장해 예방조치를 하고 있어야 한다. ㅇ 사무실에서의 건강장해 예방조치를 하고 있어야 한다. ㅇ 밀폐공간작업으로 인한 건강장해예방을 하고 있어야 한다.

☞ 중점관리 Point

(1) 화학물질 취급 시 건강장해예방 실천사항

ㅇ 작업환경측정 및 특수건강검진을 실시하고 있는가?
ㅇ 작업환경측정 결과는 게시되고 있는가?
ㅇ 보안경 등 개인보호구는 착용하고 있는가?
ㅇ 유해화학물질의 경고표지는 부착하고 있는가?
ㅇ 물질안전보건자료(MSDS) 확보 및 게시 또는 비치, 취급 근로자 교육은 이루어지고 있는가?
ㅇ 적정 사용량을 덜어서 사용하고, 사용 후 뚜껑을 닫아 증기의 비산을 방지하고 있는가?
ㅇ 유해물질 사용 후 비누를 사용하여 손, 피부 등을 깨끗이 씻고 있는가?

(2) 방사선에 의한 건강장해 예방조치 여부 확인사항

ㅇ 방사선 물질을 취급하여 방사선 업무를 하는 경우 방사성 물질의 밀폐, 차폐물의 설치, 국소배기장치 및 경보장치를 설치하였는가?
ㅇ 방사선 업무 수행 시 방사선 관리구역을 지정하여 방사선량 측정용구의 착용에 관한 주의사항, 방사선 업무상 주의사항, 사고 발생 시 응급조치사항 등을 게시하고 관계자 외 출입을 금지시키고 있는가?
ㅇ X선 장치 등 방사선 발생장치는 전용의 작업실에 설치하고 있는가?
적절한 차단 또는 밀폐된 구조의 장치를 수시로 이동하여 사용하는 경우 등은 예외로 한다.
ㅇ 방사선 발생장치에는 기기의 종류, 내장하고 있는 방사성 물질에 함유된 방사성 동위원소의 종류와 양, 해당 방사성 물질을 내장한 연월일, 소유자의 성명 또는 명칭 등을 게시하고 있는가?
ㅇ 방사성 물질 취급 근로자의 건강장해예방을 위해 보호복, 보호장갑, 신발덮개, 보호모 등의 보호구를 착용하고 있는가?
ㅇ 방사성 물질을 취급하는 작업장 주변에서는 음식취식의 금지 및 취급 근로자에게 방사선이 인체에 미치는 영향, 안전한 작업방법, 건강관리 요령 등을 고지하고 있는가?

(3) 감염병 예방조치 여부 확인사항

ㅇ 감염병 예방을 위한 계획의 수립은 이루어지고 있는가?
ㅇ 보호구 지급, 예방접종 등 감염병 예방을 위한 조치를 하고 있는가?
ㅇ 감염병 발생 시 원인조사와 대책 수립은 이루어지고 있는가?
ㅇ 감염병 발생 근로자에 대한 적절한 처치가 이루어지고 있는가?

(4) 사무실에서의 건강장해 예방조치 확인사항

- 사무실의 공기를 측정·평가하고 그 결과에 따라 공기정화설비 등을 설치하거나 개·보수하는 등 필요한 조치를 하고 있는가?
- 실외로부터 자동차매연, 그 밖의 오염물질이 실내로 들어올 우려가 있는 경우에 통풍구·창문·출입문 등의 공기유입구를 재배치하는 등 적절한 조치를 하고 있는가?
- 미생물로 인한 사무실공기 오염을 방지하기 위한 조치를 하고 있는가?
- 사무실을 항상 청결하게 유지·관리하고 있는가?

(5) 밀폐공간 작업으로 인한 건강장해예방

- 밀폐공간 보건작업 프로그램을 수립·시행하고 있는가?
- 근로자가 밀폐공간에서 작업을 하는 경우에 안전한 작업방법 등을 주지하고 있는가?
- 근로자가 밀폐공간에서 작업을 하는 경우에 미리 산소농도 등을 측정·평가하고 있는가?
- 밀폐공간 작업 시 작업시작 전과 작업 중에 적정 공기 상태가 유지되도록 환기를 실시하고 있는가?
- 밀폐공간에는 관계자 외 출입을 금지하고 인원의 점검, 외부 감시인과 연락할 수 있는 설비의 설치, 감시인의 배치 등은 이루어지고 있는가?
- 밀폐공간 작업 시 산소결핍 및 폭발의 우려가 있는 경우 즉시 작업을 중단시키고 해당 근로자를 대피할 수 있는 구조인가?
- 밀폐공간 작업 시 송기마스크, 사다리 및 섬유로프 등 피난·구출에 필요한 기구를 구비하고 있는가?
- 밀폐공간에서 근로자 구출 시 그 구출 근로자에게 송기마스크 등을 지급·착용토록 조치하고 있는가?

[그림 6-10] 밀폐공간에서 사용되는 장비 (예시)

10) 근로자 건강장해 예방활동

항 목	인증기준
10. 근로자 건강장해 예방활동	○ 근로자의 건강보호 및 유지를 위하여 근로자에 대한 건강진단을 정기적으로 실시하고 적절한 사후조치를 하고 있어야 한다. ○ 근로자의 업무상 질병을 예방하기 위하여 적절한 조치를 하고 있어야 한다. – 분진 작업으로 인한 근로자 건강장해를 예방하기 위한 "호흡기보호 프로그램" 시행 – 산소결핍, 유해가스로 인한 위험이 있는 장소에서의 작업근로자를 보호하기 위한 "밀폐공간 보건작업 프로그램"의 시행 – 소음 작업근로자의 소음성 난청을 예방하기 위한 "청력 보존 프로그램"의 시행 – 작업 관련 근골격계질환예방을 위한 "근골격계질환예방 프로그램"의 시행 – 근로자의 금연 등 건강관리능력을 함양하기 위하여 "건강증진 프로그램"등 건강증진 사업의 시행 – 신체적 피로 및 정신적 스트레스 등에 의한 건강장해예방을 위하여 "직무스트레스 프로그램"의 시행 ○ 고령, 여성, 외국인 등 취약계층 근로자의 건강증진 및 작업환경개선을 위한 건강장해 예방조치를 하고 있어야 한다. ○ 온·습도조절장치, 환기장치, 휴게시설, 세척시설 등의 설치, 음료수 등의 비치, 보호구 지급 등 온도·습도에 의한 건강장해 예방조치를 하고 있어야 한다.

	ㅇ 방사선 물질의 밀폐, 관리구역의 지정, 차폐물.국소배기장치.방지설비의 설치, 취급용구.보호구 지급, 폐기물 처리, 흡연금지, 유해성 주지 등 방사선에 의한 건강장해 예방조치를 하고 있어야 한다. ㅇ 유해성 주지, 오염방지조치, 감염예방조치 등 병원체의 건강장해 예방조치를 하고 있어야 한다. ㅇ 사무실에서의 건강장해 예방조치를 하고 있어야 한다. ㅇ 밀폐공간 작업으로 인한 건강장해예방를 하고 있어야 한다.

☞ 중점관리 Point

(1) 건강진단의 실시여부 확인

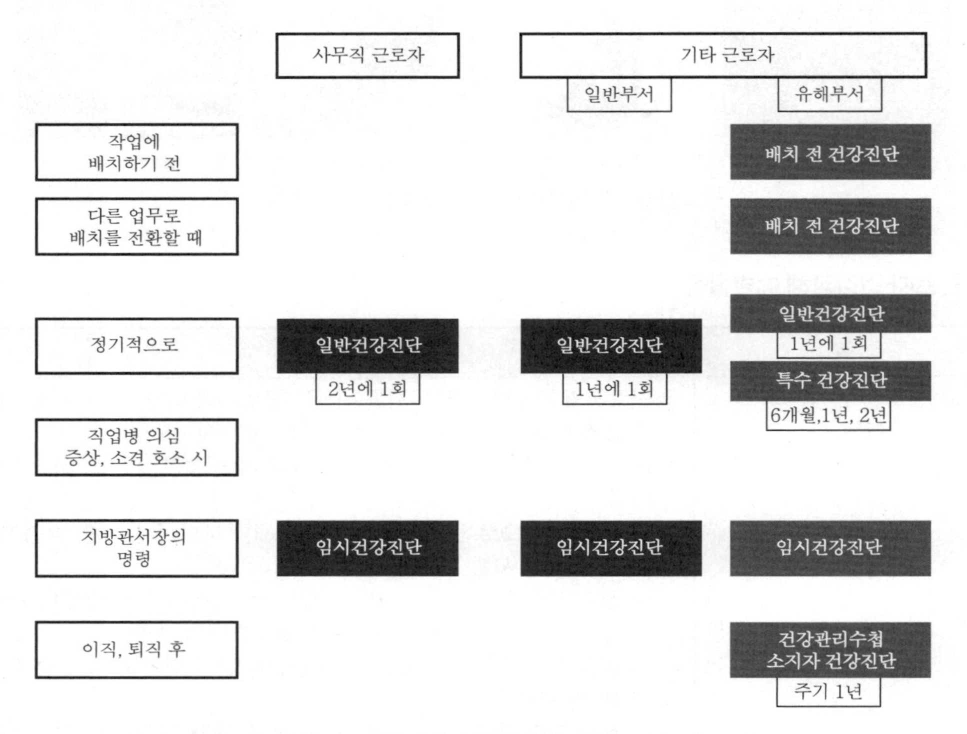

[그림 6-11] 근로자 건강진단 종류별 대상, 시기 및 주기

(2) 호흡기보호 프로그램 대상 사업장의 확인 및 시행 확인

① 대상여부 확인

ㅇ 분진의 작업환경측정 결과 노출기준을 초과하는 사업장

ㅇ 분진 작업으로 인하여 근로자에게 건강장해가 발생한 사업장

② 호흡기보호 프로그램 시행흐름도

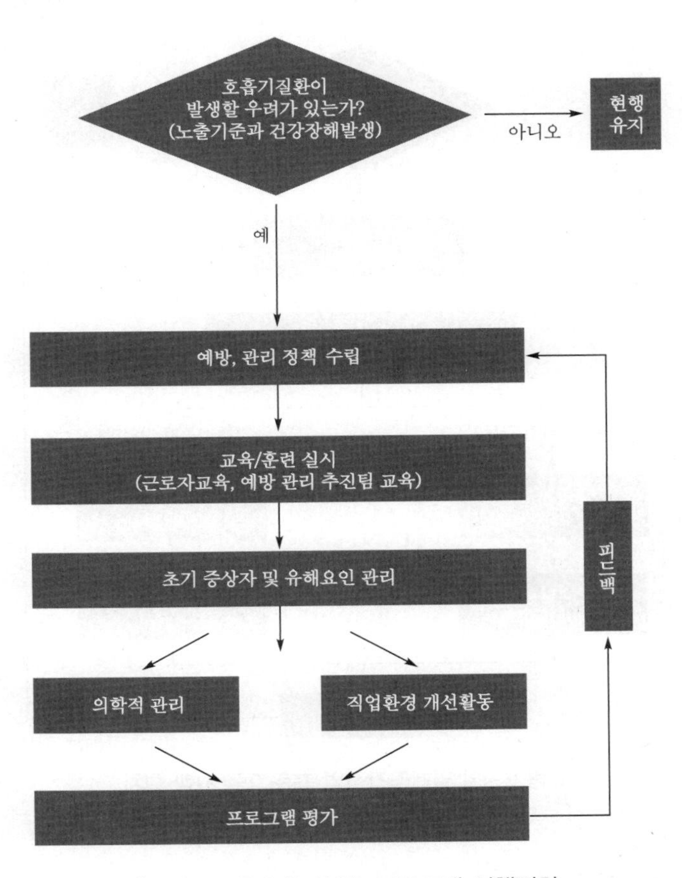

[그림 6-12] 호흡기보호 프로그램 시행절차

(3) 밀폐공간작업 프로그램 실시확인

① 대상여부 확인(밀폐공간)

- ㅇ 우물, 수직 갱, 터널, 잠함, 피트, 암거, 맨홀, 탱크, 호퍼 등 저장시설, 지하실, 창고, 선창 내부
- ㅇ 정화조, 집수조, 침전조, 농축조, 발효조 내부
- ㅇ 열 교환기, 배관, 보일러, 반응탑, 사일로, 집진기 등 내부
- ㅇ 콘크리트 양생장소, 가설 숙소 내부
- ㅇ 냉장고, 냉동고, 냉동 화물자동차, 냉동 컨테이너 등 내부

② 밀폐공간작업 프로그램 시행흐름도

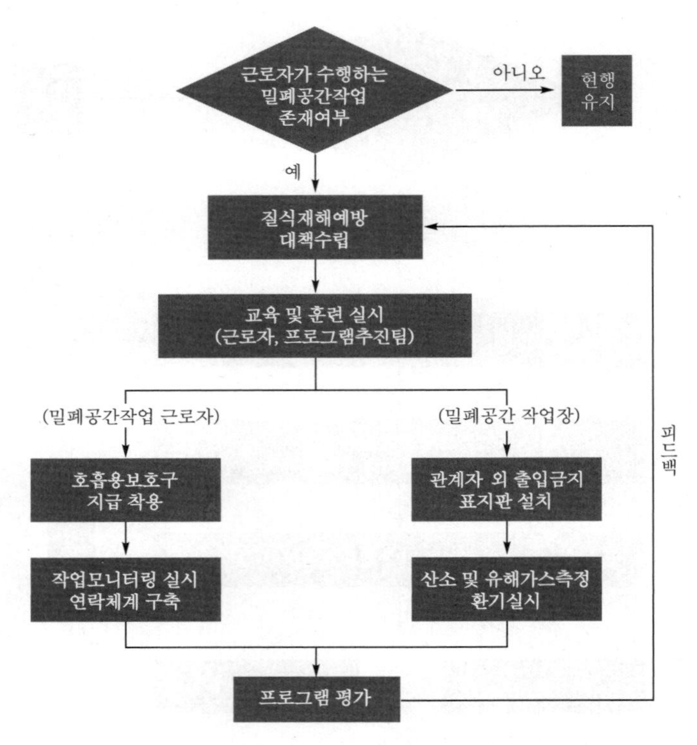

[그림 6-13] 밀폐공간작업 프로그램 시행 절차

(4) 청력보존 프로그램의 시행 확인

① 대상여부 확인

- 작업환경측정 결과 소음수준이 90데시벨(dB)을 초과하는 사업장
- 소음으로 인하여 근로자에게 건강장해가 발생한 사업장

② 청력보존 프로그램 시행흐름도

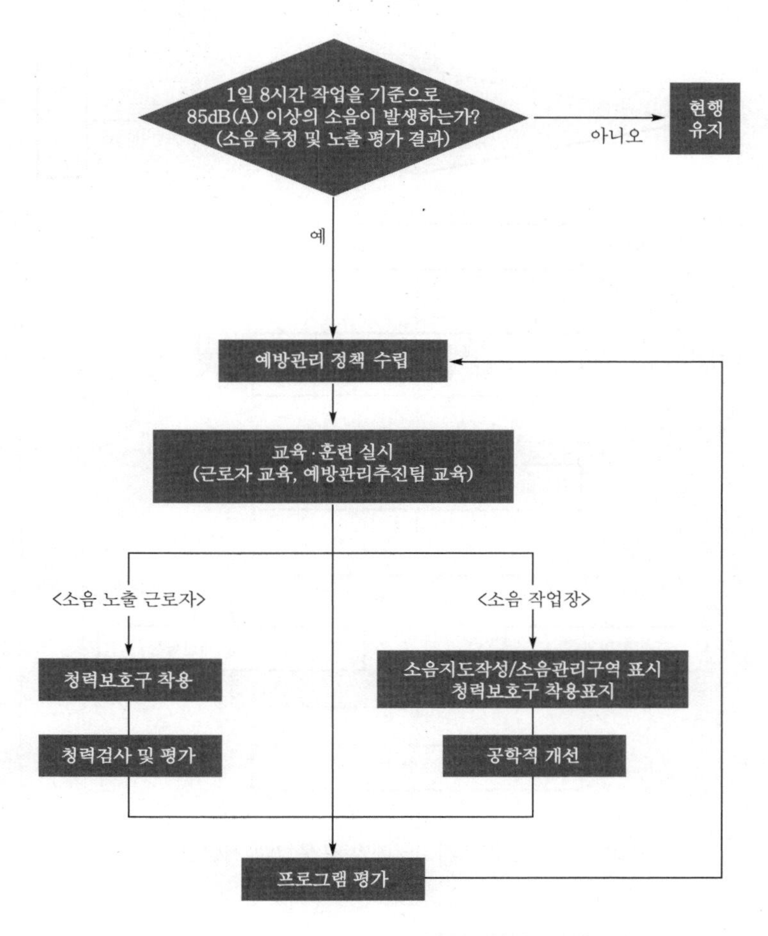

[그림 6-14] 청력보존 프로그램 시행절차

(5) 근골격계질환예방 프로그램의 시행 확인

① 대상여부의 확인

- 근골격계질환으로 요양결정을 받은 근로자가 연간 10명 이상 되는 경우
- 근골격계질환으로 요양결정을 받은 근로자가 연간 5명 이상이면서 전체 근로자 대비 발생비율이 10% 이상 되는 경우

② 근골격계질환예방 프로그램 시행흐름도

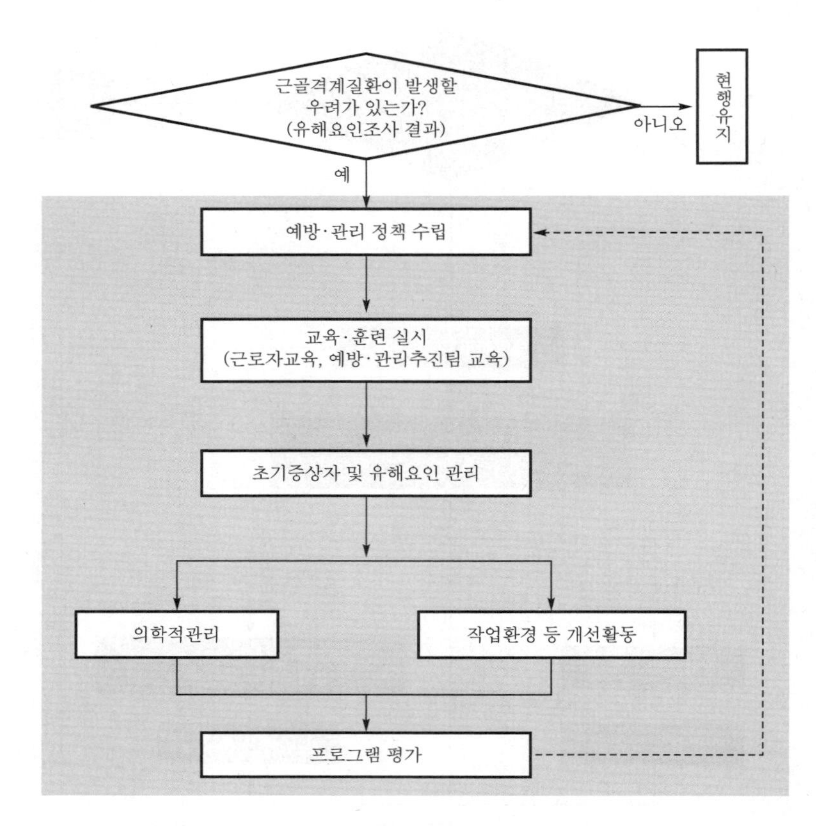

[그림 6-15] 근골격계질환예방 프로그램 시행절차

(6) 직무스트레스예방 프로그램의 시행 확인

① 대상여부의 확인

ㅇ 장시간 근로, 야간작업을 포함한 교대작업, 차량운전(전업(專業)으로 하는 경우)

ㅇ 정밀기계 조작작업

② 직무스트레스에 의한 건강장해 예방조치 여부

ㅇ 작업환경·작업내용·근로시간 등 직무스트레스 요인에 대하여 평가하고 근로시간 단축, 장·단기 순환작업 등의 개선대책을 마련하여 시행하는가?

ㅇ 작업량·작업일정 등 작업계획 수립 시 해당 근로자의 의견을 반영하는가?

ㅇ 작업과 휴식을 적절하게 배분하는 등 근로시간과 관련된 근로조건을 개선하는가?

ㅇ 근로시간 외 근로자 활동에 대한 복지 차원 지원에 최선을 다하고 있는가?

ㅇ 건강진단 결과 상담자료 등을 참고하여 적절하게 근로자를 배치하고 직무스트레스 요인, 건강문제 발생 가능성 및 대비책 등에 대하여 해당 근로자에게 충분히 설명하고 있는가?

11) 협력업체의 안전보건 활동지원

항 목	인증기준
11. 협력업체의 안전보건활동 지원	○ 협력업체에 대하여 적절한 안전보건관리를 하고 있어야 한다. ○ 안전보건총괄책임자를 지정하고 안전보건협의체의 운영, 작업장 순회점검, 근로자 안전보건교육 지원 등 도급 시의 안전보건조치를 수행하여야 한다. ○ 중금속 취급 유해작업, 제조·사용허가 대상물질 취급 작업 등을 도급 시 안전·보건기준을 준수하고 있어야 한다.

☞ 중점관리 Point

(1) 도급사업에 필요한 안전보건관리 구성요소 확인

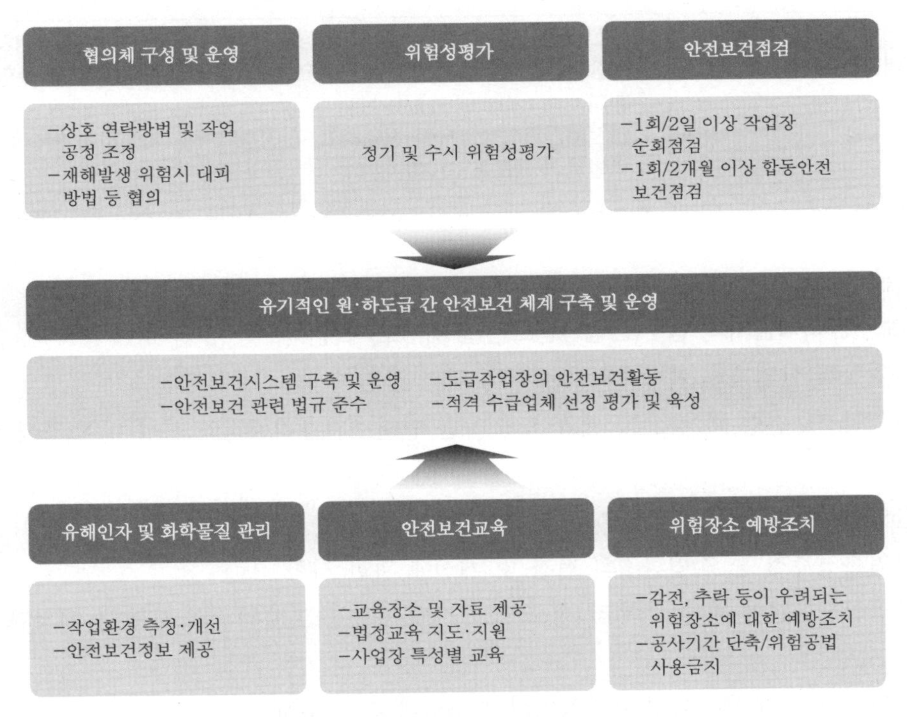

[그림 6-16] 도급사업장 안전보건관리 구성요소

(2) 안전보건총괄책임자의 직무(시행령 제53조) 확인

○ 산업안전보건법 제36조에 따른 위험성평가의 실시에 관한 사항

○ 산업안전보건법 제51조 및 제54조에 따른 작업의 중지

○ 산업안전보건법 제64조에 따른 도급 시 산업재해 예방조치

○ 산업안전보건법 제72조제1항에 따른 산업안전보건관리비의 관계수급인 간의 사용에 관

한 협의·조정 및 그 집행의 감독

○ 안전인증대상기계 등과 자율안전확인대상기계 등의 사용 여부 확인

(3) 산업안전보건법 제 59조 도급의 승인에 따른 준수의무 확인

○ 급성 독성, 피부 부식성 등이 있는 물질의 취급 등 산업안전보건법 시행령으로 정하는 작업을 도급하려는 경우에 고용노동부장관의 승인여부

○ 승인 시 안전 및 보건에 관한 평가 여부

12) 안전·보건관계자 역할과 활동

항 목	인증기준
12. 안전·보건관계자 역할과 활동	○ 안전관리자 및 보건관리자를 지정(대행기관)하고, 안전보건경영시스템의 실행 및 운영활동과 안전보건목표를 달성하기 위한 역할을 수행하여야 한다. ○ 안전보건관리책임자를 선임하고, 관리감독자를 지정하여 안전보건 관련 역할을 수행토록 하여야 한다.

☞ 중점관리 Point

(1) 안전보건관리책임자의 업무(산업안전보건법 제15조) 확인

○ 사업장의 산업재해 예방계획의 수립에 관한 사항

○ 산업안전보건법 제25조 및 제26조에 따른 안전보건관리규정의 작성 및 변경에 관한 사항

○ 산업안전보건법 제29조에 따른 안전보건교육에 관한 사항

○ 작업환경측정 등 작업환경의 점검 및 개선에 관한 사항

○ 산업안전보건법 제129조부터 제132조까지에 따른 근로자의 건강진단 등 건강관리에 관한 사항

○ 산업재해의 원인조사 및 재발방지대책 수립에 관한 사항

○ 산업재해에 관한 통계의 기록 및 유지에 관한 사항

○ 안전장치 및 보호구 구입 시 적격품 여부 확인에 관한 사항

○ 그 밖에 근로자의 유해·위험 방지조치에 관한 사항으로서 고용노동부령으로 정하는 사항(위험성평가의 실시에 관한 사항과 안전보건규칙에서 정하는 근로자의 위험 또는 건강장해의 방지에 관한 사항)

(2) 관리감독자의 업무(산업안전보건법 시행령 제15조) 확인

- ㅇ 사업장 내 관리감독자가 지휘·감독하는 작업과 관련된 기계·기구 또는 설비의 안전·보건 점검 및 이상 유무 확인
- ㅇ 관리감독자에게 소속된 근로자의 작업복·보호구 및 방호장치의 점검과 그 착용·사용에 관한 교육·지도
- ㅇ 해당 작업에서 발생한 산업재해에 관한 보고 및 이에 대한 응급조치
- ㅇ 해당 작업의 작업장 정리정돈 및 통로 확보에 대한 확인·감독
- ㅇ 안전관리자, 보건관리자, 산업보건의 및 안전보건관리담당자의 지도·조언에 대한 협조
- ㅇ 산업안전보건법 제36조에 따라 실시하는 위험성평가에 관한 업무
  (유해·위험요인의 파악에 대한 참여, 개선조치의 시행에 대한 참여)
- ㅇ 그 밖에 해당 작업의 안전 및 보건에 관한 사항으로서 고용노동부령으로 정하는 사항

(3) 안전관리자의 업무(산업안전보건법 시행령 제18조) 확인

- ㅇ 산업안전보건위원회 또는 노사협의체에서 심의·의결한 업무와 안전보건관리규정 및 취업규칙에서 정한 업무
- ㅇ 위험성평가에 관한 보좌 및 지도·조언
- ㅇ 안전인증대상기계 등과 산업안전보건법 자율안전확인대상기계 등 구입 시 적격품의 선정에 관한 보좌 및 지도·조언
- ㅇ 안전교육계획의 수립 및 안전교육 실시에 관한 보좌 및 지도·조언
- ㅇ 사업장 순회점검, 지도 및 조치 건의
- ㅇ 산업재해 발생의 원인조사·분석 및 재발방지를 위한 기술적 보좌 및 지도·조언
- ㅇ 산업재해에 관한 통계의 유지·관리·분석을 위한 보좌 및 지도·조언
- ㅇ 산업안전보건법 또는 산업안전보건법에 따른 명령으로 정한 안전에 관한 사항의 이행에 관한 보좌 및 지도·조언
- ㅇ 업무수행 내용의 기록·유지
- ㅇ 그 밖에 안전에 관한 사항으로서 고용노동부장관이 정하는 사항

(4) 보건건관리자의 업무(산업안전보건법 시행령 제22조) 확인

- ㅇ 산업안전보건위원회 또는 노사협의회에서 심의·의결한 업무와 안전보건관리규정 및 취업규칙에서 정한 업무
- ㅇ 안전인증대상기계 등과 자율안전확인대상기계 등 중 보건과 관련된 보호구 구입 시 적격품 선정에 관한 보좌 및 지도·조언
- ㅇ 위험성평가에 관한 보좌 및 지도·조언

○ 물질안전보건자료의 게시 또는 비치에 관한 보좌 및 지도·조언
○ 산업보건의의 직무(보건관리자가 의료법에 따른 의사인 경우로 한정함)
○ 해당 사업장 보건교육계획의 수립 및 보건교육 실시에 관한 보좌 및 지도·조언
○ 해당 사업장의 근로자를 보호하기 위한 의료행위
○ 작업장 내에서 사용되는 전체환기장치 및 국소배기장치 등에 관한 설비의 점검과 작업방법의 공학적 개선에 관한 보좌 및 지도·조언
○ 사업장 순회점검, 지도 및 조치 건의
○ 산업재해 발생의 원인조사·분석 및 재발방지를 위한 기술적 보좌 및 지도·조언
○ 산업재해에 관한 통계의 유지·관리·분석을 위한 보좌 및 지도·조언
○ 산업안전보건법에 따른 명령으로 정한 보건에 관한 사항의 이행에 관한 보좌 및 지도·조언
○ 업무수행 내용의 기록·유지
○ 그 밖에 보건과 관련된 작업관리 및 작업환경관리에 관한 사항으로서 고용노동부장관이 정하는 사항

13) 산업재해 조사활동

항 목	인증기준
13. 산업재해 조사활동	○ 사업장(협력업체 포함)에서 재해 발생 시 원인조사를 실시하고, 재발방지 대책을 적극적으로 실행하여야 한다. ○ 재해통계분석은 정기적으로 실시하고 익년도 안전보건활동목표에 반영하여야 한다.

☞ 중점관리 Point

(1) 재해원인조사 및 대책 수립

○ 산업재해 발생 시 원인조사는 실시하고 있으며, 산업재해조사표에 따른 동종, 유사재해를 예방하기 위한 재발방지대책은 수립하고 있는가?
○ 아차사고 사례를 발굴하여 잠재적 위험을 제거하고 있는가?

(2) 재해통계분석

○ 적절한 통계분석 기법에 따라 익년도 안전보건활동목표에 반영하고 있는가 ?
- 파레토도 : 빈도가 높은 순서대로 도식화하여 분석하는 기법
- 특성요인도 : 원인과 결과를 어골상(생선뼈 모양)으로 분석하는 기법
- 클로즈도 : 둘 이상의 관계 분석으로 요인별 결과를 교차 그림으로 분석하는 기법
- 관리도 : 하한관리선과 상한관리선을 설정하여 목표추이를 분석하는 기법

14) 무재해운동 추진 및 운영

항 목	인증기준
14. 무재해운동의 자율적 추진 및 운영	ㅇ 무재해운동의 개시 선포 및 목표달성 현황 게시 등을 실행하여야 한다.

☞ 중점관리 Point

(1) 무재해운동의 자율적 시행여부

ㅇ 무재해운동을 자율적으로 개시, 선포하고 조회 또는 교육 시 적당한 방법으로 관련 내용을 근로자들에게 공표하였는가?

ㅇ 무재해 기록판을 통하여 목표달성 현황을 게시하고 있는가?

3 안전보건경영관계자 면담 실무

1) 경영자가 알아야 할 사항

(1) 재해예방과 쾌적한 작업환경을 조성함으로써 근로자 및 이해관계자의 안전과 보건을 유지·증진하기 위한 책임과 책무를 다하여야 함을 알고 있어야 한다.

(2) 안전보건방침과 이에 따른 목표가 수립되고 이들이 조직의 전략적 방향과 조화되도록 하여야 함을 알고 있어야 한다.

(3) 안전보건경영시스템 요구사항을 조직의 비즈니스 프로세스에 통합되도록 하여야 함을 알고 있어야 한다.

(4) 안전보건경영시스템의 구축, 실행, 유지, 개선에 필요한 자원(물적, 인적)을 제공하고 안전보건경영시스템의 효과성에 기여하도록 인원을 지휘하여야 함을 알고 있어야 한다.

(5) 효과적인 안전보건경영의 중요성과 안전보건경영시스템 요구사항 이행의 중요성에 대한 의사소통이 되도록 하여야 함을 알고 있어야 한다.

(6) 안전보건경영시스템이 의도된 결과를 달성할 수 있도록 하여야 함을 알고 있어야 한다.

(7) 지속적인 개선을 보장하고 촉진하여야 함을 알고 있어야 한다.

(8) 안전보건경영시스템의 의도된 결과를 지원하는 조직 문화의 개발, 실행 및 촉진하여야 함을 알고 있어야 한다.

(9) 사건, 유해·위험요인 및 위험성 보고 시 부당한 조치로부터 근로자를 보호하여야 함을 알고 있어야 한다.

(10) 안전보건경영시스템의 운영상에 근로자의 참여 및 협의를 보장하여야 함을 알고 있어야 한다.

1 2 3 4 5 6 7 8 9 부록

2) 중간관리자가 알아야 할 사항

(1) 회사의 안전보건경영방침을 수행하기 위한 구체적 추진계획을 알고 있어야 한다.
(2) 안전보건경영시스템의 운영절차와 기대효과에 대해서 알고 있어야 한다.
(3) 안전보건경영시스템 운영상의 담당자의 역할을 알고 있어야 한다.
(4) 해당 공정의 위험성평가 방법과 내용을 알고 있어야 한다.
(5) 해당 공정의 중요한 안전보건작업지침을 알고 있어야 한다.
(6) 유해·위험 작업공정과 작업환경이 열악한 장소를 파악하고 있어야 한다.
(7) 비상조치사항을 알고 있어야 한다.
(8) 최신 기술자료의 보관장소와 관리방법을 알고 있어야 한다.

3) 현장관리자가 알아야 할 사항

(1) 사업장의 재해내용과 안전보건목표를 알고 있어야 한다.
(2) 안전보건경영시스템 운영상의 담당자 역할을 알고 있어야 한다.
(3) 물질안전보건자료(MSDS) 등 공정안전자료의 활용과 비치장소를 알고 있어야 한다.
(4) 해당 공정의 잠재위험성과 대응방법을 알고 있어야 한다.
(5) 예정되지 아니한 정전 시의 조치사항을 알고 있어야 한다.
(6) 안전보건기술자료가 어디에 보관되어 있는지 알고 있어야 한다.
(7) 비상조치계획에서 담당역할을 알고 있어야 한다.
(8) 기계·기구 및 설비의 검사주기를 알고 있어야 한다.
(9) 현장에서의 유해·위험물질 취급방법을 알고 있어야 한다.
(10) 가동 전 안전점검 사항을 알고 있어야 한다.

4) 현장근로자가 알아야 할 사항

(1) 담당 업무에 관한 안전보건수칙을 알고 있어야 한다.
(2) 안전보건경영시스템 운영절차를 알고 있어야 한다.
(3) 최근 실시한 안전보건교육의 내용을 알고 있어야 한다.
(4) 취급하고 있는 유해·위험물질에 대하여 물질안전보건자료(MSDS)를 알고 있어야 한다.
(5) 비상사태 발생 시 조치사항을 알고 있어야 한다.
(6) 개인보호구 착용기준과 착용방법 등을 알고 있어야 한다.

5) 안전·보건관리자, 담당자, 조정자가 알아야 할 사항

(1) 법정 안전·보건관리자, 담당자, 조정자로서의 역할을 알고 있어야 한다.
(2) 안전보건경영시스템의 내용과 성과 및 기대효과를 알고 있어야 한다.

(3) 안전보건경영시스템을 실행하기 위한 추진목표를 알고 있어야 한다.
(4) 내부심사 결과 및 조치사항을 알고 있어야 한다.
(5) 위험성평가방법 및 조치내용을 알고 있어야 한다.

6) 협력업체 관계자가 알아야 할 사항

(1) 협력업체의 사업주가 해야 할 사항을 알고 있어야 한다.
(2) 현장에서 위험상황을 발견했을 때 조치방법을 알고 있어야 한다.
(3) 비상시 행동요령에 대하여 알고 있어야 한다.
(4) 개인보호구 지급기준과 착용방법을 알고 있어야 한다.
(5) 안전작업허가서를 교부받아야 할 작업의 종류 및 절차를 알고 있어야 한다.
(6) 원청사(발주자 포함)의 안전보건에 관련된 요구사항을 알고 있어야 한다.

4 안전보건경영시스템 개선조치

1) 시스템 구성요소의 상호관계

시스템이란 각 구성요소들이 상호작용하거나 상호의존하여 복잡하게 얽힌 통일된 하나의 집합체라고 할 수 있다. 안전보건경영시스템도 인증기준에 따라 각각의 구성요소들이 P-D-C-A 사이클에 의하여 안전보건목표를 달성하고 자율적으로 해당 사업장의 산업재해를 예방하기 위하여 안전보건관리체제를 구축하고 정기적으로 위험성평가를 실시하여 잠재 유해·위험 요인을 지속적으로 개선하는 등 산업재해예방을 위한 조치사항을 체계적으로 관리하는 제반활동이라고 할 수 있다.

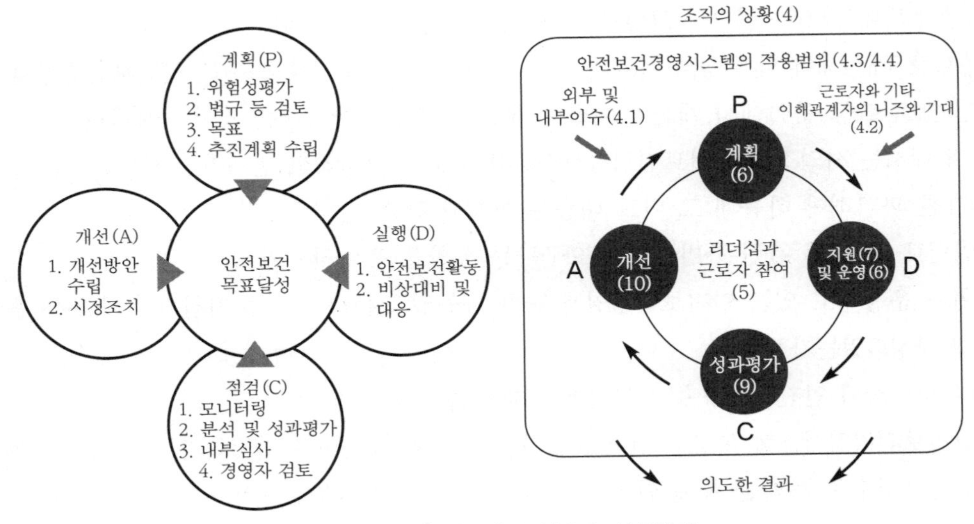

[그림 6-17] 시스템 구성요소 상호관계

이러한 과정 속에 각각의 요소들은 서로 상호작용를 하며 점검(Check) 단계인 성과평가를 통해 9.1 모니터링, 측정, 분석 및 성과평가, 9.2 내부심사, 9.3 경영자 검토(경영 검토)를 통하여 개선 및 실행하게 되며, 이는 매뉴얼, 절차서, 지침서 등 문서의 개정과 현장의 개선으로 보완하여야 한다.

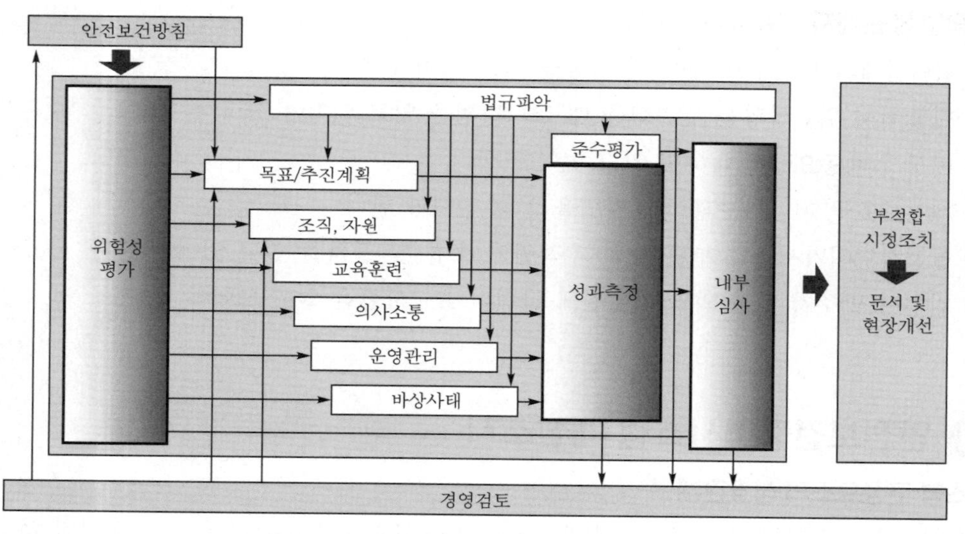

[그림 6-18] 안전보건경영시스템 운영절차

2) 문제점의 개선

일반적으로 "문제"란 어떤 수준으로부터 이탈된 상태를 말한다. 그런데 어떤 수준이란 하나는 정상수준(正常水準)이고, 또다른 하나는 기대수준(期待水準)이라 할 수 있다. 여기서 정상수준이란 설비의 생산능력과 같이 설계된 상태이거나 보편 타당한 바람직한 상태를 말하며 기대수준이란 실현되어 있지는 않으나 그렇게 되고 싶다는 수준을 말한다.

즉 문제란 "개선해야 할 현상과 목표의 차이"로서 이 차이의 단축을 위해 안전보건경영체제 분야나 안전보건활동 분야에서 개선할 어떤 문제점을 명확히 찾아내는 것이 중요하다.

이를 위해서는 사업장의 안전보건경영시스템의 수준을 파악하고 현재의 안전보건수준이 어느 정도인가를 파악해야 하는데 그 비교 내용은 아래와 같다.

(1) 안전보건경영과 관련된 법규에서 요구하는 사항을 충족하는가?

(2) 현재 운용되고 있는 안전보건경영에 관한 매뉴얼, 절차서, 각종 지침서의 내용은 올바르게 작성되었는가?

(3) 타 사업장의 안전보건우수 실천사례는 파악하고 있는가?

(4) 안전보건경영시스템 운영을 위한 보유자원 활용과 효율성은 적정한가?

(5) 안전보건수준 파악을 통해 얻은 정보는 목표 및 추진계획에 반영하는가?

등이다.

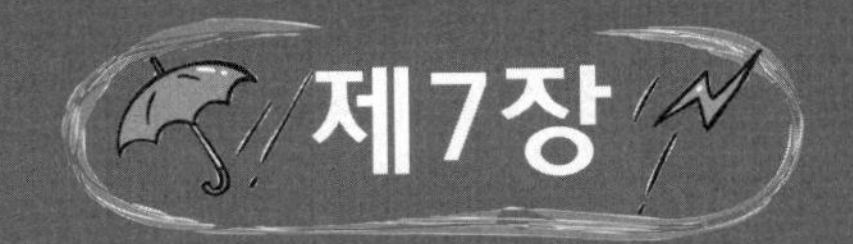

안전보건경영시스템 인증심사 실무

1 인증심사 개요

1) 안전보건경영시스템 인증심사

인증심사란 안전보건경영시스템 구축 및 실행의 적합성을 정해진 인증기준에 따라 심사함으로써 사업장 내 모든 활동과 상호연계하여 통합적으로 운영되는가를 확인하며 시스템 구성요소의 적절한 구축, 실행유지 상태 등을 확인하는 과정이다.

안전보건경영시스템 인증심사는 여러 가지 원칙에 의존하는 특성이 있는데, 이 원칙들은 조직의 성과를 개선하기 위하여 활용할 수 있는 정보를 제공함으로써 인증심사가 경영방침 및 관리를 지원하는 효과적이고 신뢰성 있는 도구가 되도록 도움이 되는 것이 좋다. 이 원칙들을 준수하는 것은 적절하고 충분한 심사결론을 도출하기 위하여, 그리고 서로 독립적으로 심사를 수행한 심사원이 유사한 상황에서 유사한 결론에 도달하기 위하여 필수적이다.

2) 인증심사의 목적

(1) 안전보건경영시스템을 구축하고 구축된 상태를 심사 후 인증을 받기 위해 실시

(2) 안전보건경영시스템의 적합성 확인

(3) 안전보건경영시스템의 적절한 실행 및 유지 확인

(4) 잠재적 유해·위험성 파악 및 개선조치 확인

3) 인증심사 관련 용어

(1) 심사 (Audit)

심사기준에 충족되는 정도를 결정하기 위하여 심사증거를 수집하고 이를 객관적으로 평가하기 위한 체계적이고 독립적이며 문서화된 프로세스를 말한다. 흔히 제1자 심사라고 하는 내부심사는 경영·검토 및 다른 내부 목적(예를 들면, 경영시스템의 효과성을 확인하기 위하여 또는 경영시스템 개선을 위한 정보를 얻기 위하여)을 위하여 조직 자체에 의해서 또는 조직을 대리하는 인원에 의해 수행된다.

내부심사는 조직 스스로 적합함을 선언하기 위한 기반을 형성할 수 있다. 특히 소규모 조직에서 많은 경우에 독립성은 편견 및 이해상충이 없거나 심사대상이 되는 활동에 대한 책임이 없다는 것에 의해 입증될 수 있다.

외부심사에는 제2자 및 제3자 심사를 포함한다. 제2자 심사는 고객과 같이 조직에 이해관계를 갖는 당사자 또는 고객을 대리하는 다른 인원에 의해 수행된다. 제3자 심사는 등록 또는 인증을 제공하는 기관들과 같이 독립적인 심사조직에 의해 수행된다.

두 개 또는 그 이상의 다른 분야(예를 들면, 품질, 환경, 안전보건)의 경영시스템이 함께 심사되는 경우에는 결합심사라고 하며, 하나의 피심사조직에 두 개 또는 그 이상의 심사조직이 협력

하여 공동으로 심사하는 경우를 합동심사라고 한다.

(2) 심사기준 (Audit criteria)

심사증거를 기준(reference)과 비교할 때 기준으로 사용되는 방침, 절차 또는 요구사항의 집합을 말하며, 심사기준이 법규 또는 규제적 사항을 포함하여 법적 요구사항인 경우, "적법(compliant)" 또는 "적법하지 않음"이라는 용어가 심사발견사항에 사용된다.

(3) 심사증거 (Audit evidence)

심사기준에 관련되고 검증할 수 있는 기록, 사실의 진술 또는 기타 정보를 말하며 심사증거는 정성적 또는 정량적일 수 있다.

(4) 심사발견사항 (Audit findings)

심사기준에 대하여 수집된 심사증거를 평가한 결과를 말하며, 심사발견사항은 적합 또는 부적합으로 나타난다. 또한 심사발견사항은 개선을 위한 기회를 파악하거나 모범사례를 기록하는 것으로 이어질 수 있다.

(5) 심사결론 (Audit conclusion)

심사목표 및 모든 심사발견사항을 고려한 심사 결과를 말한다.

(6) 심사의뢰자 (Audit client)

심사를 요청하는 조직 또는 개인을 말하며 내부심사의 경우 심사의뢰자는 피심사조직 또는 심사 프로그램을 관리하는 인원일 수 있다. 외부심사는 규제기관, 계약당사자 또는 잠재적 의뢰자와 같은 곳에서 요청할 수 있다.

(7) 피심사조직 (Auditee)

심사를 받는 조직을 말한다.

(8) 심사원 (Auditor)

심사를 수행하는 인원을 말한다.

(9) 심사팀 (Audit team)

심사를 수행하는 한 명 이상의 심사원으로 필요한 경우에는 기술전문가의 지원을 받으며 심사팀 중 심사원 1명은 심사팀장으로 지정된다. 이 경우 심사팀에는 훈련 중인 심사원이 포함될 수 있다.

(10) 기술전문가 (Technical expert)

심사팀에 특정 지식 또는 전문성을 제공하는 인원을 말하며 기술전문가는 심사팀에서 심사원의 역할을 하지 않는다.

(11) 참관인 (Observer)

심사팀과 동행하지만 심사를 하지 않는 인원으로 참관인은 심사팀의 일부가 아니며, 심사수행에 영향을 주지 않고 간섭하지 않는다. 심사에 입회하는 피심사조직, 규제기관 또는 기타 이해관계자가 될 수 있다.

(12) 안내자 (Guide)

심사팀을 지원하기 위하여 피심사조직이 지명한 인원을 말한다.

(13) 심사 프로그램 (Audit programme)

특정 기간 동안 기획되고 특정 목적을 위하여 지시된 하나 이상의 심사집합에 대한 준비사항(arrangements)을 말한다.

(14) 심사범위 (Audit scope)

심사의 정도(extent) 및 경계로 심사범위에는 일반적으로 심사기간뿐 아니라 장소, 조직 단위, 활동 및 프로세스에 대한 기술(description)을 포함한다.

(15) 심사계획서 (Audit plan)

심사에 대한 활동 및 준비사항을 기술한 문서를 말한다.

(16) 역량/적격성 (Competence)

의도하는 결과를 달성하기 위하여 지식 및 스킬을 적용하는 능력으로 능력의 의미에는 심사프로세스에서 심사원이 행동(behaviour)을 적절하게 하는 것이 포함된다.

(17) 적합 (Conformity)

요구사항의 충족됨을 의미한다.

(18) 부적합 (Nonconformity)

요구사항의 불충족됨을 의미한다.

4) 안전보건심사의 진화

기업의 안전보건경영시스템 도입 시간이 흐름에 따라 안전보건심사도 [그림 7-1]과 같이 발전되었다.

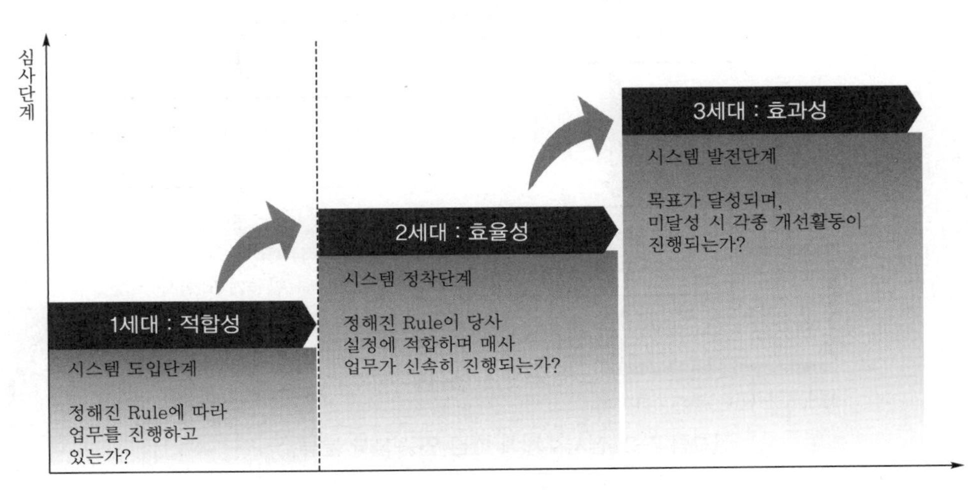

[그림 7-1] 안전보건심사의 발전 단계

2 인증심사 종류 및 절차

1) 인증심사의 종류(Audit type)

심사대상, 심사주체, 심사목적, 심사시점, 심사순서 등에 따른 인증심사의 종류는 다음과 같다.

(1) 심사대상에 따른 분류(What)
경영시스템 심사(문서, 현장), 공정심사, 제품심사, 서비스품질 심사

(2) 심사주체에 따른 분류(Who)
내부심사(1자 심사), 외부심사(2자, 3자 심사)

(3) 심사목적에 따른 분류(Why)
1단계 심사, 2단계 심사, 예비심사, 특별심사

(4) 심사시점에 따른 분류(When)
최초심사, 사후관리심사, 갱신심사

(5) 심사순서에 따른 분류(How)
프로세스 흐름(순방향, 역방향)

2) 심사주체에 따른 분류

(1) 심사주체에 따른 분류는 1자, 2자, 3자 심사로 나눌 수 있으며 [그림 7-2]와 같다.

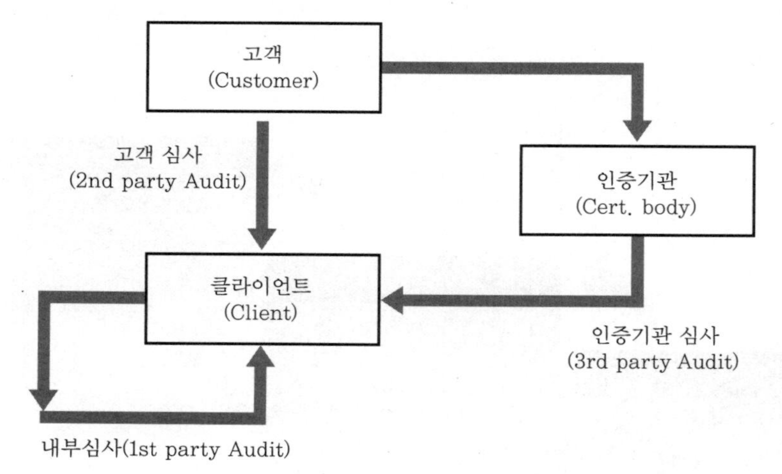

[그림 7-2] 심사주체에 따른 인증심사 분류

(2) 1자, 2자, 3자 심사의 차이점

안전보건경영시스템에 대한 1자, 2자, 3자 심사의 평가자 및 목적에 따른 차이점은 〈표 7-1〉과 같다.

〈표 7-1〉 1자, 2자, 3자 심사의 평가자 및 목적에 따른 차이점

명 칭	평가자	목 적
내부심사 (제1자 심사)	조직 자체	조직 내에서 구축된 경영시스템의 적합성과 실행의 유효성여부
고객심사 (제2자 심사)	조직의 고객/ 사용자	적격한 공급자의 선정과 유지
인증기관 심사 (제3자 심사)	인증기관	인증 대상 경영시스템의 구축 및 실행에 대한 적합성 평가와 인증 등록

(3) 1자, 2자, 3자 심사의 요소별 내용

안전보건경영시스템에 대한 1자, 2자, 3자 심사의 요소별 내용은 〈표 7-2〉와 같다.

〈표 7-2〉 1자, 2자, 3자 심사의 요소별 내용

요 소	제1자(내부)	제2자(고객)	제3자(인증기관)
목 적	경영시스템의 적합성 및 유효성평가	공급자 승인/등록 및 사후관리	경영시스템의 적합성 및 유효성평가
범 위	내부심사 계획에 따름	고객이 정한 계획에 따름	인증 신청범위 및 표준에 따름
시 기	자체 계획에 따름	통상 고객이 지정하거나 고객과 합의한 시기	신청한 시기를 고려하여 인증기관에서 정하되 신청자와 합의한 시기
심사자	내부심사원	고객의 심사원	인증기관의 소속 심사원
자문(조언)	일반적으로 기대됨	일반적으로 제시함	허용되지 않음 (이해상충 발생)
시작회의	요구되지 않을 수 있음	공식적인 심사 전 회의가 필요	공식적인 심사 전 회의가 필요
종료회의	요구되지 않을 수 있음	지적사항을 설명하고 시정조치를 협의하기 위해 필요	심사 결과를 피심사자에게 설명하고 다음 단계를 협의하기 위해 요구됨

3) 심사시점에 따른 분류

(1) 최초심사(1단계 심사 또는 실태심사)

안전보건경영시스템이 미구축되어 있는 경우에는 두 단계의 심사를 거쳐 인증이 부여된다. ISO 45001의 경우에는 1단계 심사라고 하며, KOSHA-MS의 경우에는 실태심사라고 하는데 "실태심사"란 인증신청사업장에 대하여 인증심사를 실시하기 전에 안전보건경영 관련 서류와 사업장의 준비상태 및 안전보건경영활동의 운영현황 등을 확인하는 심사라고 할 수 있다.

(2) 인증심사(2단계 심사)

"인증심사"란 인증신청사업장에 대한 인증의 적합 여부를 판단하기 위하여 인증기준과 관련된 안전보건경영 절차의 이행상태 등을 현장 확인을 통해 실시하는 심사를 말한다.

이러한 인증심사(2단계 심사)의 목적은 클라이언트의 경영시스템에 대한 실행 및 효과성을 평가하는 것으로 인증의 여부를 결정짓는 심사라고 할 수 있다.

(3) 사후심사

"사후심사"란 인증서를 받은 사업장에서 인증기준을 지속적으로 유지·개선 또는 보완하여 운영하고 있는지를 판단하기 위하여 인증 후 매년 1회 정기적으로 실시하는 심사를 말한다.

1 2 3 4 5 6 7 8 9 부록

(4) 연장심사(갱신심사)

"연장심사(갱신심사)"란 인증유효기간을 연장하고자 하는 사업장에 대하여 인증유효기간이 만료되기 전까지 인증의 연장여부를 결정하기 위하여 실시하는 심사를 말한다. ISO 45001에서는 갱신심사라 하고 KOSHA-MS에서는 연장심사라 한다.

4) 심사방법에 따른 구분

(1) 문서심사

문서심사는 신청기업이 구축한 문서를 대상으로 문서의 적정성에 대한 평가를 실시하는 심사로써 인증신청사업장은 매뉴얼, 절차서, 지침서, 내부 심사보고서, 경영 검토 자료 등을 준비하여야 하며, 심사원은 문서의 검토는 물론 심사기준과 인증범위에 대한 확인 및 현장심사에 대한 계획을 수립하게 된다.

(2) 현장심사

현장심사는 인증신청사업장의 현장에서 구축된 시스템의 이행상태를 확인하는 심사로 안전보건경영시스템의 적합성을 검토하여 인증서 발급 유무를 결정하는 중요한 심사이다. 심사 시 심사원은 회사의 직간접적인 생산활동을 관찰하게 되며, 관련된 각종 기록물을 확인하게 된다. 심사 시 발견된 부적합사항은 정해진 기간 내에 시정조치 되어 그 결과를 인증심사원이 확인하여야만 인증서가 발급될 수 있다.

5) 안전보건경영시스템 인증절차

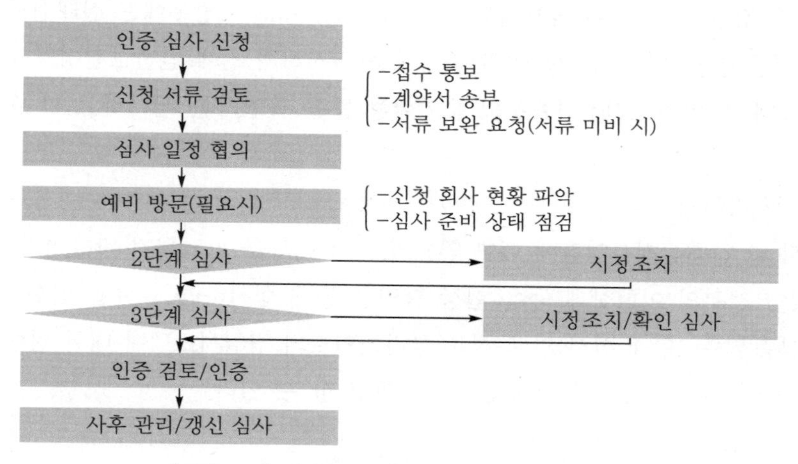

[그림 7-3] 안전보건경영시스템 인증절차

3 인증심사 기준의 적용

인증기준을 적용하는 데 있어서 ISO 45001의 경우에는 ISO 45001 인증기준의 요구사항 및 사용지침으로 단일화하고 있으나, KOSHA-MS의 경우에는 건설업의 인증기준과 건설업 외 전 업종의 인증기준을 별도로 적용하고 있다. 또한 건설업의 경우에는 발주기관, 종합건설업체 및 전문건설업체로 세분하여 적용하고 있으며, 건설업 이외 전업종의 경우에도 사업장 근로자 수를 기준으로 하여 A형, B형, C형으로 나누어 인증기준을 각각 달리 적용하고 있다.

이 밖에 안전보건경영시스템 인증기준 구성에 따른 ISO 45001과 KOSHA-MS를 비교하면 다음과 같다.

1) 안전보건경영체제 분야

ISO 45001과 KOSHA-MS에서 안전보건경영체제 분야의 인증기준을 비교하면 〈표 7-3〉과 같이 동일한 항목으로 구성되어 있는 것을 볼 수 있다. 즉, 안전보건경영체제 분야는 항목별로 차이가 없으나 세부적인 내용을 살펴보면 다소 차이가 있는 것을 알 수 있다.

〈표 7-3〉 안전보건경영체제 분야 비교

구 분	ISO 45001	KOSHA-MS	비고
안전보건경영체제	4. 조직상황	4. 조직상황	동일
	5. 리더십과 근로자의 참여 5.1 리더십과 의지표명 5.2 안전보건방침 5.3 조직의 역할, 책임 및 권한 5.4 근로자의 협의 및 참여	5. 리더십과 근로자의 참여 5.1 리더십과 의지표명 5.2 안전보건방침 5.3 조직의 역할, 책임 및 권한 5.4 근로자의 참여 및 협의	동일
	6. 기획 6.1 리스크와 기회를 다루는 조치 기회의 평가 6.2 안전보건목표와 목표달성 기획	6. 계획 수립 6. 1 위험성과 기회를 다루는 조치 6.2 안전보건목표 6.3 안전보건목표 추진계획	유사
	7. 지원 7.1 자원 7.2 역량 및 적격성 7.3 인식 7.4 의사소통 7.5 문서화된 정보	7. 지원 7.1 자원 7.2 역량 및 적격성 7.3 인식 7.4 의사소통 및 정보제공 7.5 문서화 7.6 문서관리 7.7 기록	유사
	8. 운용 8.1 운영기획 및 관리 8.2 비상시 대비 및 대응	8. 실행 8.1 운영계획 및 관리 8.2 비상시 대비 및 대응	동일
	9. 성과평가 9.1 모니터링, 측정, 분석 및 성과평가 9.2 내부심사 9.3 경영 검토	9. 성과평가 9.1 모니터링, 측정, 분석 및 성과평가 9.2 내부심사 9.3 경영자 검토	동일
	10. 개선 10.1 일반사항 10.2 사건, 부적합 및 시정조치 10.3 지속적 개선	10. 개선 10.1 일반사항 10.2 사건, 부적합 및 시정조치 10.3 지속적 개선	동일

① 조직상황

4항의 조직상황은 ISO 45001과 KOSHA-MS의 인증기준이 거의 동일한 문구로 구성되어 있지만, ISO 45001의 경우 안전보건경영시스템 적용범위 결정에 있어 조직의 안전보건성과에 영향을 줄 수 있는 조직관리 또는 영향 내에 있는 활동, 제품 및 서비스를 포함하도록 하고 있고, 이러한 적용범위는 문서화된 정보로 이용할 수 있어야 한다.

② 리더십과 근로자의 참여

5.1항 리더십과 의지표명에 있어서 KOSHA-MS에서는 안전보건경영시스템의 운영상에 근로자의 참여 및 협의를 보장하도록 국한한 반면, ISO 45001에서는 조직이 근로자의 협의 및 참여를 위한 프로세스를 수립하고 실행을 보장하도록 구체적으로 제시하고 있다. 그리고 5.2항의 안전보건방침, 5.3항 조직의 역할, 책임 및 권한은 동일한 내용이며, 차이점은 5.4항의 근로자 협의 및 참여에 있어서 KOSHA-MS보다 ISO 45001에서 관리자가 아닌 근로자에 대하여 협의와 참여를 강조하는 점이다. 이때, 협의내용으로는 이해관계자의 니즈와 기대를 결정, 안전보건방침 수립, 적용 가능한 경우 조직의 역할, 책임 및 권한 부여, 법적 요구사항 및 기타 요구사항을 충족시키는 방법을 결정, 안전보건목표 수립과 목표달성 기획, 외주처리, 조달 및 계약자에게 적용 가능한 관리방법 결정, 모니터링, 측정 및 평가가 필요한 사항 결정, 심사 프로그램의 기획, 수립, 실행 및 유지, 지속적 개선보장으로 이를 근로자와 협의하도록 하고 있다.

또한 관리자가 아닌 근로자를 참여하도록 강조하는 사항으로는 근로자의 협의와 참여를 위한 방법 결정, 위험요인을 파악하고, 리스크와 기회를 평가, 위험요인을 제거하고, 안전보건리스크를 감소하기 위한 조치 결정, 역량 요구사항, 교육·훈련 필요성, 교육·훈련 및 이에 따른 훈련 평가의 결정, 의사소통이 필요한 사항과 의사소통 방법의 결정, 관리수단의 효과적인 실행 및 사용 결정, 사건 및 부적합의 조사 그리고 시정조치 결정에 근로자를 참여하도록 강조하고 있는 것이 큰 차이점이라고 할 수 있다.

③ 계획 수립(기획)

6.1항의 위험성과 기회를 다루는 조치에서 KOSHA-MS에서는 안전보건 위험성평가와 그 밖의 근로자 및 이해관계자의 요구사항 파악을 통한 조직의 내·외부 현안사항에 대한 위험성평가 실시를 요구하는 반면, ISO 45001에서는 안전보건리스크 및 기타 리스크라고 표현하여 용어상의 차이점을 보이고 있다. 그리고 KOSHA-MS에서 위험성평가는 사업장 위험성평가에 관한 지침(고용노동부 고시)에 따라 수행할 수 있다고 하여 국내의 산업안전보건법과 관련하여 인증기준에 포함한 반면, ISO 45001에서는 위험요인 파악 및 리스크와 기회의 평가 프로세스에 작업 구성방법, 사회적 요소(작업량, 작업시간, 희생강요, 괴롭힘 및 따돌림 포함), 리더십 및 조직 문화를 반영하도록 하고 있다.

④ 지원

7.2항의 역량 및 적격성의 경우 KOSHA-MS에서는 업무수행상의 자격이 필요한 경우 해당 자격을 유지하도록 하고 있는데 비하여, ISO 45001에서는 적용 가능한 경우 필요한 역량을 확보하고 유지하기 위한 조치를 취하고 취해진 조치의 효과성을 평가하며 역량의 증거로서 적절하게 문서화된 정보를 보유하도록 보다 강조하고 있다. 또한 7.3항의 인식의 경우 KOSHA-MS에서 조직은 안전보건교육 및 훈련계획 수립 시 그 필요성을 파악하고 교육·

훈련 후에는 교육성과를 평가하여야 한다고 하는데 비하여, ISO 45001에서는 교육의 성과평가에 대한 기준을 설정하지 않고 있다.

그리고 7.4항 의사소통에서 ISO 45001에서는 내부 의사소통과 외부 의사소통으로 세분화하여 내부 의사소통의 경우 안전보건경영시스템의 변경을 포함하여 조직의 다양한 계층과 기능 간에 안전보건경영시스템과 관련된 정보를 내부적으로 적절하게 의사소통하여야 하며 조직의 의사소통 프로세스를 통하여 근로자가 지속적 개선에 기여할 수 있다는 것을 보장하도록 하고 있다. 외부 의사소통의 경우 조직은 의사소통 프로세스에 의해 수립하고 법적 요구사항 및 기타 요구사항을 반영한 안전보건경영시스템과 관련된 정보를 외부와 의사소통하도록 하고 있다. 또한 ISO 45001에서는 문서화된 정보라고 하여 문서와 기록을 포함하고 있으나, KOSHA-MS에서는 7.7항에 기록에 관한 별도의 기준을 두고 기록대상에 안전보건경영시스템의 계획 수립과 관련한 결과물, 지원과 관련한 결과물, 실행과 관련한 결과물, 점검 결과물, 기타 안전보건경영시스템과 관련된 활동 결과물을 포함하여 목록화하고 보존기간을 정하여 유지하도록 구체적으로 정하고 있다.

⑤ 실행(운용)

8항의 실행(운용)의 경우 KOSHA-MS에서는 운영절차가 필요한 안전보건활동으로 1호 작업장의 안전조치에서부터 14호 무재해운동 및 추진에 이르기까지 14개 항목에 대하여 운영상의 절차를 요구하고 있는 반면, ISO 45001에서는 위험요인 제거 및 안전보건리스크 감소에 초점을 맞추어 위험요인을 제거하고 안전보건리스크를 감소하기 위한 프로세스를 수립, 실행 및 유지하도록 요구하고 있다. 또한 ISO 45001에서는 조달부분에 있어서 외주처리를 KOSHA-MS보다 강조하고 있는데, 조직은 외주처리 기능 및 프로세스가 관리되는 것을 보장하여야 하며, 외주처리 준비(arrangements)가 법적 요구사항 및 기타 요구사항과 일관되고 안전보건경영시스템의 의도된 결과의 달성과 일관됨을 보장하여야 한다고 규정하고 있다.

⑥ 성과평가

9.1항의 성과측정은 안전보건경영시스템의 효과를 정성적 또는 정량적으로 측정하는 것으로 KOSHA-MS에서는 아차사고 및 업무상 재해 발생 시 발생원인과 안전보건활동 성과의 관계를 측정하도록 구체적으로 제시하고 있다. 그러나 ISO 45001에서는 운용관리 및 기타 관리의 효과성으로 규정하고 있으며, 9.2항의 내부심사의 경우 KOSHA-MS에서는 내부심사를 최소한 1년에 1회 이상 하도록 기간을 정하고 있는 반면 ISO 45001에서는 계획된 주기로 내부심사를 수행하도록 규정하고 있다.

⑦ 개선

10.2항의 사건, 부적합 및 시정조치의 경우 KOSHA-MS에서 조직은 시정조치 시 사전에 위험성평가를 실시하고 취해진 조치에 대한 효과성을 검토하도록 하고 있는데 비하여 ISO

45001에서는 사건 또는 부적합의 성질 및 취해진 모든 후속조치, 효과성을 포함하여 모든 조치와 시정조치의 결과를 근로자, 근로자 대표(있는 경우) 및 기타 관련 이해관계자와 의사소통하도록 하고 있다.

2) 안전보건활동 분야

안전보건활동 분야를 비교하면 KOSHA-MS에서는 인증기준에 포함하고 있으며, ISO 45001에는 별도의 항목으로 제시하고 있지 않다. 이 부분이 ISO 45001과 KOSHA-MS의 가장 큰 차이라고 할 수 있으나 ISO 45001에서는 8.1항 운용 기획 및 관리 중에서 8.1.1항 일반사항과 8.1.2항의 위험요인 제거 및 안전보건리스크 감소 기준에 안전보건리스크를 감소하기 위한 프로세스를 수립, 실행 및 유지하여야 한다고 규정하고 있다. 안전보건활동 분야에 대한 ISO 45001과 KOSHA-MS 활동 분야 구성항목 내용은 〈표 7-4〉와 같다.

〈표 7-4〉 안전보건활동 분야 비교

구 분	ISO 45001	KOSHA-MS	비 고
안전보건 활동 분야	–	1. 작업장의 안전조치 2. 중량물 · 운반기계에 대한 안전조치 3. 개인보호구 지급 및 관리 4. 위험기계 · 기구에 대한 방호조치 5. 떨어짐 · 무너짐에 의한 위험방지 6. 안전검사 실시 7. 폭발 · 화재 및 위험물 누출 예방활동 8. 전기재해 예방활동 9. 쾌적한 작업환경 유지활동 10. 근로자 건강장해 예방활동 11. 협력업체의 안전보건활동 지원 12. 안전 · 보건관계자 역할과 활동 13. 산업재해 조사활동 14. 무재해운동의 자율적 추진 및 운영	

3) 안전보건경영 면담 분야

안전보건관계자 면담 분야를 비교하면 ISO 45001에서는 별도로 인증기준에 포함하고 있지 않으며 KOSHA-MS에는 포함하고 있다. 이 부분 또한 안전보건활동 분야와 마찬가지로 ISO 45001과 KOSHA-MS의 가장 큰 차이라고 할 수 있다. 그러나 ISO 45001에서도 경영자 및 근로자 면담 등을 실시하고 있다. KOSHA-MS에서 시행하고 있는 안전보건관계자 면담 분야 구성항목을 살펴보면 〈표 7-5〉와 같다.

〈표 7-5〉 안전보건경영 면담 분야 비교

구 분	ISO 45001	KOSHA-MS	비 고
안전보건 경영관계자 면담 분야	-	1. 경영자가 알아야 할 사항 2. 중간관리자가 알아야 할 사항 3. 현장관리자가 알아야 할 사항 4. 현장근로자가 알아야 할 사항 5. 안전·보건관리자, 담당자, 조정자가 알아야 할 사항 6. 협력업체 관계자가 알아야 할 사항	

4 인증심사 준비 및 심사팀의 구성

1) 심사의 원칙

심사는 여러 가지 원칙에 의존하는 특성이 있는데 이 원칙은 조직의 성과를 개선하기 위하여 활용할 수 있는 정보를 제공함으로써 심사가 경영방침 및 관리를 지원하는 효과적이고 신뢰성 있는 도구가 되도록 활용하는 것이 좋다. 이 원칙을 준수하는 것은 적절하고 충분한 심사결론을 도출하기 위하여, 그리고 서로 독립적으로 심사를 수행한 심사원이 유사한 상황에서 유사한 결론에 도달하기 위하여 필수적이다.

(1) 성실성 : 전문가로서의 기본

심사원과 심사 프로그램을 관리하는 인원은 다음 사항을 준수하는 것이 좋다.

○ 정직성, 근면성, 책임감을 갖고 업무를 수행함
○ 적용 가능한 법적 요구사항을 준수함
○ 업무를 수행하는 동안 심사원의 역량/적격성에 대하여 실증함
○ 공평한 태도로 업무를 수행, 즉 모든 업무처리 시 공정하고 치우침이 없어야 함
○ 심사를 수행하는 동안 판단에 영향을 미칠 수 있는 모든 사항에 민감함

(2) 공정한 보고 : 진실하고 정확하게 보고할 의무

심사발견사항, 심사결론 및 심사보고서는 진실하고 정확하게 심사활동을 반영하는 것이 좋은데, 심사 시 직면한 중대한 장애, 그리고 심사팀과 피심사조직 사이에 해결되지 않고 서로 상충되는 의견은 보고하는 것이 좋다. 의사소통은 진실하고, 정확하며, 객관적이고, 시의적절하고, 명확하며 완전한 것이 좋다.

(3) 전문가적 주의 의무(due care):심사 시 근면 및 판단력 발휘

심사원은 자신들이 수행하는 업무의 중요성 그리고 심사의뢰자 및 이해관계가 심사원에게 기대하는 신뢰에 부응하는 주의 의무(due care)를 다하는 것이 좋다. 업무수행 시 중요한 요소는 모든 심사 상황에서 합리적인 판단을 내리는 능력을 갖추는 것이다.

(4) 기밀유지:정보의 보안

심사원은 업무수행 시 취득한 정보의 활용 및 보호에 대하여 신중을 기하는 것이 좋은데 심사정보는 심사원 또는 심사고객의 개인적 이익을 도모하거나, 피심사조직의 합법적 이익에 손해를 끼치는 방식으로 부적절하게 사용하지 않는 것이 좋다. 이 개념에는 민감한 정보나 기밀 정보를 적절하게 취급하는 것이 포함된다.

(5) 독립성:심사의 공평성 및 심사결론의 객관성에 대한 기반

심사원은 어느 경우에서나 심사대상이 되는 활동과 독립적이고, 모든 경우에서 편견 및 이해상충이 되지 않도록 행동하는 것이 좋다. 내부심사의 경우에 심사원은 심사받는 부문의 운영관리자로부터 독립적인 것이 좋으며, 심사원은 심사발견사항 및 심사결론이 심사증거에만 근거한다는 것을 보장하기 위하여 심사 프로세스 전반에 걸쳐 객관성을 유지하는 것이 좋다.

작은 조직의 경우에 내부심사원이 피심사 활동으로부터 충분히 독립적이지 못할 가능성이 있지만 편견을 제거하고 객관성이 조성되도록 모든 노력을 하는 것이 좋다.

(6) 증거 기반 접근방법:체계적인 심사 프로세스에서 신뢰성 및 재현성이 있는 심사결론에 도달하기 위한 합리적인 방법

심사증거는 검증 가능한 것이 좋은데 심사는 제한된 시간과 제한된 자원으로 수행되기 때문에 일반적으로 이용 가능한 정보의 샘플을 기반으로 한다. 샘플링은 심사결론에 부여될 수 있는 신뢰성과 밀접한 관련이 있기 때문에 적절한 샘플링이 적용되는 것이 좋다.

2) 심사의 운영원칙

(1) 지속성(Continuity)

영속적인 심사기능을 위하여 필요한 인적 및 물적자원을 적정하게 유지하여야 한다.

(2) 독립성(Independent function)

심사기능은 심사대상이 되는 조직 내 모든 업무 및 모든 부서와는 독립적으로 운영되어야 한다.

(3) 명료성(Audit charter)

심사기능이 조직 내에서 가지는 지위 및 권한을 규정하는 심사기준을 마련하여 시행하여야 한다.

(4) 공정성(Impartiality)

심사기능은 편견이나 외부의 간섭 없이 객관적이고 공정하게 수행되어야 한다. 즉 심사업무 수행과 관련하여 이해상충 관계가 없어야 함을 의미한다.

(5) 전문성(Professional competence)

심사업무의 적절한 수행을 위해서는 심사자 및 심사부서가 심사업무와 경영시스템에 대한 전문성을 갖추어야 한다.

3) 심사계획서의 작성

심사팀장은 피심사조직으로부터 제공받은 문서와 심사 프로그램 내에 포함된 정보를 근거로 심사계획서를 작성하는 것이 좋다. 심사계획서는 피심사조직의 프로세스에 대한 심사활동의 영향을 고려하는 것이 좋고 심사수행과 관련하여 심사의뢰자, 심사팀, 피심사조직 간의 합의를 위한 근거로 제공하는 것이 좋다. 심사계획서는 효과적으로 목적을 달성하기 위하여 심사활동에 효율적인 일정 수립 및 조정이 용이하도록 작성되는 것이 좋다.

심사계획서에 제시된 상세화 정도는 심사목적 달성에 불확실성의 영향뿐만 아니라 심사의 범위 및 복잡성을 반영하는 것이 좋은데, 심사계획서의 작성 시 심사팀장은 다음 사항을 인식하는 것이 좋다.

(1) 적절한 샘플링 기법

(2) 심사팀의 구성과 심사팀의 총체적인 역량/적격성

(3) 심사에 의해 야기되는 조직에 대한 리스크

조직에 대한 리스크는 안전, 보건, 환경 및 품질에 영향을 주는 심사팀원의 참석(presence)으로 야기될 수 있고, 피심사조직의 제품, 서비스, 인원 또는 기반구조에 대하여 위협(예를 들면, 청정실 시설의 오염)을 주는 심사팀원의 참석으로 야기될 수 있다.

통합 심사에서는 운영되는 프로세스와 상이한 경영시스템의 대립되는 목표 및 우선순위 간의 상호작용에 특별한 주의를 기울이는 것이 좋다.

심사계획서를 작성할 때 일반적으로 고려할 사항은 다음과 같다.

(1) 작성자 : 심사 주관 부서

(2) 심사목적 명확화 및 심사전략 수립

(3) 심사횟수 : 정기심사는 1회 정도, 내부심사는 연 1회 이상

(4) 심사시기 : 사외심사 및 사내일정 고려

(5) 심사기간 : 심사대상 조직의 규모 및 심사원수 고려

(6) 심사대상 : 정기심사는 모든 부서를 대상으로 중점심사 부서, 특별심사는 관련 부서

(7) 심사전략 수립

① 순방향심사 : 경영활동의 순서에 따라 심사하는 것
심사 실시는 용이하나 단편적인 부분만 볼 가능성이 있다.

② 역방향심사 : 고객불만이나 출하검사로부터 역방향으로 심사하는 것
시스템 간 연계성 관찰이 가능하고 심사인원의 숙련도가 필요하다.

③ 부서별심사 : 부서 단위로 대비표에 의해 실시하는 것(인증심사 주활용)

④ 요건별심사 : 특정 요건을 중심으로 관련 부서를 심사하는 것

4) 심사원 준비물

(1) 심사계획서

(2) KOSHA-MS 또는 ISO 45001 인증기준

(3) 심사 체크리스트

(4) 심사보고서 양식(심사 결과보고서 및 부적합 보고서)

(5) 심사일지/노트 (필요시)

(6) 전회 심사 결과 기록 (해당시)

5) 피심사원 준비물

(1) 안전보건경영시스템 문서 및 기록

① 매뉴얼, 절차서, 지침서 등

② 안전보건경영시스템 관련 기록물(업무수행에 따른 기록 등)

6) 심사팀의 구성

(1) 심사팀 구성

심사팀장은 내부심사원 자격이 부여된 자로 심사팀을 구성하고 각 심사원에게 임무를 부여한다.

(2) 심사팀 구성 시 고려사항

① 독립성 : 심사팀원은 최소한 2명 이상으로 하되 독립성 확보를 위해 부서가 상이한 자로 한다.

② 신뢰성 : 조직 내 좋은 평판과 신뢰감을 얻고 있는 심사원을 선정한다.

③ 협조성 : 심사원의 차출 시에는 반드시 해당 부서장의 협조를 구하도록 한다

(3) 심사원의 자질 및 심사 자세

① 의사소통에 소질이 있어야 한다.

② 재치있고 외교적인 수완이 있어야 한다. 그러나 단호하여야 한다.

③ 융통성이 있어야 한다.

④ 중요도를 판단할 수 있어야 한다.

⑤ 조사 결과의 우선순위를 결정할 수 있어야 한다

⑥ 견해를 말할 때 조심스러운 단어를 선택하여 개인적으로 받아들여지는 일이 없어야 한다.

⑦ 피심사원에 대한 개인적인 자질, 능력에 대하여 평가하지 않고 시스템에 대한 효과성 및 효율성에 대하여 평가해야 한다.

⑧ 자질구레한 흠을 찾는 것(Nit-picking)을 피하고 중요한 사항에 집중하는 것이 필요하다.

(4) 심사원 선정 시 고려사항

심사원에게 요구되는 적절한 지식 및 스킬을 결정할 때 다음 사항이 고려되어야 한다.

① 심사대상 조직의 크기, 성격 및 복잡성

② 심사대상 경영시스템 분야

③ 심사 프로그램의 목표 및 범위

④ 외부 기관에 의해 부여되는 요구사항과 같은 기타 요구사항

⑤ 피심사조직의 경영시스템에서 심사 프로세스의 역할

⑥ 심사대상 경영시스템의 복잡성

⑦ 심사목표 달성의 불확실성

(5) 심사팀장의 역할

① 심사팀 대표 및 심사 업무 지휘

② 세부일정 수립

③ 심사체크리스트 승인

④ 부적합 보고서 승인

⑤ 심사팀원 임무부여 및 통솔

⑥ 중요한 부적합사항 보고

⑦ 심사 시 애로사항, 장애해결

⑧ 시작 및 종결회의 주관

⑨ 심사 결과 보고

(6) 심사원의 역할

① 심사체크리스트 작성
② 심사범위 내에서 심사 시행
③ 증거를 수집하고 분석
④ 부적합 보고서 작성
⑤ 심사팀장을 지원
⑥ 시정조치 요구 및 결과 확인

5 인증심사 단계 및 기법

1) 심사업무 처리절차

안전보건경영시스템에 대한 심사업무 처리절차도는 [그림 7-4]와 같다.

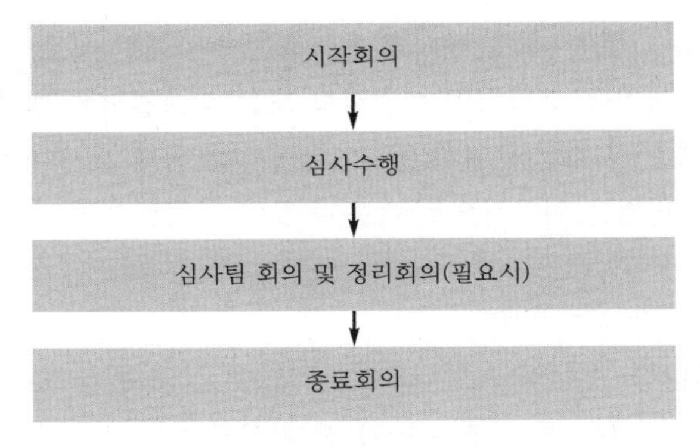

[그림 7-4] 심사업무 처리절차도

2) 시작회의

시작회의에는 통상적으로 피심사조직의 경영진과 심사대상의 기능 또는 프로세스의 책임자가 참석하는 것이 좋으며, 회의를 진행하는 동안에 질문할 기회를 제공하는 것이 좋다.

시작회의를 얼마나 상세하게 할 것인가는 피심사조직이 심사 프로세스에 익숙한 정도와 일관성이 있는 것이 좋다. 예를 들면 소규모 조직의 내부심사에서 시작회의는 심사수행에 대한 의사소통을 하고 심사의 성격을 설명하는 것 정도로 간단하게 진행할 수 있다.

기타 심사 상황에서는 회의가 정식으로 개최될 수 있고 참석자에 대한 기록이 유지되는 것이 좋은데 회의는 심사팀장이 주도하는 것이 좋고 다음 사항이 적절하게 고려되는 것이 좋다.

- 참관자와 안내자를 포함한 참석자의 소개 및 그들의 역할에 대한 소개
- 심사목표, 범위 및 기준에 대한 확인
- 심사계획과 기타 피심사조직과 관련된 준비사항, 예를 들면 종료회의 일자 및 시간, 심사

팀과 피심사조직의 경영진과의 모든 중간회의, 그리고 최근의 모든 변경사항에 대한 확인
- ㅇ 심사증거는 가용한 정보의 샘플을 근거로 한다는 것을 피심사조직에게 알려주는 것을 포함하여 심사수행에 사용되는 방법의 설명
- ㅇ 심사팀원의 존재로부터 야기될 수 있는 조직의 리스크를 관리하기 위한 방법의 소개
- ㅇ 심사팀과 피심사조직과의 공식적인 의사소통 채널 확인
- ㅇ 심사 중 사용되는 언어 확인
- ㅇ 심사 중 피심사조직에게 심사진행 정보의 지속적 제공에 대한 확인
- ㅇ 심사팀에 필요한 자원 및 시설의 가용성 확인
- ㅇ 기밀유지 및 정보보안에 관련된 사항에 대한 확인
- ㅇ 심사팀을 위한 관련 안전보건, 비상 및 보안 절차의 확인
- ㅇ 만일 해당된다면 등급을 포함하여 심사발견사항에 대한 보고방법에 대한 정보
- ㅇ 심사가 종료될 수 있는 조건에 대한 정보
- ㅇ 종료회의에 대한 정보
- ㅇ 심사 중 있을 수 있는 발견사항을 어떻게 취급하는지에 대한 정보
- ㅇ 불만이나 이의제기 사항을 포함하여 발견사항 또는 심사결론에 대한 피심사조직으로부터의 피드백을 위한 모든 시스템에 관한 정보인증심사를 위해 실시하는 사전 설명회 및 시작회의의 진행내용과 방법은 일반적으로 다음과 같이 진행한다.

(1) 사전 설명회 개최

① 회의주관 : 심사팀장

② 실시시기 및 시간 : 심사 전일 또는 당일 심사 실시 전 30분 정도

③ 목적 : 심사목적 및 범위 설명, 심사일정 설명, 중점심사 분야 설명, 심사 준비사항 점검, 기타 필요한 심사정보 제공

(2) 시작회의

심사팀원은 피심사 업체(기관)에 도착하여 부서장 및 수감자를 대상으로 간단하게 심사방향 및 중점심사 분야 설명, 심사협조 당부 (30분 내외)

(3) 시작회의 예시 - 사전 설명회 실시 유무에 따라 조정 가능

① 심사팀 소개 및 참석자 소개

② 심사의 범위 및 규격 확인

③ 심사의 실시 목적 설명

④ 심사의 수행방법 설명

⑤ 심사일정 확인 및 조정 여부
⑥ 경/중부적합 설명
⑦ 심사에 영향을 미칠 수 있는 안전구역과 보안구역 확인
⑧ 이의제기 요령 설명
⑨ 종결회의 안내
⑩ 질의응답

3) 심사수행 프로세스

(1) 심사수행 프로세스는 [그림 7-5]와 같다.

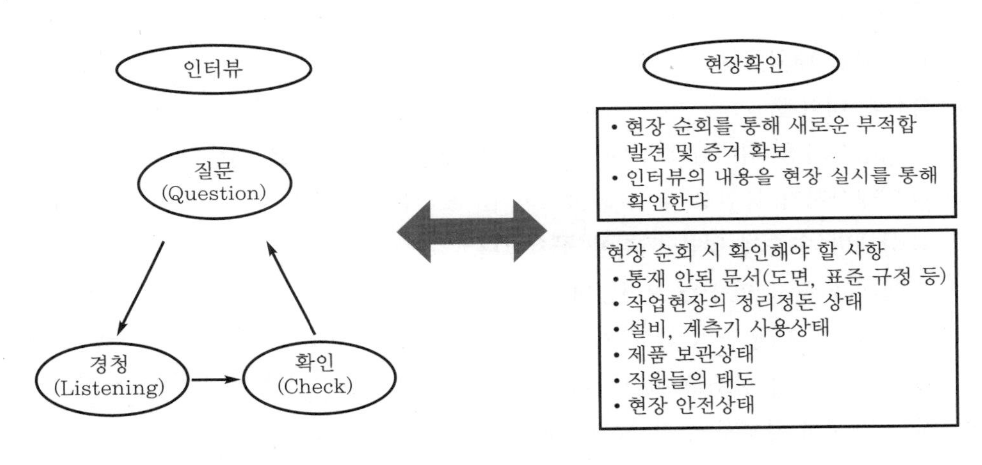

[그림 7-5] 심사수행 프로세스

(2) 질문(Question)

① 질문요령
- 5W 1H 원칙에 따라 질문
- 수감자가 대답할 수 있는 질문
- "예", "아니오"와 같은 답변이 나오는 질문은 회피
- 수감자가 이해하지 못하면 다른 관점에서 질문

② 질문의 유형
- 개방형 질문 : 다양한 답변을 유도할 수 있는 질문
  설명해 주시겠습니까?, 보여 주시겠습니까? 등으로 진행하는 질문형태를 말한다.
- 탐색형 질문 : 질문의 꼬리를 물고 계속으로 하는 질문
  당신의 의견은?, 그 다음은?, 그리고… 등으로 진행하는 질문형태 말한다.
- 폐쇄형 질문 : 하나의 답변을 유도하는 질문

당신은 ~ 하였지요?, 이것은 부적합으로 인정하지요? 등으로 진행하는 질문형태를 말한다.

③ 질문순서

ㅇ 개방형 → 탐색형 → 폐쇄형

(3) 경청(Listening)

① 경청요령

ㅇ 수검자가 많은 이야기를 하도록 유도한다.

ㅇ 수검자 이야기에 관심을 가진다.

ㅇ 정보를 먼저 얻어내고 기록한다.

ㅇ 적절한 대화술을 구사한다.

② 적절한 대화술

ㅇ 피심사자를 최대한 편안하고 부드러운 음성과 표정으로 대한다.

ㅇ 피심사자가 불안을 느끼지 않도록 몸 동작을 절제한다.

ㅇ 상대방 수준에 맞는 어휘를 구사한다.

ㅇ 관심을 갖고 있음을 보여준다.

ㅇ 이야기한 내용을 간간이 재언급한다.

ㅇ 적절한 수검 장소를 활용한다.

③ 심사 장애에 단호하고 정중하게 대응

시간 끌기, 약올림, 화나게 함, 수검자 불참, 건망증 등은 심사에 장애가 되는 요소이므로 단호하면서도 정중하게 대응하여야 한다.

(4) 확인(Check)

① 기록사실 입증을 위한 증거자료 확보를 목적으로 한다.

② 인터뷰 내용 중 부적합 및 근거 확인이 필요한 경우 실시한다.

③ 심사 중, 보고 들은 것을 관련 근거(문서, 기록)와 함께 기록한다.

④ 심사수행에 참고되는 내용도 기록한다.

⑤ 현장에서 실사를 통해 확인한다.

⑥ 수검자가 시인한 것은 증거를 요구하지 않는다.

⑦ 기록한 내용은 피심사자에게 공개한다.

(5) 부적합 확인

① 부적합/불일치 : 규정된 요구사항에 충족되지 않은 상태를 말한다.

하나 또는 그 이상의 안전보건특성, 안전보건시스템 요소가 규정된 요구사항을 벗어나거나 빠진 것을 포함하며 안전보건시스템 요구사항, 조직 요구사항, 고객 요구사항, 사회 요구사항 등이 인증기준에 적합하지 않은 것을 말한다.

② 부적합사항의 포착

ㅇ 의도가 요구사항을 충족시키지 못하는 상태

ㅇ 요구사항대로 실행하지 않은 상태

ㅇ 요구사항대로 실행하였으나 효율적이지 못하거나 형식적인 상태

③ 부적합상태의 확보수단

ㅇ 수검자와 대화를 통한 답변

ㅇ 객관적 증거의 수집

ㅇ 관찰

ㅇ 정보나 단서의 검증

④ 부적합 지적 시 고려사항

ㅇ 사소한 실수는 빈도와 중요성을 감안할 것
  - 자주, 반복적으로 발생하는가?
  - 안전에 중대한 영향을 미치는가?

ㅇ 근거 명확성 : 부적합은 명확한 근거가 있어야 하므로 부적합의 요건을 항상 염두에 둘 것

ㅇ 시정조치 가능성을 고려할 것

ㅇ 안전보건심사는 개선의 기회를 제공하는 것이므로 시정조치가 불가능 한 것을 시정조치를 요구해서는 안됨(이익, 비용, 위험을 고려할 것)

ㅇ 시정조치가 곤란한 사안은 애로 및 건의사항으로 보고함이 바람직함

ㅇ 부적합 파급 효과를 고려할 것

ㅇ 지적된 사항이 여타 분야로 파급효과가 클 것으로 예상되는 것을 부적합으로 지적하는 것이 바람직함

⑤ 객관적 증거의 확보

ㅇ 관찰, 측정, 시험 또는 그 밖의 수단을 통하여 얻어진 사실에 기초하여 진실임을 증명할 수 있는 정보

ㅇ 심사원은 부적합으로 예상되는 사항에 대하여 객관적인 증거에 대한 문서명, 문서번호, 일자, 계정, 품목, 항목 등 정보를 자세히 노트하여야 함

ㅇ 객관적 증거의 예
  - 실존하는 사실 : 문서, 기록, 사물 또는 행위 자체
  - 안전보건과 관련하여 문서화 된 것

- 수검자가 진술한 것
- 관습이라고 수검자가 시인한 것
- 관찰하여 확인한 것
- 사후 추적 가능한 확보된 증거

⑥ 부적합 보고서 작성

○ 작성자 : 해당 심사원

○ 구성요건

Ⅰ형식 : 요구사항 + (객관적 증거 + 부적합 사항)

부적합의 기준(규격의 요구사항)을 먼저 명시하고 부적합 내용을 기술하는 방법

예 ○○절차에 ~~하게 규정되어 있으나, ○○이 ~~하였음.

Ⅱ형식 : (객관적 증거 + 부적합 상황) + 요구사항

부적합 내용을 먼저 기술하고, 부적합의 기준(규격의 요구사항)을 명시하는 방법.

예 ○○이 ~~하였음. 이는 ~~을 요구하는 규격 ○○절차에 위반되는 사항임.

⑦ 작성요령

○ 요구사항은 심사 기준 문서에서 발췌

○ 부적합 사황은 과거형, 부정형으로 작성

○ 객관적 증거 계량화 : 사본 첨부 가능한 경우에는 첨부하되 개인 이름은 기술하지 않음

○ 추적이 가능하도록 작성

○ 필요한 경우 중/경부적합을 구분

○ 필요한 경우 부적합의 시정조치 방향을 제시

○ 피심사부서에 수용되고 동의를 받는 것이 바람직함

○ 4C 원칙에 따라 작성

⑧ 4C 원칙

○ 정확성(Correct) : 인용되는 수치, 문구 등은 정확하게 기술함

○ 명료성(Clear) : 부적합의 내용을 누구나 이해할 수 있도록 작성, 피심사자가 시정조치를 위하여 이를 이해 가능해야 되며, 육하원칙(5W1H)을 고려하여 누구나 그 내

용을 명확히 알 수 있도록 기술함

ㅇ 간결성(Concise) : 군더더기 없이 필요한 내용만 기술함

ㅇ 완결성(Complete) : 부적합 보고서 기재사항은 필요한 사항이 모두 포함 되도록 작성함

(6) 부적합의 판정

① 판정자 : 심사팀장이 해당 심사원과 협의하여 경/중부적합 최종 결정

② 판정기준 : 내부심사 절차서에 명시

③ 중부적합 (Major nonconformity)

ㅇ 안전보건에 중대한 영향을 미치는 부적합

ㅇ 시스템의 누락

ㅇ 시스템의 붕괴

ㅇ 경부적합의 중첩

ㅇ 기록 등을 허위로 기재한 경우

ㅇ 안전보건의 위험성을 현저히 증가시키는 것

④ 경부적합 (Minor nonconformity)

ㅇ 안전보건에 경미한 영향을 미치는 부적합

ㅇ 규격 또는 기타 문서의 하나의 요건을 만족시키지 못하는 경우

ㅇ 담당자의 실수로 인한 경미한 1회 부적합
(회사 절차상 하나의 항목에서 하나의 잘못이 관찰된 경우)

⑤ 관찰사항(권고사항)

ㅇ 부적합이라는 심증은 가지만 객관적인 증거가 없는 경우

ㅇ 현재 부적합은 아니지만 부적합으로 진행될 우려가 있는 경우

ㅇ 안전보건경영시스템 문서대로 시행하고 있으나 효과가 없거나 불합리하다고 판단되는 경우

ㅇ 안전이나 안전보건경영시스템의 개선이 필요한 사항

ㅇ 기타 필요한 권고사항

4) 정보수집 및 검증

인증심사 중, 기능 및 활동, 프로세스 간의 상호 연계에 관련된 정보를 포함한 심사목적, 범위 및 기준에 관련된 정보는 적절한 샘플링을 이용하여 수집되고 검증하는 것이 좋다. 검증 가능한 정보만이 심사증거로 수용되는 것이 좋으며, 심사발견사항으로 도출된 심사증거는 기록되는 것이 좋다. 만일 증거를 수집하는 동안 심사팀이 새롭거나 변경된 환경 또는 리스크를 감지했다면

이러한 사항들은 심사팀에 의해 적절하게 다루어지는 것이 좋다.

5) 심사발견사항 도출

심사증거는 심사발견사항을 결정하기 위하여 심사기준에 의해 평가되는 것이 좋은데 심사발견사항은 심사기준과의 적합이나 부적합으로 나타내는 것이 좋다. 심사계획에 규정된 경우에는 각각의 심사발견사항을 뒷받침하는 증거를 수반하는 적합 및 우수사례, 개선을 위한 기회 및 피심사조직에 대한 권고사항을 포함하는 것이 좋다.

부적합사항을 뒷받침하는 심사증거는 기록되는 것이 좋은데 부적합사항에는 급이 부여되는 것이 좋다. 또 부적합사항은 심사증거가 정확하고 부적합사항에 대하여 이해했다는 동의를 얻기 위하여 피심사자와 함께 검토되는 것이 좋다. 심사증거 또는 심사발견사항에 관한 모든 의견상의 차이는 해결되도록 노력을 하는 것이 좋으며, 해결되지 못한 사항은 기록하는 것이 좋다.

심사팀은 심사 중 적절한 단계에서 심사발견사항을 검토하기 위하여 필요시 회의를 개최하는 것이 좋다.

6) 정리회의

심사팀은 종료회의 전에 다음 사항을 협의하는 것이 좋다.

(1) 심사발견사항 검토, 그리고 심사목표에 대하여 심사 중에 수집된 모든 적절한 정보를 검토
(2) 심사 프로세스에 내재된 불확실성을 고려한 심사결론에 대한 합의
(3) 심사계획에 규정된 경우, 권고사항의 준비
(4) 적용 가능한 경우, 심사 후속조치에 대한 협의

심사결론에서 다룰 수 있는 사안은 다음과 같다.

(1) 명시적인 목표 충족을 위한 경영시스템의 효과성을 포함한 경영시스템의 강건성(robustness) 정도 및 심사기준과의 적합성 정도
(2) 경영시스템의 효과적인 실행, 유지 및 개선
(3) 경영시스템의 지속적인 적절성, 충족성, 효과성 및 개선을 보장하기 위한 경영 검토 프로세스의 능력
(4) 심사목표의 달성, 심사범위의 적용 및 심사기준의 충족성
(5) 만일 심사계획에 포함되었다면, 발견사항의 근본적인 원인
(6) 경향을 파악할 목적으로 심사된 다른 영역에서 확인된 유사한 발견사항

정리회의의 진행내용과 방법은 일반적으로 다음과 같다.

(1) 심사원은 피심사부서에 대한 심사가 끝나면 정리회의를 개최(5분 이내)

(2) 심사 결과 지적사항을 구두로 피심사부서에 알려줌

(3) 부적합을 확인 받음

(4) 심사팀 회의

① 회의주관 : 심사팀장

② 실시시기 : 매일 심사 종료 후 또는 다음날 심사 시작 전 실시(30분 이내)

③ 목 적

- 심사정보의 교환
- 부적합에 대한 의견 조정
- 심사 진행상태의 확인
- 심사 시 장애요소의 파악 및 해소

7) 종료회의

종료회의는 심사팀장의 주관하에 심사발견사항 및 심사결론이 제시되도록 개최되는 것이 좋다. 또 피심사조직의 경영진, 그리고 해당되는 경우 심사받았던 기능이나 프로세스의 책임자가 참석하는 것이 좋고 심사의뢰자 및 기타 관계자도 참석할 수 있다. 심사팀장은 신뢰성을 저하시킬 수 있는 심사 중에 발생된 상황에 대하여 피심사자에게 조언하는 것이 좋다.

만일 경영시스템에 규정되었거나 심사의뢰자와의 합의에 의한 경우 참여자는 심사발견사항을 조치하기 위한 일정계획에 합의하는 것도 좋다.

(1) 종료회의의 목적

① 심사 결과 요약 및 결론 제공

② 부적합사항과 관찰사항 및 소감 발표

③ 실수 또는 오해 해결

④ 시정조치를 포함한 향후 계획에 동의

(2) 종료회의 예시

① 심사협조에 대한 감사의 표시

② 심사의 범위 및 목적의 재확인

③ 심사 결과의 요약 및 총평

④ 심사원별로 심사 결과 설명

⑤ 샘플링 심사의 한계 설명

⑥ 부적합 지적사항 설명

⑦ 잘된 점에 대해서 타 부문/타 부서 전파

⑧ 시정조치 및 예방조치 요령 안내

⑨ 심사수검 소감 청취

⑩ 질의응답 및 소정 양식에 참석자 서명

8) 심사보고서 작성

심사팀장은 심사 프로그램 절차에 따라 심사 결과를 보고하는데 심사보고서는 심사에 대하여 완전, 정확, 간결 및 명료한 기록을 제시하고 다음 사항을 포함하거나 언급하는 것이 좋다.

(1) 심사목표
(2) 심사범위, 특히 조직적 및 기능적 단위 또는 심사대상 프로세스의 식별
(3) 심사의뢰자 식별
(4) 심사팀 및 심사에 참여한 피심사조직 인원의 식별
(5) 심사활동이 수행된 일자 및 장소
(6) 심사기준
(7) 심사발견사항 및 관련 증거
(8) 심사결론
(9) 심사기준이 어느 정도 충족되었는지에 대한 서술

6 인증심사 결과 후속조치

1) 후속조치 업무흐름도

인증심사 결과 후속조치에 대한 업무흐름도는 〈표 7-6〉과 같다.

〈표 7-6〉 인증심사 결과 후속조치 절차

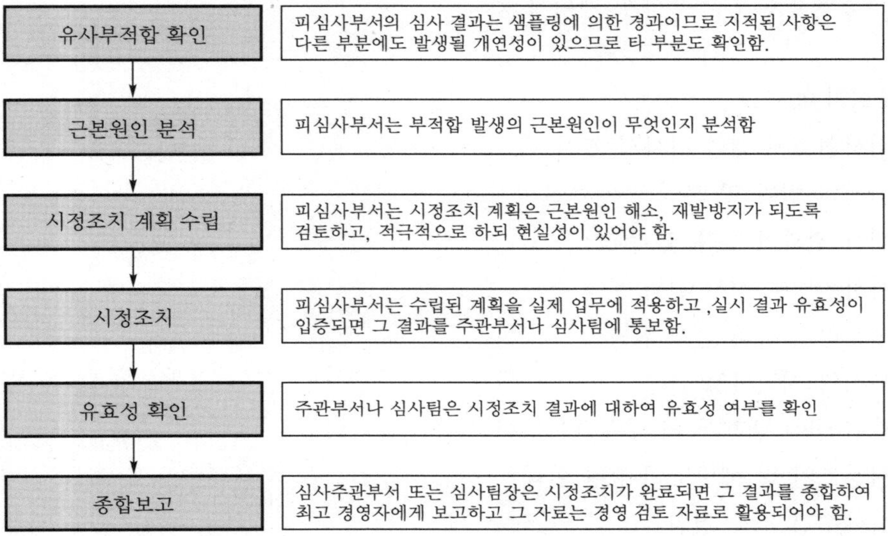

유사부적합 확인	피심사부서의 심사 결과는 샘플링에 의한 경과이므로 지적된 사항은 다른 부분에도 발생될 개연성이 있으므로 타 부분도 확인함.
↓ 근본원인 분석	피심사부서는 부적합 발생의 근본원인이 무엇인지 분석함
↓ 시정조치 계획 수립	피심사부서는 시정조치 계획은 근본원인 해소, 재발방지가 되도록 검토하고, 적극적으로 하되 현실성이 있어야 함.
↓ 시정조치	피심사부서는 수립된 계획을 실제 업무에 적용하고 ,실시 결과 유효성이 입증되면 그 결과를 주관부서나 심사팀에 통보함.
↓ 유효성 확인	주관부서나 심사팀은 시정조치 결과에 대하여 유효성 여부를 확인
↓ 종합보고	심사주관부서 또는 심사팀장은 시정조치가 완료되면 그 결과를 종합하여 최고 경영자에게 보고하고 그 자료는 경영 검토 자료로 활용되어야 함.

2) 후속조치 수행

심사의 결론은 심사목표에 따라 시정, 시정조치, 예방조치 또는 개선조치의 필요성을 나타낼 수 있는데 이러한 조치는 일반적으로 합의된 일정 내에서 피심사조직에 의해 결정되고 수행된다. 피심사조직은 심사 프로그램을 관리하는 인원 및 심사팀이 이러한 조치에 대한 상황을 알도록 하며, 이러한 조치의 완료 및 효과성은 검증되는 것이 좋다. 이 검증은 후속조치 및 심사의 일부분이 될 수 있다.

3) 후속조치 내용

(1) 시정조치

현존하는 부적합, 결함 또는 기타 바람직하지 않은 상황의 재발방지를 위하여 그 원인을 제거하는 데 취해진 조치

(2) 유효성 확인 방법

① 중부적합 : 유효성 확인을 위한 현장 확인 감사 실시(보고 즉시 실시)

② 경부적합 : 서면으로 시정조치 결과를 통보 받아 유효성을 판단하고 차기 심사 시에 유효성 확인

③ 시정조치 결과가 미흡한 경우에는 재차 시정조치 요구를 하여야 함

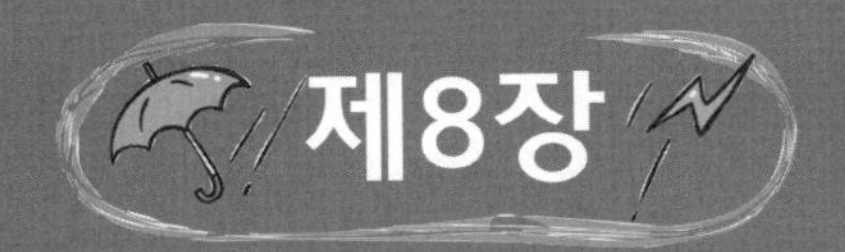

인증 유지관리 기준 및 문서기록 확인사항

1. 인증 유지관리 기준
2. 인증기준별 문서 및 기록 확인사항

1 인증 유지관리 기준

KOSHA-MS 및 ISO 45001 인증을 취득한 사업장은 안전보건경영시스템 인증을 지속적으로 유지하기 위해서는 인증이 취소되거나 정지되지 않아야 한다. 이 경우 KOSHA-MS 인증기관인 안전보건공단과 ISO 45001 인증기관인 해당 인증원의 취소 및 정지사유를 살펴보면 아래와 같다.

1) KOSHA-MS 인증취소 사유

안전보건공단은 인증사업장에서 다음 각 호의 어느 하나에 해당하는 사항이 발견되는 경우에는 인증위원회의 결정에 따라 인증을 취소할 수 있다.

(1) 거짓 또는 부정한 방법으로 인증을 받은 경우
(2) 정당한 사유 없이 사후심사 또는 연장심사를 거부·기피·방해하는 경우
(3) 공단으로부터 부적합사항에 대하여 2회 이상 시정요구 등을 받고 정당한 사유 없이 시정을 하지 아니하는 경우
(4) 안전보건조치를 소홀히 하여 사회적 물의를 일으킨 경우
(5) 인증 이후 사후관리기간 동안 사고사망만인율이 3년 연속 동종업종 평균 이상이고 지속적으로 증가하는 경우. 다만, 건설업 종합건설업체에 대해서는 인증을 받은 사업장의 사고사망만인율이 최근 3년간 연속해서 종합심사낙찰제 심사기준을 적용하여 평균 사고사망만인율 이상이고 지속적으로 증가하는 경우
(6) 다음과 같은 경우로서 인증위원회 위원장이 인증취소가 필요하다고 판단하는 경우
① 인증사업장에서 안전보건조직을 현저히 약화시키는 경우
② 인증사업장이 재해예방을 위한 제도개선이 지속적으로 이루어지지 않는 경우
③ 경영층의 안전보건경영의지가 현저히 낮은 경우
④ 그 밖에 안전보건경영시스템의 인증을 형식적으로 유지하고자 하는 경우
(7) 사내 협력업체로서 모기업과 재계약을 하지 못하여 현장이 소멸되거나 인증범위를 벗어난 경우
(8) 사업장에서 자진 취소를 요청하는 경우(인증위원회의 결정을 생략할 수 있다.)
(9) 인증유효기간 내에 연장신청서를 제출하지 않은 경우
(10) 인증사업장이 폐업 또는 파산한 경우

2) ISO 45001 인증의 정지, 취소 및 축소사유

(1) 인증기관은 인증의 정지, 취소 또는 인증범위 축소에 대한 방침 및 문서화된 절차를 갖추어야 하며, 인증기관의 후속조치에 대해 규정하여야 한다.

(2) 인증의 정지

① 인증된 의뢰자의 경영시스템이 지속적으로 혹은 심각하게 인증 요구사항 및 경영시스템의 효과성에 대한 요구사항을 충족시키지 못하는 경우

② 인증된 의뢰자가 정해진 주기마다 실시되는 사후관리 또는 갱신심사를 허용하지 않는 경우

③ 인증된 의뢰자가 자발적으로 인증의 정지를 요청한 경우

(3) 인증정지 시에는 인증받은 의뢰자의 경영시스템에 대한 인증은 일시적으로 효력을 상실한다.

(4) 인증기관은 정지를 초래한 이슈가 해결된 경우 정지된 인증을 복원하여야 한다. 인증기관에서 정한 기간 내에 인증정지의 원인이 되었던 문제점을 해결하지 못하는 경우 인증을 취소하거나 인증범위를 축소하여야 한다.
대부분의 경우 인증정지기간은 6개월을 초과하지 않는다.

(5) 인증기관은 인증받은 의뢰자가 일부 인증범위에 대해 지속적으로 혹은 심각하게 인증 요구사항을 충족시키지 못하는 경우, 인증받은 의뢰자의 인증범위를 축소시켜 요구사항을 충족시키지 못하는 부분을 제외시켜야 한다. 이러한 인증범위의 축소 시에도 인증에 사용된 표준의 요구사항에 부합하여야 한다.

2 인증기준별 문서 및 기록 확인사항

1) 조직의 상황(Context of the organization)

조직의 상황에 대한 인증기준 항목별 준비 문서 및 기록은 다음 〈표 8-1〉과 같다.

〈표8-1〉 조직의 상황 관련 준비 문서 및 기록

항 목	준비 문서 및 기록
인증항목	4.1 조직과 조직상황의 이해 4.2 근로자 및 이해관계자 요구사항/니즈와 기대이해 4.3 안전보건경영시스템 적용범위 결정 4.4 안전보건경영시스템
관련 문서	1. 매뉴얼 2. 해당 절차서 1) 조직상황분석 절차서
관련 기록	1. 이해관계자 현황 2. 주요이슈(현안)기록부

☞ 중점관리 Point

(1) 조직의 상황에서 KOSHA-MS 인증기준에서는 현안사항이라고 칭하며, ISO 4500에서는 이슈라고 명명하고 있는데 무엇보다 회사의 능력에 영향을 주는 외부와 내부 이슈(현안사항)가 무엇인지를 먼저 파악하는 것이 중요하다.

(2) 외부와 내부 이슈(현안사항) 파악 시에는 근로자 및 기타 이해관계자의 니즈와 기대(즉, 요구사항)가 무엇인지를 파악하여 회사에서 준수해야 하는 사항이 무엇인지를 정하여야 한다.

(3) 파악된 이슈(현안사항)는 위험성평가, 법규등록부와 연계되어야 하며, 주요 이슈(현안사항)기록부에 기록되어야 한다.

(4) 주요 이슈(현안사항)의 예는 아래와 같다.
  - ISO 450001 및 KOSHA-MS 인증기준의 변경
  - 산업안전보건법을 포함한 해당 법령의 변경
  - 정부의 안전강화종합대책
  - 회사 내 변경내용의 발생(설비 및 유해물질 등)
  - 회사 내 안전보건상의 환경변화 내용 등

(5) KOSHA-MS 및 ISO 45001 인증기준에서는 이슈(현안사항)의 파악 주기를 별도로 정하고 있지는 않으나 회계연도를 기준으로 하여 연초에 파악하는것이 좋다

2) 리더십과 근로자의 참여(Leadership and worker participation)

리더십과 근로자의 참여에 대한 인증기준 항목별 준비 문서 및 기록은 다음 〈표 8-2〉와 같다.

〈표 8-2〉 리더십과 근로자의 참여 관련 준비 문서 및 기록

항 목	준비 문서 및 기록
인증항목	5.1 리더십과 의지표명 5.2 안전보건방침 5.3 조직의 역할, 책임 및 권한 5.4 근로자의 참여 및 협의
관련 문서	1. 매뉴얼 2. 해당 절차서 1) 리더십 및 방침관리 2) 안전보건조직 및 역할 3) 산업안전보건위원회
관련 기록	1. 안전보건방침 2. 산업안전보건 조직도 3. 업무분장표 4. 안전보건관리(총괄)책임자 선임서 5. 관리감독자 임명장 6. 안전관리자, 보건관리자, 산업보건의 선임 등 보고서

☞ 중점관리 Point

(1) 리더십과 근로자의 참여항목에서는 관련 절차서에 산업안전보건법 제5조(사업주 등의 의무)와 안전보건경영시스템의 운영에 따른 P-D-C-A 싸이클에 맞는 최고경영자의 임무와 역할이 포함되었는지의 확인과 근로자 및 근로자 대표의 참여가 산업안전보건위원회 등을 통해 원활하게 이루어지는지를 파악하여야 한다.

(2) 리더십의 증거로는 근로자 참여 및 협의를 보장하는지 여부와 경영전략, 사업계획 및 실행사항, 안전보건방침, 목표, 성과평가 및 후속조치, 경영 검토 등을 통해 파악 할 수 있다.

(3) 특히 산업안전보건법 제14조(이사회 보고 및 승인 등) 및 동법 시행령 제13조(이사회 보고·승인 대상 회사 등)에 의하면 상시근로자 500명 이상을 사용하는 회사의 경우 2021년 1월 1일 부터는 대표이사가 회사 전반의 안전 및 보건에 관한 계획을 주도적으로 수립하고 성실하게 이행하도록 함으로써 안전보건경영시스템 구축을 유도하고 있는 바, 이에 따른 내용도 파악하여야 한다.

(4) 근로자 참여 및 협의에 있어서는 산업안전보건법 제24조(산업안전보건위원회)에 의한 심의·의결사항뿐만 아니라 아래의 내용이 포함된 산업안전보건위원회가 운영되는지를 파악하여야 한다.

- ㅇ 전년도 안전보건성과
- ㅇ 해당 연도 안전보건목표 및 추진계획 이행 현황
- ㅇ 위험성평가 결과 개선조치 사항
- ㅇ 정기적 성과측정 결과 및 시정조치 결과
- ㅇ 내부심사

(5) 안전보건방침의 경우에는 최고경영자가 매년 안전보건방침을 변경할 필요는 없으나 변경이 필요한 경우 이를 개정하여 간결하게 문서화하고 서명과 시행일을 명기하여 회사의 모든 구성원 및 이해관계자가 쉽게 접할 수 있도록 공개되고 있는지를 확인하여야 한다. 안전보건방침의 개정은 다음의 경우에 의한다.

- ㅇ 신규 사업이 개시될 시
- ㅇ 관련 법률의 제·개정 발생 시
- ㅇ 경영여건의 변화로 인한 대표이사의 의지가 바뀌어 지시가 있을 시
- ㅇ 중대재해 발생 시
- ㅇ 대표이사 변경 시

(6) 안전보건조직의 경우에는 기존 조직의 변경 및 산업안전보건법 제15조 안전보건관리책임자, 동법 제16조 관리감독자, 제17조 안전관리자, 제18조 보건관리자, 제19조 안전보건관리담당자 등의 변경사유가 발생한 경우 이에 따른 재선임 및 고용노동부에 보고사항을 파악하여 시정한다.

3) 계획 수립/기획(Planning)

계획 수립 및 기획에 대한 인증기준 항목별 준비 문서 및 기록은 다음 〈표 8-3〉과 같다.

〈표 8-3〉 계획 수립/기획 관련 준비 문서 및 기록

항 목	준비 문서 및 기록
인증항목	6.1 위험성(리스크)과 기회를 다루는 조치 6.1.1 위험성평가 6.1.2 법규 및 그 밖의 요구사항 검토 6.2 안전보건목표 6.3 안전보건목표 추진계획(목표달성 기획)
관련 문서	1. 매뉴얼 2. 해당 절차서 1) 위험성평가 2) 법규관리 3) 목표 및 추진계획
관련 기록	1. 위험성평가 조직구성 2. 위험성평가 실시계획서 3. 사업장/공정정보 4. 유해·위험요인 파악 5. 위험성평가표 6. 기타 리스크 평가표 7. 산업안전보건 법령요지 게시 8. 안전보건 법규등록부 9. 법규검토서 10. 안전보건 관련 개정법규 대응방안 11. (　　)년도 안전보건목표 12. 안전보건목표 및 추진계획서

☞ 중점관리 Point

(1) 계획 수립/기획 항목에서는 안전보건 위험성평가와 기타 리스크평가를 실시해야 하는데 안전보건 위험성평가는 연1회 정기 위험성평가와 더불어 산업안전보건법 제36조(위험성평가의 실시) 제2항에 따라 고용노동부장관이 정하여 고시하는 바에 따라 해당 작업장의 근로자를 참여시키도록 하며, 위험성평가 결과 위험성 감소대책 이행여부를 확인하여야 한다. 또한 사업장 위험성평가에 관한 지침 제15조(위험성평가의 실시 시기)에 따라 수시평가를 실시하여야 하는 경우 수시평가 실시 유무를 확인해야 하는데 수시평가를 실시해야 하는 경우는 아래와 같다.

○ 사업장 건설물의 설치·이전·변경 또는 해체

○ 기계·기구, 설비, 원재료 등의 신규 도입 또는 변경

○ 건설물, 기계·기구, 설비 등의 정비 또는 보수(주기적·반복적 작업으로서 정기평가를 실시한 경우에는 제외)

○ 작업방법 또는 작업절차의 신규 도입 또는 변경

○ 중대산업사고 또는 산업재해(휴업 이상의 요양을 요하는 경우에 한정한다) 발생 시에는 재해 발생 작업을 대상으로 작업을 재개하기 전에 실시

(2) 그 밖의 위험성평가(기타 리스크평가)의 경우에는 근로자 및 이해관계자의 요구사항 파악을 통한 조직 내·외부 이슈(현안사항)가 포함되었나 확인하여야 한다.

(3) 법규관리에 있어서는 회사에 해당되는 법령 및 기타 요구사항이 파악관리되고 있는지 확인하여야 하며, 법규 및 그 밖의 요구사항(기타 요구사항)은 최신의 것으로 유지되고 있는지의 여부와 파악된 법규 및 그 밖의 요구사항(기타 요구사항)이 회사의 구성원 및 이해관계자 등과 의사소통되는지 확인하여야 한다.

(4) 안전보건목표 및 추진계획서의 경우 목표는 장기목표와 단기목표로 구분하고 이를 실행하기 위한 추진계획이 적정한가 파악하여야 하며, 안전보건목표 수립 시 위험성평가 결과, 법규 등 검토사항과 안전보건경영시스템에서 요구하는 사항도 포함되어야 한다. 또한 목표달성을 위한 안전보건활동 추진계획은 수단, 방법, 일정, 예산, 인원 등이 포함되었는지, 안전보건활동별 성과지표는 정량적으로 수립되었는지 파악하여야 한다.

4) 지원(Support)

지원에 대한 인증기준 항목별 준비 문서 및 기록은 다음 〈표 8-4〉와 같다.

〈표 8-4〉 지원 관련 준비 문서 및 기록

항 목	준비 문서 및 기록
인증항목	7.1 자원 7.2 역량 및 적격성 7.3 인식 7.4 의사소통(내부 및 외부) 및 정보제공 7.5 문서화 7.6 문서관리 7.7 기록
관련 문서	1. 매뉴얼 2. 해당 절차서 1) 교육·훈련 및 자격 2) 의사소통 및 정보제공 3) 문서 및 기록관리
관련 기록	1. 교육필요성 파악현황 2. 연간 안전보건교육계획 3. 안전보건교육일지 4. 교육성과 평가 5. 자격인정관리대장 6. 의사소통 및 안전보건정보 관리대장 7. 문서 및 기록물 보존 연한표

☞ 중점관리 Point

(1) 지원 항목에서는 먼저 역량 및 적격성에 있어서 근로자가 적절한 교육·훈련 또는 경험에 근거한 역량(위험요인을 파악할 수 있는 능력 포함)을 가지고 있음을 보장하여야 함으로 역량의 증거로서 적절하게 문서화된 정보를 보유하고 있어야 하고 업무수행상의 자격이 필요한 경우 해당 자격이 유지되고 있는지를 파악하여야 한다.

(2) 인식에 있어서는 교육·훈련의 필요성 파악 및 연간 안전보건교육계획의 수립, 산업안전보건법 제29조(근로자에 대한 안전보건교육)에 대한 내용이 충족되는지의 여부를 파악하여야 한다. 또 교육 후의 성과평가 등이 이루어져야 하는데 성과평가는 교육·훈련이 제대로 실시되었는가에 관한 과정평가와 교육·훈련이 소기의 목적을 달성했는가의 여부에 관한 평가인 결과평가를 파악하여야 한다.

(3) 의사소통 및 정보제공에 있어서는 무엇을, 언제, 누구와 의사소통 했는가의 파악과 더불어 의사소통의 니즈를 고려할 때 다양한 측면(예 : 성별, 언어, 문화, 독해 능력, 장애)을 반영하고 있는가의 파악이 중요하다. 또한 안전보건문제와 활동에 대한 근로자 및 이해관계자의 참여내용을 검토하고 회신하고 있는지를 파악하여야 한다.

(4) 문서 및 기록관리에 있어서는 문서는 적절한 장소에 비치되어 있고 개정관리가 이루어지

고 있는지 파악하여야 한다. 또한 기록물의 경우에는 목록화하고 보존기간을 정하여 유지하는지를 파악하여야 한다.

5) 실행 및 운용(Operation)

실행 및 운용에 대한 인증기준 항목별 준비 문서 및 기록은 다음 〈표 8-5〉와 같다.

〈표 8-5〉 실행 및 운용 관련 인증기준 항목별 준비 문서 및 기록

항 목	준비 문서 및 기록
인증항목	8.1 운영계획 및 관리 8.2 비상시 대비 및 대응
관련 문서	1. 매뉴얼 2. 해당 지침서 1) 안전보건활동 2) 비상시 대비 및 대응 3. 해당 지침서(사업장 실정에 따라 다소 다름) 1) 안전보건관리규정 2) 도급사업 안전보건협의체 3) 작업장 안전조치 4) 중량물 및 인력운반 안전작업 5) 개인보호구 지급 및 관리 6) 적격수급업체 선정 7) 물질안전보건자료(MSDS) 관리 8) 떨어짐, 무너짐에 의한 위험 방지 9) 전기재해 예방활동 10) 폭발화재 및 위험물 누출 예방활동 11) 용접·용단작업안전 12) 작업환경측정 13) 건강관리 14) 직무스트레스예방 프로그램 15) 근골격계질환예방 프로그램 16) 호흡기보호 프로그램 17) 감염병 발생 시 대응 18) 진동공구 취급 근로자의 보건관리 19) 응급처치 20) 안전작업허가 21) 변경관리 22) 조달(구매)관리 23) 아차사고 및 잠재위험 관리 24) 산업재해 조사활동 25) 무재해운동

항 목	준비 문서 및 기록
관련기록	1. 도급사업 안전보건협의체 회의록 2. 안전보건협의체 조직도 3. 협력업체 안전보건협의체 회의록 4. 순회안전점검일지 5. 개인보호구 교체기준 6. 개인보호구 지급대장 7. 도급사업 안전수준평가표 및 평가기준 8. 적격 수급업체 선정 평가표 9. 유해물질 물질안전보건자료(MSDS) 리스트 10. 직무스트레스 실시 관련기록 11. 근골격계 부담작업 체크리스트 12. 유해요인 기본조사표 13. 근골격계질환 증상조사표 14. 유해요인 조사 결과 개선계획서 15. 호흡기보호 체크리스트 16. 감염병 대응 일일현황 관리 17. 진동기계·기구 점검 체크리스트 18. 진동기계·기구 현황 관리 19. 안전작업허가서 20. 변경요청서 21. 아차사고 사례 발굴카드 22. 화재 대피 및 피난 유도 훈련 시나리오 23. 재해 발생 훈련 시나리오 24. 환경오염 방재 시나리오 25. 화재 및 폭발 시나리오 26. 풍수해 전개 시나리오 27. 지진대응 시나리오 28. 비상통제 조직도 29. 비상통제 조직별 업무분장 30. 비상훈련 실시 보고서 31. 비상훈련 모의훈련 평가표

☞ 중점관리 Point

(1) 실행/운용 항목에서는 먼저 추가 되어야 할 지침서는 없는지의 여부파악과 더불어 추가되어야 할 지침서는 신규제정이 필요하며, 지침서별로 해당되는 기록물은 유지 관리되어야 한다. 예를 들어 도급사업 안전보건협의체 회의록은 매월 기록·유지되어야 하며, 적격 수급업체 선정 평가표 등은 선정사유 발생 시 기록을 유지하여야 한다.

(2) 안전작업허가서는 허가시점에 발행여부를 확인하고 변경관리 및 조달 등이 적절하게 이루어지는지를 확인하여야 한다.

(3) 비상시 대비 및 대응에 있어서는 분야별 해당 시나리오는 적정한지 여부를 파악하고 비

상사태 시나리오별로 정기적인 교육·훈련 실시여부 및 훈련 후에는 성과를 평가하고 필요한 경우 대응계획을 개정하고 있는지를 파악하여야 한다.

6) 성과평가(Performance evaluation)

성과평가에 대한 인증기준 항목별 준비 문서 및 기록은 다음 〈표 8-6〉과 같다.

〈표 8-6〉 성과평가 관련 준비 문서 및 기록

항 목	준비 문서 및 기록
인증항목	9.1 모니터링, 측정, 분석 및 성과평가 9.2 내부심사 9.3 경영자 검토
관련 문서	1. 매뉴얼 2. 해당 절차서 1) 성과측정 및 모니터링 2) 내부심사 3) 경영자 검토
관련 기록	1. 목표 및 추진계획에 따른 성과측정 2. 법규 준수평가서 3. 측정장비 관리대장 4. 현장 점검 Check sheet 5. 내부심사 계획서 6. 내부심사 체크리스트(체제분야) 7. 내부심사 체크리스트(활동분야) 8. 내부심사 결과보고서 9. 경영자 검토보고서

☞ 중점관리 Point

(1) 성과평가 항목에서는 목표 및 추진계획이 원활하게 진행되고 있는지의 여부와 법적 요구사항 및 기타 요구사항을 충족한 정도(준수평가), 위험요인, 리스크와 기회에 관련된 활동 및 운용, 아차사고, 업무상 재해 발생 시 발생원인과 안전보건활동 성과와의 관계 등이 파악되어야 한다.

(2) 내부심사에 있어서는 심사 프로세스의 객관성 및 공평성이 이루어지고 있으며 심사원은 독립적이고 능력 있는 사람이 선정되어 심사를 수행하였는지의 여부를 파악하여야 한다. 또한 부적합사항은 개선의 조치를 취했는지 여부, 또한 내부심사 결과보고서는 최고경영자를 포함한 모든 조직구성원에게 의사소통하였는지 여부를 파악하여야 한다.

(3) 경영자 검토는 인증 요구사항에서 요구하고 있는 경영자 검토 항목이 모두 포함되었는지

의 여부와 더불어 추가적인 지원과 개선의 방향이 적정한지 파악되어야 한다.

7) 개선(Improvement)

개선에 대한 인증기준 항목별 준비 문서 및 기록은 다음 〈표 8-7〉과 같다.

〈표 8-7〉 개선 관련 준비 문서 및 기록

항 목	준비 문서 및 기록
인증항목	10.1 일반사항 10.2 사건, 부적합 및 시정조치 10.3 지속적 개선
관련 문서	1. 매뉴얼 2. 해당 절차서 1) 부적합 시정조치 및 개선실행
관련 기록	1.1. 시정조치 요구서 1.2. 시정완료 보고서

☞ 중점관리 Point

(1) 개선항목에서는 시정조치를 포함한 모든 조치의 효과성이 검토되고 있는지의 여부와 더불어 사전 위험성평가 실시, 시정조치의 결과와 지속적 개선의 결과를 근로자와 의사소통하고 있으며 이를 문서화된 정보로 유지하고 있는지를 파악하여야 한다.

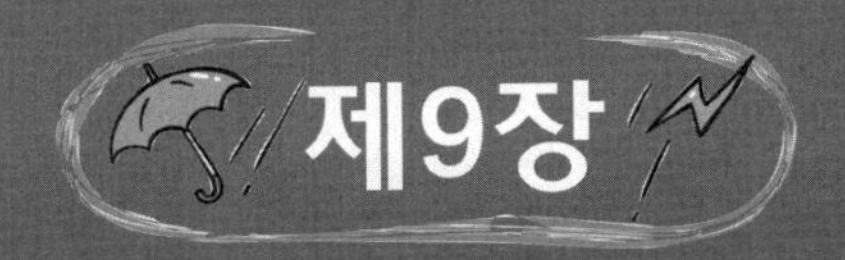

안전보건경영시스템 매뉴얼, 절차서, 지침서 예시

1. 안전보건경영시스템 매뉴얼 예시
2. 안전보건경영시스템 절차서 예시
3. 안전보건경영시스템 지침서 예시

안전보건경영시스템(KOSHA-MS/ISO 45001)

안전보건경영 매뉴얼

(SAFETY & HEALTH MANAGEMENT MANUAL)

■ 관 리 본 (CONTROLLED)

□ 비관리본 (UNCONTROLLED)

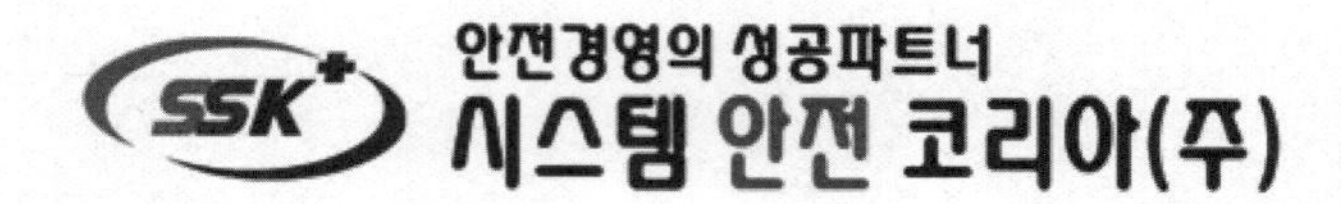

안전보건경영 매뉴얼	문서번호	SSK-SHM-01
	제정일자	2021. 01. 02
개정이력 및 문서체계	개정일자	
	개정차수	

[문서 제·개정 이력]

문 서 명		안전보건경영시스템 매뉴얼	문 서 번 호	SSK-SHM-01
작 성 자		안전관리자	협 조 부	각 팀
개정 차수	제·개정 일자	시행일자	제·개 정 내 용(사유)	
0	2021. 01. 02	2021. 01. 02	안전보건경영시스템 인증을 위한 제정	

[승인 및 검토]

	구 분	작 성	검 토	승 인
승인	직 책	안전관리자	안전보건관리책임자	대표이사
	성 명	성 춘 향	변 사 또	이 몽 룡
	서명(확인)			
	일 자	2020. 12. 04	2020. 12. 18	2021. 01. 02
회람	부 서 명	생 산 팀	공 무 팀	품 관 팀
	성 명	홍 길 동	임 꺽 정	장 길 산
	서명(확인)			
	일 자	2021. 01. 07	2021. 01. 14	2021. 01. 21

	안전보건경영 매뉴얼	문서번호	SSK–SHM–01
		제정일자	2021. 01. 02
	개정이력 및 문서체계	개정일자	
		개정차수	

[문서 체계]

매뉴얼			절차서		지침서	
구분 항	구분 목	목록	문서번호	제 목	문서번호	제 목
1		적용범위	–	–	–	–
2		참조규격/일반요구사항	–	–	–	–
3		용어의 정의	–	–	–	–
4. 조직의 상황	4.1	조직과 조직상황의 이해	SSK–SHP–04–01	조직상황분석	–	–
	4.2	근로자 및 이해 관계자의 요구사항			–	–
	4.3	안전보건경영시스템 적용범위 결정	–	–	–	–
	4.4	안전보건경영시스템	–	–	–	–
5. 리더십과 근로자의 참여	5.1	리더십과 의지표명	SSK–SHP–05–01	– 리더십 및 방침관리	–	
	5.2	안전보건방침			–	–
	5.3	조직의 역할, 책임 및 권한	SSK–SHP–05–02	안전보건조직 및 역할	–	–
	5.4	근로자의 참여 및 협의	SSK–SHP–05–03	산업안전보건위원회	–	–
6. 계획수립 (기획)	6.1	위험성과 기회를	SSK–SHP–06–01	위험성평가	–	–
		다루는 조치	SSK–SHP–06–02	법규관리		
	6.2	안전보건목표	SSK–SHP–06–03	– 목표 및 추진계획	–	
	6.3	안전보건목표 추진계획				
7. 지원	7.1	자원	–	–	–	–
	7.2	역량 및 적격성	SSK–SHP–07–01	– 교육·훈련 및 자격	–	
	7.3	인식			–	–
	7.4	의사소통 및 정보제공	SSK–SHP–07–02	의사소통 및 정보제공	–	–
	7.5	문서화	SSK–SHP–07–03	– 문서 및 기록관리	–	
	7.6	문서관리			–	–
	7.7	기록			–	–

안전보건경영 매뉴얼	문서번호	SSK-SHM-01
	제정일자	2021. 01. 02
개정이력 및 문서체계	개정일자	
	개정차수	

[문서 체계]

매 뉴 얼			절 차 서		지 침 서	
구분		목 록	문서번호	제 목	문서번호	제 목
항	목					
8. 실행(운용)	8.1	운영계획 및 관리	SSK-SHP-08-01	안전보건활동	SSK-SHG-01	안전보건관리규정
					SSK-SHG-02	작업장 안전조치
					SSK-SHG-03	개인보호구 지급 및 관리
					SSK-SHG-04	물질안전보건자료(MSDS)관리
					SSK-SHG-05	폭발화재 및 위험물 누출 예방활동
					SSK-SHG-06	작업환경측정
					SSK-SHG-07	안전작업허가
					SSK-SHG-08	변경관리
					SSK-SHG-09	조달관리
					SSK-SHG-10	산업재해 조사활동
						그 외 사업장 사정에 따라 지침서는 추가될 수 있음.
	8.2	비상시 대비 및 대응	SSK-SHP-08-02	비상시 대비 및 대응	–	–
9. 성과평가	9.1	모니터링, 측정, 분석 및 성과평가	SSK-SHP-09-01	성과측정 및 준수평가	–	–
	9.2	내부심사	SSK-SHP-09-02	내부심사	–	–
	9.3	경영자 검토	SSK-SHP-09-03	경영자 검토	–	–
10. 개선	10.1	일반사항	–	–	–	–
	10.2	사건, 부적합 및 시정조치	SSK-SHP-10-01	부적합 시정조치 및 개선실행	–	–
	10.3	지속적 개선				

	안전보건경영 매뉴얼	문서번호	SSK-SHM-01
		제정일자	2021. 01. 02
	적용범위	개정일자	
		개정차수	

1 적용범위

본 매뉴얼은 시스템안전코리아(주)(이하 "회사"라 한다)에서 KOSHA-MS 및 ISO 45001 인증을 구축하고 실행하기 위하여 다음과 같은 조직 또는 업무에 적용한다.

1.1 회사 모든 팀의 업무와 관련된 제반활동 및 서비스 업무에 적용한다.

1.2 조직의 활동과 관련하여 이해관계자 및 임직원의 안전보건위험에 노출되는 것을 제거 또는 최소화하기 위한 안전보건경영시스템을 수립하고자 하는 경우

1.3 안전보건경영시스템을 실행, 유지 및 지속적으로 개선하고자 또는 각 팀이 회사에서 정한 안전보건방침과의 적합성을 보증하고자 하는 경우

1.4 다음의 본 매뉴얼에 대한 적합성을 실증하고자 하는 경우

1.4.1 자체 판단 및 자체 선언을 하고자 할 때

1.4.2 회사의 적합성을 고객과 같은 이해관계자가 확인하고자 할 때

1.4.3 회사의 자체 선언을 외부 조직으로부터 확인받고자 할 때

1.4.4 회사의 안전보건경영시스템을 외부 조직으로부터 인증받고자 할 때 이 매뉴얼은 근로자의 복지/건강 프로그램, 제품 안전, 자산 손해 또는 환경적 영향과 같은 기타 안전보건영역 이외의 업무에는 적용하지 아니한다.

2 회사에서 적용하는 안전보건경영시스템 매뉴얼은 KOSHA-MS와 ISO 45001인증기준 및 표준을 근거로 하여 적용한다.

2.1 KOSHA-MS 적용범위

2.1.1 기준 적용범위

회사의 안전보건경영시스템을 구축하여 유해·위험요인에 노출된 근로자와 그 밖의 이해관계자에 대한 위험을 제거하거나 최소화하여 사업장의 안전보건수준을 지속적으로 개선하고자 하는데 적용한다.

2.1.2 회사가 자율적으로 안전보건경영시스템을 구축하고 실행·유지함으로써 지속적인 개선성과를 이루기 위하여 안전보건경영시스템의 인증기준인 KOSHA.MS 기준을 적용한다.

2.1.3 이 기준은 다음 각 사항에 적용한다.

1) 안전보건공단으로부터 안전보건경영시스템에 대한 인증을 구축하고자 할 때

2) 사업장 자율적으로 안전보건경영시스템을 구축하여 이 기준과의 적합 여부를 자체적으로 확인하고자 할 때

2.2 ISO 45001 적용범위

2.2.1 회사는 회사의 제반업무에 대한 ISO 45001:2018의 안전보건경영시스템에서 요구하는 조직의 상황, 이해관계자의 요구사항을 리스크 기반의 사고와 P-D-C-A 사이클을 이용하여 안전보건경영방침 및 위험성평가를 통한 안전과 보건의 유해요인을 감소하기 위한 지속 가능한 활동, 비상시 대비 및 대응활동 등 안전보건경영시스템 운영에 대하여 적용한다.

2.2.2 본 매뉴얼은 회사의 안전보건성과를 증진시키기 위해 활용할 수 있는 안전보건경영시스템에 대한 요구사항을 규정하며, 회사의 안전보건방침과 일관되게 안전보건경영시스템의 의도한 결과인 다음 사항을 포함한다.

1) 안전보건성과의 향상
2) 준수의무사항의 충족
3) 안전보건목표의 달성

안전보건경영 매뉴얼	문서번호	SSK-SHM-01
	제정일자	2021. 01. 02
참고규격/일반 요구사항	개정일자	
	개정차수	

1 참조규격

본 매뉴얼은 회사에 적용하는 것으로 KOSHA-MS와 ISO 45001 인증기준 및 표준을 근거로 하여 적용한다. KOSHA-MS의 경우에는 아래에 열거된 규격 및 자료를 참조, 인용하여 우리 실정에 맞도록 재구성하고 있으며 ISO 45001은 별도의 인용표준이 없다.

1.1 BS 8800(영국표준협회) : 1996, 산업안전보건경영체제 지침

1.2 OHSAS 18001(국제인증기관) : 2007, 산업안전보건경영체제

1.3 ILO-OSH 2001(ILO) : 2001, 산업안전보건경영시스템 구축에 관한 지침

1.4 ISO 45001(ISO) : 2018, 안전보건경영시스템-요구사항 및 활용 가이던스

2 일반 요구사항

2.1 목적

본 매뉴얼은 회사의 안전보건경영시스템 구축 및 운영전반에 관한 주요사항에 대해 규정함을 목적으로 하며, 회사내의 모든 안전보건활동은 이 매뉴얼에서 정한 바에 따라 계획(Plan), 실행(Do), 점검(Check), 조치(Act) 등 P-D-C-A의 사항이 지속적으로 이루어져 지속적 개선, 발전될 수 있도록 한다.

2.2 적용범위

2.2.1 본 매뉴얼은 회사 내 안전보건경영활동의 전반에 대해 적용한다.

2.2.2 본 매뉴얼에 명시되어 있지 않은 안전보건경영을 위한 구체적인 사항은 절차서, 지침서 등에 명시하고 이에 따른다.

2.3 매뉴얼의 개요

2.3.1 본 매뉴얼은 KOSHA-MS 및 ISO 45001을 기초로 하여 회사 내에서 안전보건경영시스템을 원활히 운영하기 위하여 제정하였다.

2.3.2 본 매뉴얼은 계획-실행-점검-조치(PDCA)로 알려져 있는 방법론에 기초하고 있으며, 다음과 같이 요약할 수 있다.

1) 계획(Plan) : 안전보건위험성, 안전보건기회 그리고 기타 위험성과 기타 기회를 결정 및 평가하고, 회사의 안전보건방침에 따라서 결과를 만들어 내는데 필요한 안전보건목표 및 프로세스 수립

2) 실행(Do) : 계획대로 프로세스 실행

3) 점검(Check) : 안전보건방침과 목표에 관한 활동 및 프로세스를 모니터링 및 그 결

과 보고

4) 조치(Act) : 의도된 결과를 달성하기 위하여 안전보건성과를 지속적으로 개선하기 위한 조치 시행

2.4. 매뉴얼 작성 및 개정

2.4.1 작성·검토 및 승인

1) 매뉴얼은 안전관리자가 각 팀장과 협의하여 작성하고 안전보건관리책임자가 검토한 후 대표이사의 승인을 거쳐 확정한다.
2) 매뉴얼은 체계적인 안전보건경영을 위해 계획(P)-실행(D)-점검(C)-조치(A)업무로 분류하여 구성하여 작성하고 유지한다.

2.4.2 개정

1) 매뉴얼의 개정은 안전관리자가 개정하고 안전보건관리책임자가 검토하며, 대표이사의 승인을 통해 최종 확정한다.
2) 매뉴얼, 절차서, 지침서의 해당되는 개정내용에 대하여는 개정 분 해당 페이지 우측상단에 개정번호 및 개정일자, 개정차수를 표시한다. 다만, 전면 개정일 경우는 별도 표시를 하지 않을 수 있다.

2.4.3 배부 및 관리

1) 매뉴얼은 관리본과 비관리본으로 구분하며, 관리본은 안전관리팀에서 관리한다.
2) 매뉴얼의 개정현황은 개정이력에 의해 관리하고 개정내용은 각 팀에 공지한다.
3) 매뉴얼은 최신본으로 유지하고 구(舊)본은 즉시 폐기하여야 하며, 구(舊)본의 보관이 필요할 경우에는 참고용으로 표시하여 별도로 관리한다.

2.5 이행

2.5.1 전 임직원은 본 매뉴얼에서 규정한 바에 따라 계획-실행-점검-조치업무의 사이클로 운영하여 안전보건성과를 달성할 수 있도록 한다.

2.5.2 안전보건관리 활동은 이 매뉴얼을 근간으로 절차서 및 지침서에 따른다.

2.6 이행 확인 및 유효성평가

2.6.1 안전관리팀에서는 내부심사를 통하여 매뉴얼의 이행상태를 확인한다.

2.6.2 안전보건관리책임자는 이행상태 확인결과, 미흡한 사항의 개선 및 안전보건변화를 반영하여 안전보건관리에 지속적인 효과를 발휘하도록 유효성평가를 시행한다.

2.6.3 매뉴얼의 유효성평가는 매년 실시하는 것을 원칙으로 한다.

3 용어의 정의

이 매뉴얼 및 절차서, 지침서에서 사용하는 주요 용어의 정의는 다음과 같다.

3.1 안전보건경영시스템

최고경영자가 경영방침에 안전보건정책을 선언하고 이에 대한 실행계획을 수립(Plan)하여 이를 실행 및 운영(Do), 점검 및 시정조치(Check)하며 그 결과를 최고경영자가 검토하고 개선(Action)하는 등 P-D-C-A 순환과정을 통하여 지속적인 개선이 이루어지도록 하는 체계적인 안전보건활동을 말한다.

3.2 조직(Organization)

사업을 운영하는 체계, 자원, 기능 등을 갖추고 있는 회사, 기업, 연구소 또는 이들의 복합 집단을 말하며 사업장으로 표현할 수도 있다.

3.3 사건 (Incident)

유해·위험요인의 자극에 의하여 사고로 발전되었거나 사고로 이어질 뻔했던 원하지 않는 사상(Event)으로서 인적·물적 손실인 상해·질병 및 재산적 손실뿐만 아니라 인적·물적 손실이 발생되지 않은 아차사고를 포함한 것을 말한다.

3.4 사고(Accident)

유해·위험요인(Hazard)을 근원적으로 제거하지 못하고 위험(Danger)에 노출되어 발생되는 바람직스럽지 못한 결과를 초래하는 것으로서 사망을 포함한 상해, 질병 및 기타 경제적 손실을 야기하는 예상치 못한 사상(Event)을 말한다.

3.5 유해·위험요인(Hazard)

유해·위험을 일으킬 잠재적 가능성이 있는 것의 고유한 특징이나 속성을 말한다.

3.6 유해·위험요인 파악(Hazards Identification)

유해요인과 위험요인을 찾아내는 과정을 말한다.

3.7 위험(Danger)

유해·위험요인(Hazards)에 상대적으로 노출된 상태를 말한다.

3.8 위험성(Risk)

목표에 대한 불확실성의 영향이다. 유해·위험요인이 부상 또는 질병으로 이어질 수 있는 가능성(빈도)과 중대성(강도)의 조합으로도 표현된다.

3.9 위험성평가(Risk Assessment)

유해·위험요인을 파악하고 해당 유해·위험요인에 의한 부상 또는 질병의 발생 가능성(빈도)과 중대성(강도)을 추정·결정하고 감소대책을 수립하여 실행하는 일련의 과정을 말한다.

3.10 허용 가능한 위험(Acceptable Risk)

위험성평가에서 유해·위험요인의 위험성이 법적 및 시스템의 안전요구사항에 의하여 사전에 결정된 허용 위험수준 이하의 위험 또는 개선에 의하여 허용 위험수준 이하로 감소된 것을 말한다.

3.11 안전(Safety)

유해·위험요인이 없는 상태로 정의할 수 있지만, 현실적으로 산업현장 또는 시스템에서는 달성 불가능하므로 현실적인 안전의 정의는 유해·위험요인의 위험성을 허용 가능한 위험 수준으로 관리하는 것으로 정의할 수 있다.

3.12 목표(Objectives)

안전보건성과 측면에서 조직이 달성하기 위해 설정하는 세부목표로서 가능한 한 정량화된 것을 말한다.

3.13 성과(Performance)

사업장 또는 조직의 안전보건방침·목표와 비교하여 조직의 안전보건경영활동으로 달성된 정성적·정량적 결과를 말한다.

3.14 지속적 개선(Continual Improvement)

사업장 또는 조직의 당해 연도 안전보건활동의 성과를 분석·평가하고 그 평가 결과를 다음 연도의 안전보건활동에 반영하여 안전보건성과를 지속적으로 향상시키는 반복과정을 말한다.

3.15 내부심사(Audit)

사업장 또는 조직의 안전보건활동이 안전보건경영시스템에 따라 효과적으로 실행되고 있는지, 그리고 그 활동 결과가 조직의 안전보건방침과 목표를 달성하였는지에 대한 독립적인 평가와 검증과정을 말한다.

3.16 적합(conformity)

조직의 안전보건활동이 안전보건경영시스템상의 기준이나 작업표준, 지침, 절차, 규정 등을 충족한 상태를 말한다.

3.17 부적합(Nonconformity)

사업장 또는 조직의 안전보건활동이 안전보건경영시스템상의 기준이나 작업표준, 지침, 절차, 규정 등으로부터 벗어난 상태를 말한다.

3.18 관찰사항(Observation)

사업장 또는 조직의 안전보건활동이 현재 안전보건경영시스템의 기준이나 작업표준, 지침, 절차, 규정 등으로부터 벗어난 상태는 아니지만, 향후에 벗어날 가능성이 있는 경우를 말한다.

3.19 권고사항(Recommendation)

안전보건경영시스템 운영의 효율성을 높이기 위해 개선의 여지가 있는 경우 또는 사내규정(표준)대로 시행되고 있으나 업무의 목적상 비효율적 이거나 불합리하다고 판단되는 경우를 말한다.

3.20 이해관계자

사업장 또는 조직의 안전보건활동과 성과에 의해 영향을 받거나 그 활동과 성과에 관련된 개인 또는 집단을 말한다.

3.21 시정조치

발견된 부적합사항 또는 관찰사항의 원인을 제거하여 재발을 방지하기 위한 조치를 말한다.

3.22 문서

안전보건활동의 절차, 방법 등을 정한 매뉴얼, 절차서, 지침서, 표준, 기준 등의 매체를 말한다.

3.23 기록

달성된 결과를 명시하거나 활동의 증거를 제공하는 문서를 말한다.

3.24 근로자

조직의 관리하에 작업하거나 작업과 관련된 활동을 수행하는 사람을 말한다.

3.25 참여

근로자 및 안전보건관계자가 의사결정에 개입함을 의미한다. 참여의 방법으로는 분기별 산업안전보건위원회를 통해 참여토록 한다.

3.26 협의

의사결정을 하기 전에 안전보건관계자의 의견을 구하는 것을 의미한다. 협의의 방법으로는 산업안전보건위원회를 통해 협의하도록 한다.

3.27 작업장(Workplace)

근로자 및 이해관계자가 일을 해야 하거나 일을 목적으로 갈 필요가 있는 조직의 관리하에 있는 장소를 말한다. 현장으로 표현할 수도 있다.

3.28 계약자

합의된 명세서, 용어와 조건에 따라서 조직에 서비스를 제공하는 외부 조직을 의미한다. 서비스에는 건설활동이 포함될 수 있다.

3.29 요구사항

명시적인 요구 또는 기대, 일반적으로 묵시적이거나 의무적인 요구 또는 기대를 의미한다. "일반적으로 묵시적"이란 조직 및 이해관계자의 요구 또는 기대가 묵시적으로 고려되는 관습 또는 일상적인 관행을 의미한다.

3.30 대표이사

안전보건경영시스템이 적용되는 조직의 최고 경영자로 조직을 지휘하고 관리하는 자를 말한다.

3.31 안전보건관리책임자

사업장을 실질적으로 총괄하여 관리하는 사람으로 산업안전 보건법 제15조에 의한 업무를 수행하는 자를 말한다.

3.32 관리감독자

산업안전보건법 제16조에 의하여 사업장의 생산과 관련되는 업무와 그 소속 직원을 직접 지휘·감독하는 직위에 있는 사람을 말한다.

3.33 안전관리자

산업안전보건법 제17조에 의하여 안전에 관한 기술적인 사항에 관하여 대표이사를 보좌하고, 관리감독자에게 지도·조언하는 업무를 수행하는 자를 말하며 전문기관도 이에 포함된다.

3.34 보건관리자

산업안전보건법 제18조에 의하여 보건에 관한 기술적인 사항에 관하여 안전보건관리 책임자를 보좌하고, 관리감독자에게 지도, 조언하는 업무를 수행하는 자를 말하며 전문기관도 이에 포함된다.

3.35 효과성

계획된 목표에 대한 결과의 달성 정도를 의미한다.

3.36 효율성

최소한의 자원투입으로 기대하는 목표를 얻는 정도를 의미한다.

3.37 안전보건방침

최고경영자에 의해 공식적으로 표명된 안전보건상의 조직의 의지 및 방향을 의미한다.

3.38 절차

안전보건활동을 수행하기 위하여 규정된 방식을 의미한다.

3.39 모니터링

안전보건활동의 상태를 확인하는 것을 의미한다. 상태를 판단하기 위해서는 확인, 감독 또는 심도 있는 관찰이 필요할 수 있다.

3.40 측정

값을 결정하는 활동을 의미한다.

3.41 상해/부상 및 건강상 장해(Injury and ill health)

사람의 신체적, 정신적 또는 인지적 상태에 대한 악영향

3.42 안전보건기회(Occupational health and safety opportunity)

안전보건성과의 개선을 가져올 수 있는 상황 또는 상황의 집합

3.43 역량/적격성(Competence)

의도된 결과를 달성하기 위해 지식 및 스킬을 적용하는 능력

3.44 문서화된 정보(Documented information)

조직에 의해 관리되고 유지되도록 요구되는 정보 및 정보가 포함되어 있는 매체

3.45 프로세스(Process)

입력을 사용하여 의도된 결과를 만들어 내는 상호 관련되거나 상호작용하는 활동의 집합

3.46 절차(Procedure)

활동 또는 프로세스를 수행하기 위하여 규정된 방식

3.47 외주처리

외부 조직이 조직의 기능 또는 프로세스의 일부를 수행하도록 하는 것을 말한다.

4 조직의 상황

4.0 목적, 책임과 권한

4.0.1 목적

회사의 대내외 상황을 이해하고, 법률 및 규제와 이해관계자의 요구사항을 파악하여, 안전보건경영시스템을 계획 및 수립하는 데 그 목적이 있다.

4.0.2 책임과 권한

1) 대표이사

회사의 안전보건경영시스템의 적용범위와 안전보건경영시스템 프로세스의 수립을 지원하고 다음 사항을 수행 할 책임이 있다.

(1) 안전보건경영시스템 활동에 따른 제반 경영상의 지원사항

(2) 내·외부의 현안사항(이슈) 및 근로자 및 이해관계자 요구사항 승인

2) 안전보건관리책임자

(1) 내·외부의 현안사항(이슈) 검토 및 보고

(2) 근로자 및 이해관계자 요구사항의 파악 및 검토

(3) 안전보건경영시스템 적용범위 검토 및 보고

3) 안전관리자

(1) 회사에 영향을 주는 내·외부의 현안사항(이슈) 파악

(2) 근로자 및 이해관계자 요구사항의 파악

(3) 안전보건경영시스템 적용범위 파악

4) 관리감독자

팀과 관련된 대내외 현안사항(이슈), 법률 및 규제와 이해관계자 요구사항을 안전관리자에게 통보

5) 근로자

결정된 대내외 현안사항(이슈), 법률 및 규제와 이해관계자 요구사항에 대한 이행

4.1 조직과 조직상황의 이해

회사는 안전보건경영시스템의 의도한 결과에 영향을 주는 사업장 내·외부의 현안사항(이슈)을 파악하고 결정하여야 한다.

안전보건경영 매뉴얼	문서번호	SSK-SHM-01
	제정일자	2021. 01. 02
조직의 상황	개정일자	
	개정차수	

4.2 근로자 및 이해관계자 요구사항

4.2.1 회사는 내·외부의 현안사항(이슈) 파악 시 근로자와 이해관계자의 요구사항을 파악하고 이들의 요구사항에서 비롯된 조직의 준수의무사항이 무엇인지 규정하여야 한다.

4.2.2 회사는 다음 사항을 정하여야 한다.

1) 안전보건경영시스템과 관련이 있는 근로자와 기타 이해관계자
2) 근로자 및 기타 이해관계자의 니즈와 기대(즉, 요구사항)
3) 이러한 니즈와 기대 중 어느 것이 법적 요구사항 및 기타 요구사항인지 또는 될 수 있는지 여부

4.3 안전보건경영시스템 적용범위 결정

4.3.1 회사는 안전보건경영시스템의 적용범위를 경영환경, 지역, 업무 특성을 고려하여 정할 수 있다.

4.3.2 본 매뉴얼의 모든 요소는 안전보건경영시스템에 적용되는 것이 원칙이나 업종의 종류, 회사의 규모 또는 업무 특성에 따라 각 요소의 범위와 방법을 조정하여 적용할 수 있다.

4.3.3 적용범위를 정할 때 회사는 다음 사항을 고려하여야 한다.

1) 외부와 내부 이슈 고려, 요구사항의 반영
2) 계획되거나 수행된 작업 관련 활동의 반영

4.3.4 안전보건경영시스템은 회사의 안전보건성과에 영향을 줄 수 있는 조직 관리 또는 영향 내에 있는 활동, 제품 및 서비스를 포함하여야 한다.

4.3.5 적용범위는 문서화된 정보로 이용할 수 있어야 한다.

4.4 안전보건경영시스템

회사는 안전보건경영시스템을 구축, 실행하고 의도한 결과를 달성할 수 있도록 P-D-C-A 순환 과정을 통해 지속적으로 개선하여야 한다.

4.5 관련문서(Supporting Documents)

4.5.1 조직상황분석(SSK-SHP-04-01)

5 리더십과 근로자의 참여

5.0 목적, 책임과 권한

5.0.1 목적

대표이사에 의한 안전보건방침의 수립과 구성원의 역할, 책임과 권한을 부여하는 등 리더십과 의지표명을 실증하고, 안전보건경영시스템의 개발, 기획, 실행, 성과평가 및 개선사항에 있어 근로자의 협의와 참여를 보장하는 데 그 목적이 있다.

5.0.2 책임과 권한

1) 대표이사
   (1) 안전보건방침을 수립하고 공표
   (2) 안전보건방침을 이행하기 위한 계획의 실행 확인
   (3) 안전보건경영시스템에 관련된 역할에 대한 책임과 권한의 부여
   (4) 근로자의 참여 및 협의에 따른 전반적인 지원
2) 안전보건관리책임자
   (1) 안전보건방침의 준수를 모니터링하고, 내부심사와 경영자 검토 등을 통해 변경이 필요하다고 판단될 경우 안전보건방침의 변경을 건의
   (2) 근로자의 참여 및 협의에 따른 산업안전보건위원회의 주관
   (3) 안전보건경영시스템의 개발, 기획, 실행, 성과평가 및 개선을 위한 조치에 대한 근로자 대표와의 협의와 참여를 위한 프로세스를 수립, 실행 및 유지
3) 안전관리자
   (1) 대표이사의 리더십과 의지표명에 따른 근로자 홍보
   (2) 안전보건방침의 교육 및 게시
   (3) 계층별, 팀별로 안전보건활동에 대한 책임과 권한 파악
   (4) 근로자의 참여 및 협의 촉구
4) 근로자
   (1) 회사의 안전보건방침을 이해하고 그것을 준수하기 위한 이행 및 회사에서 정한 안전보건에 관한 기준이행
   (2) 안전한 작업 및 쾌적한 작업환경을 조성하는 데 필요한 개선에 대한 실천
5) 안전보건 관련 회의

   아래 5.4항에 따라 산업안전보건위원회를 통해 근로자와 협의 및 참여를 보장하도록 한다.

	안전보건경영 매뉴얼	문서번호	SSK-SHM-01
		제정일자	2021. 01. 02
	리더십과 근로자의 참여	개정일자	
		개정차수	

5.1 리더십과 의지표명

대표이사는 안전보건경영시스템에 대한 리더십과 의지표현을 다음으로 보여 주어야 한다.

5.1.1 재해예방과 쾌적한 작업환경을 조성함으로써 근로자 및 이해관계자의 안전과 보건을 유지·증진하기 위한 책임과 책무를 다하여야 한다.

5.1.2 안전보건방침과 이에 따른 목표가 수립되고 이들이 조직의 전략적 방향과 조화되도록 하여야 한다.

5.1.3 안전보건경영시스템의 요구사항을 조직의 비즈니스 프로세스에 통합되도록 하여야 한다.

5.1.4 안전보건경영시스템의 구축, 실행, 유지, 개선에 필요한 자원(물적, 인적)을 제공하고 안전보건경영시스템의 효과성에 기여하도록 인원을 지휘하여야 한다.

5.1.5 효과적인 안전보건경영의 중요성과 안전보건경영시스템 요구사항 이행의 중요성에 대한 의사소통이 되도록 하여야 한다.

5.1.6 안전보건경영시스템이 의도된 결과를 달성할 수 있도록 하여야 한다.

5.1.7 지속적인 개선을 보장하고 촉진하여야 한다.

5.1.8 안전보건경영시스템의 의도된 결과를 지원하는 조직 문화의 개발, 실행 및 촉진하여야 한다.

5.1.9 사건, 유해·위험요인 및 위험성 보고 시 부당한 조치로부터 근로자를 보호하여야 한다.

5.1.10 안전보건경영시스템의 운영상에 근로자의 참여 및 협의를 보장하여야 한다.

5.2 안전보건방침

5.2.1 대표이사는 회사에 적합한 안전보건방침을 정하여야 하며, 이 방침에는 최고경영자의 정책과 목표, 성과개선에 대한 의지를 제시하여야 한다.

5.2.2 안전보건방침은 다음 사항을 만족하여야 한다.

1) 작업장을 안전하고 쾌적한 작업환경으로 조성하려는 의지가 표현될 것
2) 작업장의 유해·위험요인을 제거하고 위험성을 감소시키기 위한 실행 및 안전보건경영시스템의 지속적인 개선의지를 포함할 것
3) 조직의 규모와 여건에 적합할 것
4) 법적 요구사항 및 그 밖의 요구사항 준수의지를 포함할 것
5) 대표이사의 안전보건경영철학과 근로자의 참여 및 협의에 대한 의지를 포함할 것
6) 근로자 및 근로자 대표의 협의와 참여에 대한 의지표명을 포함

5.2.3 안전보건방침은 다음과 같아야 한다.

1) 간결하게 문서화하고 서명과 시행일을 명기하여 조직의 모든 구성원 및 이해관계

자가 쉽게 접할 수 있도록 공개하여야 한다.

2) 조직 내에서 의사소통되어야 하며 적절하여야 한다.

3) 안전보건방침은 안전보건목표의 설정을 위한 틀을 제공함으로 다음 사항과 같아야 한다.

(1) 문서화된 정보로 이용 가능

(2) 조직 내에서 의사소통

(3) 해당되는 경우, 이해관계자가 이용 가능

(4) 관련되고 적절할 것

5.2.4 대표이사는 안전보건방침이 조직에 적합한지를 정기적으로 검토하여야 한다.

5.3 조직의 역할, 책임 및 권한

5.3.1 안전보건관리책임자는 공표한 안전보건방침, 목표를 달성할 수 있도록 모든 팀에서 안전보건경영시스템이 기준의 요구사항에 적합하게 실행, 운영되고 있는가에 대하여 주기적으로 확인할 수 있도록 조치를 취하여야 한다.

5.3.2 안전보건관리책임자는 안전보건경영시스템의 의도한 결과를 달성할 수 있도록 모든 계층별로 안전보건활동에 대한 책임과 권한을 부여하고 문서화하여 공유되도록 하여야 한다.

5.3.3 안전보건관리책임자는 다음 사항에 대하여 책임과 권한을 부여하여야 한다.

1) 안전보건경영시스템이 이 표준의 요구사항에 적합함을 보장

2) 안전보건경영시스템의 성과를 대표이사에게 보고

5.3.4 각 팀의 근로자는 자신이 관리하는 안전보건경영시스템의 측면에 대한 책임을 져야 한다.

5.3.5 안전보건경영시스템의 성과는 최고경영자에게 보고되어야 한다.

5.4 근로자의 참여 및 협의

회사는 다음 사항에 대해서 산업안전보건위원회를 활용하는 등 근로자의 참여 및 협의를 보장하여야 한다.

5.4.1 전년도 안전보건경영성과

5.4.2 해당 연도 안전보건목표 및 추진계획 이행현황

5.4.3 위험성평가 결과 개선조치 사항

5.4.4 정기적 성과측정 결과 및 시정조치 결과

5.4.5 내부심사 결과

5.4.6 회사는 안전보건경영시스템의 개발, 기획, 실행, 성과평가 및 개선을 위한 조치에 대하여 근로자와 근로자 대표와의 협의와 참여를 위한 프로세스를 수립, 실행 및 유지하여야 한다. 그리고 회사는 ISO 45001 인증업무처리기준에 의거하여 다음 사항에 대해 실행하여야 한다.

1) 협의 및 참여를 위하여 필요한 방법(mechanisms), 시간, 교육·훈련 및 자원을 제공
2) 안전보건경영시스템에 대하여 명확하고, 이해 가능하며 관련된 정보에 시의적절한 접근 제공
3) 참여에 대한 장애 또는 장벽을 결정하여 제거하며, 제거할 수 없는 것은 최소화
4) 관리자가 아닌 근로자와 다음 사항에 대하여 협의하도록 강조
   (1) 이해관계자의 니즈와 기대를 결정
   (2) 안전보건방침 수립
   (3) 적용 가능한 경우 조직의 역할, 책임 및 권한 부여
   (4) 법적 요구사항 및 기타 요구사항을 충족시키는 방법을 결정
   (5) 안전보건목표 수립과 목표달성 기획
   (6) 외주처리, 조달 및 계약자에게 적용 가능한 관리방법 결정
   (7) 모니터링, 측정 및 평가가 필요한 사항 결정
   (8) 심사 프로그램의 기획, 수립, 실행 및 유지
   (9) 지속적 개선 보장
5) 관리자가 아닌 근로자가 다음 사항에 참여하도록 강조
   (1) 근로자의 협의와 참여를 위한 방법 결정
   (2) 위험요인을 파악하고 리스크와 기회를 평가
   (3) 위험요인을 제거하고 안전보건리스크를 감소하기 위한 조치 결정
   (4) 역량 요구사항, 교육·훈련 필요성, 교육·훈련 및 교육·훈련 평가의 결정
   (5) 의사소통이 필요한 사항과 의사소통 방법을 결정
   (6) 관리 수단과 관리 수단의 효과적인 실행 및 사용 결정
   (7) 사건 및 부적합의 조사 그리고 시정조치 결정

5.5 관련문서(Supporting Documents)

5.5.1 리더십 및 방침관리 절차(SSK-SHP-05-01)
5.5.2 구조 및 책임 절차(SSK-SHP-05-02)
5.5.3 산업안전보건위원회 절차(SSK-SHP-05-03)

6 계획 수립

회사는 안전보건경영시스템을 인증받기 위한 사전적 과정으로서 위험성평가를 실시하고 적용법규 등을 검토하여 법적 요구 수준 이상의 안전보건활동을 할 수 있도록 목표 및 추진계획을 수립하여야 한다.

6.0 목적, 책임과 권한

6.0.1 목 적

안전보건경영방침을 실현하기 위한 공정별 위험요인 파악 및 그 밖의 위험성평가를 통해 나타난 위험요인을 토대로 안전보건목표를 설정하고 그 목표를 달성하기 위한 안전보건활동계획을 수립하여 시행하는 데 그 목적이 있다.

6.0.2 책임과 권한

1) 대표이사
   (1) 안전보건에 대한 위험성평가 및 그 밖의 위험성평가에 대한 승인 및 경영상의 제반 지원
   (2) 연간 안전보건목표 및 안전보건활동 추진계획에 대한 승인
2) 안전보건관리책임자
   (1) 위험성평가 및 그 밖의 위험성평가 절차의 검토 및 총괄
   (2) 연간 안전보건목표 및 안전보건활동 추진계획에 대한 검토
   (3) 회사의 연간 안전보건활동 추진계획을 검토하고 시행
3) 안전관리자
   (1) 위험성평가 계획의 수립
   (2) 현안사항(이슈) 파악에 따른 그 밖의 위험성평가 실시
   (3) 법규 파악에 따른 법규검토 및 법규등록부 작성
   (4) 안전보건목표 및 추진계획 수립
4) 관리감독자
   (1) 해당 팀의 위험요인을 파악 및 공정 위험성평가 수행
   (2) 위험성평가에 따른 개선실시
   (3) 해당 팀의 안전보건세부목표 및 추진계획 실행을 주기적으로 확인
5) 근로자
   (1) 아차사고 및 잠재위험의 발굴 보고 및 위험성평가에 참여
   (2) 안전보건목표 및 추진계획에 따른 활동

	안전보건경영 매뉴얼	문서번호	SSK-SHM-01
		제정일자	2021. 01. 02
	계획 수립	개정일자	
		개정차수	

6.1 위험성과 기회를 다루는 조치

회사는 조직의 상황, 이해관계자의 니즈와 기대, 위험성평가 그리고 법규 및 그 밖의 요구사항을 충족하기 위해, 안전보건경영시스템을 기획할 때 다음을 고려하여야 한다.

1) 조직의 상황에서 언급된 현안사항
2) 이해관계자의 니즈와 기대에서 언급된 요구사항
3) 조직의 안전보건경영시스템 적용범위
4) 회사는 조직의 상황에서 언급된 이슈, 이해관계자의 니즈와 안전보건경영시스템 적용범위에서 명시된 기타 현안사항 및 요구사항을 고려하여 리스크 및 기회를 결정하여야 한다.
   (1) 안전보건경영시스템이 의도한 결과를 달성할 수 있음에 대한 보증.
   (2) 회사에 영향을 주는 외부 환경여건의 잠재가능성을 포함하는 바람직하지 않은 결과를 예방하거나 감소.
   (3) 지속적 개선을 통한 목표 달성.
5) 회사는 계획된 프로세스에 근로자의 효과적인 참여를 고려하고 적절한 경우 다른 이해관계자의 참여도 고려하여야 한다.
6) 안전보건경영시스템에 대한 리스크와 기회 그리고 다루어야 할 필요가 있는 의도된 결과를 결정할 때, 다음 사항을 반영하여야 한다.
   (1) 위험요인
   (2) 위험보건리스크 및 기타 리스크
   (3) 안전보건기회와 기타 기회
   (4) 법규 및 기타 요구사항
7) 회사는 조직의 변경에 관련된 안전보건시스템의 의도된 결과, 조직의 프로세스, 안전보건시스템에 관련이 있는 리스크를 평가하고 기회를 식별한다. 계획된 변경, 영구적·일시적인 경우도 평가는 변경이 실행되기 전에 실행한다.
8) 안전보건경영시스템의 적용범위 내에서 회사는 환경의 영향이 있을 수 있는 것들을 포함하는 잠재적인 비상 상황을 결정한다.
9) 회사는 다음 사항에 대해 문서화된 정보를 유지한다.
   (1) 다루어져야 할 필요가 있는 리스크 및 기회
   (2) 조직의 상황, 이해관계자의 니즈와 기대, 위험성평가 그리고 법규 및 그 밖의 요구사항에서 요구된(needed) 프로세스와 조치가 계획된 대로 수행된다는 확신을 하는데 필요한 정도까지 리스크와 기회를 결정하고 다루는 데 필요한

프로세스와 조치

6.1.1 위험성평가

1) 회사는 과거에 산업재해가 발생한 작업, 위험한 일이 발생한 작업과 작업방법 또 보유·사용하고 있는 위험기계·기구 등 산업기계와 유해·위험물질 및 유해·위험공정 등 근로자의 노동에 관계되는 유해·위험요인에 의한 재해 발생이 합리적으로 예견 가능한 것에 대한 안전보건 위험성평가와 그 밖의 근로자 및 이해관계자의 요구사항 파악을 통한 조직의 내·외부 현안사항에 대해서 위험성평가를 실시하여야 한다.
2) 회사는 사업장의 특성·규모·공정을 고려하여 적절한 위험성평가 기법을 활용하여 절차에 따라 실시하여야 한다.
3) 위험성평가 대상에는 근로자 및 이해관계자에게 안전보건상 영향을 주는 다음 사항을 포함하여야 한다.
   (1) 회사 내부 또는 외부에서 작업장에 제공되는 유해·위험시설
   (2) 회사에서 보유 또는 취급하고 있는 모든 유해·위험물질
   (3) 일상적인 작업(협력업체 포함) 및 비일상적인 작업(수리 또는 정비 등)
   (4) 발생할 수 있는 비상조치 작업
4) 위험성평가 시 회사는 안전보건상의 영향을 최소화하기 위해 가능한 다음 사항을 고려할 수 있다.
   (1) 교대작업, 야간 노동, 장시간 노동 등 열악한 노동조건에 대한 근로자의 안전보건
   (2) 일시고용, 고령자, 외국인 등 취약계층 근로자의 안전보건
   (3) 교통사고, 체육활동 등 행사 중 재해
5) 회사는 위험성평가를 사후적이 아닌 사전적으로 실시해야 하며, 주기적으로 재평가하고 그 결과를 문서화하여 유지하여야 한다.
6) 회사는 위험성평가 조치계획 수립 시 다음과 같은 단계를 따라야 한다.
   (1) 유해·위험요인의 제거
   (2) 유해·위험요인의 대체
   (3) 연동장치, 환기장치 설치 등 공학적 대책
   (4) 안전보건표지, 유해·위험에 대한 경고, 작업절차서 정비 등 관리적 대책
   (5) 개인보호구의 사용
7) 위험성평가는 사업장의 위험성평가에 관한 지침(고용노동부 고시)에 따라 수행할 수 있다.

8) 위험요인 파악

회사는 진행되거나 사전에 위험을 식별하는 프로세스를 수립, 실행, 유지한다. 프로세스는 다음 사항을 고려하지만 이에 국한하지 않는다.

(1) 업무를 구성하는 방법, 사회적 요인들(작업강도, 작업시간, 희생, 괴롭힘 및 따돌림 포함), 리더십 및 조직 문화

(2) 다음 사항으로부터 나타날 수 있는 위험을 포함한 일상적 및 비일상적인 활동 및 상황
- 기반구조, 장비, 재료, 물질 및 작업장의 물리적 조건
- 제품 및 서비스 설계, 연구, 개발, 시험, 생산, 조립, 건설, 서비스 인도, 유지보수 및 폐기
- 인적요인
- 작업수행 방법

(3) 비상 및 그 원인을 포함하여 조직에 대해 내·외부의 과거 관련 사건

(4) 잠재적인 비상사태 상황

(5) 인원 및 다음 사항의 포함을 고려한다.
- 근로자, 계약자, 방문객 및 다른 사람들을 포함하여 작업장 및 그 활동에 접근할 수 있는 인원
- 회사의 활동에 영향을 받을 수 있는 작업장 주변에 있는 인원
- 회사가 직접 관리하고 있지 않은 장소에 있는 근로자

(6) 기타 이슈에 대하여 다음 사항의 포함을 고려한다.
- 관련 근로자의 니즈와 능력에 대한 그들의 적응을 포함하여 작업 구역, 프로세스, 설치, 기계·장비, 운용 절차 및 작업구성의 설계
- 회사의 관리하에 있는 작업 관련 활동으로 인해 작업장 인근에서 발생하는 상황
- 회사에 의해 관리되지 않고 작업장 인근에서 발생하는 상황으로 작업장에 있는 사람의 부상

(7) 조직, 운영, 프로세스, 활동 및 안전보건경영시스템의 실제 또는 제안된 변경사항

(8) 위험요인에 대한 지식 및 정보의 변화

9) 안전보건경영시스템에 대한 안전보건기회와 기타 기회의 평가

회사는 다음 사항을 평가하기 위한 프로세스를 수립, 실행 및 유지한다.

(1) 조직, 방침, 프로세스 또는 활동에 대한 계획된 변경을 반영하는 동시에 안전보건성과를 향상하기 위한 안전보건기회 그리고 다음 사항 기회
- 근로자에게 작업, 작업구성 및 작업환경을 적용하기 위한 기회
- 위험요인을 제거하고 안전보건리스크를 감소하기 위한 기회

(2) 안전보건경영시스템 개선을 위한 기타 기회

6.1.2 법규 및 그 밖의 요구사항 검토

1) 회사는 다음과 같은 법규 및 조직이 동의한 그 밖의 요구사항을 파악하고 활용하기 위한 절차를 수립, 실행 및 유지하여야 한다.
(1) 회사에 적용되는 안전보건법규 및 조직이 동의한 그 밖의 요구사항
(2) 회사의 조직구성원 및 이해관계자들과 관련된 안전보건기준과 지침
(3) 회사 특성에 따라 구성원이 지켜야 할 안전보건상의 기술적인 지침

2) 회사는 법규 및 그 밖의 요구사항은 최신의 것으로 유지하여야 한다.

3) 회사는 법규 및 그 밖의 요구사항에 대하여 조직구성원 및 이해관계자 등과 의사소통하여야 한다.

4) 회사는 다음 사항을 실행하기 위한 프로세스를 수립, 실행 및 유지한다.
(1) 위험요인, 안전보건리스크 및 안전보건경영시스템에 적용할 수 있는 최신 법적 요구사항 및 기타 요구사항의 결정과 이용
(2) 이러한 법적 요구사항 및 기타 요구사항이 어떻게 조직에 적용되고 무엇이 의사소통될 필요가 있는지 결정
(3) 안전보건경영시스템을 수립, 실행, 유지 및 지속적으로 개선할 때 이러한 법적 요구사항 및 기타 요구사항을 반영

5) 회사는 법적 요구사항, 기타 요구사항 및 준수 의무에 대한 문서화 된 정보를 유지하고 보유하며 변경사항을 반영하도록 개정한다.

6.2 안전보건목표

6.2.1 안전관리팀은 팀별(또는 작업단위, 계층별)로 안전보건활동에 대한 안전보건목표를 수립하여야 한다.

6.2.2 안전관리팀은 안전보건목표를 수립 시 위험성평가 결과, 법규 등 검토사항과 안전보건활동상의 필수적 사항(교육·훈련, 성과측정, 내부심사) 등이 반영되도록 하여야 한다.

6.2.3 안전관리팀은 안전보건목표 수립 시 안전보건방침과 일관성이 있어야 하고 다음 사항을 고려 하여야 한다.

1) 구체적일 것
2) 성과측정이 가능할 것
3) 안전보건개선활동을 통해 달성이 가능할 것
4) 안전보건과 관련이 있을 것
5) 모니터링 되어야 할 것

6.2.4 안전관리팀은 안전보건목표 수립 시 목표달성을 위한 조직 및 인적·물적 지원 범위를 반영하여야 한다.

6.2.5 안전보건목표는 다음 사항과 같아야 한다.

1) 안전보건방침과 일관성이 있어야 한다.
2) 측정 가능하거나(실행 가능한 경우) 성과평가가 가능하여야 한다.
3) 다음 사항을 반영하여야 한다.
   (1) 적용 가능한 요구사항
   (2) 리스크와 기회의 평가 결과
   (3) 근로자 및 근로자 대표와 협의 결과
4) 모니터링되어야 한다.
5) 의사소통되어야 한다.
6) 적절한 경우 개정하여야 한다.

6.3 안전보건목표 추진계획

6.3.1 안전관리팀은 안전보건목표를 달성하기 위한 추진계획 수립 시 다음 사항을 포함하여 문서화하고 실행하여야 한다.

1) 회사의 전체목표 및 팀별 세부목표와 이를 추진하고자 하는 책임자 지정
2) 목표달성을 위한 안전보건활동 추진계획(수단·방법·일정·예산·인원)
3) 안전보건활동별 성과지표

6.3.2 안전관리팀은 안전보건목표 및 추진계획을 정기적으로 검토하고 의사소통하여야 하며 계획의 변경 또는 추가 사유가 발생할 때에는 수정하여야 한다.

6.3.3 회사의 안전보건목표를 어떻게 달성할 것인지를 기획할 때, 다음 사항을 결정하여야 한다.

1) 무엇을 하여야 하는가?
2) 어떤 자원이 필요한가?
3) 누가 책임을 질 것인가?

4) 언제까지 완료할 것인가?
5) 회사의 측정 가능한 안전보건목표 달성에 대한 진척 상황을 모니터링하기 위한 지표를 포함하여, 어떻게 결과를 평가할 것인가?
6) 안전보건목표를 달성하기 위한 행동이 조직의 비즈니스 프로세스에 어떻게 통합할 것인가?

6.4 관련문서(Supporting Documents)

6.4.1 위험성평가 절차(SSK-SHP-06-01)
6.4.2 법규관리 절차(SSK-SHP-06-02)
6.4.3 목표 및 추진계획 절차(SSK-SHP-06-03)

7 지 원

7.0 목적, 책임과 권한

7.0.1 목적

회사에서 수행하는 모든 작업과 관련하여, 근로자의 안전보건과 관련된 유해·위험요인을 제거, 최소화함으로써 불안전한 작업을 근절하기 위해 안전보건경영시스템의 지원 사항을 명확히 하는 데 그 목적이 있다.

7.0.2 책임과 권한

1) 대표이사
   (1) 안전보건경영시스템의 수립, 실행, 유지 및 지속적 개선에 필요한 자원의 제공
   (2) 관련 매뉴얼, 절차서, 지침서 승인
2) 안전보건관리책임자
   (1) 안전보건교육·훈련계획 절차 및 내·외부 의사소통 절차 검토
   (2) 관련 매뉴얼, 절차서, 지침서 검토
   (3) 안전보건관계자 및 내부심사원에 대한 교육 실시와 자격부여 및 관리
3) 안전관리자
   (1) 안전보건교육의 필요성을 파악 및 교육계획 수립
   (2) 매뉴얼, 절차서, 지침서 작성 및 개정
   (3) 문서 및 기록관리
4) 관리감독자
   (1) 연간 교육계획에 따른 교육 실시
   (2) 안전보건경영시스템 매뉴얼, 절차서, 지침서 이행
   (3) 관련 기록물의 작성 및 근로자와 의사소통, 정보제공
5) 근로자
   (1) 안전보건경영시스템을 인지하고, 주어진 역량을 수행할 수 있도록 적격성 확보
   (2) 회사가 실시하는 안전보건교육 이수

7.1 자원

대표이사는 안전보건경영시스템의 수립, 실행, 유지 및 지속적 개선에 필요한 자원 (물적, 인적)을 결정하고 제공하여야 한다.

7.2 역량 및 적격성

7.2.1 안전관리팀은 안전보건에 영향을 미치는 근로자가 업무수행에 필요한 교육·훈련 또는 경험 등을 통해 적합한 능력을 보유하도록 해야 하며, 업무수행상의 자격이 필요한 경우 해당 자격을 유지하도록 하여야 한다.

7.2.2 안전관리팀은 다음 사항을 실행하여야 한다.

1) 안전보건경영시스템 성과에 영향을 미치는 업무와 준수의무사항을 충족시키는 조직의 능력(ability)에 영향을 미치는 업무를 수행하는(조직에 의해 통제되는) 인력에게 필요한 역량(competence)의 결정
2) 근로자가 적절한 교육·훈련 또는 경험에 근거한 역량(위험요인 파악능력)을 가지고 있음을 보장
3) 적용 가능한 경우, 필요한 역량을 확보하고 유지하기 위한 조치를 취하고, 취해진 조치의 효과성을 평가
4) 역량(competence)의 증거로서 적절하게 문서화된 정보를 보유

7.3 인식

7.3.1 근로자는 자신과 관련된 안전보건사항을 인식하여야 한다.

7.3.2 안전관리팀은 안전보건교육 및 훈련계획 수립 시에는 조직의 계층, 조직의 유해·위험요인, 근로자의 업무 또는 작업 특성을 고려하되 다음 사항을 포함하여야 한다.

1) 안전보건방침, 안전보건목표 및 추진계획 내용에 대한 담당자의 역할과 책임
2) 근로자의 업무 또는 작업이 안전보건에 미치는 영향과 결과
3) 위험성평가 결과, 개선내용 및 잔여 위험요인과 그 대책
4) 비상시 대응절차 및 규정된 대응절차를 준수하지 못할 경우 발생할 수 있는 피해
5) 개선된 안전보건성과의 이점을 포함한, 안전보건경영시스템의 효과성에 대한 자신의 기여
6) 안전보건경영시스템의 요구사항에 적합하지 않은 경우의 영향(implication) 및 잠재적 결과
7) 근로자와 관련이 있는 사고와 그 사고와 관련된 조사 결과
8) 근로자와 관련이 있는 위험요인, 안전보건리스크 및 결정된 조치
9) 근로자가 자신의 생명이나 건강에 긴급하고 심각한 위험을 초래할 수 있다고 생각하는 작업 상황에서 스스로 벗어날 수 있는 능력, 그리고 그렇게 하는 것에 대한 부당한 결과로부터 근로자를 보호하기 위한 조치

7.3.3 안전관리팀은 안전보건교육 및 훈련계획 수립 시 그 필요성을 파악하고 교육·훈련 후에는 교육성과를 평가하여야 한다.

7.4 의사소통 및 정보제공

7.4.1 일반사항

1) 안전관리팀은 안전보건경영시스템과 관련된 내·외부 의사소통을 위해 의사소통의 내용, 대상, 시기, 방법을 포함하는 절차를 수립 및 실행하여야 하며, 필요시 근로자 및 이해관계자에게 안전보건 관련 정보를 제공하여야 한다.
2) 안전관리팀은 의사소통 시 성별, 언어, 문화, 장애와 같은 다양한 측면을 고려하여야 한다.
3) 안전관리팀은 안전보건문제와 활동에 대한 근로자 및 이해관계자의 참여(견해, 개선 아이디어, 관심사항) 내용을 검토하고 회신하여야 한다.
4) 안전관리팀은 다음을 결정하는 것을 포함하여 안전보건경영시스템과 관련된 내·외부 의사소통에 필요한 프로세스를 수립 및 실행 유지하여야 한다.
   (1) 무엇에 대해 의사소통할 것인가?
   (2) 언제 의사소통할 것인가?
   (3) 누구와 의사소통할 것인가?
      ① 조직 내의 다양한 수준과 기능들
      ② 계약자와 직장 방문객
      ③ 그 밖의 이해관계자
   (4) 어떻게 의사소통할 것인가?
5) 안전관리팀은 의사소통의 니즈를 고려할 때 다양한 측면(예:성별, 언어, 문화, 읽기/쓰기 능력, 장애)을 반영하여야 한다.
6) 안전관리팀은 의사소통 프로세스를 수립하는 과정에서 외부 이해관계자의 의견이 고려되는 것을 보장하여야 한다.
7) 의사소통 프로세스를 수립할 때, 당사는 다음을 실행하여야 한다.
   (1) 준수의무사항을 고려하여야 한다.
   (2) 의사소통하는 안전정보가 환경안전보건경영시스템 내에서 작성된 정보와 일치하며, 신뢰할 수 있음을 보장하여야 한다.
8) 안전관리팀은 조직의 환경안전보건경영시스템과 관련된 의사소통에 대해 대응하여야 한다.

9) 안전관리팀은 의사소통의 증거로 문서화된 정보를 적절한 수준에서 보유해야 한다.

7.4.2 내부 의사소통(Internal communication)

안전관리팀은 다음 사항을 실행하여야 한다.

1) 안전보건경영시스템의 변경을 포함하여, 조직의 다양한 계층과 팀 간에 안전보건경영시스템과 관련된 정보를 내부적으로 적절한 수준에서 의사소통
2) 의사소통 프로세스가 조직의 관리하에 업무를 수행하는 인원이 지속적인 개선에 기여하도록 하는 것을 보장

7.4.3 외부 의사소통(External communication)

안전관리팀은 수립된 의사소통 프로세스에 따라 수립되고 법적 요구사항 및 기타 요구사항을 반영한 안전보건경영시스템과 관련된 정보를 외부와 의사소통하여야 한다.

7.5 문서화된 정보

7.5.1 문서화

1) 안전보건경영 구성요소와 요소 간의 상관관계를 문서화하여야 한다.
2) 안전보건경영시스템 관련 문서를 구성원 모두가 이해하기 쉽도록 간략하게 작성하고 효과성과 효율성을 위해 최소한도로 유지하여야 한다.

7.5.2 일반사항

안전보건경영시스템은 다음 사항을 포함한다.

1) 이 표준에서 요구하는 문서화된 정보
2) 안전보건경영시스템의 효과성을 위해 조직이 필요하다고 결정한 문서화된 정보
   (1) 조직의 규모와 조직의 활동, 프로세스, 제품 및 서비스의 유형
   (2) 법적 요구사항 및 기타 요구사항의 충족을 실증할 필요성
   (3) 프로세스의 복잡성과 프로세스 간의 상호작용
   (4) 조직의 관리하에 업무를 수행하는 근로자의 역량

7.5.3 작성(creating) 및 갱신(Creating and updating)

문서화된 정보를 작성(creating)하고 갱신할 때, 당사는 다음의 적절함을 보장한다.

1) 문서 식별 및 그 내용 (예 : 제목, 날짜, 작성자, 또는 문서번호)
2) 형식(예 : 언어, 소프트웨어 버전, 그래픽) 및 매체(예 : 종이, 전자매체)
3) 적절성 및 충족성을 위한 검토 및 승인

7.6 문서관리

7.6.1 문서화된 정보의 관리

1) 이 기준에서 요구하는 모든 문서가 다음의 사항과 같이 관리되도록 한다.

(1) 승인된 문서는 적절한 장소에 비치

(2) 문서는 정기적으로 검토하고 필요에 따라 개정하며, 권한을 가진 자가 승인

(3) 구(舊)문서는 문서 및 비치장소에서 신속히 제거조치

(4) 문서규정에 의하여 또는 보전을 목적으로 보유하고 있는 모든 구(舊)문서는 최신문서와 식별되도록 적절하게 조치

(5) 문서는 읽기 쉽도록 유지되고 식별 및 추적이 쉽게 가능하도록 관리

2) 안전관리팀은 문서를 작성하고 수정하는데 필요한 절차와 책임에 대한 내용을 명시하고 있어야 한다.

7.6.2 안전보건경영시스템과 이 표준에서 요구하는 문서화된 정보는 다음을 보장하기 위하여 관리하여야 한다.

1) 필요한 장소 및 필요한 시기에 사용 가능하고 사용하기에 적절함

2) 충분하게 보호됨

7.6.3 문서화된 정보의 관리를 위해 당사는 적용 가능한 경우 다음을 다룬다.

1) 배포, 접근, 검색 및 사용

2) 가독성(legibility)의 보존을 포함하는 보관 및 보존

3) 변경관리(예 : 버전관리)

4) 보유 및 폐기

7.6.4 안전보건경영시스템의 기획 및 운용을 위하여 필요하다고 조직이 정한 외부 출처의 문서화된 정보는 적절한 수준에서 파악되고 관리되어야 한다.

7.7 기록

7.7.1 안전관리팀은 기록의 식별, 유지, 보관, 보호, 검색 및 폐기에 관한 절차를 수립하고 문서화하여야 한다.

7.7.2 기록대상에는 다음 사항을 포함하여 목록화하고 보존기간을 정하여 유지하여야 한다.

1) 안전보건경영시스템의 계획 수립과 관련한 결과물

- 위험성평가, 그 밖의 위험성평가, 법규 등 검토, 안전보건목표, 안전보건활동 추진 계획

2) 안전보건경영시스템의 지원과 관련한 결과물
   - 조직도 및 업무분장표, 교육·훈련, 자격보유자 목록, 의사소통
3) 안전보건경영시스템의 실행과 관련한 결과물
   - 안전보건활동에 따른 기록, 비상조치계획서에 따른 실행
4) 안전보건경영시스템의 점검 결과물
   - 성과측정 및 모니터링, 시정조치, 내부심사, 경영자 검토
5) 기타 안전보건경영시스템과 관련된 개선활동 결과물

7.7.3 기록은 읽기 쉽고, 식별 및 추적이 가능하여야 한다.

7.8 관련문서(Supporting Documents)

7.8.1 교육·훈련 및 자격 절차(SSK-SHP-07-01)

7.8.2 의사소통 및 정보제공 절차(SSK-SHP-07-02)

7.8.3 문서 및 기록관리 절차(SSK-SHP-07-03)

8 실 행

8.0 목적, 책임과 권한

8.0.1 목적

안전보건경영시스템의 효과적인 실행과, 회사에서 수행하는 모든 작업과 관련하여 근로자의 안전보건과 관련된 유해·위험요인을 제거, 최소화하는 데 그 목적이 있다.

8.0.2 책임과 권한

1) 대표이사

회사의 안전보건경영의 총괄적인 관리와 지휘에 관한 책임이 있으며, 중요한 책임과 권한은 다음과 같다.

(1) 현장 운영관리 활동에 대한 경영상의 지원 및 관련 지침에 대한 승인
(2) 안전보건관리규정에서 정하는 직원의 위험 또는 건강장해의 방지에 관한 사항
(3) 직원 건강진단 등 건강관리에 관한 사항
(4) 산업재해 발생원인 조사 및 재발방지대책 수립에 관한 사항
(5) 비상시 조치에 대한 결정 및 그 밖에 안전보건에 관한 사항

2) 안전보건관리책임자

안전보건관리책임자는 다음의 업무를 수행한다.

(1) 대표이사를 보좌하여 안전보건경영시스템의 주관 및 운영에 관한 사항
(2) 현장 운영관리에 대한 지침의 검토
(3) 비상사태 대비 훈련계획 검토 및 실시 총괄

3) 안전관리자

(1) 안전보건경영 지침서의 작성 및 개정
(2) 관리감독자의 요청에 따른 현장의 안전보건활동의 의견 수렴 및 보고
(3) 비상사태 대비 훈련계획 수립

4) 관리감독자

관리감독자는 다음의 업무를 수행한다.

(1) 관리감독가 지휘·감독하는 작업(이하 “해당 작업”이라 한다)과 관련된 기계·기구 또는 설비의 안전보건점검 및 이상 유무 확인
(2) 소속된 근로자의 작업복·보호구 및 방호장치의 점검과 그 착용·사용에 관한 교육·지도
(3) 해당 작업의 작업장 정리정돈 및 통로 확보에 대한 확인·감독

(4) 안전관리자, 보건관리자의 지도·조언에 대한 협조
(5) 소속된 근로자의 특별안전·보건교육 등 안전보건에 대한 교육
(6) 안전기준에서 규정한 특정 위험작업에 대한 작업 지휘·감독
(7) 안전기준에서 규정한 기계에 대한 작업 시작 전 안전점검
(8) 해당 작업의 위험성평가 실시, 평가 결과 개선계획 수립 및 시행에 관한 사항
(9) 해당 작업에 기계·기구·설비 설치 시 사전 안전성 검토 및 확인
(10) 해당 업무의 안전보건관리 활동계획 수립 및 시행 등 안전보건업무를 추진 및 관리
(11) 소속팀의 위험성평가 등을 반영한 안전보건경영시스템 운영에 관한 사항
(12) 운영관리 분야 관련 지침의 이행 및 근로자 교육

5) 근로자
(1) 회사가 정한 안전·보건에 관한 기준 준수
(2) 안전보건관계자의 지도·조언에 따르고 작업에 필요한 안전점검, 안전수칙 준수 및 보호구 착용
(3) 안전보건경영시스템 운영과 관련된 지침의 수행

8.1 운영계획 및 관리

8.1.1 안전보건 측면에서 영향을 미칠 수 있는 기계·기구·설비, 사용물질, 작업 등에 대하여 안전보건상의 기준을 준수하여야 한다.

8.1.2 안전관리팀은 다음과 같은 안전보건활동과 관련하여 해당 사항에 대한 운영절차를 수립하고 이행하여야 한다.

1) 운영절차가 필요한 안전보건활동
(1) 작업장의 안전조치
(2) 중량물·운반기계에 대한 안전조치
(3) 개인보호구 지급 및 관리
(4) 위험기계·기구에 대한 방호조치
(5) 떨어짐·무너짐에 대한 방지조치
(6) 안전검사 실시
(7) 폭발·화재 및 위험물 누출 예방활동
(8) 전기재해 예방활동
(9) 쾌적한 작업환경 유지활동

(10) 근로자 건강장해 예방활동
(11) 협력업체의 안전보건활동 지원
(12) 안전·보건관계자 역할과 활동
(13) 산업재해 조사활동
(14) 무재해운동 추진 및 운영

2) 작업내용 변경에 따른 유해·위험 예방조치 등을 포함하는 위험성평가
3) 안전작업허가제도 운영

8.1.3 안전관리팀은 안전보건성과에 영향을 미치는 계획된 임시 및 영구적인 변경 실행 및 관리를 위한 절차를 수립하여야 한다.

1) 다음을 포함하는 신규제품, 기존제품 및 이와 관련된 서비스 및 절차
(1) 작업장 위치와 주변 환경
(2) 작업 조직
(3) 작업 조건
(4) 장비
(5) 인력 수급

2) 법적 요구사항 및 그 밖의 요구사항의 변경
3) 유해·위험요인 및 안전보건위험성에 대한 지식 또는 정보의 변경
4) 지식과 기술의 발전

8.1.4 안전관리팀은 의도하지 않은 변경의 영향을 검토해야 하며, 필요에 부정적 영향을 완화하기 위한 조치를 하여야 한다.

8.1.5 안전관리팀은 다음 사항이 포함된 조달 또는 임대절차를 수립하고 이행하여야 한다.

1) 안전보건과 관련된 조달 또는 임대물품의 안전보건상의 요구사항
2) 조달 및 임대물품에 대한 입고 전 안전성 확인
3) 공급자와 계약자 간의 사용설명서 등의 안전보건정보 공유사항

8.1.6 일반사항(General)

1) 안전관리팀은 다음 사항을 통하여 안전보건경영시스템 요구사항을 충족하고 리스크와 기회를 다루는 조치 및 안전보건목표와 이를 달성하기 위한 기획에 명시된 조치를 실행하기 위해 필요한 프로세스를 수립, 실행, 관리 및 유지한다.
(1) 프로세스를 위한 운용기준 수립
(2) 운용기준에 부합하는 프로세스 관리를 실행
(3) 계획대로 프로세스가 수행되었음을 확신하는 데 필요한 문서화된 정보

(4) 근로자의 작업에 대한 적응

2) 복수의 작업장일 경우 안전보건경영시스템 프로세스의 조정

8.1.7 안전관리팀은 계획된 변경사항을 관리하고, 의도하지 않은 변경사항의 결과를 검토하며, 필요에 따라 모든 악영향을 완화하기 위한 조치를 취하도록 한다.

8.1.8 위험의 제거 및 안전보건리스크 감소

회사는 다음 사항의 "관리 단계(hierarchy of control)"을 활용하여 위험요소를 제거하고 안전보건리스크를 감소시키기 위한 프로세스를 수립, 실행 및 유지한다.

1) 위험요인 제거

2) 위험요인이 더 적은 프로세스, 운용, 재료 또는 장비로 대체

3) 기술적(engineering) 관리 및 작업 재구성 활용

4) 교육·훈련을 포함한 행정적인 관리 활용

5) 충분한 개인보호구 착용

8.1.9 변경관리(Management of change)

1) 회사는 다음 사항을 포함하여 안전보건성과에 영향을 미치는 계획된 임시 및 영구 변경의 실행과 관리를 위한 프로세스를 수립한다.

2) 다음 사항을 포함한 최신제품, 최신서비스 및 최신프로세스 또는 기존 제품, 서비스 및 프로세스의 변경

(1) 작업장 위치 그리고 주변

(2) 작업 조직

(3) 작업 조건 및 환경

(4) 장비

(5) 작업 능력

3) 법적 요구사항 및 기타 요구사항의 변경

4) 위험요인 및 관련된 안전보건리스크에 대한 지식 또는 정보의 변경

5) 지식 및 기술의 개발

8.1.10 안전관리팀은 의도하지 않은 변경의 영향을 검토하고 필요한 경우 부정적 영향을 완화하기 위한 조치를 취한다.

8.1.11 조달(Procurement)

1) 안전관리팀은 안전보건경영시스템에 대한 적합성을 보장하기 위해 제품 및 서비스 조달을 관리하는 프로세스를 수립하고, 실행 및 유지하여야 하며, 이를 조달(구매)관리 지침서로 대신 할 수 있다.

2) 계약자(Contractors)

(1) 회사는 다음 사항으로부터 발생할 수 있는 위험요인 파악 및 안전보건리스크를 평가하고 관리하기 위하여 계약자와의 조달(구매)절차를 조정한다.

① 조직에 영향을 주는 계약자의 활동과 운용

② 계약자의 근로자에게 영향을 미치는 조직의 활동과 운용

③ 작업장에서 기타 이해관계자에게 영향을 주는 계약자의 활동과 운용

(2) 회사는 안전보건경영시스템의 요구사항이 계약자와 계약자의 근로자에 의해 충족되도록 보장한다. 구매 프로세스는 계약자 선정에 대한 안전보건기준을 정의하고 적용한다.

8.1.12 외주처리(Outsourcing)

회사는 외주처리 기능 및 프로세스가 관리되도록 보장한다. 회사는 외주처리 약정이 법적 요구사항 및 기타 요구사항과 일관되고 안전보건경영시스템의 의도된 결과를 달성할 수 있도록 보장하여야 한다. 이러한 기능과 프로세스에 적용될 관리의 유형과 정도는 안전보건경영시스템 내에서 정의되도록 한다.

8.2 비상시 대비 및 대응

8.2.1 안전관리팀은 위험성평가 결과 중대산업사고 또는 사망 등 중대재해가 발생할 가능성이 있는 경우, 비상사태별 시나리오와 대책을 포함한 비상조치계획을 작성하고 사고 발생 시 피해를 최소화하여야 한다.

8.2.2 안전관리팀은 비상사태 시나리오별로 정기적인 교육·훈련을 실시하고 비상사태 대응훈련 후에는 성과를 평가하여야 하며, 필요시 개정·보완하여야 한다.

8.2.3 안전관리팀은 비상시 대비 및 대응내용에 다음 사항을 포함하여야 한다.

1) 비상조치를 위한 인력, 장비 보유현황

2) 사고 발생 시 각 팀, 관련 기관과의 비상연락체계

3) 사고 발생 시 비상조치를 위한 조직의 임무 및 수행절차

4) 비상조치계획에 따른 교육·훈련계획

5) 비상시 대피절차와 재해자에 대한 구조, 응급조치 절차

8.2.4 안전관리팀은 비상시 대비 및 대응내용에 인근 주민 및 환경에 대한 영향과 대응 및 홍보방안을 포함하여야 한다.

8.2.5 안전관리팀은 비상시 대비 및 대응과 관련된 교육·훈련에 안전보건상의 영향을 받는 모든 근로자를 참여시켜야 하며, 필요시 이해관계자도 참여시켜야 한다.

1 2 3 4 5 6 7 8 9 부록

8.2.6 안전관리팀은 다음 사항을 포함하여 위험 및 기회를 다루기 위한 조치에서 파악된 잠재적인 비상 상황에 대비하고 대응하는데 필요한 프로세스를 수립하고 실행 및 유지한다.

1) 응급조치 제공을 포함하여 비상 상황에 대응하는 계획 수립
2) 대응계획에 대한 교육·훈련 제공
3) 대응계획 능력에 대한 주기적인 시험 및 연습
4) 비상사태 시험 후 특히 비상 상황 발생 후를 포함하여, 성과평가하고 필요한 경우, 대응계획 개정
5) 모든 근로자에게 자신의 의무와 책임에 관한 정보를 의사소통 및 제공
6) 계약자, 방문객, 비상 대응 서비스, 정부 당국, 적절한 경우 해당 지역사회에 관련 정보의 의사소통
7) 모든 관련 이해관계자의 니즈와 능력을 반영하고, 해당되는 경우, 대응계획 개발에 이해관계자의 참여를 보장.
8) 비상 상황에서 비롯된 결과를 예방 또는 완화하기 위해 비상사태와 잠재적인 환경영향의 크기에 적절한 조치 시행

8.2.7 안전관리팀은 잠재적인 비상 상황에 대응하기 위한 프로세스 및 계획에 대하여 문서화된 정보를 유지하고 보유한다.

8.3 관련문서(Supporting Documents)

8.3.1 안전보건활동절차(SSK-SHP-08-01)

8.3.2 비상시 대비 및 대응절차(SSK-SHP-08-02)

9 성과평가

9.0 목적, 책임 및 권한

9.0.1 목 적

안전보건경영시스템의 운용 결과에 대한 모니터링, 측정, 분석, 준수평가, 내부심사, 경영자 검토 등을 통해 성과를 극대화하는 데 그 목적이 있다.

9.0.2 책임 및 권한

1) 대표이사
   (1) 경영자 검토 시행
   (2) 성과평가 결과에 따른 개선지시
   (3) 내부심사원의 양성, 내부심사 결과에 따른 개선지시
   (4) 경영자 검토에 따른 지시사항 확인
2) 안전보건관리책임자
   (1) 목표 및 추진계획 대비 성과측정 자료 검토
   (2) 내부심사 계획의 검토, 경영자 검토 자료 검토
   (3) 계측기의 정기적 검·교정여부 확인
   (4) 안전보건경영체제의 모든 부분에 대한 안전보건내부심사의 실시 주관
3) 안전관리자
   (1) 안전보건성과평가를 실시 및 안전보건관리책임자에게 보고
   (2) 내부심사 계획의 작성, 경영자 검토 자료 작성
   (3) 준수평가 실시 및 보고
4) 관리감독자
   (1) 해당 팀내 사업계획의 추진실적에 대한 성과측정 등의 관리 및 모니터링 실시 및 분석
   (2) 안전보건 관련 측정용 계측장비에 대하여 정기적으로 검·교정

9.1 모니터링, 측정, 분석 및 성과평가

9.1.1 성과측정은 안전보건경영시스템의 효과를 정성적 또는 정량적으로 측정하는 것으로 다음의 사항이 정기적으로 실시될 수 있도록 계획을 수립하고 실행하여야 한다.

1) 안전보건방침에 따른 목표가 계획대로 달성되고 있는가를 측정
2) 안전보건방침과 목표를 이루기 위한 안전보건활동계획의 적정성과 이행여부 확인
3) 안전보건경영에 필요한 절차서와 안전보건활동의 일치성여부 확인

4) 적용법규 및 그 밖의 요구사항의 준수여부 평가
5) 사고, 아차사고, 업무상 재해 발생 시 발생원인과 안전보건활동 성과와의 관계
6) 위험성평가에 따른 활동
7) 운용 관리 및 기타 관리의 효과성

9.1.2 성과측정 또는 모니터링 시, 현장에 작업환경 등 측정장비가 필요한 경우 측정장비는 항상 측정이 가능하도록 검·교정이 유지되어야 한다.

9.1.3 일반사항

안전관리팀은 모니터링, 측정, 분석 및 성과평가를 위한 프로세스를 수립, 실행 및 유지하여야 하며, 다음 사항을 결정한다.

1) 다음 사항을 포함하여 무엇을 모니터링하고 측정할 필요가 있는가?
   (1) 법적 요구사항 및 기타 요구사항이 충족되는 정도
   (2) 위험요인, 리스크 및 기회와 관련된 활동 및 운영
   (3) 회사의 안전보건목표 달성에 대한 진척도
   (4) 운영 관리 및 기타 관리의 효과성

2) 유효한 결과를 보장하기 위하여 모니터링, 측정, 분석 및 성능평가에 대한 방법
3) 안전보건성과를 평가하기 위한 기준과 적절한 지표
4) 모니터링 및 측정 수행 시기
5) 모니터링 및 측정 결과를 분석하고 평가 및 의사소통 시기

9.1.4 안전관리팀은 안전보건성과를 평가하고 안전보건경영시스템의 효과성을 결정한다.

9.1.5 안전관리팀은 모니터링 및 측정장비가 적용되는 경우 교정 또는 검증되고, 해당되는 경우 적절하게 사용되고 유지됨을 보장하여야 한다.

9.1.6 안전관리팀은 다음 사항과 같은 적절한 문서화된 정보를 보유하여야 한다.

1) 모니터링, 측정, 분석 및 성능평가 결과의 증거
2) 측정장비의 유지 보수, 교정 또는 검증

9.1.7 준수평가

1) 안전관리팀은 법적 요구사항 및 그 밖의 요구사항을 포함한 준수의무사항을 충족함을 평가하기 위해 필요한 프로세스를 수립, 실행 및 유지한다.
2) 안전관리팀은 다음 사항을 수행한다.
   (1) 준수평가의 빈도를 결정
   (2) 준수평가의 수행 및 필요한 조치
   (3) 조직의 법규 요구사항 및 기타 요구사항을 포함한 준수상태에 대한 지식과 이

해를 유지

(4) 준수평가 결과의 증거로 문서화된 정보 유지

9.2 내부심사

9.2.1 안전관리팀은 안전보건경영시스템의 모든 요소가 인증기준에 따라 실행, 유지, 관리되고 있는지 여부에 대한 내부심사를 최소한 1년에 1회 이상 실시하여야 한다.

9.2.2 안전관리팀은 내부심사를 위한 심사조직, 심사일정, 심사일자, 심사 결과 조치에 대한 사항을 절차서로 작성하고 이 절차서에 따라 내부심사를 실행하여야 한다.

9.2.3 내부심사는 안전보건활동 담당자와 독립적이고 능력 있는 사람에 의해 수행되어야 하며 필요에 따라 외부 전문가를 통해 수행할 수 있다.

9.2.4 내부심사원이 내부심사를 실시할 때에는 다음 사항을 고려하여야 한다.

1) 안전보건경영시스템상의 요구사항에 대한 적합성 여부

2) 안전보건경영시스템이 효율적이고 효과적으로 실행되고 있는지 여부

9.2.5 안전관리팀은 내부심사 결과보고서에 대해서 최고경영자를 포함한 모든 조직구성원에게 의사소통하여야 하며, 시정조치는 요구사항대로 이행하여야 한다.

9.2.6 내부심사 프로그램

1) 안전관리팀은 내부심사의 빈도, 방법, 책임, 계획, 요구사항과 보고를 포함하는 내부심사 프로그램을 계획, 수립, 실행 및 유지한다.

2) 안전관리팀은 다음사항을 수행하여야 한다.

(1) 주기, 방법, 책임, 요구사항의 기획 및 보고를 포함하는 심사 프로그램의 계획, 수립, 실행 및 유지, 그리고 심사 프로그램에는 관련 프로세스의 중요성, 조직에 영향을 미치는 변경, 그리고 이전 심사 결과 고려.

(2) 심사기준 및 개별 심사의 적용범위에 대한 규정

(3) 심사 프로세스의 객관성 및 공평성을 보장하기 위한 심사원 선정 및 심사 수행

(4) 심사 결과가 관련 경영자에게 보고됨을 보장하고 관련 심사 결과가 근로자 및 근로자 대표, 그리고 기타 이해관계자에게 보고됨을 보장

(5) 부적합사항을 다루고 안전보건성과를 지속해서 개선하는 조치를 취함

(6) 심사 프로그램의 실행 및 심사 결과의 증거로 문서화된 정보의 보유

9.3 경영자 검토

9.3.1 회사는 안전보건경영시스템 운영전반에 대해서 계획된 주기로 검토를 실시하여야 한다.

9.3.2 대표이사는 안전보건경영시스템의 지속적인 적절성(suitability), 충족성 및 효과성을 보장하기 위하여 계획된 주기로 조직의 안전보건경영시스템을 검토하여야 한다.

9.3.3 경영자 검토는 다음 사항이 포함되어야 한다.

1) 이전 경영자 검토 결과의 후속조치 내용
2) 다음의 사항에 따른 반영내용
   (1) 안전보건과 관련된 내·외부 현안사항(이슈)
   (2) 근로자 및 이해관계자의 요구사항(이해관계자의 니즈와 기대)
   (3) 법적 요구사항 및 기타 요구사항
3) 안전보건경영방침 및 목표의 이행도
4) 다음 사항에 따른 안전보건활동 내용
   (1) 정기적 성과측정 결과 및 조치 결과
   (2) 내부심사 및 후속조치 결과
   (3) 안전보건교육·훈련 결과
   (4) 근로자의 참여 및 협의 결과
5) 효과적인 안전보건경영시스템의 유지를 위한 자원의 충족성
6) 이해관계자와 관련된 의사소통 사항
7) 다음 사항의 경향을 포함한, 안전보건성과에 대한 정보
   (1) 사고, 부적합, 시정조치 및 지속적인 개선
   (2) 모니터링 및 측정 결과
   (3) 법적 요구사항 및 기타 요구사항을 포함한 준수평가 결과
   (4) 심사 결과
   (5) 근로자의 협의 및 참여
   (6) 리스크 및 기회
8) 지속적인 개선을 위한 기회

9.3.4 경영자 검토를 통해 다음의 사항이 결정되어야 한다.

1) 안전보건상의 성과
2) 안전보건경영시스템이 의도한 결과를 달성하기 위해 필요한 자원 및 개선사항
3) 사업장의 환경변화, 법 개정, 및 신기술의 도입 등 내·외부적인 요소 또는 미래 불

확실성에 대응하기 위한 계획

4) 안전보건경영시스템의 의도된 결과 달성에 대한 적절성, 충족성 및 효과성

5) 지속적인 개선 기회

6) 안전보건경영시스템의 변경에 대한 필요성

7) 필요한 자원

8) 필요한 경우 조치

9) 안전보건경영시스템과 기타 비즈니스 프로세스와의 통합을 개선하는 기회

10) 조직의 전략적 방향에 대한 영향.

9.3.5 최고경영자는 경영 검토 결과를 근로자 및 이해관계자에게 의사소통하여야 한다.

9.3.6 회사는 경영 검토 결과의 증거로 문서화된 정보를 보유하여야 한다.

9.4 관련문서(Supporting Documents)

9.4.1 성과측정 및 준수평가 절차(SSK-SHP-09-01)

9.4.2 내부심사 절차(SSK-SHP-09-02)

9.4.3 경영자 검토 절차(SSK-SHP-09-03)

10 개 선

10.0 목적, 책임과 권한

10.0.1 목적

안전보건경영시스템의 운용 및 성과평가 과정에서 도출된 문제점(부적합사항)이 재발되지 않도록 하고 안전보건경영시스템을 지속적으로 개선하는 데 그 목적이 있다.

10.0.2 책임과 권한

1) 대표이사

(1) 회사의 모든 임직원이 안전보건경영시스템을 지속적 유지하고 개선하도록 독려

(2) 개선에 따른 경영상의 지원

2) 안전보건관리책임자

(1) 사건, 사고, 부적합사항의 개선과 예방조치가 효과적으로 수립되고 이행되는지 검토

(2) 안전보건내부심사, 경영자 검토에서 도출된 부적합사항에 대한 후속조치 확인

(3) 안전보건경영시스템 운용 및 성과평가 과정에서 발견된 부적합사항에 대하여 시정 및 예방조치 요구서 발행 및 조치 결과 확인

3) 안전관리자

(1) 지속적 개선의 증거 작성 및 유지

(2) 개선자료를 안전보건관리책임자에게 보고

4) 관리감독자

(1) 해당 팀에서 발생한 부적합사항에 대한 조치 및 지속적인 관리

(2) 사건, 사고, 부적합사항의 원인 분석 및 대책 수립 및 개선

10.1 일반사항

10.1.1 회사는 안전보건경영시스템의 의도한 결과를 달성하기 위해 필요한 조치를 실행하여야 한다.

10.1.2 회사는 개선의 기회를 정하고 조직의 안전보건경영시스템의 의도된 결과를 달성하는데 필요한 조치를 실행하여야 한다.

10.2 사건, 부적합 및 시정조치

10.2.1 대표이사는 모니터링, 측정, 분석, 성과평가 결과 및 내부심사 결과 등에 의해서 사

건 또는 부적합사항이 발견될 경우 원인을 파악하고 시정조치를 할 수 있도록 관련 자에게 책임과 권한을 부여하고 실행하여야 한다.

10.2.2 안전보건관리책임자는 사건 및 부적합을 결정하고 관리하기 위해 보고, 조사 및 조치 실행을 포함하는 프로세스를 수립, 실행, 및 유지한다.

10.2.3 해당 팀에서는 시정조치 시 사전에 위험성평가를 실시하고 취해진 조치에 대한 효과성을 검토하여야 한다.

10.2.4 사건 또는 부적합이 발생하면 다음 사항을 실행하여야 한다.

1) 사고 또는 부적합에 대해 적절한 시기에 대응하고, 적용 가능한 경우
   (1) 사건 또는 부적합을 관리하고 시정하기 위한 조치를 취함
   (2) 결과의 처리
2) 사건 또는 부적합이 재발하거나 다른 곳에서 발생하지 않도록, 사건 또는 부적합의 근본 원인을 제거하기 위한 시정조치의 필요성을 근로자의 참여 및 기타 관련 이해관계자의 참여로, 다음 사항을 평가한다.
   (1) 사고의 조사 또는 부적합의 검토
   (2) 사고 또는 부적합의 원인 결정
   (3) 유사한 사건이 발생하였는지, 부적합이 존재하는지 또는 잠재적으로 발생할 수 있는지 여부를 결정
3) 안전보건리스크 및 해당되는 경우 기타 리스크에 대한 기존 평가사항 검토
4) 관리 단계 및 변경 관리에 따라 시정조치를 포함하여 필요한 조치를 결정 및 실행
5) 새로운 또는 변경된 위험요인에 관련된 안전보건리스크를 조치하기 전에 평가
6) 시정조치를 포함한 취해진 모든 조치의 효과성 검토
7) 필요한 경우 환경안전보건경영시스템의 변경 실행

10.2.5 시정조치는 발생한 사건 또는 부적합의 영향이나 잠재적 영향에 적절하여야 한다.

10.2.6 안전관리팀에서는 다음 사항의 증거로 문서화된 정보를 보관하여야 한다.

1) 사건 또는 부적합의 본질 및 취해진 모든 후속조치
2) 효과성을 포함하여 모든 조치 및 시정조치 결과

10.2.7 안전관리팀은 문서화 된 정보를 관련 근로자, 근로자 대표 및 기타 관련 이해관계자와 의사소통하여야 한다.

10.2.8 안전관리자는 시정조치에 따른 변경사항을 기록하고 유지한다.

10.3 지속적 개선

회사는 다음 사항을 실행함으로써 안전보건경영시스템의 적절성, 충족성 및 효과성을 지속적으로 개선하여야 한다.

10.3.1 안전보건성과를 향상

10.3.2 안전보건경영시스템 지원 문화를 촉진

10.3.3 안전보건경영시스템의 지속적 개선을 위한 조치의 실행에 근로자의 참여를 촉진

10.3.4 지속적 개선의 결과를 근로자와 의사소통

10.3.5 지속적 개선의 증거를 유지 및 보유

10.4 관련문서(Supporting Documents)

10.4.1 부적합 시정조치 및 개선실행 절차(SSK-SHP-10-01)

안전보건경영시스템(KOSHA-MS/ISO 45001)

안전보건경영 절차서

(SAFETY & HEALTH MANAGEMENT PROCEDURE)

■ 관 리 본 (CONTROLLED)

□ 비관리본 (UNCONTROLLED)

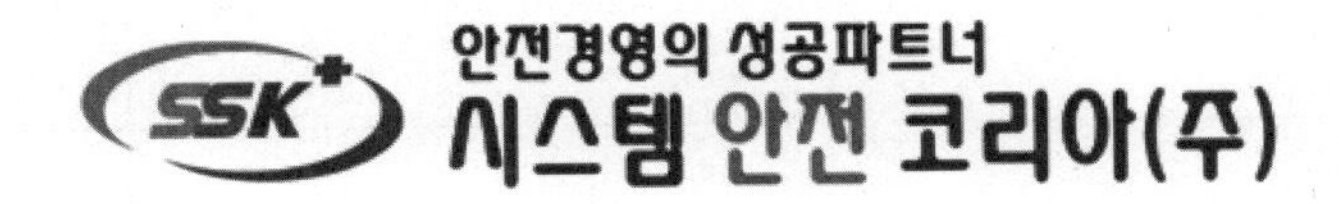

	안전보건경영 절차서	문서번호	SSK-SHP
		제정일자	2021. 01. 02
	제·개정이력 및 절차서 목차	개정일자	
		개정차수	0

[제·개정이력]

Rev. No	제·개정일 (Date)	내 용 (Description)	문서승인		
			작성	검토	승인
0	2021. 01. 02	안전보건경영시스템 규격 전환을 위한 최초 제정			

	안전보건경영 절차서	문서번호	SSK-SHP
		제정일자	2021. 01. 02
	제·개정이력 및 절차서 목차	개정일자	
		개정차수	0

[절차서 목차]

No	문서번호	절차서 명	제정일자	개정일자	개정차수
1	SSK-SHP-04-01	조직상황분석	2021. 01. 02	–	0
2	SSK-SHP-05-01	리더십 및 방침관리	2021. 01. 02	–	0
3	SSK-SHP-05-02	안전보건조직 및 역할	2021. 01. 02	–	0
4	SSK-SHP-05-03	산업안전보건위원회	2021. 01. 02	–	0
5	SSK-SHP-06-01	위험성평가	2021. 01. 02	–	0
6	SSK-SHP-06-02	법규관리	2021. 01. 02	–	0
7	SSK-SHP-06-03	목표 및 추진계획	2021. 01. 02	–	0
8	SSK-SHP-07-01	교육·훈련 및 자격	2021. 01. 02	–	0
9	SSK-SHP-07-02	의사소통 및 정보제공	2021. 01. 02	–	0
10	SSK-SHP-07-03	문서 및 기록관리	2021. 01. 02	–	0
11	SSK-SHP-08-01	안전보건활동	2021. 01. 02	–	0
12	SSK-SHP-08-02	비상시 대비 및 대응	2021. 01. 02	–	0
13	SSK-SHP-09-01	성과측정 및 준수평가	2021. 01. 02	–	0
14	SSK-SHP-09-02	내부심사	2021. 01. 02	–	0
15	SSK-SHP-09-03	경영자 검토	2021. 01. 02	–	0
16	SSK-SHP-10-01	부적합 시정조치 및 개선실행	2021. 01. 02	–	0

<table>
<tr><td rowspan="4"></td><td rowspan="2">안전보건경영 절차서</td><td>문서번호</td><td>SSK-SHP-04-01</td></tr>
<tr><td>제정일자</td><td>2021. 01. 02</td></tr>
<tr><td rowspan="2">조직상황분석</td><td>개정일자</td><td></td></tr>
<tr><td>개정차수</td><td>0</td></tr>
</table>

목 차

	안전보건경영 절차서	문서번호	SSK-SHP-04-01
		제정일자	2021. 01. 02
	조직상황분석	개정일자	
		개정차수	0

1 목 적

이 절차는 시스템안전코리아(주)(이하 "회사"라 한다)에서 외부 및 내부의 현안사항(이슈)을 결정하고 모니터링을 통해 안전보건활동의 조직상황을 분석하기 위한 목적이 있다.

1.1 현안사항(이슈)의 긍정적, 부정적 요인을 고려한다.

1.2 국제적, 국가적, 지역적으로 법적, 기술적, 경쟁적, 시장, 문화적, 사회적 및 경제적 환경에서 비롯된 현안사항(이슈)을 고려한다.

1.3 조직의 가치, 문화, 지식 및 성과와 관련되는 현안사항(이슈)을 고려한다.

2 적용범위

이 절차는 회사의 전략적 방향과 관련이 있는 안전보건활동의 외부와 내부 현안사항(이슈)을 결정하고 그 정보를 모니터링하고 검토하기 위하여 적용한다.

3 용어의 정의

3.1 조직상황(context of the organization)

조직의 목표달성과 개발에 대한 조직의 접근법에 영향을 줄 수 있는 조직의 상황 및 내부·외부 현안사항(이슈)의 조합

3.2 이해관계자(interested party)

사업장 또는 조직의 안전보건활동과 성과에 의해 영향을 받거나 그 활동과 성과에 관련된 개인 또는 집단을 말한다.

3.3 요구사항(requirement)

명시적인 요구 또는 기대, 일반적으로 묵시적이거나 의무적인 요구 또는 기대를 의미한다. "일반적으로 묵시적"이란 조직 및 이해관계자의 요구 또는 기대가 묵시적으로 고려되는 관습 또는 일상적인 관행을 의미한다.

3.4 법적 요구사항 (statutory requirement)

법적 기관이 규정한 의무 요구사항

3.5 규제적 요구사항 (regulatory requirement)

법적 기관으로부터 위임받은 기관이 규정한 의무 요구사항

4 책임과 권한

4.1 대표이사

4.1.1 조직의 상황 및 내·외부 이해관계자의 요구사항 결정에 참여 및 결정

4.1.2 결정된 조직의 상황 및 내·외부 현안사항(이슈) 이행에 따른 승인

4.2 안전보건관리책임자

4.2.1 고객의 요구사항, 적용되는 법적 및 규제적 요구사항의 수집 및 분석

4.2.2 수집 및 분석된 이해관계자의 요구사항 검토

4.2.3 내·외부 현안사항(이슈)을 결정하기 위한 회의 주관

4.2.4 분석 및 결정된 내·외부 현안사항(이슈)을 대표이사에게 보고

4.3 안전관리자

4.3.1 조직의 상황에 대한 수집

4.3.2 인적, 법규 및 기타 요구사항에 관련된 자료의 수집

4.3.3 상기 수집된 조직의 상황을 분석 요약하여 안전보건관리책임자에게 보고하고 중요 현안사항(이슈)에 대한 결정에 참여

4.3.4 안전보건 및 내·외부 이해관계자의 니즈와 기대에 대한 수집

4.3.5 결정된 이해관계자의 요구사항이 대한 모니터링 및 분석

5 업무절차

5.1 안전보건 측면을 포함한 내·외부 이해관계자의 요구사항의 수집 및 분석

5.1.1 안전보건관리책임자는 사업계획의 위험성 및 기회의 분석을 위하여 사전에 회의나 기타 방법(e-mail)을 통해 각 팀장 및 관리감독자로부터 내·외부 이해관계자의 현안사항(이슈)을 검토한다.

5.1.2 안전관리자는 내·외부 이해관계자의 현안사항(이슈)을 각 팀장 및 관리감독자로 부터 수집하고 분석하여 안전보건관리책임자에게 보고한다.

5.1.3 각 팀장 및 관리감독자는 각 팀의 안전보건 측면을 포함한 조직상황 및 내·외부 이해관계자의 현안사항(이슈)을 접수하면 이를 안전관리자에게 통보한다.

5.14 안전보건관리책임자는 내·외부 이해관계자의 현안사항(이슈)을 수집, 분석하여 연간 안전보건목표 및 추진계획서에 반영하도록 한다.

5.2 조직의 상황 및 이해관계자의 요구사항 모니터링 및 검토

5.2.1 각 팀장 및 관리감독자는 연간 안전보건목표 및 추진계획서에 결정된 조직의 상황

과 이해관계자 요구사항, 그리고 안전보건 측면의 모니터링 및 검토 주기를 결정하여 이를 관리토록 한다.

5.2.2 안전관리자는 각 팀의 연간 안전보건목표 및 추진계획서에 결정된 모니터링 및 검토 주기에 따라 조직의 상황과 이해관계자들이 모니터링 및 검토를 실시하는지를 점검을 하고, 그 결과는 안전보건방침 및 목표 추진계획서에 기입하여 안전보건경영시스템의 적용범위 결정 및 검토, 그리고 차기 리스크 및 기회의 분석자료로 활용한다.

5.2.3 대표이사는 안전보건활동의 내·외부 현안사항(이슈) 및 이해관계자 요구사항 결정 보고서를 검토 및 승인한다.

5.3 조직과 조직상황의 이해에 따른 분석 및 이해관계자의 니즈 분석

안전보건경영 매뉴얼 4.1 조직과 조직상황의 이해와 4.2 근로자 및 이해관계자 요구사항에 따른 안전보건과 관련된 목적 및 전략적 방향과 관련이 있는 외부 및 내부 현안사항(이슈)과 안전보건경영시스템의 의도된 결과를 달성하기 위한 분석은 이해관계자 현황과 주요현안 기록부를 통해 관리한다.

5.4 안전보건경영시스템의 적용범위의 검토

안전보건관리책임자는 당사의 안전보건경영시스템의 적용범위를 설정하기 위하여 안전보건경영시스템의 경계 및 적용 가능성을 검토한다.

5.5 안전보건경영시스템 결정

5.5.1 회사는 안전보건경영시스템의 적용범위를 검토하고 적용이 결정되면, 이에따라 안전보건경영시스템의 적용범위를 정하고 이를 매뉴얼에 표기한다.

5.5.2 안전보건경영시스템 표준의 요구사항, 안전보건경영시스템의 요구사항 그리고 연간 안전보건목표 및 추진계획서를 검토하여, 필요한 프로세스와 그 프로세스의 상호작용을 포함하는 안전보건경영시스템을 수립, 실행, 유지 및 지속적으로 개선한다.

5.5.2 안전보건경영시스템 및 그 프로세스를 조직의 상황과 이해관계자의 요구사항을 만족시킬 수 있도록 안전보건경영시스템을 수립, 실행, 유지한다.

6 관련기록

6.1 업무흐름도

6.2 이해관계자 현황

6.3 주요현안 기록부

	안전보건경영 절차서	문서번호	SSK-SHP-04-01
		제정일자	2021. 01. 02
	조직상황분석	개정일자	
		개정차수	0

〈붙임 1〉 업무흐름도

업무흐름도

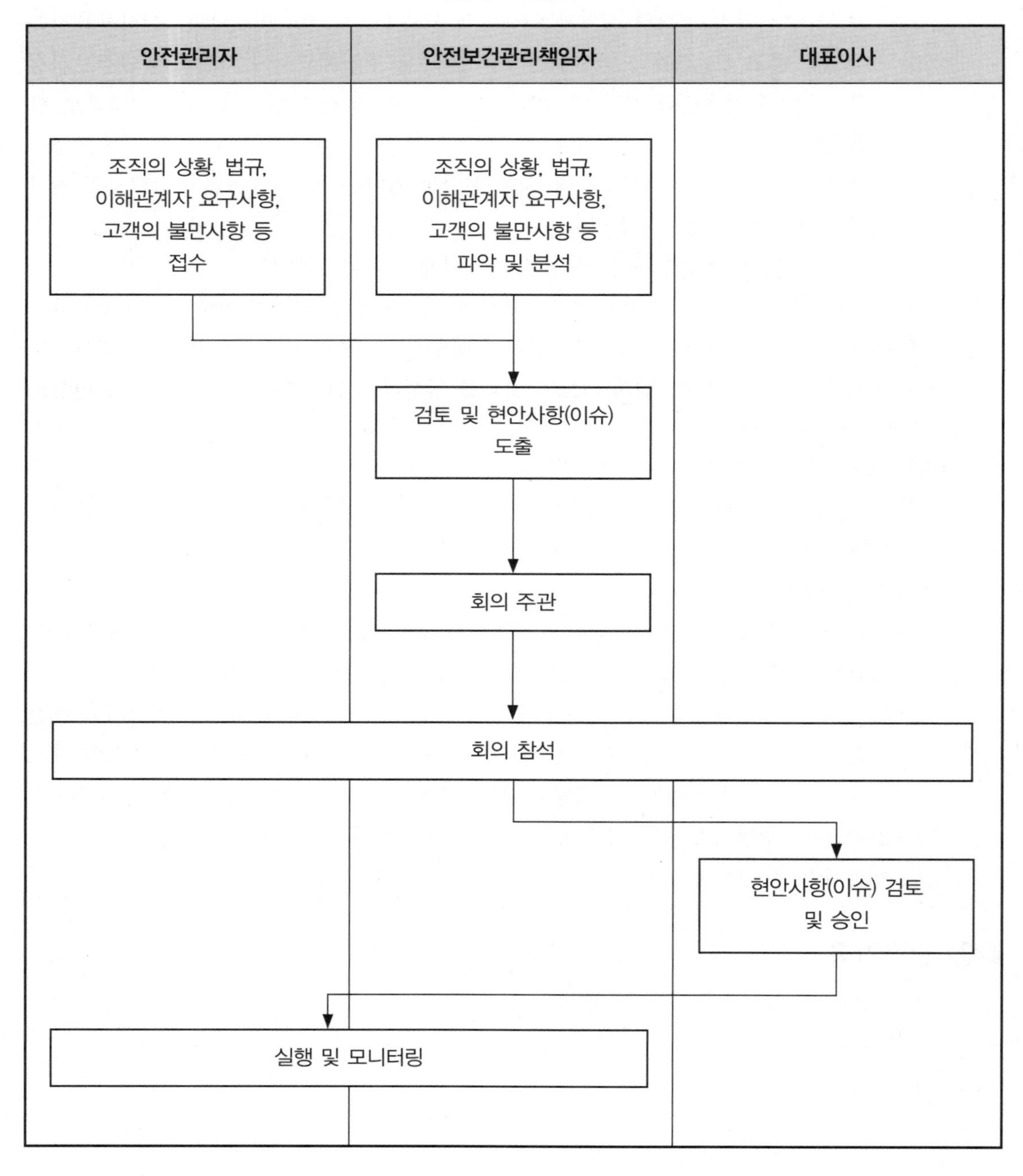

	안전보건경영 절차서	문서번호	SSK-SHP-04-01
		제정일자	2021. 01. 02
	조직상황분석	개정일자	
		개정차수	0

〈붙임 2〉 이해관계자 현황

이해관계자 현황

작성팀		작성일자		작성자	

구분	이해관계자	이해관계자 요구 및 기대사항	수용여부
1	근로자		☐수용 ☐보류
			☐수용 ☐보류
			☐수용 ☐보류
2	경영진 / 주주		☐수용 ☐보류
			☐수용 ☐보류
			☐수용 ☐보류
3	고객		☐수용 ☐보류
			☐수용 ☐보류
			☐수용 ☐보류
4	규제기관 (고용노동부)		☐수용 ☐보류
			☐수용 ☐보류
			☐수용 ☐보류
5	심사기관		☐수용 ☐보류
			☐수용 ☐보류
			☐수용 ☐보류
6	협력업체		☐수용 ☐보류
			☐수용 ☐보류
			☐수용 ☐보류
7	지역사회		☐수용 ☐보류
			☐수용 ☐보류
			☐수용 ☐보류

〈붙임 3〉 주요현안 기록부

주요현안 기록부				승인자	
				검토자	
				작성자	
작성일자			주관팀		
주요업무	내 · 외부 현안사항	근로자 / 이해관계자	근로자 / 이해관계자 요구사항	준수의무사항	비고

안전보건경영 절차서	문서번호	SSK-SHP-05-01
	제정일자	2021. 01. 02
리더십 및 방침관리	개정일자	
	개정차수	0

목 차

	안전보건경영 절차서	문서번호	SSK-SHP-04-01
		제정일자	2021. 01. 02
	리더십 및 방침관리	개정일자	
		개정차수	0

1 목 적

이 절차는 회사의 안전보건방침을 설정하고 손실을 미연에 방지하기 위하여 안전보건문제를 주도적으로 관리하기 위해 효율적인 리더십을 제시하는 것을 목적으로 한다.

2 적용범위

이 절차는 회사의 안전보건을 확보하고 지속적인 개선과 안전보건방침의 달성을 위한 모든 활동과 리더십에 대하여 적용한다.

3 책임과 권한

3.1 대표이사

3.1.1 안전보건방침의 설정 및 공표

3.1.2 경영자 검토 시행 및 부적합 시정조치를 위한 경영상의 지원

3.1.3 산업안전보건법상 사업주의 의무이행

3.1.4 안전보건경영시스템상 절차상의 의무이행

3.2 안전보건관리책임자

3.2.1 안전보건방침의 이행, 경영자 검토를 통하여 개선할 사항 개선조치

3.2.2 안전보건방침을 관리할 수 있는 시스템의 수립·실행, 문서화 및 유지

3.2.3 안전보건관리체계와 사업 결정 과정과의 유기적 관계 규정

3.2.4 안전보건방침의 제·개정의 필요성 검토 및 검토안 작성

3.3 안전관리자

3.3.1 안전보건방침을 전 임직원이 숙지하도록 홍보, 전달

3.3.2 이해관계자의 안전보건방침 요구 시 이를 제공

3.3.3 근로자가 안전보건방침을 이해하고 준수하도록 교육·훈련 실시, 안전보건경영의 목표 및 세부목표에 반영 추진

3.4 근로자

3.4.1 안전보건방침이 이행될 수 있도록 안전보건활동에 적극 참여하고 관련 준수사항이행

3.4.2 효율적인 상향식 의사전달체계 참여/지시사항의 이행

	안전보건경영 절차서	문서번호	SSK-SHP-05-01
		제정일자	2021. 01. 02
	리더십 및 방침관리	개정일자	
		개정차수	0

4 안전보건 리더십

4.1 산업안전보건법 제5조의 의무

4.1.1 산업안전보건법에 따른 명령으로 정하는 산업재해예방을 위한 기준

4.1.2 근로자의 신체적 피로와 정신적 스트레스 등을 줄일 수 있는 쾌적한 작업환경 조성 및 근로조건 개선

4.1.3 사업장의 안전 및 보건에 관한 정보를 근로자에게 제공

4.2 안전보건경영시스템 절차상의 리더십

4.2.1 계획

대표이사는 조직 내 위험요소에 민감하게 대응하여 효율적인 안전보건관리의 방향을 설정하고, 구체적인 안전보건정책을 수립해야 한다. 이것은 조직 문화와 그 가치 및 실행기준의 중요한 부분으로 정착되어야 한다.

1) 안전보건문제는 경영진의 회의 시 정례적인 안건으로 논의되도록 한다.

2) 리더십을 발휘하여 안전보건문제에 대한 논의를 주도적으로 이끌 수 있는 체계를 만든다.

3) 안전보건방침 및 안전보건상의 목표를 명확히 설정한다.

4.2.2 실행

대표이사는 위험요소를 민첩하고 적절하게 다루는 효율적인 관리시스템을 통해 관리 하여야 한다. 안전보건문제를 주도하여 책임감 있게 다루기 위한 내용은 다음과 같다.

1) 안전보건시설을 충분하게 갖춘다.

2) 안전보건대책이 마련되도록 한다.

3) 위험성평가가 실행되도록 한다.

4) 안전보건상의 문제 해결에 있어 근로자 혹은 그 대표자가 참여하도록 한다.

5) 새로운 작업과정과 내용 혹은 새로운 인력 및 자원을 도입 할 때 안전보건상의 문제를 반드시 고려하여 필요한 조치들이 안전보건정책에 반영되도록 한다.

4.2.3. 검토

모니터링과 보고체계는 안전보건관리상의 중요부분이다. 대표이사는 관리체계에 따라 안전보건정책의 실행에 대해 일상적인 보고뿐만 아니라 사고 등의 특정사례에 대한 보고를 받을 수 있는 체계를 구축한다. 엄격한 모니터링체계에 의해 계획했던

대로 일상적인 점검이 이루어질 뿐만 아니라, 관련 사항들도 보고되도록 한다.

1) 사고 및 질병으로 인한 결근율과 같은 사고통계를 보고하도록 한다. 이는 장기적인 사고 예방책을 마련하는 데 중요하므로 이에 대한 효율적인 모니터링이 이루어져야 한다.
2) 안전보건에 대한 관리 구조 및 위험관리의 효율성에 대한 정례적인 검토가 실행되도록 한다.
3) 새로운 절차에 따른 작업과정의 도입으로 기존의 주요 안전보건관리가 부실하게 될 가능성이 있을 경우에는 즉시 보고할 수 있는 체계를 갖추게 한다.
4) 새롭고 변화된 법적 요구사항이 제기될 경우 이를 실행할 절차를 마련하도록 한다.
5) 안전보건에 대한 모니터링은 필요시 근로자도 참여하도록 한다.
6) 안전보건관리에 관한 평가가 이루어지게 한다.

4.2.4. 조치

안전보건관리의 개선조치에 대한 대표이사의 검토는 필수적이다.

대표이사는 적어도 1년에 1회 검토를 하여야 한다. 검토과정의 주요 내용은 다음과 같다.

1) 안전보건정책이 현재 조직의 계획 그리고 목표 등을 반영하고 있는지 점검한다.
2) 위험관리와 다른 안전보건체계가 경영진에 의해 효율적으로 보고되고 있는지 점검한다.
3) 안전보건관리의 미비점과 모든 관련 임원 및 관리 결정의 효율성을 검토한다.
4) 안전보건상의 개선조치의 적절성을 확인한다.
5) 주요 미비점 혹은 사건들에 대한 즉각적인 점검을 고려한다.

5 안전보건방침

5.1 안전보건방침은 다음 사항을 포함하여 수립한다.

5.1.1 조직의 안전보건위험성의 특성과 조직규모 부합

5.1.2 최소한의 법적 요구사항의 준수의지 포함

5.1.3 모든 근로자의 안전보건을 위한 위험의 지속적인 개선 및 실행의지 포함

5.1.4 조직의 구성원 및 이해관계자가 쉽게 접할 수 있도록 공표 또는 공개

5.1.5 안전보건방침이 조직에 적합한지를 정기적 검토

5.1.6 안전보건방침을 간결, 명확하게 문서화해야 하며, 시행일과 대표이사의 서명 포함

	안전보건경영 절차서	문서번호	SSK-SHP-05-01
		제정일자	2021. 01. 02
	리더십 및 방침관리	개정일자	
		개정차수	0

5.1.7 안전보건목표를 수립하고 검토하기 위한 틀을 제공

5.1.8 문서화되어 실행 및 유지

5.2 안전보건방침의 제정 또는 개정은 다음에 의한다.

5.2.1 신규 사업이 개시될 시

5.2.2 관련 법률의 제·개정 발생 시

5.2.3 경영여건의 변화로 인한 대표이사의 의지가 바뀌어 지시가 있을 시

5.2.4 중대재해 발생 시

5.2.5 대표이사 변경 시

5.2.6 기타 안전보건방침의 개정이 필요할 경우

5.3 대표이사의 공표로 확정된 안전보건방침은 절차서에 포함시켜 관리한다.

5.4 안전관리자는 안전보건방침이 전 임직원이 숙지하도록 다음과 같은 방법으로 홍보,전달한다.

5.4.1 게시판 부착

5.4.2 안전보건교육 시 방침의 전달

5.4.3 절차서에 포함

5.4.4 기타 유효한 방법

5.5 관리감독자 및 안전관리자는 안전보건방침을 모든 사원이 이해하고 준수하도록 교육·훈련계획에 따라 교육을 실시하고 안전보건목표 및 세부목표에 반영한다.

5.6 대표이사는 매년 경영자 검토 회의를 통하여 안전보건방침의 유효성을 검증한다.

5.7 안전보건관리책임자는 이해관계자가 회사의 안전보건방침을 요구할 경우에는 이를 공개한다.

5.8 안전보건방침은 간결하게 문서화하고 대표이사의 서명과 시행일을 명기하여 조직의 모든 구성원 및 이해관계자가 쉽게 접할 수 있도록 공개되어야 한다.

6 관련기록

6.1 안전보건방침

〈붙임 1〉 안전보건방침 (사례)

〈안전보건방침〉

시스템안전코리아(주)는 안전보건을 경영의 제일 원칙으로 하여 전 임직원이 안전보건경영시스템을 바탕으로 안전보건을 실천하며, 지속적인 개선을 통해 기업의 경쟁력을 확보하고자 아래와 같은 방침을 정하고 이를 실행하며, 이해관계자에게도 공개한다.

- 다 음 -

1. 경영에 있어서 안전보건은 회사의 모든 업무 및 이익보다 우선한다.

2. 안전하고 쾌적한 작업환경을 만드는 일에 최선을 다한다.

2. 위험성평가를 통해 유해·위험요인을 발굴, 제거하며 지속적 개선에 힘쓴다.

3. 산업안전관련 법규 및 그 밖의 요구사항을 철저히 준수한다.

4. 안전보건 관련 사항에 대하여 근로자의 참여 및 협의를 보장한다.

5. 모두가 참여하는 안전보건활동을 통해 안전문화를 조성한다.

목 차

1 목 적

이 절차는 회사에서 안전보건경영시스템을 효과적으로 운영하기 위한 조직의 역할, 책임 및 권한 등에 대하여 규정함을 목적으로 한다.

2 적용범위

이 절차는 회사의 안전보건과 관련된 활동을 수행하는 조직과 개인의 역할과 책임 및 권한 상호관계를 정하는데 적용한다.

3 책임과 권한

3.1 회사의 안전보건경영 조직도는 〈붙임 1〉과 같으며, 조직의 책임과 권한은 기능에 따라 분류하고 업무분장표에 정한다.

3.2 안전보건경영체제 내에서는 통상의 관리책임과 권한은 다음과 같다. 다만, 각 직위자는 차하위자에게 자신의 직무 권한을 위임할 수 없다.

3.3 대표이사

3.3.1 안전보건방침의 수립 및 공표

3.3.2 경영자 검토의 시행 및 경영상의 지원

3.3.3 안전보건목표 및 추진계획 등 시스템 업무 전반에 대한 승인

3.3.4 안전보건경영체제의 이행 및 유지에 대한 총괄 책임

3.3.5 안전보건경영체제의 이행과 관리에 필요한 수단 및 적절한 자원 제공

3.3.6 산업안전보건법 제5조의 의무

3.4 안전보건관리책임자

3.4.1 안전보건목표 및 추진계획의 최종 검토

3.4.2 경영자 검토 실시의 주관

3.4.3 내부심사의 실시 주관

3.4.4 안전보건경영 매뉴얼 검토 및 절차서, 지침서 검토

3.4.5 안전보건목표의 이행지시

3.4.6 안전보건경영 세부 추진계획 검토

3.4.7 안전보건 관련 대관청 업무 주관

3.4.8 위험성평가 교육 및 위험성평가서 확인

3.4.9 안전보건성과측정 및 평가 확인

3.5 안전관리자

3.5.1 안전보건 관련 내·외부 이해관계자와의 의사소통 주관 및 관련 정보 수집

3.5.2 안전보건법규 및 기타의 입수/검토 및 관리

3.5.3 연간 안전활동계획 작성

3.5.4 안전보건 관련 교육계획 수립/실시

3.5.5 위험성평가 계획의 수립 및 관리감독자에게 위험성평가 방법 교육

3.6 관리감독자

3.6.1 안전보건경영체제의 이행 및 안전보건방침, 목표 및 세부목표 이행

3.6.2 안전보건방침, 목표 및 세부목표에 대한 팀원들 교육 실시

3.6.3 해당 팀의 위험성평가 실시

3.6.4 해당 팀에 따른 안전지침서 이행

3.6.5 안전보건활동 추진계획에 따른 추진실적 보고

3.6.6 산업안전보건법 시행령 제15조(관리감독자의 업무 내용)에 따른 업무

3.7 근로자

3.7.1 안전보건교육 이수

3.7.2 작업 시 해당하는 관련 보호구 착용

3.7.3 안전수칙의 준수 및 기타 제반규정 준수

3.7.4 운영절차 및 안전지침 준수

3.7.5 위험성평가에 참여 및 안전보건경영시스템 활동 참여

4 업무절차

4.1 대표이사가 공표한 안전보건방침, 목표가 달성될 수 있도록 모든 팀에서는 안전보건경영시스템이 올바르게 실행 및 운영되고 있는지를 주기적으로 점검하여야 한다.

4.2 안전관리팀에서는 안전보건활동업무를 효율적으로 수행하기 위하여 활동계획 및 업무별로 담당자를 정하고 책임과 권한을 문서화하여 조직 내에서 공유하도록 한다.

4.3 안전보건경영체제의 실행 및 운영과 개선에 필요한 자원(인적.물적)은 제공되어야 한다.

4.4 안전보건경영 조직도와 업무분장표, 안전보건관리책임자 선임서, 관리감독자 임명장 등은 문서화된 정보로 보존되어야 하며, 안전관리자, 보건관리자, 산업보건의 선임 등 보고서는 관할 고용노동부 지청에 보고하여야 한다.

5 관련기록

5.1 산업안전보건 조직도

5.2 업무분장표

5.3 안전보건관리책임자 선임서

5.4 관리감독자 임명장

5.5 안전관리자, 보건관리자, 산업보건의 선임 등 보고서

	안전보건경영 절차서	문서번호	SSK-SHP-05-02
		제정일자	2021. 01. 02
	안전보건조직 및 역할	개정일자	
		개정차수	0

〈붙임 1〉 산업안전보건 조직도

시스템안전코리아(주) 산업안전보건 조직도

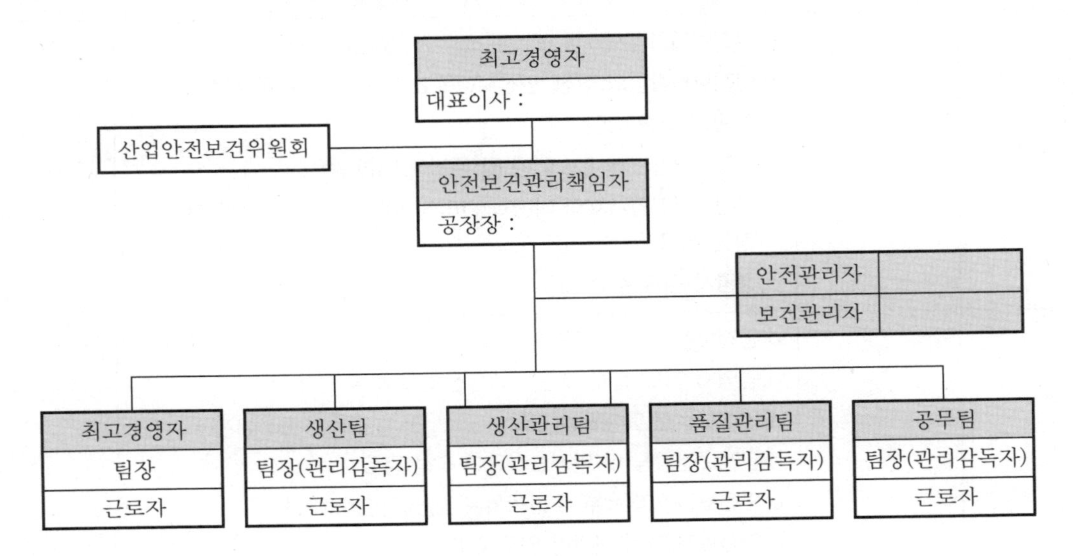

이해관계자	고용노동부평택지청		평택소방서	
	안전보건공단		지정병원	
	근로복지공단		관련협회	
	평택시청		한국전력	
	평택경찰서		한국가스안전공사	

〈붙임 2〉 업무분장표

<table>
<tr><th>직책</th><th>성명</th><th>담당업무</th><th>비고</th></tr>
<tr><td>대표이사</td><td></td><td>o 안전보건경영시스템 매뉴얼, 절차서, 지침서 승인
o 안전보건방침의 설정, 안전보건목표 및 추진계획 등 시스템 업무 전반에 대한 승인
o 안전보건경영체제의 이행 및 유지에 대한 승인
o 안전보건경영체제의 이행과 관리에 필요한 수단 및 적절한 자원 제공
o 경영자 검토 수행 등</td><td></td></tr>
<tr><td>안전보건 관리 책임자</td><td></td><td>o 안전보건목표 및 추진계획 최종 검토
o 경영자 검토 실시 주관 / 내부심사 실시 주관
o 안전보건경영 매뉴얼 검토
o 안전보건방침 및 안전보건목표 작성 검토
o 안전보건경영 세부 추진계획 수립/실적분석 확인
o 안전보건 관련 대관청 업무 주관
o 위험성평가 교육 및 위험성평가서 확인
o 안전보건성과측정 및 평가 확인
o 안전보건경영시스템 매뉴얼, 절차서, 지침서 검토
o 산업안전보건법상 안전보건관리책임자의 직무
1. 사업장의 산업재해 예방계획 수립에 관한 사항
2. 제25조 및 제26조에 따른 안전보건관리규정의 작성 및 변경에 관한 사항
3. 제29조에 따른 안전보건교육에 관한 사항
4. 작업환경측정 등 작업환경의 점검 및 개선에 관한 사항
5. 제129조부터 제132조까지에 따른 근로자의 건강진단 등 건강관리에 관한 사항
6. 산업재해의 원인조사 및 재발방지대책 수립에 관한 사항
7. 산업재해에 관한 통계의 기록 및 유지에 관한 사항
8. 안전장치 및 보호구 구입 시 적격품 여부 확인에 관한사항
9. 그 밖에 근로자의 유해·위험 방지조치에 관한 사항으로서 고용노동부령으로 정하는 사항</td><td></td></tr>
</table>

	안전보건경영 절차서	문서번호	SSK-SHP-05-02
		제정일자	2021. 01. 02
	안전보건조직 및 역할	개정일자	
		개정차수	0

팀명	성명	담당업무	비고
안전관리자		o 안전보건 관련 내·외부 이해관계자와의 의사소통 주관 및 관련 정보 수집 o 안전보건법규 및 기타의 입수/검토 및 관리 o 연간 안전활동계획 작성 o 안전보건 관련 교육계획 수립/실시 o 위험성평가 계획 수립 및 관리감독자에게 위험성평가 방법 교육 o 안전보건경영시스템 매뉴얼, 절차서, 지침서 작성 및 개정작업 o 산업안전보건법 시행령 제18조에 따른 업무	
관리감독자		o 안전보건경영체제의 이행 및 안전보건방침, 목표 및 세부 목표달성 o 안전보건방침을 달성하기 위한 방법과 자원 제공 o 안전보건방침목표 및 세부목표에 대한 팀원들 교육 실시 o 해당 팀의 발생되는 각종 안전사고 기록 유지 o 해당 팀의 안전보건성과측정 및 평가 o 해당 팀의 위험성평가 실시 o 안전보건활동 추진계획에 따른 추진실적 보고 o 기타 안전보건의 유지상 필요한 사항 o 사업장 내 관련되는 기계·기계 또는 설비의 안전·보건점검 및 이상 유무 확인 o 소속된 근로자의 작업복·보호구 및 방호장치의 점검과 그 착용·사용에 관한 교육·지도 o 발생한 산업재해에 관한 보고 및 이에 대한 응급조치 o 당해 작업의 작업장의 정리정돈 및 통로확보 확인·감독 o 당해 사업장의 산업보건의·안전관리자 및 보건관리자의 지도·조언에 대한 협조 o 위험방지가 특히 필요한 작업 수행 시 안전·보건에 관한 업무 (1) 유해 또는 위험한 작업에 근로자를 사용할 때 실시하는 특별교육 중 안전에 관한 교육 (2) 당해 작업의 성격상 유해 또는 위험을 방지하기 위한 업무 (3) 위험성평가를 위한 업무에 기인하는 유해·위험요인의 파악 및 그 결과에 따른 개선조치의 시행	
보건관리자 (전문기관)		산업안전보건법 제18조 및 시행령 제22조에 의한 업무	

〈붙임 3〉 안전보건관리책임자 선임서

안전보건관리책임자 선임서

소 속 :

직 책 :

성 명 :

위 사람을 산업안전보건법 제 15조 의거 안전보건업무를 총괄 관리할 안전보건관리 책임자로 선임합니다. 아래 업무를 충실히 수행하여 주시기 바랍니다.

※ 안전보건관리책임자의 업무

1. 사업장의 산업재해 예방계획 수립에 관한 사항
2. 제25조 및 제26조에 따른 안전보건관리규정의 작성 및 변경에 관한 사항
3. 제29조에 따른 안전보건교육에 관한 사항
4. 작업환경측정 등 작업환경의 점검 및 개선에 관한 사항
5. 제129조부터 제132조까지에 따른 근로자의 건강진단 등 건강관리에 관한 사항
6. 산업재해의 원인조사 및 재발방지대책 수립에 관한 사항
7. 산업재해에 관한 통계의 기록 및 유지에 관한 사항
8. 안전장치 및 보호구 구입 시 적격품 여부 확인에 관한 사항
9. 그 밖에 근로자의 유해·위험 방지조치에 관한 사항으로서 고용노동부령으로 정하는 사항

년 월 일

시스템안전코리아(주) 대표이사 (인)

〈붙임 4〉 관리감독자 임명장

관 리 감 독 자 임 명 장

소 속 :

직 책 :

성 명 :

위 사람을 산업안전보건법 제16조 및 시행령 제15조에 의거, 사업장 내에서 아래와 같은 안전관리에 대한 업무를 수행할 관리감독자로 지정합니다.

※ 관리감독자 업무

1. 사업장 내 관련되는 기계·기구 또는 설비의 안전·보건점검 및 이상 유무 확인
2. 소속된 근로자의 작업복·보호구 및 방호장치의 점검과 그 착용·사용에 관한 교육·지도
3. 발생한 산업재해에 관한 보고 및 이에 대한 응급조치
4. 당해 작업의 작업장의 정리정돈 및 통로확보에 대한 확인·감독
5. 당해 사업장의 산업보건의·안전관리자 및 보건관리자의 지도·조언에 대한 협조
6. 법 제36조에 따라 실시되는 위험성평가에 관한 다음 각 항목의 업무
   1) 유해·위험요인의 파악에 대한 참여
   2) 개선조치의 시행에 대한 참여
7. 그 밖에 해당 작업의 안전 및 보건에 관한 사항으로서 고용노동부령으로 정하는 사항

년 월 일

시스템안전코리아(주) 대표이사 (인)

〈붙임 5〉 안전관리자, 보건관리자, 산업보건의 선임 등 보고서

■ 산업안전보건법 시행규칙 [별지 제2호서식]

안전관리자·보건관리자·산업보건의 선임 등 보고서

사업체	사업장명		업종 또는 주요생산품명	
	소재지			
	근로자 수	총 명 (남 명 /여 명)	전화번호	

안전관리자 (안전관리 전문기관)	성명		기관명
	전자우편 주소		전화번호
	자격/면허번호		
	경력	기관명	기간
	학력	학교	학과
	선임 등 연·월·일		
	전담·겸임구분		

안전관리자 (안전관리 전문기관)	성명		기관명
	전자우편 주소		전화번호
	자격/면허번호		
	경력	기관명	기간
	학력	학교	학과
	선임 등 연·월·일		
	전담·겸임구분		

안전관리자 (안전관리 전문기관)	성명		기관명
	전자우편 주소		전화번호
	자격/면허번호		
	경력	기관명	기간
	학력	학교	학과
	선임 등 연·월·일		
	전담·겸임구분		

「산업안전보건법 시행규칙」 제11조 및 제23조에 따라 위와 같이 보고서를 제출합니다.

년 월 일

보고인(사업주 또는 대표자) (서명 또는 인)

지방고용노동청(지청)장 귀하

공지사항

본 민원의 처리결과에 대한 만족도 조사 및 관련 제도 개선에 필요한 의견조사를 위해 귀하의 전화번호(휴대전화)로 전화조사를 실시할 수 있습니다.

210㎜×297㎜(일반용지 60g/㎡(재활용품))

	안전보건경영 절차서	문서번호	SSK-SHP-05-03
		제정일자	2021. 01. 02
	산업안전보건위원회	개정일자	
		개정차수	0

목 차

	안전보건경영 절차서	문서번호	SSK-SHP-05-03
		제정일자	2021. 01. 02
	산업안전보건위원회	개정일자	
		개정차수	0

1 목 적

이 절차는 산업안전보건법 제24조에 따른 법령의 준수와 더불어 안전보건경영시스템의 요구사항인 근로자의 참여와 협의를 이행하여 안전보건업무상의 제반문제를 심의, 의결하여 안전보건 관리업무를 체계적이고 효율적으로 수행할 수 있도록 하기 위한 목적이 있다.

2 적용범위

본 절차는 회사의 산업안전보건위원회(이하"위원회"라 한다.)의 구성, 운영방법 및 기타 필요한 업무에 대하여 규정한다.

3 위원회 구성

회사는 안전보건관리의 전 분야에 대한 사항을 수행하기 위하여 다음과 같이 산업안전보건위원회의 구성을 노사 동수로 구성한다.

3.1 사용자 위원

3.1.1 대표이사를 포함한 9인 이내의 위원

3.1.2 안전관리자, 보건관리자 포함

3.2 근로자 위원

3.2.1 근로자 대표(근로자의 과반수를 대표하는 사람 및 노사협의회 규정된 근로자 대표)

3.2.2 근로자 대표가 지명하는 8인 이내의 당해 사업장의 근로자

4 책임과 권한

4.1 위원회의 구성

위원장은 위원 중에서 호선할 수 있으며, 이 경우 근로자 위원과 사용자 위원 중 각 1명을 공동위원장으로 선출할 수 있다. 또한 별도로 정하지 않은 경우 대표이사가 위원장 업무를 수행할 수 있다.

4.2 위원장

위원장은 위원회의 운영에 관한 책임을 지고 업무를 총괄하며, 원활한 운영과 목표달성을 위한 노력을 하여야 한다. 세부임무는 다음 각호와 같다.

4.2.1 위원회의 소집 및 운영

4.2.2 위원회의 의제결정

4.2.3 위원회의 의사결정 및 조정

	안전보건경영 절차서	문서번호	SSK-SHP-05-03
		제정일자	2021. 01. 02
	산업안전보건위원회	개정일자	
		개정차수	0

4.2.4 회의록의 승인

4.3 간사

위원장의 업무를 보좌하며 다음 각 호의 사항을 수행한다.

4.3.1 위원회의 개최를 위한 회의자료 요청 및 작성

4.3.2 각 위원에게 회의자료 배포

4.3.3 위원장에게 주요 안건 상정

4.3.4 위원회의 회의록 작성 및 보고

4.3.5 기타 위원회 운영에 필요한 사항

5 업무절차

5.1 산업안전보건위원회 구성

5.1.1 위원회는 근로자·사용자 동수로 구성하여야 하며, 근로자 위원 9인 이내, 사용자 위원 9인 이내로 구성

1) 위원회 구성은 근로자·사용자 위원 9인 이내로 구성

2) 상시근로자 50인 이상 100인 미만을 사용하는 유해·위험 업종의 경우에는 근로자, 사용자 위원 최소 각 3인 이상으로 구성

3) 위원장은 위원 중에서 호선하며, 근로자 위원과 사용자 위원 중 각 1인을 공동 위원장으로 선출 가능

5.1.2 근로자 위원의 구성

근로자 대표, 명예산업안전감독관(위촉되어 있는 경우), 근로자 대표가 지명하는 9인 이내의 당해 사업장 근로자(명예산업안전감독관이 근로자 위원으로 지명되어 있는 경우에는 그 수를 제외)

1) 근로자 대표의 선출방법

- 과반수 노동조합이 없는 경우 근로자 위원은 근로자의 직접·비밀·무기명 투표에 의해 선출되어야 하며, 다만 사업장의 특수성으로 인하여 부득이하다고 인정되는 경우에는 작업부서별로 근로자 수에 비례하여 근로자 위원을 선출할 근로자(위원선거인)를 선출하고, 위원선거인 과반수의 직접·비밀·무기명 투표에 의해 선출하도록 한다.

5.1.3 사용자 위원의 구성

대표이사, 안전보건관리책임자, 안전관리자 1인, 보건관리자 1인, 산업보건의(선임되어 있는 경우), 대표이사가 지명하는 5인 이내의 당해 사업장의 팀장(안전관리자,

보건관리자, 산업보건의가 사용자 위원으로 지명되어 있는 경우에는 그 수를 제외)

5.2 산업안전보건위원회 심의·의결 사항

5.2.1 산업재해 예방계획의 수립에 관한 사항

5.2.2 안전보건관리규정의 작성 및 그 변경에 관한 사항

5.2.3 근로자의 안전보건교육에 관한 사항

5.2.4 작업환경측정 등 작업환경의 점검 및 개선에 관한 사항

5.2.5 근로자의 건강진단 등 건강관리에 관한 사항

5.2.6 산업재해에 관한 통계의 기록·유지에 관한 사항

5.2.7 중대재해의 원인조사 및 재발방지대책의 수립에 관한 사항

5.2.8 유해·위험한 기계·기구 그 밖의 설비를 도입한 경우 안전보건조치에 관한 사항

5.2.9 안전보건경영시스템상의 5.4 근로자의 참여 및 협의에 따른 사항

1) 전년도 안전보건경영성과

2) 해당 연도 안전보건목표 및 추진계획 이행현황

3) 위험성평가 결과 개선조치 사항

4) 정기적 성과측정 결과 및 시정조치 결과

5) 내부심사 결과

5.3 산업안전보건위원회 운영

5.3.1 산업안전보건위원회 회의는 정기회의와 임시회의로 구분, 정기회의는 3개월마다 위원장이 소집하며, 임시회의는 위원장이 필요하다고 인정할 때에 소집한다.

5.3.2 근로자 위원 및 사용자 위원 각 과반수 출석으로 개의하며, 출석 위원의 과반수 찬성으로 의결한다.

5.3.3 근로자 대표·명예산업안전감독관·당해 사업의 대표자·안전관리자 또는 보건관리자는 회의에 출석하지 못할 경우 당해 사업에 종사하는 자들 중에서 1인을 지정하여 위원으로서의 직무를 대리하게 할 수 있다.

5.3.4 산업안전보건위원회는 다음 사항을 기록한 회의록을 작성 및 비치하여야 한다.

1) 개최일시 및 장소

2) 출석 위원

3) 심의내용 및 의결·결정사항

4) 기타 토의사항

5.3.5 의결되지 아니한 사항 등의 처리

1) 산업안전보건위원회에서 의결하지 못한 경우 또는 의결된 사항의 해석 및 이행·

방법 등에 관하여 의견의 불일치가 있을 때에는 근로자 위원 및 사용자 위원의 합의에 의하여 산업안전보건위원회에 중재기구를 두어 해결하거나 제3자에 의한 중재를 받아야 한다.

2) 중재결정이 있는 때에는 산업안전보건위원회의 의결을 거친 것으로 보며, 사업주 및 근로자는 이에 따라야 한다.

5.3.6 회의 결과 등의 주지

산업안전보건위원회의 위원장은 산업안전보건위원회에서 심의·의결된 내용 등 회의 결과와 중재 결정된 내용 등을 사내방송·사내보를 통한 게시 또는 자체 정례조회 및 기타 적절한 방법으로 근로자에게 신속히 알려야 한다.

5.4 기록 및 보관

5.4.1 회의록은 위원장의 재가를 득한 후 관련 팀에 통보하여 근로자에게 알려야 한다.

5.4.2 기록보존 : 3년

6 관련기록

6.1 산업안전보건위원회 분기 회의록

〈붙임 1〉 분기 산업안전보건위원회 회의록

<table>
<tr><td colspan="6"><u>년 분기 산업안전보건위원회 회의록</u></td></tr>
<tr><td colspan="2">일시</td><td>장 소</td><td></td><td>구 분
회 의</td><td>(정기, □임시)</td></tr>
<tr><td colspan="3">사용자측 위원</td><td colspan="3">근로자측 위원</td></tr>
<tr><td rowspan="5">참
석
위
원</td><td>위원장</td><td>(서명)</td><td>근로자 대표</td><td colspan="2">(서명)</td></tr>
<tr><td>위 원</td><td>(서명)</td><td>위 원</td><td colspan="2">(서명)</td></tr>
<tr><td>위 원</td><td>(서명)</td><td>위 원</td><td colspan="2">(서명)</td></tr>
<tr><td>안전관리자</td><td>(서명)</td><td>위 원</td><td colspan="2">(서명)</td></tr>
<tr><td>보건관리자</td><td>(서명)</td><td>위 원</td><td colspan="2">(서명)</td></tr>
<tr><td>협
의
및
의
결
사
항</td><td colspan="5"></td></tr>
<tr><td>기
타
사
항</td><td colspan="5"></td></tr>
</table>

	안전보건경영 절차서	문서번호	SSK-SHP-06-01
		제정일자	2021. 01. 02
	위험성평가	개정일자	
		개정차수	0

목 차

	안전보건경영 절차서	문서번호	SSK-SHP-06-01
		제정일자	2021. 01. 02
	위험성평가	개정일자	
		개정차수	0

1 목 적

이 지침은 산업재해 또는 건강장해를 예방하기 위하여 안전보건 위험성평가 및 그 밖의 위험성평가(기타 리스크평가)를 통해 잠재 위험요인을 파악, 평가, 개선하는 절차를 규정하고 이를 통한 위험을 예방 및 감소시키는 데 그 목적이 있다.

2 적용범위

이 지침은 회사의 근로자가 생산 및 서비스 업무를 하는 데 있어 발생할 수 있는 위험성이 내포된 일상, 비일상적 업무에 대하여 적용한다.

3 책임과 권한

3.1 대표이사
- 3.1.1 위험성평가 및 그 밖의 위험성평가 계획 및 시행 결과에 대한 승인
- 3.1.2 위험성평가에 따른 예산의 확보 및 경영지원
- 3.1.3 위험성평가의 실시 및 결과 개선조치 사항에 대한 총괄 승인

3.2 안전보건관리책임자
- 3.2.1 위험성평가의 계획, 운영, 실시 결과 개선조치 확인
- 3.2.2 그 밖의 위험성평가 결과 검토
- 3.2.3 위험성평가 회의 주관, 위험성평가 교육 실시

3.3 안전관리자
- 3.3.1 그 밖의 위험성평가 실시 및 보고
- 3.3.2 위험성평가에 대한 정보제공, 위험성평가표 취합 및 검토
- 3.3.3 확정 위험성평가표 정리, 배포
- 3.3.4 위험성평가 관련 문서 및 기록 작성 지원

3.4 관리감독자
- 3.4.1 해당 공정의 위험성평가 실시
- 3.4.2 해당 공정별 위험요인 추정 및 위험성 결정
- 3.4.3 위험성평가 회의 참석
- 3.4.4 해당 공정에 따른 아차사고 및 관련 사고사례 파악
- 3.4.5 위험성평가표를 활용한 현장 위험성평가 실시
- 3.4.6 점검 결과 피드백 실시

	안전보건경영 절차서	문서번호	SSK-SHP-06-01
		제정일자	2021. 01. 02
	위험성평가	개정일자	
		개정차수	0

3.5 근로자

3.5.1 위험성평가 시행 및 개선계획 수립 시 해당 소속팀 업무에 참여

3.5.2 위험성평가 관련 교육 참여 및 해당 작업공정의 위험성평가에 참여

3.5.3 아차사고 사례 및 잠재위험 발굴카드 제축

4 업무절차

4.1 정기 및 수시 위험성평가 역할과 책임

조 직	역할과 책임(권한)
안전보건관리 책임자 (공장장)	**《위험성평가의 총괄 관리》** ○ 사업주의 의지 구현 – 방침과 추진목표를 문서화하고 게시 – 실시계획서 작성 지원 – 위험성평가의 실행을 위한 조직구성과 역할 부여 ○ 위험성평가 사업주 교육 이수 ○ 예산지원 및 산업재해예방 노력 ○ 무재해운동 참여 및 작업 전 안전점검활동 독려
관리감독자 (위험성평가 담당자와 겸직가능)	**《위험성평가 실시》** ○ 유해·위험요인을 파악하고 위험성 추정 및 결정 ○ 위험성 감소대책의 수립 및 실행 ○ 위험성평가 실시 시기, 절차와 내용 ○ 책임과 권한 인지 및 이행
근로자(작업자) (위험성평가 담당자와 겸직가능)	**《위험성평가 참여》** ○ 담당업무와 관련된 위험성평가 활동에 참여 ○ 담당업무에 대한 안전보건수칙 및 위험성평가 결과 감소대책 확인 ○ 비상 상황에 대한 대비 및 대응방법 숙지 ○ 출입허가절차 및 위험한 장소 인지
위험성평가 담당자 (관리감독자 및 근로자와 겸직가능)	**《위험성평가의 실행 관리 및 지원》** ○ 위험성평가 담당자 교육 이수 ○ 위험성평가 실시 규정 수립 및 실행 ○ 안전보건정보수집 및 재해조사 관련 자료 등을 기록 ○ 근로자에게 위험성평가 교육을 실시하고 기록유지 ○ 위험성평가 검토 및 결과에 대한 기록, 보관

안전보건경영 절차서	문서번호	SSK-SHP-06-01
	제정일자	2021. 01. 02
위험성평가	개정일자	
	개정차수	0

4.2 일반절차

4.2.1 위험성평가는 다음에 따라 실시한다.

1) 대표이사는 안전보건관리책임자로 하여금 위험성평가를 주관하도록 한다.
2) 안전관리자는 위험성평가 계획을 수립하여 안전보건관리책임자의 검토를 거쳐 대표이사의 결재를 받아 관리감독자에게 송부한다.
3) 관리감독자는 위험성평가를 위하여 작업내용 등을 상세하게 파악하고 있는 자를 참여시켜 유해·위험요인의 파악, 위험성의 추정, 결정, 위험성 감소대책을 수립·실행한다.
4) 유해·위험요인을 파악하거나 감소대책을 수립하는 경우 특별한 사정이 없는 한 해당 작업에 종사하고 있는 근로자를 참여시킨다.
5) 기계·기구, 설비 등과 관련된 위험성평가에는 해당 기계·기구, 설비 등에 전문 지식을 갖춘 자를 참여시킨다.
6) 안전보건관리책임자는 위험성평가 담당자에게 필요한 교육을 실시하여야 한다. 이 경우 위험성평가에 대해 외부에서 교육을 받았거나, 관련 학문을 전공하여 관련 지식이 풍부한 경우에는 필요한 부분만 교육을 실시하거나 교육을 생략할 수 있다.
7) 필요에 따라 산업안전·보건 전문가 또는 전문기관의 컨설팅을 받을 수 있다.

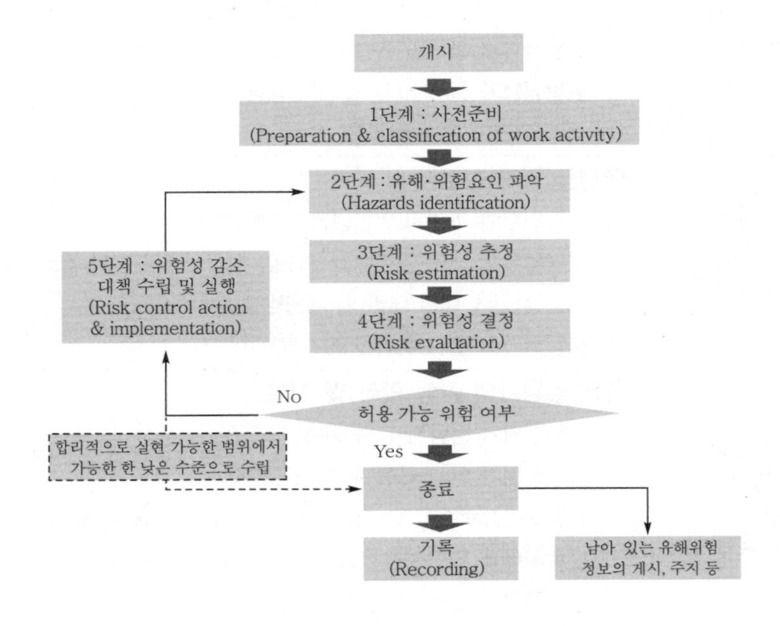

4.2.2 위험성평가는 다음의 절차에 따라 실시한다.

1) 평가대상의 선정 등 사전준비
2) 근로자의 작업과 관계되는 유해·위험요인의 파악
3) 파악된 유해·위험요인별 위험성의 추정
4) 추정한 위험성이 허용 가능한 위험성인지의 여부 결정
5) 위험성 감소대책의 수립 및 실행
6) 위험성평가 실시 내용 및 결과에 관한 기록

4.2.3 위험성평가 기법은 회사에 맞는 기법 등을 활용하며 작업표준, 정비표준 등을 대상으로 기계·기구, 설비 등의 불안전한 상태와 작업자의 불안전한 행동을 찾아 개선하고자 하는 경우 KRAS 방법을 사용한다.

4.3 위험성평가의 실시 시기

4.3.1 위험성평가는 최초평가 및 수시평가, 정기평가로 구분하여 실시한다. 이 경우 최초평가 및 정기평가는 전체 작업을 대상으로 한다.

4.3.2 수시평가는 다음의 어느 하나에 해당하는 계획이 있는 경우 해당 계획의 실행을 착수하기 전에 실시하고, 계획의 실행이 완료된 후에는 해당 작업을 대상으로 작업을 개시하기 전에 실시한다. 다만, 다음의 (5)에 해당하는 재해가 발생한 경우에는 재해 발생 작업을 대상으로 작업을 재개하기 전에 실시한다.

1) 사업장 건설물의 설치·이전·변경 또는 해체
2) 기계·기구, 설비, 원재료 등의 신규 도입 또는 변경
3) 건설물, 기계·기구, 설비 등의 정비 또는 보수
4) 작업방법 또는 작업절차의 신규 도입 또는 변경
5) 중대산업사고 또는 산업재해(휴업 이상의 요양을 요하는 경우에 한정한다) 발생
6) 그 밖에 안전보건관리책임자가 필요하다고 판단한 경우

4.3.3 정기평가는 최초평가 후 매년 정기적으로 실시하되, 다음 사항을 고려한다.

1) 기계·기구, 설비 등의 기간 경과에 의한 성능 저하
2) 근로자의 교체 등에 수반하는 안전·보건과 관련되는 지식 또는 경험의 변화
3) 안전·보건과 관련되는 새로운 지식의 습득
4) 현재 수립되어 있는 위험성 감소대책의 유효성 등

4.4 사전준비

4.4.1 안전관리자는 위험성평가 실시계획서에 다음을 포함하여야 한다.

1) 실시의 목적 및 방법

2) 실시 담당자 및 책임자의 역할
3) 실시 연간 계획 및 시기
4) 실시의 주지방법
5) 실시상의 유의사항

4.4.2 위험성평가는 과거에 산업재해가 발생한 작업, 위험한 일이 발생한 작업 등 근로자의 근로에 관계되는 유해·위험요인에 의한 부상 또는 질병의 발생이 합리적으로 예견 가능한 것은 모두 위험성평가의 대상으로 한다. 다만, 매우 경미한 부상 또는 질병만을 초래할 것으로 명백히 예상되는 것에 대해서는 대상에서 제외할 수 있다.

4.4.3 다음의 안전보건정보는 사전에 조사하여 위험성평가에 활용하여야 한다.
1) 작업표준, 작업절차 등에 관한 정보
2) 기계·기구, 설비 등의 사양서, 유해·위험요인에 관한 정보
3) 기계·기구, 설비 등의 공정 흐름과 작업 주변의 환경에 관한 정보
4) 같은 장소에서 사업의 일부 또는 전부를 도급을 주어 행하는 작업이 있는 경우 혼재 작업의 위험성 및 작업 상황 등에 관한 정보
5) 재해사례, 재해통계 등에 관한 정보
6) 작업환경측정 결과, 근로자 건강진단 결과에 관한 정보
7) 그 밖에 위험성평가에 참고가 되는 자료 등

4.4.4 유해·위험요인 파악

관리감독자는 유해·위험요인을 파악할 때 업종, 규모 등 사업장 실정에 따라 다음의 방법 중 어느 하나 이상의 방법을 사용한다. 이 경우 특별한 사정이 없으면 1)의 방법을 포함하여야 한다.
1) 사업장 순회점검에 의한 방법
2) 청취조사에 의한 방법
3) 안전보건자료에 의한 방법
4) 안전보건체크리스트에 의한 방법
5) 그 밖에 사업장의 특성에 적합한 방법

4.6 위험성 추정

4.6.1 관리감독자는 유해·위험요인을 파악하여 사업장 특성에 따라 부상 또는 질병으로 이어질 수 있는 가능성 및 중대성의 크기를 추정하고 다음 중 하나의 방법으로 위험성을 추정하여야 한다.
1) 가능성과 중대성의 행렬을 이용하여 조합하는 방법

2) 가능성과 중대성을 곱하는 방법
3) 가능성과 중대성을 더하는 방법
4) 그 밖에 사업장의 특성에 적합한 방법

4.6.2 위험성을 추정할 경우에는 다음에서 정하는 사항을 유의한다.

1) 예상되는 부상 또는 질병의 대상자 및 내용을 명확하게 예측할 것
2) 최악의 상황에서 가장 큰 부상 또는 질병의 중대성을 추정할 것
3) 부상, 질병의 중대성은 부상이나 질병 등의 종류에 관계없이 공통의 척도를 사용하는 것이 바람직하며, 기본적으로는 부상 또는 질병에 의한 요양기간 또는 근로손실일수 등을 척도로 사용할 것
4) 유해성이 입증되어 있지 않은 경우에도 일정한 근거가 있는 경우, 그 근거를 기초로 하여 유해성이 존재하는 것으로 추정할 것
5) 기계·기구, 설비, 작업 등의 특성과 부상 또는 질병의 유형을 고려할 것

〈표 1〉 위험의 발생 가능성(빈도)

발생 빈도	내 용
5	■ 피해가 발생할 가능성이 매우 높음 ○ 해당 설비 등에 안전대책이 전혀 되어 있지 않고 표시, 표지가 있어도 불비(不備)한 것이 많으며, 안전수칙, 작업표준 등도 없음 ■ 유해화학물질(조명, 분진 등 포함) ○ 작업환경 측정 물질 : 노출수준이 법적기준 이상일 때 ○ 작업환경 비측정 물질 : 1일 취급량이 1ton 이상 1㎥ 이상일 때 ■ 직업병 유소견자 발생 시 ■ 근골격계 부담작업 : 1일 8시간 이상 작업(초과근무)
4	■ 피해가 발생할 가능성이 높음 ○ 해당 설비 등에 안전조치가 없거나, 상당한 불비가 되어 있고, 비상정지장치, 표시, 표지는 웬만큼 설치되어 있으며, 안전수칙, 작업표준 등이 있지만 지키기 어렵고 상당히 주의를 해야 함 ■ 유해화학물질(조명, 분진 등 포함) ○ 작업환경 측정 물질 : 노출수준이 법적기준의 70%~100% 미만일 때 ○ 작업환경 비측정 물질 : 1일 취급량이 500Kg~1ton 미만, 500ℓ~1,000ℓ 미만일 때 ■ 근골격계 부담작업 : 1일 4시간 이상~8시간 미만 작업(정상근무)
3	■ 부주의하면 피해가 발생할 가능성이 있음 ○ 가드·방호덮개 또는 안전장치 등은 설치되어 있지만, 가드가 낮거나 간격이 벌어져 있는 등 불비가 있고, 위험 영역 접근, 위험원과의 접촉이 있을 수 있으며, 안전수칙·작업표준 등은 있지만 일부 준수하기 어려운 점이 있음 ■ 유해화학물질(조명, 분진 등 포함) ○ 작업환경 측정 물질 : 노출수준이 법적기준의 40%~70% 미만일 때 ○ 작업환경 비측정 물질 : 1일 취급량이 100Kg~500Kg 미만, 100L~500L 미만일 때 ■ 근골격계 부담작업 : 1일 4시간 미만(자주)
2	■ 피해가 발생할 가능성이 낮음 ○ 가드·방호덮개 등으로 보호되어 있고, 안전장치가 설치되어 있으며, 위험 영역의 출입이 곤란한 상태이고, 안전수칙·작업표준 등이 정비되어 있고 준수하기 쉬우나, 피해의 가능성이 남아 있음 ■ 유해화학물질(조명, 분진 등 포함) ○ 작업환경 측정 물질 : 노출수준이 법적기준의 10%~40% 미만일 때 ○ 작업환경 비측정 물질 : 1일 취급량이 1Kg~100Kg 미만, 1L~100L 미만 일 때 ■ 근골격계 부담작업 : 하루 또는 주 2~3일(가끔)
1	■ 피해가 발생할 가능성이 없음 ○ 전반적으로 안전조치가 잘 되어 있음 ■ 유해화학물질(조명, 분진 등 포함) ○ 작업환경 측정 물질 : 노출수준이 10% 미만일 때 ○ 작업환경 비측정 물질 : 1일 취급량이 1Kg 미만, 1L 미만 일 때 ■ 근골격계 부담작업 : 3개월 마다(년 2~3회)

안전보건경영 절차서	문서번호	SSK-SHP-06-01
	제정일자	2021. 01. 02
위험성평가	개정일자	
	개정차수	0

〈표 2〉 위험의 중대성(강도)

발생 강도	내 용
4	■ 인적손실 : 사망, 장해 등급 발생 또는 6주 이상 상해 ■ 물적손실 : 손실금액이 1억원 이상일 때 ■ 소음수준 : 노출수준이 법적 기준 이상일 때 ■ 작업환경 ○ 분진 : 0.1mg/㎥ 미만 ○ 화학물질 등 : 5ppm 미만 ■ CMR 물질 ■ 근골격계 부담작업 : 매우 힘듬
3	■ 인적손실 : 4주~6주 미만의 상해 ■ 물적손실 : 손실금액이 5천만원 이상 ~ 1억원 미만일 때 ■ 소음수준 : 노출수준이 85dB ~ 90dB 미만일 때 ■ 작업환경 ○ 분진 : 0.1~1mg/㎥ 미만 ○ 화학물질 등 : 5 ~ 50ppm 미만 ■ 근골격계 부담작업 : 힘듬
2	■ 인적손실 : 3일 이상 휴업재해 또는 4일~4주 미만의 상해 ■ 물적손실 : 손실금액이 1천만원~5천만원 미만일 때 ■ 소음수준 : 80dB ~ 85dB 미만일 때 ■ 작업환경 ○ 분진 : 1~10mg/㎥ 미만 ○ 화학물질 등 : 50 ~ 500ppm 미만 ■ 근골격계 부담작업 : 약간 힘듬
1	■ 인적손실 : 4일 미만 또는 무상해 ■ 물적손실 : 손실금액이 1천만원 미만일 때 ■ 소음수준 : 80dB 미만일 때 ■ 작업환경 ○ 분진 : 10mg/㎥ 이상 ○ 화학물질 등 : 500ppm 이상 ■ 근골격계 부담작업 : 쉬움

〈표 3〉 위험성 추정표

가능성	중대성	최대	대	중	소
	단계 \ 단계	4	3	2	1
최상	5	20	15	10	5
상	4	16	12	8	4
중	3	12	9	6	3
하	2	8	6	4	2
최하	1	4	3	2	1

4.7 위험성 결정

4.7.1 관리감독자는 유해·위험요인별 위험성의 추정 결과와 사업장 자체적으로 설정한 허용 가능한 위험성의 기준을 비교하여 해당 유해·위험요인별 위험성의 크기가 허용 가능한지 여부를 판단하여야 한다.

4.7.2 4.6.1항에 따른 허용 가능한 위험성의 기준은 위험성 결정을 하기 전에 미리 설정해 두어야 한다.

〈표 4〉 위험성 결정

위험성 크기		허용 가능 여부	개선 방법
16 ～ 20	매우 높음	허용 불가능	즉시 개선
15	높음		신속하게 개선
9 ～ 12	약간 높음		가급적 빨리 개선
8	보통		계획적으로 개선
4 ～ 6	낮음	허용 가능	필요에 따라 개선
1 ～ 3	매우 낮음		

위험성 결정은 〈표 3〉에서 추정된 위험성을 바탕으로 유해·위험요인의 발생 가능성과 중대성을 평가하여 6단계의 매우낮음(1~3), 낮음(4~6) 보통(8), 약간높음(9~12), 높음(15), 매우높음(16~20)으로 구분하였고, 평가점수가 높은 순서대로 관리 우선순위를 결정한다. 또한 위험성평가에 따른 개선계획은 위험성의 크기가 8점부터 시행하되 위험성 크기가 큰 순서부터 시행한다.

4.8 위험성 감소대책 수립 및 실행

4.8.1 관리감독자는 위험성을 결정한 결과 허용 가능한 위험성이 아니라고 판단되는 경우에는 위험성의 크기 및 영향을 받는 근로자 수를 다음 순서를 고려하여 위험성 감소를 위한 대책을 수립하여 실행하여야 한다. 이 경우 법령에서 정하는 사항과 그 밖에 근로자의 위험 또는 건강장해를 방지하기 위하여 필요한 조치를 반영하여야 한다.

1) 위험한 작업의 폐지·변경, 유해·위험물질 대체 등의 조치 또는 설계나 계획 단계에서 위험성을 제거 또는 저감하는 조치
2) 연동장치, 환기장치 설치 등의 공학적 대책
3) 사업장 작업절차서 정비 등의 관리적 대책

4) 개인보호구의 사용

4.8.2 관리감독자는 위험성 감소대책을 실행한 후, 해당 공정 또는 작업의 위험성의 크기가 사전에 자체 설정한 허용 가능한 위험성의 범위인지를 확인하여야 한다.

4.8.3 4.7.2항에 따른 확인 결과, 위험성이 자체 설정한 허용 가능한 위험성 수준으로 내려오지 않는 경우에는 허용 가능한 위험 수준이 될 때까지 추가의 감소대책을 수립 및 실행하여야 한다.

4.8.4 관리감독자는 중대재해, 중대산업사고 또는 심각한 질병이 발생할 우려가 있는 위험성으로써 수립한 위험성 감소대책의 실행에 많은 시간이 필요한 경우에는 즉시 잠정적인 조치를 강구하여야 한다.

4.8.5 관리감독자는 위에 따라 실시한 위험성평가 결과를 안전관리자에게 제출하여야 한다.

4.8.6 안전관리자는 각 팀에서 실시한 위험성평가 결과를 취합하여 안전보건관리책임자에게 보고한다.

4.8.7 안전관리자는 위험성평가를 종료한 후 남아 있는 유해·위험요인에 대해서는 게시, 주지 등의 방법으로 근로자에게 알려야 한다.

5 그 밖의 위험성평가(리스크평가)

5.1 안전보건관리책임자는 인증기준의 4.1(조직과 조직상황의 이해)에서 언급한 이슈, 4.2 (근로자 및 기타 이해관계자의 니즈와 기대 이해) 및 4.3(안전보건경영시스템 적용범위 결정)에서 언급한 요구사항을 고려하여 리스크와 기회를 검토하여야 한다.

5.2 안전관리자는 안전보건 위험성평가와 그 밖의 근로자 및 이해관계자의 요구사항 파악을 통한 조직의 내·외부 현안사항(이슈)에 대해서 위험성평가를 실시하여 위험성과 기회를 결정하고 평가한 후 조치하여야 한다.

5.3 현안사항의 파악 접근

5.3.1 안전관리자는 현안사항(이슈)을 파악하기 위하여 안전보건에 관한 법규나 근로자 및 이해관계자의 요청사항을 수시로 접수하여야 한다.

5.3.2 안전보건관리책임자는 현안사항(이슈)에 따른 그 밖의 위험성평가를 검토하고 매 1년마다 정기평가가 이루어지도록 하여야 한다.

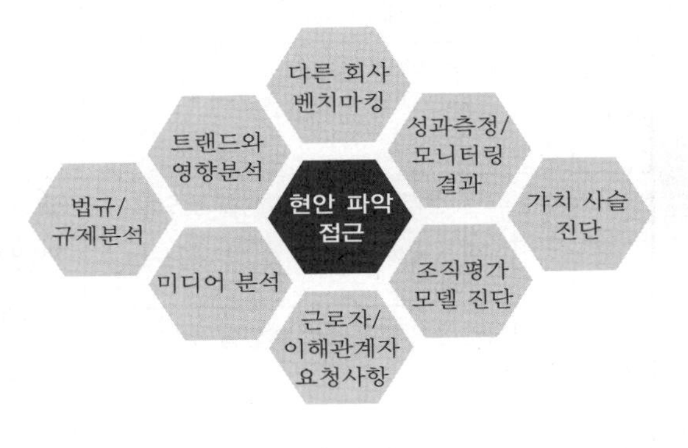

10.1.중대성 평가기준

구 분	1점	2점	3점	4점	5점
정보	일반 대중의 특이한 관심이 없는 정보	조직 또는 조직과 관련된 인원이 관심을 갖는 정보	조직의 운영에 민감한 정보	조직의 이해관계자에게 민감한 정보	지속적으로 중요한 영향을 미치는 정보
재산피해	자산의 경미한 손상 또는 파손	경미한 손상 또는 자산의 <1%파손	손상 또는 전체 자산의 <10% 파손	광범위한 손상 또는 전체 자산의<30% 손실	전체 자산의 〉30% 손실
기업의 이미지	–지역적으로만 언급 –빨리 잊어버림 –운영상의 영향을 받지 않음 –자체적인 개선이 요구됨	–경영층의 조사 필요 –단기간의 지역매체 관심 –몇 가지 지역수준의 행동 유발	–국가의 지속적인 관심 –외부기관의 검증 –분기정도의 브랜드 영향	–1년 정도의 브랜드에 영향 –주요 공정의 심각한 제한	–국제적인 관심 –정부의 지속적인 규제 및 확대 –브랜드 및 조직의 능력에 심각한 영향
기회손실	–사소한 영향 –비핵심 공정의 최소한의 영향 –영향은 일상적인 업무로 처리가능함	–조직의 기능에 일부 영향을 미침 –시스템품질 향상의 측면에서 처리할 수 있음	–목표 미달성과 같은 성과감소의 형태로 조직에 영향을 줌 –조직의 존재에 위협적은 아니나 심각한 검토의 대상	조직의 핵심활동의 위축을 초래함(서비스 지연, 매출손실 고객불만 등)	–프로젝트, 활동, 조직의 핵심활동 수행이 불가능함

10.2.가능성 평가기준

구 분	기 회	확 률	빈 도
1점	예외적인 상황에서 발생할 수 있음.	>5%	30년에 1~2번 발생하거나 발생할 가능성이 있음.
2점	여러 요소의 비정상적인 상황이 중복되는 상황에서 발생할수 있음.	5%>P>35%	회사 또는 동종업계에서 30년에 1~2번 발생함.
3점	일부 비정상적인 상황에서 발생할 가능성이 있음.	35%>P>65%	회사 또는 동종업계에서 지난 10년동안 한 번 이상 발생하거나, 향후 10년 이내에 발생할 가능성 있음.
4점	정상적인 경영활동에서 발생할 것으로 추측됨.	65%>P>95%	회사 또는 동종업계에서 지난 10년 동안 2~3번 이상 발생하거나 향후 몇 년 이내 발생할 가능성이 있음.
5점	정상적인 경영활동에서 발생할 것으로 추측됨.	<95%	회사에서 지난 10년동안 2~3번 발생하였으며, 향후 거의 확실히 발생할 가능성이 있음.

	안전보건경영 절차서	문서번호	SSK-SHP-06-01
		제정일자	2021. 01. 02
	위험성평가	개정일자	
		개정차수	0

10.3.등급

구 분		중대성				
		1	2	3	4	5
가능성	1	1	2	3	4	5
	2	2	4	6	8	10
	3	3	6	9	12	15
	4	4	8	12	16	20
	5	5	10	15	20	25

10.4.기타 리스크평가 수준별 관리 방법

등급	1~5	6 ~ 14	15 ~ 25
조치	현재 절차대로 관리	정기적 모니터링. 관리	즉시 대책 수립, 절차 반영

6 관련기록

6.1 위험성평가 조직구성
6.2 위험성평가 실시계획서
6.3 사업장/공정정보
6.4 유해·위험요인 파악
6.5 위험성평가표
6.6 기타 리스크 평가표

안전보건경영 절차서	문서번호	SSK-SHP-06-01
	제정일자	2021. 01. 02
위험성평가	개정일자	
	개정차수	0

<붙임 1> 위험성평가 조직구성

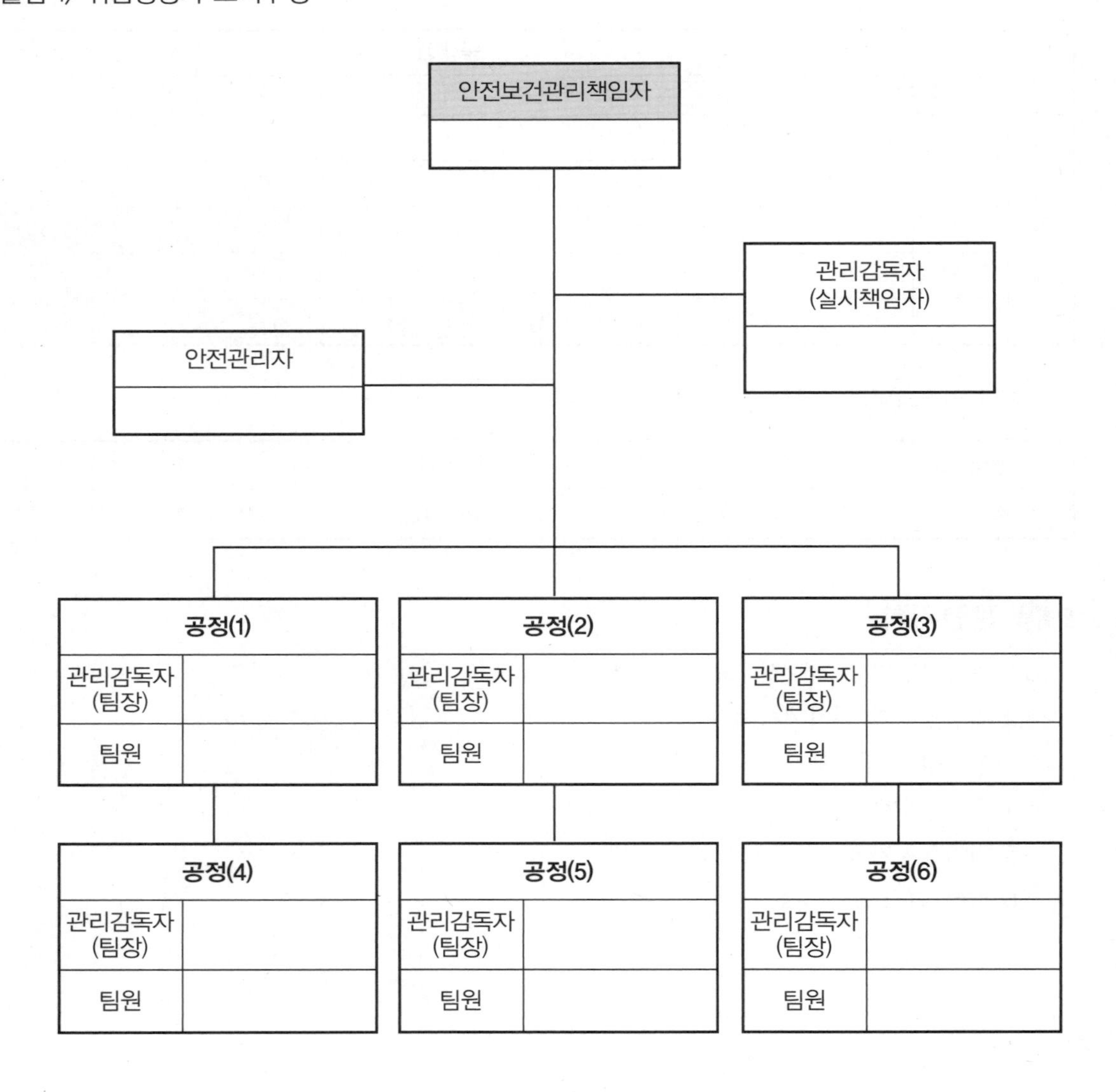

〈붙임 2〉 위험성평가 실시계획서

위험성평가 실시계획서(1)			

작성 일자	년 월 일	작 성 자	
평가 도구		평가구분	□최초 □정기 □수시
평가 대상부서		평가기간	년 월 일 ~ 월 일
위험성평가 실시 목적			
위험성평가 실시 방법			
위험성평가 실시담당자의 역할			
위험성평가 실시책임자의 역할			
위험성평가 실시의 주지방법	□안전보건교육 □사내회보 공지 □홈페이지 □게시판 □카카오톡 단체방 □수첩 기재		
위험성평가 실시상의 유의사항			
준비 및 요청사항			
사본 배포처			

	안전보건경영 절차서	문서번호	SSK-SHP-06-01
		제정일자	2021. 01. 02
	위험성평가	개정일자	
		개정차수	0

위험성평가 실시계획서(2)

<table>
<tr><td>위험성평가
사전교육
※ 전파교육</td><td>

실시 일정	참석 대상자
년 월 일 시 분 ~ 시 분(시간)	
교육 강사	
소요 예산	

</td></tr>
<tr><td>위험성평가
대상 공정</td><td></td></tr>
<tr><td>위험성평가팀</td><td>

공정명	관리감독자(팀장)	팀원

</td></tr>
<tr><td>위험성평가
세부 일정
※실시근거자료
기록보관泌</td><td>

구분	일정	비고
위험성평가 사전교육		
1차 위험성평가 회의		
위험성평가 현장점검		
위험성평가 실시		
SOP 제 · 개정		
2차 위험성평가 회의		
위험성평가 완료보고		
위험성평가 사후교육		

</td></tr>
</table>

<table>
<tr><td rowspan="2"></td><td>안전보건경영 절차서</td><td>문서번호</td><td>SSK-SHP-06-01</td></tr>
<tr><td rowspan="3">위험성평가</td><td>제정일자</td><td>2021. 01. 02</td></tr>
<tr><td></td><td>개정일자</td><td></td></tr>
<tr><td></td><td>개정차수</td><td>0</td></tr>
</table>

〈붙임 3〉 사업장/공정정보

사업장 / 공정정보

사업장명		대표이사	
업　종		근로자수	
주　소			
참 여 자			
평가진행기간	년　월　일 ~　년　월　일		

<table>
<tr><td>업종 중분류</td><td></td><td rowspan="2">공정개요
(작업내용)</td><td rowspan="2"></td><td></td></tr>
<tr><td>업종 소분류</td><td></td><td></td></tr>
<tr><td colspan="5">작업공정 분석(공정정보)</td></tr>
<tr><td>No.</td><td>공정명</td><td>공정 설명</td><td>설 비</td><td>물 질</td></tr>
<tr><td>1</td><td></td><td></td><td></td><td></td></tr>
<tr><td>2</td><td></td><td></td><td></td><td></td></tr>
<tr><td>3</td><td></td><td></td><td></td><td></td></tr>
<tr><td>4</td><td></td><td></td><td></td><td></td></tr>
<tr><td>5</td><td></td><td></td><td></td><td></td></tr>
<tr><td>6</td><td></td><td></td><td></td><td></td></tr>
<tr><td>7</td><td></td><td></td><td></td><td></td></tr>
<tr><td>8</td><td></td><td></td><td></td><td></td></tr>
</table>

〈붙임 4〉 유해·위험요인 파악

유해·위험요인의 파악

<table>
<tr><td>공정</td><td></td><td></td><td>세부
분류</td><td></td><td>설비</td><td></td><td>물질</td><td></td></tr>
<tr><td rowspan="2">1</td><td rowspan="2">기계적 요인</td><td colspan="3">☐ 1.1 협착위험 부분(감김, 끼임)</td><td colspan="2">☐ 1.2 위험한 표면(절단, 베임, 긁힘)</td><td colspan="2">☐ 1.3 기계(설비)의 낙하, 비래, 전복, 붕괴</td></tr>
<tr><td colspan="3">☐ 1.4 충돌위험 부분</td><td colspan="2">☐ 1.5 넘어짐 (미끄러짐, 걸림, 헛디딤)</td><td colspan="2">☐ 1.6 추락위험 부분(개구부 등)</td></tr>
<tr><td>2</td><td>전기적 요인</td><td colspan="3">☐ 2.1 감전(안전전압 초과)</td><td colspan="2">☐ 2.2 아크</td><td colspan="2">☐ 2.3 정전기</td></tr>
<tr><td rowspan="3">3</td><td rowspan="3">화학(물질)적 요인</td><td colspan="3">☐ 3.1 가스</td><td colspan="2">☐ 3.2 증기</td><td colspan="2">☐ 3.3 에어로졸·흄</td></tr>
<tr><td colspan="3">☐ 3.4 액체·미스트</td><td colspan="2">☐ 3.5 고체(분진)</td><td colspan="2">☐ 3.6 반응성 물질</td></tr>
<tr><td colspan="3">☐ 3.7 방사선</td><td colspan="2">☐ 3.8 화재 / 폭발 위험</td><td colspan="2">☐ 3.9 복사열 / 폭발과압</td></tr>
<tr><td rowspan="2">4</td><td rowspan="2">생물학적 요인</td><td colspan="3">☐ 4.1 병원성 미생물, 바이러스에 의한 감염</td><td colspan="2">☐ 4.2 유전자 변형물질(GMO)</td><td colspan="2">☐ 4.3 알러지 및 미생물</td></tr>
<tr><td colspan="3">☐ 4.4 동물</td><td colspan="2">☐ 4.5 식물</td><td colspan="2"></td></tr>
<tr><td rowspan="4">5</td><td rowspan="4">작업특성 요인</td><td colspan="3">☐ 5.1 소음</td><td colspan="2">☐ 5.2 초음파·초저주파음</td><td colspan="2">☐ 5.3 진동</td></tr>
<tr><td colspan="3">☐ 5.4 근로자 실수(휴먼에러)</td><td colspan="2">☐ 5.5 저압 또는 고압상태</td><td colspan="2">☐ 5.6 질식위험·산소결핍</td></tr>
<tr><td colspan="3">☐ 5.7 중량물 취급작업</td><td colspan="2">☐ 5.8 반복작업</td><td colspan="2">☐ 5.9 불안정한 작업자세</td></tr>
<tr><td colspan="3">☐ 5.10 작업(조건)도구</td><td colspan="2"></td><td colspan="2"></td></tr>
<tr><td rowspan="2">6</td><td rowspan="2">작업환경 요인</td><td colspan="3">☐ 6.1 기후 / 고온 / 한랭</td><td colspan="2">☐ 6.2 조명</td><td colspan="2">☐ 6.3 공간 및 이동통로</td></tr>
<tr><td colspan="3">☐ 6.4 주변 근로자</td><td colspan="2">☐ 6.5 작업시간</td><td colspan="2">☐ 6.6 조직 안전문화</td></tr>
</table>

	안전보건경영 절차서	문서번호	SSK-SHP-06-01
		제정일자	2021. 01. 02
	위험성평가	개정일자	
		개정차수	0

〈붙임 5〉 위험성평가표

공정명		위험성평가표(1-1)					평가일시	평 가 자 (팀장/팀원)	
세부 공정									
No	작업 내용	유해·위험요인파악			관련 근거	현재 안전보건 조치	현재 위험성		
		분류 번호	유해·위험 요인	위험상황 및 잠재적 결과	법적 기준		가능성 (빈도)	중대성 (강도)	위험성

	안전보건경영 절차서	문서번호	SSK-SHP-06-01
		제정일자	2021. 01. 02
	위험성평가	개정일자	
		개정차수	0

공정명		위험성평가표(1-2)	평가일시	평 가 자 (팀장/팀원)
세부 공정				

No	위험성 감소대책	개선 후 위험성			개선 예정일	담당자	개선 완료일
		가능성 (빈도)	중대성 (강도)	위험성			

	안전보건경영 절차서	문서번호	SSK-SHP-06-01
		제정일자	2021. 01. 02
	위험성평가	개정일자	
		개정차수	0

〈붙임 6〉 기타 RISK 평가표

부서명		기타 RISK 평가표	작성	검토	승인
작성자					
작성일자					

순번	내·외부 이슈 (현안사항)	리스크 및 기회영향	현재의 관리 상태	현재의 위험성			결정		위험성 감소 대책	개선 후 위험성			개선일정		
				빈도	강도	위험성	적정	보완		빈도	강도	위험성	개선 예정일	완료일	담당자

안전보건경영 절차서	문서번호	SSK-SHP-06-02
	제정일자	2021. 01. 02
법규관리	개정일자	
	개정차수	0

목 차

안전보건경영 절차서	문서번호	SSK-SHP-06-02
	제정일자	2021. 01. 02
법규관리	개정일자	
	개정차수	0

1 목 적

이 절차는 회사에서 업무와 관련된 모든 활동, 안전보건 관련 법규 및 기타 요구사항을 파악하고 관리하는 것을 그 목적으로 한다.

2 적용범위

이 절차는 회사의 모든 안전보건경영활동과 관련된 법규, 규제 및 기타 이해관계자들의 요구사항을 관리하는 업무에 대하여 적용한다.

3 책임과 권한

3.1 대표이사
법규 및 그 밖의 요구사항 이행촉구 및 관련 제반 비용 지원

3.2 안전보건관리책임자
법규 및 그 밖의 요건의 개정관리, 결과 기록물에 대한 검토

3.3 안전관리자
적용되는 안전보건법규 및 기타 요구사항에 대한 법규등록부 작성, 법규검토서 작성 및 보고

3.4 관리감독자
안전보건법규 및 기타 요구사항 파악에 대한 이행 및 근로자 교육

3.5 근로자
안전보건법규, 사내 규정, 작업안전표준 및 지침 준수

4 업무절차

4.1 안전관리팀은 적용되는 법규 및 그 밖의 안전보건 요구사항을 파악하고 활용하기 위한 절차를 수립, 실행 및 유지하도록 하고 다음과 같이 적용되는 법규 및 조직이 동의한 그 밖의 요구사항을 파악하고 활용하기 위해 안전보건추진계획 수립에 반영하도록 하여야 한다.

4.1.1 회사에 적용되는 안전보건법규 및 조직이 동의한 그 밖의 요구사항

4.1.2 회사 구성원 및 이해관계자들과 관련된 안전보건기준과 지침

4.1.3 회사 특성에 따라 구성원이 지켜야 할 안전보건상의 기술적인 지침

4.2 법규 및 그 밖의 요구사항은 최신의 것으로 유지하여야 한다.

4.3 법규 및 그 밖의 요구사항은 조직구성원 및 이해관계자 등에게 의사소통 및 정보제공 되어야 한다.

4.4 안전관리자는 업무에 관련되는 안전보건법규 및 그 밖의 요건을 파악하여 관리감독자에게 전달하여야 한다.

4.5. 산업안전보건 관련 규정 등

4.5.1 산업안전보건법 및 그 하위 규정

4.5.2 화학물질관리법 및 그 하위 규정

4.5.3 산재보상보험법 및 그 하위 규정

4.5.4 환경 및 기타 안전보건에 관련된 사항

4.6 그 밖의 요구사항 등

4.6.1 발주처의 요구사항 지침

4.6.2 지방자치단체의 운영법규, 조례

4.6.3 국제단체, 협의기구 등을 통하여 의무적으로 사용하도록 권장하는 것.

4.6.4 고용노동부, 안전보건공단, 고객사 등 이해관계자에 의하여 업무에 적용을 받는 것.

4.7 법규 등의 입수

4.7.1 정부발행 관보

4.7.2 인터넷을 통한 전산자료

4.7.3 안전 관련 정기간행물

4.7.4 법제처, 고용노동부, 안전보건공단 등

4.7.5 안전관리자는 해당 법규에 대하여 상하반기 각 1회 이상 정기적으로 파악, 검토하여야 한다

4.8 법규 등의 검토 절차

4.8.1 안전보건관리책임자는 다음과 같은 적용되는 법규 및 조직이 동의한 그 밖의 요구사항을 파악하고 활용하기 위한 절차를 수립, 실행 및 유지하여야 한다.

1) 사업장에 적용되는 안전보건법규 및 조직이 동의한 그 밖의 요구사항

2) 조직구성원 및 이해관계자들과 관련된 안전보건기준과 지침

3) 사업장 특성에 따라 구성원이 지켜야 할 안전보건상의 기술적인 지침

4.8.2 안전관리자는 법규 등을 제·개정 내용을 정부발행 관보, 인터넷 자료, 안전 관련 정기간행물, 이해관계자(고용노동부, 안전보건공단 등)을 통하여 입수한다.

4.8.3 관리감독자는 법규 및 그 밖의 요구사항을 입수한 경우 안전관리자에게 그 내용을 즉시 통보한다.

	안전보건경영 절차서	문서번호	SSK-SHP-06-02
		제정일자	2021. 01. 02
	법규관리	개정일자	
		개정차수	0

4.8.4 안전관리자는 회사와 관련된 모든 활동이 위험도 평가에 직접적으로 적용되는 안전보건 관련 법규 및 그 밖의 요구사항의 주요 사항을 발췌하여 법규등록부에 등록 관리한다.

4.8.5 안전관리자는 입수된 법규 등을 검토하여 적용여부를 판단하고 관리감독자에게 요지를 통보하고 관리감독자는 회의 및 교육을 통해 근로자에게 공지한다.

4.8.6 안전관리자는 필요한 경우 법규 등의 내용을 목표 및 추진계획에 반영하여야 한다.

4.8.7 안전관리자는 법규 등을 항상 최신본으로 유지하고 공지한 법규 등의 내용을 보관한다.

4.8.8 안전관리자는 회사에 적용되는 안전보건 관련 법규를 상하반기 각 1회 이상 개정 내용 등을 검토하고 법규검토서를 작성하여 법규 준수가 될 수 있도록 한다.

4.8.9 안전관리자는 개정법규에 따른 대응방안을 강구하여 안전보건관리책임자에게 보고한다.

5 관련기록

5.1 산업안전보건 법령요지게시

5.2 법규등록부

5.3 법규검토서

5.4 안전보건 관련 개정법규 대응방안

〈붙임 1〉 산업안전보건 법령 요지 게시

산업안전보건법 법령 요지

2020.01.16 safett

산업안전보건법	주 요 내 용	벌칙
제57조 (산업재해 발생 은폐 금지 및 보고)	▶ 산업재해 발생 보고 ※ 재발방지계획서 등 작성 3년 보관 –사망 시 : 지체 없이 전화 및 팩스 보고(고용노동부 관할지청) –3일 이상의 휴업재해 발생 시 : 관할지청에 1달 이내 산업재해조사표 보고	은폐 : 1년이하 징역 또는 1천만원 이하 벌금 보고 : 5천만원 이하 과태료
제34조(법령요지게시)	▶ 산업안전보건법 요지 및 안전보건관리규정 게시(근로자들이 알게 하여야 함)	500만원 이하 과태료
제12조 (안전표지의 부착 등)	▶ 사업장의 유해 또는 위험한 시설 및 장소에 경고, 비상시 조치 안내 등의 안전, 보건표지를 설치하거나 부착하여야 함. ※산업안전보건법 시행규칙 별표1의2 참조 –금지표지/경고표지/안내표지/지시표지	500만원 이하 과태료
제16조(관리감독자) 제17조(안전관리자) 제18조(보건관리자) 제19조(안전관리자)	▶ 상시근로자의 인원과 건설공사 규모 별 관리감독자, 안전관리자, 보건관리자, 안전관리자를 지정하거나 선임(대행기관 위탁가능) ▶ 작업반장, 생산과장, 부장 등 관리감독자에게 안전점검 등 업무를 수행하게 해야함	500만원 이하 과태료
제38조(안전조치)	▶ 위험기계·기구 및 설비 위험방지 : 프레스, 리프트, 크레인, 압력용기 등 방호조치 ▶ 전기, 열, 기타에너지로 인한 위험방지 : 접지, 누전차단기설치 등 ▶ 추락, 붕괴, 낙하, 비례위험방지 : 안전난간설치, 안전모, 안전벨트 착용 등 ▶ 굴착, 하역, 벌목, 조작, 운반, 해체, 중량물 취급 등 위험방지조치 : 작업계획서 작성(중량물 취급, 트럭, 지게차 등 차량계 하역운반기계) 등	근로자 사망 시 7년 이하 징역 또는 1억원 이하 벌금 등
제39조(보건상의조치)	▶ 분진, 밀폐공간작업, 사무실오염, 소음 및 진동, 이상기압 온·습도, 방사선, 근골격계 부담작업, 화학물질 등에 의한 건강장해의 예방조치 –방독마스크, 방진마스크, 귀마개 등의 보호구 착용, 국소배기장치 설치, 휴게시설, 밀폐공간 프로그램 등의 조치	근로자 사망 시 7년 이하 징역 또는 1억원 이하 벌금 등
제63조 (도급인의 안전보건조치)	▶ 안전보건에 관한 협의체 구성 및 운영, 작업장의 순회점검 등 안전보건관리 ▶ 수급인이 근로자에게 하는 안전보건교육에 대한 지도와 조언	500만원 이하 벌금
제66조(도급인의 관계 수급인에 대한시정조치)	▶ 도급인이 수급인의 산업안전보건법 위반행위 시정을 위해 필요한 조치	500만원 이하 과태료
제58조(유해한 작업의 도급금지)	▶ 도금작업, 수은, 납, 카드뮴 제련, 주입, 가공 및 가열하는 작업 도급금지 허가대상물질을 제조하거나 사용하는 작업 도급금지	500만원 이하 과태료
제31조(안전보건교육)	▶ 정기교육 : 비사무직(6시간/분기), 사무직(3시간/분기) ▶ 채용 시 교육 : 일용직(기초안전보건교육4시간), 건설업 외(8시간이상) ▶ 특별교육 : 일용직(2시간이상), 건설업 외(16시간이상) ▶ 관리감독자교육 : 전업종, 작업반장 등을 관리감독자로 지정. 연간 16시간이상	500만원 이하 과태료

	안전보건경영 절차서	문서번호	SSK-SHP-06-02
		제정일자	2021. 01. 02
	법규관리	개정일자	
		개정차수	0

산업안전보건법	주 요 내 용	벌칙
제80조 (유해·위험기계·기구 등의 방호조치 등)	▶유해·위험기계 등의 방호조치 실시 프레스, 전단기, 가스집합용접장치, 크레인, 승강기, 리프트, 용접기, 압력용기, 보일러, 롤러기, 연삭기, 목재가공용 둥근톱, 동력식 수동대패, 산업용 로봇 등은 방호장치를 하지 않고는 사용하면 안 됨	1년 이하 징역 또는 1000만원 이하 벌금
제84조(안전인증)	▶유해·위험기계 등의 안전인증 프레스, 전단기, 절곡기, 크레인, 리프트, 압력용기, 롤러기, 사출성형기, 고소작업대, 곤돌라, 기계톱(이동식) 등은 의무 안전인증대상 기계·기구로서 전인증을 받아야 함(사용 사업주는 근로자들이 안전인증 받은 제품만을 사용도록 해야 함)	3년 이하 징역 또는 2000만원 이하 벌금
제93조(안전검사)	▶유해·위험기계 등의 주기적 안점검사 실시 프레스, 전단기, 크레인(2톤이상), 리프트, 압력용기, 롤러기, 국소배기장치, 원심기, 화학설비, 건조설비. 롤러기, 사출성형기 등은 2년마다 안전검사를 받아야 함	1000만원 이하 과태료
제118조(유해·위험물질의 제조 등 허가)	▶유해화학물질 제조·사용 시 관할지청의 허가를 받아야 함 디클로로벤지딘, 알파나프틸아민, 크로산아연, 베릴룸, 비소 등 허가대상물질	5년 이하 징역 또는 5000만원 이하 벌금
제119조(석면조사) 제122조 (석면의해체제거)	▶건축물 등의 철거 시 석면조사를 실시해야 함 ▶석면해체·제거 시 석면해체·제거 작업기준을 준수하여야 함 ▶일정면적 이상의 석면함유건축물, 설비철거 시 석면해체 제거업자를 통해 철거, 해체 하여야 함	5년 이하 징역 또는 5000만원 이하 벌금
제114조 (물질안전보건자료 작성, 비치 등)	▶화학물질 등 사용 시 저장, 제조 시 물질안전보건자료(MSDS)를 비치·게시 ▶화학물질의 용기, 포장 등에 경고표시 부착 및 근로자에게 교육 실시	500만원 이하 과태료
제125조 (작업환경측정)	▶소음(80㏈이상), 화학물질, 분진, 고열 등에 근로자가 노출되는 사업장은 작업환경측정 실시 반기 1회 / 2회 연속 노출기준 미만이면 1년 1회	1000만원 이하 과태료
제129조(일반검진) 제130조(특수검진등)	▶일반건강진단 : 사무직 2년에 1회, 비사무직은 1년에 1회 ▶특수건강진단 : 소음, 분진, 화학물질, 고열 등 노출근로자, 야간근로자(6개월-2년1회) ▶배치전건강진단 : 신규채용, 작업전환 시 특수건강진단 대상업무에 종사할 경우 실시	1000만원 이하 과태료
제64조(서류의 보존)	▶산업재해 발생기록, 관리책임자·안전관리자·보건관리자·산업보건의 선임에 관한 서류, 석면조사서류, 작업환경측정·건강진단 서류 등 (3~30년간 보관)	300만원 이하 과태료

〈붙임 2〉 안전보건 관련 법규등록부

작 성 자		안전보건 관련 법규등록부
작성일자		

NO	법규명	제정 일자	개정 일자	시행 일자	적용사항	관련기관	법규전파 방법

〈붙임 3〉 법규검토서

법규검토서

관련법규		개정일		검토자		전달팀	

☐ **내용요약**

※ 전달방법

☐ 교육 ☐ 게시 ☐ 메일 전파 ☐ 회의 ☐ 기타( )

※ 당사에서 적용여부 및 조치사항

☐ 적용여부 (☐ 적용 , ☐ 비적용)
☐ 조치사항 :

〈붙임 4〉 안전보건 관련 개정법규 대응방안

구분	달라지는 내용	대응방안

BM	안전보건경영 절차서	문서번호	SSK-SHP-06-03
		제정일자	2021. 01. 02
	목표 및 추진계획	개정일자	
		개정차수	0

목 차

	안전보건경영 절차서	문서번호	SSK-SHP-06-03
		제정일자	2021. 01. 02
	목표 및 추진계획	개정일자	
		개정차수	0

1 목 적

이 절차는 회사의 안전보건경영정책을 실현하기 위한 안전보건목표 설정 및 세부추진계획 수립 등에 대한 절차를 규정하는 것을 목적으로 한다.

2 적용범위

이 절차는 회사의 안전보건목표 및 이에 따른 추진계획의 수립·운영하는 절차에 대하여 적용한다.

3 책임과 권한

3.1 대표이사

3.1.1 안전보건경영정책에 따라 안전보건목표의 설정

3.1.2 안전보건경영 추진계획 승인

3.1.3 안전보건목표 및 추진계획 실행에 따른 경영상의 지원

3.2 안전보건관리책임자

3.2.1 안전보건목표를 이행할 수 있도록 기본자료 제공 등 모든 활동 주관

3.2.2 안전보건경영 추진계획의 검토 및 대표이사에게 보고

3.3 안전관리자

3.3.1 각 팀으로부터 안전보건경영 추진계획의 수립 요청 및 접수 후 확인

3.3.2 각 팀의 추진계획과 전체 계획의 비교 검토 후 계획안 확정

3.3.2 안전보건추진 운영전반의 성과측정, 실적관리업무

3.4 관리감독자

3.4.1 수립된 안전보건목표 및 계획의 이행

3.4.2 안전보건목표 및 세부목표를 달성을 위한 근로자 교육

3.5 근로자

목표 및 세부목표를 달성하기 위하여 안전보건활동에 적극 참여하고 관련 법규 등을 준수

4 업무절차

4.1 안전보건목표의 수립

4.1.1 각 팀별로 안전보건활동에 대한 안전보건목표를 수립하여 안전관리자에게 검토를

요청한다.

4.1.2 목표를 수립할 때에는 위험성평가 결과, 법규 등 검토사항과 안전보건활동상의 필수적 사항(교육·훈련, 성과측정, 내부심사) 등이 반영되도록 한다.

4.1.3 안전보건활동은 안전보건방침에서 추구하는 목표와 일치하여야 하며, 각 안전보건활동별로 목표를 측정 가능하도록 정한다.

4.1.4 목표를 수립 시에는 목표달성을 위한 조직 및 인적·물적 지원 범위와 크기를 반영한다.

4.1.5 안전보건목표의 설정

1) 안전보건목표 설정 시 고려하여야 할 중요사항은 다음과 같다.

(1) 법률 및 그 밖의 요구사항

(2) 안전보건경영에 관한 각종 지침

(3) 타 팀의 우수 안전보건 실천사례

(4) 안전보건경영체제 운영을 위한 보유자원 활용과 효율성

(5) 산업재해 발생, 위험성평가 결과 조치계획 수립 등

2) 안전보건목표는 안전보건경영방침과 부합되도록 하며, 가능한 정량화함으로써 심사 및 성과측정이 가능토록 설정한다.

3) 확정된 안전보건목표는 안전관리자가 각 팀에 배포한다.

4) 안전관리자는 수립된 안전보건목표 및 추진계획을 검토한 후 각 팀별로 배포한다.

5) 각 팀별로 배포된 안전보건목표 및 추진계획은 관리감독자가 추진하며, 안전보건관리책임자는 반기별로 성과측정을 실시한다.

4.1.6 안전보건목표의 변경

안전보건목표 변경이 필요한 경우에는 수립 시와 동일한 절차를 거친다.

4.2 안전보건의 추진계획

4.2.1 안전보건상의 목표를 달성하기 위한 활동 추진계획을 해당 업무(작업), 단위별(팀별)로 다음 사항을 수립하고 문서화하여 실행한다.

1) 조직의 전체목표 및 팀별 세부목표와 이를 추진하고자 하는 책임자 지정

2) 목표달성을 위한 안전보건활동계획(수단·방법·일정·예산·인원)

3) 안전보건활동별 성과지표

4.2.2 안전보건활동 추진계획은 반기별로 검토되고 조직의 운영변경 또는 새로운 계획의 추가 사유가 발생할 때에는 수정하도록 한다.

4.2.3 세부 추진계획의 수립

1) 추진계획은 방침 실행을 위한 담당자 선정, 책임과 권한을 포함한 안전보건목표 및 세부목표를 달성하기 위한 수단 및 일정을 기술한다.

2) 안전관리자는 안전보건목표 및 세부목표를 달성하기 위한 안전보건활동 추진계획을 관리감독자의 의견을 들어 작성하고 이를 각 팀에 통보한다.

3) 안전관리자는 안전보건활동 추진계획에 다음 내용을 포함하는 안전보건활동 추진계획을 수립한다.

(1) 안전보건목표

(2) 추진세부내용

(3) 성과지표

(4) 추진일정

(5) 우선순위

(6) 담당자

(7) 소요예산

4) 수립된 안전보건활동 추진계획은 안전보건관리책임자의 검토를 거쳐 대표이사의 승인을 받는다.

4.2.4 추진계획의 운영 및 감시

1) 안전관리자는 안전보건활동 추진계획에 따라 안전보건개선을 추진하되, 추진계획에 따른 실적을 반기별로 비교·분석하고 그 결과를 안전보건관리책임자에게 보고한다.

2) 추진계획은 모니터링 및 성과측정, 내부심사를 통하여 점검 및 이행여부를 확인하는 등 효과적으로 운영될 수 있도록 한다.

3) 안전관리자는 정기적으로 안전보건성과를 관리하고 개선성과를 취합하여 안전보건관리책임자에게 보고하고 안전보건관리책임자는 이를 대표이사에게 보고한다.

4) 안전보건활동 추진계획에는 회사의 안전보건목표의 변경사항을 반영한다.

4.2.5 안전보건활동 추진계획의 변경

1) 다음과 같은 변경사유가 발생할 경우, 안전관리자는 안전보건활동 추진계획의 변경 여부를 판단하여야 한다.

(1) 안전보건방침, 안전보건목표 및 세부목표를 변경하는 경우

(2) 회사의 안전보건경영체제를 변경하는 경우

(3) 안전보건내부심사 결과 추진계획의 부적합사항이 발생하였을 경우

(4) 안전보건성과측정 결과 추진계획의 변경이 필요한 경우

(5) 당사 또는 동종업종에서 산업재해가 발생하였을 경우

(6) 당해 연도 중 사전 위험성평가 결과 조치계획을 수립하여야 할 경우 등

2) 상기 사유의 발생 시 안전관리자는 관리감독자에게 변경사항을 통보하고, 관리감독자는 안전보건활동 시 이를 참조하여 추진계획을 이행한다.

4.3 목표는 가능한 경우 측정되어야 하며, 부상 및 건강상 장해예방, 적용되는 법규 요구사항 및 조직이 동의한 그 밖의 요구사항 준수, 그리고 지속적 개선에 대한 의지가 포함된 안전보건방침과 일관성이 있도록 한다.

4.4 목표를 수립하고 검토할 때, 법규 요구사항 및 조직이 동의한 그 밖의 요구사항, 안전보건리스크를 고려하여야 한다. 또한 조직은 조직의 기술적 대안, 재정적, 운영적 및 사업상의 요구사항과 이해관계자의 견해를 고려하도록 한다.

4.5 추진계획은 목표가 달성됨을 보장하기 위하여, 정기적이고 계획된 주기인 반기별로 검토되어야 하며 필요시 조정되도록 하여야 한다.

5 관련기록

5.1 (　　)년도 안전보건목표

5.2 안전보건목표에 따른 추진계획서

〈붙임 1〉 (　)년도 안전보건목표 (예시)

(　　)년도 안전보건목표		승인자	
		검토자	
		작성자	

■ 안전보건 목표	무재해 사업장(재해 ZERO : 공상 및 산재건수 : 0건))
	안전보건경영시스템의 이행 100%
▶ 전략과제	공정 위험 요소별 밀착점검을 통한 사전 안전성 확보
▶ 중점 추진 방향	1. 성공적인 안전보건경영시스템 구축 및 이행 (적합판정 및 추진계획 이행율 100%)
	2. 안전보건 관련 법규의 철저준수(관련 법규 이행율 100%)
	3. 자체 안전보건활동의 준수(표준안전수칙 준수율 100%)
	4. 안전보건교육·훈련의 강화(교육 이행율 100%)

	안전보건경영 절차서	문서번호	SSK-SHP-06-03
		제정일자	2021. 01. 02
	목표 및 추진계획	개정일자	
		개정차수	0

〈붙임 2〉 안전보건목표에 따른 추진계획서

중요목표 (Objective)	세부목표(Target)																	소요 예산	비고
	세부 추진항목	추진 ITEM	목표 (성과지표)	담당자	구분	추진일정(月)													
						1	2	3	4	5	6	7	8	9	10	11	12		

목 차

안전보건경영 절차서	문서번호	SSK-SHP-07-01
	제정일자	2021. 01. 02
교육·훈련 및 자격	개정일자	
	개정차수	0

1 목 적

이 절차는 회사의 안전보건경영활동을 수행하는 모든 임직원에 대한 교육·훈련을 실시 및 자격인정기준을 마련하여 관련 법규를 만족시키고 자율안전보건활동을 지속적으로 유지할 수 있는 절차에 대하여 규정함을 목적으로 한다.

2 적용범위

이 절차는 근로자에 대한 교육·훈련 방법 및 자격인정기준의 절차에 대하여 적용한다.

3 책임과 권한

3.1 대표이사
연간 안전보건교육·훈련계획의 승인 및 교육·훈련에 따른 경영지원

3.2 안전보건관리책임자
안전보건 관련 업무를 수행하는 모든 관련 구성원들에 대한 안전보건 관련 교육의 필요성 파악, 연간 교육·훈련계획 수립의 검토 및 주관

3.3 안전관리자
관리감독자로 하여금 교육의 필요성을 파악한 후 교육계획을 수립하고 이를 안전보건관리책임자에게 보고

3.4 관리감독자
근로자의 안전보건상의 위험이 수반되는 업무수행으로 안전보건 관련 교육이 필요한 자를 파악, 수립된 연간 교육·훈련계획에 따라 교육 참여

3.5 근로자
안전보건교육·훈련에 적극 참여

4 업무절차

4.1 교육·훈련의 필요성 파악 및 계획 수립

4.1.1 안전관리자는 안전보건 관련 파악된 교육·훈련의 필요성을 토대로 자체교육 및 외부 교육대상을 구분하여 연간 교육·훈련계획을 수립하여야 한다.

4.1.2 관리감독자는 소속 팀원 및 관련 구성원에 대하여 실시하여야 할 교육내용을 검토한 후 안전관리자에게 보고한다.

4.1.3 안전보건교육·훈련의 필요성 파악 시 안전보건방침, 목표 및 세부목표, 안전보건경

영추진계획, 개별교육 이수 내용, 법규 변동사항 등을 기초로 하여야 하며, 대상별 필요 교육 수준은 해당 규정 및 교육 주요 내용에 의해 구분되고 적절히 수행되어야 한다.

4.1.4 연간 안전보건교육계획은 교육의 필요성을 파악한 후 안전관리자가 경영자 검토 이후 매년 말 차기년도의 연간 안전보건교육계획을 수립한다.

4.2 교육·훈련의 실시

4.2.1 안전보건교육·훈련은 해당 역할 및 책임이 완수될 수 있도록 전 계층에 대하여 다음 사항을 인식할 수 있도록 실시되어야 한다.

1) 안전보건방침과 규정 및 표준 그리고 안전보건경영체제의 요건에 대한 적합성과 중요성
2) 실제적 혹은 잠재적이든 자신들의 업무활동에 따른 중요한 안전보건위험성 인식 및 개선책 제고
3) 안전보건방침과 규정 및 표준을 준수하고, 비상시 대비 및 대응요건을 포함하는 안전보건경영체제의 요건을 준수하는데 있어서 자신들의 역할과 책임
4) 안전보건관리를 위해 설정된 관리범위를 벗어난 경우에 예상되는 잠재적인 결과

4.2.2 안전보건관리책임자는 연간 교육·훈련 실시 결과에 대한 성과측정 여부를 확인하여 성과측정 결과가 연간 교육·훈련계획 수립 시 반영되도록 하여야 한다.

4.3 교육·훈련기준

4.3.1 안전보건교육·훈련계획에는 다음 사항을 포함한다.

1) 안전보건방침, 안전보건경영체제의 수행, 안전보건활동과 담당자의 역할 및 책임
2) 근로자의 업무 또는 작업이 안전보건에 미치는 영향과 결과
3) 위험성평가 결과, 개선내용 및 잔여 위험요인과 그 대책
4) 비상시 대응절차 및 규정된 대응절차로부터 벗어날 때 발생할 수 있는 2차적 피해
5) 화재, 폭발, 누출, 인명손상에 대한 비상훈련 및 대피(응급처치 포함)
6) 산업안전보건법 제29조 및 동 시행규칙 별표4에서 요구하는 사항

4.3.2 안전보건교육·훈련 강사는 관련 자격인정기준에 따라 자격을 갖춘 자를 선정하는 것을 원칙으로 한다(산업안전보건법 시행규칙 제 26조 3항).

1) 법 제15조 제1항에 따른 안전관리책임자
2) 법 제16조 제1항에 따른 관리감독자
3) 법 제17조 제1항에 따른 안전관리자

4) 법 제18조 제1항에 따른 보건관리자
5) 법 제19조 제1항에 따른 안전보건관리담당자
6) 법 제22조 제1항에 따른 산업보건의
7) 공단에서 실시하는 해당 분야의 강사요원 교육과정을 이수한 사람
8) 법 제142조에 따른 산업안전지도사 또는 산업보건지도사
9) 산업안전보건에 관하여 학식과 경험이 있는 사람으로서 고용노동부장관이 정하는 기준에 해당하는 사람

4.3.3 교육대상자와 그에 적합한 교육의 수준은 해당 규정 및 기준 또는 교육내용을 인식하고 적절히 수행할 수 있도록 실시한다. 특히, 산업안전보건법에서 요구하는 근로자 및 안전보건경영시스템에서 요구하는 내부심사원 등이 교육·훈련에서 누락되지 않도록 유의한다.

4.3.4 교육·훈련을 미실시하였거나 불참자에 대해서는 추가 교육을 실시하여 누락자가 발생하지 않도록 관리하며, 교육·훈련기록은 지속적으로 유지·관리한다.

4.3.5 산업안전보건교육 규정에 의거하여 관리감독자 등 안전보건교육 시에는 인터넷 교육은 50% 이상 수강을 금지하며, 외부 교육을 통해 충족할 수 있도록 한다.

4.4 자격인정기준

4.4.1 안전관리자는 업무수행상 필요한 자격면허를 파악하여 자격면허 유지를 위한 교육계획을 수립 반영한다.

4.4.2 안전관리자는 안전보건 관련 자격면허 필요 업무를 파악하여 안전보건관리책임자에게 보고한다.

4.4.3 자격면허 유지와 관련한 보수교육 등을 이수한 자는 이수증(수료증 또는 자격증) 사본(또는 원본)을 안전관리자에게 제출하여야 한다.

4.4.4 자격면허 인정을 필요로 하는 업무 및 안전보건업무수행의 자격은 다음과 같다.

	안전보건경영 절차서	문서번호	SSK-SHP-07-01
		제정일자	2021. 01. 02
	교육·훈련 및 자격	개정일자	
		개정차수	0

업 무 명	자격면허	관련법규	비 고
대표이사	선임 후 지정	산업안전보건법 제 62조	자체지정
안전관리자	산업안전기사 또는 산업기사	산업안전보건법 제 17조	자체선임
관리감독자	대표이사가 선임 명령한 자	산업안전보건법 제16조	자체지정
위험성평가자	관리감독자	위험성평가에 관한 고시	교육이수자
내부심사	내부심사원	안전보건경영시스템	교육이수자
전기관리자	전기안전기사 또는 산업기사	전기사업법 제73조	대행선임
소방관리자	소방설비기사	화재예방 소방시설 설치 유지 및 안전관리에 관한 법률 제41조	자체선임 대행선임
고압가스 안전관리자	냉동기사	고압가스안전관리법	자체선임
위험물 안전관리자	위험물안전기사 또는 산업기사	위험물안전관리법	자체선임
승강기 안전관리자	승강기기사(승강기 안전관리자)	승강기안전관리법	대행선임

5 사업장 내 안전보건교육

5.1 근로자 정기교육

5.1.1 교육대상 : 노무를 제공하는 자

5.1.2 교육시간 : 현장직은 분기 6시간 이상 또는 월 2시간 이상, 사무직은 분기 3시간 이상

5.1.3 교육내용

1) 산업안전 및 사고 예방에 관한 사항
2) 산업보건 및 직업병 예방에 관한 사항
3) 건강증진 및 질병 예방에 관한 사항
4) 유해·위험 작업환경 관리에 관한 사항
5) 산업안전보건법령 및 일반관리에 관한 사항
6) 직무스트레스 예방 및 관리에 관한 사항
7) 산업재해보상보험 제도에 관한 사항

5.1.4 교육 실시자 : 안전보건관리책임자 및 안전관리자, 보건관리자가 실시

5.2 관리감독자 정기교육

5.2.1 교육대상 : 관리감독자의 지위에 있는 자

5.2.2 교육시간 : 연간 16시간 이상

5.2.3 교육내용

1) 작업공정의 유해·위험과 재해예방대책에 관한 사항
2) 표준안전작업방법 및 지도 요령에 관한 사항
3) 관리감독자의 역할과 임무에 관한 사항
4) 산업보건 및 직업병 예방에 관한 사항
5) 유해·위험 작업환경 관리에 관한 사항
6) 산업안전보건법령 및 일반관리에 관한 사항
7) 직무스트레스 예방 및 관리에 관한 사항
8) 산재보상보험제도에 관한 사항
9) 안전보건교육능력 배양에 관한 사항
   (1) 현장근로자와의 의사소통능력 향상, 강의능력 향상, 기타 안전보건교육능력 배양 등에 관한 사항
   (2) 안전보건교육능력 배양 내용은 전체 관리감독자 교육시간의 1/3 이하에서 할 수 있다.

5.2.4 교육방법 : 외부 교육기관을 통한 이수

5.3 채용 시 안전보건교육

5.3.1 교육대상 : 신입사원

5.3.2 교육시간 : 작업공정 배치 전 8시간 이상

5.3.3 교육내용

1) 기계·기구의 위험성과 작업의 순서 및 동선에 관한 사항
2) 작업 개시 전 점검에 관한 사항
3) 정리정돈 및 청소에 관한 사항
4) 사고 발생 시 긴급조치에 관한 사항
5) 산업보건 및 직업병 예방에 관한 사항
6) 물질안전보건자료에 관한 사항
7) 직무스트레스 예방 및 관리에 관한 사항
8) 산업안전보건법령 및 일반관리에 관한 사항

5.3.4 교육 실시자 : 안전보건관리책임자 및 안전관리자, 보건관리자가 실시

5.4 작업내용 변경 시 교육

5.4.1 교육대상 : 작업내용 변경자

5.4.2 교육시간 : 작업공정 배치 전 2시간

5.4.3 교육내용

1) 기계·기구의 위험성과 작업의 순서 및 동선에 관한 사항
2) 작업 개시 전 점검에 관한 사항
3) 정리정돈 및 청소에 관한 사항
4) 사고 발생 시 긴급조치에 관한 사항
5) 산업보건 및 직업병 예방에 관한 사항
6) 물질안전보건자료에 관한 사항
7) 직무스트레스 예방 및 관리에 관한 사항
8) 산업안전보건법령 및 일반관리에 관한 사항

5.4.4 교육 실시자 : 관리감독자가 실시

5.5 특별교육

5.5.1 교육대상 : 산업안전보건법 시행규칙 [별표5]에 따른 특별교육 대상 작업자

5.5.2 교육시간 : 16시간 이상

5.5.3 교육내용 : 산업안전보건법 시행규칙 [별표5]에 따른 특별교육 대상 작업 교육내용

5.5.4 교육 실시자 : 안전관리자 및 관리감독자가 실시

5.6 교육 후 성과평가

5.6.1 교육 후 성과평가는 근로자 정기교육의 경우 시험을 통해 평가하며, 60점이상 득점한 경우 교육을 이수한 것으로 한다.

5.6.2 그 외 교육의 경우 교육 종료 후 해당 강사가 참석자를 대상으로 하여 집중도와 이해도 등을 평가하며, 교육담당자는 참석률과 강사의 준비성을 파악하여 교육 후 성과평가를 실시한다. 성과지표에 따른 항목은 아래와 같다.

1) 참석율(%)
2) 집중도(상, 중, 하)
3) 이해도(상, 중, 하)
4) 강사준비성(상, 중, 하)

6 관련기록

6.1 교육필요성 파악현황

6.2 연간 안전보건교육계획

6.3 안전보건교육일지

6.4 자격인정관리대장

안전보건경영 절차서	문서번호	SSK-SHP-07-01
	제정일자	2021. 01. 02
교육·훈련 및 자격	개정일자	
	개정차수	0

〈붙임 1〉 교육필요성 파악현황

교육필요성 파악현황								결재			
교육목표											
NO	교 육 구 분			교 육 내 용	법상의 요구내용	교육 실시 필요내용	교육 기관	대상 인원	소요 예산	비 고	
	법정 교육	전문화 교육	기타 교육								

〈붙임 2〉 연간 안전보건교육계획

작 성 팀		연간 안전보건교육계획(　　년도)	담 당		
작 성 자					
작성일자					

교육대상	교육장소	일정	교육내용	목표	목표달성		교육 실시자
					목표치	달성율	

	안전보건경영 절차서	문서번호	SSK-SHP-07-01
		제정일자	2021. 01. 02
	교육·훈련 및 자격	개정일자	
		개정차수	0

〈붙임 3〉 안전보건교육일지

안전보건교육일지	결재	담당		

일자 : 년 월 일

교육명칭	1. 근로자 정기안전교육 2. 신규채용 시 교육 3. 특별교육 4. 작업내용변경 시 교육 5. 관리감독자교육 6. 기 타( )				
교육인원	인원 / 구분	계	남	여	비고
	대상인원				
	참석인원				
교육시간	시 분 ~ 시 분 (시간)				
교육구분	1. 집합교육 2. 개인교육 3. 위탁교육				
교육장소	1. 강의실 2. 회의실 3. 작업장 4. 식당 5. 기 타( )				
교육방법	1. 강의식 2. 시청각 3. 현장교육 4. 기 타( )				

교육과목		성과지표
교육내용		1. 참석율(%)
		2. 집중도(상,중,하)
		3. 이해도(상,중,하)
		4. 강사준비성(상,중,하)

강사명	소속 및 직위	비고

	안전보건경영 절차서	문서번호	SSK-SHP-07-01
		제정일자	2021. 01. 02
	교육·훈련 및 자격	개정일자	
		개정차수	0

순번	이 름	서 명	순번	이 름	서 명
1			21		
2			22		
3			23		
4			24		
5			25		
6			26		
7			27		
8			28		
9			29		
10			30		
11			31		
12			32		
13			33		
14			34		
15			35		
16			36		
17			37		
18			38		
19			39		
20			40		

<table>
<tr><td rowspan="4"></td><td rowspan="2">안전보건경영 절차서</td><td>문서번호</td><td>SSK-SHP-07-01</td></tr>
<tr><td>제정일자</td><td>2021. 01. 02</td></tr>
<tr><td rowspan="2">교육·훈련 및 자격</td><td>개정일자</td><td></td></tr>
<tr><td>개정차수</td><td>0</td></tr>
</table>

〈붙임 4〉 자격인정관리대장

업 무 명	성 명	자격면허	관련법규	비 고

1
2
3
4
5
6
7
8
9
부록

<table>
<tr><td rowspan="4"></td><td rowspan="2">안전보건경영 절차서</td><td>문서번호</td><td>SSK-SHP-07-02</td></tr>
<tr><td>제정일자</td><td>2021. 01. 02</td></tr>
<tr><td rowspan="2">의사소통 및 정보제공</td><td>개정일자</td><td></td></tr>
<tr><td>개정차수</td><td>0</td></tr>
</table>

목 차

<table>
<tr><td rowspan="4"></td><td rowspan="2">안전보건경영 절차서</td><td>문서번호</td><td>SSK-SHP-07-02</td></tr>
<tr><td>제정일자</td><td>2021. 01. 02</td></tr>
<tr><td rowspan="2">의사소통 및 정보제공</td><td>개정일자</td><td></td></tr>
<tr><td>개정차수</td><td>0</td></tr>
</table>

1 목 적

이 절차는 회사의 안전보건에 관련된 사내·외의 요구사항 등을 파악·검토·처리하여 의사소통 및 정보제공을 원활히 하기 위한 절차에 대하여 규정함을 목적으로 한다.

2 적용범위

이 절차는 당사에서 이루어지는 안전보건과 관련된 의사소통 및 정보제공에 대하여 적용한다.

3 용어의 정의

3.1 "정보"라 함은 회사의 안전보건과 관련하여 이해관계자로부터 접수되는 기술정보, 의견, 기타 불만사항 등을 말하며, 정보에는 사내정보와 사외정보로 구분한다.

3.1.1 사내정보

1) 안전보건방침, 안전보건목표, 세부목표 및 추진계획에 관련된 사항
2) 안전보건경영시스템의 문제점 및 개선방향
3) 공정 또는 업무 등에서 발생한 위험성 관련 문제
4) 설비의 신·증설, 폐기 및 변경으로 인한 위험성 관련 사항(요청사항)
5) 안전보건경영시스템의 활동과 관련한 불만사항, 결과 및 건의사항
6) 기타 안전보건과 관련된 일반정보, 상식 등

3.1.2 사외정보

1) 지역주민의 의견이나 관련 단체의 요청사항
2) 회사가 가입한 안전보건 관련 협회의 요청사항
3) 회사 주변의 안전보건사고정보
4) 고객의 의견(서신 또는 전화 포함)
5) 정부 또는 지방자치단체에서 요청하는 사항

3.2 "이해관계자"라 함은 회사의 사업활동과 관련된 회사 및 관계회사의 임직원 및 수요가, 행정기관, 민간단체, 지역주민 및 계약자 등 회사의 사업활동에 따른 안전보건에 직접적인 관계가 있는 사내·외 개인이나 단체를 말한다.

4 책임과 권한

4.1 대표이사는 내·외부 이해관계자의 안전보건경영에 의견의 수집, 안전보건과 관련된 의사소통 및 정보제공 운영을 총괄 운영하며 아래의 업무를 수행한다.

4.1.1 제공할 안전보건의 정보 종류와 필요시 전문가의 자문

4.1.2 내·외부의 안전보건에 관한 문서접수 처리 및 회신

4.1.3 안전보건문제 및 활동에 대한 근로자의 참여(견해, 개선 아이디어, 관심사항)와 검토 회신

4.1.4 안전보건의견 관련 업무의 처리에 대한 책임

4.2 안전보건관리책임자는 내·외부 관계자의 안전보건 관련 의견접수 및 이에 대한 내용을 대표이사에게 보고한다.

4.2.1 내·외부 이해관계자의 요구나 불만사항 접수

4.2.2 안전보건 관련 정보의 접수 및 분석

4.2.3 검토된 결과의 이해관계자 전달

4.3 안전관리자는 정보의 접수 및 수집·전파의 책임이 있다.

5 업무절차

5.1 정보의 접수/수집

5.1.1 안전관리자는 다음의 정보 매체로부터 회사에 필요한 정보를 입수하거나 접수한다.

1) 고용노동부, 행정자치부, 소방서, 시도 등 정부기관 및 지방자치단체
2) 한국산업안전보건공단, 인증원, 기타 안전보건 관련 기관 등
3) 관보 등 정부에서 발행하는 출판물
4) 각종 신문 등 정보지
5) 인터넷 관련 사이트
6) 동종업체 및 인근업체의 정기간행물 또는 회의자료
7) 기타 관련된 업무 종사업체

5.1.2 안전관리자는 팀내의 정보를 수집 및 전파할 책임이 있으며, 입수한 정보 중 타팀 또는 안전보건관리책임자에게 보고하여야 하는 정보는 해당 팀에 통보하거나 협의하여야 한다.

5.2 정보의 파악 및 조치

안전관리자는 수집된 정보 중 회사에 필요하다고 판단되는 정보는 안전보건관리책임자에게 보고한다.

5.2.1 안전보건법규(이하 "관련법규"라 칭한다)의 제·개정 정보

5.2.2 안전보건경영체제의 운영 중요 판단정보

5.2.3 이해관계자의 요구사항

5.3 내부 의사소통

5.3.1 안전보건관리책임자는 조직 내에서 접수된 안전보건경영활동 결과 및 건의사항을 접수하고 검토한다.

5.3.2 안전관리자는 안전보건경영체제 심사와 경영자 검토 결과를 조직 내의 모든 관련자들에게 전달한다.

5.3.3 안전관리자는 안전보건방침 및 정책, 결의사항 등을 교육·훈련 및 기타방법 (게시판, 공고간행물, 회의, E-Mail 등)으로 근로자에게 알린다.

5.3.4 의사소통은 전화, 우편 및 E-Mail 등을 이용하며 특별한 경우를 제외하고 수신자는 필히 열람하여 응대한다.

5.3.5 안전관리자는 안전사고 및 긴급사태 시 안전보건에 관한 민원 등을 접수하고 대표이사에게 보고한다.

5.3.6 안전보건관리책임자는 안전보건에 관한 중대한 사항이 발생한 경우 대표이사에게 보고한다.

5.4 사외 의사소통

5.4.1 이해관계자의 의사소통 사항 발생 시 공문 또는 유무선, 전자우편 등으로 접수된 내용을 분석하여 신속, 정확하게 처리를 하여야 한다.

5.4.2 이해관계자의 의사소통 사항에 대한 의사결정 방법은 심각성, 긴급성, 타당성, 이해가능성, 합리성 등을 기초하여 다음에 따라 한다.

1) 팀 내 검토 후 안전보건관리책임자에게 보고

2) 이해관계자가 문서, 유선, 구두로 요구사항을 제기할 경우 안전관리자는 그 내용을 보고하고 즉시 조치해야 할 긴급한 민원은 관련 팀에 유선 통보하여 개선조치가 이행되도록 해야 한다.

5.5 참여 및 협의(Participation and Consultation)

5.5.1 안전관리팀은 다음 사항에 대한 작업자의 참여(participation) 절차를 수립, 실행 및 유지하여야 한다.

1) 위험 파악, 리스크평가, 관리사항(controls)의 결정에 대한 적절한 참여

2) 사건 조사에 대한 적절한 참여(involvement)

3) 안전보건방침 및 목표의 개발 및 검토에 대한 참여(involvement)

4) 안전보건에 영향을 미치는 어떠한 변경사항에 대한 협의(consultation)

5) 안전보건문제(matter)에 대한 의사표현

5.5.2 안전보건에 영향을 미치는 변경사항에 대해 계약자와 협의하는 절차

6 관련기록

6.1 의사소통 및 안전보건정보 관리대장

안전보건경영 절차서	문서번호	SSK-SHP-07-02
	제정일자	2021. 01. 02
의사소통 및 정보제공	개정일자	
	개정차수	0

〈붙임 1〉 의사소통 및 안전보건정보 관리대장

의사소통 및 안전보건정보 관리대장

순서	접수 일자	접수 형태	접수내용	처리내용	처리 일자	확인	비고

<table>
<tr><td rowspan="4"></td><td rowspan="2">안전보건경영 절차서</td><td>문서번호</td><td>SSK-SHP-07-03</td></tr>
<tr><td>제정일자</td><td>2021. 01. 02</td></tr>
<tr><td rowspan="2">문서 및 기록관리</td><td>개정일자</td><td></td></tr>
<tr><td>개정차수</td><td>0</td></tr>
</table>

목 차

BM	안전보건경영 절차서	문서번호	SSK-SHP-07-03
		제정일자	2021. 01. 02
	문서 및 기록관리	개정일자	
		개정차수	0

1 목 적

이 절차는 회사의 안전보건문서 관리체제를 수립하여 필요한 정보·자료 및 외부 출처 등의 문서가 올바르게 작성되고, 유효한 문서가 필요한 장소에 적합하게 사용되도록 규정함을 목적으로 한다.

2 적용범위

이 절차는 회사의 안전보건에 영향을 미치는 모든 활동에 대한 문서체계 및 관리방법에 대하여 적용한다.

3 책임과 권한

3.1 대표이사
  문서관리 및 기록관리 절차서 승인
3.2 안전보건관리책임자
  3.2.1 매뉴얼, 절차서, 지침서의 검토, 안전보건 관련 법규 또는 안전보건 정보자료의 검토
  3.2.2 안전보건경영시스템 요구사항에 적합한 경영시스템의 수립, 문서화 후 이를 이행, 유지 발전
3.3 안전관리자
  3.3.1 매뉴얼, 절차서, 지침서 작성 및 개정, 승인된 문서의 등록관리
  3.3.2 관련 기록물의 작성 및 보관
  3.3.3 대외문서의 발송 및 접수의 관리
3.4 관리감독자
  3.4.1 제정된 매뉴얼, 절차서, 지침서의 이행 및 개정사항 발생 시 개정 요청
  3.4.2 해당 팀에 맡겨진 직무를 수행하기 위하여 필요한 업무매뉴얼, 절차서, 지침서의 이행

4 문서관리 업무절차

4.1 문서의 구성
  4.1.1 안전보건경영의 제반활동은 문서관리체계에 의거하여 문서화 되어야 하고, 문서화 절차에 따라 목표가 달성될 수 있어야 한다.
  4.1.2 문서화는 다음 사항을 기술한 문서, 전자매체 등의 형태로 정보를 수집하고 유지

한다.

1) 안전보건경영시스템의 핵심요소 간의 상호관계를 기술
2) 관련 문서화에 대한 방향 제시
3) 표준작업절차에 관한 정보
4) 조직도
5) 사내표준과 운영절차
6) 현장의 비상계획

4.1.3 문서는 다음과 같이 단계적인 구성으로 문서화한다.

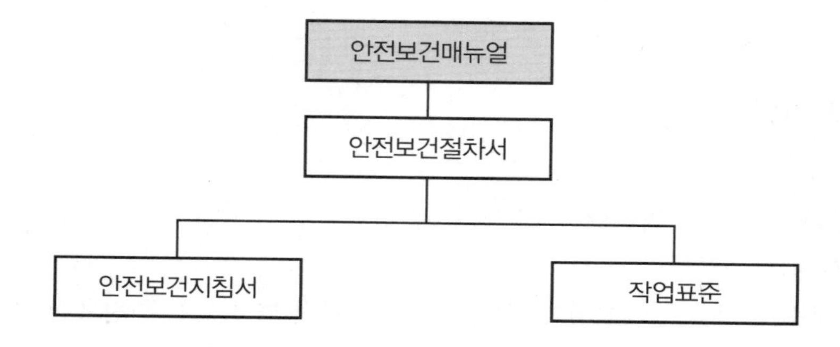

1) 매뉴얼

안전보건매뉴얼은 안전보건경영시스템 요구사항과 안전보건경영시스템에 대한 기본방침 및 요구사항을 포함한다.

2) 절차서

안전보건상의 업무의 효율적인 수행방법을 설명하거나 명시한 문서로 안전보건 관련 활동의 전반적인 업무수행 방법과 순서 등을 기술한 문서를 말한다.

3) 지침서

안전보건지침서 등은 구체적인 작업방법, 업무의 절차, 유의점과 사용부품, 재료, 설비, 공구 등의 기타 이상 발생 시의 처리방법 등에 대해서 알기 쉽게 정한 문서를 말한다. 지침서 등은 매뉴얼의 요구사항을 위배 또는 제한하거나 무효화해서는 아니 된다.

4) 작업표준

표준운영절차(Standard Operating Procedure, SOP)로 작업수행 방법을 단계별로 정리해 놓은 문서이다.

4.2 문서화

4.2.1 매뉴얼, 절차서, 지침서의 작성, 검토 및 승인

1) 대표이사는 안전보건경영 매뉴얼을 승인한다.

2) 안전보건관리책임자는 안전관리자가 작성한 매뉴얼, 절차서, 지침서를 검토한다.

3) 안전관리자는 매뉴얼, 절차서, 지침서를 작성한다

4) 관리감독자는 매뉴얼, 절차서, 지침서를 이행한다.

5) 문서작성, 검토, 승인에 대한 세부 기준

문서명	문서 제·개정 시 작성 / 검토 / 승인 기준		
	작 성	검 토	승 인
매뉴얼	안전관리자	안전보건관리책임자	대표이사
절차서	안전관리자	안전보건관리책임자	대표이사
지침서	안전관리자	안전보건관리책임자	대표이사

4.2.2 매뉴얼, 절차서, 지침서는 다음의 경우 개정한다.

1) 산업안전보건법, 국제표준규격 및 안전보건경영시스템 인증기준 변경

2) 관련 팀의 개정요구 및 조직의 변경이 있는 경우

3) 시정조치 결과 및 경영자 검토 결과 및 기타 필요시(안전보건공단 및 인증원심사 결과)

4.2.3 안전보건 관련 지침서, 표준의 작성

1) 지침서, 작업표준은 안전보건매뉴얼 또는 관련 법규와 부합되도록 작성하고 해당 근로자가 활용할 수 있도록 쉽게 작성한다.

2) 안전보건 관련 지침, 표준은 발행하기 전에 해당 관리감독자가 매뉴얼 및 산업안전보건법규와 일치하는지를 확인한다.

4.2.4 매뉴얼, 절차서, 지침서의 배포와 관리

1) 매뉴얼, 절차서, 지침서는 안전관리자가 인쇄물 또는 전자문서로 하여 책자 또는 웹상으로 배포한다.

2) 매뉴얼, 절차서, 지침서의 관리번호는 연속적으로 부여하며, 안전관리자가 관리한다.

4.2.5 문서번호 및 분류체계

안전보건매뉴얼의 문서번호 및 분류체계는 다음에 따른다.

문서레벨	문서번호 형식	비고
회사명 표기	SSK – X – XXX	SSK --〉 System Safety Korea Co., Ltd.
매뉴얼	SSK – SHM – XXX	SHM --〉 Safety Health Manual
절차서	SSK - SHP – XXX	SHP --〉 Safety Health Procedeure
지침서	SSK – SHG – XXX	SHG --〉 Safety Health Guide

4.2.6 조항 및 세별번호 부여

각 조항번호 및 조항 안에 들어있는 개개의 내용을 분류하여 순차적으로 나열할 경우에는 내용 앞에 세별번호를 다음과 같이 부여한다.

1.

1.1

1.1.1

1)

(1)

①

-

4.3 문서화 및 문서관리 절차

4.3.1 문서는 해당 장소에서 사용이 가능하도록 관리하며 다음 사항을 포함한다.

1) 관리 문서의 식별

2) 승인 및 발행에 앞선 문서의 적절성 심사

3) 문서의 작성, 검토, 승인 및 발행 책임이 있는 인원, 직책 또는 조직의 식별

4) 업무수행에 있어서 사용되어야 할 문서의 식별

5) 관리본, 비관리본 또는 전자문서 등으로 식별하여 적합한 문서가 사용되고 있는지의 확인

6) 최신본의 문서 배부 목록의 유지

4.3.2 문서의 작성, 개정, 승인 및 관리는 매뉴얼, 절차서, 지침서의 경우 4.2.1의 (5)문서 작성, 검토, 승인에 대한 세부 기준에 따른다.

4.3.3 문서는 회사의 지정된 장소에 비치되어 있어야 한다.

4.3.4 문서는 연 1회 정기적으로 유효성을 검토해야 하며, 작성된 문서는 그 문서에 지시된 업무를 수행하기 전에 권한이 부여된 자에 의해 그 적합성을 검토하여 승인한다.

	안전보건경영 절차서	문서번호	SSK-SHP-07-03
		제정일자	2021. 01. 02
	문서 및 기록관리	개정일자	
		개정차수	0

4.3.5 안전보건경영체제의 효과적인 기능 발휘에 필수적인 업무를 수행하는 모든 장소에 관련 문서의 최신판을 비치한다.

4.3.6 법규 또는 지식보전을 목적으로 비치되어 있는 모든 구본과 식별 가능하도록 한다.

4.3.7 문서는 읽기 쉽고, 즉시 식별가능하며, 날짜순으로 순차적으로 유지되고, 정해진 기간동안 보관한다.

4.3.8 안전보건경영체제에 대한 문서는 구성원 모두가 이해하기 쉽도록 간략하게 작성되고 효과성과 효율성을 위해 최소한도로 유지되도록 한다.

4.3.9 개정된 문서의 변경된 사항은 해당 문서 또는 각 팀의 문서에 의해 식별한다.

4.3.10 기존에 사용했던 구본은 즉시 모든 발행 장소 및 사용 장소에서 신속히 회수하거나 달리 사용되지 않음을 보장한다.

4.3.11 문서는 읽기 쉽도록 유지되고 식별 및 추적이 쉽게 가능하도록 관리하여야 한다.

4.3.12 대내외 문서의 발송 및 접수는 문서접수대장 및 문서발송대장에 기록·관리한다.

5 기록관리 업무절차

5.1 기록물 관리 절차

5.1.1 안전보건기록은 읽기 쉽고, 식별, 유지 및 처분과 추적이 가능토록 관리한다.

5.1.2 안전보건기록에는 교육·훈련, 심사와 검토 결과의 기록이 포함되며 쉽게 검색할 수 있고, 손상, 열화 및 분실을 방지할 수 있는 방법으로 보관, 유지한다.

5.1.3 안전보건기록은 보관기간을 정하고 기록하며 안전보건경영시스템에 적합함을 증명할 수 있도록 유지, 관리한다.

5.1.4 기록은 읽기 쉽고, 식별 및 추적이 가능하여야 한다.

5.2 아래의 관리 대상 기록물은 목록화 하고 보존기간을 정하여 유지한다.

5.2.1 안전보건경영체제의 계획 수립과 관련한 결과물

1) 안전보건목표 및 세부 추진계획 등
2) 위험성평가 및 그 밖의 위험성평가 관련 서류
3) 법규등록부, 검토서 등

5.2.2 안전보건경영체제의 실행 및 운영과 관련한 결과물

1) 조직도 및 업무분장표, 대표이사 선임서, 관리감독자 임명장
2) 연간 안전교육계획, 안전보건교육일지
3) 의사소통 결과
4) 비상시 대비 및 대응 결과

5.2.3 안전보건경영체제의 점검 및 시정조치 결과물

1) 성과측정 및 모니터링 결과

2) 법규 준수평가 결과

3) 경영자 검토 결과

4) 내부심사 관련 서류

5.2.4 시정조치 요구서 및 시정완료 보고서

5.2.5 기타 안전보건경영체제와 관련된 활동 결과물

6 관련기록

6.1 문서 및 기록물 보존 연한표

	안전보건경영 절차서	문서번호	SSK-SHP-07-03
		제정일자	2021. 01. 02
	문서 및 기록관리	개정일자	
		개정차수	0

〈붙임 1〉 문서 및 기록물 보존 연한표

문서 및 양식명	보존기간(년)	담당자	비고
매뉴얼	영구	안전관리자/안전보건관리책임자	
절차서	영구	안전관리자/안전보건관리책임자	
지침서	영구	안전관리자/안전보건관리책임자	
이해관계자 현황, 주요현황기록부	3	안전관리자/안전보건관리책임자	
위험성평가 실시계획	3	안전관리자/ 안전보건관리책임자/관리감독자	
위험성평가표	3	안전관리자/ 안전보건관리책임자/관리감독자	
위험성평가 결과 개선계획 및 결과	3	안전관리자/관리감독자	
법규등록부, 법규검토서	3	안전관리자/안전보건관리책임자	
안전보건목표 및 추진계획	3	안전관리자/안전보건관리책임자	
안전보건조직도, 업무분장표	1	안전관리자/안전보건관리책임자	
대표이사 선임서			
관리감독자 임명장	3	안전관리자	
연간 안전보건교육계획	1	안전관리자/안전보건관리책임자	
안전보건교육일지	3	안전관리자	
비상사태 시나리오	3	안전관리자	
비상훈련 실시 결과	3	안전관리자/안전보건관리책임자	
성과측정 및 모니터링 서류	3	안전관리자/안전보건관리책임자	
법규 준수평가 관련 서류	3	안전관리자/안전보건관리책임자	
내부심사 계획서	1	안전관리자	
내부심사 체크리스트	1	안전관리자	
내부심사 결과서	1	안전관리자/안전보건관리책임자	
경영자 검토	3	안전관리자/안전보건관리책임자	
시정조치 요구서 및 시정완료 보고서	3	안전관리자/안전보건관리책임자	

	안전보건경영 절차서	문서번호	SSK-SHP-07-03
		제정일자	2021. 01. 02
	문서 및 기록관리	개정일자	
		개정차수	0

문서 및 양식명	보존기간(년)	담당자	비고
산업재해 발생기록(산업재해조사표)	영구	안전관리자/안전보건관리책임자	발생시
근골격계 유해요인조사	3	안전관리자/안전보건관리책임자	
보호구 지급대장 외	3	안전관리자/안전보건관리책임자	
건강진단 계획 및 결과	5	안전관리자/안전보건관리책임자	
해당 유해물질의 MSDS 목록	영구	안전관리자/안전보건관리책임자	
산업안전보건위원회 회의록	3	안전관리자/안전보건관리책임자	
안전검사 결과	3	안전관리자/안전보건관리책임자	
안전작업허가서	3	안전관리자/안전보건관리책임자	

목 차

	안전보건경영 절차서	문서번호	SSK-SHP-08-01
		제정일자	2021. 01. 02
	안전보건활동	개정일자	
		개정차수	0

1 목 적

이 절차는 회사에서 「산업안전보건법」 및 안전보건경영 매뉴얼 8. 실행(운용)에 의거하여 회사의 안전보건경영활동 중 위험성과 관련되는 주요 활동을 파악하여 그 관리기준을 설정하는 절차에 대하여 규정함을 목적으로 한다.

2 적용범위

이 절차는 회사의 안전보건경영시스템상의 활동 중, 중요한 안전보건위험성과 관련된 모든 운영활동에 대한 절차와 책임 및 권한에 대하여 적용한다.

3 책임과 권한

3.1 대표이사

3.1.1 산업안전보건법 제5조에 의한 의무

3.1.2 안전보건활동의 개선에 따른 경영상의 지원

3.2 안전보건관리책임자

3.2.1 사업장의 산업재해 예방계획의 수립에 관한 사항

3.2.2 제25조 및 제26조에 따른 안전보건관리규정의 작성 및 변경에 관한 사항

3.2.3 제29조에 따른 안전보건교육에 관한 사항

3.2.4. 작업환경측정 등 작업환경의 점검 및 개선에 관한 사항

3.2.5 제129조부터 제132조까지에 따른 근로자의 건강진단 등 건강관리에 관한 사항

3.2.6 산업재해의 원인조사 및 재발방지대책 수립에 관한 사항

3.2.7 산업재해에 관한 통계의 기록 및 유지에 관한 사항

3.2.8 안전장치 및 보호구 구입 시 적격품 여부 확인에 관한 사항

3.2.9 그 밖에 근로자의 유해·위험 방지조치에 관한 사항으로서 고용노동부령으로 정하는 사항

3.3 안전관리자

3.3.1 안전보건과 관련된 지침서의 작성 및 개정

3.3.2 안전보건과 관련한 현장의 안전보건활동에 대한 계획 및 성과측정

3.3.3 변경관리의 파악 및 관리, 안전에 관한 기술적인 사항에 관하여 안전보건관리책임자에게 보고

3.3.4 산업안전보건법 제17조 및 동법 시행령 제18조에 의한 업무

3.4 보건관리자(전문기관)

3.4.1 산업안전보건법 제18조 및 동법 시행령 제22조에 의한 업무

3.5 관리감독자

3.5.1 사업장 내 관련되는 기계·기구 또는 설비의 안전보건 점검 및 이상 유무 확인

3.5.2 소속된 근로자의 작업복·보호구 및 방호장치의 점검과 그 착용·사용에 관한 교육·지도

3.5.3 발생한 산업재해에 관한 보고 및 이에 대한 응급조치

3.5.4 당해 작업의 작업장의 정리정돈 및 통로확보 확인·감독

3.5.5 당해 사업장의 산업보건의 안전관리자 및 보건관리자의 지도·조언에 대한 협조

3.5.6 위험방지가 특히 필요한 작업 수행 시 안전·보건에 관한 업무

1) 유해 또는 위험한 작업에 근로자를 사용할 때 실시하는 특별교육 중 안전에 관한 교육

2) 당해 작업의 성격상 유해 또는 위험을 방지하기 위한 업무

3.5.7 위험성평가를 위한 업무에 기인하는 유해·위험요인의 파악 및 그 결과에 따른 개선 조치의 시행

3.6 근로자

3.6.1 안전보건에 관한 제반 규정 및 지침 준수

3.6.2 안전보건교육의 참석, 위험성평가 시 참여

3.6.3 작업과 관련된 보호구 착용 및 청결관리

3.6.4 안전보건경영시스템에 따른 활동 참여

4 업무절차

4.1 안전활동의 추진

4.1.1 모든 임직원은 안전보건경영시스템상의 활동과 관련한 작업표준 및 안전작업수칙 등을 철저히 준수하여 재해를 예방하여야 한다.

4.1.2 안전작업수칙과 작업표준 등은 작업장별 특성에 맞추어 각 팀장의 주관으로 변경이 가능하며, 팀의 관리감독자는 변경한 안전작업수칙과 작업표준 등을 안전보건관리책임자에게 제출하여 검토 후 각 팀에서 활용할 수 있도록 한다.

4.1.3 안전보건관리책임자는 현장 작업자들의 의견을 반영하여 작업공정별 안전 포인트를 체크하고 주요 안전조치사항의 생략, 무시 행위의 근절을 위하여 관련 문서를 작성하여 업무 표준으로 지정하여야 한다.

4.1.4 관리감독자는 작업자들이 작업공정별 안전작업을 수행할 수 있도록 교육·훈련 및 지도·감독하여야 한다.

4.1.5 관리감독자는 화재예방활동을 위하여 화재위험이 있는 작업은 근원적으로 차단하도록 대책 수립 및 이를 시행하여야 한다.

4.1.6 각 팀의 관리감독자는 아차사고 및 잠재위험 발굴카드를 근로자에게 작성하게 하고 이를 안전보건관리책임자에게 보고한 후 위험성평가 시 반영한다.

4.1.7 각 팀의 관리감독자는 수시로 불안전한 시설(개구부, 안전난간, 방호장치 등)을 발굴 및 개선하도록 안전보건관리책임자에게 보고한다.

4.1.8 해당 팀의 관리감독자는 지속적인 안전점검활동으로 발견된 유해·위험요인에 대한 개선조치를 하여야 한다.

4.1.9 안전보건관리책임자는 재해예방을 위하여 계절별 행동 특성에 적합한 특별안전활동계획을 연초에 수립하여 안전보건세부목표에 반영한다.

4.1.10 안전보건관리책임자는 유해·위험 지정작업에 대하여 관리감독자를 지정하여야 할 대상 작업과 관리감독자가 수행하여야 할 임무를 지정한다.

4.1.11 해당 팀의 관리감독자는 지정 작업 수행 시 해당 작업자를 지정하여 해당 업무를 수행하도록 하고 해당 업무에 대한 확인 및 지도·감독을 하여야 한다.

4.1.12 해당 팀의 관리감독자는 재해 발생의 급박한 위험이 있을 때 또는 중대재해가 발생하였을 때 즉시 작업을 중지시키고 안전한 장소로 대피시키는 등 필요한 조치를 하여야 하고 위험요소를 제거한 후 작업을 재개하여야 한다. 이 경우 작업자는 재해 발생의 급박한 위험으로 작업을 중지하고 대피한 때에는 지체 없이 비상시 대비 및 대응 절차서에 따라 신속히 행동을 취하여야 한다.

4.1.13 안전관리자는 보호구 착용 및 관리에 대하여 안전보건표준을 정하여야 하고 각 팀장은 보호구에 대하여 직원의 요구가 있거나 변경사유가 발생한 경우 이를 변경할 수 있으며, 각 팀장은 보호구 관리책임자를 지명하여 관리 및 보호구를 적절히 비치하여 각 작업자들이 착용할 수 있도록 한다.

4.1.14 안전보건관리책임자는 재해, 교통사고 조사 및 조치사항 등을 표준으로 작성하여 대표이사에게 보고하고 승인을 받아 해당 팀의 관리감독자에게 통보하고 직원들을 교육·훈련 및 지도할 수 있도록 한다.

4.2 보건활동의 추진

4.2.1 안전보건관리책임자는 작업자의 신체기능 저하를 예방하고 건강을 유지·증진시키기 위하여 정신건강관리, 운동지도, 기타 보건지도 등의 건강증진활동을 주관하고

각 팀의 건강증진활동에 필요한 각종 시청각 자료, 교육·훈련자료 등을 제공하여야 하며, 각 팀장은 건강증진활동과 병행하여 자체 활동을 할 수 있고 건강증진활동에 적극 협조하여야 한다.

4.2.2 해당 팀의 관리감독자는 작업환경요인으로 인한 유해·위험성을 사전에 예방하기 위한 표준을 작성하여 안전보건관리책임자에서 제출하고, 안전보건관리책임자는 제출된 표준을 승인한 후 다시 해당 팀의 관리감독자에게 통보하여 모든 직원들이 상기 표준에서 정한 바에 따라 제반 업무를 수행할 수 있도록 한다.

4.2.3 안전관리자는 작업환경측정 결과를 해당 팀의 관리감독자에게 알리도록 하여 근로자가 알 수 있도록 하여야 하며, 적정한 방법으로 고지하도록 한다.

4.2.4 안전보건관리책임자는 외부 전문기관을 지정하여 건강진단을 실시하여야 하고 건강진단 실시 결과를 검토하여 건강진단 관련 표준에 반영 및 적용하도록 하고, 해당 팀의 관리감독자에게 건강진단 결과를 통보하여 해당 팀의 관리감독자로 하여금 해당 직원들에게 개인별로 건강진단 결과를 통보하도록 하여야 한다.

4.2.5 질병자의 근로금지 및 제한

해당 팀의 관리감독자는 전염병, 정신병 등 직무수행으로 인하여 병세가 현저히 악화 될 우려가 있는 질병자에 대하여는 의사의 진단에 따라 직무를 금지하거나 제한하여야 한다.

4.2.6 근골격계 유해요인조사의 실시

중량물 취급 운반작업 또는 반복작업 등 근골격계에 부담을 주는 작업으로서 근골격계질환이 발생될 수 있는 작업공정에 대해서는 유해요인조사의 실시 및 대책을 강구한다.

5 관련문서(Supporting Documents)

5.1 안전보건관리규정(SSK-SHG-01)
5.2 작업장 안전조치(SSK-SHG-02)
5.3 개인보호구 지급 및 관리(SSK-SHG-03)
5.4 물질안전보건자료(MSDS)관리(SSK-SHG-04)
5.5 폭발화재 및 위험물 누출 예방활동(SSK-SHG-05)
5.6 작업환경측정(SSK-SHG-06)
5.7 안전작업허가(SSK-SHG-07)
5.8 변경관리(SSK-SHG-08)
5.9 조달관리(SSK-SHG-09)
5.10 산업재해 조사활동(SSK-SHG-10)

목 차

	안전보건경영 절차서	문서번호	SSK-SHP-08-02
		제정일자	2021. 01. 02
	비상시 대비 및 대응	개정일자	
		개정차수	0

1 목 적

이 절차는 회사에서 발생할 수 있는 비상사태에 대한 대비 및 대응절차를 정하여 비상사태를 예방 또는 비상사태 발생 시 효율적으로 대처하여 인명 및 재산을 보호하며 피해를 최소화하는 것을 목적으로 한다.

2 적용범위

이 절차는 회사 및 지역주민에게 영향을 주는 비상사태 발생 시 조직 및 인원 동원에 대한 책임과 권한에 대해 적용한다.

3 용어의 정의

3.1 "비상사태"라 함은 안전사고, 화재·폭발사고, 유독가스사고, 천재지변 등으로 인해 발생된 극한 상황을 말한다.

3.2 "화재·폭발사고"라 함은 인화성, 발화성, 폭발성 등의 물질이 점화원의 접촉으로 인해 불이 발생된 경우를 말한다.

3.3 "유독가스사고"라 함은 독성화학물질의 누출로 인해 인체에 중독현상이 발생되는 사고를 말한다.

3.4 "천재지변"이라 함은 지진, 풍수해 등 자연적 환경에 의해 발생되는 재난을 말한다.

4 책임과 권한

4.1 대표이사

비상사태 훈련 및 비상훈련에 관련된 비상구호용품의 구입 시 경영상의 지원

4.2 안전보건관리책임자

4.2.1 안전보건 비상시 총괄 지휘 및 대표이사에게 보고

4.2.2 안전보건 비상시 대비 및 대응절차 및 훈련계획 승인

4.3 안전관리자

4.3.1 안전보건 비상시 팀간 또는 유관기관의 협조체제를 구축하여 신속한 조치 및 현황을 파악하여 안전보건관리책임자에게 보고

4.3.2 안전보건 비상시 대비 및 대응 관련 기관에 통지

4.3.3 안전보건 비상시 대비 및 대응 훈련계획 취합, 평가, 개선대책 및 피드백

4.3.4 안전보건 비상시 대비 및 대응절차와 훈련계획을 각 관리감독자로부터 취합하고

필요한 경우 보완을 요구하고 안전보건관리책임자에게 보고

4.4 관리감독자

4.4.1 업무와 관련하여 잠재적인 안전보건 비상시 식별

4.4.2 안전보건 비상시 예방과 안전보건에 미치는 부정적 영향을 최소화하기 위한 절차 수립

4.4.3 안전보건 비상시 응급조치

4.4.4 안전보건 비상시 대비 및 대응 훈련계획 수립 및 실시

5 업무절차

5.1 비상사태의 파악

비상사태는 위험성평가 결과 및 공정의 사고 통계 타사의 사례 등을 통하여 예상 비상사태를 파악하여야 한다.

5.2 비상사태 대비훈련

5.2.1 안전관리자는 비상사태가 발생할 수 있는 작업 및 설비에 해당하는 예상 상황에 대비하여 훈련계획을 수립하여야 한다.

5.2.2 비상조치 훈련계획을 수립할 때에는 다음과 같은 원칙을 준수하여야 한다.

1) 근로자의 인명 및 재산손실 예방에 최우선 목표를 둔다.
2) 가능한 모든 비상사태를 포함시킨다.
3) 조직의 업무분장과 임무를 분명히 나타낸다.
4) 주요 위험설비에 대한 내부 비상조치계획뿐만 아니라 외부 비상조치계획을 포함시킨다.
5) 비상조치계획은 분명하고 명료하게 작성되어 모든 근로자가 숙지, 활용할 수 있어야 한다.

5.2.3 비상조치계획에는 최소한 다음과 같은 사항이 포함되도록 한다.

1) 비상시 대피절차와 비상대피로의 지정
2) 대피 전 주요 공정설비에 대한 안전조치를 취해야 할 대상과 절차
3) 비상대피 후, 전 직원이 취해야 할 임무와 대책
4) 피해자에 대한 구조, 응급조치 절차
5) 중대산업사고 발생 시의 내·외부의 연락 및 통신체계
6) 비상사태 발생 시 통제조직 및 업무분장
7) 사고 발생 및 비상대피 시 보호구의 착용 지침

	안전보건경영 절차서	문서번호	SSK-SHP-08-02
		제정일자	2021. 01. 02
	비상시 대비 및 대응	개정일자	
		개정차수	0

8) 비상사태 종료 후 응급복구 등 수습 절차
9) 인근 회사 및 주민 등 이해관계자에 대한 홍보계획
10) 외부 비상조치 기관과의 연락수단 및 통신망 확보
11) 전 근로자의 사전교육 및 훈련

5.2.4 비상대피계획 수립

1) 비상사태 발생 시 대응절차는 비상대응조치계획서에 의한다.
2) 비상대피계획의 목적은 비상사태의 통제와 억제에 있으며, 비상사태의 발생예방은 물론 비상사태의 확대 전파를 저지하고 이로 인한 인명피해를 최소화하는 데 있다.

5.2.5 비상사태의 발령

1) 비상사태의 발생 신고
정상 작업 중, 비상 또는 재난의 발생을 목격한 최초 목격자는 비상경보(전화, 육성, 발신기의 작동, 무전 등)으로 주변사람들에게 비상사태 발생을 알리고, 모든 수단을 동원하여 해당 관리감독자에게 다음 사항을 신고하여야 한다.
(1) 비상사태 발생지역 (중요 건물 또는 설비명)
(2) 비상사태의 종류와 상태
(3) 신고자의 소속과 성명
2) 각 팀에서 비상사태가 발생하면 각 관리감독자는 즉시 자체 비상조직을 가동하여 초기 피해 최소화 대책을 시도함과 동시에 안전관리자에게 통보한다.
3) 비상사태 발생 신고를 보고받은 각 관리감독자는 전 현장에 비상사태 발생을 알리고 인원 동원이 필요한 경우 인원 동원을 요청한다.
4) 재해상황별 보고방법

상황 구분	긴급상황	대응상황	관찰사항
상황별 사 례	1. 사망사고 발생 2. 동시 2명이상 재해 발생 3. 언론노출 (화재/전도/붕괴)	1. 물적피해 발생사고(건) 2. 제3자 피해(재해) 발생 3. 공사차질(집단 민원/농성)	1. 기상악화로 피해 우려 시 2. 대외기관 특별점검 예정 3. 재해 발생 시(초진4주이하)
보 고 방 법	기한 : 발생 즉시 방법 : 유선 보고	기한 : 발생 후 1시간 이내 방법 : 유선 보고	기한 : 발생 당일 이내 (일몰 후는 익일 오전내) 방법 : 유선보고 및 본사 메일

5.2.6 비상조치

1) 비상사태 발생 시, 각 관리감독자는 비상조치 지휘자가 되어 비상사태별 비상조치계획에 의거하여 비상조치를 지휘한다.
2) 비상조치계획에 의해 임무가 부여된 근로자는 자신의 임무를 충실히 수행하여 비상조치를 실시하여야 한다.
3) 비상조치 지휘자는 비상사태 현황을 조사하여 대표이사에게 보고하고, 업무 관련 외부 기관과의 연락망을 확보하고 필요시 대외 지원요청을 한다.
4) 비상사태의 종결
   (1) 비상사태에 대한 비상조치가 완료된 때에 비상조치 지휘자의 종결 선언에 의하여 종결되며, 현장의 제반 기능은 정상체제로 운영된다.
   (2) 비상사태가 종결되면 비상지휘자는 안전보건관리책임자에게 종결 보고를 하여야 한다.
   (3) 비상사태가 종결되면 모든 직원의 복귀가 지시되고 비상조치 조직은 해체된다.
   (4) 각 관리감독자는 팀별로 정상체제에서 인원과 장비의 이상 유무를 파악하여 안전보건관리책임자에게 보고하여야 한다.
   (5) 각 관리감독자는 비상시에 대한 내용을 이해관계자가 요구할 경우 공개하여야 하며, 재발방지를 위해 원인 및 처리 결과를 전 근로자에게 교육하여야 한다.

5.2.7 사고조사

1) 비상사태 발생 해당 관리감독자는 사고 발생 원인을 조사하고, 안전관리자와 협의를 거쳐 안전보건관리책임자에게 사고 발생 보고를 하여야 한다.
2) 비상사태 발생 해당 관리감독자는 비상시 활동상황을 비롯한 예방대책과 복구계획이 포함된 종합 보고서를 대표이사에게 신속히 보고하여야 한다.

5.2.8 비상조치훈련

1) 안전관리자는 비상조치계획을 교육 등을 통하여 사원들이 숙지 할 수 있도록 하여야 하며, 비상조치계획을 토대로 년 1회 이상 훈련을 실시하여야 한다.
2) 안전관리자는 비상조치훈련을 실시한 후에는 평가를 하고, 평가 후 문제점에 발생되면 대책을 수립한 후 차기년도에 비상조치계획에 반영하여야 한다.
3) 안전관리자는 비상조치훈련을 실시한 후 훈련의 실시 결과를 작성하고 기록을 보존하여야 한다.

5.3 대피장소 지정

안전보건관리책임자는 회사 실정에 맞게 대피장소를 적절한 장소에 지정·운영하고 근로자에게 교육·훈련을 통해 주지시켜야 한다.

6 관련기록

6.1 화재 대피 및 피난 유도 훈련 시나리오
6.2 재해 발생 훈련 시나리오
6.3 환경오염 방재 시나리오
6.4 화재 및 폭발 시나리오
6.5 풍수해 전개 시나리오
6.6 지진대응 시나리오
6.7 비상통제 조직도
6.8 비상통제 조직별 업무분장
6.9 비상훈련 실시 보고서
6.10 비상훈련 모의훈련 평가표

〈붙임 1〉 화재 대피 및 피난 유도 훈련 시나리오

구분	시간	시 나 리 오
훈련안내	–	• 훈련개요 및 훈련일정(1층 작업장 입구 게시판 활용 안내) • "화재 대피 및 피난 유도 훈련"에 앞서 화재 발생에 따른 대피시 주의사항 등
훈련준비	–	• 대상건물 사용자는 전부 훈련참여
훈련시작	00:00	• 훈련 사이렌과 함께 훈련시작
화재 발생	00:03	**• 현장 1층 화재 발생, 사무실 2층 화재 발생** **※ 피난장소 : 외부 공터**
		• 1층 현장에서 "화재 발생" 또는 "불이야"를 외쳐 주변 동료에게 화재 사실 안내 • 화재경보벨 작동 (화재발신기 또는 소화전에 위치)
화재신고	00:05	• 119에 화재신고 • 종합상황실 화재신고 ※ 신고요령 : 시스템안전코리아(주) 2층 사무실에서 화재 발생
초동진압 및 대피	00:06	• "불이야"를 외치며 피난층으로 대피 • 대피시 비상계단 이용(승강기 절대 사용금지) • 화재경보벨 작동 (화재발신기 또는 소화전에 위치) • 대피 후 주변 동료 확인 및 확인 불명 시 구조대원에게 신고
		• 화재상황을 119와 종합상황실에 신고 (신고요령 동일) • 초동소화가 가능 시 주변 소화기 또는 소화전을 이용하여 화재진압 실시 • 초동소화가 불가능할 시 신속히 대피
		• 화재 발생 장소로부터 외부로 신속히 대피 • 주변 동료 확인
		• 화재상황에 따라 외부로 대피 ※ 각 대피 출입문 확인
상황전파	00:07	• 화재 발생 접수 – 화재 발생 위치 정확히 접수 • 화재 발생 건물로 근무자 출동 • 사내 비상연락망 가동 – 119 화재접수 – 안전보건팀 연락
관계자 현장도착	00:10	• 차량통제 및 직원 피난 지원 • 피난 구조 활동 지원 • 초동 화재 진압 • 응급환자 후송 지원
		• 자체 소화활동 진행 – 옥내·외 소화전 및 소화기 활용 • 대피직원 및 미구조직원 현황파악 – 자체 구조활동 실시 • 소방차량 진입경로 확보
(소방&방재 차량 도착)	00:10	• 화재진압 및 구조활동 개시 – 옥상 대피자 구조실시 • 응급환자 후송
화재진압	00:15	• 화재진압 • 인적, 물적 피해조사

소화기 및 소화전 사용훈련	• 훈련참석자

	안전보건경영 절차서	문서번호	SSK-SHP-08-02
		제정일자	2021. 01. 02
	비상시 대비 및 대응	개정일자	
		개정차수	0

〈붙임 2〉 재해 발생 훈련 시나리오

구분	시 나 리 오
재해 발생	• 작업 중지, 피재기계의 정지, 피해자에 대한 응급조치 • 근로자가 재해를 당하였을 때는 동료근로자 및 관계자는 즉시 근로자를 병원에 후송
응급조치 활동	• 연쇄 재해 발생의 급박한 위험이 있을 때는 즉시 작업을 중지시키고 근로자를 작업장에서 대피시킨다.
병원후송	• 경미한 사고일 경우 협력업체 책임자 차량으로 병원진료 • 응급환자일 경우 119 구급차로 후송 • 지정병원 : 연락처
상황전파	• 비상경보체계를 이용한 주위 근로자 및 협력사책임자 연락 • 비상연락망을 이용하여 현장 직원에게 재해 상황전파
복구작업	• 비상동원 조직의 운영을 통한 신속한 복구작업 실시 • 재해지역 확대방지 및 안전대책 시행 • 재해현장 주변정리
지원요청	• 재해 규모에 따라 본사 및 관련 기관에 지원 요청
피해 결과의 파악 및 보고	• 사고원인 분석 • 사고요인 제거 및 개선 • 피해 결과의 파악 및 보고서 작성 • 재해분석 및 통계, 대책 수립 • 동일, 유사재해의 방지 • 모든 근로자에 대한 안전교육 실시
재해자 상태파악	• 원무과 담당자 협의 및 초진소견서 확인 • 필요시 담당의사 면담 • 병원 담당직원 부재 시 업무협의
사후관리	• 입원 및 통원 치료시 재해자 상태 수시 파악 • 매월 병원비 내역 및 입금 처리상태 확인
지정병원 위치	 굿모닝병원

〈붙임 3〉 환경오염 방재 시나리오

구분	시 나 리 오
환경오염 사고발생	환경오염 사고의 형태 – 위험물 및 유해화학물질 옥내·외 유출 – 유출된 유류가 우수, 오수관으로 유입되어 환경오염이 예상됨
경보전파	[주간] – 최초 발견자는 가능한 즉각 조치를 취한 후 안전관리자에게 신속히 신고한다. [야간] – 최초 발견자는 안전관리자에게 사고상황을 신속히 신고한다. – 신고를 받은 안전관리자는 비상연락망에 따라 비상 호출 한다.
비상대응	**[옥내에서 유해화학물질 또는 위험물 유출 시]** [주간] – 안전관리자는 본원 내 방재장비를 동원한다. – 비상방송을 실시하여 모든 작업을 중단 시키고 가연성, 독성 물질 유출 사고 시 모든 전원 및 가스를 차단하고 만약의 화재에 대비하여 소화기를 동원토록 방송한다. – 환경오염 긴급 방재반은 보호구(보호안경, 보호장갑, 장화, 방독면 등)를 착용하고 방재활동을 실시한다. – 소량 유출 시는 흡착포로 제거하고 대량 유출 시는 중화제 살포 후 흡수 제거한다. – 유출된 물질은 회수하여, 용기에 담아 위탁 처리한다. [야간] – 해당 관리감독자는 즉각 조치를 취하고 당직은 그동안 비상연락을 취한다. – 이후는 주간과 동일함. – 안전관리자는 심각한 환경오염 사고로 인한 대기, 수질, 토양오염이 발생할 시 관공서, 이웃 주민 등 이해관계자에게 통보해야 한다. **[옥외에서 유해화학물질의 유출 시]** [주 간] – 안전관리자는 본원 내에 있는 방재장비를 동원하여 즉시 방재 작업을 실시토록 지시하고 우수관으로 유입될 경우 우수배관 앞에 오일펜스를 치도록 지시한다. – 유출물질을 명확히 파악하여 이에 적정한 중화제로 중화시키고 회수 처리한다. – 회수된 물질은 용기에 담아 위탁 처리한다. [야 간] – 해당 관리감독자는 가능한 즉각 조치를 취한다. 이후 주간과 동일함
사고원인 및 피해조사	– 안전보건관리책임자는 사고원인 및 피해현황을 조사토록 지시한다. – 유출여부 및 2차 오염여부를 정확히 파악한다. – 사회적 물의를 일으킬 정도의 오염사고는 이해관계자 (관공서, 이웃주민)에게 통보하고 관계기관으로 보고하여 협조를 요청한다.
복구 및 사후관리	– 복구는 복구 반에서 실시하되 필요시 사외 전문업체에 요청할 수도 있다. – 오염된 흡착포, 오일펜스 등은 전문업체에 위탁처리 한다. – 옥내 유출사고의 경우는 충분히 환기를 시키고 청소가 완료된 상태에서 작업을 진행 시킨다. – 유출원인에 따라서 대책을 강구 동종유출 사고를 방지한다. – 환경영향평가를 실시하여 위험등급을 재평가하고 적절한 사후 관리를 한다.

	안전보건경영 절차서	문서번호	SSK-SHP-08-02
		제정일자	2021. 01. 02
	비상시 대비 및 대응	개정일자	
		개정차수	0

〈붙임 4〉 화재 및 폭발 시나리오

구분	시 나 리 오
화재 및 폭발사고 발생	– 최초발견자 먼저 육성으로 "불이야"하고 외친다. – 소화기 또는 소화전을 이용하여 초기진화에 임한다. – 2인 이상 동시 발견시 한사람은 주변의 수동발신기를 누르고 안전관리자에 화재 신고 – 침착하고 신속하게 화재장소를 신고한다.
경보전파	– 안전관리팀은 화재상황을 접수 후, 신속하게 화재현장으로 출동. 상황을 신속하게 판단 후 소방서(119)등에 연락하여 지원 요청한다. – 비상방송 실시 및 관련자 비상호출을 한다.
비상대응	– 해당 부서장의 지휘 통솔하에 초기진화를 실시한다. – 화재시 전원 및 유틸리티 가스를 차단한다. – 소화기 및 소화전을 동원 초기진화 실시, 화재 발생장소의 초기 안전조치를 취한다. – 유류나 전기화재의 경우 소화전 사용을 금한다. – 가스폭발사고 시 안전하게 인근 가스용기를 안전지대로 이동시킨다. – 초기진화가 어려울 경우 즉시 대피한다. – 안전관리자는 화재상황을 정확히 통보한다. – 안전관리자는 화재현장에 즉시 출동하여 화재상황을 신속하게 판단, 화재진화 작업을 지휘 통제 한다. – 화재상황을 판단한 후 소방서 등 관계기관에 지원요청을 한다. – 소방대책반은 지게차, 트럭 등을 동원하여 필요 물품을 반출한다. – 구조반은 부상자의 응급구호를 위해 사외 병원에 사전 지원 요청을 취한다. – 소방대책반은 보건실에 배치된 응급구호 장비를 화재현장으로 집결시킨다. – 화재현장의 외부 인원통제 실시 – 방재장비를 동원하여 즉시 방재 작업을 실시토록 지시하고 우수관으로 유입될 경우 우수배관 앞에 오일펜스를 치도록 지시한다. – 화재현장의 상황을 정확히 판단, 필요한 조치를 한다. – 대피하지 못한 사람이 있을 경우 우선 구출한다. – 소방차를 화재 현장으로 유도한다. – 핸드폰을 이용하여 사진 및 동영상을 촬영한다. – 화재진압이 완료되면 화재원인 및 피해현황을 조사한다.
피난요령	– 안전한 피난통로 및 비상구를 통하여 낮은 자세로 신속하게 대피한다. – 인화점과 멀리 풍향의 반대방향으로 대피하고 연기가 체류하지 않는 곳으로 대피한다. – 피난 시 젖은 면손수건 또는 옷을 이용하여 코를 감싸고 민첩하게 대피한다. – 정해진 집결지로 집합하여 통제를 받는다.
인명구조	– 구조반이 요구조자를 확인하였을 때는 확성기 등을 이용하여 침착하게 안정시켜 대피시킨다. – 요구조자의 존재여부를 확인 하기 위해 인명구조 탐색을 실시한다. – 옥내로 진입 시 로프, 랜턴, 갈고리, 방열복, 공기호흡기등 구조장비를 착용한다. – 대외 인명구조대와 협력하여 구조활동을 실시한다.
소방대원과의 협력	– 소방하여야 할 문 등을 개방하고 소방대원 및 소방차, 구조장비의 유도, 필요한 정보제공
교통 통제	– 안전관리자는 외부차량, 인원을 유도 통제한다. – 관계자의 화재현장 출입 및 통행을 통제한다.
사고원인 및 피해 조사	– 안전보건관리책임자는 사고원인 및 피해현황을 조사토록 지시한다. – 안전관리자는 피해현황을 조사 보고한다.
복구 및 영향평가	– 안전보건관리책임자는 복구 및 영향평가를 지시하고 재발방지대책을 강구한다.

	안전보건경영 절차서	문서번호	SSK-SHP-08-02
		제정일자	2021. 01. 02
	비상시 대비 및 대응	개정일자	
		개정차수	0

〈붙임 5〉 풍수해 전개 시나리오

구분	시 나 리 오
풍수해 경보	기상대 발표 – 각 사업장 지역의 호우주의보, 경보발령. – 각 사업장 지역의 폭풍 주의보, 폭풍우 경보발령.
경보전파	[주간] – 하절기 날씨는 안전관리자가 수시로 점검하고 기상특보 발표 시 즉시 안전보건관리책임자에게 보고한다. – 안전보건관리책임자는 회사에 풍수해 비상사태를 발령한다. – 비상방송을 통하여 풍수해 취약구역 및 주의사항을 방송한다 – 안전보건관리책임자는 사무실에 풍수해 비상 대책반을 운영한다. [야간] – 안전보건관리책임자는 필요시 인원을 동원하여 수해 비상조치를 하도록 지시한다. – 안전관리자는 공무팀에 통보하여 누전위험이 있는 지역의 전원을 차단토록 한다. – 건물별 수해 취약구역에 대한 방수조치를 하도록 하고 점검조를 편성하여 점검 확인토록 한다.
비상대응	[주간] – 안전보건관리책임자는 풍수해 비상 대책반을 설치, 운영하고 대책반별 임무를 수행토록 지휘한다. – 지휘통제반은 기상특보 상황을 계속 주시하면서 풍수해 취약구역에 대한 조치를 취하도록 통보한다. – 각 공정별 풍수해 조치사항으로 침수 예상지역의 자재, 제품을 상향 적재하고, 건물 옥상의 배수구는 막힘이 없도록 청소한다. – 지하실 입구는 모래주머니 등으로 방수 벽을 치고 낮은 위치에 적재되어 있는 제품, 자재는 상향 적재한다. – 지하실 및 침수 예상지역의 펌프는 정상가동 상태를 유지하도록 하고 특히 감전 사고를 예방하기 위해 토사가 흘러내리는 곳은 비닐로 커버를 설치한다. [야간] – 안전관리자는 사업장 내 방수조치 상태를 확인한다. – 안전관리자는 본원의 수해 취약구역을 수시 체크하고 인원을 배치한다 – 건물주변, 창고등의 자재, 제품의 운반 시 우선순위를 설정한 뒤 지게차를 이용하여 이동시킨다. – 안전관리자는 각 팀장에게 비상호출을 실시하고 도착한 인원과 합동으로 수해방지조치를 취한다.
사고원인 및 피해조사	– 안전관리자는 수해사고 원인조사 및 수해로 인한 피해현황을 파악하고 즉시 안전보건관리책임자에게 보고한다. – 안전관리자는 보험회사에 통보하여 현장 확인 점검 시에 필요한 협조를 받는다.
복구 및 영향평가	– 복구는 해당 팀에서 실시하되 안전관리자는 수해를 많이 입은 팀을 지원하고, 필요시 공사협력업체에 지원요청을 한다. – 대표이사는 수해지역의 복구에 최대한 지원하며 수해복구에 필요한 물품을 지원토록 한다. – 안전보건관리책임자는 사고원인에 따른 근본대책을 강구하여 재발방지책을 강구한다.

	안전보건경영 절차서	문서번호	SSK-SHP-08-02
		제정일자	2021. 01. 02
	비상시 대비 및 대응	개정일자	
		개정차수	0

〈붙임 6〉 지진대응 시나리오

구분	시 나 리 오
지진발생 경보	기상대 발표 – 각 사업장 지역의 지진 발생 경보발령 – 각 사업장 지역의 강도 4.0이상의 지진발생
경보전파	[주간] – 지진발생 시 안전관리자는 기상특보 발표 시 즉시 안전보건관리책임자에게 보고한다. – 안전보건관리책임자는 회사에 지진으로 인한 비상사태를 발령한다. – 비상방송을 통하여 대응방안 및 주의사항을 방송한다 – 안전보건관리책임자는 사무실에 지진대응 비상 대책반을 운영한다. [야간] – 안전관리자는 필요시 본원 내에 인원을 동원하여 위험설비 비상조치를 하도록 지시한다. – 안전관리자는 공무팀에 통보하여 누전위험이 있는 지역은 전원을 차단토록 한다. – 안전관리자는 공무팀에 통보하여 가스시설, 폭발시설, 전기시설등 위험 설비에 대한 점검조를 편성하고 이상 유무를 확인토록 한다.
비상대응	[주간] – 안전보건관리책임자는 지진대응 비상 대책반을 설치, 운영하고 대책반별 임무를 수행토록 지휘한다. – 지휘통제반은 추가여진 상황을 계속 주시하면서 취약구역에 대한 대피를 통보한다. – 각 공정별 지진으로 인해 원자재 적재상태의 붕괴, 낙하, 추락등 위험이 발생에 대비하여 대피를 지시하며, 대피 인원파악을 통해 낙오 근로자가 없도록 확인한다. [야간] – 안전관리자는 사업장 내 경비인력 및 생산팀 야간근로자를 통해 현장 상태를 확인한다. – 안전관리자는 본원의 지진 취약구역을 수시 체크하고 인원을 배치한다 – 건물 주변, 창고등의 자재, 제품의 운반 시 우선순위를 설정한 뒤 지게차를 이용하여 이동 시킨다. – 안전보건관리책임자는 각 부서장에게 비상호출을 실시하고 도착한 인원과 합동으로 안전조치를 취한다.
사고원인 및 피해조사	– 안전관리자는 지진사고 원인조사 및 지진으로 인한 피해현황을 파악하고 즉시 안전보건관리책임자에게 보고한다. – 안전관리자는 보험회사에 통보하여 현장 확인·점검 시에 필요한 협조를 받는다.
복구 및 영향평가	– 복구는 해당 부서에서 실시하되 안전보건관리책임자는 피해를 많이 입은 부서를 지원하고, 필요시 공사협력업체에 지원요청을 한다. – 대표이사는 지진지역의 복구에 최대한 지원하며 현장복구에 필요한 물품을 지원토록 한다. – 안전보건관리책임자는 사고원인에 따른 피해대책을 강구하여 재발방지책을 강구한다.

안전보건경영 절차서	문서번호	SSK-SHP-08-02
	제정일자	2021. 01. 02
비상시 대비 및 대응	개정일자	
	개정차수	0

〈붙임 7〉 비상통제 조직도

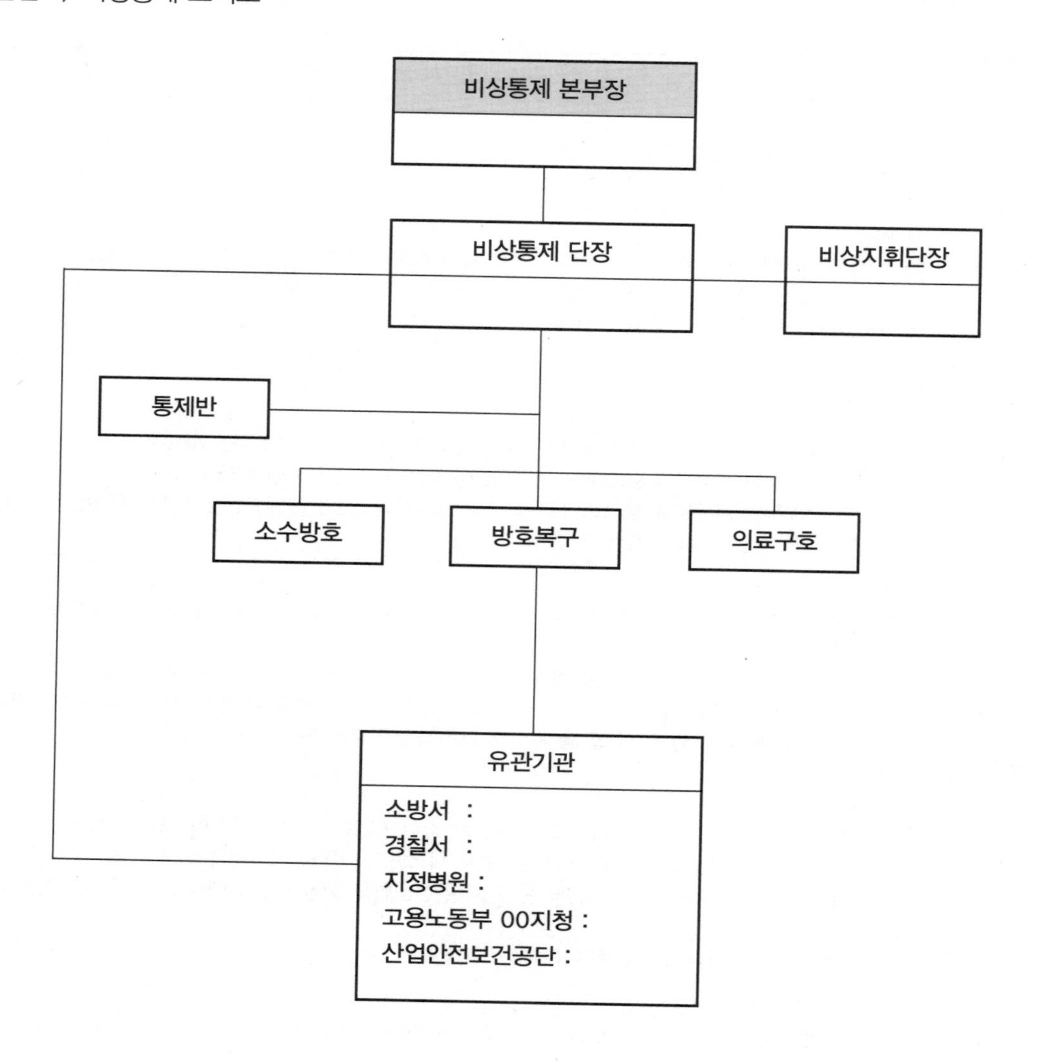

〈붙임 8〉 비상통제 조직별 업무분장

비상통제 조직별 업무분장

통제조직	업 무 분 장	비 고
비상통제본부장 (대표이사)	○ 비상사태 발생 현장 비상체제로 전환 ○ 비상사태 수습에 필요한 조치 결정 ○ 보도통제와 공식적 보도	
비상지휘단장 (안전보건관리 책임자)	○ 비상통제 조직의 동원과 지휘 ○ 비상통제에 필요한 인원과 장비 증원 요청 ○ 비상사태의 영향파악과 대피상황 결정 ○ 사고속보의 작성과 보고 ○ 재발방지대책 수립 ○ 소속 근로자에게 비상사태 대응체계에 대한 교육 및 훈련	
비상통제단장 (안전관리자)	○ 비상통제본부장으로부터 지시된 사항 실행 ○ 통제본부 설치 ○ 대외 관련 기관 지원요청 및 보고 ○ 사고원인 조사 및 언론 통제 ○ 비상동원계획의 수립과 교육 ○ 소방펌프의 가동과 소화용수 및 각종 방지기구 확보	
본부소대 – 지휘반 – 훈련반 – 경보반	○ 소방서 도착시 화점 및 인원 대피상황 통보 ○ 소방 및 비상사태 훈련 시 시범 훈련 ○ 사내 비상사태 전파	
소,수방호소대 – 소화반 – 급수반	○ 자체 소방시설을 이용하여 진화활동 ○ 소화용수 보존과 급수활동	
방호, 복구소대 – 대피반 – 경계반 – 복구반	○ 인명검색구조, 사원대피 유도 및 중요 물품 반출 및 이동 ○ 비상경계, 반출물건의 경비, 출입인원 통제, 관할 소방대유도 ○ 방화문 폐쇄, 가스, 위험물 등 소화활동상의 장애물 제거 외 화재 진압 후 복구	
의료 구호소대 – 의료반 – 후송반 – 방호반	○ 질식, 중경상자의 구호 및 응급조치 ○ 사망자 안치 및 질식 등 중·경상자 긴급 후송조치 ○ 재난이 더 이상 확대되지 않도록 위험물 및 가스등 인화성, 폭발성 물질 제거, 이동 및 안전조치	
통제반 (주관팀)	○ 비상 상황의 파악과 보고 ○ 비상연락망 가동 ○ 비상통제 조직의 동원 ○ 통제 단장의 업무 대행과 지시된 사항 이행 비상통제 조직별 업무분장	

〈붙임 9〉 비상훈련 실시 보고서

<table>
<tr><td rowspan="2">비상훈련 실시 보고서</td><td>담 당</td><td></td><td></td></tr>
<tr><td></td><td></td><td></td></tr>
</table>

<table>
<tr><td>훈련일자</td><td></td><td>훈련 주관팀</td><td></td></tr>
<tr><td>훈련종류</td><td></td><td rowspan="2">사용 기자재</td><td></td></tr>
<tr><td>참석인원</td><td></td><td></td></tr>
<tr><td>훈련내용</td><td colspan="3"></td></tr>
<tr><td>훈련성과 및 강평</td><td colspan="3"></td></tr>
<tr><td rowspan="4">문제점 및 시나리오 개정사항</td><td>문 제 점</td><td colspan="2">시나리오 개정내용</td></tr>
<tr><td></td><td colspan="2"></td></tr>
<tr><td></td><td colspan="2"></td></tr>
<tr><td></td><td colspan="2"></td></tr>
<tr><td>차기계획</td><td colspan="3"></td></tr>
</table>

〈붙임 10〉 비상훈련 모의훈련 평가표

비상훈련 모의훈련 평가표

평가일자		평가팀		
순번	평가내용	배점	득점	비고
01	훈련계획서의 적절성	5		
02	훈련시나리오의 적절성	5		
03	상황전파 및 계통별 보고의 적절성	5		
04	긴급출동 현장도착 후 상황대체 적절성	20		
05	사고자 구출의 적절성	20		
06	응급처치 방법의 정확성	15		
07	지휘통제부의 활동(상황별 임무부여)	5		
08	복구, 지원반의 활동(현장 정리정돈)	5		
09	후속조치의 적절성	10		
10	모의훈련 참가자 수	10		
계	–	100		
판정 기준	■ 0 ~50점 : 재훈련 ■ 51~60점 : 이론교육 실시(실적제출) ■ 61~80점 : 합격(지적사항 제출) ■ 81~100점 : 합격		모의 훈련 결과	■ 합격 □ 불합격
평가자 의견				
평가자	소속		성명	(서명)

목 차

안전보건경영 절차서	문서번호	SSK-SHP-09-01
	제정일자	2021. 01. 02
성과측정 및 준수평가	개정일자	
	개정차수	0

1 목 적

이 절차는 회사의 안전보건상의 중요한 영향을 미칠 수 있는 특성을 지속적으로 모니터링하고, 준수평가를 통해 측정·관리함으로써 안전보건방침, 목표 및 추진계획이 효과적으로 이행되도록 하는 데 그 목적이 있다.

2 적용범위

이 절차는 사업장의 안전보건상 중요한 영향을 미칠 수 있는 일상운영과 활동에 대한 모니터링 및 측정, 준수평가를 실행하는 데 적용한다.

3 책임과 권한

3.1 대표이사

3.1.1 성과측정 결과 시정조치에 따른 경영상의 지원

3.1.2 준수평가 결과에 따른 지원

3.2 안전보건관리책임자

3.2.1 성과측정 결과 부적합사항에 대한 시정조치 결과 확인

3.2.2 성과측정 결과 부적합사항의 시정조치 결과 취합 보고

3.2.3 각 팀의 안전보건성과의 모니터링, 측정 및 기록의 검토, 시정조치 등

3.2.4 성과측정 결과 부적합사항에 대한 시정조치계획, 실행 및 조치 결과 수립

3.2.5 준수평가 결과 확인

3.3 안전관리자

3.3.1 안전보건경영성과의 측정 및 모니터링을 실시하고 이에 대한 기록을 유지

3.3.2 목표대비 성과측정 결과를 안전보건관리책임자에게 보고

3.3.3 준수평가 실시 및 결과를 안전보건관리책임자에게 보고

4 업무절차

4.1 성과측정 절차

4.1.1 안전관리자는 매년 상·하반기를 정하여 각 1회 이상 안전보건목표 및 세부 추진계획에 대하여 성과측정 및 모니터링을 실시한다.

4.1.2 안전보건관리책임자는 성과측정 결과 부적합사항에 대해 시정조치계획을 수립하고 시정조치하도록 각 팀장에게 알린다. 소요비용은 대표이사와 협의하여 처리하

고 연차계획이 필요한 경우 연차계획 수립에 반영하도록 한다.

4.1.3 안전보건관리책임자는 성과측정 결과 및 각 팀별 시정조치 결과를 취합하고 그 내용은 차기 내부심사 시 유효성을 검증하도록 심사내용에 포함한다.

4.2 일반사항

4.2.1 안전보건관리책임자는 다음 사항을 포함하여 안전보건상의 영향을 미칠 수 있는 운영과 활동의 주요 특성을 정기적으로 모니터링하고, 측정하기 위한 절차를 수립, 유지한다.

1) 안전보건방침에 따른 목표가 계획대로 달성되고 있는가를 측정
2) 안전보건방침과 목표를 이루기 위한 안전보건활동계획의 적정성과 이행여부 확인
3) 안전보건경영에 필요한 지침서와 안전보건활동의 일치성여부 확인
4) 적용법규 및 준수여부 평가
5) 사고, 아차사고, 업무상 재해 발생 시 발생원인과 안전보건활동성과의 관계

4.2.2 관리감독자는 안전보건매뉴얼, 관련 규정, 안전보건경영 추진계획 등에 규정된 위험성평가에 대한 부분이 부합되고 있는지를 확인하고, 결과에 대한 기록을 유지·관리한다.

4.2.3 관리감독자는 현장 점검 시 보호구의 착용 및 불안전요인 제거활동 이행상태를 확인하고, 결과에 대해 안전관리자에게 통보한다.

4.2.4 모니터링 및 측정은 주기적으로 운영하여 위험요인 발견 시 즉각적인 조치가 이행되도록 한다.

4.2.5 모니터링 및 측정 데이터와 결과는 시정조치 및 예방조치 분석에 충분할 만큼 기록되고, 필요한 팀에 전달되어야 된다.

4.3 성과측정, 모니터링 대상 및 주기

4.3.1 성과측정 및 모니터링은 다음에 따른다.

1) 성과측정 및 모니터링을 하는 팀에서는 이를 규정된 주기인 상·하반기 각 1회 이상 실시하도록 하여야 한다.
2) 성과측정 및 모니터링 팀은 상기 항목 중 안전보건목표 및 추진계획 달성 정도, 사건 발굴 및 조치, 유해요인 개선계획의 실행 결과를 주기별로 안전관리자에게 보고한다.
3) 내부심사원은 내부심사 시 각 팀의 성과측정 및 모니터링 활동의 이행여부를 확인한다.

4) 성과측정 및 모니터링 활동 중 발견된 부적합사항은 부적합 시정조치 및 개선실행 절차에 따라 시정한다.

5) 성과측정 및 모니터링의 결과는 안전보건 경영자 검토에 반영한다.

4.3.2 안전보건목표 및 추진계획의 모니터링은 다음에 따른다.

1) 안전보건관리책임자는 내부심사 시 안전보건목표 및 추진계획의 이행실적을 점검하여 목표달성도가 불충분한 경우 해당 팀에 부적합 시정조치 및 개선실행 절차에 따라 시정조치를 요구한다.

2) 시정조치를 요구받은 팀에서는 시정조치를 실시한 후, 시정조치 결과를 안전관리자에게 보고한다.

4.3.3 안전보건법규 및 절차서 준수에 대한 모니터링은 다음에 따른다.

1) 안전관리자는 규정된 주기마다 관련 법규 및 지침서를 준수하고 있는지를 모니터링 한다.

2) 안전보건법규 및 그 밖의 요구사항을 준수하지 못하였거나 위반할 우려가 있는 사항이 발견되면 규정에 따라 시정조치 및 예방조치를 실시한다.

4.4 준수평가

4.4.1 정기 준수평가 : 상·하반기 각 1회 이상

4.4.2 비 정기평가

1) 법규 및 기타 요구사항이 충족되지 않는 사안 발생 시

2) 법규 및 기타 요구사항 변경으로 인해 위반사항의 발생 가능성이 있는 경우

4.4.3 준수평가 업무절차

1) 안전관리자는 안전보건추진계획 수립 시 정기적으로 준수평가가 실시되도록 계획에 포함한다.

2) 안전관리자는 준수평가 결과 위반사항이 발생하였을 경우 해당 팀에 통보하고 법규 및 그 밖의 요구사항을 준수하도록 하여야 한다.

3) 준수평가 위반사항을 통보 받은 관리감독자는 위반사항에 대하여 시정 및 재발 방지대책을 수립하고 이행하여야 한다.

4) 안전관리자는 준수평가 결과를 경영자 검토에 반영하여야 한다.

4.5 측정장비

4.5.1 각 팀에서 사용하는 측정장비는 해당 팀의 관리감독자가 측정주기를 우선 확인하고 검·교정 여부를 파악한 후 안전관리자에게 통보한다.

4.5.2 안전관리자는 검·교정이 필요한 측정장비는 해당 검·교정 기관에 연락하여 검·교

정을 실시하고 이를 측정장비 관리대장에 기록하여 관리하여야 한다.

5 관련기록

5.1 성과측정 및 모니터링 기준

5.2 성과측정 및 모니터링 체크리스트 / 결과보고서

5.3 법규 준수평가서

5.4 측정장비 관리대장

〈붙임 1〉 성과측정 및 모니터링 기준

성과측정 및 모니터링 기준

구분	항목	기준	시행자	비고
안전보건방침	방침의 적절성	방침 게시 및 숙지상태	대표이사	게시, 숙지상태
조직상황	외부 및 내부 이슈 파악	연 1회 실시	안전보건관리책임자 안전관리자	주요현안기록부
위험성평가	잠재위험의 파악	연 1회 실시	안전관리자 관리감독자	위험성평가서
그 밖의 위험성평가	이해관계자의 요구사항	연 1회 실시	안전관리자	그 밖의 위험성 평가서
법규파악 준수	법규 입수/근거	준수율 100%	안전관리자	법규등록부 준수평가표
목표 및 추진계획	적절성 및 실행	이행률 100%	안전보건관리 책임자 / 전 팀	안전보건 추진계획표 성과측정표
구조 및 책임	권한 및 역할지정	임명장 발행 100%	대표이사 안전보건관리책임자	관리감독자 임명장 관리책임자 선임서
법규 및 운영관리	운영관리	목표대비 이행율 95% 이상	안전보건관리책임자 / 전 팀	현장점검
	교육·훈련자격	참석률 100%	안전관리자/ 관리감독자	안전보건교육일지
	의사소통	산업안전보건위원회	안전보건관리책임자/ 산안위 위원	회의결과의 게시
	문서 및 문서화 관리	분기 1회 문서 및 기록검토	안전관리자	문서 및 기록의 일지 관리상태
	안전사고	산재사고 ZERO	대표이사 안전보건관리책임자 안전관리자/관리감독자	산업재해조사표
비상사태	시나리오 비상조직도	연 2회 이상 비상훈련 실시	안전보건관리책임자/ 관리감독자	시나리오 및 성과평가
내부심사	체크리스트 (체제,활동)	연 1회 이상 정기심사	내부심사원	심사 결과보고서
경영자 검토	인증기준	연 1회 이상	대표이사	경영자 검토서류
부적합 시정 및 예방조치	법규 및 인증기준에 의거	시정사항 발생 시	안전보건관리책임자/ 안전관리자/관리감독자	시정조치 요구 및 확인서

〈붙임 2〉 성과측정 및 모니터링 체크리스트 / 결과보고서

성과측정 및 모니터링 체크리스트 / 결과보고서	작 성	검 토	승 인

대상부서		작성일자		작성자	

구분	추진계획	담당자	예정기한	달성율	미달성 사유	향후 추진계획	비고

모니터링 항목 수	성과달성 비율	미달성 비율
(　　　) 건	(　　　) 건 (　　　) %	(　　　) 건 (　　　) %

<table>
<tr><td rowspan="2"></td><td>안전보건경영 절차서</td><td>문서번호</td><td>SSK-SHP-09-01</td></tr>
<tr><td rowspan="3">성과측정 및 준수평가</td><td>제정일자</td><td>2021. 01. 02</td></tr>
<tr><td></td><td>개정일자</td><td></td></tr>
<tr><td></td><td>개정차수</td><td>0</td></tr>
</table>

〈붙임 3〉 법규 준수평가서

<table>
<tr><td rowspan="2">확인일자</td><td>상반기</td><td></td><td colspan="4" rowspan="3">법규 준수평가서</td></tr>
<tr><td>하반기</td><td></td></tr>
<tr><td>보존연한</td><td colspan="2"></td></tr>
<tr><td colspan="3">해당법규</td><td colspan="4"></td></tr>
<tr><td>관련법조항</td><td>구분</td><td colspan="2">내용</td><td>준수여부
(상반기)</td><td>준수여부
(하반기)</td><td>비고</td></tr>
<tr><td></td><td></td><td colspan="2"></td><td></td><td></td><td></td></tr>
<tr><td></td><td></td><td colspan="2"></td><td></td><td></td><td></td></tr>
<tr><td></td><td></td><td colspan="2"></td><td></td><td></td><td></td></tr>
<tr><td></td><td></td><td colspan="2"></td><td></td><td></td><td></td></tr>
<tr><td></td><td></td><td colspan="2"></td><td></td><td></td><td></td></tr>
<tr><td></td><td></td><td colspan="2"></td><td></td><td></td><td></td></tr>
<tr><td></td><td></td><td colspan="2"></td><td></td><td></td><td></td></tr>
<tr><td></td><td></td><td colspan="2"></td><td></td><td></td><td></td></tr>
<tr><td></td><td></td><td colspan="2"></td><td></td><td></td><td></td></tr>
<tr><td></td><td></td><td colspan="2"></td><td></td><td></td><td></td></tr>
<tr><td></td><td></td><td colspan="2"></td><td></td><td></td><td></td></tr>
<tr><td></td><td></td><td colspan="2"></td><td></td><td></td><td></td></tr>
<tr><td></td><td></td><td colspan="2"></td><td></td><td></td><td></td></tr>
</table>

〈붙임 4〉 측정장비 관리대장

측정장비 관리대장

번 호	측정 장비	관리 번호	제작 회사	사용 용도	교정 주기	최종 교정일	차기 검·교정일

	안전보건경영 절차서	문서번호	SSK-SHP-09-02
		제정일자	2021. 01. 02
	내부심사	개정일자	
		개정차수	0

목 차

	안전보건경영 절차서	문서번호	SSK-SHP-09-02
		제정일자	2021. 01. 02
	내부심사	개정일자	
		개정차수	0

1 목 적

이 절차는 회사의 안전보건경영활동 및 성과가 규정된 안전보건경영시스템에 일치되는지와 안전보건목표, 세부목표 및 안전보건경영 추진계획이 정상적으로 수행되고 있는지를 내부심사를 통해 확인하는 절차에 대하여 규정함을 목적으로 한다.

2 적용범위

이 절차는 회사의 안전보건경영시스템에 대한 실행과 유지의 적절성 및 효과성을 평가하기 위한 안전보건내부심사의 절차 수립 및 유지에 적용한다.

3 책임과 권한

3.1 안전보건관리책임자

3.1.1 내부심사 실시에 따른 총괄 관리 및 시정조치에 따른 확인

3.1.2 내부심사원의 지정 및 내부심사원 양성

3.1.3 내부심사 결과를 경영자 검토에 반영

3.2 안전관리자

3.2.1 내부심사 실시계획 작성 및 보고

3.2.2 내부심사팀 구성 및 내부심사 점검표 작성

3.2.3 내부심사 결과 기록, 보존

3.3 내부심사팀

3.3.1 내부심사 점검표에 따른 내부심사 진행

3.3.2 부적합사항의 시정조치 요구 및 조치 결과 확인

3.3.3 부적합사항 및 시정조치 사항에 대한 결과를 안전관리자에게 제출

3.4 해당 관리감독자

내부심사에 성실히 대응하고 내부심사 결과 시정사항에 대하여 시정조치 후 결과 보고

3.5 근로자

내부심사에 실시에 피심사자로서 성실히 대응

4 업무절차

4.1 내부심사 절차

4.1.1 안전관리자는 내부심사 일정, 심사팀, 심사기준 등 심사계획을 수립하여 해당 팀에

통보한다.

4.1.2 안전보건관리책임자는 내부심사 계획을 검토하며, 심사원을 양성하고 유지, 관리한다.

4.1.3 해당 팀의 계획된 일정에 따라 내부심사를 성실히 준비하여야 한다.

4.1.4 내부심사팀은 계획된 일정에 내부심사를 실시하고 그 결과를 내부심사 결과보고서에 작성하고 부적합사항에 대해서는 시정조치 요구서를 발부하여야 한다.

4.1.5 해당 관리감독자는 시정요구서의 기한 내에 시정하고 그 결과를 시정완료 보고서로 작성하여 심사팀장에게 보고하여야 한다. 필요한 경우 시정조치 전에 사전 위험성평가를 실시하여야 한다.

4.1.6 심사팀장은 시정조치 요구 및 확인서의 조치 결과를 확인하고 취합한 후 안전관리자에게 제출하고 경영자 검토 자료로 활용되도록 하여야 한다.

4.2. 내부심사원의 구성 및 자격인정 요건

4.2.1 안전보건관리책임자는 내부심사원이 서면 및 구두로 의사를 효과적으로 전달할 수 있는지 등 의사전달 기술보유 유무를 파악하여 심사를 원만히 수행할 수 있는 내부심사원을 선임하여야 한다.

4.2.2 심사원에 대한 자격 적격성을 보장하기 위해서 다음 사항 중 한가지 이상 만족하여야 한다.

1) 관련 업무 심사원 전문교육 수강 및 컨설턴트로부터 교육을 받은 자
2) KOSHA-MS 및 ISO 45001 심사원 자격 소지자 및 관련 교육을 수료한 자
3) 관리감독자로서 해당 경력이 3년 이상이며, 안전보건관리책임자가 심사원으로 적당하다고 인정한 자

4.3 심사원의 독립성

4.3.1 피심사팀에 직접적인 책임이 없는 자

4.3.2 심사원 인원은 가급적 객관성 확보를 위해 매회 2인 이상의 심사원을 운영하는 것을 원칙으로 한다.

4.3.3 심사팀에 의한 심사를 수행할 경우 심사목적에 따라 심사팀장을 별도로 선정할 수 있다.

4.4 심사팀장 및 심사원의 역할

4.4.1 심사팀장의 역할

1) 심사팀의 리더로서 심사계획 수립, 심사 결과 보고, 심사팀 통솔
2) 심사수행의 주관 및 피심사팀과 의견 조율
3) 부적합 보고서 발행

4) 심사팀을 대표하며, 심사보고서 작성 및 제출

4.4.2 심사원의 책임

1) 심사범위의 준수 및 계획된 심사 실시

2) 부적합사항의 기록 및 객관적 증거 수집

3) 심사팀장의 지시사항 준수 및 심사보고서 작성 협조

4.5 내부심사 기준

4.5.1 내부심사는 안전보건경영시스템의 운영상태 및 중요성, 이전 내부심사를 토대로 시스템의 모든 요소에 대해 연 1회 이상 다음 사항을 포함하여 종합적으로 계획하여 실시한다.

1) 내부심사 일정, 내부심사 대상팀, 내부심사 시 검토되어야 할 활동 및 분야

2) 내부심사원의 자격, 내부심사 빈도, 내부심사 방법, 내부심사 결과의 전달

4.5.2 내부심사팀은 객관성이 보장될 수 있는 전문가로 구성하며, 필요할 경우에는 외부 전문가를 활용할 수 있다.

4.5.3 안전보건내부심사와 후속조치는 문서화된 계획과 내부심사 점검표에 따라 수행한다.

4.5.4 내부심사는 운영관리 분야의 현장심사 및 체제분야 심사의 서류검사로 실시한다.

4.5.5 내부심사는 안전보건목표 및 세부사항 이행, 규정 및 표준지침 준수여부, 근로자의 안전성 확보 상태 등에 대한 교육 실시 현황, 위험성평가 결과 및 과거의 심사 결과를 바탕으로 실시한다.

4.5.6 내부심사 수행 결과는 기록하여 안전관리자에게 보고하며 안전보건관리책임자에게 전달되도록 한다.

4.5.7 피심사팀의 책임자는 내부심사에 의해 밝혀진 결함에 대하여 시기적절하게 필요한 시정조치를 취하여야 한다.

4.5.8 내부심사 중 발견된 부적합사항에 대하여는 부적합 시정조치 및 개선실행 절차에 따라 시정조치를 실시한다.

4.5.9 후속 내부심사는 취해진 시정조치의 실행과 유효성을 검증하고, 기록한다.

4.6 내부심사 결과의 보고

4.6.1 내부심사 결과는 보고서로 작성하여 최고경영자를 포함한 모든 조직구성원 및 이해관계자에게 전달되도록 한다.

4.6.2 조직구성원에게 전달하는 방법은 게시판의 활용 및 교육, 회의의 방법 등을 통해 전달한다.

⑤ 관련기록

5.1 내부심사 계획서

5.2 내부심사 체크리스트(체제분야)

5.3 내부심사 체크리스트(활동분야)

5.4 내부심사 결과보고서

〈붙임 1〉 내부심사 계획서

내부심사 계획서			

작성일자		작 성 자	
심사번호		심사구분	□ 정기심사 □ 특별심사
피 심사팀		심사일시	년 월 일
심 사 원			
내부심사원 교육일정			
심사목적			
심사범위 및 내 용			
심사 일정			
준비 및 요청사항			
사본 배포처			

심사 일정:

팀 별	시 간	내 용

〈붙임 2〉 내부심사 체크리스트(체제분야)

내부심사 체크리스트(체제분야)

심사 일자	년 월 일		
심사 구분	■ 정기심사 □ 특별심사	대 상 팀	
심 사 원		피심사원	

관련표준	NO	심 사 항 목 평가 주안점	심 사 결 과 적합	부적합	관찰	비 고
4. 조직상황	1	현안사항(외부 및 내부 이슈)에 대한 정보를 모니터링하고 검토하고 있는가?				
	2	고객 요구사항과 적용되는 법적 및 규제적 요구사항을 충족하는 안전보건을 일관성 있게 제공하고 있는가?				
	3	안전보건경영시스템에 필요한 프로세스를 정하고, 조직 전반에 프로세스에 적용하고 있는가?				
5. 리더십과 근로자 참여	1	최고경영자는 안전보건경영시스템에 대한 리더십과 의지표명에 따른 실행의지를 실증하고 있는가?				
	2	안전보건방침을 수립, 실행 및 유지하고 있는가?				
	3	문서화된 정보를 유지하고 있으며, 이해관계자에게 제공되고 있는가?				
	4	안전보건경영시스템의 개발, 기획, 실행, 성과평가 및 개선을 위한 조치에 대하여 근로자와 근로자 대표의 협의와 참여를 위한 프로세스를 수립, 실행 및 유지하고 있는가?				
6. 계획 수립(기획)	1	위험성평가 관리절차는 수립되어 있는가?				
	2	그 밖의 위험성평가는 실시하고 있으며 안전보건에 관한 주요 현안사항이 누락되고 있지는 않은가? – 안전보건상의 제반법규의 내용 – 안전보건에 관한 주요 트렌드 – 근로자 및 이해관계자의 요청사항				
	3	위험성평가 및 그 밖의 위험성평가는 실시하고 있는가?(정기 및 수시평가)				
	4	위험성평가 시 정상, 비정상 작업에 대하여도 실시하고 있가?				
	5	아차사고는 발굴하여 위험성평가에 반영하고 있는가?				
	6	최신 법적 요구사항 및 기타 요구사항이 결정, 이용되고 있는가?				

	7	파악된 법규가 근로자 및 이해관계자에게 전달되는가?				
	8	안전보건목표는 안전보건방침과 부합하고 있으며 추진계획과 연계되어 있는가?				
7. 지원	1	최고경영자는 안전보건경영시스템의 수립, 실행, 유지 및 지속적 개선에 필요한 자원을 제공하고 있는가?				
	2	근로자가 적절한 학력, 교육·훈련 또는 경험에 근거하여 역량이 유지되고 있는가?				
	3	교육·훈련 및 자격절차가 문서화된 정보로 수립되어 있는가?				
	4	근로자는 안전보건방침과 안전보건목표, 위험요인, 안전보건리스크 및 결정된 조치에 대하여 인식하고 있는가?				
	5	안전보건경영시스템에 관련되는 내부 및 외부 의사소통에 필요한 프로세스를 수립, 실행 및 유지하고 있는가?				
	6	의사소통에 관한 세부절차로 의사소통 및 정보제공 절차는 수립되어 있는가?				
	7	문서화된 정보에 따른 세부 절차로 문서화 및 문서관리 절차, 기록관리 절차는 수립되어 있는가?				
8. 실행	1	안전보건관리규정은 작성되고 개정되고 있는가?				
	2	위험요인을 제거하고 안전보건리스크를 감소하기 위한 프로세스를 수립, 실행 및 유지하고 있는가?				
	3	안전보건성과에 영향을 주는 계획된 임시 및 영구적인 변경의 실행과 관리를 위한 프로세스를 수립하고 있는가?				
	4	제품 및 서비스의 적합성을 보장하기 위한 조달관리 프로세스를 수립, 실행 및 유지하고 있는가?				
	5	조달관리, 변경관리 절차는 수립되어 있는가?				
	6	응급조치 제공을 포함하여 비상 상황에 대한 대응계획 수립하고 있는가?				
	7	잠재적인 비상 상황에 대응하기 위한 프로세스 및 시나리오는 작성 유지되고 있는가?				
9. 성과평가	1	모니터링, 측정, 분석 및 성과평가를 위한 프로세스를 수립, 실행 및 유지하고 있는가?				
	2	안전보건성과를 평가하고, 안전보건경영시스템의 효과성을 결정하고 있는가?				
	3	모니터링 및 측정 수행시기는 정해져 있는가?				
	4	법적 요구사항 및 기타 요구사항의 준수를 평가·실시하고 있는가?				
	5	계획된 주기로 내부심사를 수행하고 있으며, 내부심사원은 독립된 자에 의해 수행되는가?				

	6	내부심사 프로그램은 구비되어 있으며 심사 결과가 관련 경영자에게 보고됨을 보장하고, 관련 심사 결과가 근로자 대표, 기타 이해관계자에게 보고됨을 보장하고 있는가?				
	7	부적합사항을 다루고 안전보건성과를 지속적으로 개선하는 조치를 취하고 있는가?				
	8	안전보건경영시스템의 지속적인 적절성, 충족성 및 효과성을 보장하기 위하여, 계획된 주기로 경영 검토가 이루어지고 있는가?				
	9	경영 검토사항에는 안전보건경영시스템과 관련된, 외부 및 내부 이슈의 변경 등 포함하여야 할 사항이 누락되지는 않았는가?				
	10	최고경영자는 경영 검토의 관련 출력사항을 근로자 및 근로자 대표와 의사소통 하고 있는가?				
10. 개선	1	의도된 결과를 달성하기 위해 개선활동 등 필요한 조치를 실행하며 부적합 시정조치 및 지속적 개선 절차에 따른 절차를 구비하고 있는가?				
	2	사건 또는 부적합이 재발하거나 다른 곳에서 발생하지 않도록 사건 또는 부적합의 근본원인을 제거하기 위한 시정조치를 시행하고 있는가?				
	3	변경된 위험요인에 관련된 안전보건리스크를 조치를 취하기전에 평가가 이루어지고 있는가?				
	4	안전보건경영시스템의 지속적 개선을 위한 조치의 실행에 근로자 참여를 촉진하고 있는가?				
	5	지속적 개선의 증거로 문서화된 정보를 유지 및 보유하고 있는가?				

	안전보건경영 절차서	문서번호	SSK-SHP-09-02
		제정일자	2021. 01. 02
	내부심사	개정일자	
		개정차수	0

〈붙임 3〉 내부심사 체크리스트(활동분야)

내부심사 체크리스트 (안전보건활동분야)

심사 일자	년 월 일					
심사 구분	☐ 정기심사 ☐ 특별심사		대 상 팀			
심 사 원			피심사원			

관련표준	NO	심 사 항 목 / 평가 주안점	심 사 결 과			비 고
			적합	부적합	관찰	
1. 작업장의 안전조치	1	작업구역 설정 및 현장관리 상태				
	2	통로구분, 비상구설치 및 안전표지 상태				
	3	바닥, 개구부등의 추락방지 및 낙하물 관리상태				
2. 중량물·운반기계에 대한 안전조치	1	동력 운반관리 작업지침에 따른 준수여부				
	2	인력 운반관리 기준의 설정 및 준수상태				
	3	운반기계의 안전방호조치 여부				
3. 개인보호구 지급 및 관리	1	보호구 지급, 착용 및 관리대장 작성상태				
	2	보호구 착용 및 안전인증제품 사용 상태				
	3	보호구의 예비품 보유여부				
4. 위험기계·기구에 대한 방호조치	1	위험기계·기구의 파악 및 관리상태				
	2	위험기계·기구에 대한 방호조치 설치상태 및 후속조치 수행상태				
5 떨어짐·무너짐에 의한 위험 방지	1	개구부 방호, 안전대 설치, 승강설비 설치, 구명구 비치, 울타리 설치, 조명유지 등 떨어짐 위험방지조치 여부				
	2	무너짐.맞음에 의한 위험방지조치를 실시여부				
	3	사다리 안전조치 및 2인 1조 작업여부				
6. 안전검사 실시	1	안전검사 대상의 파악 및 수행방법 파악상태				
	2	대상 설비별 주기, 방법에 따른 실시여부				
	3	안전검사대상기계의 리스트 관리 및 안전검사 필증의 부착여부				

	안전보건경영 절차서	문서번호	SSK-SHP-09-02
		제정일자	2021. 01. 02
	내부심사	개정일자	
		개정차수	0

관련표준	NO	심 사 항 목 평가 주안점	심 사 결 과 적합	부적합	관찰	비 고
7. 폭발·화재 및 위험물 누출 예방활동	1	폭발·화재 및 위험물 누출에 의한 위험방지조치가 이루어지고 있는지 여부				
	2	보수·점검계획에 의거 주기적으로 점검하고 비상시 대피요령을 알고 있는지 여부				
	3	화학설비·압력용기 등은 건축물의 구조 검토, 부식 방지, 밸브 개폐방향 표시, 안전밸브·파열판·화염방지기 설치, 계측장치·자동경보장치·긴급차단장치 설치 등 위험방지조치 여부				
8. 전기재해 예방활동	1	전기 노출 충전부의 방호상태				
	2	누전차단기/과전류 보호장치, 접지 등의 설치상태				
	3	방폭전기 기기의 설치 및 관리상태				
	4	전기설비의 정기점검상태				
9. 쾌적한 작업환경 유지활동	1	유해화학물질 취급근로자의 건강장해 및 직업병을 예방하기 위한 조치여부				
	2	취급 유해물질을 목록화하고 물질안전보건자료(MSDS)비치 또는 게시여부				
	3	작업환경측정 대상 유해인자에 노출되는 근로자의 건강장해를 예방하기 위한 유해인자관리 여부				
	4	관리대상·허가대상·금지유해물질에 대한 건강장해예방을 위해 국소배기장치·경보설비·잠금장치·긴급차단장치, 세척시설·목욕설비·세안설비 설치, 작업장바닥의 관리, 부식·누출방지조치, 청소, 출입금지, 보호구 지급, 명칭 등 게시, 유해성 주지, 흡연금지, 작업수칙 준수, 사고 시 대피, 취급일지 작성 등의 조치여부				
10. 근로자 건강장해 예방활동	1	근로자 건강진단 실시 상태여부 및 후속조치 상태				
	2	근로자 업무상 질병예방을 위한 관련 프로그램 수립여부				
	3	고령, 여성, 외국인 등 취약계층 근로자의 건강증진 및 작업환경개선을 위한 건강장해 예방조치 여부				
	4	온·습도조절장치, 환기장치, 휴게시설, 세척시설 등의 설치, 음료수 등의 비치, 보호구 지급 등 온도·습도에의한 건강장해 예방조치 여부				
	5	방사선 물질의 밀폐, 관리구역의 지정, 차폐물·국소배기 장치·방지설비의 설치, 취급용구·보호구 지급, 폐기물 처리, 흡연금지, 유해성 주지등 방사선에 의한 건강장해 예방조치 여부				
	6	유해성 주지, 오염방지조치, 감염예방조치 등 병원체의 건강장해 예방조치 여부				
	7	사무실에서의 건강장해 예방조치 여부				
	8	밀폐공간 작업으로 인한 건강장해 예방조치 여부				

관련표준	NO	심 사 항 목	심 사 결 과			비 고
		평가 주안점	적합	부적합	관찰	
11. 협력업체의 안전보건 활동 지원	1	협력업체에 대한 적절한 안전보건관리 실시여부				
	2	안전보건관리(총괄)책임자를 지정하고 안전보건협의체의 운영, 작업장 순회점검, 근로자 안전보건교육 지원 등 도급 시의 안전보건조치를 수행여부				
	3	중금속취급 유해작업, 제조·사용허가 대상물질취급 작업 등을 도급 시 안전·보건기준 준수여부				
12. 안전·보건 관계자 역할 및 활동	1	안전관리자 및 보건관리자를 지정(전문기관 포함)하고, 안전보건경영시스템의 실행 및 운영활동과 안전보건목표를 달성하기 위한 역할의 수행여부				
	2	안전보건관리책임자를 선임하고, 관리감독자를 지정하여 안전보건 관련 역할을 하는지 수행여부				
13. 산업재해 조사활동	1	사업장(협력업체 포함)에서 재해 발생 시 원인조사 및 재발방지대책 실행여부				
	2	재해통계분석의 정기적 실시 및 익년도 안전보건활동목표의 반영여부				
14. 무재해 운동의 자율적 추진 및 운영	1	무재해운동의 자체적 이행여부				
15. 기타						

	안전보건경영 절차서	문서번호	SSK-SHP-09-02
		제정일자	2021. 01. 02
	내부심사	개정일자	
		개정차수	0

〈붙임 4〉 내부심사 결과보고서

내부심사 결과보고서				

피심사팀		심사일자	
심 사 팀	심사팀장 : (인)	심사원 : (인)	
심사결과 및 지적사항			
시스템 심사결과	☐ 유효	☐ 개선이 필요 (사유)	
첨 부	1. 내부심사 결과보고서 ( )부 2. 기타 :		

1
2
3
4
5
6
7
8
9
부록

	안전보건경영 절차서	문서번호	SSK-SHP-09-03
		제정일자	2021. 01. 02
	경영자 검토	개정일자	
		개정차수	0

목 차

	안전보건경영 절차서	문서번호	SSK-SHP-09-03
		제정일자	2021. 01. 02
	경영자 검토	개정일자	
		개정차수	0

1 목 적

이 절차는 회사의 안전보건경영시스템의 지속적인 적합성, 적절성, 유효성을 확인하기 위한 경영자 검토에 대하여 규정함을 목적으로 한다.

2 적용범위

이 절차는 경영자 검토를 위한 검토대상, 방법 및 검토 결과에 대한 시정조치 방법 등에 대하여 적용한다.

3 책임과 권한

3.1 대표이사
 3.1.1 경영자 검토의 시행 및 개선사항에 대한 경영상의 지원
 3.1.2 경영자 검토 결과에 따른 개선의 총괄
3.2 안전보건관리책임자
 3.2.1 경영자 검토 자료를 작성하여 대표이사에게 보고하고 지시사항의 이행을 확인
 3.2.2 경영자 검토항목에 따른 사전 자료 검토
3.3 안전관리자
 3.3.1 경영자 검토 결과 대표이사의 지시사항에 대한 시정내용 확인 및 결과 보고
 3.3.2 경영자 검토 시 확정된 사항의 차기년도 목표 및 세부 추진계획에 포함
3.4 관리감독자
 3.4.1 경영자 검토 결과 개선조치 사항 이행
 3.4.2 안전관리자의 요청 시, 경영자 검토 자료 제출

4 업무절차

4.1 경영자 검토 실시주기 및 범위
 4.1.1 회사는 안전보건경영체제에 대한 정기적인 경영자의 검토 주기와 범위를 정하도록 하며 경영자 검토는 최소 연 1회 이상 실시하되, 이해관계자의 요구시 추가로 실시할 수 있다.
 4.1.2 경영자 검토의 내용은 다음과 같다
  1) 이전 경영자 검토 결과의 후속조치 내용
  2) 다음의 사항에 따른 반영내용

(1) 안전보건과 관련된 내·외부 현안사항

(2) 근로자 및 이해관계자의 요구사항

(3) 법적 요구사항 및 기타 요구사항

3) 안전보건경영방침 및 목표의 이행도

4) 다음 사항에 따른 안전보건활동의 내용

(1) 정기적 성과측정 결과 및 조치 결과

(2) 내부심사 및 후속조치 결과

(3) 안전보건교육·훈련 결과

(4) 근로자의 참여 및 협의 결과

5) 효과적인 안전보건경영시스템의 유지를 위한 자원의 충족성

6) 이해관계자와 관련된 의사소통 사항

4.1.3 경영자 검토를 통해 다음의 사항이 결정되어야 한다.

1) 안전보건상의 성과

2) 안전보건경영시스템이 의도한 결과를 달성하는 데 필요한 자원 및 개선사항

3) 사업장의 환경변화, 법 개정, 및 신기술의 도입 등 내·외부적인 요소 또는 미래 불확실성에 대응하기 위한 계획

4.1.4 대표이사는 지속적인 적절성, 충족성 및 효과성을 보장하기 위하여 계획된 주기로 안전보건경영시스템을 검토하여야 한다. 이 검토에는 개선을 위한 기회평가, 그리고 안전보건방침 및 안전보건목표를 포함한 안전보건경영시스템에 대한 변경 필요성을 포함하여야 한다. 경영자 검토 기록은 보유되도록 하며, 경영자 검토 결과를 근로자와 이해관계자에게 의사소통하여야 한다.

4.1.5 경영자 검토와 관련된 출력사항은 의사소통 및 협의가 가능하도록 한다.

4.2 경영자 검토 실시 절차

4.2.1 안전관리자는 매년 경영자 검토 시 경영자 검토 자료를 사전 서면으로 준비하여 대표이사가 경영자 검토를 실시할 수 있도록 하여야 한다.

4.2.2 안전보건관리책임자는 안전보건방침, 목표이행도, 내부심사 결과, 부적합사항의 시정조치 결과, 위험성평가의 개선조치 결과, 법규 등을 검토 후 개선이 필요한 사항에 대해 시정 지시하고 다음 연도 안전보건목표 및 추진계획에 반영되도록 한다.

4.2.3 안전관리자는 경영자 검토상의 지시사항을 이행하여 개선토록 조치하고 그 결과를 안전보건관리책임자에게 보고하며 최종적으로 대표이사에게 보고되도록 하여야 한다.

4.2.4 안전관리자는 확정된 경영자 검토내용을 관리감독자에게 전달하여 관리감독자가 이에 따르게 하고 추후 안전보건목표 및 추진계획에도 반영되도록 한다.

4.3 경영자 검토 결과의 조치

안전보건관리책임자는 경영자 검토 결과와 지시사항을 확인하고 안전관리자가 시정조치 결과를 기록·유지하도록 하여야 한다.

5 관련기록

5.1 경영자 검토보고서

<table>
<tr><td rowspan="4"></td><td rowspan="2">안전보건경영 절차서</td><td>문서번호</td><td>SSK-SHP-09-03</td></tr>
<tr><td>제정일자</td><td>2021. 01. 02</td></tr>
<tr><td rowspan="2">경영자 검토</td><td>개정일자</td><td></td></tr>
<tr><td>개정차수</td><td>0</td></tr>
</table>

〈붙임 1〉 (　　　　)년도 경영자 검토보고서

<table>
<tr><td colspan="3" rowspan="2">(　　　) 경영자 검토보고서</td><td rowspan="2">결
재</td><td>작 성</td><td>검 토</td><td>승 인</td></tr>
<tr><td></td><td></td><td></td></tr>
<tr><td>해 당 팀</td><td></td><td>검토일자</td><td colspan="4"></td></tr>
<tr><td>참 석 자</td><td colspan="6"></td></tr>
<tr><td colspan="7">〈경영자 검토내용〉</td></tr>
<tr><td colspan="7">1. 검토(보고) 항목 :</td></tr>
<tr><td colspan="7">1) 달성율 (달성정도)</td></tr>
<tr><td colspan="7">2) 미흡한 점</td></tr>
<tr><td colspan="7">3) 향후처리 계획</td></tr>
<tr><td colspan="7">4) 관련 서류</td></tr>
<tr><td colspan="7">5) 경영자 지시사항</td></tr>
<tr><td colspan="7">1. 검토(보고) 항목 :</td></tr>
<tr><td colspan="7">1) 달성율 (달성정도)</td></tr>
<tr><td colspan="7">2) 미흡한 점</td></tr>
<tr><td colspan="7">3) 향후처리 계획</td></tr>
<tr><td colspan="7">4) 관련 서류</td></tr>
<tr><td colspan="7">5) 경영자 지시사항</td></tr>
</table>

<table>
<tr><td colspan="4">〈경영자 검토 결과 결정사항〉</td></tr>
<tr><td>NO</td><td>항 목</td><td>경영자 지시사항</td><td>개선일정</td></tr>
<tr><td></td><td>안전보건상의 성과</td><td></td><td></td></tr>
<tr><td></td><td>안전보건경영시스템이 의도한 결과를 달성하기 위해 필요한 자원 및 개선사항</td><td></td><td></td></tr>
<tr><td></td><td>사업장의 환경 변화, 법 개정, 및 신기술의 도입 등 내·외부적인 요소 또는 미래 불확실성에 대응하기 위한 계획</td><td></td><td></td></tr>
</table>

BM	안전보건경영 절차서	문서번호	SSK-SHP-10-01
		제정일자	2021. 01. 02
	부적합 시정조치 및 개선실행	개정일자	
		개정차수	0

목 차

1
2
3
4
5
6
7
8
9
부록

	안전보건경영 절차서	문서번호	SSK-SHP-10-01
		제정일자	2021. 01. 02
	부적합 시정조치 및 개선실행	개정일자	
		개정차수	0

1 목 적

이 절차는 회사에서 안전보건경영시스템 운영상의 부적합 또는 잠재적인 부적합사항의 원인을 제거하기 위한 시정조치 절차에 대하여 규정함을 목적으로 한다.

2 적용범위

이 절차는 회사의 안전보건경영시스템 활동의 지속적인 개선을 위하여 예상되는 사건의 조사와 현존하는 부적합사항과 잠재적인 부적합사항에 대한 시정조치 절차에 대하여 적용한다.

3 책임과 권한

3.1 대표이사

부적합 시정조치에 대한 최종 승인 및 경영상의 지원

3.2 안전보건관리책임자

부적합 시정조치를 총괄 주관하며 회사에서 실행하는 시정조치 절차가 효과적으로 수립되고 규정대로 이행되도록 할 책임

3.3 안전관리자

성과측정, 안전보건심사, 경영자 검토 후속조치 사항 및 회사 차원에서 실행되어야 할 부적합 시정조치가 규정대로 이행되도록 할 책임.

3.4 관리감독자

부적합 시정조치 사항에 있어서 불안전 요인을 안전관리자에게 통보 및 신속한 조치를 하여야 할 책임

4 업무절차

4.1 시정조치

4.1.1 안전관리자는 실제적, 잠재적 부적합을 다루고, 그리고 시정조치 및 예방조치를 위한 절차를 수립, 실행 및 유지하여야 한다.

4.1.2 시정조치가 새로운 위험 또는 변경된 위험을 식별할 때, 그 절차에는 제안된 조치를 실행하기 전에 리스크평가가 실행되도록 요구되어야 한다.

4.1.3 실제적, 잠재적 부적합의 원인을 제거하기 위해 취해지는 모든 시정조치는 문제의 중요성과 당면한 안전보건리스크의 정도에 적절하여야 한다.

	안전보건경영 절차서	문서번호	SSK-SHP-10-01
BM		제정일자	2021. 01. 02
	부적합 시정조치 및 개선실행	개정일자	
		개정차수	0

4.1.4 안전보건관리책임자는 시정조치로 인해 필요한 변경사항이 있는 경우, 이러한 변경사항이 안전보건경영시스템 문서에 반영됨을 보장하여야 한다.

4.2 즉시 정정이 가능하고 재발의 우려가 없으며, 안전보건상 심각한 위험을 초래하지 않는 경미한 부적합사항은 부적합사항만 제거하는 단순 정정조치를 할 수 있다.

4.3 부적합사항별 시정조치 방법은 다음과 같다.

4.3.1 안전보건 관련 업무 운영 중 발생된 부적합사항(불안전상태·행동) 적발 시 즉각적인 조치를 실시한다. 하지만 장기적인 조치가 불가피한 경우 해당 관리감독자는 개선대책 및 추진일정을 작성하여 안전관리자에게 제출한다.

4.3.2 비상사태로 인해 발생된 부적합사항은 비상사태 대비 및 대응절차에 따라 처리한다.

4.3.3 각종 안전보건제안, 순찰 및 설비점검에 의해 발견된 부적합사항 및 심사 시 발견된 사항은 안전관리자가 취합하여 해당 팀으로 통보한다.

4.3.4 부적합사항을 통보받은 해당 관리감독자는 15일 이내에 시정조치를 하여야 하며, 장기적인 조치가 부득이한 경우에는 개선대책 및 개선일정을 작성하여 안전관리에게 제출하여야 한다.

4.3.5 심사 시 발견된 부적합사항에 대하여는 신속하게 처리한 후 조치 결과를 안전관리자에게 보고하여야 한다.

4.3.6 민원 등으로 발생한 안전보건 부적합사항은 절차서의 의사소통 및 정보제공에 따라 우선 조치한다.

5 관련기록

5.1 시정조치 요구 및 확인서

〈붙임 1〉 시정조치 요구 및 확인서

시정조치 요구 및 확인서	확인	작 성	검 토	승 인

구분	심사번호		발행일자	
	심사기간		수신팀	
	심 사 원		심사범위	☐ Q ☐ E ☐ S
	지적근거			
심사원	부적합 사 항 첨 부 ☐ 매 ☐ 없음			
		시정예정일	수신자확인	(서명)
조치부서	시정조치 첨 부 ☐ 매 ☐ 없음	– 원인분석 – 시정사항 – 재발방지대책		
주관부서	시정조치 결과 확인		유효성 확인(효과성 검토)	
	확인일		확인일	
	확인자	(서명)	확인자	(서명)
	의견	☐적절 ☐부적절(사유 :)	의견	☐적절 ☐부적절(사유 :)

안전보건경영시스템(KOSHA-MS/ISO 45001)

안전보건경영 지침서

(SAFETY & HEALTH MANAGEMENT GUIDE)

■ 관 리 본 (CONTROLLED)
□ 비관리본 (UNCONTROLLED)

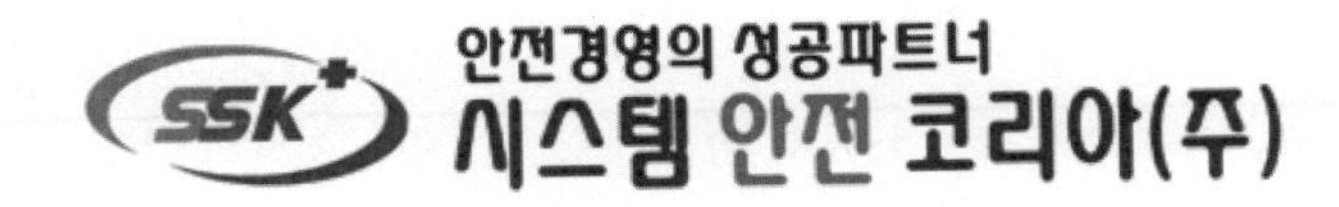

<table>
<tr><td rowspan="2"></td><td>안전보건경영 지침서</td><td>문서번호</td><td>SSK-SHG</td></tr>
<tr><td rowspan="3">제·개정이력 / 지침서 목차</td><td>제정일자</td><td>2021. 01. 02</td></tr>
<tr><td>개정일자</td><td></td></tr>
<tr><td></td><td>개정차수</td><td>0</td></tr>
</table>

[제·개정이력]

Rev. No	제·개정일 (Date)	내 용 (Description)	문서승인		
			작성	검토	승인
0	2021. 01. 02	안전보건경영시스템 규격전환을 위한 최초 제정			

▶ 작성자 : 안전관리자 / 검토자 : 안전보건관리책임자 / 승인자 : 대표이사

	안전보건경영 지침서	문서번호	SSK-SHG
		제정일자	2021. 01. 02
	제·개정이력 / 지침서 목차	개정일자	
		개정차수	0

[지침서 목차]

No	문서번호	지침서	제정일자	개정일자	개정차수
1	SSK-SHG-01	안전보건관리규정	2021. 01. 02	–	0
2	SSK-SHG-02	작업장 안전조치	2021. 01. 02	–	0
3	SSK-SHG-03	개인보호구 지급 및 관리	2021. 01. 02	–	0
4	SSK-SHG-04	물질안전보건자료(MSDS)관리	2021. 01. 02	–	0
5	SSK-SHG-05	폭발화재 및 위험물 누출 예방활동	2021. 01. 02	–	0
6	SSK-SHG-06	작업환경측정	2021. 01. 02	–	0
7	SSK-SHG-07	안전작업허가	2021. 01. 02	–	0
8	SSK-SHG-08	변경관리	2021. 01. 02	–	0
9	SSK-SHG-09	조달관리	2021. 01. 02	–	0
10	SSK-SHG-10	산업재해 조사활동	2021. 01. 02	–	0

	안전보건경영 지침서	문서번호	SSK-SHG-01
		제정일자	2021. 01. 02
	안전보건관리규정	개정일자	
		개정차수	0

목 차

	안전보건경영 지침서	문서번호	SSK-SHG-01
		제정일자	2021. 01. 02
	안전보건관리규정	개정일자	
		개정차수	0

1 목 적

이 규정은 시스템안전코리아(주)(이하 "회사"라 칭한다)의 산업안전·보건에 관한 사항을 정한 것으로 근로자의 안전·보건을 유지 및 증진하고 회사의 재산을 보호하며, 쾌적한 작업환경을 조성함으로써 노무를 제공하는 자의 안전 및 보건을 유지·증진함에 목적을 둔다.

2 적용범위

이 규정은 회사 임직원에 적용하며, 사업장 내에서 행하여지는 공사 및 작업과 관련된 관계수급인의 직원과 회사를 출입하는 모든 방문객에게도 적용된다.

3 용어의 정의

이 규정에 사용되는 용어의 정의는 다음과 같다. 다만, 정의되지 않은 용어는 관련 법규에 규정된 정의를 준용한다.

3.1 산업재해

노무를 제공하는 자가 업무에 관련되는 건설물·설비·원재료·가스·증기·분진 등에 의하거나 작업 기타 업무에 기인하여 사망 또는 부상을 당하거나 질병이 발생되는 것을 말한다.

3.2 중대재해

산업재해 중 사망 등 재해 정도가 심하거나 다수의 재해자가 발생한 경우로서 고용노동부령으로 정하는 재해를 말한다.

3.2.1 사망자가 1인 이상 발생한 재해

3.2.2 3개월 이상의 요양을 요하는 부상자가 동시에 2인 이상 발생한 재해

3.2.3 부상자 또는 질병자가 동시에 10인 이상 발생한 재해

3.3 근로자

다양한 방법으로 사업주에게 노무를 제공하는 자를 말한다.

3.4 사업주

노무를 제공하는 자를 사용하여 사업을 하는 자를 말한다.

3.5 근로자 대표

근로자의 과반수로 조직된 노동조합이 있는 경우에는 그 노동조합을, 근로자의 과반수로 조직된 노동조합이 없는 경우에는 근로자의 과반수를 대표하는 자를 말한다.

3.6 도급

명칭에 관계없이 물건의 제조·건설·수리 또는 서비스의 제공, 그 밖의 업무를 타인에게 맡기는 계약을 말한다.

3.7 도급인

물건의 제조·건설·수리 또는 서비스의 제공, 그 밖의 업무를 도급하는 사업주를 말한다. 다만, 건설공사 발주자는 제외한다.

3.8 수급인

도급인으로부터 물건의 제조·건설·수리 또는 서비스의 제공, 그 밖의 업무를 도급받은 사업주를 말한다.

3.9 관계수급인

도급이 여러 단계에 걸쳐 체결된 경우에 각 단계별로 도급받은 사업주 전부를 말한다.

3.10 안전관리

사업장 내에 사고의 위험이 없도록 사전에 위험요인을 제거하여 무재해 사업장을 유지시키는 것을 말하며, 사고 발생 시 사고의 원인을 규명하고 재발방지에 노력하는 행위를 말한다.

3.11 보건관리

근로자의 건강을 유지 증진하고, 노동력의 확보를 기하기 위하여, 근로자의 건강에 해가 되는 각종 조건을 제거함으로써 쾌적한 근무 분위기를 조성하는 것을 말한다.

3.12 안전보건진단

산업재해를 예방하기 위하여 잠재적 위험성을 발견하고 그 개선대책을 수립할 목적으로 조사·평가하는 것을 말한다.

3.13 작업환경측정

작업환경 실태를 파악하기 위하여 해당 근로자 또는 작업장에 대하여 사업주가 유해인자에 대한 측정계획을 수립한 후, 시료를 채취하고 분석·평가하는 것을 말한다.

3.14 불안전한 행동

보편적으로 인정된 정상적, 능률적인 절차 또는 관례에 벗어나는 행동, 즉 위험에 노출되거나 안전성을 저해하는 행동을 말한다.

3.15 불안전한 상태

사고를 유발시킬 수 있는 물리적 또는 기계적 상태 조건을 말한다.

3.16 안전보건업무의 우선

회사의 모든 작업 및 관리에 있어 안전제일을 원칙으로 하며 각종 사고방지를 위하여 예산, 인력, 제도 면에서 안전보건업무를 우선적으로 한다.

3.17 사고예방 책임과 의무

3.17.1 회사의 모든 임직원은 자신이 관리하는 인원, 시설물, 장비, 물자 및 작업환경에 대

한 산업재해예방의 책임이 있으며, 법령과 이 규정이 정하는 안전과 보건상의 조치를 하여야 한다.

3.17.2 회사의 근로자와 협력업체의 근로자를 포함한 모든 근로자는 산업재해예방을 위하여 법령과 이 규정이 정한 사항을 준수하여야 하며, 회사 또는 관련 단체에서 실시하는 재해예방에 관한 조치에 따라야 한다.

3.18 안전보건표지의 작성 및 게시

3.18.1 회사는 유해·위험한 시설 및 장소에는 근로자의 안전보건의식 고취를 위하여 경고, 지시, 안내, 금지 등의 안전보건표지를 부착하여야 한다.

3.18.2 제1항의 규정에 의거 부착해야 할 표식의 종류 및 부착 장소는 작업 현장별로 정하여 시행한다.

3.18.3 『외국인근로자의 고용 등에 관한 법률』에 따른 외국인근로자를 고용한 경우 해당 근로자의 모국어로 번역된 표준작업안전수칙을 부착하여야 한다.

3.18.4 안전보건표지의 종류와 형태

1 금지 표지	101 출입금지	102 보행금지	103 차량통행금지	104 사용금지	105 탑승금지	106 금연
107 화기금지	108 물체이동금지	2 경고 표지	201 인화성 물질 경고	202 산화성 물질 경고	203 폭발성 물질 경고	204 급성독성 물질 경고
205 부식성 물질 경고	206 방사성 물질 경고	207 고압전기 경고	208 매달린 물체 경고	209 낙하물 경고	210 고온 경고	211 저온 경고
212 몸균형 상실 경고	213 레이저광선 경고	214 발암성·변이원성·생식독성·전신독성·호흡기과 민성 물질 경고	215 위험장소 경고	3 지시 표지	301 보안경 착용	302 방독마스크 착용

303 방진마스크 착용	304 보안면 착용	305 안전모 착용	306 귀마개 착용	307 안전화 착용	308 안전장갑 착용	309 안전복 착용
4 안내 표지	401 녹십자 표지	402 응급구호 표지	403 들것	404 세안장치	405 비상용 기구 (비상용 기구)	406 비상구
407 좌측 비상구	408 우측 비상구	5 관계자 외 출입금지	501 허가대상물질 작업장 관계자 외 출입금지 (허가물질 명칭) 제조/사용/보관 중 보호구/보호복 착용 흡연 및 음식물 섭취 금지	502 석면 취급/해체 작업장 관계자 외 출입금지 석면 취급/해체 중 보호구/보호복 착용 흡연 및 음식물 섭취 금지	503 금지대상물질의 취급 실험실 등 관계자 외 출입금지 발암물질 취급 중 보호구/보호복 착용 흡연 및 음식물 섭취 금지	
6 문자 추가 시 예시문		•내 자신의 건강과 복지를 위하여 안전을 늘 생각한다. •내 가정의 행복과 화목을 위하여 안전을 늘 생각한다. •내 자신의 실수로 동료를 해치지 않도록 안전을 늘 생각한다. •내 자신이 일으킨 사고로 인한 회사의 재산과 손실을 방지하기 위하여 안전을 늘 생각한다. •내 자신의 방심과 불안전한 행동이 조국의 번영에 장애가 되지 않도록 하기 위하여 안전을 늘 생각한다.				

4 안전보건관리조직 및 직무

4.1 안전보건관리조직

회사의 안전보건관리조직은 안전보건조직 및 역할 절차서에 따른 산업안전보건 조직도를 기본으로 하되, 회사 실정에 맞게 수정·변경할 수 있다.

4.2 안전보건관리책임자

4.2.1 안전보건관리책임자는 사업장 전체를 총괄하는 책임자가 되며, 회사 전반의 안전보건관리업무를 수행하여야 한다.

4.2.2 안전보건관리책임자의 법적인 업무는 다음 각 호의 업무를 총괄·관리한다.

1) 산업재해 예방계획 수립에 관한 사항

2) 안전보건관리규정 작성 및 그 변경에 관한 사항

3) 근로자의 안전·보건교육에 관한 사항
4) 작업환경측정 등 작업환경의 점검 및 개선에 관한 사항
5) 근로자의 건강진단 등 건강관리에 관한 사항
6) 산업재해의 원인조사 및 재발방지대책 수립에 관한 사항
7) 산업재해에 관한 통계의 기록·유지에 관한 사항
8) 안전·보건과 관련된 안전장치 및 보호구 구입 시 적격품 여부 확인에 관한 사항
9) 그 밖의 근로자의 유해·위험 예방조치에 관한 사항으로서 고용노동부령으로 정하는 사항

4.2.3 안전보건관리책임자는 안전관리자와 보건관리자를 지휘·감독한다.

4.3 안전보건관리책임자의 안전보건경영시스템상의 업무는 다음과 같다.

4.3.1 안전보건목표 및 추진계획 최종 검토
4.3.2 경영 검토 실시 주관
4.3.3 내부심사의 실시 주관
4.3.4 안전보건경영 매뉴얼 검토 및 절차서, 지침서의 검토, 승인
4.3.5 안전보건방침 및 안전보건목표 작성 검토
4.3.6 안전보건경영 세부 추진계획 수립 및 실적분석 확인
4.3.7 안전보건 관련 대관청 업무 주관
4.3.8 위험성평가 교육 및 위험성평가서 확인
4.3.9 안전보건성과측정 및 평가 확인
4.3.10 산업안전보건법 제15조에 의한 업무

4.4 안전관리자

4.4.1 안전보건 관련 내·외부 이해관계자와의 의사소통 주관 및 관련 정보 수집
4.4.2 안전보건법규 및 기타 입수/검토 및 관리
4.4.3 연간 안전활동계획의 작성
4.4.4 안전보건 관련 교육계획의 수립/실시
4.4.5 위험성평가 계획의 수립 및 관리감독자에게 위험성평가 방법 교육
4.4.6 안전보건경영시스템 매뉴얼, 절차서, 지침서의 작성 및 개정작업
4.4.7 산업안전보건법 시행령 제18조에 의한 업무

4.5 보건관리자(전문기관)

산업안전보건법 시행령 제22조에 의한 업무

4.6 관리감독자

4.6.1 관리감독자는 제조("생산"을 포함한다)또는 서비스("운영"등)와 관련되는 업무와 소속 근로자를 직접 지휘·감독하는 팀의 장이나 그 직위를 담당하는 자로서, 소속 작업장 또는 사업장의 근로자들에 관한 안전보건업무를 수행하여야 한다.

4.6.2 관리감독자가 수행하여야 할 업무내용은 다음 각 호와 같다.

1) 관리감독자가 지도·감독하는 작업(이하 "당해 작업"이라 한다)과 관련되는 기계·기구 또는 설비의 안전·보건점검 및 이상 유무의 확인
2) 관리감독자에게 소속된 직원의 작업복·보호구 및 방호장치의 점검과 착용·사용에 관한 교육·지도
3) 해당 작업에서 발생한 산업재해에 관한 보고 및 이에 대한 응급처치
4) 해당 작업의 작업장 정리정돈 및 통로확보 확인·감독
5) 해당 사업장의 다음 각 항목 중 어느 하나에 해당하는 사람의 지도·조언에 대한 협조
   (1) 산업보건의
   (2) 안전관리자
   (3) 보건관리자
6) 산업안전보건법 제36조에 따른 위험성평가를 위한 업무에 기인하는 유해·위험요인의 파악 및 그 결과에 따른 개선조치의 시행
7) 불안전한 작업방법의 개선 및 불안전한 행동의 시정지도
8) 그 밖에 해당 작업의 안전·보건에 관한 사항으로서 고용노동부령으로 정하는 사항

4.6.3 안전보건관리(총괄)책임자는 관리감독자가 업무를 수행할 수 있도록 필요한 권한을 부여하고 시설·장비·예산 기타 업무수행에 필요한 지원을 하여야 한다.

4.7 안전보건관리업무의 위탁 등

4.7.1 회사는 "산업안전보건법 제17조 제4항과 제18조 제4항"에 의거 안전·보건관리자의 업무를 안전·보건관리 전문기관에 위탁할 수 있다.

4.7.2 안전·보건관리자의 업무를 안전·보건관리 전문기관에 위탁한 때에는 그 전문기관을 안전·보건관리자로 본다.

4.8 산업안전보건위원회

4.8.1 산업안전보건위원회

1) 회사는 산업안전·보건에 관한 중요사항을 심의 또는 의결하기 위하여 근로자·

사용자 동수로 구성되는 산업안전보건위원회를 설치·운영하여야 한다.

2) 산업안전보건위원회는 당해 사업장의 근로자의 안전과 보건을 유지·증진시키기 위하여 필요하다고 인정하는 경우에는 당해 사업장의 안전·보건에 관한 사항을 정할 수 있다.

3) 회사의 모든 임직원은 산업안전보건위원회가 심의·의결 또는 결정한 사항을 성실하게 이행하여야 한다.

4) 회사는 산업안전보건위원회의 위원으로서 정당한 활동을 수행한 것을 이유로 당해 위원에 대하여 불이익한 처우를 하여서는 아니 된다.

4.8.2 산업안전보건위원회의 구성

1) 산업안전보건위원회의 근로자 위원은 다음 각 호의 자로 구성한다.
   (1) 근로자 대표
   (2) 근로자 대표가 지명하는 9인 이내의 당해 사업장의 근로자

2) 사용자 위원은 다음 각 호의 자로 구성한다.
   (1) 당해 사업의 대표자
   (2) 안전관리자 1인
   (3) 보건관리자 1인
   (4) 당해 사업의 대표자가 지명하는 9인 이내의 당해 사업장의 팀장 및 관리감독자

3) 안전관리자를 간사로 두어 산업안전보건위원회의 회의록을 기록·유지하도록 한다.

4.8.3 위원장

산업안전보건위원회의 위원장은 위원 중에서 호선하며, 노사협의회가 설치되어 있는 경우 노사협의회의장을 위원장으로 본다.

4.8.4 회의

1) 산업안전보건위원회의 회의는 정기회의와 임시회의로 구분하되, 정기회의는 3개월마다 1회 개최하고, 임시회의는 필요시 개최할 수 있다.

2) 회의는 근로자 위원 및 사용자 위원 각 과반수의 출석으로 개의하며 출석 위원 과반수의 찬성으로 의결한다.

3) 근로자 대표·당해 사업의 대표자·안전관리자 또는 보건관리자는 회의에 출석하지 못할 경우 당해 사업에 종사하는 자들 중에서 1인을 지정하여 위원으로서의 직무를 대리하게 할 수 있다.

4) 산업안전보건위원회는 다음 각 호의 사항을 기록한 회의록을 작성·비치하여야 한다.
   (1) 개최 일시 및 장소
   (2) 출석위원
   (3) 심의내용 및 의결·결정사항
   (4) 기타 토의사항

4.8.5 심의사항

산업안전보건위원회가 심의할 사항은 다음 각 호의 사항을 심의하여야 한다.

1) 산업재해 예방계획의 수립에 관한 사항
2) 안전보건관리규정의 작성 및 변경에 관한 사항
3) 근로자의 안전·보건교육에 관한 사항
4) 작업환경측정 등 작업환경의 점검 및 개선에 관한 사항
5) 근로자의 건강진단 등 건강관리에 관한 사항
6) 산업재해의 원인조사 및 재발방지대책 수립에 관한 사항
7) 산업재해에 관한 통계의 기록 및 유지에 관한 사항
8) 안전·보건과 관련된 안전장치 및 보호구 구입 시의 적격품 여부 확인에 관한 사항
9) 전년도 안전보건경영성과
10) 해당 연도 안전보건목표 및 추진계획 이행현황
11) 위험성평가 결과 개선조치 사항
12) 정기적 성과측정 결과 및 시정조치 결과
13) 내부심사 결과
14) 그 밖에 근로자의 유해·위험 예방조치에 관한 사항으로서 고용노동부령으로 정한 사항

4.9.6 회의 결과 등의 주지

산업안전보건위원회 위원장은 산업안전보건위원회에서 심의·의결된 내용 등의 회의 결과를 안전교육 시, 사내 메일 및 게시판을 통해 전 직원에게 신속히 알려야 한다.

5 안전보건교육

5.1 교육의 구분

5.1.1 안전보건교육은 교육 실시의 책임에 따라 "산업안전보건법 제29조"에 의한 사업 내

안전보건교육과 "산업안전보건법 제32조"에 의한 직무교육으로 구분한다.

5.1.2 사업 내 안전보건교육은 회사 책임하에 실시하는 교육으로 교육대상에 따라 채용 시 교육, 작업내용 변경 시 교육, 특별교육으로 구분한다.

5.1.3 직무교육은 고용노동부장관이 "산업안전보건법"에 의거 선임된 회사 내의 안전보건 관계자를 대상으로 직무수행에 필요한 내용에 대해 실시하는 교육을 말한다.

5.2 교육계획 수립

안전관리자는 매년 12월 중에 다음 해의 연간 교육계획을 수립하여야 한다.

5.3 책임

전 직원은 해당 직위와 직책에 따른 사내 안전교육 또는 직무교육을 받을 의무와 권리가 있다.

5.4 채용 시 교육

회사에 신규로 채용된 직원에게 담당업무 종사 전, 업무와 관련되는 안전·보건교육을 8시간 이상 실시하여야 하여야 한다.

5.5 작업내용 변경 시 교육

회사 내 근무 중 작업내용을 변경하여 배치하고자 할 경우, 변경 업무 개시 전 수행할 업무와 관련되는 내용에 대해 2시간 이상 교육을 실시해야 한다.

5.6 특별교육

"산업안전보건법시행규칙 별표 5"의 관련되는 내용에 대해 16시간 이상의 특별교육을 실시하여야 한다.

5.7 정기교육

5.7.1 회사 내 모든 소속 근로자에게 분기별 6시간 이상의 안전보건교육을 정기적으로 실시하여야 하며, 매일·매주 또는 격주 단위로 분할하여 실시할 수 있다.

5.7.2 제1항의 정기교육 내용은 다음 각 호와 같다.

1) 산업안전 및 사고 예방에 관한 사항
2) 산업보건 및 직업병 예방에 관한 사항
3) 건강증진 및 질병 예방에 관한 사항
4) 유해·위험 작업환경 관리에 관한 사항
5) 산업안전보건법령 및 일반관리에 관한 사항
6) 직무스트레스 예방 및 관리에 관한 사항
7) 산업재해보상보험 제도에 관한 사항

5.8 관리감독자 교육

5.8.1 관리감독자에게는 제29조 정기교육과 별도로 반기별 8시간 또는 년 16시간 이상의 교육을 실시하여야 한다.

5.8.2 제1항의 관리감독자 정기교육 내용은 다음 각 호와 같다

1) 작업공정의 유해·위험과 재해예방대책에 관한 사항
2) 표준안전작업방법 및 지도 요령에 관한 사항
3) 관리감독자의 역할과 임무에 관한 사항
4) 산업보건 및 직업병 예방에 관한 사항
5) 유해·위험 작업환경 관리에 관한 사항
6) 산업안전보건법령 및 일반관리에 관한 사항
7) 직무스트레스 예방 및 관리에 관한 사항
8) 산재보상보험제도에 관한 사항
9) 안전보건교육 능력 배양에 관한 사항
   - 현장근로자와의 의사소통능력 향상, 강의능력 향상, 기타 안전보건교육 능력 배양 등에 관한 사항

   (※ 안전보건교육 능력 배양 내용은 전체 관리감독자 교육시간의 1/3 이하에서 할 수 있다.)

5.8.3 제1항의 관리감독자 교육은 교재, 강사 확보상 회사에 자체적으로 실시가 곤란하므로 고용노동부장관 지정 관리감독자 교육기관에 위탁하여 연 1회 16시간 집합교육으로 실시한다.

5.8.4 제3항에 의거 위탁교육 이수 시 교육기관으로부터 교육 실시 확인서를 발급받아 보존하여야 한다.

5.9 교육 실시 방법

안전보건교육을 실시할 때는 교육내용에 해당하는 교재, PPT교안 등을 작성하여 실시 또는 시청각 교육을 병행하여 실시한다.

5.10 교육관계 서류 보존

교육 참가자 확인서명 자료 등 교육관계 서류는 3년간 보존하여야 한다.

5.11 직무교육대상

회사의 안전보건관리책임자, 안전관리자, 보건관리자, 산업보건의는 "산업안전보건법 제33조"에 의거 고용노동부장관이 위탁한 직무교육기관이 실시하는 안전보건에 관한 직무교육을 받아야 한다.

1) 교육주기

(1) 안전보건관리책임자는 선임 3개월 이내에 6시간의 신규교육과 신규교육 이수 후 2년째 되는 날 전후 3개월 이내에 6시간의 보수교육을 받아야 한다.

2) 교육수강신청

교육담당자는 직무교육 대상자가 교육 주기 내에 교육을 이수할 수 있도록 직무교육 수강신청서를 작성하여 관할 지방노동사무소에 제출하여야 한다.

6 안전관리

6.1 안전보건관리계획 수립

안전관리담당자는 매년 12월 중 다음해의 안전보건관리계획을 수립하여야 하며, 수립된 안전보건관리계획은 모든 팀에 통보하고 게시한다.

6.2 안전보건진단

6.2.1 "산업안전보건법 제47조"에 의거 고용노동부 지방사무소로부터 안전보건진단명령을 받았을 경우 고용노동부지정 진단기관에 의뢰하여 진단을 받은 후, 안전보건개선계획서를 작성하여 산업안전보건위원회의 심의를 거친 후 고용노동부에 제출하여야 한다.

6.2.2 회사 내의 모든 임직원은 제1항에 의거 작성된 안전보건개선계획을 준수·이행하여야 한다.

6.3 사전 인가

회사 내에서 다음 각 호의 행위를 하고자 할 경우에는 "산업안전보건법"이 정하는 바에 따라 사전에 고용노동부장관의 승인을 받아 행하여야 한다.

6.3.1 도급 시 사전 인가가 필요한 유해·위험 작업

6.3.2 사전 허가가 필요한 유해물질 취급

6.3.3 유해·위험 방지 계획서 제출 대상 작업

6.4 작업 중지

6.4.1 안전보건관리책임자는 산업재해 발생의 급박한 위험이 있을 때 또는 중대재해가 발생하였을 때에는 즉시 작업을 중지시키고 근로자를 작업장소로부터 대피시키는 등 필요한 안전·보건상의 조치를 행한 후 작업을 재개하여야 한다.

6.4.2 근로자는 산업재해 발생의 급박한 위험으로 인하여 작업을 중지하고 대피한 때에는 지체 없이 이를 직·상급자에게 보고하고, 직·상급자는 이에 대한 적절한 조치를 취하여야 한다.

6.4.3 모든 작업자는 제1항의 작업 중지 조치를 즉각 이행하여 재해예방 및 재해확산방지에 협조하여야 한다.

6.5 안전점검 및 순찰의 책임

안전관리자, 보건관리자, 관리감독자는 작업분야에서 발생할 수 있는 결함사항을 조기에 발견, 시정함으로써 재해를 예방할 수 있도록 점검 및 순찰계획을 수립·시행할 책임이 있다.

6.6 안전점검 및 순찰의 종류와 시기

6.6.1 안전보건관리책임자는 근무지 전반에 대하여 안전 상태를 점검·확인할 수 있도록 안전순찰을 실시하도록 하여야 하며, 이를 확인하여야 한다.

6.6.2 관리감독자는 관장하는 작업 전반에 관해 작업 시작 전, 점검을 실시하여야 한다.

6.6.3 모든 근무자는 작업 전에 일상 안전점검 및 작업 후 정리정돈을 철저히 하여야 한다.

6.6.4 새로운 기계, 기구를 도입하여 설치 후, 시운전 시 안전관리자의 입회하에 특별안전점검을 실시한 후 작업을 실시하여야 한다.

6.7 점검방법

점검자는 반드시 점검기준 체크리스트를 작성하여 점검을 실시하고 그 기록을 유지·관리하되 점검에 포함할 내용은 다음과 같다.

6.7.1 기계 장치의 청소 정비, 안전장치 부착 상태

6.7.2 전기설비의 스위치, 조명, 배선의 이상 유무

6.7.3 유해·위험물, 생산원료 등의 취급, 적재, 보관 상태의 이상 유무

6.7.4 근로자의 작업 상태 및 작업수칙 이행 상태

6.7.5 보호구의 착용 상태 및 안전수칙 이행 상태

6.7.6 정리정돈, 청소, 복장 및 지체 일상 점검 상태

6.7.7 기타 안전관리상 필요한 조치가 요구되는 사항

6.8 점검 결과 조치

6.8.1 안전점검 결과는 안전관리자를 경유, 안전보건관리책임자에게 보고하고 불안전한 상태가 있을 때에는 해당 팀장에게 시정지시를 하고 해당 팀은 즉시 시정조치를 해야 하며, 그 결과를 안전관리자에게 통보하여야 한다.

6.8.2 보건점검 결과는 안전관리자를 경유, 안전보건관리책임자에게 보고하고 불안전한 상태가 있을 때에는 해당 팀장에게 시정지시를 하고 해당 팀은 즉시 시정조치를 해야 하며, 그 결과를 안전관리자에게 통보하여야 한다.

6.8.3 점검 결과 작업자의 불안전한 행동이 발견되었을 때에는 당해 근로자에게 시정지시를 하고 작업자는 즉시 시정조치 해야 하며, 점검 주관자는 재해 발생이 예상되는 급박한 사항 발견 시 현장에서 작업의 중지 또는 작업 방법의 변경, 인원의 대피를 명할 수 있다.

6.9 안전기준

6.9.1 제조부문("생산"을 포함한다)의 팀장은 회사 내의 안전을 확보할 수 있도록 "산업안전기준에 관한 규칙"을 기초로 하여 각종 기계 및 설비의 안전기준, 전기설비의 안전기준, 위험물의 안전기준, 운반작업의 안전기준 등을 별도로 제정한 뒤 시행하여야 한다.

6.9.2 제1항의 안전기준은 산업안전기준 내용 중에서 당해 사업장에 실제 적용이 필요한 분야에 대해 사업장 실정에 맞게 작성하여야 한다.

6.10 표준안전작업지침

6.10.1 모든 작업은 작업별로 사용기계·기구 및 설비에 상응한 표준안전작업지침을 작성하여 당해 작업팀의 작업자가 보기 쉬운 곳에 비치하여야 한다.

6.10.2 제1항의 표준안전작업지침은 팀장 책임하에 안전기준을 기초로 하여 과거 당해 작업에서 발생하였던 사고 및 재해를 고려하여 실천 가능한 내용으로 하여 작성한다.

6.10.3 작업자는 표준안전작업지침에 의해 작업하도록 하고 다음 각 호에 해당되는 때에는 작업지침을 보완하고 해당 작업자에 대하여는 충분한 교육을 실시토록 한다.

1) 기계·설비의 신규 도입 또는 작업 시설을 변경할 때
2) 동일한 작업에서 안전사고가 계속적으로 발생할 때
3) 기계·설비의 이상 발생으로 인한 수리·개조 등의 작업이 발생할 때

6.11 안전조치

6.11.1 대표이사는 다음 각 호의 어느 하나에 해당하는 위험으로 인한 산업재해를 예방하기 위하여 필요한 조치를 하여야 한다.

1) 기계·기구, 그 밖의 설비에 의한 위험
2) 폭발성, 발화성 및 인화성 물질 등에 의한 위험
3) 전기, 열, 그 밖의 에너지에 의한 위험

6.11.2 대표이사는 굴착, 채석, 하역, 벌목, 운송, 조작, 운반, 해체, 중량물 취급, 그 밖의 작업을 할 때 불량한 작업방법 등에 의한 위험으로 인한 산업재해를 예방하기 위하여 필요한 조치를 하여야 한다.

6.11.3 대표이사는 근로자가 다음 각 호의 어느 하나에 해당하는 장소에서 작업을 할 때 발생할 수 있는 산업재해를 예방하기 위하여 필요한 조치를 하여야 한다.

1) 근로자가 추락할 위험이 있는 장소
2) 토사·구축물 등이 붕괴할 우려가 있는 장소
3) 물체가 떨어지거나 날아올 위험이 있는 장소
4) 천재지변으로 인한 위험이 발생할 우려가 있는 장소

6.12 위험물의 보관

6.12.1 위험물질을 취급하는 작업장에는 당해 팀장을 위험물 취급 책임자로 지정하여 관리토록 해야 한다.

6.12.2 위험물질은 작업장과 별도의 지정된 장소에 보관하여야 하며, 작업장 내에는 당일 작업에 필요한 양만큼 두어야 하고, 화기 기타 점화원이 될 우려가 있는 것에 접근시키거나 주입 또는 가열하거나 증발하는 행위를 하여서는 아니 된다.

6.12.3 위험물 보관장소에는 화기물질의 휴대금지 및 관계 근로자 외 출입금지 조치를 하여야 한다.

6.13 자격 등에 의한 취업제한

유해 또는 위험한 작업으로서 고용노동부령이 정하는 작업에 있어서는 그 작업에 필요한 자격·면허·경험 또는 기능을 가진 근로자 외 다른 근로자를 당해 작업에 임하게 하여서는 아니 된다.

6.14 표준작업안전수칙 작성 및 준수

6.14.1 해당 팀에서는 공정별·작업별·설비별로 표준작업안전수칙을 작성하여 근로자가 보기 쉬운 장소에 게시하고 해당 작업 근로자에게 교육하여야 한다.

6.14.2 근로자는 표준작업안전수칙에 따라 작업하는 등 해당 내용을 준수하여야 한다.

6.14.3 다음의 경우 해당 표준작업안전수칙을 개정하여야 한다.

1) 기계·설비를 신규로 도입하거나 설치하는 경우
2) 화학물질을 신규로 사용하는 경우
3) 작업공정이나 작업내용이 변경되는 경우
4) 사고 발생 등으로 작업수칙의 변경이 필요하다고 판단한 경우

6.14.4 『외국인근로자의 고용 등에 관한 법률』에 따른 외국인 근로자를 고용한 경우 해당 이주 근로자의 모국어로 번역된 표준작업안전수칙을 부착한다.

7 보건관리

7.1 건강진단의 구분

7.1.1 회사는 "산업안전보건법 제129조"에 의거 정기적으로 건강진단을 실시하여야 하며, 진단의 명령을 받은 직원은 이를 거부해서는 안 된다.

7.1.2 제1항의 건강진단의 종류에는 채용 시 건강진단, 일반건강진단, 특수건강진단으로 구분한다.

7.2 건강진단 실시방법

7.2.1 채용 시 건강진단은 근로자를 신규로 채용하여 배치하기 전에 실시하는 건강진단을 말한다. 다만, 당해 연도 중에 다른 사업장에 채용되었다가 사직 후 회사에 입사하는 자는 전 사업장에서 받은 채용 시 건강진단 및 일반건강진단의 건강진단 개인표 또는 그 사본을 제출하면 이를 생략할 수 있다.

7.2.2 일반건강진단은 모든 직원을 대상으로 사무직(1회/2년)·비사무직(1회/1년) 정기적으로 실시하는 건강진단을 말한다.

7.2.3 특수건강진단은 "산업안전보건법 제130조"에 해당하는 작업장 근무자를 대상으로 채용 및 당해 업무 배치전환 시 및 6월에 1회 이상 정기적으로 실시하는 건강진단으로 산업안전보건법 시행규칙의 검사 항목에 따라 실시하며, 대상 작업은 소음, 분진, 중금속, 유기화합물, 금속류, 산 및 알칼리류 등 취급자 등이 이에 해당 한다.

7.2.4 건강진단은 고용노동부장관이 지정한 건강진단기관에 의뢰하여 실시함을 원칙으로 한다.

7.3 진단 결과 조치

7.3.1 회사는 건강진단기관으로부터 건강진단 개인표를 송부받을 때에는 직원에게 지체없이 통보하고 건강진단 결과표를 작성하여 관리하고 특수검진 대상에 따른 결과서는 관할 지방고용노동관서장에게 보고하여야 한다.

7.3.2 안전보건관리책임자는 진단 결과 이상이 있을 때에는 의사의 관리 소견에 따라 당해 근로자의 작업전환, 취업금지, 근로시간의 단축 및 근무 중 치료 안정 등의 조치를 하여야 한다.

7.3.3 제1항에 명시된 건강진단 개인표, 건강진단 결과표 등 건강진단을 증명하는 서류는 30년간 보존하여야 한다.

7.4 질병자의 근로금지·제한

7.4.1 회사는 "산업안전보건법 제138조"에 의거 다음 각 호에 해당하는 질병이 발견된 또는 있는자는 의사의 진단에 따라 근로를 금지하거나 제한해야 한다.

1) 전염성 질환
2) 정신 질환
3) 심장, 신장, 폐 등의 질환
4) 기타 고용노동부장관이 지정하는 질환

7.4.2 제1항의 규정에 의거 근로를 금지하거나 근로를 재개하도록 하는 때에는 미리 보건관리자, 산업보건의 또는 건강진단을 실시한 의사의 의견을 들어야 한다.

7.4.3 건강진단 결과 유해물질에 중독된 자는 당해 업무로 근로자의 건강을 악화시킬 우려가 있는 업무에 종사하게 해선 아니 된다.

7.5 작업환경측정

7.5.1 작업환경측정

1) 회사는 "산업안전보건법 제125조"에 의거 인체에 해로운 작업을 행하는 작업장으로서 고용노동부령이 정하는 작업장에 대해서는 측정주기마다 고용노동부장관이 지정한 작업환경 측정기관에 의뢰하여 작업환경을 측정토록 하여야 한다.
2) 작업환경측정은 작업환경 측정기관에 위탁하여 실시하되 근로자 대표의 요구가 있는 경우에는 근로자 대표를 입회시켜야 한다.

7.5.2 측정 결과의 조치

1) 작업환경측정 결과 허용기준 이상일 경우 즉시 당해 작업자에게 보호구를 지급하고, 작업환경을 개선할 수 있는 시설 및 설비의 설치·개선 등에 필요한 조치를 해야 한다.
2) 작업환경 측정기관으로부터 작업환경측정 결과보고서를 제출 받아 5년간 보존하여야 한다.
3) 작업환경을 측정한 때에는 측정을 완료한 날로부터 30일 이내에 관할 지방고용노동관서장에게 보고한다.

7.6 유해물 표시

유해물질 취급 작업장에는 작업자가 쉽게 볼 수 있는 장소에 다음 각 호의 사항을 게시하여야 한다.

7.6.1 명칭 및 공급자정보

7.6.2 그림문자

7.6.3 신호어

7.6.4 유해·위험 문구

7.6.5 예방조치 문구

7.7 물질안전보건자료의 작성·비치

7.7.1 회사는 "산업안전보건법 제114조"에 의거 화학물질 또는 화학물질을 함유한 제제를 제조·수입·사용·운반 또는 저장하고자 할 때에는 미리 다음 각호의 사항을 기재한 자료를 작성하여 취급 근로자가 쉽게 볼 수 있는 장소에 게시 또는 비치하여야 한다.

1) 대상 화학물질의 명칭·구성 성분의 명칭 및 함유량
2) 안전·보건상의 취급주의 사항
3) 건강 유해성 및 물리적 위험성
4) 그 밖에 고용노동부령으로 정하는 사항

7.7.2 회사는 제1항에 의한 화학물질 또는 화학물질을 함유한 제제를 취급하는 근로자의 안전·보건을 위하여 이를 담은 용기 및 포장에 경고표시를 하고, 근로자에 대한 교육을 실시하는 등 적절한 조치를 하여야 한다.

7.8 보건조치

7.8.1 사업주는 다음 각 호의 어느 하나에 해당하는 건강장해를 예방하기 위하여 필요한 조치(이하 "보건조치"라 한다)를 하여야 한다.

1) 원재료·가스·증기·분진·흄(fume, 열이나 화학반응에 의하여 형성된 고체증기가 응축 되어생긴 미세입자를 말한다)·미스트(mist, 공기 중에 떠다니는 작은 액체방울을 말한다)·산소 결핍·병원체 등에 의한 건강장해
2) 방사선·유해광선·고온·저온·초음파·소음·진동·이상 기압 등에 의한 건강장해
3) 사업장에서 배출되는 기체·액체 또는 찌꺼기 등에 의한 건강장해
4) 계측감시(計測監視), 컴퓨터 단말기 조작, 정밀공작(精密工作) 등의 작업에 의한 건강장해
5) 단순 반복작업 또는 인체에 과도한 부담을 주는 작업에 의한 건강장해
6) 환기·채광·조명·보온·방습·청결 등의 적정기준을 유지하지 아니하여 발생하는 건강장해

7.8.2 사업주가 하여야 하는 보건조치에 관한 구체적인 사항은 고용노동부령으로 정한다.

7.9 보호구 착용작업 등

7.9.1 회사가 안전사고를 예방하고 안전한 작업이 될 수 있도록 하기 위하여 보호구를 지급해야 하는 작업장과 지급해야 할 보호구의 종류는 다음과 같다.

작업종류(보호구 착용대상)	착용대상 보호구
OO 작업	안전모, 안전화, 각반, 보안경, 방진마스크, 방독마스크, 귀마개
OO 작업	안전모, 안전화, 안전조끼

7.9.2 보호구의 지급기준은 과거의 소모 실적과 작업의 강도를 고려하여 지급주기를 정하여 소요량을 구매, 작업장별로 작업 인원수 이상의 수량을 지급 착용하도록 하되, 반드시 고용노동부장관이 실시한 안전인증에 합격한 보호구를 구매하여야 한다.

7.9.3 모든 직원은 작업 중 지급된 보호구를 착용하여야 하며, 지정된 목적 외에 타 용도 사용을 금한다.

7.9.4 보호구 관리는 팀별로 지급대장을 작성하고 해당 팀장 및 관리감독자 책임하에 관리토록 하여야 한다.

7.9.5 해당 팀장 및 관리감독자는 보호구를 항시 사용 가능상태로 유지할 수 있도록 검사, 보수 및 폐기처분 등의 조치를 취해야 한다.

7.9.6 지급된 보호구는 해당 팀장 및 관리감독자의 허가 없이는 분해, 변경, 개조하여서는 안 된다.

7.10 작업복

7.10.1 회사는 작업장 근무자에게 계절별로 작업모 및 작업복을 착용할 수 있도록 지급하여야 한다.

7.10.2 모든 직원은 작업 중에는 규정된 작업복 이외는 착용할 수 없다.

7.10.3 작업복은 정전기가 발생하지 않는 천으로 만들어 지급해야 한다.

7.11 보건기준

7.11.1 "산업보건기준에 관한 규칙"을 기초로 하여 작업장의 조명, 정리, 정돈, 청소, 습도, 환기, 유해물질 취급 등에 관한 보건기준을 별도로 제정하여 시행토록 하여야 한다.

7.11.2 안전관리자는 제1항의 안전보건기준을 기초로 작업자의 건강상 특히 필요한 곳에는 안전보건수칙을 제정하여 부착하여야 한다.

7.11.3 안전보건수칙은 관계 작업자가 보기 쉬운 곳에 게시하고, 작업자는 안전보건수칙을 숙지·준수하여야 한다.

8 사고조사 및 대책 수립

8.1 재해 발생 시 처리 절차

8.1.1 재해가 발생하면 해당 작업장의 관리감독자와 목격자는 신속히 안전관리팀에 재해 발생 사실을 보고하고 필요한 응급조치를 해야 한다.

8.1.2 안전관리자는 안전보건관리책임자에게 보고하고 회사 지정병원에 연락하는 등 사고 처리에 따른 필요한 조치를 하여야 한다.

8.2 긴급조치

8.2.1 근로자가 재해를 당하였을 때에는 동료직원 등 관계자는 즉시 재해자를 재해 정도에 따라 인근 지정병원 또는 종합병원으로 후송 및 현장에서 인공호흡 등 필요한 응급조치를 하여야 한다.

8.2.2 연쇄 재해 발생의 급박한 위험이 있을 때에는 즉시 작업을 중지시키고 작업장 내의 인원을 대피시키는 등 필요한 조치를 해야 한다.

8.2.3 작업 중지를 해제하기 위하여는 중대재해 발생 해당 작업 근로자의 의견을 청취하고, 해제요청일 다음 날로부터 4일 이내에 개최 및 심의한다.

8.3 비상연락망

재해 발생 시 기동성을 발휘하여 사고에 대한 인명 및 재산의 손실을 줄일 수 있도록 비상연락망을 조직·운영한다.

8.4 사고조사 및 보고

8.4.1 재해가 발생하였을 때는 지체 없이 사고현장을 조사하여야 하며, 사고지점을 원상태로 보존하여야 하고 조사가 완결되기 전까지 사고현장을 임의로 변경·훼손하여서는 아니 된다.

8.4.2 안전관리자는 재해자가 3일 이상의 요양을 요하는 부상을 입거나 질병에 이완되었을 시는 발생일로부터 30일 이내에 관할 고용노동관서장에게 보고하여야 한다. 단, 중대재해 발생 시는 즉시 각 호의 사항을 보고해야 한다.

1) 발생 개요 및 피해 상황

2) 조치 및 전망

3) 그 밖의 중요한 사항

8.4.3 안전관리자는 사고현장에 출두하여 정확한 사고원인을 조사하고, 재발방지를 위한 시설 개수 등의 필요한 조치를 취해야 한다.

8.4.4 사고조사는 "산업재해조사표" 양식에 의거 조사하고, 중대산업재해가 발생한 사실

을 알게 될 경우 지체 없이 6.4.2 (1)~(3)호 사항을 관할 지방고용노동관서의 장에게 전화·팩스, 또는 그 밖에 적절한 방법으로 보고하여야 한다.

8.4.5 재해자에 대해서는 관계 법령이 정하는 바에 따라 조속한 재해보상을 실시하여야 한다.

8.4.6 안전관리자는 사고보고서를 작성·비치하고 분석에 따른 통계를 작성 3년간 유지관리토록 해야 한다.

8.5 재해분석

8.5.1 안전관리자는 매 분기 중에 발생한 재해 현황을 총괄 분석하고 이에 따른 대책을 수립하여, 안전보건관리책임자에게 보고하고 시행하여야 한다.

8.5.2 안전관리자는 매 익년 1월 중에 전년도 재해를 총괄 분석하고 재해 원인을 분석하고 이에 대한 대책을 수립 시행한다.

9 위험성평가에 관한 사항

9.1 위험성평가의 실시 시기 및 방법, 절차에 관한 사항

9.1.1 위험성평가의 조직구성

1) 위험성평가는 다음과 같은 조직구성을 원칙으로 할 것

(1) 안전보건관리책임자

(2) 안전관리자

(3) 각 팀장 및 관리감독자

(4) 근로자

9.1.2 위험성평가의 실시 시기

1) 위험성평가는 최초평가 및 수시평가, 정기평가로 구분하여 실시하여야 한다. 이 경우 최초평가 및 정기평가는 전체 작업을 대상으로 한다.

2) 수시평가는 다음 각 호의 어느 하나에 해당하는 계획이 있는 경우 각 호의 계획을 대상으로 해당 계획의 실행을 착수하기 전에 실시하고, 계획의 실행이 완료된 후에는 해당 작업을 대상으로 작업을 개시하기 전에 실시하여야 한다. 다만, 제5호에 해당하는 재해가 발생한 경우에는 재해 발생 작업을 대상으로 작업을 재개하기 전에 실시하여야 한다.

(1) 사업장 건설물의 설치·이전·변경 또는 해체

(2) 기계·기구, 설비, 원재료 등의 신규 도입 또는 변경

(3) 건설물, 기계·기구, 설비 등의 정비 또는 보수

(4) 작업방법 또는 작업절차의 신규 도입 또는 변경

(5) 중대산업사고 또는 산업재해(휴업 이상의 요양을 요하는 경우에 한정한다) 발생

(6) 그 밖에 사업주가 필요하다고 판단한 경우

3) 정기평가는 최초평가 후 매년 정기적으로 실시한다. 이 경우 다음의 사항을 고려하여야 한다.

(1) 기계·기구, 설비 등의 기간 경과에 의한 성능 저하

(2) 근로자의 교체 등에 수반하는 안전·보건과 관련되는 지식 또는 경험의 변화

(3) 안전·보건과 관련되는 새로운 지식의 습득

(4) 현재 수립되어 있는 위험성 감소대책의 유효성 등

9.2 위험성 감소대책 수립 및 시행에 관한 사항

9.2.1 위험성 감소대책 수립 및 실행은 다음의 순서와 같다.

1) 유해·위험요인의 파악 기재

2) 법규, 노출기준 등의 관련 근거 기재

3) 현재 위험성 기재

4) 감소대책 기재

5) 개선 후 위험성 기재

6) 담당자, 조치요구일, 조치완료일, 완료 확인 기재

9.2.2 평가 및 감소대책 완료 보고

1) 위험성평가의 타당성 검토

위험성평가 절차에서 얻은 위험 감소대책의 실효성 여부 등 위험성평가의 타당성을 평가 실시하는 팀에서 최종적으로 검토하여야 하며, 이때 고려 할 사항은 다음과 같다.

(1) 위험성 감소대책에 기술적 난이도가 고려됐는지 여부

(2) "합리적으로 실행 가능한 낮은 수준"으로 고려했는지 여부

(3) 실행 우선순위가 적절한지 여부

(4) 대체하였을 때 새로운 위험이 발생하지 않는지 여부

(5) 위험성 감소대책 실행 후 위험도가 허용 가능한 위험범위 이내 인지 여부

(6) 위험요인을 제거할 수 없는지 검토

(7) 위험요인을 인간공학적으로 개선할 수 없는지 검토

(8) 위험요소 발생장소에 안전보건표지 게시 및 검토

2) 평가 및 감소대책 완료 결과의 보고

위험성평가 실시 팀의 위험성 감소대책을 포함한 위험성평가 결과에 따른 감소대책 완료 결과를 팀장이 취합하여 안전보건관리책임자에게 보고하고, 미개선사항에 대한 대책과 경영지원이 필요한 부분은 개선실행이 되도록 요청하여야 한다.

9.2.3 취합, 보고, 공포

1) 안전관리자는 위험성평가를 취합하여 안전보건관리책임자의 승인을 받도록 한다.
2) 안전보건관리책임자는 위험성평가 결과의 개선사항과 미개선사항을 파악하여 미개선 사유가 경영지원의 문제라면 조속히 개선되도록 조치하여야 한다.
3) 위험성평가에 따른 위험요인과 개선사항은 산업안전보건위원회의 개최 시 이를 공표하며 지속적 개선 및 유지가 될 수 있도록 하여야 한다.

9.2.4 위험성평가의 교육

1) 위험성평가에 대한 교육은 위험성평가를 실시하기 전, 근로자를 대상으로 안전관리자가 실시한다.
2) 위험성평가팀에 포함된 인원은 별도로 위험성 실시 방법에 대한 교육을 외부 전문가에 의하여 실시할 수도 있다.

10 법령 요지 등 게시

10.1 안전보건관리책임자는 산업안전보건법에 따른 명령의 요지 및 안전보건관리규정을 각 사업장의 근로자가 쉽게 볼 수 있는 장소에 게시하거나 갖추어 두어 근로자에게 널리 알려야 한다.

11 고객의 폭언 등으로 인한 건강장해 예방조치

11.1 고객을 직접 대면하거나 「정보통신망 이용촉진 및 정보보호 등에 관한 법률」에 따른 정보통신망을 통하여 고객을 상대하면서 상품을 판매하거나 서비스를 제공하는 업무에 종사하는 근로자(“고객 응대 근로자”)에 대하여 고객의 폭언, 폭행, 그 밖에 적정범위를 벗어난 신체적·정신적 고통을 유발하는 행위로 인한 건강장해를 예방하기 위하여 고용노동부령으로 정하는 바에 따라 필요한 조치를 하여야 한다.

11.1.1 고객의 폭언 등으로 인하여 고객 응대 근로자에게 건강장해가 발생하거나 발생할 우려가 현저히 있는 경우에는 업무의 일시적 중단 또는 전환 등 대통령령으로 정하는 필요한 조치

11.1.2 고객 응대 근로자는 안전보건관리책임자에게 조치를 요구할 수 있고 사업주는 고객 응대 근로자의 요구를 이유로 해고하거나 그 밖에 불리한 처우를 하여서는 아니 된다.

12 상 벌

12.1 표창

12.1.1 안전보건관리(총괄)책임자는 안전관리실적이 우수한 부서 또는 근로자에 대해서는 표창하여 시상함으로써 안전에 대한 동기를 유발토록 한다.

12.1.2 표창 대상은 다음 각 호와 같다.

1) 안전보건제안이 채택된 자
2) 안전보건활동이 우수한 부서 및 개인
3) 안전업무처리에 공적이 현저한 자
4) 긴급한 위험을 발견 및 보고하여 재해를 예방토록 한 자

12.2 징계

12.2.1 법과 법이 정한 명령이나 본 규정에서 정한 사항을 위반하여 회사에 불이익을 초래한 직원에 대하여는 징계위원회에 회부하여 징계 조치하여야 한다.

12.2.2 징계 요구 대상은 다음 사항이 포함될 수 있다.

1) 정당한 사유 없이 안전관리상의 지시, 명령에 위반하거나 불복한 자
2) 각종 재해 사고의 은폐, 허위보고, 태만으로 안전사고 사후처리를 지연시킨 자
3) 기타 관리감독자 및 직원의 고의 또는 중대한 과실로 사고를 초래하여 회사에 손해를 끼친 자

12.3 상벌평가 기준

표창 또는 징계 요구 시 평가기준은 다음 각 호와 같다.

12.3.1 재해율, 도수율, 강도율 및 손실금액

12.3.2 안전진단 결과 및 시정 실적

12.3.3 근로자의 참여 의식 및 이행 상태

12.3.4 안전수칙 실천 상태, 교육 및 안전활동

12.3.5 기타 안전보건관리에 관한 사항

13 보 칙

13.1 승인 및 협의

13.1.1 현장 작업에서 유해·위험성이 있는 다음 각 호의 작업을 하고자 할 경우에는 작업계획서를 작성하여 해당 팀장을 경유, 안전보건관리책임자에게 승인을 받은 후 작업을 해야 한다.

1) 화재가 우려되는 작업

2) 유해물질의 접촉 및 누출의 위험이 있는 작업

3) 소방 및 안전시설과 장치의 해체 또는 기능을 정지시킬 필요가 있는 작업 등

13.1.2 현장 작업에서 작업장 안전수칙 변경 시에는 사전에 팀장과 협의하여 안전관계 법규상의 적절성 여부를 확인 후 시행하여야 한다.

13.2 문서기록 보존

이 규정의 시행에 관한 모든 기록의 보존은 관계 법령이 정하는 바에 의하며, 필요에 따라서는 보존기간을 연장할 수 있다.

13.3 규정의 개정 등

13.3.1 본 규정의 개정 사유 발생 시에는 산업안전보건위원회의 심의를 거쳐야 한다.

13.3.2 회사 내 모든 임직원은 본 규정을 준수하여야 한다.

13.3.3 본 규정은 보기 쉬운 곳에 게시 또는 비치하여 전 직원이 알게 하여야 한다.

14 부 칙

14.1 (제정일) 이 규정은 2021년 01월 02일 부로 제정 및 시행한다.

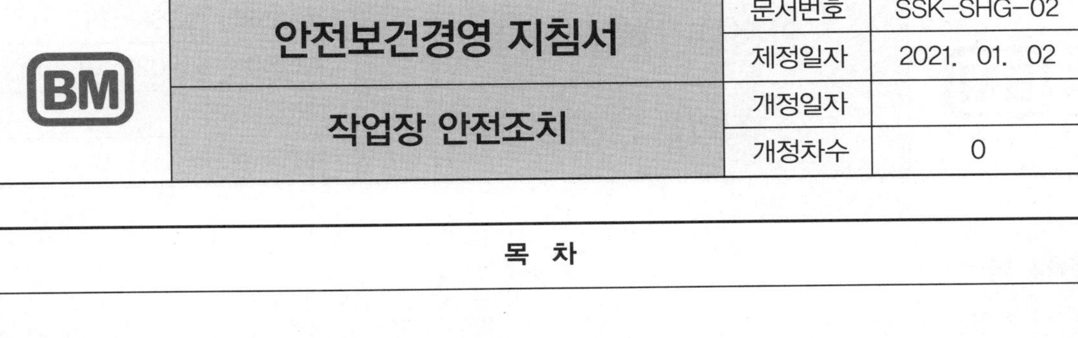

BM	안전보건경영 지침서	문서번호	SSK-SHG-02
		제정일자	2021. 01. 02
	작업장 안전조치	개정일자	
		개정차수	0

목 차

	안전보건경영 지침서	문서번호	SSK-SHG-02
		제정일자	2021. 01. 02
	작업장 안전조치	개정일자	
		개정차수	0

1 목 적

이 지침은 회사의 작업장에 있어서 산업안전보건법을 기준으로 작업장 안전조치기준에 관한 사항을 정함을 목적으로 한다.

2 적용범위

이 지침은 작업공정 중 작업장이 갖추어야 할 작업현장의 안전보건조치에 대하여 적용한다.

3 책임과 권한

3.1 안전보건관리책임자

작업장의 통로, 계단, 안전난간 등에 있어서 불안전한 환경이 개선될 수 있도록 지원한다.

3.2 안전관리자

작업장의 통로, 계단, 안전난간 등에 있어서 관리감독자의 개선요청을 안전보건관리책임자에게 보고한다.

3.3 관리감독자

3.3.1 작업환경 상태를 검사하고 확인한다.

3.3.2 작업장의 통로, 계단, 안전난간 등에 있어서 불안전한 상태나 행동이 있을 시 즉시 조치하거나 안전관리자에게 협조를 요청한다.

4 운영절차

4.1 작업장

4.1.1 작업장의 바닥은 넘어지거나 미끄러지는 등의 위험이 없도록 안전하고 청결한 상태로 유지되어야 한다.

4.1.2 작업발판은 당해 작업에 종사하는 근로자의 신장에 비하여 현저하게 높은 때에는 안전하고 적당한 높이의 작업발판을 설치하여야 한다.

4.1.3 작업장에 창문을 설치함에 있어서는 작업장의 창문을 열었을 때 근로자가 작업하거나 통행하는 데 방해가 되지 않도록 설치하여야 한다.

4.1.4 작업장에 출입문은 다음 각 호의 사항을 준수하여야 한다.

1) 출입문의 위치와 개수 및 크기가 작업장의 용도와 특성에 적합하도록 할 것

2) 근로자가 쉽게 열고 닫을 수 있도록 할 것

3) 주목적이 하역운반기계용인 출입구에는 보행자용 문을 따로 설치할 것

4) 하역운반기계의 통로와 인접하여 있는 출입문에서 접촉에 의하여 근로자에게 위험을 미칠 우려가 있는 때에는 비상등·비상벨 등 경보장치를 설치할 것

4.1.5 동력으로 작동되는 문을 설치하는 때에는 다음 각 호의 기준에 적합한 구조로 설치하여야 한다.

1) 동력으로 작동되는 문에 협착 또는 전단의 위험이 있는 2.5m 높이까지는 위급 또는 위험한 사태가 발생할 때를 대비하여 문의 작동을 정지시킬 수 있는 등의 안전조치를 할 것(위험구역에 사람이 없어야만 문이 작동되도록 안전장치가 설치되어 있거나 운전자가 특별히 지정되어 상시 조작하는 때에는 그러하지 아니하다)

2) 손으로 조작하는 동력식 문은 제어장치를 해제하면 즉시 정지되는 구조로 할 것

3) 동력식 문의 비상정지스위치는 근로자가 잘 알아볼 수 있고, 쉽게 조작할 수 있는 곳에 설치.

4) 동력식 문의 동력이 중단되거나 차단된 때에는 즉시 정지되도록 할 것 (방화문의 경우에는 그러하지 아니하다)

5) 수동으로 개폐가 가능하도록 할 것

4.1.6 작업장의 바닥·작업발판 및 통로 등의 끝이나 개구부로부터 근로자가 추락할 위험이 있는 장소에는 방책을 설치하는 등 필요한 조치를 하여야 한다.

4.1.7 구조물·건축물 기타 시설물이 그 자체의 무게·하중·적설·풍압 등으로 인하여 붕괴 등의 위험이 있을 때에는 미리 안전진단을 실시하는 등 근로자에게 미칠 위험을 방지하기 위한 조치를 하여야 한다.

4.1.8 작업장의 바닥·도로 및 통로 등에서 근로자에게 낙하물에 의한 위험을 미칠 우려가 있을 때에는 보호망을 설치하는 등 필요한 조치를 하여야 한다.

4.1.9 위험물질은 작업장과 별도의 장소에 보관하여야 하며, 작업장 내부에는 작업에 필요한 양만큼만 두어야 한다.

4.1.10 위험물을 제조·취급하는 작업장 및 당해 작업장이 있는 건축물에는 출입문 외에 안전한 장소로 대피할 수 있는 1개 이상의 비상구를 설치하여야 하며, 비상구에는 미닫이문 또는 외부로 열리는 문을 설치하여야 한다.

4.1.11 비상구·비상통로 또는 비상용 기구에 대하여는 비상용이라는 뜻을 표시하고 쉽게 이용할 수 있도록 유지하여야 한다.

4.1.12 상시 50인 이상의 근로자가 작업하는 옥내 작업장에는 비상시 근로자에게 신속하게 알리기 위한 경보용 설비 또는 기구를 설치하여야 한다.

4.2 통로

4.2.1 작업장으로 통하는 장소 또는 작업장 내에는 근로자가 사용하기 위한 안전한 통로를 설치하고 항상 사용가능한 상태로 유지하여야 한다.

4.2.2 제1항의 통로의 주요한 부분에는 통로표시를 하고, 근로자가 안전하게 통행할 수 있도록 하여야 하며, 통로의 폭은 80cm 이상으로 유지되도록 한다.

4.2.3 통로에 정상적인 통행을 방해하지 아니하는 정도의 채광 또는 조명시설을 설치하여야 한다. 다만, 상시 통행을 하지 아니하는 지하실 등을 통행하는 근로자로 하여금 휴대용 조명기구를 사용하도록 한 때에는 그러하지 아니하다.

4.2.4 옥내에 통로를 설치하는 때에는 걸려 넘어지거나 미끄러지는 등의 위험이 없도록 설치하여야 한다.

4.2.5 통로에 대하여 통로면으로부터 높이 2m 이내에는 장애물이 없도록 하여야 한다.

4.2.6 근로자가 안전하게 통행할 수 있도록 통로에 75럭스 이상의 채광 또는 조명시설을 설치하여야 한다.

4.2.7 가설통로를 설치하는 때에는 다음 각 호의 사항을 준수하여야 한다.

1) 견고한 구조로 할 것
2) 경사는 30도 이하로 할 것(계단을 설치하거나 높이 2m 미만의 가설통로로 튼튼한 손잡이를 설치한 때에는 그러하지 아니하다)
3) 경사가 15도를 초과하는 때에는 미끄러지지 아니하는 구조로 할 것
4) 추락의 위험이 있는 장소에는 표준안전난간을 설치할 것
 (작업상 부득이한 때에는 필요한 부분에 한하여 임시로 이를 해체할 수 있다)

4.2.8 안전난간의 구조 및 설치요건

근로자의 추락 등 위험을 방지하기 위하여 안전난간을 설치하는 경우 다음 각 호의 기준에 맞는 구조로 설치하여야 한다.

1) 상부 난간대, 중간 난간대, 발끝막이판 및 난간기둥으로 구성할 것. 다만, 중간 난간대, 발끝막이판 및 난간기둥은 이와 비슷한 구조와 성능을 가진 것으로 대체할 수 있다.
2) 상부 난간대는 바닥면·발판 또는 경사로의 표면(이하 "바닥면등"이라 한다)으로부터 90cm 이상 지점에 설치하고, 상부 난간대를 120cm 이하에 설치하는 경우에는 중간 난간대는 상부 난간대와 바닥면등의 중간에 설치하여야 하며, 120cm 이상 지점에 설치하는 경우에는 중간 난간대를 2단 이상으로 균등하게 설치하고 난간의 상하 간격은 60cm 이하가 되도록 할 것. 다만, 계단의 개방된 측면에

설치된 난간기둥 간의 간격이 25cm 이하인 경우에는 중간 난간대를 설치하지 아니할 수 있다.

3) 발끝막이판은 바닥면등으로부터 10cm 이상의 높이를 유지할 것. 다만, 물체가 떨어지거나 날아올 위험이 없거나 그 위험을 방지할 수 있는 망을 설치하는 등 필요한 예방조치를 한 장소는 제외한다.
4) 난간기둥은 상부 난간대와 중간 난간대를 견고하게 떠받칠 수 있도록 적정한 간격을 유지할 것
5) 상부 난간대와 중간 난간대는 난간 길이 전체에 걸쳐 바닥면과 평행을 유지할 것
6) 난간대는 지름 2.7cm 이상의 금속제 파이프나 그 이상의 강도가 있는 재료일 것
7) 안전난간은 구조적으로 가장 취약한 지점에서 가장 취약한 방향으로 작용하는 100kg 이상의 하중에 견딜 수 있는 튼튼한 구조일 것

4.2.9 사다리식 통로를 설치하는 때에는 다음 각 호의 사항을 준수하여야 한다.
1) 견고한 구조로 할 것
2) 계단의 간격은 동일하게 할 것
3) 답단과 벽과의 사이는 적당한 간격을 유지할 것
4) 사다리의 전위방지를 위한 조치를 할 것
5) 사다리의 상단은 걸쳐놓은 지점으로부터 60cm 이상 올라가도록 할 것

4.3 계 단

4.3.1 계단 및 계단참을 설치하는 때에는 매 m^2당 500kg 이상의 하중에 견딜 수 있는 강도를 가진 구조로 설치하여야 하며, 안전율(안전의 정도를 표시하는 것으로 재료의 파괴응력도와 허용응력도와의 비를 말한다)은 4 이상으로 하여야 한다.

4.3.2 계단 및 승강구 바닥을 구멍이 있는 재료로 만들 때에는 렌치 기타 공구등이 낙하할 위험이 없는 구조로 하여야 한다.

4.3.3 계단을 설치하는 때에는 그 폭을 1m 이상으로 하여야 한다. 다만, 급유용·보수용·비상용계단 및 나선형계단에 대하여는 그러하지 아니하다.

4.3.4 계단에는 손잡이 외의 다른 물건 등을 설치 또는 적재하여서는 아니 된다.

4.3.5 계단참을 설치하는 때에는 그 높이가 3.7m를 초과하여서는 아니되며, 중간의 계단참은 가로·세로의 길이가 각각 1m 이상이 되도록 하여야 한다.

4.3.6 계단을 설치하는 때에는 그 답면으로부터 높이 2m 이상인 장애물이 없는 공간에 설치하여야 한다. 다만, 급유용·보수용·비상용계단 및 나선형계단에 대하여는 그러하지 아니하다.

4.3.7 계단에 안전난간을 설치하여야 하는 기준은 계단의 높이와 관계없이 높이가 1m 이상인 경우에 안전난간을 설치한다.

4.4 채광 및 조명

안전보건관리책임자는 근로자가 작업하는 장소에 채광 및 조명을 설치하는 경우 명암의 차이가 심하지 않고 눈이 부시지 않은 방법으로 하여야 한다.

4.5 조도

안전보건관리책임자는 근로자가 상시 작업하는 장소의 작업면 조도(照度)를 다음 각 호의 기준에 맞도록 하여야 한다.

4.5.1 초정밀작업: 750럭스(lux) 이상

4.5.2 정밀작업: 300럭스 이상

4.5.3 보통작업: 150럭스 이상

4.5.4 그 밖의 작업: 75럭스 이상

안전보건경영 지침서	문서번호	SSK-SHG-03
	제정일자	2021. 01. 02
개인보호구 지급 및 관리	개정일자	
	개정차수	0

목 차

안전보건경영 지침서	문서번호	SSK-SHG-03
	제정일자	2021. 01. 02
개인보호구 지급 및 관리	개정일자	
	개정차수	0

1 목 적

이 지침은 회사의 모든 임직원이 안전하고, 건강한 직장생활을 유지하고, 사고 발생 시 사상, 질병 등의 피해를 최소화하는 데 목적이 있다.

2 적용범위

이 지침은 산업재해예방을 위하여 회사의 임직원에게 지급되는 각종 보호구 중 고용노동부 장관의 안전인증 대상품이 되는 보호구의 지급 및 관리업무에 적용한다.

3 책임과 권한

3.1 회사는 임직원에 대하여 작업상 필요한 보호구를 무상으로 지급한다.

3.2 안전보건관리책임자는 안전보건에 관련되는 보호구의 적격품을 선정한다.

3.3 안전관리자는 안전보건 관련 업무관계자가 보호구 구입을 요청할 때에는 적시에 적격품을 지급하여야 한다.

3.4 안전관리자는 작업활동에 필요한 보호구의 적정량을 항상 확보하여 비치, 보관, 지급하여야 하고, 소속 근로자의 보호구 착용상태 등을 지도·감독할 책임이 있다.

3.5 임직원은 누구나 지정된 장소에서 지정된 보호구를 착용하여야 한다.

4 운영절차

4.1 보호구의 구입 및 보호구에 관한 안전보건관리체제별 법상 의무

4.1.1 보호구의 구입

1) 보호구의 구입은 보호구 성능기준인 「보호구 의무안전인증 고시」 및 「보호구 자율안전확인고시」에서 규정에 따른 적합한 보호구를 구입하여야 한다.

2) 인증대상 보호구(16종)에는 「안전인증의 표시(안전분야 국가통합인증마크)」가 부착된 제품인지 확인한 후 구입하여야 한다.

[안전분야 국가통합인증마크]

	안전보건경영 지침서	문서번호	SSK-SHG-03
		제정일자	2021. 01. 02
	개인보호구 지급 및 관리	개정일자	
		개정차수	0

4.1.2 보호구에 관한 안전보건관리체제별 법상 의무

구 분	정부	안전보건관리책임자	안전관리자	관리감독자
직 무	보호구의 안정성평가 및 개선	보호구 구입 시의 적격품 여부 확인에 관한 사항	적격품의 선정에 관한 보좌 및 지도·조언	소속된 근로자의 작업복·보호구의 점검과 그 착용·사용에 관한 교육·지도

4.2 보호구의 지급 및 관리

4.2.1 보호구는 그 용도 및 특성에 따라 아래 같이 지급, 관리한다.

1) 개인지급품: 안전모, 보안경, 방진마스크, 방독마스크, 안전화, 보호장갑, 귀마개 등

작업종류(보호구 착용대상)	착용대상 보호구
OO 작업	안전모, 안전화, 각반, 보안경, 방진마스크, 방독마스크, 귀마개
OO 작업	안전모, 안전화, 안전조끼

2) 방진마스크, 귀마개는 월별 고정량을 구매담당자가 구매하고 안전모, 안전화 등은 필요시 해당 팀장이 안전관리자에게 청구하면 안전관리자는 매월 일정량을 구매하여 지급한다.

3) 안전관리자는 개별 또는 단체로 지급되는 보호구를 각 팀장 및 관리감독자를 통해 개인보호구 지급대장에 기록을 유지하도록 하여야 한다.

4) 개인에게 지급되는 보호구의 관리책임은 각 개인에게 있다.

5) 관리감독자는 해당 부서의 작업과 관련된 보호구를 청구, 지급, 관리한다.

6) 보호구는 용도 외에 사용하거나 변형시켜 사용해서는 아니 된다.

7) 지급받은 보호구는 항상 청결하게 보관, 사용한다.

4.2.2 보호구 지급기준은 보호구 지급 및 관리지침에 따라 지급한다.

1) 안전관리자가 선정하는 기준을 통해 각 팀별로 지급한다.

2) 훼손 등으로 더 이상 착용하기 곤란할 때 지급한다.

4.2.3 모든 보호구는 소속 팀장 및 관리감독자가 청구하면, 안전관리자는 구매요청하고, 각 팀장이나 관리감독자를 통해 이를 지급한다.

4.2.4 각 팀장 및 관리감독자는 보호구 지급 후 개인보호구 지급대장을 작성하여야 한다.

4.2.5 개인에게 지급되는 보호구의 관리책임은 각 개인에게 있다.

4.2.6 보호구는 용도 외에 사용하거나 변형시켜 사용해서는 아니 된다.

4.2.7 지급받은 보호구는 항상 청결하게 보관, 사용한다.

4.2.8 개인에게 지급된 개인보호구는 개인이 매일 보호구 점검하여야 한다.

4.3 착용기준

4.3.1 보호구 착용기준은 안전보호구 지급기준에 따른다.

4.3.2 고객사의 작업현장 출입 시에는 필요시 제공하는 보호구를 착용하여야 한다.

4.4 착용의무

전 직원은 지급된 보호구를 반드시 착용하고 작업에 임할 의무가 있으며, 착용의무 불이행 시 각 팀장 및 관리감독자는 작업자가 착용하도록 지도하여야 한다.

4.5 개인보호구 유지 및 관리

4.5.1 개인보호구를 사용하지 않을 때는 이상 유무를 검사하고 오염되지 않도록 조치하는 등 적절하게 보관하여야 한다.

4.5.2 보호구 교환시기는 보호구 지급주기에 의하며, 그 외 개인이 필요시에는 안전관리자에게 요청한다.

4.6 착용금지

드릴 등 손이 말려들어갈 우려가 있는 작업을 수행할 때는 장갑을 착용해서는 아니 된다.

4.7 청구 및 반납

모든 보호구의 반납은 각 팀장 및 관리감독자가 반납한다. 다만, 신규 보호구의 구입, 보호구의 변경 등에 따른 보호구 선정은 안전관리자가 해당 팀장 및 관리감독자와 협의 후에 행한다.

5 관련기록

5.1 보호구 종류

5.2 개인보호구 지급대장

안전보건경영 지침서	문서번호	SSK-SHG-03
	제정일자	2021. 01. 02
개인보호구 지급 및 관리	개정일자	
	개정차수	0

〈붙임 1〉 보호구 종류

종 류		용 도		지급대상
안전모	A	물체의 낙하 및 비래에 의한 위험을 방지 또는 경감시키기 위한 것(비내전압성)		업무 특성에 따라 전 사원에게 지급
	B	추락(주 1)에 의한 위험을 방지 또는 경감시키기 위한 것 (비내전압성)		
	AB	물체의 낙하 또는 비래 및 추락에 의한 위험을 방지 또는 경감시키기 위한 것 (비내전압성)		
	AE	물체의 낙하 및 비래에 의한 위험을 방지 또는 경감하고, 머리부위 감전에 의한 위험을 방지하기 위한 것 (내전압성)		
	ABE	물체의 낙하 또는 비래 및 추락에 의한 위험을 방지 또는 경감하고, 머리부위 감전에 의한 위험을 방지하기 위한 것 (내전압성 : 주 2)		
안전화	가죽제 안전화	물체의 낙하, 충격 및 날카로운 물체에 의한 바닥으로부터의 찔림의 위험으로부터 발을 보호하기 위한 것		
	고무제 안전화	물체의 낙하, 충격에 의한 위험으로부터 발을 보호하고, 아울러 방수를 겸할 것		
	정전기 대전방지용 안전화	정전기의 인체 대전을 방지하기 위한 것		
	발등 보호 안전화	물체의 낙하 및 충격으로부터 발 및 발등을 보호하기 위한 것		
	절연화	저압 전기에 의한 감전을 방지하기 위한 것		
	절연 장화	저압 및 고압에 의한 감전을 방지하기 위한 것		
보안경	유리, 플라스틱	미분이나 칩, 기타 비산물이 발생하는 업, 특히 액체약품 취급 등에 의한 눈 보호용		해당 작업자
	차 광	아크용접, 가스용접, 용해로 작업 등 유해광선으로부터 눈 보호용		
마스크	여과식 (산소농도가 18% 이상)	방진	분진, 미세한 금속흄 흡입 예방용	해당 작업자
		방독	할로겐가스 : A, 회색/흑색 일산화탄소 : E, 적색 유기가스 : C, 흑색 암모니아 : H, 녹색	

종 류		용 도	지급대상
마스크	공급식 (산소농도가 18% 이하)	산소가 부족한 장소에서 장시간 일해야 하는 경우에 공기마스크, 공기호흡기, 산소호흡기 등 사용	해당 작업자
	방진마스크	황사·미세먼지 경보 발령 시 옥외작업하는 경우 2급 이상의 방진마스크를 사용	옥외 작업자 (반입구, 옥상 등)
귀 보호구	귀마개	귀에 넣어 외이도를 막아주는 것. 작업장의 소음수준이 85–115 dB일 때	120 dB이 넘을 때 귀마개, 귀덮개를 동시에 사용한다.
	귀덮개	작업장의 소음수준이 110–120 dB일 때	
보안면	용접용	아아크용접, 가스용접, 절단작업 시	용해작업, 그라인더 작업 등 이물질이 비산되는 작업공정의 근무자
	일 반	보안경 위에 겹쳐 착용하며, 점용접작업, 비산물이 발생하는 철물기계작업, 연마, 광택, 철사손질, 그라인딩작업, 목재가공작업 등 일팀작업에 사용	
방열복류		고열물질에 의한 화상 방지용	강한 열을 받거나 고열물을 취급하는 작업의 근무자
안전대	벨트식	신체를 지지하기 위해 허리에 착용하는 것	전신주작업 및 고소작업 등 추락의 위험이 있는 작업의 근무자
	그네식	온몸에 착용하는 것으로 높은 곳에서 작업	
장갑류	고무장갑	주로 약품을 취급할 때 사용	용접, 유류취급, 화학물질취급 및 고열물질을 취급하는 작업의 근무자
	방열장갑	가열로 작업 등에서 고온·고열을 막아 줌	
	전기용 고무장갑	감전으로부터 작업자를 보호	
	금속 맷쉬 장갑	나이프나 깎기 같은 날카로운 공구나 재료를 다룰 때 사용	
	산업위생	피부를 통해 흡수될 우려가 있는 화학물질이나 유기용제를 취급할 때 사용	
기 타		작업의 특성에 따라 필요하다고 판단되는 작업근무자에게 그 용도에 맞는 보호구를 선택하여 지급한다.	

(주 1) : 추락이란 높이 2m 이상의 고소작업, 굴착작업 및 하역작업 등에서 추락을 의미한다.

(주 2) : 내전압성이란 7,000볼트 이하의 전압에 견디는 것을 말한다.

〈붙임 2〉 개인보호구 지급대장

개인보호구 지급대장

지급일	소속	보호구명	수량	확인		비고
				수령인	지급담당	

<table>
<tr><td rowspan="4"></td><td rowspan="2">안전보건경영 지침서</td><td>문서번호</td><td>SSK-SHG-04</td></tr>
<tr><td>제정일자</td><td>2021. 01. 02</td></tr>
<tr><td rowspan="2">물질안전보건자료(MSDS) 관리</td><td>개정일자</td><td></td></tr>
<tr><td>개정차수</td><td>0</td></tr>
</table>

목 차

	안전보건경영 지침서	문서번호	SSK-SHG-04
		제정일자	2021. 01. 02
	물질안전보건자료(MSDS) 관리	개정일자	
		개정차수	0

1 목 적

이 지침은 회사에서 취급·사용하고 있는 화학물질에 대하여 물질안전보건자료(MSDS)의 게시, 비치, 관리 등에 필요한 사항을 규정함을 목적으로 한다.

2 적용범위

이 지침은 회사내에서 취급·사용하고 있는 모든 화학물질에 대한 물질안전보건자료(MSDS)에 대하여 적용한다.

3 용어의 정의

3.1 "화학물질"이란 원소 및 원소 간의 화학 반응에 의하여 생성되는 물질을 말하며, 당 공장이 사용하는 화공약품류로서 세척제, 탈지제, 윤활유, 광택제, 방청제, 압연유, 시약, 중화약품 등이 있다.

3.2 "물질안전보건자료(MSDS, Material Safety Data Sheet)"라 함은 각종 화학물질이나 화학물질을 함유한 유해·위험성 및 안전대책 등 산업안전보건법 및 고시 항목에 의해 표시된 자료를 말한다.

3.3 "GHS"란 화학물질 분류·표시에 대한 세계조화시스템(The globally harmonized System of classification and labeling of chemicals)으로서 전 세계적으로 통일된 화학물질 분류기준에 따라 유해·위험성을 분류하고 통일된 형태의 경고표지 및 MSDS로 정보를 전달하는 방법을 말한다.

3.4 "사용팀"이라 함은 화학물질을 사용·취급 또는 신규로 구입하고자 하는 해당 팀을 말한다.

3.5 "수령팀"이라 함은 납품업자로부터 해당 화학물질을 최초로 수령하는 팀을 말한다.

3.6 본 지침에서 사용하는 용어는 특별히 정함이 있는 경우를 제외하고 산업안전보건법, 동법 시행령, 동법 시행규칙, 및 고시에서 정하는 바에 따른다.

4 책임과 권한

4.1 안전보건관리책임자

4.1.1 유해물질에 대한 총체적인 관리

4.1.2 유해물질 취급에 따른 안전조치 및 요구

4.2 안전관리자

4.2.1 소속별 물질안전보건자료 목록의 파악 및 관리

4.2.2 물질안전보건자료 비치현황을 정기적으로 점검하여 누락된 자료 또는 훼손된 자료를 보완하거나 갱신

4.2.3 GHS - MSDS에 대한 교육의 실시 지원

4.3 관리감독자

4.3.1 물질안전보건자료에 대한 교육

4.3.2 유해물질 취급 시 안전조치 등 안전관리

4.3.3 유해물질 안전사고에 대한 응급조치요령 숙지

4.3.4 해당 공정 근무자 보호구 지급

4.3.5 해당 공정별 GHS-MSDS 현장 게시 또는 비치, 홍보

4.4 근로자

4.4.1 보호구 착용 준수

4.4.2 해당 물질 구성 항목별 내용 숙지

4.4.3 비상사태 발생 시 응급조치 및 관리감독자에게 통보

5 운영절차

5.1 물질안전보건자료 운영

5.1.1 물품구매요청부서

1) 기존 화학물질의 GHS적용 물질안전보건자료 확보에 적극 협조한다.
2) 화학물질의 구매 발주 시 납품업자가 GHS적용 MSDS를 동시에 납품하도록 계약 조건에 명기한다.

5.1.2 취급 및 사용부서

1) 신규 화학물질 도입 즉시 물질안전보건자료를 게시·비치한다.
2) 신규 화학물질이 도입되면 소속 직원에게 물질안전보건자료의 내용을 교육하고 기록을 자체 보관하며, 교육의 실시 결과를 안전관리자에게 제출한다.
3) 물질안전보건자료를 물질이 보관된 곳 또는 작업자가 보기 쉬운 곳에 게시·비치하고 물질 용기의 표면에 경고표시가 잘 부착되어 있도록 관리한다.
4) 화학물질 취급 시 보호구 착용을 지도하며 누출대책을 강구한다.
5) 화학물질의 종류, 사용량, 사용처, 보관상태 등을 수시로 파악한다.
6) 사용물질의 물질안전보건자료를 보유하지 않은 경우 즉시 안전관리자에게 통보한다.

	안전보건경영 지침서	문서번호	SSK-SHG-04
		제정일자	2021. 01. 02
	물질안전보건자료(MSDS) 관리	개정일자	
		개정차수	0

5.1.3 수령부서

1) 납품업자로부터 해당 화학물질을 최초로 수령하는 부서는 물질안전보건자료 첨부 여부를 확인하여 필히 확보한다.

2) 물질안전보건자료 입수 시 안전관리자가 사용부서에 1부씩 배부한다.

5.2 적용대상 물질

5.2.1 당사의 적용 주요물질

1) 용접봉 2) 각종 오일류 3) 세정제(워셔액,백화제) 4) LPG 등

5.2.2 물질안전보건자료 작성·비치 대상 물질은 〈표 1〉과 같다.

〈표 1〉 물질안전보건자료 작성·비치 대상 물질

연번	물리적 위험성	건강 유해성	환경 유해성
1	폭발성 물질	급성 독성 물질	수생 환경유해성 물질
2	인화성 가스	피부 부식성 또는 자극성 물질	
3	인화성 액체	심한 눈 손상 또는 자극성 물질	
4	인화성 고체	호흡기 과민성 물질	
5	인화성 에어로졸	피부 과민성 물질	
6	물반응성 물질	발암성 물질	
7	산화성 가스	생식세포 변이원성 물질	
8	산화성 액체	생식독성 물질	
9	산화성 고체	특정표적장기 독성 물질 (1회 노출)	
10	고압가스	특정표적장기 독성 물질 (반복 노출)	
11	자기반응성 물질	흡인 유해성 물질	
12	자연발화성 액체		
13	자연발화성 고체		
14	자기발열성 물질		
15	유기과산화물		
16	금속부식성 물질		

※ 위 물질을 1%미만 함유하고 있는 제제는 적용대상에서 제외한다.

5.2.3 물질안전보건자료 작성·비치 대상 제외물질은 〈표 2〉와 같다

※ 노동부장관이 독성·폭발성 등으로 인한 위해의 정도가 적다고 인정하여 고시하는 제제(산업안전보건법 시행령 제32조의2 제11호)

〈표 2〉 물질안전보건자료 작성·비치 대상 제외물질

연번	제외물질	관련법
1	방사성 물질	원자력법
2	의약품·의약부외품 및 화장품	약사법
3	마약	마약법
4	농약	농약관리법
5	사료	사료관리법
6	비료	비료관리법
7	식품 및 식품첨가물	식품위생법
8	향정신성 의약품	향정신성의약품관리법
9	화약류	총포·도검·화약류 등 단속법
10	폐기물	폐기물관리법
11	일반 소비자용 제제	
12	고형화된 완제품으로서 제조시의 형태와 기능이 유지되고 취급 근로자가 작업 시 그 제품과 제품에 포함된 대상 화학물질에 노출될 우려가 없는 제제(단, 발암성 물질이 함유된 제품 제외)	
13	〈표1〉의 물질이 1% 미만 함유된 제제	화학물질의 분류.표시 및 물질안전보건자료에 관한 기준 제3조1항

5.3 물질안전보건자료의 교육

5.3.1 다음 내용에 해당하는 근로자에 대하여 교육을 실시해야 한다.

1) 새로운 대상 화학물질을 취급하게 된 경우
2) 신규 채용하여 대상 화학물질 취급 작업에 종사시키고자 하는 경우
3) 작업 전환하여 대상 화학물질에 노출될 수 있는 작업에 종사시키고자 하는 경우
4) 대상 화학물질을 운반 또는 저장시키고자 하는 경우
5) 기타 대상 화학물질로 인한 사고 발생의 우려가 있다고 판단되는 경우

5.3.2 교육내용

1) 산업안전보건법에 따른 물질안전보건자료 제도의 개요
2) 대상 화학물질의 명칭 또는 제품명
3) 물리적 위험성 및 건강 유해성
4) 취급상의 주의사항
5) 적절한 보호구
6) 응급조치 요령 및 사고 시 대처방법
7) 물질안전보건자료 및 경고표지를 이해하는 방법

5.3.3 교육 결과 기록 보존

교육을 실시 한 후 교육시간 및 교육내용 등을 기록하여 보존하여야 한다.

5.4 물질안전보건자료의 관리

5.4.1 해당 작업장에서 사용 중인 물질의 자료를 빠짐없이 비치 또는 게시한다.

5.4.2 기존에 사용하던 물질을 더 이상 사용하지 않게 된 경우 따로 편철하여 영구 보존한다.

5.4.3 다음 장소 중 하나 이상의 장소를 지정하고 근로자가 알아보기 쉽게 표지를 부착하여 게시 또는 비치한다.

1) 대상 화학물질 취급 작업공정 내
2) 안전사고 또는 직업병 발생 우려가 있는 장소
3) 사업장 내 근로자가 가장 보기 쉬운 장소

5.4.4 두꺼운 용지 또는 비닐커버를 이용하여 자료의 훼손 또는 오염을 방지한다.

5.4.5 첫 장에 전체 목차를 두고 자료의 옆면에 색인표시를 하여 열람을 편리하게 한다.

5.4.6 물질안전보건자료는 16가지 항목이 모두 기재되어 있어야 하며, 한글로 작성·기재되어야 하고, 항목이 누락되어 있거나 영문으로 작성된 것은 제조사 또는 납품업체에 요청하여 새로 제출토록 한다.

5.5 경고표지의 부착

5.5.1 경고표지의 작성방법

1) 경고표지의 그림문자, 신호어, 유해·위험 문구, 예방조치 문구는 별표 2와 같다.
2) 대상 화학물질을 담은 용기나 포장의 용량이 100*ml* 이하인 경우에는 경고표지에 명칭, 그림문자, 신호어를 표시하고 그 외의 기재내용은 물질안전보건자료를 참고하도록 표시할 수 있다. 다만, 용기나 포장에 공급자 정보가 없는 경우에는 경고표지에 공급자 정보를 표시하여야 한다.

3) 대상 화학물질을 해당 사업장에서 자체적으로 사용하기 위하여 담은 반제품용기에 경고표시를 할 경우에는 유해·위험의 정도에 따른 "위험" 또는 "경고"의 문구만을 표시할 수 있다. 다만, 이 경우 보관·저장장소의 작업자가 쉽게 볼 수 있는 위치에 경고표지를 부착하거나 물질안전보건자료를 게시하여야 한다.

4) 경고표지의 양식 및 규격

(명 칭)

(그림문자 예시)

(신 호 어)

유해·위험 문구 :

예방조치 문구 :

공급자 정보 :

(1) 용기 또는 포장의 용량별 인쇄 또는 표찰의 크기

용기 또는 포장의 용량	인쇄 또는 표찰의 규격
용량≥500ℓ	450cm² 이상
200ℓ≤용량<500ℓ	300cm² 이상
50ℓ≤용량<200ℓ	180cm² 이상
5ℓ≤용량<50ℓ	90cm² 이상
용량<5ℓ	용기 또는 포장의 상하면적을 제외한 전체 표면적의 5% 이상

(2) 그림문자의 크기

① 개별 그림문자의 크기는 인쇄 또는 표찰 규격의 40분의 1 이상이어야 한다.

② 그림문자의 크기는 최소한 0.5cm² 이상이어야 한다.

5.5.2 게시 또는 비치

해당 팀에 쓰이는 모든 대상 화학물질에 대한 물질안전보건자료와 경고표지는 취급 근로자가 쉽게 볼 수 있는 다음 각 호의 장소 중 어느 하나 이상의 장소에 게시 또는 갖추어 두고 정기 또는 수시로 점검·관리하여야 한다.

1) 대상 화학물질 취급 작업공정 내
2) 안전사고 또는 직업병 발생우려가 있는 장소
3) 팀 내 근로자가 가장 보기 쉬운 장소

6 관련기록

6.1 유해물질 물질안전보건자료(MSDS) 리스트

	안전보건경영 지침서	문서번호	SSK-SHG-04
		제정일자	2021. 01. 02
	물질안전보건자료(MSDS) 관리	개정일자	
		개정차수	0

〈붙임 1〉 유해물질물질안전보건 자료 (MSDS) 리스트

No.	제품명	업체명	전화번호	주요성분	용도
1					
2					
3					
4					
5					
6					
7					
8					
9					
10					
11					
12					
13					
14					
15					
16					

	안전보건경영 지침서	문서번호	SSK-SHG-05
		제정일자	2021. 01. 02
	폭발화재 및 위험물 누출 예방활동	개정일자	
		개정차수	0

목 차

	안전보건경영 지침서	문서번호	SSK-SHG-05
		제정일자	2021. 01. 02
	폭발화재 및 위험물 누출 예방활동	개정일자	
		개정차수	0

1 목 적

이 지침은 산업안전보건기준에 관한 규칙(이하 "안전보건규칙"이라 한다) 제232조(폭발 또는 화재 등의 예방), 제236조(화재위험이 있는 작업의 장소 등), 제239조(위험물 등이 있는 장소에서 화기 등의 사용금지) 및 제240조(유류 등이 있는 배관이나 용기의 용접 등)의 규정에 의하여 중대산업사고의 원인이 되는 화재 및 폭발을 방지하는 데 필요한 기술상의 지침을 정함을 목적으로 한다.

2 적용범위

이 지침은 안전보건규칙 별표 1의 제1항 내지 제5항에서 규정한 화재 및 폭발 위험성이 있는 모든 물질을 저장 또는 사용하는 설비에 대하여 적용한다.

3 용어의 정의

3.1 일반적으로 화재 및 폭발에서 사용되는 용어에 대한 설명은 다음 각호와 같다.

3.2 "발화점(Auto-ignition point) 또는 발화온도(Auto-ignition temperature)"라 함은 착화원 없이 가연성 물질을 대기 중에서 가열함으로써 스스로 연소 혹은 폭발을 일으키는 최저온도를 말한다.

3.3 "인화점(Flash point) 또는 인화온도(Flash temperature)"라 함은 인화성 액체가 증발하여 공기 중에서 연소 하한 농도 이상의 혼합기체를 생성할 수 있는 가장 낮은 온도를 말한다.

3.4 "폭발한계 또는 폭발범위"라 함은 폭발이 일어나는 데 필요한 가연성 가스의 특정한 농도 범위를 말하며, 공기 중의 가연성 가스가 연소하는 데 필요한 농도의 하한과 상한을 각각 폭발하한계(LFL), 폭발상한계(UFL)라 하고 보통 1기압, 상온에서의 부피 백분율로 표시한다.

3.5 "폭발(Explosion)"이라 함은 용기의 파열 또는 급격한 화학반응 등에 의해 가스가 급격히 팽창함으로써 압력이나 충격파가 생성되어 급격히 이동하는 현상을 말한다.

3.6 "기계적폭발(Mechanical explosion)"이라 함은 고압, 비반응성 기체 또는 증기가 들어 있는 용기의 파열에 의한 폭발을 말한다.

3.7 "폭굉(Detonation)"이라 함은 폭발충격파의 전파속도가 음속보다 빠른 속도로 이동하는 폭발을 말한다.

안전보건경영 지침서	문서번호	SSK-SHG-05
	제정일자	2021. 01. 02
폭발화재 및 위험물 누출 예방활동	개정일자	
	개정차수	0

4 책임과 권한

4.1 안전보건관리책임자

작업장에 폭발화재 및 위험물 누출이 없는 안전환경이 될 수 있도록 관리한다.

4.2 관리감독자

4.2.1 근로자로부터 보고받은 위험요소에 대한 작업환경상태를 검사하며, 안전보건관리 책임자에게 보고한다.

4.2.2 작업장에 폭발화재 및 위험물 누출이 없도록 관리하며, 불안전한 상태나 행동이 있을 시, 즉시 개선할 수 있도록 안전보건관리책임자에게 요청한다.

5 운영절차

5.1 국한대책

화재가 발생하였을 때, 그 화재가 확대되지 않도록 조치하는 것이 국한대책이며, 이에 대한 대책은 다음과 같다.

5.1.1 가연물 저장의 최소화

발화위험이 있는 작업장에는 가능한 한 최소한의 양만 저장하고 필요 이상의 원료, 제품 및 상품 등은 안전한 창고 또는 집적장에 보관하여야 한다.

5.1.2 건물, 설비의 불연화

1) 건물은 내화구조로 하고, 건물 내부의 설비는 불연성의 재료를 사용하여야 한다.

2) 내화기준에 관해서는 안전보건에 관한 규칙에서 정하는 바에 따른다.

5.1.3 설비 간 안전거리 확보

위험물질을 저장 또는 취급하는 작업장의 주변에는 일정한 공지를 확보하고 거리를 유지하여 화재로 인한 영향이 다른 설비에 미치지 않도록 한다.

5.2 소화대책

5.2.1 소화기 사용

1) 최초의 발화 직후에 불을 끄는 것이 가장 효과적인 응급조치이다.

2) 소화기의 종류에는 분말, 이산화탄소, 포, 산알카리 및 하론소화기 등이 있으며, 소화기의 사용방법, 비치장소 등의 표지판을 설치하여야 한다.

3) 소화약제의 성질에는 차이가 있으므로 화재의 종류 및 가연물의 성질에 따라 이에 적절한 형식의 소화약제를 선택·사용하여야 하며, 모래, 중탄산나트륨, 물

등도 초기 소화용으로 효과적이다.

5.2.2 소화설비의 사용

1) 소화설비로는 스프링클러설비, 물분무설비 및 포소화설비 등의 자동식 소화설비와 소화전 등과 같은 수동식 소화설비가 있다.
2) 소화설비는 동절기에 얼지 않도록 조치하고, 수시로 작동여부를 점검·확인해야 한다.

5.2.3 본격적 소화

1) 일정 규모 이상으로 화재가 확대되면 사업장 내의 자체소방대를 동원하거나 또는 인근 지역의 소방대에 지원을 요청하여야 한다.
2) 대형 탱크의 화재와 같이 현재의 소방력을 이용하여 소화할 수 없는 경우에는 연소되고 있는 가연물이 소실되어 자연 진화될 때까지 기다린다.
3) 소화활동 시에는 인명의 구조를 최우선으로 하고, 화재가 다른 곳으로 연소(延燒)되는 것을 방지하고 가연물을 빨리 다른 장소로 옮겨야 한다.

5.2.4 경보 및 대피 등

화재가 발생하면 위험구역에서 안전한 장소로 대피하지 않으면 안 된다.
대피 시에는 다음 각 호의 사항을 고려한다.

1) 화재 발생에 대비하여 미리 피난계획을 수립하고, 발화했을 때 당황하지 않도록 교육·훈련을 실시한다.
2) 화재가 발생하면 즉시 경보를 발하고 인근지역에 통보한다.
3) 위험구역에서 안전한 지역으로 대피할 때에는 안내자의 지시에 따라 질서 정연하게 이동하여야 하며, 이를 위해 평소에 피난기구의 사용법, 유도표지 및 유도등, 피난통로 및 대피장소 등을 확인해 두어야 한다.
4) 피난 후에는 각자에게 부여된 임무를 수행하고 보고체계를 확립한다.
5) 부상자 치료 등 인명피해 최소화를 위한 응급조치를 우선적으로 한다.

5.3 폭발예방대책

일반적으로 화학적 폭발은 가연성 물질이 조연성 물질과 혼합된 상태에서 착화원이 존재하여 폭발하는 경우이다. 따라서 폭발방지를 위한 기본대책으론 첫째, 두 물질이 혼합하지 않은 상태에 있도록 하고, 혼합된 상태라면 폭발과 연소가 발생하지 않는 범위의 농도에서 관리해야 하며, 둘째, 착화원이 되는 주요소를 제거시켜야 한다.

5.3.1 폭발분위기 형성 방지

폭발은 가연성 가스 또는 인화성 액체의 증기가 공기와 혼합되어 폭발범위 내의 혼합물을 형성함으로써 발생되므로 폭발범위의 밖에서 모든 작업이 이루어져만 하며, 이에 대한 대책은 다음 각 호와 같다.

1) 공기 중의 누설, 누출방지
2) 밀폐용기 내에 공기혼입방지
3) 환기를 실시하여 폭발하한계 이하로 희석

5.3.2 불활성 물질 주입

1) 가연성 가스가 존재하는 분위기 중의 산소농도를 불활성 가스를 주입하여 감소시킨다.
2) 불활성 가스는 질소 가스, 수증기, 이산화탄소 및 그 이외에도 소화약제로 이용되고 있는 할로겐화 탄화수소 등이 있다.
3) 연소 가스도 사용할 수 있으나 연소 가스는 각종 불순물을 수반하고 있어 세정 등에 의하여 사전에 사용 조건에 적합토록 하여야 한다.

5.3.3 착화원 관리

화재, 폭발 위험성이 있는 가연물 등의 위험물질을 취급하는 작업장소에는 착화원 관리가 매우 중요하고 화재폭발 안전대책으로 가장 기본이 되는 것이다.

5.3.4 화기관리

1) 성냥, 라이터, 용접기 및 토치 등의 화염은 위험이 발생할 수 있는 장소에서 사용을 금지하고, 사용 시에는 위험작업허가지침에서 규정한 원칙에 따라 철저히 관리하여야 한다.
2) 위험지역 내에서 화기작업이 필요한 경우에는 "안전작업허가지침"에서 정하는 바에 따른다.

5.3.5 고열 및 고온 표면관리

1) 전기 또는 가스히터와 같이 적열이 되고 있는 물체, 그 외 고온상태에 있는 물체도 착화원이므로 직화와 같이 철저히 관리한다.
2) 고온의 배관 또는 열교환기의 금속표면은 고온이 아니어도 저온의 발화온도를 갖는 물질이 접촉하는 때에 착화되므로 철저히 관리한다.
3) 보온재 등에 가연성 액체의 물질이 스며들어 자기산화 등에 의하여 열이 축적되어 착화되는 경우가 있으므로 철저히 관리한다.

5.3.6 충격, 마찰 및 단열압축에 의한 착화방지

1) 동력기계장치류의 구동부분, 기어, 베어링 등의 동력전달부, 원동기의 작동에 의한 분쇄, 혼합, 교반, 가동부분의 파손·변형·탈락, 이물질의 혼입 등에 의한 마

찰, 충격 등이 국부적으로 발생되는 경우에도 고온, 화염이 발생되어 착화원이 되므로 철저히 관리한다.

2) 공기와 혼합된 인화성 증기가 발화온도 이상으로 단열 압축될 경우에도 착화원이 되므로 압축기 등은 주기적인 예방정비가 필요하다.

5.3.7 방폭 전기설비의 사용

인화성 물질 등을 취급하는 장소에 전기설비를 설치하는 경우에는 방폭 지역으로 지정하고 이에 적합한 방폭 전기설비를 설치하여야 한다.

5.3.8 정전기 제거

액체, 고체(분진) 또는 기체 등의 이동으로 인하여 정전기의 발생 우려가 있는 장소에는 접지, 유속제한, 가습, 제전 등의 정전기 제거조치를 한다.

5.4 폭발 및 피해확산 방지대책

5.4.1 입지조건과 설비배치

1) 지형, 지반, 자연현상 및 주변의 환경을 고려하여 입지를 선정한다.

2) 특히 지진에 있어서 위험물의 유출과 착화원 발생을 고려하여 이에 대한 대책을 반드시 고려한다.

3) 안전거리와 공지확보, 소화, 피난 등의 활동에 대비한 통로 확보, 기타 비상사태에 대비하여 장치 및 설비를 배치하여야 한다.

5.4.2 내압설계 적용

고압 기체를 발생 또는 저장하는 용기 및 보일러 등은 내압설계를 적용하여야 한다.

5.4.3 내부압력의 방출 및 경감

압력용기, 장치류 및 배관 등이 이상 과압에 의하여 파괴되는 것을 방지하기 위하여 안전밸브, 파열판 또는 폭발방산구 등을 설치한다.

5.4.4 긴급 배출설비 설치

긴급 시에 용기 및 그 외 밀폐장소에 있는 위험한 가스와 안전밸브로부터 방출되는 가스를 안전한 장소에서 처리할 수 있는 긴급 배출설비를 설치하도록 한다.

5.5 용접·용단 작업 시 화재예방

5.5.1 용접·용단 작업 시 발생되는 비산불티의 특성

1) 용접·용단 작업 시 수천 개의 불티가 발생하고 비산된다.

2) 비산불티는 풍향, 풍속에 따라 비산거리가 달라진다.

3) 비산불티는 3,000℃ 이상의 고온체이다.
4) 발화원이 될 수 있는 비산불티의 크기는 직경이 0.3~3mm 정도이다.
5) 가스 용접 시의 산소의 압력, 절단속도 및 절단방향에 따라 비산불티의 양과 크기가 달라질 수 있다.
6) 비산된 후 상당시간 경과 후에도 축열에 의하여 화재를 일으키는 경향이 있다.

5.5.2 화재감시인의 배치

다음과 같은 화재를 발생시킬 수 있는 장소에서 용접·용단작업을 실시할 경우에는 화재감시인을 배치하여야 한다.

1) 작업현장에서 반경 11m 이내에 다량의 가연성 물질이 있을 때
2) 불꽃의 비산거리(11m) 이내 가연성 물질, 열전도나 열복사에 의해 발화될 우려가 있는 장소 등
3) 안전보건관리(총괄)책임자에게 작업 시작 전 화재예방에 필요한 사항 확인 및 안전조치 이행의무 부과
4) 작업이 종료될 때까지 작업내용, 일시, 안전점검 및 조치사항 등을 서면으로 게시
5) 작업현장에서 반경 11m 이내에 위치한 벽 또는 바닥 개구부를 통하여 인접 지역의 가연성 물질에 발화될 수 있을 때
6) 가연성 물질이 금속 칸막이, 벽, 천정 또는 지붕의 반대쪽 면에 인접하여 열전도 또는 열복사에 의해 발화될 수 있을 때
7) 밀폐된 공간에서 작업할 때
8) 기타 화재발생의 우려가 있는 장소에서 작업할 때

5.5.3 화재감시인의 임무

1) 화재감시인은 즉시 사용할 수 있는 소화설비를 갖추고, 그 사용법을 숙지하여 화재를 진화할 수 있어야 하며, 주위 인근 소화설비의 위치를 확인하여야 한다.
2) 화재감시인은 비상경보설비를 작동할 수 있어야 한다.
3) 화재감시인은 용접·용단 작업이 끝난 후, 30분 이상 계속하여 화재가 발생하지 않음을 확인하여야 한다.

5.5.4 용접·용단작업 시 화재예방 안전수칙

1) 용접·용단작업은 정비실 또는 가연성, 인화성 물질이 없는 내화건축물 내에서와 같은 화재 안전지역에서 실시하는 것을 원칙으로 한다.
2) 용접·용단작업을 안전한 지역으로 옮겨서 실시할 수 없을 경우에는 가연성 물

질의 제거 등 그 지역을 화재안전지역으로 만들어야 한다.

3) 위험물질을 보관하던 배관, 용기, 드럼에 대한 용접·용단작업 시에는 내부에 폭발이나 화재위험 물질이 없는 것을 확인한다.
4) 불티 비산거리 내에는 기름, 도료, 걸레, 내장재 조각, 전선, 나무토막 등 가연성 물질과 폐기물 쓰레기 등이 없도록 바닥을 청소하여야 한다.
5) 불티가 인접지역으로 비산하는 것을 방지하기 위해 작업장소에서 불티 비산거리 내의 벽, 바닥, 덕트의 개구부 또는 틈새는 빈틈없이 덮어야 한다.
6) 바람의 영향으로 용접 및 용단불티가 운전 중인 설비 근처로 비산할 가능성이 있을 때에는 작업을 실시하지 않아야 한다.
7) 예상되는 화재의 종류에 적합한 소화기를 작업장에 비치해야 하며, 주위에 소화전이 설치되어 있으면, 즉시 사용할 수 있도록 준비해야 한다.
8) 그리스, 유류, 인화성 또는 가연성 물질이 덮여 있는 표면에서 용접을 해서는 안된 다.
9) 통풍, 냉각 그리고 옷에 묻은 먼지를 털어내기 위해 산소를 사용해서는 안 된다.
10) 용접 작업자는 내열성의 장갑, 앞치마, 안전모, 보안경 등의 보호구를 착용해야 한다.
11) 폭발물 혹은 가연성 물질을 담은 용기에 용접·용단작업을 실시해서는 안 된다. 단, 부득이 용접·용단작업을 실시할 경우에는 용기 내를 불활성 가스로 대체한 후에 실시한다.

5.6 인화성 물질 취급 안전

5.6.1 인화성 물질 제조·취급 안전작업수칙

1) 인화성 물질은 화기 등에 의해 인화될 위험이 매우 크므로 화기관리에 만전을 기한다.
2) 인화성 물질의 위험성은 인화점 온도가 낮을수록 증가하므로 고온 물질 및 점화원을 제거하고 작업한다.
3) 인화성 물질은 비중이 작아 물위에 떠 있고, 가연성 증기는 낮은 곳으로 흘러 점화원에 의해 인화되는 수가 많으므로 저지대의 점화원 관리에 특히 유의한다.
4) 정전기 불꽃에 의해서 인화될 위험이 있으므로 작업장의 기계·기구 등에 제전접지를 하고, 작업장 내 습도를 가급적 높여준다.
5) 액체상태의 인화성 물질은 유동성이 좋으므로 화재 시, 화재 확산방지에 대비한다.

5.6.2 인화성 물질 제조·취급 안전작업방법

1) 누출방지를 위해 밀폐용기에 담아 사용·저장한다.
2) 저장실에서 작업장소까지 배관을 이용한 이송방법을 이용한다.
3) 누출 시 액체가 바닥이나 피트 등으로 확산되지 않도록 경사 또는 바닥의 둘레에 높이 15cm 이상의 턱을 설치한다.
4) 바닥은 콘크리트 기타 불침유 재료로 하고, 턱이 있는 쪽이 낮게 경사지게 한다.
5) 주위에 있는 착화원(빛, 열표면, 복사열…)을 제거한다.
6) 작업 시 항상 열선과 이격거리를 유지한다.
7) 인화성 액체가 있는 곳에서 용단·용접·스파크 발생 작업을 금한다.
8) 인화성 액체가 폭발·화재를 야기시킬 수 있는 농도로 존재하거나 존재할 우려가 있는 곳에서 사용되는 모든 전기기계·기구는 방폭구조로 된 것을 사용하고, 공구는 점화원으로 작용할 수 없는 재질의 방폭공구를 사용한다.
9) 저장용기 내부에 인화성 물질을 다른 종류의 물질로 교체할 경우에는 잔존되어 있는 내부 인화성 증기를 안전한 가스(질소 등)로 치환하고 새로운 물질을 저장한다.
10) 배관을 통하여 물질을 송급할 때는 규정속도를 준수한다.
11) 저장용기는 제전접지를 하고, 배관 이음부에는 본딩을 실시한다.

안전보건경영 지침서	문서번호	SSK-SHG-06
	제정일자	2021. 01. 02
작업환경측정	개정일자	
	개정차수	0

목 차

BM	안전보건경영 지침서	문서번호	SSK-SHG-06
		제정일자	2021. 01. 02
	작업환경측정	개정일자	
		개정차수	0

1 목 적

이 지침은 소음 등 인체에 해로운 작업을 행하는 작업장에 대한 작업환경을 측정하고 유해인자로부터 작업자를 보호하기 위한 대책을 강구함으로써 직업병을 예방하는 데 목적이 있다.

2 적용범위

이 지침은 회사 내의 작업환경측정에 적용한다.

3 용어의 정의

3.1 "작업환경측정"이라 함은 근로자가 근무하는 작업장에서 발생되고 있는 유해인자의 폭로 정도를 측정·평가하여 이에 대한 적절한 개선대책을 마련하고, 쾌적한 작업환경을 조성하기 위해 실시하는 작업환경평가를 말한다.

3.2 "외부 측정기관"이라 함은 산업안전보건법에 의하여 당 공장의 작업환경측정을 위탁받은 회사를 말한다.

3.3 "유해인자"라 함은 작업환경에 나쁜 영향을 미치는 분진, 소음, 조명, 유해가스, 유기용제 및 특정 화학물질을 말한다.

3.4 "유기용제"라 함은 상온·상압에서 휘발성이 있는 액체로, 다른 물질을 녹이는 성질이 있는 것을 말한다.

3.5 "노출기준"이라 함은 작업상 어떤 유해요인에 노출되는 경우 건강상 나쁜 영향을 미치는 정도의 기준을 말하는 것으로, 산업안전보건법규정에 정한 기준을 말한다.

4 책임과 권한

4.1 안전보건관리책임자

작업환경 측정기관 선정 및 측정 결과에 따른 개선대책 수립

4.2 안전관리자

4.2.1 작업환경측정 계획 수립 및 시행

4.2.2 작업환경측정 결과를 관할 고용노동지청에 보고토록 측정기관에 연락

4.2.3 작업환경측정 결과를 모든 직원에 공지(게시)

4.3 관리감독자

작업환경측정 시 입회 및 측정 결과의 내용을 근로자에게 전달

5 운영절차

5.1 연간 작업환경측정 계획 수립

5.1.1 안전관리자는 산업안전보건법 제125조(작업환경측정 등)에 따라 작업환경측정 계획을 수립하여야 한다.

5.1.2 작업환경측정 횟수

1) 작업환경측정 대상은 그 날부터 30일 이내에 작업환경측정을 실시, 6개월에 1회 이상 정기적으로 작업환경을 측정하지만, 다음의 경우 3개월에 1회 이상 작업환경측정을 실시한다.

(1) 발암성 물질이 노출기준을 초과하는 경우

(2) 화학적인자 측정치가 노출기준을 2배 이상 초과하는 경우

2) 다음 경우에는 1년에 1회 이상 작업환경을 측정 (발암성 제외)

(1) 최근 1년간 그 작업공정에서 공정 설비의변경, 작업방법의 변경, 설비의 이전, 사용 화학물질의 변경 등으로 작업환경측정 결과에 영향을 주는 변화가 없을 것

(2) 작업환경측정 결과가 최근 2회 연속 노출기준 미만일 것

5.2 작업환경측정 시행

5.2.1 작업환경측정 기관과 계약 체결

5.2.2 현장 측정범위 설정

5.2.3 유해인자의 경우 관리 목표를 설정하여 관리

5.3 작업환경측정 결과 보고 등

5.3.1 작업환경측정 결과보고서를 측정기관으로부터 접수

5.3.2 작업환경측정 결과 공지는 다음 방법 중 선택

1) 게시판에 게시

2) 안전보건교육 시 설명 및 내용 전달

3) 각 팀별 통지 후 팀장 책임하에 내용 전달 등

5.3.3 작업환경측정 결과 보고 (고용노동부)

1) 보고방법 : 작업환경측정 결과보고서(산업안전보건법 시행규칙 별지 제82호 서식)를 측정기관으로부터 접수한 후 결과보고서 및 작업공정의 개선을 증명할 수 있는 서류(당해 작업공정에서의 유해인자 노출 정도가 노출기준 이상일 경우에 한한다)를 첨부하여 관할 지방고용노동부에 보고

2) 보고기한:측정일로부터 1개월 이내 보고

5.4 작업환경측정 결과 초과 공정에 대한 조치

5.4.1 측정대상 유해인자 190종에 대한 작업환경측정 결과 노출기준 미만, 노출기준 초과가능, 노출기준 초과로 구분하여 평가하고 작업환경측정 결과 초과공정에 대하여는 아래와 같아 조치한다.

측정·평가 결과	강구해야 할 조치
노출기준 미만	현재의 작업상태 유지
노출기준 초과 가능	시설·설비 등 작업방법의 점검 후 개선 및 적정보호구 지급
노출기준 초과	시설·설비 등에 대한 개선대책 수립 시행 및 적정보호구 지급

6 관련기록

6.1 작업환경측정 결과보고서

〈붙임 1〉 작업환경측정 결과보고서

■ 산업안전보건법 시행규칙 [별지 제82호서식]

작업환경측정 결과보고서(　　연도 [ ]상 [ ]하반기)

※ [ ]에는 해당하는 곳에 √ 표시를 합니다.

1. 사업장 개요

사업장명	대표자
소재지(우편번호)	
전화번호	팩스번호
근로자 수	업종
주요 생산품	

2. 측정기관명:

3. 측정일 : 　　　년　　월　　일 ~　　년　　월　　일(　　일간)

4. 측정 결과

유해인자	측정 공정수	측정 최고치	노출기준 초과공정(부서) 수				개선 내용
			계	개선 완료	개선 중	미개선	

5. 측정주기(해당 항목 √ 표 및 관련 항목 기재)

최근 1년간 작업장 또는 작업 공정의 신규 가동 또는 변경 여부		[ ]없음, [ ]있음(　　년　　월　　일)
최근 2회 모든 공정 측정 결과		[ ]2회 연속 초과　[ ]1회 초과, [ ]1회 미만　[ ]2회 연속 미만
화학물질 측정 결과	발암성 물질 노출기준 초과	[ ]없음 [ ]있음
	화학적 인자 노출기준 2배 초과	[ ]없음 [ ]있음
향후 측정주기		[ ]3개월, [ ]6개월, [ ]1년
향후 측정 예상일 년　　월　　일		

「산업안전보건법」 제125조제1항 및 같은 법 시행규칙 제188조제1항에 따라 작업환경측정 결과를 위와 같이 보고합니다.

년　　월　　일

사업주 (서명 또는 인)

지방고용노동청(지청)장 귀하

첨부서류	1. 별지 제83호서식의 작업환경측정 결과표 2. 노출기준 초과부서는 개선 완료 또는 개선 중인 경우 이를 인정할 수 있는 증명서류를, 미개선인 경우는 개선계획서를 제출

	안전보건경영 지침서	문서번호	SSK-SHG-07
		제정일자	2021. 01. 02
	안전작업허가	개정일자	
		개정차수	0

목 차

	안전보건경영 지침서	문서번호	SSK-SHG-07
		제정일자	2021. 01. 02
	안전작업허가	개정일자	
		개정차수	0

1 목 적

이 지침은 회사 내 유해·위험한 작업 중에 발생되는 각종 사고요인을 예방하기 위하여 작업 시 사전에 안전을 확보하기 위하여 안전작업허가 작성 및 안전작업수행에 필요한 사항을 정함을 목적으로 한다.

2 적용범위

이 지침은 사업장 내 유해·위험요소가 잠재되어 있는 작업을 시행하는 협력업체 및 해당 작업에 관련된 자 모두에 대하여 적용한다.

3 용어의 정의

3.1 안전작업:재해, 질병, 위험이 없는 상태에서의 작업

3.2 사고:불안전한 상태 또는 행동에 기인되어 근로자의 인명에 사상을 초래 하거나 재산상 피해를 초래한 비정상적, 비능률적인 것으로 계획되지 않은 사건을 말한다.

3.3 재해: 사고의 최종 결과로 인명 및 재산상의 피해를 말한다.

3.4 일반작업: 노출된 화염을 사용하거나 전기, 충격 에너지로부터 스파크가 발생하는 장비나 공구를 사용하는 작업 이외의 작업으로서 유해·위험물 취급작업, 위험설비 해체작업 등 유해·위험이 내재된 작업

3.5 고소작업:2M이상의 장소에서 수행하는 작업으로서 안전작업발판(110cm 이상의 표준 안전난간이 설치된 작업대)이 설치되지 않아 추락의 위험이 있는 작업을 말하며, 안전작업 발판이 설치된 경우라도 작업 중, 작업발판 범위를 벗어나 추락위험이 있는 작업을 동반하는 경우를 말한다.

4 책임과 권한

4.1 안전보건관리책임자

작업허가의 효력이 발생되는 시간부터 작업이 종료될 때까지 작업을 안전하게 수행할 수 있도록 작업지역 내의 공정설비에 대한 관리 및 통제의 책임이 있다.

4.2 해당 관리감독자

작업허가상의 안전조치사항을 확인하고 작업자에 대한 안전교육을 실시하여 안전하게 작업을 수행할 책임이 있다.

4.3 안전관리자

안전감독이 필요할 경우 현장 입회 및 안전작업허가서의 보관할 책임이 있다.

4.4 작업담당자

운전팀 또는 작업팀 등에서 안전담당자로 선임된 자는 작업 중 작업허가서의 안전요구사항이 유지되고 있는지를 확인할 책임이 있다.

5 운영절차

5.1 안전작업허가의 종류

5.1.1 일반 위험작업허가

5.1.2 고소작업허가

5.1.3 화기작업허가

5.2 작업허가서의 발급요건

5.2.1 위험지역 내에서의 설비, 유해, 위험기기의 점검, 정비, 교체 등의 작업을 수행할 때에는 사전 안전작업허가를 받은 후에 작업을 수행하여야 한다.

5.2.2 작업허가서의 발급, 승인 및 입회

1) 발급

작업허가서의 발급은 안전보건관리책임자가 발급한다.

2) 승인(허가)

작업허가서의 승인은 작업하고자 하는 공정지역의 운전팀 책임자는 안전보건관리책임자의 승인을 받아야 한다.

3) 입회

작업의 위험정도, 규모 및 복잡성에 따라 작업 중에 현장에서 안전감독이 필요할 경우 운전팀의 작업담당자와 안전관리자는 입회하여 제반 안전요구사항에 대한 조치를 확인한다.

4) 작업허가서의 작성

(1) 허가서 발급자는 허가서 발행에 앞서 당해 작업현장을 감독할 자 또는 작업담당자와 같이 현장을 확인하고 안전작업에 필요한 조치사항 등을 파악하여야 한다.

(2) 작업허가서 발급자는 작업허가서 중 작업허가시간, 수행작업 개요, 작업상 취해야 할 안전조치사항 및 작업자에 대한 안전요구사항 등을 기재하고 확인하여야 한다.

(3) 허가서는 2부를 작성하여 허가서 사본은 작업팀을 통하여 작업현장에 게시하고 허가서 원본은 발급자가 보관하며, 작업팀 작업담당자는 작업 종료 후 사본을 관리감독자에게 인계하고 안전보건관리책임자는 이를 안전관리자에게 보관하도록 한다.

(4) 확인 완료된 작업허가서는 안전관리자가 보관한다.

5.3 안전작업허가별 세부사항

5.3.1 일반작업허가

1) 일반작업허가서 발급

위험지역에서의 화기작업을 포함하지 않는 작업으로서 위험한 작업을 수행할 때에는 일반작업허가를 받아야 한다.

2) 일반 위험작업 시 안전조치사항

일반작업 시, 외부로부터 점화원의 유입을 방지하기 위하여 적절한 범위의 지역을 작업구역으로 설정·표시하고 통행 및 차량 등의 출입을 제한한다.

5.3.2 고소작업허가

1) 고소작업허가서 발급

기계의 점검, 정비 등과 용기 내부점검, 충전물 교체 등의 고소작업 중 추락이나 높은 곳에서의 중량물 낙하 등의 위험이 있을 경우에는 고소작업허가서를 발급받아야 한다.

2) 고소작업허가 대상

(1) 2M 이상의 높이에서 정비, 점검 작업

(2) 시설물 또는 설비의 보온 작업

(3) 높이가 2M 이하이나 고열물, 강산 등 위험물의 상부에서 행하는 작업

3) 고소작업 시의 안전조치사항

(1) 추락의 위험이 있는 장소에는 비계 및 발판을 견고하게 설치한다.

(2) 작업자는 안전대를 착용하여야 하며, 이 경우에 일정한 간격으로 안전대 부착설비에 안전대를 부착한 후 작업하여야 한다.

5.3.5 화기작업허가

1) 화기작업허가서 발급

화기작업허가서 발급위험지역으로 구분되는 장소에서 화기작업을 하고자 할 때에는 화기작업허가서를 발급받아야 한다.

	안전보건경영 지침서	문서번호	SSK-SHG-07
		제정일자	2021. 01. 02
	안전작업허가	개정일자	
		개정차수	0

2) 화기작업 시 안전조치사항

화기작업 시, 취하여야 할 최소한의 안전조치사항은 아래와 같다.

(1) 화기작업을 수행할 때 발생하는 화염 또는 스파크 등이 인근 공정설비에 영향이 있다고 판단되는 범위의 지역은 작업구역으로 표시하고 통행 및 출입을 제한한다.

(2) 화기작업을 하기 전에 작업 대상기기 및 작업구역 내에서 가연성 물질 및 독성 물질의 가스농도를 측정하여 허가서에 기록한다.

(3) 불꽃을 발생하는 내연설비의 장비나 차량 등은 작업구역 내의 출입을 통제한다.

(4) 화기작업을 수행하기 위하여 밸브를 차단하거나 맹판을 설치할 때에는 차단하는 밸브에 밸브 잠금 표지 및 맹판설치 표지를 부착하여 실수로 작동시키거나 제거하는 일이 없도록 한다.

(5) 배관 또는 용기 등에 인접하여 화기작업을 수행할 때에는 배관 및 용기 내의 위험물질을 완전히 비우고 세정한 후 가스농도를 측정한다.

(6) 화기작업 중 용접불티 등이 인접 인화성 물질에 비산되어 화재가 발생하지 않도록 비산불티 차단막 또는 불받이포를 설치하고 개방된 맨홀과 하수구(Sewer) 등을 밀폐한다.

(7) 화기작업 시 입회자로 선임된 자는 화기작업을 시작하기 전이나 작업 도중 현장에 입회하여 안전상태를 확인하여야 하며, 작업 중 주기적인 가스농도의 측정 등 안전에 필요한 조치를 취하여야 한다.

(8) 화기작업 전에 불받이포, 이동식 소화기 등을 비치하여야 한다.

6 관련기록

6.1 안전작업허가서

	안전보건경영 지침서	문서번호	SSK-SHG-07
		제정일자	2021. 01. 02
	안전작업허가	개정일자	
		개정차수	0

〈붙임 1〉 안전작업허가서

안전작업허가서			

허 가 번 호 : 허가일자 :

신 청 인 : 팀___________직책____________성명__________(서명)

작업허가기간 : 년 월 일 시부터 시까지

작업장소 및 설비(기기)	작 업 개 요	보충적인 허가 필요여부
정비작업 신청번호 : 작업지역 : 장치번호 : 장 치 명 :		·밀폐 공간출입 : □ ·고소 작업 : □ ·정 전 작 업 : □ ·중장비작업 : □ ·굴 착 작 업 : □ ·기타 허가 : □ ·방사선사용작업 : □

안전조치 요구사항 (필요한 부분에 □에 V 표시, 확인은 ○에 V 표시)

○ 작업구역 설정(출입경고 표지)	□ ○	□ 정전/잠금/표지부착	□ ○
○ 가스농도 측정	□ ○	□ 환기장비	□ ○
○ 밸브차단 및 차단표지 부착	□ ○	□ 조명장비	□ ○
○ 명판 설치 및 표지 부착	□ ○	□ 소 화 기	□ ○
○ 용기개방 및 압력방출	□ ○	□ 안전장구	□ ○
○ 위험물질방출 및 처리	□ ○	□ 안전교육	□ ○
○ 용기내부 세정 및 처리	□ ○	□ 운전요원 입회	□ ○
○ 불화성가스 치환 및 환기	□ ○		

기타 특별 요구 사항		첨부서류	○ 차단밸브 및 명판설치 위치표시 도면 ○ 소화기 목록 ○ 소요안전장구 목록(구명전등) ○ 특수작업절차서 ○ 보충작업허가서

가스점검	가스명	결과	점검시간	가스명	결과	점검시간	점검기기명 : __________ 점검자 : __________(서명) 확인자(입회자) : ________(서명)

안전조치 확인	작업완료 확인
정비팀 책임자 : ____________(서명) 입회자 : ____________(서명)	완료시간 : 입 회 자 : 작 업 자 :
발급자 : 팀_____직책_____성명______(서명) 승 인 : 팀_____직책_____성명______(서명)	관련팀 협조자 팀_____직책_____성명______(서명) 팀_____직책_____성명______(서명)

	안전보건경영 지침서	문서번호	SSK-SHG-08
		제정일자	2021. 01. 02
	변경관리	개정일자	
		개정차수	0

목 차

	안전보건경영 지침서	문서번호	SSK-SHG-08
		제정일자	2021. 01. 02
	변경관리	개정일자	
		개정차수	0

1 목 적

이 지침은 회사의 4M (사람, 기계, 재료, 방법)의 변경으로 발생되는 안전의 이상 유무를 개선하여 사전에 안전을 유지하는 데 그 목적이 있다.

2 적용범위

이 지침은 회사의 설비 증설 또는 변경 등 변경요소관리(이하 "변경관리"라 한다)가 요구되는 공정, 기술 및 절차 등의 변경에 적용한다. 다만, 단순 교체는 변경관리에 적용하지 않는다.

3 용어의 정의

4M이란 생산/제조에 필요한 요소로서 사람(Man), 설비(Machine), 재료(Material), 방법(Methods)을 말한다.

4 책임과 권한

4.1 대표이사

변경관리에 따른 전반적인 관리 및 경영지원

4.2 안전보건관리책임자

4.2.1 4M 변경관리 주관

4.2.2 변경(4M) 내용의 타당성 검토 및 변경 승인

4.2.3 4M 변경의 적용 협의 및 결정 책임

4.2.4 4M 변경 적용에 따른 적용시점 협의 및 조정

4.3 안전관리자

4.3.1 변경 승인에 따른 변경 적용 책임

4.3.2 변경 실행에 따른 적용시점 및 식별관리 책임

4.4 관리감독자

4.4.1 사내 4M 변경에 대한 검토 및 진행의 책임

4.4.2 설계 변경에 따른 준비의 책임

5 운영절차

5.1 변경 시 고려사항

5.1.1 외주업체에 의해서 발의된 변경도 포함한다.

5.1.2 4M 변경에 따른 영향은 사전에 평가되어야 하며, 고객의 요구사항에 적합한지 검증 및 타당성이 확인되어야 한다.

5.1.3 안전관리자는 4M 변경이 적용된 시점을 기록하여야 한다.

5.2. 4M 변경 승인 의뢰 기준

5.2.1 관련 팀(생산현장, 외주업체 포함)은 다음과 같은 조건에 해당되는 경우에는 안전관리자에게 4M 변경 승인을 의뢰한다.

1) 제조방법, 조건의 변경
   - (1) 작업순서, 방법을 변경하는 경우
   - (2) 관리계획서에 기재된 가공조건을 변경하는 경우
   - (3) 공정의 순서 변경, 삭제, 추가, 통합을 행하는 경우

2) 제조설비의 변경
   - (1) 제조설비(치공구,검사구 등)를 신설, 변경, 개조하는 경우
   - (2) 유휴설비(6개월 이상 미사용)를 사용하는 경우
   - (3) 제조설비의 Lay Out을 변경하는 경우
   - (4) 임시로 공정을 설정하여 제조하는 경우

3) 작업자의 변경
   - (1) 작업자를 대폭적으로 교체하는 경우(공정단위의 30% 이상)
   - (2) 중요 공정(특별·특성)으로 지정된 작업자가 변경되는 경우

4) 재료의 변경
   - (1) 재료 등급(Grade), 배합의 변경을 행하는 경우
   - (2) 재료의 구입선을 변경하는 경우
   - (3) 부자재 등을 변경하는 경우
   - (4) 1년 이상의 장기 재고품을 사용하는 경우

5) 제조 공장의 이전 및 변경

6) 기타 고객과의 계약사항이 변경되는 경우

6 관련기록

6.1 변경요청서

〈붙임 1〉 변경요청서

변경요청서 (일련번호 : 20 －)				결재	작성	검토	승인
발생팀 작성란							
발생 팀명/성명			작성일자				
제목							
변경항목							
4M 구분	사람	장비/설비	재료	작업방법			
목적/ 기대효과							
변경 사유	☐ 자체 변경		☐ 고객 요청에 의한 변경 (요청팀 :)				
적용부품/공정							
검토정보	☐ 점검보고서	☐ 기술검토보고서	☐ 기타 및 유첨자료				
변경내용	변경 전		변경 후				
변경 희망일							
승인여부	☐ 승인 ☐ 조건부승인 ☐ 승인불가		고객동의				
통보유무	통보 필요		통보 불필요				

	안전보건경영 지침서	문서번호	SSK-SHG-09
		제정일자	2021. 01. 02
	조달관리	개정일자	
		개정차수	0

목 차

	안전보건경영 지침서	문서번호	SSK-SHG-09
		제정일자	2021. 01. 02
	조달관리	개정일자	
		개정차수	0

1 목 적

이 지침은 회사에서 조달하는 안전에 관한 보호구 및 안전장치 그 밖의 부품 및 자재, 공구, 설비, 유해물질 등이 규정된 요구사항에 맞게 조달되도록 관리하는 데 그 목적이 있다.

2 적용범위

이 지침은 회사에서 업무를 하는 데 있어 안전에 관한 보호구 및 안전장치 그 밖의 부품 및 자재, 공구, 설비, 유해물질의 품질을 확인하기 위한 관리 및 절차에 대하여 적용한다.

3 책임과 권한

3.1 대표이사

조달에 따른 전반적인 관리 및 경영지원

3.2 안전보건관리책임자

3.2.1 안전보건 관련 용품, 설비, 유해물질 및 보호구 안전인증제품의 검토

3.2.2 안전보건 관련 용품, 설비, 유해물질 및 보호구 안전인증제품의 선정 및 구매승인

3.3 안전관리자

3.3.1 승인이 완료된 구매요청에 대해서 구매 및 외부발주 실행

3.3.2 외부에서 입고된 안전보건 관련 용품 및 보호구를 관리감독자에게 지급

3.4 관리감독자

3.4.1 안전보건 관련 용품 및 보호구의 재고관리

3.4.2 필요한 안전보건 관련 용품 및 보호구를 안전관리자에게 구매요청

4 운영절차

4.1 사업장은 다음 사항을 검토 및 확인 후 구매 또는 임대를 실행하여야 한다.

4.1.1 안전보건과 관련된 구매 또는 임대물품의 안전보건상의 요구사항

4.1.2 구매 및 임대물품에 대한 입고 전 안전성 확인

4.1.3 공급자와 계약자 간의 사용설명서 등의 안전보건정보 공유사항

4.2 검토대상

안전보건 관련 보호구, 안전장치, 설비, 유해물질 등의 사전 안전성 확인

4.3 구매발주 절차 및 방법

4.3.1 구매 필요성 파악

1) 관리감독자는 필요한 보호구 및 안전장치를 파악하고 필요한 보호구 및 안전장치의 사전 안전성을 확인하고 안전관리자에게 필요량을 청구한다.
2) 관리감독자는 안전보건상의 문제점이나 개선사항이 있는 보호구 및 안전장치는 이를 안전관리자에게 알려야 한다.

4.3.2 검토 및 승인

1) 안전보건관리책임자 구매 요청된 사항에 대하여 안전인증여부를 확인 후 승인한다.
2) 보호구는 산업안전보건법 제84조의 안전인증제품을 사용하여야 한다.

4.3.3 구매실시

1) 안전관리자는 승인된 구매 요청에 대하여 조달 또는 임대를 실시한다.
2) 안전관리자는 모델선정 및 적합성을 판정하여 조달한다.

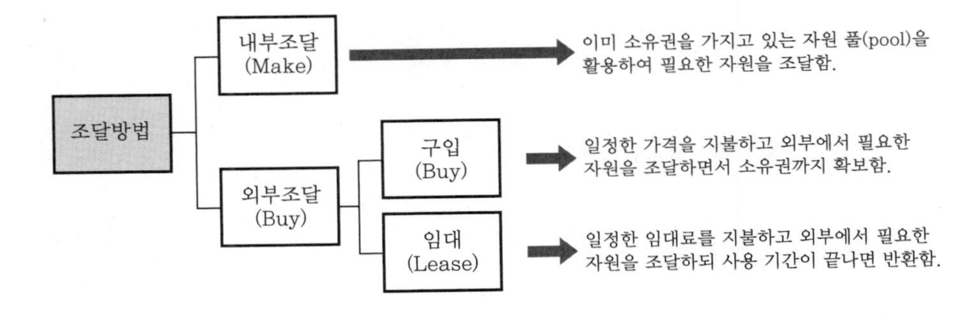

4.5 구매발주자료

4.5.1 구매발주 문서의 경우에 아래사항을 포함한 구매품에 대해 명확히 기술한 자료를 포함하여야 한다.

1) 구매품의 형식, 종류, 등급 또는 명확한 식별
2) 구매사양서 및 관련 기술자료의 표제 또는 관련 간행물
3) 작업표준, 공정설비 및 공정 수행인원의 승인과 자격인정에 관한 요구사항
4) 해당 구매품에 적용되는 규격 또는 표준의 제목, 번호, 발행일

5) 회사에 필요한 환경/안전보건 요구사항

6) 안전보건공단 안전인증을 득한 보호구

7) 시험성적서 및 제품 사용설명서

4.5.2 안전보건 관련 용품 및 보호구는 사용하는 각 팀에서 검증이 필요한 경우에는 필요한 사항을 명시해야 한다.

4.6 납기관리

안전관리자는 구매 발주 시 요구되는 납기를 공급업체에 반드시 전달하고 납기준수 여부를 확인하여야 한다.

4.7 구매불가

4.7.1 구매부서는 다음 각 호에 해당하는 경우에는 구매를 할 수 없다.

1) 상대방이 금융거래 불량사업자의 경우

2) 구매물품이 안전인증제품이 아닌 경우

3) 구매 및 거래 대상 업체가 안전보건기준에 적합하지 않은 경우

4) 기타 구매불가의 사유가 발생한 경우

안전보건경영 지침서	문서번호	SSK-SHG-10
	제정일자	2021. 01. 02
산업재해 조사활동	개정일자	
	개정차수	0

목 차

1
2
3
4
5
6
7
8
9
부록

	안전보건경영 지침서	문서번호	SSK-SHG-10
		제정일자	2021. 01. 02
	산업재해 조사활동	개정일자	
		개정차수	0

1 목 적

이 지침은 회사의 작업공정에서 발생한 사고의 원인을 정확하게 조사하고, 분석·평가하여 동종 또는 유사한 산업재해를 예방하는 데 그 목적이 있다.

2 적용범위

이 지침은 회사에서 발생한 산업재해에 대해 신속한 처리 및 사후관리 업무에 적용한다.

3 책임과 권한

3.1 대표이사는 산업재해로 인한 직원에 대하여 산재보험법상의 피보험자가 될 수 있도록 조치를 취할 책임이 있다.

3.2 안전보건관리책임자는 산업재해가 발생한 팀에서 작성한 산업재해조사표 및 현장조사 내용을 토대로 사고원인 분석과 재발방지대책을 수립할 책임이 있다.

3.3 안전사고가 발생된 팀의 관리감독자는 안전관리자에게 당해 사고에 대한 내용, 원인 및 재발방지대책 등에 관하여 보고할 책임이 있다.

3.4 해당 관리감독자는 안전보건관리책임자의 재발방지를 위한 개선대책을 이행할 책임이 있다.

4 운영절차

4.1 산업재해 발생 시 조치순서

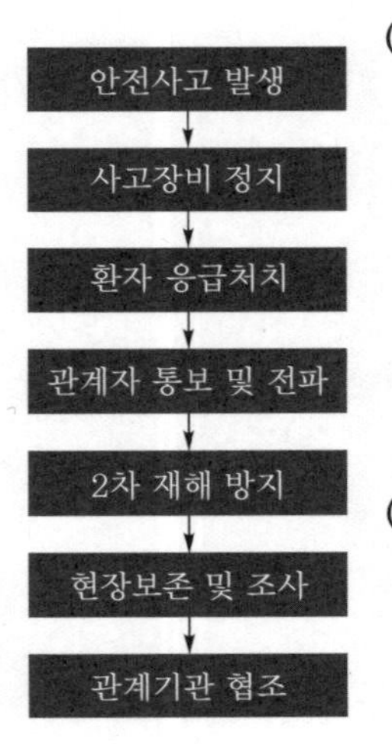

(1) 안전사고 시 대응체계 확립

1) 사고장비/작업의 정지 : 사전 동작, 비상정지 방법, 설명서 부착 및 교육 실시
2) 환자의 응급처치 : 응급처치·후송, 인명피해 최소화
3) 관계자에게 통보 및 전파
   –전화, 방송, 무전기 등
   –내부보고 및 유관기관 신고
4) 2차 피해 방지
5) 현장보존 및 조사 : 긴급처리 후 가능한 현장 보존 및 통제
6) 관계기관 협조 : 관계기관과 협조 및 사고 수습

(2) 안전사고 시 긴급대응 요령

1) 협착 : 기계/장비정지 및 응급처치
2) 추락 : 응급처치 및 119신고(인명구조 우선)
3) 전도 : 기계/장비정지 및 응급처치
4) 낙하물 사고 : 인명 안전 우선조치 및 2차 피해 방지
5) 화재 : 인명 안전 우선조치, 2차 피해방지 및 119신고

4.2 사고조사 방법

4.2.1 작업개시부터 사고 발생까지의 경과 및 인적·물적 피해상황을 5W1H의 원칙에 준해 객관적으로 상세하게 파악하고 아래사항을 기록한다.

1) 언제
2) 누가
3) 어디서
4) 어떠한 작업을 하고 있을 때
5) 어떠한 불안전 상태 또는 불안전한 행동이 있었기에
6) 어떻게 해서 사고가 발생하였는가?

4.2.2 목격자 및 현장 책임자의 당시 상황에 대한 설명을 청취

4.2.3 사고현장의 상황에 관해서는 사진 촬영을 하고, 필요에 따라서 측량·측정 검사나 시료 채취

4.2.4 사고와 관계가 있다고 생각되는 물건은 원인이 결정될 때까지 보관

4.2.5 사고의 근본이 되는 원인조사에 중점을 두고 사고요소나 대책에 관계가 없는 것은 될 수 있으면 피함

4.2.6 사고 당일 상황 외의 평상시 직장의 습관이나 앗차사고, 트러블(trouble)이나 이상 상태의 징후 및 발생상황에 관해서도 정보를 입수

4.2.7 사고에 직접 관계가 있는 불안전 상태나 불안전 행동 외에 관리감독자의 관리상황과 그 결함에 관해서도 조사

4.2.8 2차 재해가 발생된 경우 필요하면 사고 발생 시의 조치경과 및 내용과 그 적부에 관해서도 조사

4.2.9 사고조사 결과에 근거하여 사고요인을 직접 원인인 사람과 물의(物議) 면에서, 또 간접 원인인 관리의 면에서 분석, 검토하고 이들의 상관관계와 중요성을 파악하여 사고원인의 진실규명에 노력

4.2.10 2차 재해의 예방과 위험성에 대비하여 보호구를 착용

4.3 전반적으로 조사해야 할 항목

4.3.1 발생 년월일, 시, 분, 장소

4.3.2 가해물

4.3.3 피재자의 성명, 성별, 연령, 경험

4.3.4 피재자의 불안전 행동

4.3.5 피재자의 작업, 직종

4.3.6 피재자의 불안전한 인적요소

4.3.7 피재자의 상병의 정도, 부위, 성질

4.3.8 기인물의 불안전한 상태

4.3.9 사고의 형태

4.3.10 관리적 요소의 결격

4.3.11 기인물

4.3.12 기타 필요한 사항

4.4 사고조사 내용

4.4.1 무엇이 일어났는가 분명한 설명

4.4.2 진짜 원인을 조사, 확실히 알아낼 것

4.4.3 위험(Risk)을 판정 할 것

4.4.4 예방대책을 수립

4.4.5 경향성을 분명히 찾을 것

4.4.6 관심을 명시

4.5 현장의 보고계통

현장의 일과시간(사고 발생 → 해당 관리감독자 → 안전보건관리책임자 보고 → 후속조치 → 대표이사에게 보고)

4.6 대외관계 보고

사고와 관련 대외적으로 조치하여야 할 사항은 다음에 의한다.

4.6.1 안전보건관리책임자는 3일 이상의 휴업에 달하는 부상이나 질병의 경우 1개월 이내에 지방노동관서에 보고하고, 중대재해(사망자, 3개월 이상의 요양을 요하는 부상자가 동시에 2인 이상 발생하였거나 부상자 또는 직업성 질병자가 동시에 10인 이상 발생하였을 경우)에는 지체 없이 관할 지방고용노동지청에 다음 사항을 보고하도록 하여야 한다.

1) 발생 개요 및 피해상황

2) 조치 및 전망에 관한 사항

3) 기타 중요한 사항

4.6.2 산재보험 기타 대내외적으로 제출되는 사고내용 등 일체의 서류 문건은『산업재해조사표』를 기본으로 한다.

4.6.3 요양신청 등 산재보험에 관련된 서류의 제출 등 기타 업무는 안전관리자가 담당한다.

4.6.4 산재보험 관련 업무 외 기타 대외업무는 안전보건관리책임자가 담당한다.

4.7 피재자 후송

4.7.1 추락, 전복 등에 의한 사고로 전신이 골절되었거나 두부 등에 심한 손상으로 임의적 응급처치가 곤란한 경우에는 119 안전센터로 후송 지원을 요청한다. 이때, 사고개요, 환자의 상태 등을 침착하게 설명하여 119 안전센터가 환자 응급구호에 필요한 의료기구를 준비할 수 있도록 한다.

4.7.2 경미하다고 판단되는 외상성 환자는 자체차량으로 우선 인근 의료기관으로 후송하여 응급처치 후 상태에 따라 상급 의료기관 등으로 전원 조치토록 한다.

5 관련기록

5.1 산업재해조사표

5.2 재해 재발방지대책

〈붙임 1〉 산업재해조사표

■ 산업안전보건법 시행규칙 [별지 제30호서식]

산업재해조사표

※ 뒤쪽의 작성방법을 읽고 작성해 주시기 바라며, [ ]에는 해당하는 곳에 √ 표시를 합니다. (앞쪽)

Ⅰ. 사업장 정보	①산재관리번호 (사업개시번호)		사업자등록번호			
	②사업장명		③근로자 수			
	④업종		소재지	(-)		
	⑤재해자가 사내 수급인 소속인 경우(건설업 제외)	원도급인 사업장명	⑥재해자가 파견 근로자인 경우	파견사업주 사업장명		
		사업장 산재관리번호 (사업개시번호)		사업장 산재관리번호 (사업개시번호)		
	건설업만 작성	발주자	[ ]민간 [ ]국가·지방자치단체 [ ]공공기관			
		⑦원수급 사업장명	공사현장 명			
		⑧원수급 사업장 산재관리 번호(사업개시번호)				
		⑨공사종류	공정률	%	공사금액 백만원	

※ 아래 항목은 재해자별로 각각 작성하되, 같은 재해로 재해자가 여러 명이 발생한 경우에는 별도 서식에 추가로 적습니다.

Ⅱ. 재해 정보	성명		주민등록번호 (외국인등록번호)		성별	[ ]남 [ ]여
	국적	[ ]내국인 [ ]외국인 [국적: ⑩체류자격:]			⑪직업	
	입사일	년 월 일	⑫같은 종류업무 근속기간		년 월	
	⑬고용형태	[ ]상용 [ ]임시 [ ]일용 [ ]무급가족종사자 [ ]자영업자 [ ]그 밖의 사항 [ ]				
	⑭근무형태	[ ]정상 [ ]2교대 [ ]3교대 [ ]4교대 [ ]시간제 [ ]그 밖의 사항 [ ]				
	⑮상해종류 (질병명)		⑯상해부위 (질병부위)		⑰휴업예상 일수	휴업 [ ]일
					사망 여부	[ ] 사망

Ⅲ. 재해 발생 개요 및 원인	⑱ 재해 발생 개요	발생일시	[ ]년 [ ]월 [ ]일 [ ]요일 [ ]시 [ ]분
		발생장소	
		재해 관련 작업유형	
		재해 발생 당시 상황	
	⑲재해 발생원인		

Ⅳ. ⑳재발방지 계획

※ 위 재발방지 계획 이행을 위한 안전보건교육 및 기술지도 등을 한국산업안전보건공단에서 무료로 제공하고 있으니 즉시 기술지원 서비스를 받고자 하는 경우 오른쪽에 √ 표시를 하시기 바랍니다.	즉시 기술지원 서비스 요청[ ]하기바랍니다

작성자 성명
작성자 전화번호작성일 년 월 일

사업주 (서명 또는 인)
근로자대표(재해자) (서명 또는 인)

( )지방고용노동청장(지청장) 귀하

재해 분류자 기입란 (사업장에서는 작성하지 않습니다)	발생형태	□□□	기인물	□□□□□
	작업지역·공정	□□□	작업내용	□□□

210mm×297mm[백상지(80g/㎡) 또는 중질지(80g/㎡)]

〈붙임 2〉 재해 재발방지대책

재해 재발방지대책

☐ 사업장 개요

사업장명		재해일시		재해자	
재해 발생 개요					

☐ 재해 발생 원인분석 및 재발방지대책

재해 발생 원인
재발 방지 대책
가. 단기적 대책
나. 장기적 대책

KOSHA-MS 안전보건경영시스템 인증업무 처리규칙 별지서식

1. 안전보건경영시스템(KOSHA-MS) 인증신청서
2. 안전보건경영시스템(KOSHA-MS) 인증계약서
3. 안전보건경영시스템(KOSHA-MS) 심사결과서
4. 안전보건경영시스템(KOSHA-MS) 인증서
5. 안전보건경영시스템(KOSHA-MS) 영문 인증서

[1-1] 전업종(건설업 제외)

안전보건경영시스템(KOSHA-MS) 인증 신청서

<table>
<tr><td colspan="4">안전보건경영시스템(KOSHA-MS) 인증 신청서</td></tr>
<tr><td>① 사업장명
(영 문)</td><td></td><td>② 산재관리번호
(사업개시번호)</td><td>(　　　　　　)</td></tr>
<tr><td>③ 대 표 자
(영 문)</td><td></td><td>④ 사업자등록번호</td><td></td></tr>
<tr><td>⑤ 소 재 지
(영 문)</td><td></td><td>⑥ 근 로 자 수</td><td></td></tr>
<tr><td>⑦ 전 화 번 호</td><td></td><td>⑧ 업종 및 업태</td><td></td></tr>
<tr><td>⑨ 담 당 자
(직책)</td><td>(　　　　　　)</td><td>⑩ 휴 대 폰
(이메일)</td><td>(　　　　　　)</td></tr>
<tr><td>⑪ 인증적용 범위</td><td>□ 사업장 전체</td><td colspan="2">□ 사업장 일부(　　　　　　)</td></tr>
<tr><td colspan="4">한국산업안전보건공단 「안전보건경영시스템(KOSHA-MS) 인증업무 처리규칙」 제4조에 따라 위와 같이 신청합니다.

년 월 일

신청인 (서명 또는 인)

한국산업안전보건공단 ㅇㅇㅇㅇ장 귀하</td></tr>
</table>

첨 부 서 류	
서 류 명	비 고
1. 사업장 현황 조사표 1부	한국산업안전보건공단 「안전보건경영시스템(KOSHA-MS) 인증업무 처리규칙」 별지 1-1.1서식
2. 안전보건경영 조직도 1부	사업장 자체자료
3. 개인정보 수집 및 이용동의서 1부	한국산업안전보건공단 「안전보건경영시스템(KOSHA-MS) 인증업무 처리규칙」 별지 16호 서식

[1-1.1] 사업장 현황 조사표

사업장 현황 조사표

■ 일반현황

사 업 장 명		위험성평가 기법	
사업장규모	• 상시근로자 : 명 (교대작업 : □ 없음 □ 있음) • 비정규근로자 : 명, • 협력업체 : 개사 (명)		
사내협력업체 여부	□ 모기업 명칭 : □ 사내 협력업체수 : 개소 □ 사내 협력업체 근로자수 : 명		
다른 인증여부	□ ISO 9001, □ ISO 14001 , □ OHSAS 18001 , □ ISO 45001, □ 기타 ( )		
컨설팅 여부	□ 없음 □ 있음 (컨설팅 기관:)		
안전관리현황	□ 안전관리자(성명) : , 보건관리자(성명) : ,안전보건관리담당자(성명) : □ 안전대행기관 : , 보건대행기관 :		
최근 3년간 재해 현황 (자체조사)	년	년	년
	재해자 수(사망자 수)	재해자 수(사망자 수)	재해자 수(사망자 수)
산재원인과 대책			
업무담당자	• 부서명 : • 직책 : • 성명 : • TEL : • 휴대폰 : • E-Mail : • (FAX) :		

■ 주요공정 및 유해·위험성 (사업장 보유자료 대체 제출가능)

공 정 명	주요 작업내용	유해 및 위험설비 (중 요 대 상)	잠재위험성 (협착·충돌·전도·감전 등)

※ 공정이 복잡한 경우는 주요 공정에 한하여 간략히 작성토록하며 필요시 별지 사용 가능

[1-2] 건설업

안전보건경영시스템(KOSHA-MS) 인증 신청서(건설업)

<table>
<tr><td colspan="4">안전보건경영시스템(KOSHA-MS) 인증 신청서</td><td>처리기간</td></tr>
<tr><td>① 사업장명
(영 문)</td><td colspan="2"></td><td>② 사업자등록번호</td><td></td></tr>
<tr><td>③ 대 표 자</td><td colspan="2"></td><td>④ 전 화 번 호</td><td></td></tr>
<tr><td>⑤ 소 재 지
(영 문)</td><td colspan="4"></td></tr>
<tr><td>⑥ 업　종</td><td colspan="2"></td><td>⑦ 업　태</td><td></td></tr>
<tr><td>⑧ 인증희망범위</td><td>KOSHA-MS 인증</td><td colspan="3">공동 인증기관 인증서 병행신청(　)</td></tr>
<tr><td colspan="5">한국산업안전보건공단 「안전보건경영시스템(KOSHA-MS) 인증업무 처리규칙」 제4조에 따라 위와 같이 신청합니다.
년　월　일
신청인　　(서명 또는 인)
한국산업안전보건공단 이 사 장
한국산업안전보건공단 ○○ 지역본부장 귀하</td></tr>
<tr><td colspan="5">첨 부 서 류</td></tr>
<tr><td colspan="5">1. 안전보건 관련 현황조사표 1부(한국산업안전보건공단 안전보건경영시스템(KOSHA-MS) 인증업무 처리규칙」 별지 1-2.1 서식)
2. 사업자등록증 사본 1부.

※ 발주기관, 종합건설업체, 전문건설업체 등을 구분하여 해당 분야의 안전보건 관련 현황조사표 제출</td></tr>
</table>

[1-2.1] 안전보건 관련 현황조사표

(표지)

안전보건 관련 현황조사표

〈발주기관〉

발주기관명 :

한국산업안전보건공단

(제1면)

1. 일반현황

<table>
<tr><td>회 사 명</td><td colspan="3"></td><td colspan="2">대 표 자</td><td colspan="3"></td></tr>
<tr><td>인증범위</td><td colspan="3"></td><td colspan="2">전화번호</td><td colspan="3"></td></tr>
<tr><td>소 재 지</td><td colspan="8"></td></tr>
<tr><td>직 원 수</td><td colspan="3">명 (남 : /여 :)</td><td colspan="5">전년도 발주금액</td></tr>
<tr><td>현 장 수</td><td>계</td><td></td><td>건 축</td><td></td><td>토 목</td><td></td><td>기 타</td><td></td></tr>
</table>

2. 발주현장 재해현황

<table>
<tr><td rowspan="3">최근 3년간
(발주금액
대비)
재해현황</td><td colspan="2">년</td><td colspan="2">년</td><td colspan="2">년</td></tr>
<tr><td>재해자 수</td><td>사망자 수</td><td>재해자 수</td><td>사망자 수</td><td>재해자 수</td><td>사망자 수</td></tr>
<tr><td></td><td></td><td></td><td></td><td></td><td></td></tr>
<tr><td>발주금액</td><td colspan="2"></td><td colspan="2"></td><td colspan="2"></td></tr>
</table>

3. 본사 안전관리부서 조직 및 개인별 업무분장

가. 조직 현황

<table>
<tr><td colspan="2">안전관리(전담) 부서</td><td rowspan="2">직원수
(전담)</td><td rowspan="2">명</td><td>사전예방(사후관리) 활동</td><td>기 타</td></tr>
<tr><td>유 □</td><td>무 □</td><td>명</td><td></td></tr>
</table>

▶ 직원수는 안전관리를 전담으로 하는 부서의 부서장 및 여직원을 포함한 전체 직원수를 말함

(제2면)

나. 개인별 업무분장표

성 명	직 위	업 무 내 용	비 고

▶ 비고란에 현장근무 경력 명기

4. 발주현장 안전관리자 구성분포 현황

계	정규직	비정규직				비 고
		소 계	일반계약직	현지채용직	기 타	
명	명	명	명	명	명	

▶ 비정규직의 구분된 용어가 부적합한 경우 적합한 용어를 사용하여 수정 명기 가능

(제3면)

5. 발주현장 평가제도

6. 다른 부서와의 협조체계

7. 상벌제도

8. 기타 사항

(제4면)

9. 발주현장 명단

20○○년 ○월 ○일 기준

순번	구분	시공회사	현장명	공사기간	공사금액(억원)	공정율(%)	소재지(전화번호)	재해자 수/사망자 수	안전관리자			비고
									성명	직위	신분	

※ 구분 : 토목, 건축, 플랜트 등 공사종류 명기
※ 안전관리자 신분 : 현채직, 계약직, 정규직 등으로 구분 명기
※ 비고 : 공동도급의 경우 주간사, 비주간사 명기

【별지 제2호서식】

(표지)

안전보건경영시스템(KOSHA-MS) 인증 계약서

1. 계약범위 : 안전보건경영시스템(KOSHA-MS)
   □ 실태심사 □ 인증심사 □ 사후심사 □ 연장심사

2. 인증범위 :

3. 심사일정 (예정) (년 월 일)

4. 계약 당사자

   o 신청자 :

   o 수행자 : 한국산업안전보건공단 이사장
   한국산업안전보건공단 ○○○○장

상기 합의에 따라 계약 당사자는 다음과 같이 계약을 체결한다.

제1조(계약대상 및 범위) 이 사업은 안전보건경영시스템(KOSHA-MS) 적용 당사자 간의 합의하에 수행토록 한다.

제2조(사업수행 절차) ① 이 사업의 절차는 수행자 인증절차에 따라 진행한다. 다만, 사업수행 과정에서 사업수행의 효율성을 도모하기 위하여 상호 합의하에 수행절차를 변경 또는 병행할 수 있다.

② 수행자는 절차에 따른 인증 및 연장심사 결과 적정 시에 인증서 및 인증패를 신청자에게 교부한다.(단, 인증패는 인증심사에 한함.)

③ 신청자는 제2항에 따른 인증서 및 인증패가 교부되는 경우 한국산업안전보건공단 「안전보건경영시스템(KOSHA-MS) 인증업무 처리규칙」에서 정하는 증표관리에 관한 내용을 성실히 준수한다.

제3조(심사비용) ① 신청자는 본 사업에 소요되는 심사비 ( )원을 계약한 날부터 30일 이내에 수행자가 지정하는 은행계좌에 입금한다. 다만, 「공공기관 운영에 관한 법률」에 따른 공공기관의 경우에는 해당 기관의 장이 공문으로 납기연장 요청을 하는 경우 제18조(회의)에 따른 인증위원회 회의 이전까지 납부할 수 있다.

② 인증심사 중 반려되는 경우에는 수행자의 수수료 정산방법에 따른다.

※ 은행명 및 계좌번호 (예금주명) : ____________ ( )

※ 심사비용 산출 내역 : [붙임 심사비 산출 내역 참조]

제4조(상호협조) 수행자는 사업기간 중 신청자의 요청이 있을 경우 사업내용에 대하여 신청자와 상호 협의하여야 하며, 신청자는 수행자의 사업수행에 필요한 자료, 관계서류 등의 제공에 필요한 각종 준비작업 등에 적극 협조하여야 한다.

제5조(기밀보장) 수행자는 본 사업과 관련하여 지득한 기밀사항이나 기술자료 등에 대하여 기밀을 유지하여야 하며, 기밀 누설 시에는 이에 대한 책임을 진다.

제6조(신의성실) 계약 당사자는 신의를 가지고 본 계약서 내용을 성실히 이행한다.

제7조(심사일정 연장) 계약 당사자의 사정으로 안전보건경영시스템(KOSHA-MS) 인증업무 수행 기간 내에 이 사업수행에 어려운 사유가 발생할 때에는 계약 당사자의 상호 합의하에 심사일정을 연장할 수 있다.

제8조(계약의 해지) 수행자는 다음 각 호의 어느 하나에 해당하는 경우 계약을 해지하거나 취소할 수 있다.

1. 신청서 첨부서류의 보완, 인증심사 과정에서 미비사항을 2회 이상 보완요구를 하였음에도 불구하고 신청인이 이를 이행하지 아니하여 정상적인 인증심사 진행이 불가능한 경우
2. 신청자가 신청의 반려 또는 합의해지를 희망하는 경우
3. 그 밖에 거짓 또는 부적절한 방법으로 인증을 받고자 하는 경우

제9조(계약의 해석기준 및 상호협의) 이 계약서에 명시되지 아니한 사항이 있거나 계약서 내용의 해석상 이의가 있을 시에는 한국산업안전보건공단 「안전보건경영시스템(KOSHA-MS) 인증업무 처리규칙」에서 정하는 바에 따른다. 이 규칙에 명시되지 아니한 사항은 상호 협의하여 결정한다.

이 계약서는 2통을 작성하여 계약 당사자가 원본을 각각 1통씩 보관한다.

20 년 월 일

신청자 : (인)

수행자	한국산업안전보건공단	이 사 장	(인)
	한국산업안전보건공단	○○○○장	

【계약서 붙임】

심사비 산출 내역

구 분	금 액	산출근거	비 고
계			
전업종 (건설업 제외)		소요인·일×600,000원	
발주기관		소요인·일×10,000원	○직접경비(10,000원)에 한하여 산정 ○발주기관 중 중앙행정기관, 중앙행정기관의 소속기관 및 지방자치단체 : 직접경비도 면제
종합 및 전문건설업체		소요인·일×600,000원	

【별지 제3호서식】

[3-1] 제조업 등 전업종

안전보건경영시스템 심사결과서
〈KOSHA-MS〉

(○○심 사)

사업장명 :

○ 안전보건경영시스템(KOSHA-MS) 심사결과에 대하여 이의가 있을 경우 10일 이내에 우리 지역본부/지사에 이의를 제기할 수 있습니다.

○ 업무와 관련하여 금품, 향응수수 등 비위사실을 확인하신 경우 공단 감사실(☎052-245-8114, 인터넷 : www.kosha.or.kr/사이버감사실)로 신고하여 주시기 바랍니다.

○ 고객님께서 "매우 만족"하실 때까지 안전보건공단은 정성과 최선을 다하겠습니다.

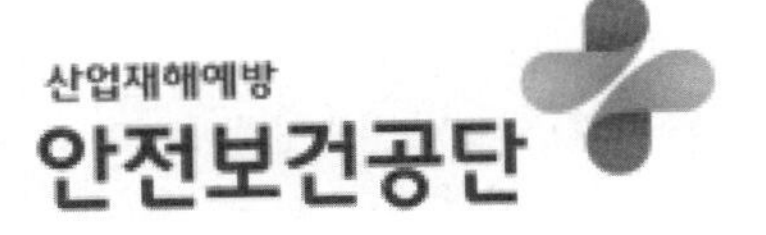

1. 심사개요

심사종류	□ 실태심사 □ 인증심사 □ 사후심사 □ 연장심사 □ 컨설팅지원		
심사기준적용	□ 기준-A형 □ 기준-B형 □ 기준-C형		
신 청 일	2 . . .	심 사 원	
심 사 일 (확인일)	2 . . . ( )		
심사기관	KOSHA		
심사결과			
담당자 (성명 직책)	E-mail :		
	휴대폰 :		

2. 일반현황

사업장명 (영 문)			대 표 자 (영 문)	
인증범위			전화번호 (FAX)	
소재지(영문)				
업 종 (주요생산품)			산재관리번호 (개시번호)	( )
			근로자수	
최근 3년간 재 해 현 항	20__년		20__년	20__년
	재해자 수(사망자 수)	재해자 수(사망자 수)		재해자 수(사망자 수)
	-	-		-

3. 심사 결과

A. 본 심사는 KOSHA-MS 인증절차에 따라 수행되었습니다.
B. 심사 결과 내용의 요약
- 심사 결과 : 중부적합 -건, 경부적합 -건이 발행됨.

C. 심사항목별 심사 결과
- 안전보건경영체제 □ 적합 □ 부적합
- 안전보건활동 □ 적합 □ 부적합
- 안전보건경영 관계자 면담 □ 적합 □ 부적합

D. 심사 결과 부적합사항이 있을 경우 시정 결과가 인증기준에 적합하여야 인증심사가 진행됩니다.
- 모든 부적합사항은 (-)개월 이내에 개선하시고 그 결과를 제출해야 함.

E. 시정조치 확인방법
- □ 현장방문 확인 - □ 문서확인

F. 차후 ○○심사 예정일 : 2__ 년 월 일

4. 안전보건경영시스템(KOSHA-MS) 심사기준별 심사표

4-1. 기준 A형(50인 이상)

가. 안전보건경영체제

심사항목 \ 부서명		1	2	3	4	5	6	7
4.1	조직과 조직상황의 이해							
4.2	근로자 및 이해관계자 요구사항							
4.3	안전보건경영시스템 적용범위 결정							
4.4	안전보건경영시스템							
5.1	리더십과 의지표명							
5.2	안전보건방침							
5.3	조직의 역할, 책임 및 권한							
5.4	근로자의 참여 및 협의							
6.1.1	위험성평가							
6.1.2	법규 및 그 밖의 요구사항 검토							
6.2	안전보건목표							
6.3	안전보건목표 추진계획							
7.1	자원							
7.2	역량 및 적격성							
7.3	인식							
7.4	의사소통 및 정보제공							
7.5	문서화							
7.6	문서관리							
7.7	기록							
8.1	운영계획 및 관리							
8.2	비상시 대비 및 대응							
9.1	모니터링, 측정, 분석 및 성과평가							
9.2	내부심사							
9.3	경영자 검토							
10.1	일반사항							
10.2	사건, 부적합 및 시정조치							
10.3	지속적 개선							

□ 부서별 수행 심사원

구 분	1	2	3	4	5	6	7
부서명							
심사원							

나. 안전보건활동

심사항목 (부서명)		1	2	3	4	5	6	7
1	작업장의 안전조치							
2	중량물·운반기계에 대한 안전조치							
3	개인보호구 지급 및 관리							
4	기계·기구에 대한 방호조치							
5	떨어짐·무너짐에 의한 위험방지							
6	안전검사 실시							
7	폭발·화재 및 위험물 누출 예방활동							
8	전기재해 예방활동							
9	쾌적한 작업환경 유지활동							
10	근로자 건강장해 예방활동							
11	협력업체의 안전보건활동 지원							
12	안전·보건 관계자 역할과 활동							
13	산업재해 조사활동							
14	무재해운동의 자율적 추진 및 운영							

다. 안전보건경영 관계자 면담〈실태심사 시 제외〉

심사항목 (부서명)		1	2	3	4	5	6	7
1	경영층이 알아야 할 사항							
2	중간관리자가 알아야 할 사항							
3	현장관리자가 알아야 할 사항							
4	현장근로자가 알아야 할 사항							
5	안전·보건관리자, 담당자, 조정자가 알아야 할 사항							
6	협력업체 관계자 알아야 할 사항							

※ 부서별 면담자(직·성명)

구분	1	2	3	4	5	6	7
면담자 (직책)							

4-2. 기준 B형(50인 미만)

가. 안전보건경영체제

심사항목 \ 부서명		1	2	3	4	5	6	7
4.1	조직과 조직상황의 이해							
4.2	근로자 및 이해관계자 요구사항							
4.3	안전보건경영시스템 적용범위 결정							
4.4	안전보건경영시스템							
5.1	리더십과 의지표명							
5.2	안전보건방침							
5.3	조직의 역할, 책임 및 권한							
5.4	근로자의 참여 및 협의							
6.1.1	위험성평가							
6.1.2	법규 및 그 밖의 요구사항 검토							
6.2	안전보건목표							
6.3	안전보건목표 추진계획							
7.1	자원							
7.2	역량 및 적격성							
7.3	인식							
7.4	의사소통 및 정보제공							
7.5	문서화							
7.6	문서관리							
7.7	기록							
8.1	운영계획 및 관리							
8.2	비상시 대비 및 대응							
9.1	모니터링, 측정, 분석 및 성과평가							
9.2	내부심사							
9.3	경영자 검토							
10.1	일반사항							
10.2	사건, 부적합 및 시정조치							

□ 부서별 수행 심사원

구 분	1	2	3	4	5	6	7
부서명							
심사원							

나. 안전보건활동

심사항목 \ 부서명		1	2	3	4	5	6	7
1	작업장의 안전조치							
2	중량물·운반기계에 대한 안전조치							
3	개인보호구 지급 및 관리							
4	기계·기구에 대한 방호조치							
5	떨어짐·무너짐에 의한 위험방지							
6	안전검사 실시							
7	폭발·화재 및 위험물 누출 예방활동							
8	전기재해 예방활동							
9	쾌적한 작업환경 유지활동							
10	근로자 건강장해 예방활동							
11	협력업체의 안전보건활동 지원							
12	안전·보건 관계자 역할과 활동							
13	산업재해 조사활동							
14	무재해운동의 자율적 추진 및 운영							

다. 안전보건경영 관계자 면담<실태심사 시 제외>

심사항목 \ 부서명		1	2	3	4	5	6	7
1	경영층이 알아야 할 사항							
2	중간관리자가 알아야 할 사항							
3	현장관리자가 알아야 할 사항							
4	현장근로자가 알아야 할 사항							
5	안전·보건관리자, 담당자, 조정자가 알아야 할 사항							
6	협력업체 관계자 알아야 할 사항							

※ 부서별 면담자(직·성명)

구분	1	2	3	4	5	6	7
면담자 (직책)							

4-3. 기준 C형(20인 미만)

가. 안전보건경영체제

심 사 항 목 (부 서 명)		1	2	3	4	5	6	7
4.1	조직과 조직상황의 이해							
4.2	근로자 및 이해관계자 요구사항							
4.3	안전보건경영시스템 적용범위 결정							
4.4	안전보건경영시스템							
5.1	리더십과 의지표명							
5.2	안전보건방침							
5.3	조직의 역할, 책임 및 권한							
5.4	근로자의 참여 및 협의							
6.1.1	위험성평가							
6.1.2	법규 및 그 밖의 요구사항 검토							
6.2	안전보건목표							
6.3	안전보건목표 추진계획							
7.1	자원							
7.2	역량 및 적격성							
7.3	인식							
7.4	의사소통 및 정보제공							
7.5	문서화							
7.6	문서관리							
7.7	기록							
8.1	운영계획 및 관리							
8.2	비상시 대비 및 대응							
9.1	모니터링, 측정, 분석 및 성과평가							
9.2	내부심사							
9.3	경영자 검토							
10.1	일반사항							
10.2	사건, 부적합 및 시정조치							

□ 부서별 수행 심사원

구 분	1	2	3	4	5	6	7
부서명							
심사원							

나. 안전보건활동(20인 미만 미적용)

다. 안전보건경영 관계자 면담〈실태심사 시 제외〉

심 사 항 목 \ 부 서 명		1	2	3	4	5	6	7
1	경영층이 알아야 할 사항							
2	중간관리자가 알아야 할 사항							
3	현장관리자가 알아야 할 사항							

※ 부서별 면담자(직·성명)

구분	1	2	3	4	5	6	7
면담자 (직책)							

5. 심사 결과 총평

ㅇ 아래와 같은 내용으로 작성해주세요.
- 연혁, 안전보건방침
- 생산공정, 주요 설비
- 최근 3년간 재해원인 및 대책과 실시의 적정성
- 산업안전보건법 준수 여부
- 안전보건 관련 조직(선임 또는 대행 여부)
- 사내 협력사 현황(주요업무, 회사명, 근로자수, KOSHA-MS(구, KOSHA 18001 인증 여부) 및 지원 실적(사례)
- 우수한 안전보건활동(사례), 개선이 필요한 주요 지적사항

ㅇ 무재해운동 개시 보고 및 재정지원 등 공단 지원사업 안내(담당자 연락처), 샘플링 심사의 한계, 감사인사, 대표의 강한 의지를 바탕으로 전 직원의 참여 속에 지속적 개선이 필요하다는 점을 기술

6. 부적합사항 세부내용

(1 / 1)

심사부서		심사원		심사일자	
심사항목	부 적 합 사 항				비 고 중/경부적합

○ 사업장 관계자 확인 : 성명

7. 관찰 또는 권고사항

※ 다음의 '관찰'사항 등을 반드시 검토 및 자체개선 하시고 그 결과를 최고 경영자에게 승인 받으시기 바랍니다. 아울러, '관찰'사항이 차기 심사 시에도 발견 될 경우에는 '부적합'으로 진행 될 수 있음을 알려 드립니다.

(1 / 0)

심사부서		심사원		심사일자	
심사항목	관찰 또는 권고사항				관찰/권고

【 교육 및 자체점검 실시 등 안내사항 】

안내항목	안 내 사 항	비고
8.1 운영계획 및 관리	※ 다음사항에 대한 산재발생요인을 지속적으로 자체점검 및 개선하시고, 근로자에게는 교육 등 안내를 하여 재해요인 제거 및 안전의식 고취로 무재해 사업장을 만들어 주시기 바랍니다. ㅇ특별안전보건교육 누락여부 및 근로자 정기교육 시 법정교육내용을 포함하고 주기적인 위험성 평가내용 및 개선조치 교육 실시 여부 ㅇ특수건강진단 수검자의 누락 없는 실시 및 관련자료 유지 ㅇ화학물질 취급장소에 GHS-MSDS 자료 비치 및 교육 ㅇ유해화학물질 취급 시 작업안전수칙 준수 철저 ㅇ크레인 작업 시 줄걸이 손상여부, 훅 해지장치 탈락 확인 등 운반 기계·기구의 이상 유무 점검 철저 ㅇ화재, 폭발, 누출, 밀폐공간 등 산업재해에 대한 비상대응 시나리오의 적정성 및 교육·훈련 실시 ㅇ유해·위험작업에 대한 작업안전 허가절차의 운영 철저 ㅇ협력업체에 대한 안전관리 적극 지원 ㅇ2013. 3. 1부터는 컨베이어, 연삭기, 드릴기 등의 기계·기구는 자율안전 신고필 제품으로 구매 ㅇ크레인 사용 시 낙하물에 충돌재해 주의 바람 ㅇ떨어짐위험이 있는 곳에서 작업 시에는 안전대 착용 등 안전조치 후 작업 실시 ㅇ지급된 마스크, 보안경 등 보호구를 착용 후 작업토록 관리감독 철저 ㅇ전기기구 사용 시 사용 전 누전여부 절연저항 측정 후 사용 등『대형사고예방 6대 중점점검 항목』을 자체 점검하고 전 직원에게『대형사고예방 대응방안』등에 대한 전달교육 실시(관련자료 별도제시)	자체점검 및 교육 실시
자료 검색 사이트 안내	ㅇ 안전보건공단 : http://www.kosha.or.kr/board.do?menuId=4660 ㅇ 고용노동부(법규검색) : http://www.moel.go.kr/view.SSP?cate=3&sec=1 ㅇ 위험성평가 지원시스템 : http://kras.kosha.or.kr/	링크하여 활용하시기 바람

[3-1] 건설업

(표지)

안전보건경영시스템 심사결과서 〈KOSHA-MS〉

(발주기관)

발주기관명 :

○ 건설업 KOSHA-MS 심사결과에 대하여 이의가 있을 경우 10일 이내에 우리공단에 이의를 제기할 수 있습니다. ○ 업무와 관련하여 금품, 향응수수 등 비위사실을 확인하신 경우 공단 감사실(☎052-245-8114, 인터넷: www.kosha.or.kr/사이버감사실)로 신고하여 주시기 바랍니다.

한국산업안전보건공단

(제1면)

1. 심사개요

심사종류	□ 실태심사 □ 인증심사 □ 사후심사 □ 연장심사		
신 청 일		심사일(본사)	
심사원			
심사 결과	적합, 보완 후 적합, 부적합	부적합건수 : 중부적합 건, 경부적합 건	

2. 일반현황

가. 본 사

회 사 명 (영 문)				대 표 자 (영 문)			
인증범위				전화번호			
소 재 지 (영 문)							
직 원 수	명 (남: /여:)			전년도 발주금액			
현 장 수	계		건축		토목		기타	
안전전담부서 유무		유	무	직원 수(전담)			

최근 3년간 (발주금액 대비) 재해현황	년		년		년	
	재해자 수	사망자 수	재해자 수	사망자 수	재해자 수	사망자 수
발주금액						

※ 최근 3년간 재해현황 작성 시 고용노동부 발표자료를 기입하도록 함

(제2면)

나. 사업장 (심사대상)

현장명	공사기간	공사금액(백만원)	공정율(%)	발주처
	전화번호	소 재 지		
	심 사 일	감 독 (책임자)	기 타	

현장명	공사기간	공사금액(백만원)	공정율(%)	발주처
	전화번호	소 재 지		
	심 사 일	감 독 (책임자)	기 타	

현장명	공사기간	공사금액(백만원)	공정율(%)	발주처
	전화번호	소 재 지		
	심 사 일	감 독 (책임자)	기 타	

현장명	공사기간	공사금액(백만원)	공정율(%)	발주처
	전화번호	소 재 지		
	심 사 일	감 독 (책임자)	기 타	

(제3면)

3. 총괄 심사결과

[3-2.1] 심사 항목별 부적합사항

(표지)

심사 항목별 부적합사항

○ 업 체 명 :

○ 보완기간 :

한국산업안전보건공단

(제1면)

심사 항목별 부적합사항

(/)

심사부서		심사원		심사일자	
심사항목 (요건조항/ 현장명)	부 적 합 사 항 (부적합 내용/상황 및 개선조치 사항 기술)				비 고 (중/경부적합)

[별지 제4호서식]

안전보건경영시스템 인증서

인증번호 : 제 호

안전보건경영시스템 인증서

〈인증기준 : KOSHA-MS〉

인증사업장명 :

- 구분 :

소 재 지 :

유 효 기 간 :

한국산업안전보건공단은 위 사업장의 안전보건경영시스템이 KOSHA-MS 인증기준에 적합함을 인증합니다.

년 월 일

한국산업안전보건공단 이 사 장

※ 구분 : 발주기관, 종합건설업체, 전문건설업체

[별지 제5호서식]

안전보건경영시스템 인증서(영문)

CERTIFICATE FOR

KOSHA-MS

Occupational Safety and Health Management System

This is to certify that the occupational safety and health management system of the above company has been assessed and complied with the requirements of the KOSHA-MS

KOSHA

/ PRESIDENT

KOREA OCCUPATIONAL
SAFETY & HEALTH AGENCY
400, Jongga-ro, Jung-gu
Ulsan, 681-230, Republic of Korea

[참고문헌]

1. 안전보건경영시스템-요구사항 및 활용가이던스(KS Q ISO 45001 : 2018), 국가기술표준원, 2019.
2. 경영시스템 심사 가이드라인(KS Q ISO 19011 : 2013), 국가기술표준원, 2018.
3. 위험성평가 가이드라인(KS Q ISO 31000 : 2017), 국가기술표준원, 2018.
4. 안전보건경영시스템(KOSHA MS) 인증업무 처리규칙, 한국산업안전보건공단, 2019.
5. ISO 45001 안전보건경영시스템 국제심사원 양성과정 교재, 시스템코리아인증원, 2020.
6. AU/TL ISO 경영시스템 국제심사원 양성과정 교재, 시스템코리아인증원, 2020.
7. 안전보건경영시스템(KOSHA MS) 심사원 양성과정 교재, 한국산업안전보건공단, 2020.
8. ISO 45001 국제표준 제정에 따른 안전보건경영시스템 구축 활성화 연구, 이승복, 2020.
9. 품질경영시스템-요구사항(KS Q ISO 9001 : 2015), 국가기술표준원, 2019.
10. 환경경영시스템-요구사항 및 사용지침(KS I ISO 14001 : 2015), 국가기술표준원, 2019.
11. PSM, 장외영향평가에 기반한 위험성평가 및 분석기법, 성안당(이준원, 송지태), 2019.
12. 국내 안전경영시스템 인증 사례, 강병규, 2020.
13. 안전사고 특성에 기인한 사고예방 및 안전업무체계 향상 방안, 한정우, 2020.
14. 안전보건경영시스템 이해와 실무, 지우북스, 2018.
15. 산업안전보건법, 시행령, 시행규칙.
16. 산업안전보건 기준에 관한 규칙.
17. 사업장 위험성평가에 관한 지침, 고용노동부 고시, 2020.
18. 안전보건경영시스템 구축에 관한 지침, KOSHA GUIDE, 2012.
19. 안전보건경영시스템 이해를 위한 지침, KOSHA GUIDE, 2014.
20. 국내 법적 일반 안전인증 사례, 관련 자료집, 2020.

M · E · M · O

M · E · M · O

M · E · M · O

M · E · M · O

ISO 45001 및 KOSHA-MS 기반

안전보건경영시스템 구축 및 인증 실무

2021. 7. 2. 초 판 1쇄 발행
2021. 11. 18. 초 판 2쇄 발행

지은이 | 이준원, 이승복, 조규선, 김 철
펴낸이 | 이종춘
펴낸곳 | BM (주)도서출판 성안당

주소 | 04032 서울시 마포구 양화로 127 첨단빌딩 3층(출판기획 R&D 센터)
10881 경기도 파주시 문발로 112 파주 출판 문화도시(제작 및 물류)
전화 | 02) 3142-0036
031) 950-6300
팩스 | 031) 955-0510

등록 | 1973. 2. 1. 제406-2005-000046호
출판사 홈페이지 | **www.cyber.co.kr**
ISBN | 978-89-315-5732-9(13500)
정가 | 33,000원

이 책을 만든 사람들
책임 | 최옥현
교정·교열 | 김동환
전산편집 | 김인환
표지 디자인 | 박원석
홍보 | 김계향, 이보람, 유미나, 서세원
국제부 | 이선민, 조혜란, 권수경
마케팅 | 구본철, 차정욱, 나진호, 이동후, 강호묵
마케팅 지원 | 장상범, 박지연
제작 | 김유석